SAFETY CULTUROLOGY

安全文化学

王秉　吴超　著

U0230760

化学工业出版社

·北京·

内 容 提 要

安全文化学不同于安全文化。安全文化学是安全科学和文化学交融而成的安全科学的主要分支学科，对它的研究与发展具有重大意义。《安全文化学》（第 2 版）是介绍和研究安全文化学的专著，涵盖安全文化学基础理论研究、实践基础研究与实践研究内容。共分 10 章，具体包括：绪论、安全文化学的形成与发展、安全文化的起源与演进、安全文化学的基础问题、安全文化学方法论、安全文化学原理、安全文化学的学科分支、安全文化学的外延、安全文化学的应用实践理论、安全文化学的应用实践典例。

《安全文化学》（第 2 版）结构科学严谨，内容翔实丰富。可供从事安全文化学研究与实践的人员阅读，可作为高校安全科学与工程类专业的本科生或研究生的教材，也可供高校管理科学与工程类等专业的师生，以及广大安全应急管理工作者和安全文化学研究爱好者参阅。

图书在版编目（CIP）数据

安全文化学/王秉，吴超著. —2 版. —北京：化学
工业出版社，2021.1（2024.7 重印）
　ISBN 978-7-122-36995-6

　Ⅰ.①安… 　Ⅱ.①王…②吴… 　Ⅲ.①安全文化-研
究　Ⅳ.①X9

中国版本图书馆 CIP 数据核字（2020）第 083043 号

责任编辑：高　震　杜进祥　　　　　　　文字编辑：林　丹　段曰超
责任校对：张雨彤　　　　　　　　　　　装帧设计：韩　飞

出版发行：化学工业出版社（北京市东城区青年湖南街 13 号　邮政编码 100011）
印　　装：北京七彩京通数码快印有限公司
787mm×1092mm　1/16　印张 22¾　字数 561 千字　2024 年 7 月北京第 2 版第 6 次印刷

购书咨询：010-64518888　　　　　　　　售后服务：010-64518899
网　　址：http://www.cip.com.cn
凡购买本书，如有缺损质量问题，本社销售中心负责调换。

定　价：79.00 元

前　言

当广大读者看到《安全文化学》（第 2 版）时，肯定不禁会首先提出这样一个问题——为什么要再版修订《安全文化学》呢？

首先，目前，安全类专业人才（包括企业、政府相关部门等各类安全管理、监管人才）培养亟需学习"安全文化学"课程，高校安全类专业和相关学科专业或领域（如管理科学与工程、公共管理等管理类与社会科学类专业）具有开设"安全文化学"课程的迫切需要，亟需出版一本"安全文化学"课程的配套教材，来支撑和推动该课程的开设和教学。为什么需要开设"安全文化学"课程？这主要是因为：

（1）安全文化是不可取代的基础性和综合性安全策略，是安全工作的长远之计；（2）建设、传播和弘扬安全文化，需要学习安全文化学；（3）安全文化学的实践具有普适性（安全文化学的实践可涵盖一切安全研究与应用领域），满足高校开设课程对宽度的要求；（4）安全文化学是安全科学的一个不可或缺的分支学科［国家标准《学科分类与代码》（GB/T 13475—2009）将安全文化学（代码 6202160，隶属于二级学科安全社会科学）列为安全科学技术一级学科的一个三级学科］；（5）开设"安全文化学"课程是促进安全文化研究、实践、发展与繁荣之需，是培养综合性高素质安全人才之需。

总之，"安全文化学"是一门非常值得高校安全类专业和相关专业开设与学习的课程，安全文化的发展与繁荣亟需安全文化学引领，亟需开设"安全文化学"课程培养高素质的安全文化人才来推动和支撑安全文化发展。而开设一门新课程，必须有一部合适的配套教材。目前，虽然国内外已有一些安全文化类图书，但都不是从学科高度和教材的定位去撰写的，特别是缺乏系统的基本概念、理论、方法、原理、学科体系等，而这恰恰是作为教材不可缺少的。其实，在著者开展安全文化学研究之初，就思考"安全文化学"课程教材建设问题，也曾专门撰写发表《安全文化学课程内容及其教材框架设计研究》（刊载于《中国安全生产科学技术》，2017，13（4）：32-38）的研究论文，探讨安全文化学课程内容的架构设计。在本书第 1 版写作初期，著者就把它同时定位为一本专著和教材来撰写。后来著者发现，由于内容的繁杂及一些理论尚未成熟，本书第 1 版作为教材有点欠妥，故先把它主要定位为一本专著来撰写。但是，本书第 1 版作为基于学科高度的首部"安全文化学"的专著，具有成为"安全文化学"课程配套教材基础和优势，相信通过修订升级，能够成为一本适用而优秀的"安全文化学"课程的配套教材。

其次，随着安全文化学研究与发展，安全文化学研究与实践发生了一些新变化、新要求和新趋势，针对这些新变化、新要求和新趋势，在本书第 1 版内容基础上，著者近年来又开展了一些相关研究和思考，发表了相关研究论文，一些最新研究和思考成果亟待体现和融入本书，以期更新本书内容，进一步支撑和彰显本书的前沿性。

最后，一些外界支持给予了我们决心、力量和鼓舞来修订、完善和升级本书。本书自 2017 年第 1 版出版以来，得到了广大读者的特别支持和厚爱，仅一年多时间，本书就已经售罄。在此期间，一些高校安全类专业也将本书选为安全文化学相关课程的配套教材。与此同时，我们申报的题为"'安全文化学'课程教材建设研究"项目获得了教育部 2019 年第一批"产学合作 协同育人"项目立项；本书第 1 版获得了湖南省社会科学优秀成果奖二等奖。

立足于"安全文化学"课程教材建设要求，以及安全文化学研究与发展需要，本次对《安全文化学》的主要修订内容是：（1）结合教学需要，在每章开端增加了"本章导读"模块，在每章末增加了"思考题"模块；（2）作为教材，为了便于阅读，再加之本书核心内容基本是著者的系列安全文化学研究论文的集合，本次修订简化了参考文献，并将参考文献标注在每章末，方便读者学习查阅；（3）调整和优化了各章节的结构，删减或合并了部分内容；（4）更新、完善和丰富了关于安全文化学已有研究方面的回顾与评述、安全文化的起源与演进等方面的内容；（5）增加了安全文化学的科学发展模式（第 2 章 2.6 节）、经典论著中的安全文化拾萃（第 3 章 3.5.3 节）、安全伦理道德基础原理（第 6 章 6.9 节）、组织安全文化识别（第 9 章 9.9 节）、安全文化标准建设（第 9 章 9.10 节）、企业家安全文化（第 10 章 10.2.3 节）、企业安全文化手册编制（第 10 章 10.2.3 节）、政府安全文化（第 10 章 10.4 节）与应急文化（第 10 章 10.5 节）等内容,本书内容体系结构见第一版前言中的图 1。

说句心里话，自 2015 年以来，在安全文化研究和安全文化传播推广方面，著者付出了巨大心血和努力，本书第 1 版及修订再版是著者多年的安全文化学研究与思考的结晶，绝非拼凑之作。在未来，我们会继续耕耘安全文化学领域，努力把"安全文化学"课程的开设、推广和教学做成一项事业。著者相信，新修订的《安全文化学》将是一本适用而优秀的"安全文化学"课程配套教材，将能够很好地为"安全文化学"课程教学和安全文化人才培养服务，将会得到广大师生和安全文化学学习者、研究者、实践者的喜爱。当然，由于著者水平与精力有限，书中难免存在不妥甚至疏漏之处，恳请广大同仁和读者批评和指正。

本书出版得到了山东京博控股集团有限公司出资的教育部 2019 年第一批产学合作 协同育人项目（项目编号： 201901187020；项目名称：《安全文化学》课程教材建设研究）的资助，得到了山东京博控股集团有限公司孙元上先生的支持和指导，在此特别感谢！希望就本书以及"安全文化学"课程与本书著者交流的读者。可通过邮件 safe boy@ csu. edu. cn 联系本书作者王秉。

王秉　吴超
2020 年 5 月于中南大学

第一版前言

人类社会的发展是一个与事故灾难休戚相伴的过程，人类崛起的历程是一个与灾难事故斗争的坎坷历程。无论是天灾，还是人祸，纵观整个人类社会发展史，事故灾难真可谓是随时出现、随处发生、如影相随。特别是进入工业社会以来，各类安全问题更是此起彼伏并呈现出新的特征和趋势。

当我们翻开报纸、浏览新闻网页或收看电视节目时，令人难以置信的事故灾难竟然几乎每天都有发生。因此，当谈起安全的重要性时，说"安全超越一切之上，在任何时候它都要有绝对的优先权"是绝不为过的。最值得欣慰的是，这一安全理念与认识已逐步得到越来越多的人的认同和践行。

但是，你知道上述安全理念与认识逐步被越来越多的人树立、认同与践行的根本原因吗？毋庸置疑，这主要是得益于近数年来人们对安全文化的大力建设、弘扬和研究。在这里，也给出开篇问题的答案：事故灾难难免会发生，但拥有良好的安全文化必能使生命多几分呵护，必能使生命免遭无数次因事故灾难而造成的"创伤"。说起安全文化，固然无所不在，古今皆有，东西方皆有，人人皆有。但当提及现代意义上和学术讨论中的"安全文化"，特别是"安全文化学"时，都还极为年轻。

——"安全文化"一词也许你已听过不止一次了。因为，在安全科学领域，安全文化不再是一股涓涓细流，它早已呈现出大江的磅礴之势。但是，你曾听过"安全文化学"吗？你曾系统学习过"安全文化学"吗？若尚无，你是否已经对它充满了好奇和期待？

——安全文化学作为研究安全精神养料，探索积极安全人性，追求卓越安全价值，把握安全哲学理性，揭示安全管控之道，阐释安全教育取向，塑造理性安全认识，修炼安全良习美德，凝重安全责任担当，展示安全知识技能，体现安全事业之美的艺术，理应成为我们安全同仁，乃至所有智者的必修课。

——学习安全文化学，可让你爱上一门研究安全文化的学问；可让你拥有一把理解安全文化的钥匙；可让你掌握一套研究安全文化的方法；可让你打开一组审视安全文化的视角；它可让你解开一团建设安全文化的疑惑；可让你明白一簇弘扬安全文化的价值。安全文化学真是一门非常值得你学习的崭新学科，安全文化的发展与繁荣亟需安全文化学的引领。

——研习研讨安全文化，补充补给安全营养；品读品论安全文化，谱写谱纪安全华章；促建促生安全文化，筑牢筑强安全防线；传承传播安全文化，承领承载安全发展。

目前，世界众多国家和地区都重视安全文化的研究和建设。中国自改革开放以来，对安全文化的研究和建设更是由政界、学界逐步深入至全社会。安全文化研究也不再局限于安全科技工程学界，诸多学科领域均已开始涉猎和关注。从领域范围来看，它更是渗透得极其广泛，无孔不入。当众多国家和地区都将安全少灾寄希望于安全文化的建设和研究时，这本应是大好事，但也使大多真正研究安全文化者倍感责任之重，压力之大，反倒一时不知该如何谈论和研究安全文化——这就叫做"安全时势"比人强，它也是一种安全文化现象。

国家标准《学科分类及代码》（GB/T 13745—2009）正式列入"安全文化学"条目。从学术角度来讲，从"安全文化"到"安全文化学"绝非仅为一字之差，而是安全文化研究实现了一次质的飞跃。形象地讲，"安全文化学"应是安全文化大洪流中的大动脉，是安全文化交响曲中的名乐章！

开展安全文化学学科体系构建与基础理论研究并非易事。在写作初期，著者把它同时定位为一本专著和教材来撰写，提出"夯基础，传精髓，展全貌，教方法，激思维，拓视阈，拔高度，接实际，顺思路，提问题，解迷窍，促发展" 36 字撰写要领，也曾专门撰写发表《安全文化学课程内容及其教材框架设计研究》（刊载于《中国安全生产科学技术》，2017，13（4）：32-38）的研究论文，探讨安全文化学课程内容的架构设计。但在书稿有了雏形时，著者发现，由于内容的繁杂及一些理论尚未成熟，本书作为教材实在有点欠妥。因此，先把它主要定位为一本专著来撰写。当然，也不妨尝试把它作为一本安全文化学教材来使用。本书内容体系结构见图 1。本书力求突出以下 8 个主要特点。

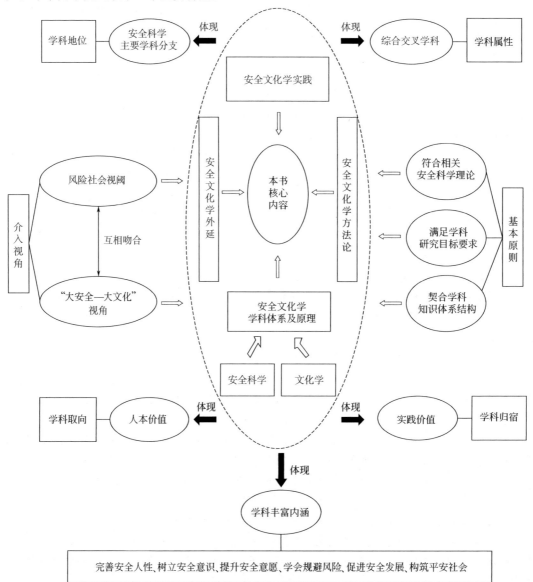

图 1　本书内容体系结构

第一，系统性强。本书是一本系统地阐释安全文化学学科体系与基础理论的著作，它从安全文化概念开始，对安全文化学的形成发展，以及相关的研究、方法、原理、学科分支、外延等都进行了全方位的研究和展示，是目前学术界最关心、也是目前学术界较为全面的安全文化学理论的展示。此外，本书亦系统地探讨了安全文化学实践基础与实践典例。

第二，理论性强。本书的中心内容是安全文化学学科体系构建与学科基础理论研究。因此，对安全文化学的学科基本问题、主要学科分支、外延及基础性原理都进行了较为详尽的探讨和论述，做到问题有出处，说明有理由，讨论有结果；同时，通过对上述问题的探讨，还可指导现实中具体的安全文化实践。

第三，基础性强。本书旨在阐明安全文化学的研究与发展的根基，即基础性问题、学科体系架构、学科基础性原理、研究方法论及实践应用基础。因此，本书具有极强的基础性。

第四，针对性强。本书对于当前世界各国，特别是中国的安全文化大建设、快发展与广研究，具有很强的针对性。一方面，从理论角度理清安全文化学的基础性问题、学科体系架构与学科基础性原理；另一方面，则在一定程度上帮助读者掌握研究认识与建设安全文化，以及开展安全文化研究的方法论。

第五，学科性强。本书一开始就立足于学科建设高度，来开展安全文化相关研究和探讨。故其核心内容之一是安全文化学学科体系的构建的探讨。因此，它所涉及的诸多问题均具有较强的学科性。

第六，前沿性强。作为以安全文化学学科体系构建与学科基础理论研究为主导的一本著作，必须在诸多安全文化学研究的丰硕成果和有益探索的基础上，吸纳最新、最前沿的研究成果，并进行可行的创新性研究。

第七，实践性强。本书是基于已有的大量安全文化学研究与实践成果，采用文献分析法与总结归纳法等研究方法研究而成的，且本书详细探讨了安全文化学实践基础与实践典例，故其也不失有较强的实践性。

第八，严谨性强。为增强本书的科学性与准确性，本书主要是融著者近年来已发表和未发表的 30 多篇安全文化学研究论文和成果而形成的，特别是著者曾专门撰写和发表论文来探讨本书的整体框架。从这一角度来讲，它具有较强的严谨性。

看到努力已久的心血终于著成书，著者自然有一种收获的喜悦，这是一种非文字工作者难以了解的体验。需说明的是，本书凝结了我们多年思考的结晶，绝非拼凑之作。但由于是首部以"安全文化学"命名的著作，以及时间仓促，资料占有不全，有些问题尚未组织充分讨论，特别是著者心得、水平与精力的有限，书中难免存在诸多不妥之处，恳请广大同仁和读者批评和指正。

最后，著者衷心感谢在本书的撰写中提过许多宝贵建议的朋友们和书中引用的相关文献的作者们，向国内外诸多安全文化研究前辈表示深深的敬意和感谢！本书的研究和出版得到了国家自然科学基金重点项目（51534008）的资助，在此也一并表示感谢。

王秉，吴超
2017 年 5 月于中南大学

目　录

第1章　绪论 　　　　　　　　　　　　　　　　　　　　　　**1**

1.1　文化与文化学 ……………………………………………………………… 1

1.2　安全与安全科学 …………………………………………………………… 8

1.3　安全文化定义的理论与方法 ……………………………………………… 13

1.4　安全文化的重要性 ………………………………………………………… 20

1.5　安全文化学的内涵与学科体系 …………………………………………… 21

参考文献 …………………………………………………………………………… 28

第2章　安全文化学的形成与发展 　　　　　　　　　　　　**30**

2.1　安全氛围概念的起源 ……………………………………………………… 31

2.2　安全文化概念的提出 ……………………………………………………… 32

2.3　安全文化学研究的阶段 …………………………………………………… 33

2.4　安全文化学研究回顾与评述 ……………………………………………… 38

2.5　安全文化建设的重要历程 ………………………………………………… 46

2.6　安全文化学的科学发展模式 ……………………………………………… 54

参考文献 …………………………………………………………………………… 57

第3章　安全文化的起源与演进 　　　　　　　　　　　　　**60**

3.1　安全文化的起源与演进机理 ……………………………………………… 61

3.2　安全文化发展与社会类型变革 …………………………………………… 64

3.3　安全文化的累积与创新 …………………………………………………… 66

3.4　中国传统安全文化解读 …………………………………………………… 67

3.5　探寻安全文化起源与发展 ………………………………………………… 72

参考文献 …………………………………………………………………………… 103

第4章　安全文化学的基础问题 　　　　　　　　　　　　　**105**

4.1　安全文化的特点 …………………………………………………………… 105

4.2　安全文化的功能 …………………………………………………………… 108

4.3　安全文化的类型 …………………………………………………………… 110

4.4 安全文化的层次结构 ·················· 112

4.5 安全文化符号系统 ·················· 121

参考文献 ······························ 127

第5章 安全文化学方法论 128

5.1 方法论概述 ······················ 128

5.2 安全文化学方法论的定义及内涵 ············ 130

5.3 安全文化学的研究进路及原则 ············· 130

5.4 安全文化学的主要研究程式 ·············· 132

5.5 安全文化学方法论的体系结构 ············· 137

参考文献 ······························ 138

第6章 安全文化学原理 139

6.1 安全文化学核心原理 ·················· 140

6.2 安全文化的功能与特点原理 ·············· 148

6.3 "6-5-2-4"安全文化生成理论 ············· 152

6.4 安全文化建设原理 ··················· 157

6.5 安全文化场原理 ···················· 163

6.6 安全文化宣教原理 ··················· 165

6.7 安全文化认同原理 ··················· 172

6.8 情感安全文化的作用原理 ··············· 178

6.9 安全伦理道德基础原理 ················ 182

参考文献 ······························ 189

第7章 安全文化学的学科分支 191

7.1 安全文化符号学 ···················· 192

7.2 安全民俗文化学 ···················· 198

7.3 比较安全文化学 ···················· 205

7.4 安全文化心理学 ···················· 213

7.5 安全文化史学 ····················· 219

参考文献 ······························ 226

第8章 安全文化学的外延 228

8.1 安全文化学与安全学科 ················ 229

8.2 安全文化学与安全社会学 ··············· 230

8.3　安全文化学与安全经济学 ·············· 232

8.4　安全文化学与安全教育学 ·············· 233

8.5　安全文化学与安全管理学 ·············· 235

8.6　安全文化学与安全人性学 ·············· 238

8.7　安全文化学与安全伦理学 ·············· 240

8.8　安全文化学与安全法学 ················ 242

8.9　安全文化学与安全心理学 ·············· 244

8.10　安全文化学与安全史学 ··············· 246

8.11　安全文化学与其他安全学科分支 ········ 247

参考文献 ······························ 249

第 9 章　安全文化学的应用实践理论　　250

9.1　典型的安全文化关联理论 ·············· 251

9.2　组织安全文化建设的基础性问题 ········· 258

9.3　组织安全文化建设的基本程序与方法 ······ 264

9.4　组织安全文化落地的基础性问题 ········· 266

9.5　组织安全文化落地的机理与方法论 ········ 270

9.6　基于安全标语的组织安全文化建设 ········ 273

9.7　组织安全文化评价的基础性问题 ········· 280

9.8　组织安全文化评价的方法论 ············· 285

9.9　组织安全文化识别 ··················· 287

9.10　安全文化标准建设 ·················· 292

参考文献 ······························ 299

第 10 章　安全文化学的应用实践典例　　300

10.1　家庭安全文化 ····················· 300

10.2　企业安全文化 ····················· 307

10.3　公共安全文化 ····················· 311

10.4　政府安全文化 ····················· 318

10.5　应急文化 ························· 326

10.6　安全文化产业 ····················· 330

10.7　和谐社会背景下的安全文化建设 ········· 338

10.8　"互联网＋"背景下的安全文化建设 ······· 344

参考文献 ······························ 351

第 1 章

绪 论

 **本章导读**

　　本章主要从宏观层面，对安全文化学进行介绍。通过本章的学习，以期读者能对安全文化学有一个基本的宏观认识，进而为本书后面各章节内容的学习奠定基础。本章主要包括以下 5 方面内容：①介绍什么是文化与文化学。②介绍安全与安全科学的定义和内涵。③提出安全文化的定义理论与方法，以及安全文化新定义。④分析安全文化的重要性。⑤分析安全文化学的定义与内涵，以及安全文化学的研究对象、研究范围、研究内容、研究目的、学科基础及主要学科分支。

　　事故灾难是人类的敌人，它可摧毁人类的一切。不幸的是，人类社会的发展却偏偏是一个与事故灾难休戚相伴的过程。因此，人类崛起的历程包含着与灾难事故斗争的历史。

　　也正是因为如此，人类创造了丰富的安全文化，安全文化在人类几百年的历史进程中始终与人类相伴随。在 19 世纪早期，铁路安全的倡导者与拥护者 Lorenzo Coffin 就已经提出"安全是每个人的事"这一重要的安全理念[1]；从 1986 年开始，"安全文化"这一术语就已开始逐渐兴起[2]。但是，作为研究安全文化的科学——安全文化学，却只有短短几年的发展历史。安全文化学作为一门崭新的学科，使人们对它的研究和探索既充满了好奇和期待，也充满了犹豫和徘徊。让我们带着这份"冲动"、"渴望"和"疑惑"，一起来揭开安全文化学的神秘面纱吧！

1.1　文化与文化学

　　安全文化是人类文化的重要组成部分（即它是一种子文化），而安全文化学又是安全科学与文化学交叉而产生的一门新兴学科，因此，我们在学习安全文化学之前，理应对文化与文化学先做一些整体性的扼要了解。这对我们后边深入学习和掌握安全文化学内容会有巨大帮助。

　　在现代社会现实生活中，"文化"一词在口头或书面中出现和使用的频率已日趋提高，"文化"这个概念也由此越来越多地进入了人们的视野。这不仅仅是因为在当今社会，文化与经济和政治相互交融，其在综合国力竞争中的地位和作用越来越突出，更深层次的原因是文化力已深深熔铸于民族生命力、创造力和凝聚力之中。此外，这也表明文化的渗透力，即文化向大众化发展的趋势已日趋凸显。总而言之，真可谓文化已成为一种社会与时代时髦、潮流与时尚的代名词。与此同时，因文化影响之大，渗透力之强，世界各国也开始普遍关注文化安全问题，即文化侵略问题。

由著名学者尤瓦尔·赫拉利[3]所著的《人类简史：从动物到上帝》(*Sapiens：A Brief History of Humankind*)书的首章标题就开宗明义地说："人类，一种也没什么特别的动物。"他主要是从生物学角度来谈人与其他动物的共性特征。但若要深究人相对于其他动物的特别之处，也许不同人会有不同的回答，但最具说服力的佐证与回答之一应是"人是文化动物"[4]。这是迄今为止，关于人的诸多定义中较为著名且被学界推崇的定义之一，该定义对于人与文化之间的关系给予了极其高度的重视。因此，在很长一段时间里，文化被认为是人类文明的产物，人类从"茹毛饮血，茫然于人道"的"直立之兽"演化而来，逐渐形成与"天道"既相联系又相区别的"人道"，这便是文化的创造过程。

文化作为人类社会的现实存在，具有与人类本身同样古老的历史。中国科学院古脊椎动物与古人类研究所倪喜军[5]研究员等人的最新研究成果表明，类人猿起源于约5500万年前。此前，科学界发现的最早的类人猿化石来自4500万年前，而这一成果，将人类祖先的历史推进了1000万年，堪称灵长类与古人类研究史上的一座里程碑。尽管如此，这与地球已存在46亿年的历史相比，5500万年的历史实在是微不足道，真可谓是弹指一挥间。然而，对于每一个人类个体而言，5500万年却又是一个极为漫长的历程，在这一漫长人类进化进程中，人类逐渐创造了辉煌的文化，从而成为了美丽地球上独一无二的文化动物。

但令人遗憾的是，作为最早研究人类文化的科学——文化人类学，却仅有短短100多年的发展历史[6]。"研究对象之久远而古老"与"研究学科之年轻与研究学科发展之短暂"形成了强烈而鲜明的对比与落差，使人们对研究这门新兴学科既充满了好奇与期待，也充满了压力与紧迫感。

1.1.1 文化

综观人类社会发展的历史，文化既表现在对社会发展的导向作用上，又表现在对社会的规范、调控作用上，还表现在对社会的凝聚作用和对社会经济发展的驱动作用上。近年来，文化逐渐真正显现出"雅俗共赏"的良好发展态势，"雅"主要指内涵与品位，"俗"则主要指渗透力，即大众化。换言之，近年来文化不仅逐渐与品位、民族性、高等级、个性化、历史长度和深度等紧密结合起来，而且更贴近于普通大众与人们的生活，逐渐被人们熟知与喜爱，成为了人们茶余饭后的闲谈与精神食粮。

常言道："没文化真可怕！"可"文化"到底是什么呢？学历？经历？阅历？……这些答案都是不全面且不准确的，甚至毫不夸张地说，上述理解只是"文化"的皮毛而已。笔者比较欣赏中国著名作家梁晓声就"文化"的理解，他将"文化"表达为四句话："根植于内心的修养""无需提醒的自觉""以约束为前提的自由"与"为别人着想的善良"。笔者在此斗胆补充一句"藏于心腹的文明积淀"。其实，我们的生活就需要这样的文化，特别是我们的安全文化。但这只是一种对文化内涵的理解，那么该如何科学界定文化的概念呢？

众所周知，文化现象广泛存在并贯穿于人类社会发展之中，人们对"文化"一词并不陌生，但若想科学地给文化下一个严格、简单、精确而普遍认可的定义，并非易事，更应该说是困难重重，甚至是不可能的。因为文化本身就是一个非常广泛的概念，再加之不同人之间的学术习惯与历史文化背景等的差异，以及定义文化的切入角度等的不同，仁者见仁，智者见智，以致关于文化的定义层出不穷，林林总总，甚至已经到了让人瞠目结舌的地步。

因此，文化是一个颇受争议的概念，如 20 世纪 50 年代，美国人类学家阿尔弗雷德·克洛伊波和克莱德·克拉克洪在他们的著作《文化：概念和定义批判分析》统计列举了历史上 160 余种不同的文化定义，并逐一进行分析，他们将五花八门、形形色色的定义根据一些"基本主题"进行归类，结果得出 9 种基本文化概念范畴，分别是哲学、艺术、教育、心理学、历史、人类学、社会学、生态学和生物学[6]。此外，按法国学者摩尔的统计，则有 250 种[6]。

事实上，关于文化的定义仍在不断增多，且更为有趣的是，迄今为止，关于文化的概念并没有获得权威且公认的界定。由此可知，文化一定有一个特点，即"有历史、有内容、有故事"，这也使得文化学研究形成了众多学术流派，诸如进化学派、传播学派、社会学派、功能学派、心理学派、结构学派与符号学派等，即安全文化学研究呈现出一派异彩纷呈、丰富多彩的景象。

对于"文化"这一概念，陆扬等[7] 在其著作《文化研究导论》一书中这样描述："这似乎是一个你不说我还明白，你一说我就开始糊涂的话题。"尽管如此之难，但国内外学者还是在一直不断尝试给出一个较为准确的文化的定义，学者们从不同角度深入研究和解析文化的内涵，为我们深入认识和开展文化研究打下了坚实基础。但是因为定义众多，也使得我们在认识"文化"时产生了困难。因此，对"文化"定义的梳理很有必要。当然本书不可能穷尽诸多文化定义，仅试图简单综述部分具有代表性并被绝大多数专家和学者认同的文化定义。

1.1.1.1　广义文化观与狭义文化观[6,8]

关于文化的概念，一般可基于广义与狭义两个角度来解读，具体如下。

（1）广义文化观　广义文化指人类在社会历史发展过程中所创造的物质财富和精神财富的总和。文化的广义概念可以说涉及人类生活的方方面面，把人类创造或打上人类痕迹的所有形态都称作文化，其涵盖面非常广泛，故又被称为大文化。诸如中国文化、世界（外国）文化、民族文化、地区文化、历史文化、现代文化与后现代文化等；具体的则更有婚姻文化、丧葬文化、民俗文化、居室文化、茶文化、交通文化、饮食文化、服饰文化、体育文化、数学文化、体育文化与娱乐休闲文化等，甚至在厕所里、课桌上的涂鸦我们也称之为厕所文化与课桌文化。总而言之，广义的文化概念将文化定义为一种几乎可涵盖所有人类创造或有人类痕迹的万能语言。值得一提的是，随着人类科学技术的发展，人类认识世界的方法和观点也在发生着根本性的改变，对文化的界定也越来越趋于开放性和合理性，因此，广义的文化概念顺应了这一趋向。

（2）狭义文化观　狭义文化是指专注于人类的精神创造及其成果，主要是指人们普遍的社会习惯，如衣食住行、风俗习惯、生活方式与行为规范等。从逻辑上看，狭义文化从属于广义文化，其相当于广义文化的深层结构——精神层面。

事实上，根据两种文化观各自的出发点，通过逻辑推理得出的结论都有其合理性，且运用它们来解释社会历史现象以及社会矛盾也有其道理，因此，两种见解各不相让，各自对对方的批驳都是言之有理。之所以出现这种状况，关键在于对文化内涵认识的不一致。按照传统的唯物史观的框架，文化自然是由经济所决定的人类的精神活动及其产品，而广义的文化观便是唯心主义的文化决定论，它与我们传统理解的马克思主义的唯物史观是不相一致的。由此可见，对文化概念的科学界定必须要基于对文化本身内涵的深入理解。

1.1.1.2 文化国外说

今天我们使用的"文化"概念来自于西方，"文化"（Culture）源于拉丁文中的"Cultura"，"Culture"由 cult 词根加 ure 后缀构成，有文化、文明，修养、教养、栽培、养殖、耕作之意，意思是耕种土地、祭祀神明、培养动植物以及加强修养等。这种用法至今仍然在"农业"（Agriculture）和"园艺"（Horticulture）两词中有所保留。18 世纪以后，"文化"（Culture）在西方语言中演化成个人的素养、整个社会的知识、思想方面的成就、艺术和学术作品的汇集，并被引申为一定时代、一定地区的全部社会生活内容。由此可见，西方的"文化"（Culture）更多地展现了逐渐由物质生产活动引入精神生产活动的特点。

而"文化"一词真正的社会学意义则是随着 19 世纪下半叶以来人类学和社会学的发展而被逐渐赋予的[6]。其中，英国文化人类学家泰勒（Tylor）[9] 在其 1871 年出版的《原始文化》一书中，开篇就给出"文化"的经典概念，并首次将"文化"作为一个中心概念进行描述：文化，或文明，就其广泛的民族学意义来说，是包括全部的知识、信仰、艺术、道德、法律、习俗，以及包括作为社会成员的人所掌握和接受的任何其他的才能和习惯的复合体。

在泰勒里程碑式的论述之后，在国外又出现了诸多关于文化的定义。基于文献 [6，8，10，11]，对国外部分较具代表性的文化定义进行简单举例（见表 1-1）。

表 1-1　国外部分较具代表性的文化定义

序号	文化定义
1	英国文化人类学家马林诺夫斯基指出，文化是指传统的器物、货品、技术、思想、习惯及价值而言的，并且包括社会组织
2	美国克莱德·克鲁克洪指出，文化是指某个人类群体独特的生活方式，既包含显性式样又包含隐性式样，它具有为整个群体共享的倾向，或是在一定时期为群体的特定部分所共享
3	日本文化学家祖父江孝男指出，文化就是后天形成的，成为群体成员之间共同具有且被保持下来的行为方式（也可以叫模式）
4	苏联有学者认为，文化是受历史制约的人们的技能、知识、思想感情的总和，同时也是其在生产技术和生活服务的技术上、在人民教育水平以及规定和组织社会生活的社会制度上、在科学技术成果和文学艺术作品中的固化和物质化
5	德国有学者认为，文化是指人类在一定时期一定区域内依据他们的能力在同周围环境斗争中以及在他们的理论和实践中所创造的成果，包括语言、宗教、伦理、公共机构、国家、政治、法律、手工业、技术、艺术、哲学和科学
6	西班牙有学者认为，文化是指在某一社会里，人们共有的由后天获得的各种观念或价值的有机整体，也就是非先天遗传的人类精神财富的总和
7	法国有学者认为，文化是指一个社会群体所特有的文明现象的总和，它包括知识、信仰、艺术、道德、法律、习俗以及作为社会成员的人所具有的一切其他规范和习惯

从以上几个文化定义中可以发现，在西方，德语"文化"一词常含有极深邃的精神意义，而英美一些国家的"文化"一词常常蕴含着社会的、政治的意义。

1.1.1.3 文化中国说

中国文化具有悠久的历史。中华文明有数千年历史，夏商周三代是中华文明的发端。"六经"和先秦诸子百家的思想奠定了中国文化的基础、体系和框架。魏晋玄学、宋明理学、具有中华民族特色的佛教、道教等，逐渐形成中国文化体系。这个文化体系历经几千年而没有断裂，一直在传承和发展，这是其他文化所不具备的。

"文化"一词在中国历史上很早就已使用，就文化的意思而言，则出现得更早，研究表明其至少应当推至东周。孔子曾极力推崇周朝的典章制度，他说："周监于二代，郁郁乎文哉。"(引自《论语》)，这里的"文"就已经有了文化的意味。而"文化"最早见于《周易》之"观乎人文以化成天下，言圣人观察人文，则诗书礼乐之谓，当法此教而化成天下也。"就词源而言，古代汉语最先将"文化"合二为一使用的则是西汉刘向的《说苑·指武》，他写道："圣人之治天下，先文德而后武力。凡武之兴，为不服也。文化不改，然后加诛。"这里，把"文化"与"武威"对举，"文化"的基本含义便为"文治教化"。

此后，南齐王融在《三月三日曲水诗序》中写到："设神理以景俗，敷文化以柔远。"；汉代荀悦有所谓"宣文教以张其化，立武备以秉其威"之说；南朝梁昭明太子萧统所谓"言以文化辑和于内，用武德加于外远"，即所谓"文化内辑，武功外悠"的说法，晋代束皙在《补亡诗》也同样阐述了此涵义。从上述数种文化的古老用法中可以看出，中国最早"文化"的概念是"文治和教化"的意思。在古代汉语中，文化就是以伦理道德教导世人，使人"发乎情止乎礼"的意思，正如钱穆先生所讲，中国的"文化"偏重于精神方面。

新中国成立后，根据修订后的《词源》，"文化"一词是指文治和教化。而今指人类社会历史发展过程中所创造的全部物质财富和精神财富，也指社会意识形态。《辞海》则认为"文化"一词有3种含义：①从广义上说，文化是指人类社会历史实践过程中所创造的物质财富和精神财富的总和，而从狭义上讲，文化是指社会的意识形态，以及与之相适应的制度和组织机构；②泛指一般知识，包括语文知识在内；③指中国古代封建王朝所实施的文治和教化的总称。应该说，《辞海》中的文化定义代表了中国目前大多数学者的观点。

在此，基于文献[6,8,12~14]，再罗列一些中国著名文献、专家和学者就文化的定义，具体如下。

(1)《易经》中认为，文化即"观乎人文，以化成天下"。

(2)《尔雅·释诂》中认为，文化即"文，饰也"。

(3)《太玄经》中认为，文化即"文为藻饰"。

(4)梁启超认为，"文化者，人类心能所开释出来之有价值的共业也"。

(5)孙中山认为，简单地说，文化是人类为了适应性生存要求和生活需要所产生的一切生活方式的综合和表现。

(6)蔡元培认为，文化是人生发展的状况。

(7)任继愈认为，文化有广义和狭义之分，广义的文化包括文艺创作、哲学著作、宗教信仰、风俗习惯、饮食器服之用，等等；狭义的文化专指能够代表一个民族特点的精神成果。

(8)梁漱溟认为，文化就是吾人生活所依靠的一切，意在指示人们，文化是极其实在的东西。文化之本义，应在经济、政治，乃至一切无所不包。

(9)杨宪邦认为，文化是一个社会历史范畴，是指人类创造社会历史的发展水平、程度和质量的状态。所谓文化不是不受人的影响而自然形成的自然物，而是人在社会实践过程中认识、掌握和改造客观世界的一切物质活动和精神活动及其创造和保存的一切物质财富、精神财富和社会制度的发展水平、程度和质量的总和整体，它是一个有机的系统。

（10）张汝伦认为，文化可以说是人与自然、人与世界全部复杂关系种种表现形式的总和。

（11）张岱年认为，所谓文化，包含哲学、宗教、科学、技术、文学、艺术以及社会心理、民间风俗等等。在这中间，又可分为三个层次。社会心理、民间风俗属于最低层次；哲学、宗教属于最高层次；科学、技术、文学、艺术属于中间层次。

（12）刘守华认为，所谓文化，就是人类为求生存发展，结成一定社会关系，进行种种有社会意义的创造活动。文化就是这些活动方式、活动过程及其成果的整合。

（13）吕斌认为，文化是人类特有的、能动地适应环境的方式，其实质是人的非遗传信息，特别是体外信息。

（14）陈华文认为，所谓文化，就是人类在存在过程中为了维护人类有序的生存和持续的发展所创造出来的关于人与自然、人与社会、人与人之间各种关系的有形无形的成果。

（15）台湾学者钱穆认为，文化只是"人生"，只是人类生活。……文化是指集体的、大众的人类生活。

1.1.1.4 对文化定义的理解

其实，关于文化的定义还可以不断地列举下去，但上述内容已经具有足够的代表性，总而言之，它们归根结底都是为了让人们理解什么是文化。从中我们可以看到，有关文化的定义是多种多样、丰富多彩的，有关文化概念的界定也一直犹如雨后春笋般不断涌现。到后边学习中你也会发现，关于安全文化的定义也是如此之多，如此之杂。正是这种文化定义的多样性和丰富性，再加之文化本身又具有民族性、地域性（所谓的"一方水土养一方人"）、历史连续性和包容性（所谓的"海纳百川，有容乃大"），可总括为文化具有多样性、丰富性与神秘性，这使得对文化的探索与研究对我们而言具有极大的诱惑力。通过这种不断的探索与研究，也使我们对文化的概念与内涵的认识与理解日趋明晰。

了解了不同学者在不同时期给文化下的定义之后，应对文化有如下一些理解。

（1）文化是极其复杂的，很难一语道破其本质。不同的定义只是从不同角度、不同层次对其进行概括。

（2）每个民族、每个社会、每一群人都有一种文化。文化对他们而言是共有的，同时又是特有的，是其与其他民族、社会和人群的区别。

（3）文化是其使用者适应内外环境、应对种种问题的产物。人们创造文化，就是为了享用文化；没有文化，人们将无法适应内外环境。

（4）文化是被保留下的经验，可以传承，上一代传给下一代，代代相传。同时，文化又是可变的。人们在传承中总是要进行选择的，有价值的新鲜经验收纳进来，过时的没用的经验被放弃。

（5）文化的构成复杂，但其核心是价值观。价值观影响选择，支配行为。如果没有价值观，则很难想象不以价值观为核心的文化将是什么样子。

1.1.2 文化学

文化学，何以成立？何以为用？为此，我们先得弄清文化学的由来和兴起。据考证[6,8]，德国、英国与美国三国的学者为创建并发展文化学在前期付出了巨大努力。在此，仅简单列举部分文化学创建早期较具影响力的研究成果，具体见表 1-2[6,8]。

表 1-2　文化学创建早期部分较具影响力的研究成果

序号	主要成果
1	1838 年，德国学者列维·皮格亨第一次提出"文化科学"一词，主张全面系统地研究文化，试图建立一门认识人类与民族的教化改善之法则的文化学
2	德国学者 C.E. 克莱姆的《人类普通文化史》（十卷本）于 1843～1852 年分批出版，《普通文化学》（两卷本）于 1854～1855 年出版，其中均使用了"文化学"一词
3	1871 年，英国著名人类学家泰勒在克莱姆的文化定义的基础上，在《原始文化》一书"关于文化的科学"一章中提出一个经典定义，被视为文化学的奠基之作，标志着文化学学科的正式形成，泰勒本人也被尊为文化学的奠基人
4	1901 年，美国学者霍尔姆斯首次提出文化人类学的概念，以与从生物特性角度研究人的体质人类学相区别。文化人类学的研究对象是"文化与人"，是从文化的角度研究人的学科。文化人类学的兴起，标志着对文化现象的认识有了新的突破
5	1908 年，英国学者 J. 弗雷泽提出"社会人类学"，近几十年欧美一些国家则代之以社会文化人类学。实际上，文化人类学、社会人类学与 1607 年出现的"民族学"指的是同一门学科
6	1909 年，德国化学家、诺贝尔奖获得者奥斯瓦尔德在《文化学之能学的基础》中积极倡导在社会学之外另建文化学，并正式提出文化的科学——"文化学"的概念

由表 1-2 可知，文化学是基本按"人类学→文化人类学＝社会人类学＝民族学→文化学"的脉络演化发展而来的，换言之，以往各门学科涉及文化研究的状况已不能适合形势的发展，文化学便应运而生。直至美国文化人类学家怀特的《文化的科学——人类与文明研究》（1949 年）与《文化的进化》（1959 年）的相继面世，标志着具有现代意义的文化学初步形成，因此，怀特被人们誉为"文化学之父"[6,8]。此后，各国学者积极对文化学开展研究，出版了众多文化学论著，并逐渐在高等院校等开设文化学类课程。

在中国，李大钊最早提出"文化学"一词，出自他在 1924 年出版的《史学要论·历史学的系统》一书中[6]。尽管学界认为该书中所谓"文化学"与我们现在理解的文化学还不一样，但其首倡之功不可没。1926 年，张申府在《文明或文化》一文中使用了"文化学"一词，此后，中国学者对文化学进行研究的还有黄文山、陈序经、阎焕文、朱谦之、孙本文、费孝通等[6]。20 世纪 80 年代以后，中国掀起了"文化热"，1982 年，钱学森就呼吁建立文化学，他说："分散地提这门学问、那门学问不行了，要综合地提、全面地提，所以建议称这门学问为文化学。"他主张从整个社会系统来研究文化事业并建立这门学科。

对于"何为文化学""何为文化学的研究对象""文化学何以用"等诸多文化学学科基本问题，文化学者均做过详细论述。由文献［6,8,15］可知，大致有如下理解。

（1）文化学是一门研究和探讨文化的产生、创造、发展演变规律和文化本质特征的科学。

（2）文化学以一切文化现象、文化行为、文化本质、文化体系，以及文化产生和发展演变的规律为研究对象，它从总体上研究人类的智慧和实践在人类活动方式（包括思维方式和行为方式）上的表现及其发展规律。

（3）文化学研究具有重要的理论价值（文化学是独具特色的理论体系，对于理论创新不可或缺）、教育价值（文化学是实现素质教育的基本学科，包括思想道德、科学、宗教、艺术，等等）、国际交流价值（文化交流是国际交流的重要方面）与应用价值（文化与政治、经济形成社会的三维结构，文化学研究为构建社会主义和谐社会提供精神动力、思想保证、舆论支持和文化条件）。

总之，文化学研究的兴起，适应了时代和社会需求。文化学是人类文化发展到一定阶段的产物，迫切需要从总体上全面系统地研究文化。文化是一种"软实力"，对社会发展起着不可替代的作用，无论是从学科发展还是从文化建设的角度，文化学都大有可为。人类的潜力是无限的，因此，人类的文化发展也是无限的。由此可知，解释、探索与研究文化之谜应是一个永恒的话题。

1.2　安全与安全科学

安全文化学是安全学科的重要学科分支，在《学科分类与代码》（GB/T 13745—2009）[16]中，将安全文化学（代码6202160，隶属于二级学科安全社会科学）列为一级学科安全科学技术的一个三级学科。此外，安全文化学又是安全科学与文化学交叉而产生的一门新兴学科。由此可知，为比较清晰而全面地了解和学习安全文化学相关知识，有必要在了解文化与文化学之后，对安全科学学科的一些关键概念及安全科学的由来、发展与研究内容等大致有一个明确而清晰的了解和把握。

1.2.1　安全

安全是一个老生常谈的话题。中国知名科学家杨沛霆认为，无论是在遥远的原始社会，还是在触手可及的现代社会，人类为了"活得了（即保命）"与"活得好（即健康、舒适、方便）"[17]，一直在追求和抓两件事：一是解决吃、穿、住的生活问题，这就是发展生产；二是解决人身安全的问题。前者是生活保障，后者是安全保障，这是人类有史以来最关心的两大课题。二者也正是著名心理学家马斯洛提出的人的最底层的两个基本需要（即生理需要和安全需要）的真实反映。

但是，在现代社会，尽管人们主要追求和抓的两件事并未发生大的变化，但它们的内涵与外延已发生巨大变化，人们对生产生活的要求与古代有了天地之别，人们对安全的担忧也绝不仅为战死病死的问题，人们对安全的担忧由自然灾害、战争、疾病转至生产安全、交通安全与火灾等。特别是随着现代化与全球化时代的来临，人类已悄然迈入风险社会，随即安全的对立面由"危险"变为"风险"，"我饿"的威胁被"我怕"的恐惧所取代，各类安全问题与安全矛盾层出不穷，时刻威胁着人类的安全，使人类时时处于危机之中。

在安全科学领域，有一句几乎人人皆知的老话：安全作为问题是古老的，但安全科学却是崭新的，这句话算是对"安全"与"安全科学"关系的完美而贴切的诠释。的确，直到20世纪70年代以来，世界上部分国家（包括中国）的安全学者才先后提出"安全科学"的新理论，80年代开始倡导创建"安全科学"体系[18]。而安全是人类有史以来就有的一个老问题，安全科学作为一门学科被提出，并逐渐被人们重视与接受的时间与人类历史长河相比，真是可以忽略不计，可见安全科学之新。

人们只有当经历了残酷、无情与血淋淋的灾难和事故后才会逐渐重视并接受安全科学，即所谓的"无知者无畏"，才发现安全保障与生活保障一样重要，人们才逐渐形成"发展生产固然十分重要，安全也非常重要"的观念。换言之，安全需要本来是人的本能需要，但人们对安全科学的重视与接受却是一个被动倒逼的过程。笔者的此观点与著作《坦克尼克效应》（The Titanic Effect）[19] 的作者 Watt 通过对历史资料分析后得出的具有普遍性重要意义的结论，即"只有当灾难到了人相信其可能时，人才会计划防止它或将其后果最小化"便不谋而合。

安全是当今社会的热词，更是出现在安全科学领域的高频词，人们无时无刻不在提"安全"，但很多人，甚至是安全科学领域的研究者并不清楚安全是什么，是结果还是过程或是状态？同时，上述问题也是安全学界探讨最多、争议最多的问题。对安全的认识与理解极为重要，因为对安全的不同认识和理解决定了安全科学的不同内涵与外延，决定了安全科学实践的不同措施与方法等。故在此对"安全"概念略做探讨。

1.2.1.1 中文中的"安全"[20]

在《辞海》与《辞源》中，无"安全"一词之合解，仅有对"安"与"全"二者的分别释义。在《辞海》中，"安"被解释为安全与安稳之意；而在《新华字典》中，对"安"的基本释义是无危险、不受威胁、平静、稳定、安定、安心与安宁等，与其含义相对应的成语有"转危为安""安之若素""安身立命""安邦定国"等。在《辞海》中，"全"被解释为完备与齐全之意；而在《新华字典》中，对"全"的基本释义是使不受损伤、保全、完备、齐备、完整、不缺少与齐全等，与其含义相对应的成语有"全力以赴""全璧归赵""苟全性命""五毒俱全"等。

根据汉语构字法，也可对"安"与"全"进行释义。在王筠的《文字蒙求》中，将"安"字解释为"从女在宀下"，即为屋檐下之女，有"女子受到保护"之意，或者说"保护女子"之意。中国华北科技学院安全与社会发展研究所颜烨认为，"安"还有"安稳是人生存之母、生存之基"之意。而"全"是由"人"字与"王"字一上一下构成，有人之最大、最高、最核心、最基本之意。简言之，安全最根本的主体是人，即所谓的"安全以人为本"。

在康殷的《文字源流浅析·释例篇》中，"安"字被解释为"像妇女在家中之状"，表明有家庭主妇的处所即是"安"，这与古语"妻贤夫安"的含义也恰好吻合，由此可见，这也被当代人认为是对"安"字最深刻而贴切的解释——"'安'字，上面一个宝盖头喻义为家，就是告诉男人，女人就是家，家里有一个女人，你的心里才能安宁，你才能感觉温暖"的由来。在许慎的《说文解字》中，"全"字被解释为"篆字同全从王……全，绝玉也"，说明有家庭和财产（玉）即视为"全"。《列子·天瑞》中有"天地无全功，圣人无全能，万物无全用"的记载。

此外，在中国还有一些富有中国传统文化色彩的关于"安"与"全"两个汉字的有趣字谜，如关于"安"字的有"宝玉不在姑娘在"与"家里卖猪得千金"等，关于"全"字的有"大干变了样"与"一人之下，万人之上"等。还需一提的是，"安"与"全"两个汉字的演变过程也极其复杂，具体见表1-3。

表 1-3 "安"与"全"的演变过程

甲骨文	金文	金文大篆	小篆	繁体隶书
宊	宋	宊	宋	安
		全	全	全

在中国,对于"安全"一词的释义,最早出于《易传》中的"无危则安,无损则全"这句古语,被认为是先贤对"安全"含义最早、最为经典的概括与阐释。从《新华字典》中求证,"安全"是指没有危险、不受威胁与不出事故之意。此外,由上述对"安"与"全"两个汉字的解释可知,在中国文化背景下,特别是在中国古代,"安全"首要的是家庭及家庭成员的祥和平顺,其次是家庭财产的富足稳定。

其实,在中国古代,"安"与"全"两个汉字也通常用来表达"国安"之意,如"定国安邦""长治久安",以及"今国已定,而社稷已安矣"(《国策·齐策六》)等就表达该含义,只是未直接出现"全"字而已,但是"全"字的含义还是被囊入其中了。由此可知,在古代汉语中,并无"安全"一词,但"安"字却在许多场合下表达着现代汉语"安全"之意。再如"是故君子安而不忘危,存而不忘亡,治而不忘乱,是以身安而国家可保也。"(出自《周易·系辞下》),这里的"安"是与"危"相对的,并且如同"危"表达了现代汉语的"危险"之意一样,"安"所表达的也就是"安全"之意。

1.2.1.2 外文中的"安全" [20]

安全的梵文为 Sarva,意即无伤害或完整无损。在安全科学领域,目前,学界一般将汉语"安全"一词英译为"safety"。《牛津高阶英汉双解词典(第 6 版)》对"Safety"主要释义有两个:①安全、平安(The state of being safe and protected from danger and harm);②安全性、无危险(The state of not being dangerous)。此外,关于"safety"有两条经典谚语:"Safety is first"(安全第一)与"There's safety in numbers"(人多保险)。

据考察,英文词汇"Safety"更多指物态意义上的硬安全,而还有另外一个表"安全"之意的英文词汇"Security",其更偏重于人文意义上的软安全(同时包含采取措施保障安全的涵义),如《韦伯国际词典》将其解释为:安全即表示一种没有危险、没有恐惧、没有不确定性、免于担忧的状态,同时还表示进行防卫和保护的各种措施。就词源而言,"Safety"、"Security"与"Sure"(确定的)同源,含有安全、平安、稳妥、保安与可靠等意思。综合来看,二者都含有"安全、保障、稳定"的意蕴,意义上几乎无显著差异。

目前,中国政界、学界更是基于"大安全"视角,把安全问题划分为自然灾害、事故灾难、公共卫生安全与社会公共安全四大块,囊括了"Safety"和"Security"意义上的安全。从这个层面上说,安全不仅仅是一种状态,还包括获取安全的手段,这两层含义也是经常被安全专家学者提及的关于"安全"的含义的两个方面。

1.2.1.3 科学名词安全的定义[21]

定义是对于一种事物的本质特征或一个概念的内涵和外延的确切而简要的说明。学科的元定义可揭示其学科本质，彰显其学科核心，演绎其学科体系，意义十分重大。但定义在不同学科中的重要性并非一样，定义的唯一性越高，其重要性越强。安全学科属于综合交叉学科，安全学科研究者可基于不同视角阐释同一定义，导致学科定义的唯一性不高，统一定义的难度极大。早在1996年，中国安全学者曾庆南就指出"现在到了需要给安全概念下定义的时候了，客观上已经有了这种需要"，但学界至今仍未明确安全的定义，且争议颇多。鉴于安全科学的理论研究源于对"安全"一词的定义，若此元概念都不确切、不简明，即可视为安全科学无根基，安全科学理论研究更是无从谈起。因此，探讨并统一安全定义极为重要。

多年来，国内外研究者对"安全"下了较多定义，对其梳理，可以概括出两条路线。

（1）社会科学路线 20世纪70年代以前，安全概念主要与国家相关，而威胁的形式则来自军事方面，因此，军事学家史蒂芬·沃尔特（Stephen Walt）从军事角度优先定义安全；随后，政治经济学家理查德·乌尔曼（Richard Ullman）在《重新定义安全》中从更广泛的全球性视野定义安全；社会学家安东尼·吉登斯（Anthony Giddens）将人的个体安全定义成一种信心，超越了安全概念研究的局限，提出从多学科角度研究安全感；国际关系学及安全研究方面的理论泰斗巴瑞·布赞（Burry Buzau）在其代表作《人民、国家和恐惧》中，认为安全研究应当在横向上涵盖社会安全、经济安全、政治安全、军事安全和环境安全，在纵向上贯穿全球安全、国家安全、民族安全和个体安全，从水平和垂直两个方向极大地延伸了对"安全"概念的认识，构成了透视安全问题的综合方法。此类定义有利于拓宽安全理论的视角，但其以安全所涉及的宏观领域为主要关注对象，难以深入安全概念的本质与核心。

（2）安全工程路线 改革开放以来，中国安全生产领域事故高发，党和政府对事故防控工作的重视催生了快速发展的安全工程专业。中国安全科学领域的学者对安全概念的理解主要有5种类型。

① 认为安全就是没有危险的客观状态，主要依据是《现代汉语词典》对"安全"的解释："没有危险；不受威胁；不出事故"；

② 认为安全是将系统的损害控制在人类可接受水平的状态，关键印证是国家标准GB/T 28001对"安全"的定义："免除了不可接受的损害风险的状态"；

③ 认为安全是一种没有引起死亡、伤害、职业病，财产、设备的损坏或环境破坏的条件；

④ 认为安全是具有特定功能或属性的事物免遭非期望损害的现象；

⑤ 认为安全是人们能够接受的最低风险。

其中，第2种类型得到较多的认同。以上定义或从反面定义安全，或借助其他概念表述安全，易于理解，在学科的理论传播中发挥了重要作用，遗憾的是，这些定义均未指明安全科学以人为本的实质。

无论是社会科学路线还是安全工程路线，它们共同的缺点是看不出安全概念的核心是人，内容缺少心理安全或心理伤害的比重，体现不出科学性和普适性，因此这些定义无法演绎出更多的外延乃至整个安全学科体系。联合国开发署1994年在《人类发展报告》中称："长期以来，人们对安全这一概念的解读过于狭隘：免受外来侵略的领土安全，或保护对外政策中的国家利益，或免遭核浩劫的全球安全。安全更多与民族国家相关联，而不是人。"归根结蒂，发展是以人为本的，物质安全必然处于人的安全之下。

中国安全学者刘潜给出的安全定义比较具有科学性和普适性。刘潜将安全定义为："安全是人的身心免受外界因素危害的存在状态（或称健康状况）及其保障条件。"该定义特征显著，有别于其他定义，更重要的是该定义能够表达安全的内涵并有可能演绎出安全的外延及安全学科的体系。刘潜本人对该定义曾做过多次改动，但还需要对该定义做进一步完善，原因包括：该定义过于宽泛，对人和时空都未限定；一句话中还用了括号加以说明不够简洁；"存在状态"已经包含了"保障条件"，没有必要保留；对"安全"一词下定义之后并没有做更系统的深入分析。

基于上述分析，本书笔者之一吴超把刘潜的定义修改为："安全是指一定时空内理性人的身心免受外界危害的状态（Safety is an existence condition that rational person's body and mind are not harmed by external factors in a certain time and space）。"该命题逻辑等价于"安全是指一定时空内的理性人客观上免受危害、主观上没有恐惧的状态。"

新的安全定义的内涵如下。

（1）新的安全定义对时间和空间进行了限定。不同时期、不同地区、不同国家对安全状态的认同度有很大的不同，没有时空的限定谈安全将会产生混乱。在新的安全定义中加入"一定时空"表明安全是随时空的迁移而变化的。

（2）新的安全定义强调安全以人为本。定义中用理性人是为了表达安全是以大多数正常人为本，如果安全是以少数非正常人为本，那就失去了安全的大众意义。由此也可以推出，个别非正常人和正常人在非理性状态时，均不属于安全定义中所指的理性人。另外，定义中没有将物质与人并列是基于物质是在人之下的东西，也就是说任何有形和无形的物质均是在人的安全之下的。

（3）新的安全定义指出人受到的危害一定是来自外界，把安全与人自身的生老病死区别开来。人自身的生老病死不是安全科学的课题，而是医学和生命科学等学科的课题，这一点也把安全科学与医学和生命科学区别开来。若一个人完全没有受到外界危害而自认为很不安全，这类人肯定属于非正常人。

（4）新的安全定义指出人受到外界因素的危害可分为三类：一是身体受到危害，对身体的伤害一般与人的距离较近，而且是短时间的；二是心理受到危害，对心理的伤害可以与人的距离很远，而且可能是长期连续的伤害；三是两种危害的同时作用与交互作用。由此推出，仅仅注意到人的身体危害是不科学的，心理危害有时更加突出。

（5）有价值物质的损失必然是人不希望看到的现象，物质损失对人的危害可归属为对人心理的伤害。因此，新的安全定义间接反映了物质损失的危害情况。有价值的非物质文化损失和精神摧残等同样是对人的一种伤害，理应归属于对人心理的伤害，在新的安全定义中也可以表达出来。

（6）"外界"系指人-物-环、社会、制度、文化、生物、自然灾害、恐怖活动等各种有形无形的事物，因此新的安全定义可以涵盖大安全的问题；同时也表达了人的安全一定是与外界因素联系在一起的，不能孤立地谈安全。由此可以推出，安全实际上一定是存在于一个系统之中，讨论安全需要以系统为背景，需要具有系统观。

（7）"人的身心免受外界危害"自然包括了职业健康或职业卫生问题，即新的安全定义包含了职业健康或职业卫生，不需要像其他安全定义一样对职业健康或职业卫生做专门注解。

（8）由新的安全定义可看出，安全科学的研究对象是关于保障人的身心免受外界危害的基本规律及其应用。

此外，鉴于某一概念的内涵与外延会随着时空的变迁而不断变化，因此，随着时代变迁，"安全"概念的内涵与外延也会随之发生变化。我们不妨设想一下未来生产、生活的情景，假如未来的危险作业几乎都由机器人来完成，也许那时我们的"安全"概念的内涵就会发生巨变，"安全"的主体就开始转向"机器人"，而并非仅是"人"。

1.2.2 安全科学[17,18]

在 20 世纪 70 年代以前，尚未有"安全科学"这一学科术语，可见，"安全科学"作为一门学科，是非常年轻的。大致从 20 世纪 80 年代开始，部分安全专家学者开始致力于倡导创建"安全科学"的学科体系，因为在这一时期，人们开始意识到"安全问题"就同"生产发展"一样，也是十分重要的。至此，安全作为一门科学开始逐渐被人们接受和认同。

安全方面的文献来自许多学科，这种多学科融合不断丰富着安全学科的发展。换言之，安全科学可视为是交叉学科发展的新领域，如同环境科学一样，它是一个综合性新兴学科，其需要社会学、心理学、文化学、思维科学、人体科学、系统科学、自然科学、管理科学等诸多学科知识与理论为基础与支撑。

据考证，在创建与发展安全科学早期，美国、日本、德国与中国等国的学者做出了突出贡献。例如：1974 年，美国南加州大学安全与系统管理学院创办《安全科学文摘》，该刊物收集和定期公布"安全科学"方面的内容和信息；1981 年，联邦德国专家库霍曼（A. Kuhlmann）著的《安全科学导论》（德文版）正式出版发行；1982 年与 1985 年，中国先后召开两次全国劳动保护科学技术体系学术讨论会，在第 2 次会议上，有学者开始倡导创建"安全科学"学科，并明确提出"安全科学"的学科概念和安全科学技术体系结构的框架；1986 年，美国 H. Herrmann 将库霍曼（A. Kuhlmann）著的《安全科学导论》译为英文 *Introduction to Safety Science*，并在 Spring 出版社发行；等等。

总之，安全科学与其他学科相比，尽管起步较晚，但发展还是比较迅速的，这除了与安全科学先辈的相关不懈努力，以及全世界都逐渐越来越关注安全问题的大背景有关外，应该还有一个更为重要的原因：安全科学作为综合交叉学科，其他学科的相关理论与知识加以提炼与改良后便可成为安全科学的理论基础。换言之，其他相关学科的理论与知识可为安全科学研究与实践提供强有力的支撑。

总而言之，安全科学的问世与发展具有重大的理论与实践价值。安全科学的问世表明，人们对安全的认识产生了新的飞跃，它是当代科学揭示安全的本质和运动变化规律的科学，而安全科学的快速发展为安全专业人才培养，以及促进社会安全发展、和谐发展奠定了坚实基础。

1.3 安全文化定义的理论与方法

本节内容主要选自本书作者发表的题为《安全文化的定义理论与方法研究》[22] 的研究论文，具体参考文献不再具体列出，有需要的读者请参见文献 [22] 的相关参考文献。

研究"安全文化"，有必要在了解国内外学者对"安全文化"的定义所做的系统、全面、归类性的论述的基础上，提炼安全文化的定义理论与方法，进而提出科学的安全文化定义。

据考证，安全文化源于安全氛围（1980 年 Zohar 首次使用并定义安全氛围）。但安全文化作为学术概念，国际原子能机构（IAEA）于 1986 年才首次正式提出，并于 1991 年首次提出安全文化的定义。至此，安全文化得到了众人的关注与讨论。

安全文化是近 30 年来安全科学领域内的研究热点。就理论而言，明确安全文化的定义理应是开展安全文化学理论与应用研究的逻辑起点。但遗憾的是，至今学界对安全文化定义仍未达成共识，争议颇多，且对现有定义存在的争议尚未做出合理而严谨的解释。此外，尽管现有的各安全文化定义均具有一定的合理性，但它们大多是基于安全文化应用研究提出的，未能穷尽安全文化的内涵与外延，未能顺应文化学与安全科学发展的总趋势，且目前尚未有基于安全文化学高度提出的安全文化定义，严重阻碍安全文化学研究与发展。因此，给予安全文化一个较为恰当而科学的定义，依然是当下安全文化学研究与讨论的重点。

鉴于此，基于扎根理论研究法，以现有诸多安全文化的定义为基础，笔者深入探讨安全文化的定义理论与方法，并从安全文化学高度，尝试提出安全文化的新定义，以期对现有安全文化定义存在的争议做出尽可能合理的解释。

1.3.1 安全文化定义的要素及逻辑表达式

1.3.1.1 安全文化定义的要素模型

基于扎根理论研究法，笔者通过全面考察、梳理、归纳与分析现有诸多安全文化定义，

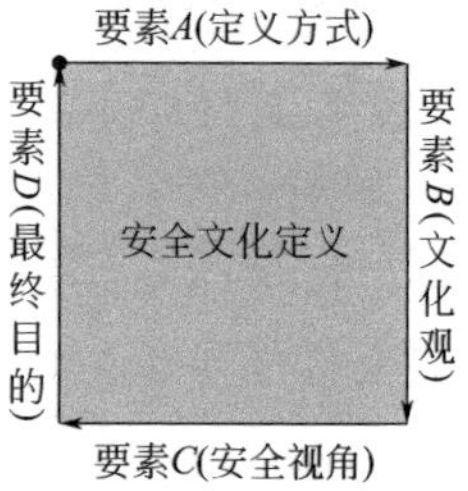

图 1-1 安全文化定义的四要素模型

发现各种不同的安全文化定义基本上是有规律可循的。基于此，笔者总结并提炼出安全文化定义的四要素，即定义方式、文化观、安全视角与最终目的。学界一般均基于不同的定义方式、文化观、安全视角与最终目的，对安全文化进行定义。由此，构建安全文化定义的四要素模型，如图 1-1 所示。

由图 1-1 可知，可用同一平面内的 4 条线段分别表示 4 个不同的安全文化定义要素，并将 4 条线段首尾依次连接构成一个封闭四边形，则表示安全文化被定义，即为安全文化定义的四要素模型。简言之，通过分别设定 4 个不同边界条件（安全文化定义的四要素相当于界定安全文化概念的 4 个边界条件）就可对安全文化进行定义。

1.3.1.2 安全文化定义的要素之含义

对安全文化定义的四要素之含义进行解释（见表 1-4）。

表 1-4　安全文化定义的四要素之含义

一级要素	二级要素	含义	备注说明
A（定义方式）	a_1（要素描述型）	将安全文化要素（即内容，如安全价值观与安全行为准则等）进行罗列，一般具体但复杂，易于一般人对安全文化内容与构成等的理解与把握	一般是一种或多种定义方式结合使用来定义安全文化。其中，要素描述型使用最为普遍
	a_2（价值认定型）	从安全文化的价值（即功用或意义，如对安全绩效、安全态度、安全行为与安全管理风格等的影响）方面出发，对安全文化进行定义	
	a_3（主体限定型）	通过限定安全文化主体（一般限定为人类或组织，组织如企业与单位等），对安全文化进行定义	
	a_4（"属＋种差"型）	基于种的角度，安全文化是文化的子集；基于属的角度，安全文化又诞生并应用于安全生产、生活领域。故可用"属＋种差"方法对其进行定义	

一级要素	二级要素	含义	备注说明
B （文化观）	b_1 （广义文化观）	基于广义文化观（广义文化观认为人类的一切活动及其结果都是文化，涵盖物质、制度与精神的各个层面），对安全文化进行定义	安全文化定义有按"狭义文化观→广义文化观"过渡的趋势
	b_2 （狭义文化观）	基于狭义文化观（狭义的文化仅指与政治、经济等相并列的精神活动及其产品），对安全文化进行定义	
C （安全视角）	c_1 （大安全视角）	基于大安全（主要包括自然灾害、事故灾难、公共卫生安全与社会公共安全）视角，对安全文化进行定义，更能体现安全文化的整体性	安全文化定义有按"生产安全视角→大安全视角"过渡的趋势
	c_2 （生产安全视角）	基于生产安全（仅指企事业单位在劳动生产过程中的人身安全、设备和产品安全以及交通运输安全等）视角，对安全文化进行定义，较具体	
D （最终目的）	d_1 （安全）	仅以安全文化是为保障个体或群体等的安全（如免受安全威胁与事故伤亡及财产损失等）这一层最终目的来定义安全文化	安全文化定义有按"安全→安全＋健康"过渡的趋势
	d_2 （安全＋健康）	以安全文化是为保障个体或群体等安全与健康（指人在身体、精神和社会等方面都处于良好的状态）这两层最终目的来定义安全文化	

1.3.1.3 安全文化定义的逻辑表达式及种类数

基于图1-1与表1-4，显而易见，可将安全文化定义用逻辑表达式抽象表示为：

$$A \wedge B \wedge C \wedge D \Rightarrow \text{安全文化定义} \tag{1-1}$$

式中：$A = \{a_1, a_2, a_3, a_4\}$；$B = \{b_1, b_2\}$；$C = \{c_1, c_2\}$；$D = \{d_1, d_2\}$。在每一个安全文化定义中，一级要素 A 可取 1 个或同时取多个与之对应的二级元素，其他一级要素仅可取 1 个与之对应的二级要素。

由式（1-1）可知，尽管不同定义者给出的安全文化定义可能存在一些微小差异，但就理论而言，若究其根本（即所强调的重点内容），它们无外乎是上述 4 个安全文化定义的一级要素所对应的二级要素的不同选取（即设定）所形成的不同组合而已。由此，若忽略各安全文化定义的具体表述的细微差异，根据逻辑运算法则与排列组合知识，可得出安全文化定义的总种类数，即

$$\text{安全文化定义的总种类数} = (C_4^1 + C_4^2 + C_4^3 + C_4^4) C_2^1 C_2^1 C_2^1 = 120 \text{（种）} \tag{1-2}$$

由式（1-2）可知，理论上，安全文化定义的种类数总计有 120 种。换言之，无论何种安全文化定义，均可通过分析与提炼其重点内容后，将其归入 120 种安全文化定义中的其中某一种。此外，由此观之，安全文化存在众多定义是理所当然的。

1.3.2 现有安全文化定义的推理及其争议解释

1.3.2.1 现有安全文化定义的推理

由上述可知，基于安全文化定义的逻辑表达式，即式（1-1），可通过逻辑推理导出所有安全文化定义。鉴于此，笔者基于式（1-1），选取国内外 9 个安全文化定义者（包括安全文化学者或机构）给出的较具代表性且广泛使用的典型安全文化定义进行逻辑推理（见表1-5）。与此同时，也对式（1-1）的普适性、科学性与合理性进行验证。

表 1-5　基于安全文化定义逻辑表达式的现有安全文化定义推理举例

序号	定义者	定义	设定的主要二级要素	逻辑表达式表示
1	IAEA：INSAG	安全文化是存在于单位和个人中的种种安全素质和态度的总和	a_1、a_3、b_2、c_2、d_1	$(a_1 \wedge a_3) \wedge b_2 \wedge c_2 \wedge d_1 \Rightarrow$ 定义 1
2	HSC：ACSNI	一个单位的安全文化是个人和集体的价值观、态度、认知、能力和行为方式的综合产物。它确定在健康和安全管理上的承诺、工作作风和精通程度	a_1、a_2、a_3、b_2、c_2、d_1	$(a_1 \wedge a_2) \wedge a_3 \wedge b_2 \wedge c_2 \wedge d_1 \Rightarrow$ 定义 2
3	OSTROM	安全文化是组织的信念与态度在组织运作、程序及政策等方面的反映,进而对安全绩效产生影响	a_1、a_2、a_3、b_2、c_2、d_1	$(a_1 \wedge a_2) \wedge a_3 \wedge b_2 \wedge c_2 \wedge d_1 \Rightarrow$ 定义 3
4	CLARKE	安全文化是组织文化的一个子集,是与健康和安全有关的信念和价值观	a_1、a_2、a_4、b_2、c_2、d_2	$(a_1 \wedge a_2) \wedge a_4 \wedge b_2 \wedge c_2 \wedge d_2 \Rightarrow$ 定义 4
5	徐德蜀	在人类生存、繁衍和发展的历程中,在其从事生产、生活乃至实践的一切领域内,为保障人类身心安全(含健康)并使其能安全、舒适、高效、康乐、长寿,使世界变得友爱、和平、繁荣而创造的安全物质财富和安全精神财富的总和	a_2、a_3、b_1、c_1、d_2	$(a_2 \wedge a_3) \wedge b_1 \wedge c_1 \wedge d_2 \Rightarrow$ 定义 5
6	曹琦	安全文化是安全价值观与行为准则的总和	a_1、b_1、c_1、d_1	$a_1 \wedge b_1 \wedge c_1 \wedge d_1 \Rightarrow$ 定义 6
7	罗云	安全文化是人类安全活动所创造的安全生产、安全生活的精神、观念、行为与物态的总和	a_1、a_3、b_1、c_1、d_1	$(a_1 \wedge a_3) \wedge b_1 \wedge c_1 \wedge d_1 \Rightarrow$ 定义 7
8	毛海峰（《导则》）	企业安全文化是被企业的员工群体所共享的安全价值观、态度、道德和行为规范组成的统一体	a_1、a_3、b_2、c_2、d_2	$(a_1 \wedge a_3) \wedge b_2 \wedge c_2 \wedge d_2 \Rightarrow$ 定义 8
9	傅贵	安全文化就是安全理念	a_1、b_2、c_1、d_2	$a_1 \wedge b_2 \wedge c_1 \wedge d_2 \Rightarrow$ 定义 9

注：IAEA：INSAG——国际原子能机构国际核安全咨询组；HSC：ACSNI——英国健康与安全委员会核设施安全咨询委员会；《导则》——《企业安全文化建设导则》（AQ/T 9004—2008）；安全文化概念最早诞生于生产安全领域,因此,上述安全文化定义中未注明的"组织"一般指企业,且侧重于生产安全领域,故笔者认为这种安全文化定义是基于生产安全视角提出的；对于目前尚未有具体文献对上述各安全文化定义中"安全"的含义明确解释为"安全（包括健康）"之意的,笔者暂且认为其最终目的仅为安全。

由表 1-5 可知,现有安全文化定义均可基于安全文化定义的逻辑表达式进行推理表达,从而证明式(1-1)具有普适性、科学性与合理性。需指出的是,显而易见,④与⑤的两点主观假定,并不影响上述对式(1-1)的普适性、科学性与合理性的验证结果。这是因为即便假定有偏差,但式(1-1)所表达的逻辑关系依然成立。

1.3.2.2　现有安全文化定义的争议解释

其实,安全文化定义和安全文化本身是两码事,因而,显而易见,安全文化定义与安全文化本身各自的历史发展也应是两码事,二者不可相混淆。每种文化类型本身仅有一种能够被认同的存在方式。同样,对于安全文化这种文化类型,不同学者均尝试通过各自对安全文化的自我认知而给予安全文化定义,但因不同学者对安全文化的认知存在差异,从而致使安全文化存在诸多定义。

由表 1-5 可知,其实不同定义者提出的不同安全文化定义均具有一定的合理性和优缺点，只是各自选取（即设定）的 4 个安全文化定义的一级要素所对应的二级要素（即切入点或角度）不同而已，这可视为形成众多安全文化定义的直接原因。究其根本原因，主要有定义者的研究与实践需要的不同、定义者的学术习惯的不同、历史背景的不同、其他类型文化定义的影响与多元安全文化解释方法的客观存在 5 个原因。对各根本原因分别进行解释（见表 1-6）。

表 1-6 安全文化定义存在诸多争议的根本原因及具体解释

根本原因	具体解释
定义者的研究与实践需要的不同	不同定义者根据自身的研究与实践需要，提出有利于或符合其自身的研究与实践需要的安全文化定义，如表 1-5 中定义 9 的定义者侧重研究事故预防，表 1-5 中定义 8 的定义者侧重研究企业安全文化建设
定义者的学术习惯的不同	就理论而言，因不同定义者的学术背景、知识储备、个人性格与对待学术的严谨程度等的差异，会使不同定义者养成独特的学术习惯，由此导致不同定义者对安全文化的定义，特别是定义的具体表述会存在诸多差异
历史背景的不同	因安全文化概念最早正式提出是在核工业领域，随即延伸至高危行业，再到普通行业，且最初安全文化应是由企业文化延伸而来，所以起初一段时间内的安全文化定义侧重于生产安全；但随着近年来"大安全观"与"大文化观"（即广义文化观），甚至是"新文化观"的逐渐形成，又使安全文化的内涵逐渐发生了延伸与拓宽，故导致安全文化定义也随即发生了变化
其他类型文化定义的影响	安全文化作为一种典型的文化类型，即基于属的角度，应隶属于人类文化。此外，学界普遍认为，组织安全文化应是组织文化的重要组成部分，因此，其他类型文化定义的变化会对安全文化定义产生直接影响
多元安全文化解释方法的客观存在	根据解释学的观点，人文社会科学的解释方法不同于自然科学的解释方法，其不具重复性、唯一性与定量性，它是多元的。多元的解释方法自然会得出诸多结论，而这些结论都有其合理性，对社会现实都有某种程度的指导意义。安全文化作为安全社会科学的主要学科分支，按此推理，安全文化的定义存在多元性也是必然的

1.3.3 安全文化的新定义

1.3.3.1 一种新的安全文化定义方法的提出

综上所述，笔者提出一种安全文化定义方法，即

$$现有定义 \xrightarrow{分析与总结} 共性与差异(发现规律) \xrightarrow{归纳与提炼} 定义的要素 \xrightarrow{优选与推理} 新定义 \quad (1\text{-}3)$$

由式(1-3) 可知，因安全文化存在诸多定义，由此，可按以下 3 步提出安全文化的新定义：①基于扎根理论研究方法，根据现有安全文化定义，分析与总结出现有安全文化定义的共性与差异，即发现它们之间的联系与规律；②根据现有安全文化之间的联系与规律，归纳与提炼出安全文化定义的核心要素；③基于安全文化定义的要素，以"尊重前人的安全文化定义研究成果，继承已有安全文化定义的合理成分"为原则，以"立足现实，展望未来"为基点，并根据自身的安全文化研究与实践需要等，对各一级要素所对应的二级要素进行优选与重新设定，进而推理导出新的安全文化定义。

显而易见，这种新的安全文化定义方法具有很强的科学性、严谨性与合理性，一定程度上摆脱了或很大程度上减弱了个体主观性的影响，因此，得出的安全文化定义也更具说服力和适用性。其实，对于存在诸多争议的学术概念（如安全科学领域的"安全""事故""风

险"等），特别是人文社会科学中的学术概念的定义，均可采用该定义方法进行定义，这是一种新的定义方法，也应隶属于解释学的方法论范畴。

1.3.3.2 安全文化定义的要素的优选与设定

笔者根据安全文化学研究、实践与发展需要，以及安全科学发展动态与趋势，基于安全文化学高度，借鉴文化学（包括企业文化学）相关经典著作（或教材），并按照式(1-3)的步骤③的具体要求，对安全文化定义的一级要素所对应的二级要素进行优选与设定，具体见表1-7。

表1-7 基于安全文化学高度的安全文化定义的要素优选与设定

一级要素	二级要素	是/否选择	选择/排除的理由	补充说明
A（定义方式）	a_1（要素描述型）	否	理论而言，要素描述型的定义方式并不能穷尽安全文化的所有内容，故排除a_1	为避免要素描述型定义方式的缺陷，笔者补充一种新的定义方式，即要素总括型，不妨将其设为a_5，其具体解释见安全文化的新定义解释
	a_2（价值认定型）	否	理应明确安全文化的价值是其区别于其他类型文化的关键，但在定义时，可用要素D来代替。为避免重复，故排除a_2	
	a_3（主体限定型）	是	若安全文化离开了主体，安全文化也就失去了意义，因此在定义安全文化时应限定安全文化的主体，故选择a_3	
	a_4（"属＋种差"型）	是	安全文化是文化的子集，但其又诞生并应用于安全生产、生活领域，因此"属＋种差"型定义方法可用，故选择a_4	
B（文化观）	b_1（广义文化观）	是	随着近年来大文化观（即广义文化观），甚至是新文化观的逐渐形成，经典的文化学（包括企业文化学）文献就文化（或企业文化）的定义绝大多数均基于广义文化观提出。此外，就安全文化而言，安全器物形态尤为重要，且从广义文化观定义安全文化，更有利于丰富安全文化学内涵，故选择b_1	广义文化观（即大文化观）也是顺应文化学发展趋势的具体体现
	b_2（狭义文化观）	否		
C（安全视角）	c_1（大安全视角）	是	随着现代化与全球化时代的来临，人类已悄然迈入风险社会，随即面临的安全问题日趋变多变杂，即由"点"变为"面"，直至为"体"。显而易见，在风险社会这一时代与社会背景下，树立大安全观是社会发展的现实需要和大势所趋。为促进现阶段安全文化学的研究与发展，也必须树立大安全观，故选择c_1	大安全视角（即大安全观）与安全科学的发展趋向相吻合
	c_2（生产安全视角）	否		
D（最终目的）	d_1（安全）	否	早期在安全科学领域，"安全"一般侧重于表达其狭义的含义，但目前在安全科学领域，绝大多数学者均认为"安全"应包括"健康"之意，这已基本达成共识。由此观之，为保持与目前安全科学领域中的"安全"含义的一致，安全文化的最终目的应包含"健康"，即"安全＋健康"，故选择d_2	为严谨起见，在定义安全文化时，应用"安全（包括健康）"加以限定
	d_2（安全＋健康）	是		

1.3.3.3 安全文化的概念模型

安全文化是人类文化的重要组成部分，因此，应基于整体主义路径，从安全科学视角出发去审视人类文化整体，进而提出安全文化的定义。具体而言，就是应以人的安全（包括健康）为纲领，提取并重新整合人类文化中与安全有关的文化元素，构建出以"珍爱生命、关注人的安康、提升人的安康保障水平及其生产与生活舒适度"为主旨的文化模式，即"人的生产与生活关系和谐、安全价值高扬、安全意义丰富和安全态度超迈"的文化模式。基于此，并根据表1-7对安全文化定义的要素的分析、优选与设定结果，构建安全文化的概念模型，如图1-2所示。

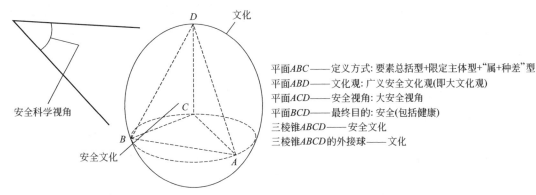

平面ABC——定义方式: 要素总括型+限定主体型+"属+种差"型
平面ABD——文化观: 广义安全文化观(即大文化观)
平面ACD——安全视角: 大安全视角
平面BCD——最终目的: 安全(包括健康)
三棱锥ABCD——安全文化
三棱锥ABCD的外接球——文化

图 1-2　安全文化的概念模型

安全文化的概念模型表明，宏观而言，基于安全科学视角去审视人类文化整体，就可提出安全文化的定义；具体而言，可分别从具体设定的定义方式、文化观、安全视角与最终目的4个角度去审视人类文化整体，就可界定出安全文化的概念，这相当于用4个不同平面（即平面 ABC、平面 ABD、平面 ACD 与平面 BCD）去截（即切）人类文化整体（即三棱锥 $ABCD$ 的外接球），所形成的三棱锥 $ABCD$ 即为界定的安全文化概念。

1.3.3.4 安全文化的新定义

综上所述可知，对于安全文化的定义，归根结蒂是为让人们理解什么是安全文化。事实上，安全文化是一个整体或具体事物，无论是何种安全文化定义，就安全文化本身而言，都应拥有同样的内涵和外延，即安全文化概念的界定对于客观存在的安全文化而言应是可同一的。

由此，笔者基于安全文化的概念模型与表1-7内容，从安全文化学高度，对安全文化的新定义用逻辑表达式进行表示，即"（$a_3 \wedge a_4 \wedge a_5$）$\wedge b_1 \wedge c_1 \wedge d_2 \Rightarrow$安全文化新定义"。由此，笔者尝试提出安全文化的新定义：安全文化是人类在存在过程中为维护人类安全（包括健康）的生存和发展所创造出来的关于人与自然、人与社会、人与人之间的各种关系的有形和无形的安全成果。一般而言，有必要对一个简明精确的定义进行进一步解释。对安全文化的新定义做以下四点具体解释。

（1）安全文化是由人类这一主体创造并享用的，这是限定主体型的定义方式的体现。因此，此定义强调人类这一主体，离开人类这一主体，一切都没有了意义。此外，文化是由人类存在于地球期间创造的，因此，此定义用"人类在存在过程中"这样的修饰语进行限定，是非常必要的。需指出的是，该定义中的"人类"包括"个体与群体"，由此该定义就同时涵盖了个体安全文化与群体安全文化，同时这也与目前学界的主流观点相吻合。

（2）人类创造安全文化的目的是为人类自身的安全（包括健康）生存和发展，这是最为重要的。若人类与其他动物一样仅仅是限于本能的生存而不是"安全（包括健康）地生存和发展"，那么，人类与其他动物也就没有了区别，因此，安全文化是人类有目的创造的。

（3）安全文化的涉及面极其宽广，是无法用描述性的方式一一叙述穷尽的，但究其根本，无非是关于人与自然、人与社会、人与人之间各种物质与非物质的安全器物、行为、制度、思想、观念、道德等关系而已，这即为表1-7中提及的要素总括型的定义方式。此外，显而易见，该定义的本质实则是"属＋种差"型的定义方式。

（4）就理论而言，安全文化的定义总是根据人们的安全成果去界定，这是毋庸置疑的，而此定义强调的就是安全文化形成过程中所取得的所有安全成果。安全文化既有历史的（但目前不再适用或已消失的），也包括目前还存在的或正在服务于人类的安全成果。另外，此定义强调的安全成果可能是多种多样的，不限定于某种具体形式，如有形的安全器物，无形的如安全理念、安全制度与安全民俗等，它们都是人类的安全文化成果。

1.4　安全文化的重要性[23]

事实上，每一个体的行为的表现方式均是偶然的、个别的。但若从文化的角度观之，这又都是群体的，且是不可孤立存在的。有怎样的意识和观念就有怎样的行为，这就是文化，就是传统。人不可能，也绝不能离开文化系统而生活于"真空"之中，也不可能割断自己的文化传统来生存、生产和发展。

基于上述原理，我们就需从文化的角度来认识与思考一系列与安全相关的问题，诸如：什么是安全？安全的本质意义是什么？为什么我们要安全？怎么样才能实现安全？……概括言之，可将上述诸多问题归纳为一个问题，即"什么样的认识与行为才是安全的？"一般而言，人是理性动物（笔者所指的安全文化也是相对于理性人而言的），人应该理性地、科学地思考和解决安全问题，理性认识我们所面对的安全现实。唯有这样，我们才能够自觉地采取安全的认识和行为，改变不安全的认识和行为；管理好家庭，管理好企业，管理好社会，建立安全制度保障体系。而安全制度保障体系属于安全文化，不是能够随意制定出来的。

安全文化是人类可持续发展的基础和永恒动力，可持续发展是科学发展观特别强调的一个理念。要持续地、稳步地发展，就要解决一系列安全问题，就要考虑安全实践的基础和动力。

通过学习安全文化，培育安全文化，提高全民族的安全意愿、意识与知识技能等来改善全社会的安全认识和行为。提高意愿与意识最终要落实到改善行为上。这个行为不只是某个人的，而是全社会的普遍行为。这是人类从传统的农耕文化、乡村田园文化模式向工业文化、城市文化模式转型的一项巨大而紧迫的系统工程。为什么说它是巨大的、紧迫的呢？在我们今后的学习中就要来回答这个问题，并加深理解什么是（安全）文化模式，这种（安全）文化模式转型的重要性是什么。

作为安全科学与工程类专业的每一位高校学生，都应该从理论上对安全文化有一个清醒的认识，这样才能够科学地思考和解决安全问题，理性地管理家庭、管理企业、管理社会。学习安全文化，培育安全文化，提高每一个人的安全意愿、意识与知识技能等，改善每一个人的安全素质是紧迫、艰巨而漫长的工作。不仅对于个人、家庭、企业，而且对于我们的整个社会和国家，特别是在我们从农业化走向工业化、城市化、信息化的战略转移阶段，这个问题非常紧迫而艰巨。

当我们把国家、民族放在全人类、全世界的范围来看时，安全问题就显得更加紧迫、艰巨。我们是世界的一分子，而且是重要的一分子，中华民族在世界民族之林中必将越来越显示出其重要性，这是不容置疑的。

因此，我们必须理性地学习、思考、改进，从安全观念层面着手，并逐步落实至安全行为层面。

1.5 安全文化学的内涵与学科体系

本节内容主要选自本书作者发表的题为《安全文化学论纲》[24] 的研究论文，具体参考文献不再具体列出，有需要的读者请参见文献［24］的相关参考文献。

安全文化学在很长的一段时期都不是一门独立的学科，即使到了今天，依然有人认为安全文化仅仅属于安全管理学的研究内容之一。不过，近 30 年的安全文化研究越来越多地证明，安全文化学是一门独立的安全社会科学分支学科，它与安全心理学和安全经济学等其他安全社会科学分支学科一样，有着自己具体的研究对象、研究方法和研究范围，并有着自身独特的研究目的。甚至说，与其他安全社会科学分支学科相比，安全文化学的内涵与研究内容更为丰富，研究意义与价值更为重大。

正是基于上述原因，中国现行的学科划分标准将安全文化学正式划归为二级学科"安全社会科学"下的一个三级学科。在此，基于学科建设的高度，提出安全文化学的定义，并论述其内涵、学科基本问题、学科基础与主要学科分支，帮助大家对安全文化学有一个整体性的宏观理解与把握。

1.5.1 安全文化学的定义与内涵

安全文化学不同于安全文化。基于对安全文化现象与规律的哲学思辨，从科学高度审视与考察安全文化现象，运用比较、借鉴、整合与另类的科学研究方法和原则，并结合相关文献，将安全文化学定义为：安全文化学以人本价值为取向，以塑造人的理性安全认识，增强人的安全意愿和素质为侧重点，以不断提高人在生产和生活中的安全水平为目的，以安全显现的文化性特征为实践基础，以安全科学和文化学为学科基础，通过研究与探讨安全文化的起源、特征、功能、演变、发展、传播与作用等规律，指导安全文化实践的一门融理论性与应用性为一体的新兴交叉学科。

作为一门学科，其定义中所有的概念都应具有一定的科学性与实际意义。因此，有必要对安全文化学的定义中的有关概念进行一定解释，具体解释如下。

（1）安全文化学以人本价值为取向。①人是安全的主体与核心，安全不仅是人的本能需要（即人类创造安全文化的根本内驱力是人的安全需要，或者说安全文化源于人的安全需要本性），更重要的是人还能创造条件实现安全，即形成安全文化；②安全文化的发展过程实则是基于人的存在方式诉求安全的过程，此过程是通过尊重和发挥人的自然本性，从而预防、避免、消除和控制灾难事故的过程；③创造与发展安全文化的一切环节都指向人，围绕人而展开和生成，离开人而谈安全与安全文化没有任何意义和价值，正是因为人作为诉求安全的主体，以及人在安全中的主导性与能动性力量，才创造、形成、发展了丰富的安全文化。总之，安全文化建构在人本理念之上，即人本理念是安全文化形成的前提条件和必要条件，安全文化学应以人本价值为取向。

（2）安全文化学以塑造人的理性安全认识，增强人的安全意愿和素质为侧重点。①安全文化学的根本目标是使人形成一种相对完善、成熟而理性的安全观念与思维来认知与解决已有或未来可能出现的各种安全问题，特别是要对各种安全问题形成相对理性而正确的安全观念与认识，避免出现一些扭曲的安全观念与认识（如对高危工作与安全事故灾难等的异常恐慌，以及迷信保安等）；②安全文化在人类生产与生活环境之中，无处不在，无时不有，通过安全文化的教化、引导与激发等功能，可显著提高人的安全意愿与素质。

（3）安全文化学以不断提高人在生产和生活中的安全水平为目的。安全文化是人们安全生产与生活实践的经验与理论等的集合体，其直接目的是预防和减少事故发生，其更深层次的目的是使人的生产与生活变得更安全、舒适而高效，即提高在生产和生活中的安全水平，这也是人们不断创新与再生安全文化的重要动力来源。

（4）安全文化学以安全本身显现文化性特征为主要实践基础，以安全科学和文化学的原理与方法为主要理论基础。①就实践而言，安全文化学的现实基础是安全的文化性特征。颜烨指出，安全本身是一种文化积淀和传承，即安全具有文化性，具体而言，安全本身是一种人类的社会实践活动，通过人们长期以来对安全事故灾难的积极防控与深刻反思等，最终形成一系列有形无形的安全成果（如有形的安全器物，无形的安全理念、安全制度与安全民俗等），即形成人类的"安全文明"。②就学理而言，安全文化学主要是安全科学与文化学两门学科相互融合交叉而产生的一门新兴学科，即是安全科学与文化学直接相互渗透、有机结合的学科产物。因此，安全文化学应主要以安全科学和文化学为理论基础，这也是安全文化学的综合交叉学科属性的直接体现。安全文化学产生与建构的主要理论与现实基础，如图1-3所示。

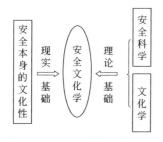

图1-3　安全文化学产生与建构的主要理论与现实基础

（5）安全文化学是一门融理论性与实践性为一体、理论与实践完美结合的新兴应用型交叉学科，即安全文化学主要研究安全文化学理论与实践。①安全文化学诞生于人类的安全生产与生活领域，这是因为安全文化的直接研究对象是人类的安全经验与理论经总结、归纳、传播、继承、优化和提炼等形成的安全文化成果；②安全文化学旨在通过对安全文化学理论的研究，以期将相关安全文化学理论用于指导与服务人们的安全文化实践，这样还可再次升华并发展成为新的安全文化研究内容与理论，即丰富与完善安全文化理论。

此外，对于安全文化学的研究对象、范围、目的与内容等学科基本问题，笔者将在本章1.5.2与1.5.3部分详细论述，此处不再赘述。

1.5.2 安全文化学的学科基本问题

明确一门学科的学科基本问题是建构这门学科并推动其发展的首要问题，因此，极有必要基于安全文化学的定义与内涵，系统阐释并明晰安全文化学的学科基本问题。一般而言，学科基本问题主要包括学科研究对象、范围、内容与目的等。

1.5.2.1 研究对象

顾名思义，安全文化学即是研究安全文化的学科。换言之，安全文化学的研究对象就是安全文化，包括一切安全文化现象、行为、本质、体系及安全文化产生、发展与演变规律等。安全文化学的研究对象布局应是立体的，即所有人类安全文化构成整个安全文化网络体系，安全文化学研究对象如同坐标一样设于其中。这是因为：①就纵向而言，安全文化学研究对象涉及安全文化的起源、演变与发展，及其各历史剖面上的安全文化；②就横向而言，安全文化学研究对象涉及人们生产与生活的各个领域，种类繁多；③就安全文化的层次结构而言，安全文化学的研究对象是多层次的，主要包括物质安全文化、行为安全文化、制度安全文化、精神安全文化与情感安全文化（情感安全文化贯穿于其他4个层次）5个层次，如图 1-4 所示。

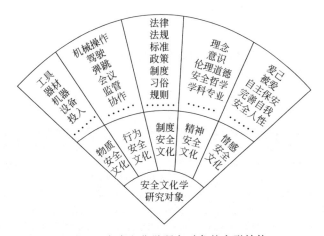

图 1-4　安全文化学研究对象的扇形结构

由上述分析可知，应基于不同的构成和层次，确定与考察安全文化学的研究对象，即安全文化学的研究对象的确定与考察需多角度、立体式地理顺研究思路和脉络，以保证尽可能做到总揽全局并有的放矢。

1.5.2.2 研究范围

确定安全文化学的研究范围是明确安全文化学研究内容的基本前提，为此，有必要明晰安全文化学的研究范围。由安全文化学的研究对象及已有安全文化学的研究和实践可知，目前安全文化学的研究范围主要体现在两个方面。

（1）就内容而言，安全文化学的研究范围主要体现在物质安全文化、行为安全文化、制度安全文化、精神安全文化和情感安全文化等与人类安全生产和生活有密切联系的方方面面。

（2）就空间尺度而言，安全文化学的研究范围先后按"核工业领域的安全文化→高危行业（如交通、矿山与危化品等）的安全文化→一般企事业单位的安全文化→大众（包括家庭、学校、社区、企业、城市与国家等）的安全文化"逐步拓宽与延展，特别是随着风险社会这一时代背景与社会背景的来临，开展大众安全文化研究已是大势所趋。

总而言之，正是对上述各方面的研究，才使人们对人类生产与生活的安全认识及保障等达到越来越高的程度，从而推动社会安全发展。需指出的是，安全文化学的研究范围并未一成不变，随着时代变迁与人及社会安全发展需求的变化，安全文化学的研究范围也会随之发生变化，但有一点是可以肯定的，那就是安全文化学的研究范围会逐步继续拓宽与延伸。

1.5.2.3 研究内容

就理论而言，安全文化作为客观存在的一种现象，就会必然存在着发生、形成和发展的客观规律。安全文化学研究，就是要揭示安全文化现象的本质，揭示其发生、发展与演变的客观规律，把握其制约发生与发展过程的条件及影响因素，从而引出科学的结论和对策，为安全文化建设与实践服务。简言之，安全文化学是从总体上研究人类的智慧与实践在人类安全生产与生活方式（包括安全思维方式、安全制度方式与安全行为方式等）上的表现及其发展规律。具体而言，安全文化学的研究内容可分为基础层次、重要层次与辅助层次3个不同层次（见表1-8）。

表1-8 安全文化学的研究内容

层次	具体研究内容
基础层次	根据人们的安全文化成果，界定安全文化概念，包括定义安全文化的要素、方法及安全文化概念模型等
	研究安全文化的本质，揭示其本质特性、特征、功能与类型
重要层次	研究安全文化的构成（主要指安全文化的层次结构），揭示其各个构成要素间的相互联系及互相作用过程
	研究安全文化效用发挥的影响因素，即研究安全文化效用正常发挥的条件及其规律性
	研究安全文化的起源与发展，旨在阐明安全文化产生的根本内驱力与条件，以及影响安全文化发展变化的因素，并揭示各影响因素间的相互联系及其影响安全文化发展变化的规律性
	研究安全文化的传播与交流规律，揭示促进安全文化有效传播的条件及其保障对策等
	研究建设优秀而强大的安全文化的基本原则、程序与方法，以及和基本原则、程序与方法相联系的具体要求与操作技术等。需指出的是，这部分研究内容也包括对安全文化测评（包括测评方法与技术等）的研究
	研究安全文化建设过程中的管理、组织与领导问题，以及安全文化构成要素的具体培养、教育、宣传与强化等问题
	安全文化的比较与借鉴研究，即对不同群体（如国家、地区、行业或企业等）的安全文化开展综合比较与借鉴研究
辅助层次	安全文化产业的建构研究，主要包括安全文化产业的概念、特征、功能、类型及其发展路径与促进发展的对策等
	安全文化与其他类型文化间的区别与联系，旨在区分安全文化，以及如何将安全文化融入其他文化并进行建设与传播等

1.5.2.4 研究目的

安全文化学研究既具有理论意义，又具有实践意义。究其研究的最终目的，即达到减少事故，实现人安全、舒适而高效地生产和生活。具体而言，安全文化学的主要研究目的可分为宏观层面与微观层面（该层面涉及诸多的具体研究目的，笔者仅列举部分）两个不同层面（见表1-9）。

表1-9 安全文化学的研究目的

层面	主要研究目的
宏观层面	有助于安全文化学发展。促进安全文化理论完善及其学科建设是安全文化学研究的基本目的,特别是面对目前学界对安全文化学理论研究不够全面和深入,对安全文化学理论体系的研究与建设尚不完善,对安全文化个案的研究与调查不够充分,对安全文化学研究与现实安全生产和生活的结合不够紧密的局面,安全文化学研究就显得更为迫切而急需
	有助于文化学的丰富与发展。安全文化相对于人类文化整体而言,是一种典型的文化类型,即亚文化。毋庸置疑,文化学的一般原理,可为安全文化学研究提供一般性指导,但文化学原理仅是揭示一般文化的共同本质与规律等,而不可替代诸如安全文化这种子文化的研究。相反,安全文化研究对安全文化特殊本质及其发生发展规律的揭示与理论的概括,反倒会丰富文化学一般原理,有助于文化学的丰富与发展
	有助于安全管理学发展。安全文化最早源于企业安全管理实践,它可视为安全管理发展的新阶段,早期的安全管理学发现并注重安全技术因素、安全经济因素与安全心理因素等,但未发现或弱化,甚至忽视了安全文化因素。大量研究与实践已表明,安全文化客观存在于安全管理过程之中,是改善组织安全状况的关键,从一定意义上讲,其具有根本意义。因此,安全文化学研究必将会进一步完善与发展安全管理思想和理论,从而助推安全管理学迈上一个新的水准和阶段
	有助于安全管理的科学化。传统的安全管理侧重于依靠解决"头痛医头、脚痛医脚"的安全工程技术解决安全问题的"治标"模式,安全文化学研究可使这一安全理念逐步转为从根本上树立"以人为本"与"安全第一,预防为主,综合治理"的安全理念,即凸显安全管理的实质是管人,进而确立并加强人在安全管理中的中心地位,并把安全管理活动建立于对人的正确理解的基础之上,促进安全管理的科学化,全面调动人的安全主动性、积极性与创新性,以达到安全"治本"
	有助于新型安全专业人才与其他管理人才的培养。①以往的安全专业人才培养,重视对安全法律法规、制度与技术等的传授和训练,对安全文化知识涉及极少,这种培养模式培养出的安全专业人才,仅懂"硬件",不懂"软件",更不懂"软是最硬"的安全管理道理,无法胜任安全管理实践中错综复杂的与人相关的诸多问题,更是无法有效调动人的安全积极性;②安全问题涉及人们生产与生活的各个方面,安全文化知识理应是所有管理人才必备的知识要素。因此,安全文化学研究可为新型安全专业人才与其他管理人才的培养提供新的思路与教育教学模式,尤其是对于培养适应时代与社会发展安全要求的高层次安全专业人才与其他管理人才而言显得尤为急需而必要
微观层面	有助于使人们正确了解与认识安全文化的价值(事故预防价值与经济价值等)及其生成和发展规律等,进而自觉地重视并促进安全文化事业建设与发展
	有助于使人们树立正确的安全文化价值观念,从而使人们在现实生产与生活中自觉规范自己的不安全认识与行为,以及挖掘自身安全潜能,不断完善自身安全人性,以尽可能发挥个人的自主保安价值
	有助于促进人们对安全本身及其保障条件或要素等的认同,从而减小安全管理阻力;并有助于促使全社会形成"人的生产、生活关系和谐,安全价值高扬,安全意义丰富,安全态度超迈"的良好安全文化氛围

1.5.3 安全文化学的学科性质、学科基础及主要学科分支

1.5.3.1 学科性质

任何一门学科,理应都在整个科学技术系统中占有一个恰当的地位(从而具有确定的学科性质),安全文化学也不例外。

自20世纪90年代初期,国外学者在分析与总结事故原因的基础上,提出安全文化学说以后,短短几年,诸多安全文化研究成果相继问世,掀起了安全科学(特别是安全管理)领域的一场文化革命。安全文化学说提出近30年来,其研究与探索在全球盛行不衰。无论在学术界还是实践界,安全文化理论研究与应用实践均异常活跃,可以说是方兴未艾。因此,无论是从国际上还是从国内来看,安全文化学说都在不断发展、日益成熟,已经成为安全科学学科中的一门年轻且充满活力的分支学科。

现代科学技术是一个错综复杂的体系。按照不同的标准，可以对现代科学技术作出不同分类。一门学科的性质，可以从它归类后的位置或多或少地显示出来。按照从实践到理论、从具体上升到一般的抽象程度，人们把科学技术从低到高划分为 4 个阶段：工程技术、技术科学（或应用科学）、基础科学与哲学。从这个角度来看，安全文化学还算不上一门基础学科，只能归属于应用学科之列，是文化学或"人学"的一般原理在安全科学（特别是安全管理）领域的具体应用。

按照研究对象的范围，人们把现代全部科学划分为 9 大门类，其中 7 大门类的对象范围层依次缩小，即自然科学、社会科学（社会的范围比自然界小，而且也是自然界中的一个特殊的部分）、人体科学、思维科学、行为科学（它研究与人思维相对而言的行为，因而不是西方管理科学发展第二阶段上的那种"行为科学"）、军事科学（军事行动是人类的一种特殊行为）、艺术科学（艺术创造是人类的一种特殊思维与行为）；其他 2 大门类是数学科学和系统科学，它们的研究对象横跨自然、社会以及人类的思维与行为等一切领域。从这个角度来看，安全文化学似乎可归属于社会科学或人文科学、思维科学、行为科学、文化艺术，但又似乎不能完全归属于五者当中的任何一个，也许应该看成是这五者交叉应用于安全科学（特别是安全管理）领域的结果，即安全文化学是一门交叉学科或边缘学科。

此外，显而易见，简单讲，即从学理上讲，安全文化学是安全科学与文化学的直接交叉与融合。综上分析，目前，笔者比较赞同国家标准《学科分类与代码》（GB/T 13745—2009）中对安全文化学的学科性质的定位，即安全文化学（代码 6202160）隶属于二级学科安全社会科学（代码 62021）。

当然，说安全文化学是一门应用学科，是一门交叉学科，是一门边缘学科，是安全社会科学的一门分支学科，这是从不同的角度、不同的范围，与其他学科相比较而言的。此外，安全文化学作为一门极其年轻的学科，在发育成长过程中，以它巨大的魅力，在广阔的研究领域内，吸引了来自不同学科领域的研究者，大家发挥各自研究专长，分别从安全哲学、文化学、安全管理学、安全史学、安全伦理学及美学等不同角度探索安全文化学说产生、发展的规律性及实践方法，并从安全人性学、安全心理学、安全社会学、安全教育学与安全行为学等众多学科中吸收大量营养，使得这一学科领域中各种思想表现活跃，各种思想纵横驰骋，显示出较高的知识熵，同时也大大丰富了这门学科的内涵，使它呈现出明显的交叉边缘学科属性。因此，安全文化学究竟具有什么样的性质，还要看人们能够把它创造到什么程度。

1.5.3.2　学科基础

就学理上而言，安全文化学是安全科学与文化学的交叉学科，其同时隶属于安全科学与文化学，其主要理论基础应是安全科学与文化学原理与方法。此外，安全文化的形成与发展还主要受社会类型、环境特点、重要安全问题、历史发展、经济状况与宗教背景等的制约，涉及诸多社会科学，特别是安全社会科学问题。而且，安全文化传播与效用的发挥也需依赖于自然科学，特别是需以安全自然科学知识为支撑。

为明晰其他外界因素对安全文化的作用与影响，安全文化学研究还需以哲学（安全哲学）、管理学（安全管理学）、教育学（安全教育学）、历史学（安全史学）、法学（安全法学）、行为学（安全行为学）、社会学（安全社会学）、心理学（安全心理学）、伦理学（安全伦理学）、经济学（安全经济学）、传播学、人类学与语言学等学科，以及相关自然科学（安全自然科学，如安全系统学与安全人机学等）的理论与方法为支撑。换言之，安全文化学的理论基础应是以上各学科理论的交叉、渗透与互融，如图 1-5 所示。

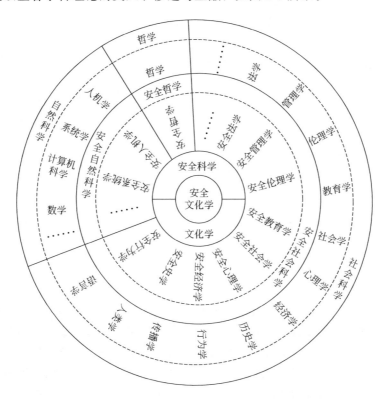

图 1-5　安全文化学的学科基础

1.5.3.3　主要学科分支

以已有的安全文化学研究与实践成果为基础，借鉴文化学的主要学科分支，并基于安全文化学的审视交叉法（其属于安全文化学的方法论范畴），可从安全文化学视角审视与安全文化学有密切联系的其他学科，或将安全文化学与其他学科进行综合交叉研究，由此交叉融合形成安全文化学的 5 门主要学科分支，即安全民俗文化学、安全文化符号学、安全文化史学、安全文化心理学与比较安全文化学。在此，对安全文化学的主要学科分支进行扼要解释（见表 1-10）。至于上述各安全文化学的主要学科分支的学科基本问题等，将在本书第 7 章进行详细介绍。

表 1-10　安全文化学的主要学科分支

主要学科分支	定义	研究内容示例
安全民俗文化学	安全民俗文化学是以研究某一民众群体中存在的与安全相关的各种民俗等为内容，具体包括安全民俗文化的特征、功能、发生、发展、传承与利用等，以客观评价安全民俗文化、挖掘并发扬符合社会安全发展要求且积极的安全民俗文化内容、鉴别并改造或剔除不符合社会安全发展要求且消极腐朽的安全民俗文化内容为目的的一门基础性应用型学科。安全民俗文化学是从安全文化学视角出发审视民俗而形成的	研究安全民俗文化的本质、特征与功能、产生与演变，以及评价基准、方法或改良方法等

续表

主要学科分支	定义	研究内容示例
安全文化符号学	安全文化符号学主要是综合运用安全文化学和符号学的原理和方法,研究安全文化符号系统的内涵、分类、特征、功能、结构、形成、演变、运行、设计和应用等,以促进安全文化得到更充分认知和传播,进而纠正人的不安全认识和行为的一门应用型学科。安全文化符号学是从安全文化学视角出发审视符号学而形成的	安全文化符号(系统)的结构研究;安全文化符号设计研究;安全文化识别系统研究等
安全文化史学	安全文化史学,即以安全文化为研究对象的安全文化学与安全史学的研究分支,它是以安全文化学与安全史学的原理与方法为基础,研究某一群体的安全文化的历史,即研究特定历史时期的某一群体的安全文化特征,以及某一群体的安全文化的起源、演进与发展脉络等,它是一门安全史学和安全文化学综合交叉形成的应用型学科	中国(或国外)传统安全文化研究;中国(或国外)现代安全文化研究
安全文化心理学	安全文化心理学是以安全文化学与心理学(安全心理学)的原理与方法为基础,研究心理(安全心理)和安全文化之间的相互影响关系,以揭示文化和心理(安全心理)之间的相互影响与整合机制,进而指导安全文化建设与人为事故预防的一门安全文化学与心理学(安全心理学)综合交叉形成的应用型学科	情感安全文化研究;群体面对事故(事前、事中与事后)的心理与其安全文化之间的关联研究等
比较安全文化学	比较安全文化学是以比较学、安全文化学、文化学、安全科学与其他社会科学的原理与方法为基础,基于全球化的视角,运用比较意识、比较思维方式和比较方法探讨和研究不同时空的安全文化之异同,以及它们相互比较借鉴的一门比较学与安全文化学交叉形成的应用型学科	纵向历时性比较研究某一群体的安全文化;横向比较与借鉴研究不同群体的安全文化等

此外,就理论而言,从安全文化的空间特征来看,还比较可能形成的安全文化学学科分支有企业安全文化学、家庭安全文化学、行业安全文化学与公共安全文化学等。除企业安全文化学外,鉴于上述其他安全文化学学科分支的研究内容较少、学科内涵较为单一、实践需求较低等原因,故实际上很难形成一门独立的安全文化学学科分支。而对于企业安全文化学而言,过去的绝大多数安全文化研究均主要是围绕"企业安全文化"展开的,实践需求极高,现已有企业文化学这门学科。因此,由此推理,企业文化学是未来数年极有可能发展起来的新的安全文化学学科分支。

思考题

1. 简述广义文化观与狭义文化观的各自内涵及其二者之间的区别与联系。

2. 列举几种国内外典型的文化的定义。

3. 安全的定义是什么?

4. 安全文化定义的要素及逻辑表达式是什么?为什么现有的安全文化定义存在诸多争议?

5. 本书给出的安全文化的定义是什么?其依据是什么?

6. 安全文化学的定义、内涵、研究对象、研究范围、研究内容、研究目的、学科性质、学科基础及主要学科分支分别是什么?请简述。

参考文献

[1] [美]麦金太尔.安全思想综述[M].王永刚,译.北京:中国民航出版社,2007.

[2] International nuclear safety advisory group. Summary report on the post-accident review meeting on the Chernobyl ac-

cident[M]. Vienna : Safety Series, 1986.

［3］ ［美］尤瓦尔·赫拉利.人类简史：从动物到上帝[M].林俊宏，译.北京：中信出版社，2014.

［4］ 韩民青.人：动物＋文化[C].全国首届人学研讨会，1997.

［5］ Ni Xijun, Gebo D L, Dagosto M, et al. The oldest primate skeleton and early haplorhine evolution[J]. Nature, 2013, 498（7452）: 60-64.

［6］ 陈华文，王逍，陈映婕，等.文化学概论新编[M].北京：首都经贸大学出版社，2013：66-80.

［7］ 陆扬，王毅.文化研究导论[M].上海：复旦大学出版社，2007.

［8］ 陈华文.民俗文化学[M].杭州：浙江工商大学出版社，2014.

［9］ ［英］泰勒.原始文化[M].蔡江浓，译.杭州：浙江人民出版社，1988.

［10］ 王威孚，朱磊.关于对"文化"定义的综述[J].江淮论坛，2006（2）：190-192.

［11］ 郭莲.文化的定义与综述[J].中共中央党校学报，2002（1）：115-118.

［12］ 梁漱溟.中国文化要义[M].上海：学林出版社，1987.

［13］ 孙守华.文化学通论[M].北京：高等教育出版社，1992.

［14］ 萧扬，胡志明.文化学导论[M].石家庄：河北教育出版社，1989.

［15］ 林坚.文化学研究：何以成立？ 何以为用？[J].探索与争鸣，2012（10）：60-65.

［16］ GB/T 13745—2009 学科分类与代码[S].

［17］ 刘潜.安全科学和学科的创立与实践[M].北京：化学工业出版社，2010.

［18］ 吴超.安全科学方法论[M].北京：科学出版社，2016.

［19］ Watt K E F. The Titanic effect[M]. New York: E P Dutton & Co, Inc, 1974.

［20］ 王秉.漫谈"安全"[J].现代职业安全，2016，6：114-115.

［21］ 吴超，杨冕，王秉.科学层面的安全定义及其内涵、外延与推论[J/OL].郑州大学学报：工学版，2016.

［22］ 王秉，吴超.安全文化的定义理论与方法研究[J].灾害学，2018,33(01):200-205＋224.

［23］ 绕恒久.安全文化[M].北京：中国石油大学出版社，2011.

［24］ 王秉，吴超.安全文化学论纲[J].中国安全科学学报，2017，27（9）：8-14.

≡ 第 **2** 章 ≡

安全文化学的形成与发展

 **本章导读**

　　本章主要介绍安全文化学的整体形成与发展过程。通过本章的学习，以期让读者了解和掌握安全文化学的来龙去脉。本章主要包括以下 6 方面内容：①介绍什么是安全氛围，并分析安全氛围与安全文化的主要区别。②介绍安全文化概念的提出与兴起。③分析安全文化研究的阶段划分及各阶段的主要特征。④回顾和评述安全文化学的研究历史。⑤通过介绍国内外安全文化建设历程中的典型事件，回顾国内外安全文化建设历程。⑥分析安全文化学形成与发展的内在逻辑，并提出安全文化学的科学发展模式。

　　学科与科学有非常密切的关系。科学自身的规律决定学科的规律，科学发展决定学科的建设和发展。科学研究是以问题为基础和导向的，只要有问题的地方，就会有科学和科学研究。值得特别注意的是，学科及其分支学科是科学研究发展成熟的产物，并不是所有的研究领域最终都能发展成为学科。

　　一门学科的诞生往往具备以下基础和条件：一是社会需要，现实中或历史事实中反复出现相关的社会现象，社会实践需要这方面的理论研究和指导；二是具备基本理论、新学科的理论依据，即前人在哲学或宏观层面的理论建构及其源头；三是新学科的前范式（"前范式"是与"范式"相对而言的）状态，处于即将由"隐学"向"显学"过渡的状态。很庆幸，通过查阅和检索相关文献可知，安全文化研究领域可发展成为一门独立学科，即安全文化学，它可谓是正在迅速兴起并蓬勃发展，且目前安全文化学已初步成型。同时，关于安全文化学的进一步研究与发展，诸多学者也正处于积极探索阶段。

　　一般而言，科学研究发展成熟而成为一个独立学科的标志是必须有独立的研究内容、成熟的研究方法、规范的学科体制（需指出的是，对于人文社会科学，本土化也是学科成熟的重要标志之一）。由此可以看出，学科以规范化为目标，在时间上它相对于科学发展而言是滞后的，在空间上它相对于科学研究是不连续的，仅仅是若干科学研究领域的集合。正因为如此，安全文化学是基于 30 年的安全文化研究和实践而诞生的，现已基本形成学科雏形。

　　但是，安全文化学的真正成熟，还需诸多安全文化学学者和安全文化研究爱好者及支持者的不断努力和支持，可谓是依旧任重而道远。我们坚信，安全文化学这一新兴学科的兴起不单是给安全科学与文化学著作里增添一个新载体（尤其是在安全科学发展史里颇具意义和价值），更重要的是它标志着安全文化研究的规范化、成熟化与现代化。

　　此外，由本书第 1 章的内容可知，可以说，安全文化是伴随人类社会而产生和发展的，但是人类有意识地研究安全文化理论，仅仅是近 30 余年的事。需特别注意的是，安全文化的出现与安全文化学的形成完全是两码事。因此，从学科独立意义上来说，安全文化学是一门极其年轻的新兴学科。安全文化在理论界与实践界已得到了广泛的研究、重视和应用。尽管安全文化学的发展史极为短暂，但我们还是极有必要全面、系统、清晰地了解安全文化学的形成与发展全貌。下面，我们就来整体回顾一下安全文化学的形成和发展简史。

2.1　安全氛围概念的起源

目前，绝大多数研究者均认为，从"安全文化"与"安全氛围（Safety Climate，也称为安全气候）"两个概念提出的时间先后次序及其含义与研究内容来看，"安全文化"这一学术概念（1986 年提出）或多或少是源于"安全氛围"这一学术概念（1980 年提出）的[1,2]。也正是因为如此，关于"安全文化"和"安全氛围"的概念、维度与研究方法等诸多方面的区别与联系，一直以来都是国内外理论界的研究热点，也是历来安全文化学争论较大的研究领域之一。例如，荷兰安全文化学者 Guldenmund[3] 于 2000 年通过研究后就指出，目前学术界缺乏对安全理念与风险管理、安全行为管理之间的关系的描述，较多的注意力集中于安全文化与安全氛围的区别分析，特别是从心理学角度研究安全文化。

据考证，1980 年，以色列学者 Zohar[4]（他是"人因和工业心理学"博士）在对本国制造业（他以以色列劳工为研究对象）的安全调查研究过程中，首次提出"安全氛围"的概念，并将其定义为"组织内员工共享的对于具有风险的工作环境的认知"。若继续追溯其本源，"安全氛围"这一学术概念实则源于学术概念"组织氛围（Organizational Climate，也称为组织气候）"，这是因为"安全氛围"应是"组织氛围"的重要组成部分。换言之，"安全氛围"与"组织氛围"之间有明显的历史逻辑联系，可以说"安全氛围"是"组织氛围"在安全认知上的聚焦。

说起"组织氛围"一词，其源于 Tomas 于 1926 年提出的"认知地图"（Cognitive Map）概念，即个体为理解其周围环境而形成的一种内部图示，作为对心理环境的解释[5]。组织氛围概念的正式使用可追溯到 20 世纪 50 年代（如 Argyris[6] 于 1958 年及 Fleishman[7] 于 1953 年均对组织氛围开展过相关研究）。自此之后，有关组织氛围的研究在国内外兴起，其概念、结构、测量与理论基础均随之经历了漫长的演变过程。对于组织氛围的含义，人们一般将其理解为在某种环境中，组织成员对一些事件、活动和程序以及那些可能会受到奖励、支持和期望的行为的认识，即可描述为同一组织中各成员的共享的认知[5]。

自 Zohar[4] 正式提出"安全氛围"这一学术概念后，有关安全氛围的研究在国内外兴起。尤其是国外，国内研究者对安全氛围的研究最早可追溯至 1996 年刘光彩[8] 的散论，但学理性显著不足。中国最早的较具代表性的安全氛围研究成果是：2004 年，香港职业安全与健康局（Hong Kong Occupational Safety and Health Council）与清华大学合作，对香港地区的建筑安装企业进行了安全氛围问卷调查，并开发出了一套安全氛围调查工具 Safety Plus[9]。就学界对安全氛围与安全文化的研究而言，学界在它们的研究中所存在的争论极为相似，在研究初期，主要体现在定义方面。关于安全气候的定义，如 Brown&Hoomes（1986 年）、Niskanen（1994 年）、Cooper&Philips（1994 年）及 Neal（2000 年）等众多学者均对安全氛围下过自己的定义[10]。此外，学界还主要探讨安全氛围的结构（维度）、测量及其影响因素，或将安全氛围作为自变量研究其对于因变量的作用机制，或将其作为中介变量或调节变量，研究其对于自变量与因变量关系的影响[10]。

学界对不同行业内的安全氛围调查与研究结果表明，安全氛围尽管与安全文化存在近似点（如有学者[10]认为，安全氛围是一种能够测评安全文化状态、反映组织内不同个体安全认知的工具），但也存在一些显著区别。结合本书第1章对安全文化的定义的探讨，安全文化与安全氛围的主要区别表现在以下四方面。

（1）从概念起源上看，安全文化的概念源自组织文化（组织文化源自人类学），而安全氛围的概念则源自组织氛围（组织氛围源自社会学），两者起源的不同导致了后续研究趋势和研究方法的不同。

（2）从概念上看，就某一具体组织而言，安全文化是组织成员所在的工作单元安全地完成事情的方式，是组织成员所共有的安全价值观，而安全氛围则是组织成员对具有风险的工作环境的认知。

（3）从研究方法上看，安全文化更多采用定性的研究方法，而安全氛围则更多采用定量的研究方法。

（4）从概念属性上看，安全文化更偏向于客观的组织属性，而安全氛围则颇受争议，有学者认为其具有主观的个体属性，亦有学者认为其具有客观的组织属性。除此之外，安全文化对于个体动机与行为的连接作用远不及安全氛围。

此外，经检索与查阅安全文化与安全氛围方面的研究文献发现，随着安全文化概念使用的日趋频繁与普遍，学界对安全氛围概念的关注与研究日趋减弱，体现出逐渐"消亡"的趋势。但严格来讲，由于安全氛围对于研究个体动机与行为具有直接连接作用的优势，因而，安全氛围还是会被学界时而关注和使用。

2.2　安全文化概念的提出

现代意义的安全文化概念最初是由安全科技界专家提出来的。安全文化概念滥觞于切尔诺贝利核电站事故，其起源于20世纪80年代的国际核工业领域。1986年，苏联切尔诺贝利核电站发生爆炸，酿成核泄漏的世界性大灾难（在此之前，较大的核事故要数于1979年3月28日发生在美国三哩岛的核泄漏事故），最终分析原因是人的不安全行为，即人因失误。这使得国际核应急专家领悟到，单纯寻找设计上的缺陷、分析建立人的可靠性模型或是模拟问题，都不能解决根本性的问题，必须上升到"人"的本质安全化，即安全文化的高度，着力于人的安全素质的提高，解决人的安全意识、思维、行为、生命观等安全文化深层次的理论和方法问题，才有可能实现安全目标。

由此，在1986年8月25～29日于维也纳召开的"关于切尔诺贝利事故的事后评审会议"上，国际原子能机构（International Atomic Energy Agency，简称IAEA）的国际核安全咨询组（International Nuclear Safety Advisory Group，简称INSAG）在INSAG-1这份总结报告中首次提出安全文化概念[11]。该报告认为，安全文化理念的提出可较好地解释导致该事故灾难产生的组织错误和员工违反操作规程的管理漏洞，安全文化应是切尔诺贝利核电站事故的深层次原因。正因如此，上述报告中多次提及"安全文化缺失（an Absence of Safety Culture）"或"薄弱的安全文化（a Poor Level of Safety Culture）"是导致安全管理失误和人因失误的原因。

同在1986年，美国国家航空航天局（National Aeronautics and Space Administration，

简称 NASA）把安全文化应用到航空航天的安全管理之中[2,12]。

1988 年 7 月 6 日 22 时左右，在英国北海距苏格兰海岸 120mile（1mile＝1609.344m）处，发生了西方石油公司"帕尔波·阿尔法（Piper Alpha）"号采油平台大爆炸事故，上百万吨重的采油平台随即沉入海底，短短一个半小时内，167 人失去了生命，损失多达 30 余亿美元，燃烧的大火 7 天后才被彻底扑灭。在此次事故调查中，也提及了薄弱的安全文化问题[27]。

同在 1988 年，国际原子能机构（IAEA）的国际核安全咨询组（INSAG）[13] 出版的《核电厂基本安全原则》（Safety Series No. 75-INSAG-3）中将安全文化的概念作为一种重要的管理原则予以落实，并渗透到核电厂以及相关的核电安全保障领域。此后，安全文化一词逐步在核电厂相关文件中频繁出现并得到广泛应用。

1989 年，Turner 等[14] 学者尝试对安全文化做出描述。他们认为，安全文化是使员工、管理者、顾客和公众在危险和伤害环境暴露程度最小的信念、规范、态度、角色和社会技术实践的集合。

1991 年，国际原子能机构（IAEA）的国际核安全咨询组（INSAG）在维也纳召开"国际核能安全大会——未来的战略"会议，在名为《安全文化》的总结报告[15]（即"Safety Culture"，Safety Series No. 75-INSAG-4）中明确了安全文化的内涵和定义：安全文化就是存在于单位和个人中的、关注安全问题优先权的种种特性和态度的总和，是重用于构造、理解规范行为安全的知识体系，强调组织内的双向沟通。此外，该报告还讨论了安全文化的"无形"和"有形"的安全文化特征与良好的安全文化的建设问题。

《安全文化》报告发表以后，该报告中关于安全文化的相关论述迅速得到了人们的普遍认可。由此可见，《安全文化》报告的发表，标志着安全文化理论的正式诞生[2]，也预示着安全文化概念逐渐兴起的势头。据考证[2]，至此，安全文化在国际上引起了巨大反响和重视，安全文化这一学术术语被国际上广为应用，各国安全界对不同领域内的安全文化开展了积极的研究和探索。安全文化研究在自然科学界和人文社会科学界都得到了大力发展，安全文化建设也在诸多组织和政府报告中得到了重要体现。

安全文化概念的正式提出实现了从单纯研究技术解决安全问题到安全文化研究的理念突破。国外在这一方面最突出的是已经走出单纯依靠安全科学技术解决安全问题的困惑，而是实现了安全理念的重大突破，即转移到安全文化建设和研究的高度上来。例如美国北卡大学提倡的安全理念已经从单纯的技术设计、成本核算、以产品状况解决冲突转移到安全价值和关注安全的过程上来；健康安全在决策过程整体中的统一，管理者应对所辖范围内的健康、安全负责，员工应该参与决策和问题解决，健康安全管理部门应该关注长期计划、便利条件、工作过程分析，同时也是员工的"可靠专家"。具体来说，安全需要人人负责、全民共建；安全需要预防；安全是由管理组织上层与下层成员的互动构建的；安全更主要的是一种理念、意识的形成；安全需要制度建设和制度约束；等等。安全理念的这一转变，实际上就是要解决"头痛医头、脚痛医脚"的单纯技术解决问题的模式，要从根本上解决安全问题，走预防为主之路，变"要我安全"为"我要安全"的主体化[16]。

2.3　安全文化学研究的阶段

本节内容主要选自本书作者发表的题为《安全文化学的研究进展及其科学发展模式》[17] 的研究论文，具体参考文献不再具体列出，有需要的读者请参见文献［17］的相关参考文献。

本书将已有的安全文化学研究大致划分为 3 个阶段：①第Ⅰ阶段：以机构为主导的"小"

安全文化研究阶段（1991～1998 年），该研究阶段开始的重要标志是 1991 年国际原子能机构（International Atomic Energy Agency，简称 IAEA）的国际核安全咨询组（International Nuclear Safety Advisory Group，简称 INSAG）在维也纳召开"国际核能安全大会——未来的战略"会议，在名为《安全文化》的总结报告中正式界定了安全文化的概念；②第Ⅱ阶段：以学者为主导的"大"安全文化研究阶段（1998～2009 年），该研究阶段开始的重要标志是 *Work and Stress* 于 1998 年和 *Safety Science* 于 2000 年推出的两期安全文化研究专刊；③第Ⅲ阶段：以安全文化学为主导的规范化与科学化研究阶段（2009 年至今），该研究阶段开始的重要标志是中国国家标准《学科分类与代码》于 2009 年正式列入安全文化学条目。

　　安全文化学研究的前两个典型阶段的重要特征如图 2-1 所示，关于安全文化学研究的前两个典型阶段的具体分析分别见 2.3.1 节和 2.3.2 节。就安全文化学研究的第Ⅲ阶段而言，其对安全文化学研究与发展具有特别重大的意义，这是因为：在该研究阶段，正式将安全文化作为一门专门的学问或学科来研究，明确了安全文化学不可取代的学科地位。换言之，从安全文化概念到安全文化学概念，可谓是安全文化学研究的质的飞跃，标志着安全文化学这门独立学科的正式形成。尽管安全文化这一学术概念最先起源于国外，但安全文化学的称谓，最早出现于国内研究文献之中，这主要得益于中国 2009 年率先将安全文化学正式列入国家标准《学科分类与代码》。在中国，刘潜等在 2009 年也曾提到安全文化学，实则亦是在探讨 2009 年《学科分类与代码》中关于安全科学技术部分的修订情况。关于安全文化学研究的第Ⅲ阶段的具体分析见 2.3.3 节。

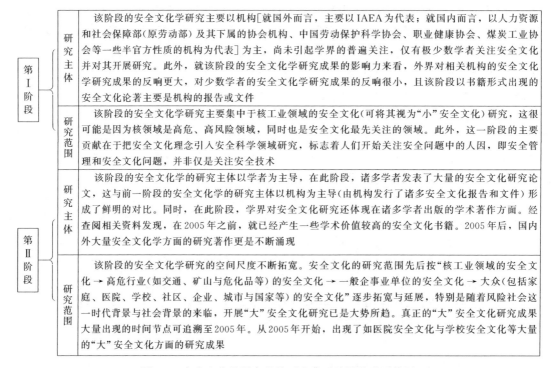

图 2-1　安全文化学研究的前两个典型阶段的重要特征

2.3.1　第Ⅰ阶段：以机构为主导的"小"安全文化研究阶段（1991～1998 年）

　　安全文化的这一研究阶段是从安全文化的概念被正式界定开始，直到 1998 年安全文研究的专刊（期刊）发行。细言之，这一阶段的安全文化研究的重要特征主要表现在以下两方面。

（1）就研究主体而言，此阶段的安全文化研究主要以机构［就国外而言，主要以国际原子能机构（IAEA）为代表；就国内而言，在改革开放前期，以劳动部及其下属的协会机构为代表，随后，以中国劳动保护科学协会、职业健康协会、煤炭工业协会等一些半官方性质的机构为代表］为主，尚未引起学界的普遍关注，仅有极少数学者关注安全文化并对其开展研究（如 Pidgeon[18] 于 1991 年探讨过组织安全文化；1994 年 12 月，由《中国安全科学学报》编辑部和《警钟长鸣报》共同组织编写中国第一部安全文化专著——《中国安全文化建设——研究与探索》由四川科学技术出版社出版发行；Mcsween[19] 于 1995 年研究过提升组织安全文化的行为的途径；等等）。

此外，就这一阶段的安全文化研究成果的影响力来看，外界对相关机构的安全文化研究成果的反响更大，对少数学者的安全文化研究成果的反响很小。除少量与安全文化相关的研究文章外，这一阶段以书籍形式出现的安全文化论著主要是机构的报告或文件，如 1991 年，国际原子能机构（IAEA）的国际核安全咨询组（INSAG）[15] 发表《安全文化》报告；1994 年，国际原子能机构（IAEA）的国际核安全咨询组（INSAG）发表（1996 年修订）[20] 用于评估组织安全文化的方法和指南——《ASCOT 指南》（*Assessment of Safety Culture in Organizations Team Guidelines*）；1995 年，国际原子能机构发表《加强核电站安全文化的经验》（*Experience with Strengthening Safety Culture in Nuclear Power Plants*）；1998 年，国际原子能机构（IAEA）[21] 发表安全系列报告中的第 11 号（Safety Reports Series No. 11）之《在核能活动中发展安全文化：帮助进步的实际建议》（*Developing Safety Culture in Nuclear Activities：Practical Suggestions to Assist Progress*）；等等。

除了国际原子能机构（IAEA）等相关机构，美国、英国与加拿大等国的相关机构也较为关注安全文化，如美国蒙大拿州 1993 年颁布了一部《蒙大拿州安全文化法》，以法律的形式强调雇主和雇员合作以创造和实现工作场所的安全理念[2,12]；美国国家运输安全委员会 1997 年组织召开了"合作文化与运输安全"全国研讨会[2,12]。

（2）就研究范围而言，这一阶段的安全文化研究主要集中于核工业领域的安全文化（可将其视为"小"安全文化）研究，这很可能是因为核领域是高危、高风险领域，同时也是安全文化最先关注的领域。此外，这一阶段的主要贡献在于把安全文化理念引入安全科学领域研究，标志着人们开始关注安全问题中的人因，即安全管理和安全文化问题，并非仅是关注安全技术。

与此同时，这一阶段的安全文化研究尚存在诸多不足之处，例如：Sorensen[22] 认为，就该阶段的安全文化研究而言，总体上过分关注安全文化应该包含的细微要素，很少提供可接受性的总体标准，尚未准确指出安全文化与安全绩效或人的可靠性之间的联系。此外，该阶段的安全文化研究视角也尚未打开，主要集中于核工业领域，其次再或多或少涉及一些诸如交通运输与石油化工等高危行业。

2.3.2 第Ⅱ阶段：以学者为主导的"大"安全文化研究阶段（1998～2009 年）

安全文化的这一研究阶段开始的主要标志是 *Work and Stress* 杂志于 1998 年和 *Safety Science* 杂志于 2000 年推出两期"安全文化"研究专刊。具体言之，这一阶段的安全文化研究的重要特征主要表现在以下两方面。

（1）就研究主体而言，上述两期安全文化研究专刊的发行，可谓是开启了学界研究安全文化的第一轮热潮，故此阶段除少量作为一些机构重视安全文化的继续之作外，该阶段的安全文化研究成果主要以学者为主导。在此阶段，诸多学者发表了大量的与安全文化相关的论著（包括学术论文和著作），这与前一阶段的安全文化的研究主体以机构为主导（由机构发行了诸多安全文化报告和文件）形成了鲜明的对比。很庆幸，安全文化一直是近30年内安全科学领域的研究热点，而且，这种趋势还会一直延续，甚至会变得越来越热。此外，学界对安全文化的广泛研究，还体现在诸多学者出版发行的学术著作方面。经查阅相关资料发现，仅在2005年之前，就已产生一些学术价值较高的安全文化书籍，较具代表性的有：Mcsween 于 2003 年出版的 *Value-Based Safety Process：Improving Your Safety Culture with Behavior-Based Safety*；Wilpert 等于 2001 年出版的 *Safety Culture in Nuclear Power Operations*；Roughton 等于 2002 年出版的 *Developing an Effective Safety Culture*；徐德蜀与邱成于 2004 年出版的《安全文化通论》等。2005年后，国内外大量安全文化方面的研究著作更是不断涌现。

（2）就研究范围而言，这一阶段安全文化研究的空间尺度不断拓宽。若从上一研究阶段算起，安全文化的研究范围先后按"核工业领域的安全文化→高危行业（如交通、矿山与危化品等）的安全文化→一般企事业单位的安全文化→大众（包括家庭、医院、学校、社区、企业、城市与国家等）的安全文化"逐步拓宽与延展，特别是随着风险社会[据考证，德国社会学家乌尔里希·贝克于 1986 年出版德文著作《风险社会》（Risk Society），该著作系统地提出了"风险社会理论"。随后，他又发表了《全球风险社会》等著作。而且，"风险社会"概念从一开始在外延上就比"安全文化"概念宽泛，不仅仅指生产安全领域，更广泛地指向社会公共领域的安全和风险]这一时代背景与社会背景的来临，开展"大"安全文化研究已是大势所趋。经笔者检索与查阅相关文献发现，真正"大"安全文化研究成果大量出现的时间节点可追溯至 2005 年前后，该时间节点先后出现了如医院安全文化与学校（校园）安全文化等大量的"大"安全文化方面的研究成果。此外，值得注意的是，中国早期学者开始关注安全文化研究，其着眼点就可谓是"大"安全文化研究，这从《中国安全文化建设系列丛书》中给出的广义安全文化的定义就可明显看出。

总而言之，回顾过往，安全文化是从核工业、石油、矿业等特殊行业的生产安全实践中诞生并逐步发展起来的，以往的安全文化研究仅为行业生产安全提供支撑。环顾当今，安全科学，尤其是安全文化的内涵和外延比历史上任何时候都要丰富，时空领域比历史上任何时候都要宽广，内外因素比历史上任何时候都要复杂，我们需要在更宏观的背景下才能理解安全文化的重大研究意义和价值。因此，"大"安全文化研究已是大势所趋。

2.3.3 第Ⅲ阶段：以安全文化学为主导的规范化与科学化研究阶段（2009 年至今）

开展学科交叉，即安全科学与文化学交叉，形成安全文化学，是落实"大"安全文化研究战略的第一步，也是最为关键的一步，正如中国科学院原院长路甬祥所讲："学科交叉点往往就是科学新的生长点、新的科学前沿，……交叉科学有利于解决人类面临的重大复杂的科学问题、社会问题和全球性问题[23]。"安全科学与文化学的交叉研究的目的在于解决实际的安全问题,安全科学与文化学交叉研究的要义在于相互借鉴研究方法和思维方式,当单一学科解决不了某项社会问题时,紧扣该问题积极开展学科交叉研究则十分必要,而安全科学与文化学交叉研究正好可以解决诸多社会安全难题。由此可见,开展安全科学与文化学交叉研究,即构建并开展安全文化学研究就显得十分必要,它可以使安全文化理论的触角逐步伸长,从而确保安全文化学在未来拥有更大的发展与研究空间。

若要考证"安全文化学"这一称谓的起源,2009 年"安全文化学"条目正式列入国家标准《学科分类与代码》(GB/T 13745—2009),这是可追溯到的"安全文化学"一词的最早来源。尽管"安全文化学"的称谓还极为年轻,但总体来看,近年来学界就"安全文化学"的学科性已基本达成共识,也极为支持安全文化学学科发展。目前安全文化学学科雏形已经显现,对其研究已逐渐兴起,安全文化学学科应用方面也有大幅度的发展。

2.3.3.1 "安全文化学"条目正式列入《学科分类与代码》

据考证,"安全文化学"这一概念最先出现于中国,2009 年修订(2009 年 5 月 6 日发布,2009 年 11 月 1 日正式实施)的国家标准《学科分类与代码》(GB/T 13745—2009)[这是该标准 1992 年首次发布后的第一次修订。GB/T 13745—1992 将安全科学技术、环境科学技术、管理科学同时并列为介于自然科学与社会科学之间的三大综合学科]正式列入"安全文化学"条目,并且正确地把它作为"安全社会科学"下的一级学科。换言之,是中国学界最先把安全文化来当作一门学问或科学来研究,这在世界上处于领先地位。此外,由此可见,中国学界和其他社会各界也对安全文化学有了初步的认同。

2.3.3.2 中国安全科学界首先提出安全文化学概念并进行初步探索

据文献考证,尽管"安全文化"这一学术概念最先起源于国外,但"安全文化学"的称谓最早出现于国内研究文献之中,这主要得益于中国 2009 年率先将"安全文化学"正式列入国家标准《学科分类与代码》。从"安全文化"概念到"安全文化学"概念,可谓是安全文化研究的质的飞跃,标志着安全文化学这门独立学科的正式形成。

就安全文化学的研究而言,如实讲,以笔者为主的研究团队近年来确实做了一些有意义的初步性探索工作,而这主要是得益于众多安全文化研究前辈的丰硕研究成果和诸多有益探索与思考。换言之,更直白地讲,我们近年来一直直接将安全文化学作为学科体系来构建和研究。例如:在 2012 年,从安全科学的高度和大安全的角度,总结了安全科学 5 条一级原理和 25 条二级原理,并深入阐释安全科学原理的内涵和意义,首次提出安全文化学原理的定义及内涵[24];在 2013 年,详细论述安全学原理的具体内涵[25];在 2014 年,论述安全文化学核心原理(实则是安全文化的功能性原理)[26];2015 年以来,笔者就安全文化学建设及其基础理论等开展了大量研究,故本书也是笔者的系列安全文化学研究成果的汇集,具体不再展开评述。

就中国的安全文化学研究而言,大体经历了 3 个阶段:①20 世纪 90 年代初期到 21 世纪初期,以引进、传播与评价为主,大量介绍国外安全文化的研究成果,介绍国外安全文化成功的经验;②21 世纪以后,以"比较、特色研究"为主,形成一大批中国自己的安全文化研究成果；③目前，中国的安全文化学研究逐渐迈入以"理论研究推广与特色案例研究"为主，且上升至安全文化学学科高度对安全文化开展相关研究。

2.4 安全文化学研究回顾与评述[17]

安全文化理念在减少和预防灾害、事故、伤害方面的积极意义，使得安全文化学在过去30多年中日益受到研究者和实践者的重视。近年来，安全文化理念在中国也开始越来越受学术界和实践界的关注。安全文化学作为当前研究和建设的重点领域，在国内外都有了它的生存基础和发展成就。为促进安全文化学理论和实践的发展，在此，通过文献分析方法，回顾过去的安全文化学研究，对其中所存在的问题和未来的趋势进行简单评述。在此基础上，对国内外安全文化学研究进行对比分析。

2.4.1 安全文化学研究的领域分布

一般而言，一门学科的研究内容可划分为上游研究（学科基础理论研究）、中游研究（应用基础研究）与下游研究（实践应用研究）3个不同层次。同样，可把安全文化学研究的主要领域概括为上游研究（学科基础理论研究）领域、中游研究（应用基础研究）领域和下游研究（实践应用研究）领域3个领域。分别简述上述3个安全文化学研究的主要领域的研究进展，并分别从已有安全文化学研究所存在的问题及研究趋势两方面出发，简单评述已有的安全文化学研究，具体如图2-2所示。

2.4.2 安全文化学的主要研究议题分析[27,28]

经查阅相关文献发现，在过去30余年的安全文化学研究过程中，安全文化学的主要研究议题包括五方面，即安全文化的定义；安全文化的功能、特点与分类；安全文化的要素与结构；安全文化的测评；安全文化的建设。上述五个安全文化的主要研究议题，也是本书各章节的核心内容。在此，我们先对它们的研究现状做大体了解，以便于我们对本书各章节的核心内容（除安全文化的定义已在本书第1章介绍外，其他4个研究议题均在本书后面各章节内容中才提及）的学习和掌握。

2.4.2.1 安全文化的定义

安全文化（组织安全文化）是文化（组织文化）的重要组成部分，研究安全文化离不开文化（组织文化）的研究。因此，安全文化（组织安全文化）的定义一般被认为是文化（组织文化）内涵的自然延伸，延续着文化（组织文化）研究的基本范式。由本书第1章的内容可知，在安全文化词汇首次出现之后的30余年，关于安全文化的定义达到几十种之多。但是，学界并没有关于安全文化共同认可的定义，在此问题上一直争论不休。至于安全文化的定义的研究状况，本书第1章已做详细分析，这里不再赘述。

2.4.2.2 安全文化的功能、特点与分类

经查阅相关文献发现，关于安全文化的功能与特点，已有的绝大多数研究均为来自组织文化以及与组织文化相关的安全文化研究。究其原因，这也许需追溯到安全文化概念的起源，

图 2-2　安全文化学研究的主要领域及简评

安全文化的观念来自组织文化，因此，学界往往更习惯于从组织文化的角度开展安全文化研究，严格地讲，这里的安全文化应该称为组织安全文化。

就组织安全文化的功能与特点而言，众多学者均曾有过相关论述。例如：Cooper[29] 认为，组织安全文化是影响组织成员和组织持续的健康和安全绩效相关的态度和行为，是组织的关键要素之一，它设定了工作场所中安全操作的基调；Choudhry 等[30] 指出，组织安全文化通常被看作组织管理活动中与安全相关的能力；Pidgeon[31] 认为，组织安全文化可以被看作意义的建构系统，通过特定的工人或工人团队，理解他们在所处环境中的危险，组织安全文化具有相对稳定性，并非随时都在变化；学者 Richter 和 Koch[32] 发现，文化并非凝固不变，在社会现实面前，文化被不断地创造和被创造，因此，应该在特定的环境中理解安全文化，随着物质条件和社会关系的发展，安全文化会相应地变化。

就安全文化的分类研究而言，毛海峰在他与王珺著[2] 的《企业安全文化：理论与体系化建设》一书中指出，可按三种分类方式对安全文化进行分类：①从安全文化的主体来划分，可把安全文化分为个体安全文化和群体安全文化；②从安全文化涉及的人群对象来划分，目前我们可把安全文化分成三类，即企业安全文化、政府安全文化和民众安全文化；③从安全文化是否被有组织、有目的地予以促进和发展，可把安全文化划分为"自然态安全文化"和"建设态安全文化"两种类型。此外，中国学者颜烨[16] 在《安全社会学（第二版）》中，更是从多角度出发，详细探讨安全文化的分类。总而言之，安全文化的分类与其他事物的分类一样，站在不同的角度或出于不同的目的，对安全文化的类型可以做出不同的划分。

至于一般意义上安全文化的具体功能、特点与分类，将在本书第 4 章进行详细论述。

2.4.2.3　安全文化的要素与结构

关于安全文化的要素（元素）的研究，一直备受学界关注。例如：最早关于该方面的研究可追溯至 1991 年，Dedobbeleer 等[33] 采用自己设计的问卷，对 9 个建筑工地进行 272 份问卷调查，研究只得出两个要素；Safety Research Unit[34] 通过自己设计的问卷，采用探索性因子分析研究方法，得到 16 个要素；Flin 等[35] 对自 1991 年以来关于安全文化研究文献中选取 18 篇关于工业安全的文献（不含服务业）进行分析，寻找出100 个不同名称的要素；傅贵等[36] 在 Stewart 的安全文化测量工具基础上，结合我国的实际国情，得到 32 个安全文化的关键元素；等等。其实，早在 2004 年，Cooper[29] 就对安全文化的元素做过评述，他认为，对安全文化本身的研究可能至今仍没有找到其关键要素，因此，表象（或有研究者假想的要素）并不能真实地代表实际安全文化的内涵。笔者也较为认同上述这一观点。

就安全文化的层次结构而言，过去一般认为，安全文化包括三个层次或水平——外层、中间层、核心层，其中的每个层次都可以被独立地研究。安全文化的外层是器物，由特定的可见的事物组成，在研究对象上是具体的；安全文化的中间层由信奉的价值观构成，被可操作化为态度；安全文化的核心层由基本假设（如关于真理、现实、时间、空间、人类、人类活动、人际关系等性质的基本假设）构成，它是潜意识的和抽象的，渗透于整个组织之中。

2.4.2.4　安全文化的测评

在安全文化的定义、要素与结构等的基础上，安全文化的测评是沟通安全文化理论与安全管理实践的桥梁。长期以来，由于缺少安全文化测评体系，很多组织均不能准确评估自身的安全文化水平，对如何开展组织安全文化建设工作往往显得束手无策。因此，如何科学而准确地测评组织安全文化水平一直是安全文化研究领域的难题。显而易见，安全文化的测评包括安全文化的测量与安全文化的评价两方面主要内容。

（1）安全文化的测量　经分析发现，调查问卷和人类学方法是测量安全文化的常用方法。调查问卷主要是定性的研究方法，它正在被综合、定量的测量方法取代和补充。人类学方法通常是昂贵和费时的，提供的往往是发现性的数据，而不是能够被加入安全管理的行动计划中的硬数据，不适合识别安全文化元素对组织安全的影响，在缺少事故的情况下，人类学方法仅仅思考或者假定组织安全文化对组织安全绩效的影响。

在过往的研究中，安全氛围和安全绩效被看作安全文化的反映，安全氛围是安全文化更为具体的表现。很多研究通过测量安全氛围来测量安全文化的方式有一定的局限性。由本章2.1节的内容可知，安全氛围与安全文化两个概念不可等同，可将安全氛围看作是安全文化的结果，安全氛围依赖于安全文化，安全文化的内涵远远大于安全氛围，安全文化不能仅仅被看作安全氛围的替代。通过测量安全氛围考察安全文化，往往单独关注人们的安全思维方式（人们的安全观念），没有展现出安全文化的多个方面，忽视了与此相关的安全环境、安全管理系统与人的安全行为等内容。

（2）安全文化的评价　综合相关研究文献发现，对于安全文化的评价，基本上是从安全文化的维度延伸而来的定性评价，其中具有代表性的是国际核安全咨询组（INSAG）[20] 提出的核工业组织的安全文化定性测评指标，但由于其专业特征过强，限制了应用的广泛性。具体言之，安全文化的评价的研究包括评价指标设计和评价方法选择两方面内容。①关于评价指标设计，目前的主流方式是在概念构思和测量的基础上，通过因子分析、方差分析、回归分析或者结构方程建模等模式，辨识、合并对安全管理效能具有明显效果的因素，将之纳入评价指标体系中。②关于评价方法的选择，例如：Cox 等[37] 采用的因子分析法；钱利军等将粗糙集和人工神经网络方法应用于安全文化评价；田水承等[38] 运用的网络层次分析法；马跃等[39] 采用模糊灰色关联评价法；还有一些学者[40] 采用层次分析法（AHP）；等等。总之，就安全文化评价方法而言，绝大多数均是一般评价方法在安全文化评价中的具体应用而已。

由综上所述可知，目前安全文化测评指标体系由于未明确区分安全文化指标和安全氛围指标（或者是直接用安全氛围指标来代替安全文化指标），导致测评指标体系不完整，并且指标评价标准单一或不明确，而对于安全文化的评价则大多采取较为简单主观的评价方法。总而言之，在安全文化的评价指标体系和评价方法上尚存在较为宽广的研究空间，也亟需对它们开展深入研究。

2.4.2.5　安全文化的建设

在积极的组织安全文化中，组织成员不仅感受到对自身安全的责任，同时感受到对同事各组织安全的负责。因此，发展和维持积极的组织安全文化，即提高组织安全文化建设水平是提高组织安全绩效的有效工具。也正是因为如此，安全文化建设问题一直是安全文化研究领域最受理论界与实践界关注的研究内容。对于安全文化建设研究，已有诸多学者或机构对其做过大量有益探索，对较为典型的已有研究成果可分为以下两大类。

（1）积极（优秀）的安全文化的标准，即对积极（优秀）安全文化的认识。Pidgeon[31]认为，优秀的安全文化具有三个特性，即处理危害的规范和规则、面向安全的态度和安全实践的灵活性。Choudhry 等[30] 认为，积极的安全文化包括五个要素：其一，管理层对安全的承诺和职责；其二，管理层对员工的重视；其三，管理层与员工之间的相互信任和可靠关系；其四，对员工的授权；其五，持续监督，校正措施，系统评估，不断地改进以反映工作场所中的安全。Hale[41] 指出，积极的安全文化的要素为：安全的重要性、所有层面上的员工参与、安全人员的角色、关注信任、所有部门和主体警惕和帮助处理不可避免的疏忽和错误、开放的交流、改善安全的信心、把安全融入到组织中。

此外，也有学者[27] 认为，当一个组织具备下列条件时，可以认为其拥有了较好的安全文化：其一，确定了反映组织在该领域的原则和价值的安全政策；其二，建立了促进工人融入安全活动的奖励机制；其三，为组织成员提供不断的训练，使他们以尽可能安全的方式工作；其四，为组织成员提供工作场所中关于风险的动态信息和正确面对风险的方法；其五，对行动进行计划，以避免事故发生（组织性的计划），同时在紧急情况下能够及时做出反应（紧急计划）；其六，通过对组织中的工作状况和事故的分析，以及对比其他组织，对组织的行动进行适当的控制或反馈；其七，管理者对安全具有强烈的责任，对组织成员的工作环境和状况具有持续的兴趣，并亲自参与到安全活动中；其八，组织成员意识到安全的重要性，遵守规则和工作程序，积极参加安全会议，为提高工作场所的安全提出建议。但需注意的是，积极的安全文化的上述方面并非各自独立，而是相互联系。

（2）如何建成积极（优秀）的安全文化，即对积极（优秀）的安全文化建设的探讨。国内外大量安全文化建设方面的研究[27]，均对安全文化建设提出了诸多可借鉴的优秀方法，例如：①发展和促进积极的安全文化需考虑以下方面：改变态度和行为、管理者的职责、员工参与、奖励性的策略、训练和研讨班、特别活动等。②一个组织要建立有效的安全文化，应该拥有收集、分析、传播信息的安全信息系统，从事故和接近的事故中，在系统前摄的常规检查中促进安全文化的建立。③安全文化的建立需要下列安全文化：报告的安全文化，人们可以报告他们的错误、失误、违反安全的行为；信任的安全文化，鼓励甚至奖励人们提供与安全相关的重要信息，可接受与不可接受的行为之间界限清晰；灵活的安全文化，当面对动态迫切的任务时，灵活地调整组织的结构，具有从安全系统中得出结论的意愿和能力，在必要的时候愿意而且能够实施改革。④AQ/T 9004—2008《企业安全文化建设导则》对企业安全文化建设基本要素、推进与保障等均做了详细阐释，对中国企业安全文化建设起到了巨大推动与指导作用。

2.4.3　开展安全文化研究的主要国家、机构与刊物分析

2.4.3.1　开展安全文化学研究的主要国家与机构

（1）开展安全文化研究的主要国家。根据李杰等[1] 的统计研究结果可知，在安全文化研究上，美国、英国、澳大利亚、德国、加拿大、荷兰、瑞典、挪威、意大利以及中国位居前列。值得注意的是，美国和英国远远超过其他国家，已经成为安全文化研究的重要国家。

（2）开展安全文化研究的主要机构。在国际上，根据李杰等[1]的统计研究结果可知，安全文化的重要研究机构为哈佛大学、匹兹堡大学、密歇根大学、约翰霍普金斯大学、阿伯丁大学、曼彻斯特大学、斯坦福大学、杜克大学、新南威尔士大学、诺丁汉大学与得克萨斯大学；国内的研究机构在国际学术领域内对安全文化的研究还不多，据笔者检索文献发现，安全文化的重要研究机构有中国劳动保护科学技术学会（于 2004 年更名为中国职业安全健康协会）、《中国安全科学》编辑部（现为《中国安全科学学报》编辑部）、华北科技学院、中国矿业大学（北京）、中南大学、中国安全生产科学研究院、首都经济贸易大学、中国地质大学（北京）、西南交通大学与西安科技大学等。

2.4.3.2　开展安全文化学研究的主要刊物

安全文化研究核心出版物是传播安全文化研究成果和认识安全文化的重要渠道。在国际上，根据李杰等[1]的统计研究结果可知，安全文化研究的主要出版物有 *Jama-J Am Med Assoc*、*Nucl Safety*、*Pers Psychol*、*Challenger Launch De*、*Managing Risks Org A*、*Human Error*、*Acad Manage J* 以及 *Risk Anal* 等。其中，若根据被引频次排序，*Safety Science*、*Quality & Safety In Health Care*、*Journal Of Applied Psychology*、*British Medical Journal* 以及 *Journal Of Safety Research* 等出版物的总被引频次处于前列，说明这些期刊在安全文化研究方面具有较高的影响力。就国内而言，据笔者检索文献发现，《中国安全科学学报》《中国安全生产技术》《现代职业安全》《劳动保护》《中国安全生产报》《安全》《建筑安全》《煤矿安全》《安全、健康和环境》等刊物是安全文化研究的重要出版物。此外，值得一提的是，《武汉理工大学学报（社会科学版）》曾在 2008 年也专门推出学科交叉栏目——"安全文化研究"，对国内安全文化研究与传播也起到了巨大作用。

2.4.4　安全文化学研究简评[17,27,42]

综上分析可知，总体而言，研究者承认安全文化对安全绩效有重要影响，因此，对安全文化研究的价值和意义的争论较少。基本可以达成共识的是安全文化是对安全的前摄的积极立场，对安全管理和安全绩效有重要影响。下面，主要从以下几方面来对过去的安全文化研究进行简单评述。

（1）从研究内容上看，以往研究者更多地在安全文化的定义（包括哪些要素）、特征、功能、测量、模型、积极的安全文化等方面进行了大量研究与探讨。已有研究基本均把安全文化看作是一个多维的概念，更多关注人的价值观、信念、态度、认识。此外，已有安全文化测量研究往往均是用安全氛围（气候）测量来替代安全文化测量，该做法目前仍然是主要的安全文化测量做法。

（2）从研究领域来看，早期的安全文化研究主要关注高危行业以及高可靠性组织。不过，近年来安全文化研究领域逐步拓展与延展，涉及社区安全文化、学校安全文化、医院（患者）安全文化与家庭安全文化等，并逐渐摆脱狭义安全文化束缚，日趋关注广义安全文化研究。

（3）从地域上看，美国、英国、荷兰等国家的安全文化研究居多，中国学者也有一些相关研究，且国内近几年的研究成果增速较快，但影响力仍偏低。

（4）从学理性上看，早期的安全文化研究基本上是经验式的，且较为零散，学理性显著不足。近年来，安全文化研究的规范性与学理性都明显日趋增强。特别是本书从学科高度，即把安全文化当作一门学问或科学来研究，这更加提升了安全文化研究的学理性。

（5）从已有研究所存在的问题上看，主要有以下 6 个问题：①尚无共同认可的定义和清晰的结构，安全文化应用研究颇多，安全文化理论基础仍然缺乏；②已有研究对安全文化具体维度的共识和对安全文化可操作的经验性研究较少；③结合地区（或行业等）的特色的安全文化研究偏少；④安全文化和安全氛围二者之间的关系尚不清晰，缺乏令人满意的安全文化和安全氛围模型；⑤安全文化的内容（要素）、安全文化在组织中如何被反映等问题尚未得到充分有效的研究，也尚未达成一致；⑥对安全文化功能的认识不一。因此，安全文化的实际有效运用尚处在初步的探索阶段。

（6）从研究趋势上看，今后的安全文化研究应关注以下 10 个问题：①安全文化的定义、要素、特征与功能等；②积极的安全文化及其建构；③安全文化的有效标识、测量和评价；④安全文化的作用机理；⑤安全文化中各要素之间的关系；⑥安全文化在特定行业、地区、文化中的个案研究，如建设有中国特色的安全文化学；⑦安全文化与其他文化（及其要素）相互影响的机制；⑧安全文化模型及其运用；⑨安全文化学建设研究；⑩大安全文化，即预防文化的研究。总而言之，今后的安全文化研究更应关注安全文化学基础理论研究，并应加强安全文化理论研究与应用实践结合的紧密性。

2.4.5　国内外安全文化学研究的比较分析及其启示[2,12,17,27,42]

本节对国内外安全文化现状做一简单对比分析，以发现目前国内在安全文化学研究领域所存在的主要缺陷。

2.4.5.1　国外安全文化学研究现状分析

归纳起来，国外的安全文化学研究主要有三个方面的特点。

（1）安全文化研究起步早，发展快。国外安全文化研究，首先在核工业领域重点推进，随后也在其他工业领域迅速推广。为间接佐证这一观点列举以下事例：①由前面的叙述可知，安全文化研究主要起源于工业化国家，起初，国际原子能机构（IAEA）对促进核工业领域的安全文化研究与建设做出了突出贡献，如 1991 年国际核安全咨询组（INSAG）把安全文化概念狭义定义为"核安全文化"；②亚洲地区核合作论坛（简称 FNCA，前身为 1990年成立的亚洲地区核合作国际大会，简称 ICNCA）自 1997 年第 8 次研讨会以来，每年都举行一次研讨会（2000 年会议在上海召开），对于推进亚太地区安全文化合作做出了重大贡献；③美国蒙大拿州 1993 年颁布了一部《蒙大拿州安全文化法》，以法律的形式强调雇主和雇员合作要遵循创造和实现工作场所安全的理念；④美国国家运输安全委员会 1997 年组织召开了"合作文化与运输安全"全国研讨会；⑤澳大利亚矿山委员会 1998～1999 年开展了一次全国矿山安全文化大调查，并且得出了一些合乎实际的结论；⑥2002 年 5 月，道格拉斯·韦格曼在向美国联邦航空管理局提交的安全文化总结报告中给出了安全文化的定义。目前，就安全文化研究与建设而言，国外在矿山安全、建筑安全、生活安全乃至反恐怖安全领域都有涉及并有较大推广。

（2）安全文化研究在高校得以大力发展。由以上分析可知，目前，国外许多矿山类、公共管理类、卫生健康类院校中均开设安全管理学、安全心理学、安全经济学、环境安全学、环境法学等涉及安全文化的课程；许多高校与政府联合组织了区域内或国际性安全文化研讨会；很多高校都设有安全文化研究专门机构、安全文化专职研究人员，出版发表了相关论著，开展了相关项目，召开了相关会议。

（3）安全文化研究成果丰富，且影响力较大。由安全科学的发展史可知，国外在安全科学理论研究方面在很早以前就已迈出重要步伐，这就为后期安全文化理论的研究奠定了相对坚实的基础，因此，由上述分析可知，国外最先提出了安全文化的概念，并在后期的安全文化研究过程中，相关机构和学者均发表了诸多有影响力的安全文化研究成果。此外，在国外，还有诸多具有较高学术影响力的安全文化研究的刊物。

2.4.5.2 国内安全文化学研究现状分析

中国关于安全文化的关注和研究兴起于 20 世纪 90 年代初［1992 年，国际核安全咨询组（INSAG）的《安全文化》一书被翻译成中文］。相对于国外，中国安全文化研究比较滞后。在安全文化研究方面，除以"安全文化"词条出现的文献、文件、法规、会议外，大量涌现出了"大安全文化"下的安全哲学、安全教育学、安全管理学、安全经济学、安全心理学、安全法学、安全社会学等学科文献。从国内的已有安全文化学研究成果来看，目前主要表现为以下三方面特点。

（1）安全文化研究主体的转变——从主要由政府部门推动转向以学界研究为主。由于文化历史因素的制约，与世界其他国家不同，中国安全文化探索最开始是由政府主导推动的，但是政府的职能主要是解决实际问题而不是学术研究，充其量也就是政策研究。然而，我们不能否定政府部门的主导推动，政府推动学术研究也是它的职能之一。在改革开放前期，以劳动部及其下属的协会机构为代表，随后，以中国劳动保护科学技术协会、职业安全健康协会、煤炭工业协会等一些半官方性质的机构为代表。进入 21 世纪后，中国安全文化研究的重心逐渐转移到高校和一些专职科研机构，如中国劳动保护科学技术学会、中国地质大学（北京）、中南大学、中国矿业大学（北京）、首都经济贸易大学和中国安全生产科学研究院等掀起了中国安全文化研究的高潮，并且转向了以这些高校和研究机构为主的安全文化研究态势。

（2）安全文化研究领域的拓宽——从煤矿为主转向其他领域研究。中国安全文化研究首先源于国外的经验和成果，如 1994 年初国务院核应急办公室召开了核工业系统核安全文化研讨会，传播了国际核安全文化的理念。但不是在核工业领域首先应用探索，而主要放在矿山，尤其是煤矿安全文化建设与研究方面，这与中国当时的国情密切相关。如中国学者 1993 年首次参加亚太地区职业安全卫生研讨会暨全国安全科学技术大会（在成都召开）后，于 1994 年在煤炭大省山西的太原由劳动部安全生产管理局及下属的中国劳动保护科学技术学会共同举办"全国安全生产管理、法规及伤亡事故对策"研讨会，主要还是探讨矿业，尤其是煤矿的生产安全管理、法规政策问题，其中"安全文化"的论文成为热门成果。但随着社会主义市场经济的迅速发展、政府职能的调控和政府管理部门的重新调整，中国安全文化研究也逐步由矿业为主转向其他领域，多头并举，如交通安全文化、社会公共安全文化、建筑安全文化、地质和火灾等灾害安全文化研究热一度兴起，各种研讨会、论文论著和大型调查研究相继涌现。

（3）安全文化研究起步晚，研究成果的国际影响力较低。中国第一部安全文化研究著作是 1994 年底由《中国安全科学学报》编辑部和《警钟长鸣》报社共同组织、徐德蜀先生主编、四川科学技术出版社出版的《中国安全文化建设——研究与探索》；1999 年甘心孟、林宏源主编出版《安全文化导论》；2002 年国家安全生产监督管理局政策法规司组织编写出版《安全文化新论》。经过多年的发展，安全文化的研究越来越受到学术界和实践界的重视，文献积累呈现一个明显的上升趋势。

2.4.5.3　对国内安全文化学研究的思考

经对国内外安全文化学研究的比较分析，从整体来看，尽管中国关于安全文化学的研究议题基本上囊括了几个关键性主题，但依然存在一些不足。通过对比分析，对中国安全文化学研究的启示主要有以下四点。

（1）研究议题方面。尽管从行业领域来看，中国的安全文化研究涉及众多领域，但是在早期，研究议题多为介绍性与经验性的，原创性与学理性较强的学术成果较少，但近年来这种问题已大有改善。

（2）研究方法方面。规范性亟需加强。特别是在早期，国内大多数关于安全文化的研究所采用的研究方法，均存在科学性不足、研究工具缺乏的问题，且研究方法相对单一，尚未与国际主流的研究方法接轨。不过，这一问题在近年来也已有较大改观。也正是因为如此，本书特此重点论述安全文化学的研究方法论。

（3）研究队伍方面。从文献来看，中国早期的安全文化研究者大多是来自一线的工作者，研究基本上是经验式的，不太注重研究过程和结论的可检验性。近年来，中国安全文化学者就如何采用科学规范的研究方法下了较大功夫，并取得了一些显著进步。尽管如此，使中国安全文化研究走向更规范化的道路，还仍是目前中国安全文化研究的最大挑战。

（4）研究范围方面。由之前叙述可知，实际上，中国最先提出的安全文化定义就属于广义安全文化范畴的定义，这与当前的安全文化研究的整体发展趋势完全吻合。换言之，中国最先提出的安全文化定义具有一定的前瞻性，对中国学者逐步拓宽安全文化研究范围起到了很大的引导作用。尽管如此，但是目前还有诸多学者尚未摆脱狭义安全文化研究的束缚，这对安全文化学内涵与研究内容等的丰富与发展会具有一定的阻碍作用。此外，需指出的是，以往诸多中国学者主要聚焦于安全文化的事故预防价值，尚未重视安全文化的文化价值（如欣赏与传承价值等），后期的安全文化研究，也应注重这方面研究。

此外，值得一提的是，中国学界于 2009 年最先把安全文化当作一门学问或科学来研究，即提出"安全文化学"的称谓，这在当时世界上处于领先地位。这部分内容已在本章 2.3 节进行详述，此处不再赘述。

2.5　安全文化建设的重要历程

在 20 世纪 90 年代初，安全文化理论正式诞生后，安全文化建设就得到了世界各国的广泛关注。在此，通过列举国内外安全文化建设过程中一些典型事件，来简单回顾国内外的安全文化建设历程。

2.5.1　国外安全文化建设历程中的典型事件回顾[2,12,17,27,42]

自从 1986 年提出安全文化的概念以后，安全文化建设就受到了国内外实践界与学术界的广泛关注。正如英国电气工程协会所言："近些年来，谈论安全文化已经成为一种'时尚'。"但是，整个安全文化建设历程是极为艰辛而漫长的，诸多国家、组织与个人均为此付出了巨大努力。由于安全文化这一概念最早起源于国外，因此，相对而言，国外对早期的安全文化建设做出了更多贡献。在此，仅通过梳理一些比较有影响的国外安全文化建设历程中的典型事件，来简单回顾国外的安全文化建设历程。

（1）1989 年 9 月：于瑞典斯德哥尔摩召开的世界卫生组织（WHO）第一届"事故与伤害预防大会"上正式提出"安全社区"（Safety Community）的概念。此概念的提出，对后期社区安全文化及其社区内的企业安全文化的建设均起到了巨大的推动作用。

（2）1990 年 9 月：第一届世界安全科学大会在德国召开，德国的环境、自然保护和核反应堆安全部长特普法教授呼吁要"走向工业社会的总体性安全文化"。

（3）1991 年：国际原子能机构（IAEA）在维也纳召开"国际核能安全大会——未来的战略"，在名为《安全文化》（*Safety Culture*）的总结报告（No. 75-INSAG-4）中首次给出了安全文化的定义，并建立了一套核安全文化建设的思想和策略。

（4）1993 年：美国蒙大拿州立法机构颁布了《蒙大拿州安全文化法》（Montana Safety Culture Act），制定该法的目的在于激励雇员和雇主采取合作以创造和实现工作场所安全的理念，并且使蒙大拿州的所有雇员和雇主都极端重视工作场所的安全。

（5）1994 年：国际原子能机构（IAEA）制定出用于评估安全文化的方法和指南——《组织安全文化自我评估指南》（*ASCOT Guidelines — Guidelines for Organizational Self-Assessment of Safety Culture and for Reviews by the Assessment of Safety Culture in Organizations Team*，TECDOC 743)[20]，提出了有关安全文化的四个方面的若干表征。该指南在 1996 年又进行了修订。

（6）1995 年 4 月：美国核协会（ANS）与核能源机构（NEA）在奥地利维也纳联合召开"核设施安全文化国际论坛会议"。

（7）1995 年：国际原子能机构（IAEA）制定出版《加强核电站安全文化的经验》（*Experience with Strengthening Safety Culture in Nuclear Power Plants*，TECDOC 821)。

（8）1996 年 5 月：在亚洲地区核合作论坛（Forum for Nuclear Cooperation in Asia，简称 FNCA。前身为 1990 年成立的亚洲地区核合作国际大会，简称 ICNCA）召开的第七次大会上，澳大利亚代表提议在核能安全文化上进行区域性合作，该提议被通过并决定从 1997 年起每年召开一次"核安全文化项目研讨会"（Workshop of the Nuclear Safety Culture Project）。

（9）1997 年 4 月：美国国家运输安全委员会（US National Transportation Safety board，简称 NTSB）召开了以"合作文化与运输安全"为主题的全国研讨会。

（10）1997 年：国际原子能机构（IAEA）制定出版《安全文化实践的实例》（*Examples of Safety Culture Practises*，*Safety Reports Series No. 1*）。

（11）1998～1999 年：澳大利亚矿山委员会组织进行了一次全国矿山安全文化大调查，其目的是评估矿山职工的工作态度和价值观，为工作统计、信息交流、研究生产力与安全的关系等提供决策支持。

（12）1998 年：国际原子能机构（IAEA）制定出版《在核活动中发展安全文化——帮助进步的实际建议》（*Developing Safety Culture in Nuclear Activities—Practical Suggestions to Assist Progress*，*Safety Reports Series No. 11*）。

（13）2002 年：国际原子能机构（IAEA）依次制定出版《增强安全文化水平的关键实践问题》（*Key Practical Issues in Strengthening Safety Culture*，INSAG 15)、《在强调核

设施安全文化和良好实践方面的自我评估》（*Self-Assessment of Safety Culture in Nuclear Installations Highlights and Good Practises*，TECDOC 1321）与《核设施中的安全文化：应用于增强安全文化水平的指南》（*Safety Culture in Nuclear Installations*：*Guidance for Use in the Enhancement of Safety Culture*，TECDOC 1329）。此外，同年12月，国际原子能机构（IAEA）在巴西里约热内卢召开"核设施安全文化国际会议"。

（14）2003年4月：国际劳工组织（ILO）将当年的"安全与健康世界日"的主题定为"工作中的安全文化"。此后，世界各国每年的"安全与健康世界日"活动中，大多均安排与安全文化（强调预防）相关的话题或促进活动。

（15）2003年6月：第91届国际劳工大会在日内瓦举行。国际劳工组织（ILO）开始强调关注和促进"安全文化"，并对此进行了相关讨论。

（16）2003年9月：国际原子能机构（IAEA）在奥地利维也纳召开"在培养强大的核安全文化方面政府与监管机构作用的技术会议"。

（17）2005年：国际原子能机构（IAEA）制定出版《核电厂维护过程中的安全文化》（*Safety Culture in the Maintenance of Nuclear Power Plants*，Safety Reports Series No. 42）。

（18）2006年5月：经济合作与发展组织（OECD）与核能源机构（NEA）在加拿大多伦多联合召开"国际核监管监察如何能够促进（或不能促进）良好安全文化的工作会议"。

（19）2006年5月：第95届国际劳工大会在日内瓦举行。大会上通过了第187号国际公约（《促进职业安全与健康框架公约》）以及与其相配套的第197号国际建议书（《促进职业安全与健康框架建议书》），它们对如何促进国家预防文化发展提出了相关建议。

（20）2007年5月：国际原子能机构（IAEA）与核能源机构（NEA）在英国切斯特联合召开"核应用许可证单位安全文化的持续监督——方法与途径的研讨会"。

（21）2008年6月29日～7月2日：由国际劳工组织（ILO）、国际社会保障协会（ISSA）与韩国产业安全公团（KOSHA）联合主办的第18届世界职业安全与健康大会在韩国首尔COEX会展中心召开。会议通过了《安全和健康工作首尔宣言》，其重要性体现在第一次阐明"……因此，所有的社会成员必须为实现预防性安全与健康文化做出贡献"。

（22）2011年2月：国际原子能机构（IAEA）在维也纳召开"安全文化监督与评估技术会议"，在该会议的文件中，概括回顾了20年来核工业领域的安全文化发展。最终，得出一个结论：在过去的20年里，人们已经认识到组织和文化问题在实现安全运行方面是至关重要的。

（23）2011年9月11～15日：由国际劳工组织（ILO）、国际社会保障协会（ISSA）与土耳其劳动和社会保障部联合举办的第19届世界职业安全与健康大会在伊斯坦布尔召开。这届大会的主题被确定为"创造健康安全的未来，构建全球预防文化"。此外，本届大会还提出《2010～2016年国际劳工组织行动计划》，它对国际劳工组织（ILO）在未来采取促进全球预防文化的行动来说尤为重要。

（24）2014年8月24～27日：第20届世界职业安全与健康大会在德国法兰克福召开，主题为"共享可持续预防的美好愿景"。会议围绕"预防文化—预防策略—零事故愿景""职业健康所面临的挑战""劳工世界的多样性"三个主题展开了讨论。

（25）2015年4月28日：举行了"世界安全生产与健康日"纪念活动暨预防性安全监察国际研讨会，此次"世界安全生产与健康日"的主题是"共同建设预防性安全健康文化"。

此外，国外各国政府为推进安全文化建设，也为此组织了一些重要而具有延续性的安全文化建设活动，具体举例见表2-1。

表 2-1　　国外政府组织的主要安全文化建设活动举例

国家	政府组织的主要安全文化建设活动举例
美国	每年的 10 月由美国国家安全委员会(NSC)组织开展全美安全大会及展览会；美国安全工程师学会把每年的 6 月 20～27 日确定为"全国作业车间安全周"
英国	英国卫生执行局(HSE)1992 年举办了首次工作场所卫生安全周活动，以后每年下半年都开展一次卫生安全周活动
澳大利亚	每年 10 月的第三周是澳大利亚的职业安全健康周
德国	每年都有一些组织举行职业安全卫生大会及展览会
加拿大	加拿大安全工程协会(CSSE)每年 6 月都发起一个"职业安全卫生周"活动
日本	将每年的 7 月 1～7 日确定为"全国安全周"
印度	规定每年的 3 月 4 日为"全国安全日"
韩国	每年的 7 月 1 日举行"全国安全日"活动
印度尼西亚	1970 年 1 月 12 日颁布了"劳动安全法"并把这一天定为"劳动安全卫生日"。把 1 月 12 日～3 月 12 日确定为开展全国性的工业安全卫生活动期
泰国	规定每年 6 月的第一周为安全周(1986 年 6 月首次举办了安全周活动)

2.5.2　国内安全文化建设历程中的典型事件回顾[2,12,17,27,42]

在"安全文化"概念引入中国之前，中国的安全文化作为一个安全科学专业名词或安全管理思想尚是一个处于襁褓之中的婴儿。但是，毋庸置疑，中国的安全文化源远流长，其大量散见于中国传统安全文化之中。因此，在借鉴与参考国外的安全文化建设经验的同时，我们应坚信，中国开展安全文化建设是更有"底蕴""资源""特色"的，我们理应充满"自信"。

据考证，自新中国成立以来，中国政府历来就注重安全文化建设。例如，早在 1953 年，国家领导人毛泽东就指出："在实施增产节约的同时，必须注意职工的健康与安全；如果只注意到前一方面，忘记或稍加忽视后一方面，那是错误的。"(摘引自《贯彻安全生产的方针，做好劳动保护工作》，1953 年 1 月 30 日《人民日报》) 若从安全文化角度解读这句话，其可谓是一条重要的安全文化理念。特别是从 20 世纪 90 年代开始，随着安全文化概念被引入国内，国内就轰轰烈烈地开展了大量的安全文化建设工作。甚至可以毫不夸张地讲，就建设力度与成效而言，当时也绝不亚于当前中国的安全文化建设。

在中国的安全文化建设进程中，许多组织与个人等均付出了巨大努力。在此，笔者仅选取中国安全文化建设历程中的部分较具代表性的典型事件，来简单回顾中国的安全文化建设历程，以鞭策和激励我们更好地做好当前中国的安全文化建设工作。

(1) 1991 年：从这年起，劳动部开始于每年 5 月份的第 3 周在全国组织开展"安全生产周"(从 2002 年开始，将"安全生产周"改为"安全生产月")活动，这是中国当时影响较为广泛的安全文化建设与传播活动。

(2) 1991 年：1991 年秋，四川省铁道部眉山车辆厂组织开展了"企业安全文化"研究课题，这是至今可收集到的最早的中国企业自发开展的安全文化实践活动。

(3) 1992 年：国际核安全咨询组 (INSAG) 的《安全文化》报告文件 (即 "Safety Culture"，Safety Series No.75-INSAG-4) 被译为中文，并由原子能出版社出版发行。至此，"安全文化"作为安全科学专业名词开始在中国出现与传播，这对中国整体安全文化研究与探索发挥了重要作用。

(4) 1992 年：公安部发出通知，将每年的 11 月 9 日定为"119 消防宣传日"，这是中国今后经常化的消防安全文化建设与传播活动，它为促进中国消防安全文化建设起到了巨大的推动作用。

（5）1993年：时任劳动部部长李伯勇指出："要把安全工作提高到安全文化的高度来认识。"在这一认识基础上，安全科学界把该安全工作认识逐步引入传统产业，把核安全文化深化到一般安全生产与生活领域，从而形成一般意义上的安全文化，即安全文化从核安全文化、航空航天安全文化等企业安全文化，逐步拓宽至公共（全民）安全文化。

（6）1993年10月：在成都召开的亚太地区职业安全卫生研讨会暨首次全国安全科学技术交流会以及中国劳动保护科学技术学会第三次全国会员代表大会上，发表了《论企业安全文化》的论文。此外，会议期间，《中国安全科学学报》编辑部（当时刘潜先生为主编）和《警钟长鸣报》报社（当时陈昌明先生为总编辑）达成合作实施计划，决定自1994年1月起在《警钟长鸣报》上由《中国安全科学学报》编辑部协办，新辟"安全文化"专版，向公众、向社会宣传"安全文化"。后来于1994年，刘潜先生曾这样评价《安全文化》专刊：转眼之间，这事已过去了一年多，我案头上的《安全文化》也叠了十几期了。从"理性之光"到"画外音"；从"古音缭绕"到"遥想遐思"；从"专家之见"到"社会透视"；从"历史故事"到"安全文化觅源"，都富有安全的文化与哲理……同时，还令人突出地感到《警钟长鸣报》对中国安全文化的弘扬和对安全科学普及功不可没，实为可嘉。由此，显而易见，《安全文化》专刊为中国早期安全文化建设与传播发挥了重要作用。

（7）1994年3月：国务院核应急办公室及核学会等单位组织跨学科的"安全文化研讨会"，标志着中国政府部门等组织开始关注安全文化建设与传播。

（8）1994年6月：时任劳动部部长李伯勇在《安全生产报》创刊号上发表《加大安全生产宣传力度，把安全工作提高到安全文化的高度来认识》的重要文章，这标志着中国安全文化由企业安全文化拓延到了大众安全文化，一个全民研究、传播安全文化的时代已经开始。

（9）1994年10月：时任劳动部部长李伯勇为《中国安全文化建设——研究与探索》一书作序，他强调指出："……安全文化是人类文化的一部分，它涉及人类活动的各个领域，存在于社会生活的各个方面；它涉及自然科学和社会科学的诸学科，它为安全的世界观和方法论的形成提供乳育的胚胎；它既具有历史的继承性，又具有鲜明的时代感……"他还亲自写信给《警钟长鸣报》，对当前安全文化宣传做重要指示："你们对安全文化宣传得很好，最好再深入些，使职工既能理解，又能让安全文化在思想上扎根，行动上贯彻，具有一定的安全文化素质。"

（10）1994年12月：由《中国安全科学学报》编辑部和《警钟长鸣报》共同组织编写的中国第一部安全文化专著《中国安全文化建设——研究与探索》由四川科学技术出版社出版发行，标志着中国安全文化理论研究的开始。

（11）1994年12月：时任全国人大副委员长李沛瑶为《中国安全文化建设——研究与探索》一书题词："普及安全文化知识，提高人民安康水平"。

（12）1994年：北京人民广播电台、北京电视台分别开始在"环境与减灾""北京你早""热点话题"等栏目播放安全文化专题节目，向社会、大众传播安全文化。

（13）1995年3月：四川自贡硬质合金厂成立安全文化促进委员会，根据该厂安全生产特点，颁布《企业安全文化建设五年发展纲要》。这一举措率先在中国企业中开始了安全文化建设活动，为后期中国其他企业的安全文化建设活动提供有益借鉴和参考。

（14）1995年4月：在北京隆重召开了"全国首届安全文化高级研讨会"，时任劳动部部长李伯勇在贺电中强调："安全文化是中国安全事业发展的基础……希望当前的安全文化工作要与安全生产形势、严峻的现实紧密地结合起来，特别是在重大特大事故的有效遏制上，在严重危害劳动者身心健康的职业病的防治上，能充分发挥积极的作用，在安全生产管理体制和运行机制的完善和建立上能提出宝贵的建议……"会后，出版了《全国首届安全文化高级研讨会论文集》，并向党中央、国务院递交了反映与会 120 多名学者、专家倡导和弘扬安全文化的心愿和为推动中国安全文化建设为人民和社会创造更加安全、舒适、文明的环境的决心的《中国安全文化发展战略建议书》。此外，同年在中国成都还举办了"事故隐患评估治理与安全文化研讨班"。

（15）1995 年 1 月：时任副总理邹家华在全国安全生产电话会议上强调："……加大安全生产宣传力度，提高安全文化水平，强化全民安全意识……"

（16）1995 年 5 月：全国第五次"安全生产宣传周"活动，把"倡导安全文化，提高全民安全意识"列为三大主要内容之一。

（17）1995 年 7 月：时任副总理吴邦国在全国安全生产电话会议上强调："……各级党委和政府要通过加强安全生产宣传和教育，倡导安全文化等措施，促进全社会的安全生产意识和素质的普遍提高。"

（18）1995 年 8 月：《全国首届安全文化高级研讨会论文集》（《中国安全科学学报》增刊）公开发行。该论文集汇集了有关安全文化的论文 46 篇，是当时中国在安全文化问题研究上较为权威的成果代表。

（19）1995 年 11 月 8 日：劳动部颁发《企业职工劳动安全卫生教育管理规定》，在有关条文中有 7 处特别强调将安全文化及其知识列入教育或教材内容。

（20）1995 年：在劳动部制定的《劳动科学与安全科学技术"九五"计划和 2010 年远景目标纲要》（征求意见稿）中的第三部，即安全科学技术工作的主要任务和重点研究领域的主要任务中，强调要加强科普工作，倡导安全文化。在搞好培训与教育的章节里，专门强调："安全文化建设是实现安全文明生产、保护和发展生产力的一项根本性举措，目标是使国家、企业、劳动者本人都自觉地承担起经济发展、社会进步的责任，同时自觉保护生产和社会环境，保护人的安全与健康。达到这个目标需经长期奋斗，但应从现在起弘扬和倡导安全文化。开展企业安全文化建设，建立企业的安全观和价值观，达到企业安全目标，树立企业的安全形象。要根据企业自身的特点，倡导与其企业文化相一致的企业安全文化。""培训和教育是安全科技工作的重要内容，也是科普与安全文化建设的基础和务实手段。"这一事实表明，大力倡导安全文化，提高全民安全意识和素质已在国家规划中取得了应有的、合法的重要地位。

（21）1996 年 3 月：国家教委、劳动部、公安部、交通部、铁道部、国家体委、卫生部联合发布关于全国中小学生安全教育的通知，确定每年 3 月最后一周的星期一为"全国中小学生的安全教育日"。这一制度的设立，大大促进了中小学学校安全文化建设。

（22）1996 年 4 月：公安部决定从 1996 年起，每年 4 月的第一个星期为全国统一的"交通安全宣传周"，这为中国交通安全文化建设提供了重要的活动载体，可助推中国交通安全文化建设。

（23）1996 年 5 月：劳动部召开"中国劳动安全卫生迈向 21 世纪研讨会"，安全文化作为大会的主要议题之一。王建伦副部长对安全文化建设做了重要讲话，强调要倡导和弘扬安全文化，加强安全宣传教育工作，提高全民安全意识和素质，营造"以人为本，珍惜生命，关爱人，保护人"的安全文化氛围。

（24）1996 年：据不完全统计，至 1996 年底全国已有 30 余家报刊、杂志（如《中国安全科学学报》《警钟长鸣报》《安全生产报》《劳动保护杂志》《北京劳动安全报》《劳动保护科学技术》，甚至《人民日报》《科技日报》《中国环境报》《减灾报》《经济日报》《文化报》等全国发行的报纸）设有"安全文化"专栏；在北京、广州、太原等地先后举办了各种类型的"安全文化研讨班"20 余次；发表有关"安全文化"的学术论文 400 多篇；并陆续出版了不少有关"安全文化"的译著、编著和专著，其中对安全文化的建设有重要参考价值的著作有：《核电安全的基本原则》《安全文化研讨会论文集》《中国安全文化建设——研究与探索》《全国首届安全文化高级研讨会论文集》《安全文化系统工程》《责任重于泰山——减灾科学管理指南》《中国企业安全文化活动模式指南》《安全妙语警句》等。

（25）1997 年 5 月 20～21 日：由国际劳工组织、国际劳工组织北京局及劳动部、有关产业部委组织的"国际安全文化专家研讨会"在甘肃省白银市召开。会议对国际上安全文化的理论和中国安全文化研究课题的成果，进行了首次评价和交流。

（26）1997 年 6 月 6 日：由"中国安全文化研究会筹委会"专家组提出了《关于制定"21 世纪国家安全文化建设纲要"的建议》，并刊登在 Scientific American 中文版《科学》杂志上。

（27）1999 年 3 月 15 日：消费者协会将 1999 年的 3.15 主题确定为"安全健康消费"，其重点宣传了两大问题，即保护消费者的安全和健康不受侵害，保证产品的质量与安全；消费者要提高安全科技文化素质，增长安全健康消费的知识。这表明，高新技术风险已进入家庭，消费者更需要安全文化。

（28）2001 年：由国家经贸委安全生产监督管理局在中国青岛市组织召开了第一届"全国安全文化研讨会"，这次会议是首次由中国政府部门组织的全国性安全文化专题会议，参会代表多达 60 多人。会后，安全生产监督管理局政策法规司组织出版了《全国安全文化研讨会论文集》，并且进一步组织专家编写和出版了《安全文化新论》一书。这些举措极大地促进了中国安全文化及其建设理论和实践的发展。

（29）2002 年：从 2002 年开始，中国将"安全生产周"改为"安全生产月"。2002 年，中共中央宣传部、国家安全生产监督管理局等部委结合当前安全生产工作的形势，在总结经验的基础上，确定在每年 6 月份开展"安全生产月"活动，并决定在"安全生产月"期间同时开展"全国安全生产万里行"活动，将"安全生产周"活动的形式和内容进行了延伸。这是党中央、国务院为宣传安全生产一系列方针政策和普及安全生产法律法规知识、增强全民安全意识的一项重要举措。

（30）2005 年 2 月 28 日：国家安全生产监督管理总局召开的全体干部大会上，时任李中局长首次提出了"安全生产五要素"的概念，依次是安全文化、安全法制、安全责任、安全科技和安全投入。其中安全文化被列为第一要素，处于安全生产的核心地位。

（31）2006 年 3 月 27 日：中共中央政治局于 2006 年 3 月 27 日下午进行第三十次集体学习，中共中央总书记胡锦涛发表重要讲话——《坚持以人为本关注安全关爱生命切实把安全生产工作抓细抓实抓好》，讲话中强调"把安全发展作为一个重要理念纳入中国社会主义现代化建设的总体战略"以及"大力建设安全文化"等。

（32）2006 年 5 月 11 日：由国家安全生产监督管理总局印发的《"十一五"安全文化建设纲要》（国发〔2006〕53 号）中明确指出，由于多种因素的制约，目前全国安全生产形势依然严峻，其中重要原因之一是安全文化建设水平较低，全民的安全意识较为淡薄；一些企业的安全文化行为不够规范；社会的安全舆论气氛不够浓厚。总体来看，安全文化建设与形势发展的要求不相适应。此外，此规划的指导思想和主要任务中均提出要"倡导安全文化"，尤其在规划中将"安全文化建设工程"列入了第九项重点工程。

（33）2007 年：《企业安全文化建设导则》与《企业安全文化建设评价准则》两个安全生产行业标准列入国家安全生产监督管理总局的年度标准制定计划。

（34）2008 年：国家安全生产监督管理总局颁布 AQ/T 9004—2008《企业安全文化建设导则》与 AQ/T 9005—2008《企业安全文化建设评价准则》，并于 2009 年 1 月 1 日起正式实施。这两个安全生产标准的制定和颁布，对中国企业安全文化建设的规范化、系统化发展奠定了坚实的基础。

（35）2009 年：经国务院批准，自 2009 年起，每年 5 月 12 日为全国"防灾减灾日"。通过设立"防灾减灾日"，定期举办全国性的防灾减灾宣传教育活动，有利于进一步唤起社会各界对防灾减灾工作的高度关注，增强全社会安全意识，普及推广全民安全知识与技能，极有利于营造良好的公共安全文化氛围。

（36）2010 年 1 月 14 日：国家安全生产监督管理总局发布了《国家安全监管总局关于开展安全文化建设示范企业创建活动的指导意见》（安监总政法〔2010〕5 号），其目标是通过开展安全文化建设创建活动，切实加强企业安全文化建设，促进企业安全管理工作规范化、制度化和科学化，推动企业安全生产主体责任落实到位，夯实安全生产基层基础工作。

（37）2011 年 11 月 10 日：由国家安全生产监督管理总局印发的《安全文化建设"十二五"规划》（国发〔2011〕47 号）中明确指出："到'十二五'末，安全文化建设体制机制及标准制度健全规范，安全文化示范工程和阵地建设深入推进，安全文化活动内容不断丰富，全民安全意识进一步增强，安全文化建设富有特色并取得明显成效。"

（38）2012 年：国务院安全生产委员会办公室发布文件《关于大力推进安全生产文化建设的指导意见》（安委办〔2012〕34 号），对全国安全文化建设的工作提出新的要求。

（39）2012 年：公安部决定将每年 12 月 2 日定为"全国交通安全日"［2012 年《国务院关于加强道路交通安全工作的意见》（国发〔2012〕30 号）明确提出设立"全国交通安全日"］，这为中国交通安全文化建设注入了动力，并提供了活动载体。

（40）2013 年 12 月 11 日：为进一步加强企业安全文化建设工作，使"全国安全文化建设示范企业"创建活动有序开展，国家安全生产监督管理总局宣教中心印发并执行《全国安全文化建设示范企业管理办法》。

（41）2016 年 3 月 31 日～4 月 1 日：国家主席习近平出席在美国华盛顿举行的第四届核安全峰会，并于 4 月 1 日在峰会上发表"加强国际核安全体系推进全球核安全治理"的重要讲话，其中重点提及"强化核安全文化，营造共建共享氛围"内容：法治意识、忧患意识、自律意识、协作意识是"核安全文化"的核心，要贯穿到每位从业人员的思想和行动中……在此之前，中国国家领导人鲜有在国际会议上发表"安全文化"相关内容的讲话。

（42）2016 年 12 月 18 日：《中共中央国务院关于推进安全生产领域改革发展的意见》被印发。这是新中国成立以来第一个以党中央、国务院名义出台的安全生产工作的纲领性文件。文件指出："推进安全文化建设，加强警示教育，强化全民安全意识和法治意识。"

（43）2017 年 1 月 12 日：国务院办公厅印发《安全生产"十三五"规划》。它指出，"大力倡导安全文化：鼓励和引导社会力量参与安全文化产品创作和推广；广泛开展面向群众的安全教育活动，推动安全知识、安全常识进企业、进学校、进机关、进社区、进农村、进家庭；深化与'一带一路'沿线国家的安全文化交流合作，建立多渠道、多层次的沟通交流机制；推动安全文化示范企业、安全发展示范城市等建设；强化汽车站、火车站、大型广场、大型商场、重点旅游景区等公共场所的安全文化建设；创新安全文化服务设施运行机制，推动安全文化设施向社会公众开放"。

（44）2017年6月23日：国家安全监督管理总局政策法规司发布"关于《中华人民共和国安全生产法》（部分条款修改建议对照稿）征求意见的函"。其中，"推进安全文化建设，加强警示教育"拟写入《中华人民共和国安全生产法》第十一条。这是中国第一次拟定将安全文化建设写入法律。

（45）2019年11月29日：中共中央政治局就我国应急管理体系和能力建设进行第十九次集体学习。中共中央总书记习近平在主持学习时强调，积极推进我国应急管理体系和能力现代化。他专门提及："要坚持群众观点和群众路线，坚持社会共治，完善公民安全教育体系，推动安全宣传进企业、进农村、进社区、进学校、进家庭，加强公益宣传，普及安全知识，培育安全文化。"

（46）2019年12月19日—20日：全国公共安全基础标准化技术委员会（SAC/TC 351）2019年年会暨第一届全国公共安全标准化论坛在苏州召开。大会对技术委员会新成立的"安全文化标准工作组（WG10）"等3个标准化工作组举行了授牌仪式，并成功组织举办第一届全国公共安全标准化论坛安全文化工作组分论坛。

（47）2020年5月6日：为扎实推进安全宣传进企业、进农村、进社区、进学校、进家庭，进一步提高全社会整体安全水平，国务院安委会办公室、应急管理部联合印发《推进安全宣传"五进"工作方案》，对做好新形势下安全宣传工作（包括安全文化建设工作）进行统一部署，明确工作重点，细化任务举措，提出具体要求。

2.6　安全文化学的科学发展模式[17]

2.6.1　安全文化学形成与发展的内在逻辑

为准确确定安全文化学的科学发展模式，极有必要回顾和梳理安全文化学形成与发展的内在逻辑。笔者认为，可从两个角度，即文化学（理论）视角与管理学（实践）视角出发，来阐释安全文化学形成与发展的内在逻辑。基于上述认识，可得出安全文化学形成与发展的内在逻辑图示，如图2-3所示。

（1）从文化学（理论）视角来看，即就学理而言，安全文化学理应是安全科学与文化学的直接交叉融合形成的。据考证，文化学形成的时间序列为"人类学（观点1：古希腊历史时期；观点2：公元前12世纪至公元前8世纪。尚未形成统一的说法）→文化人类学（19世纪下半叶）→文化学（20世纪50年代）"，而安全科学大约诞生于20世纪70~80年代。从理论上讲，正是上述两门学科的不断发展与融合，最终才形成了安全文化学这门独立学科。基于此，显而易见，我们可在借鉴文化学的学科框架的基础上，结合安全文化学特色，来开展安全文化学学科体系构建研究。此外，基于文化学角度，审视与开展安全文化学研究还具有以下这一重要优势：可摆脱狭义安全文化的束缚，更能丰富和拓宽安全文化学的内涵与研究内容（如本书提出的安全文化学学科分支之安全文化史学），使安全文化学研究成果更具文化学色彩。

（2）从管理学（实践），即安全文化学的实际孕育过程视角来看，毋庸置疑，安全文化学实则是安全文化研究（安全文化研究因安全管理学理论之安全文化管理理论的诞生而兴起）的进一

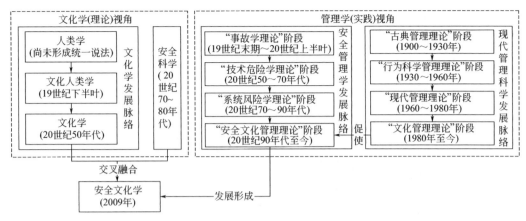

图 2-3 安全文化学形成与发展的内在逻辑图示

步科学化、规范化与体系化。换言之，安全文化是一种"安全管理实践"和"安全管理思潮"，它在国际上的兴起，可以说是安全管理学逻辑发展的必然结果。据考证，安全文化管理理论诞生于20世纪90年代初期。安全文化理论的提出主要基于以下两方面原因：①一般而言，安全管理学理论发展先后共经历了四个阶段（简单见表2-2，具体不再展开论述）。由此可见，安全文化学是安全管理学理论之安全文化管理理论，即安全管理学逻辑发展的必然结果。②显而易见，安全文化学产生的直接原因是安全文化管理理论的诞生，而安全文化管理理论的产生，不仅得益于安全管理学理论前三阶段的发展和铺垫，还主要得益于管理学理论之文化管理理论（管理学理论的先后发展阶段简单见表2-3，具体不再展开论述）的驱动。

表 2-2　安全管理学理论的先后发展阶段

阶段	时间	安全管理学理论
第一阶段	19 世纪末期至 20 世纪上半叶	事故学理论
第二阶段	20 世纪 50～70 年代	技术危险学理论
第三阶段	20 世纪 70～90 年代	系统风险学理论
第四阶段	20 世纪 90 年代至今	安全文化管理理论

表 2-3　管理学理论的先后发展阶段

阶段	时间	管理学理论
第一阶段	1900～1930 年	古典管理理论（科学管理理论）
第二阶段	1930～1960 年	行为科学管理理论
第三阶段	1960～1980 年	现代管理理论
第四阶段	1980 年至今	文化管理理论

综上分析，应从"文化学与管理学（安全管理学）"这一综合角度出发，即要从文化学与管理学（安全管理学）两个方面来考虑安全文化学学科体系构建问题。前一角度，能使安全文化学内涵与研究内容逐渐变得更加丰富；而后一角度，能使安全文化学研究更"接地气"，即更有利于安全文化学应用实践。正是基于上述这一认识，笔者构建了安全文化学整体的学科体系框架，以期实现所构建的安全文化学学科体系的完整性、科学性和实用性。

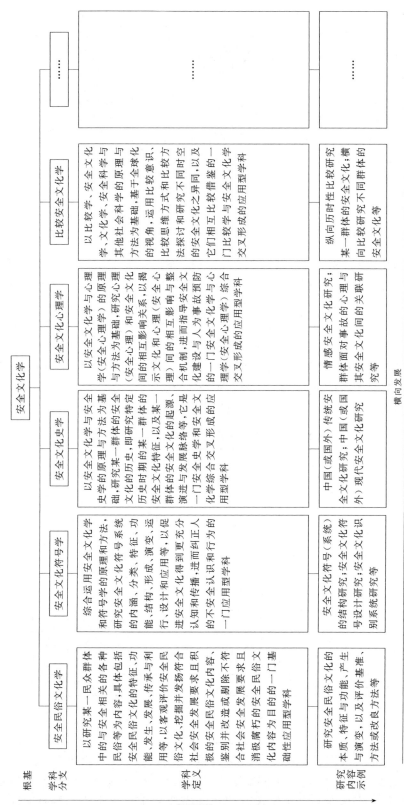

图 2-4　安全文化学的"横—纵"式发展模式

2.6.2　安全文化学的"横-纵"式发展模式

经过过去30年安全文化学研究与实践，尽管目前安全文化学已初步形成，但安全文化学尚极为稚嫩，其研究尚存在众多缺陷（如存在研究的片面化、零散化与不科学性等问题）。因而，极有必要以已有的安全文化学研究与实践成果为基础，探讨安全文化学的科学发展模式。根据学科发展的一般模式，从横向与纵向相结合的角度，构建安全文化学的科学发展模式，即安全文化学的"横-纵"式发展模式（图2-4）。

严谨的学科发展模式应具有一定的科学性，并非是开展各类散乱研究并将它们进行简单组合和堆积。由图2-4可知：科学严谨地研究与发展安全文化学应从纵向发展与横向发展两方面着手：①安全文化学的纵向发展模式为以主干学科之安全文化学为研究起点和基础（研究安全文化学的普适性原理与方法等），并在此基础上，专门研究各安全文化学学科分支的学科理论体系及应用实践，以实现安全文化学学科分支的纵深发展；②安全文化学的横向发展模式为不断丰富和完善安全文化学学科分支，以实现安全文化学的横向过渡发展。一般而言，创立新的安全文化学学科分支的基本方法和思路是笔者提出的安全文化学的审视交叉研究方法（其属于安全文化学方法论范畴），以及创立交叉学科的基本逻辑思路（即使2门甚至更多门学科间进行相互交叉融合）。目前，笔者已选取与安全文化学研究有紧密关联的5门典型学科（即民俗学、符号学、安全史学、安全心理学与比较安全学），创立5门安全文化学学科分支（即安全民俗文化学、安全文化符号学、安全文化史学、安全文化心理学与比较安全文化学）。当然，随着安全文化学的进一步研究与发展，还有可能发展创立出更多的安全文化学学科分支（如企业安全文化学与公共安全文化学等新的全文化学学科分支在今后安全文化学研究与发展中均极有可能形成）。

显然，安全文化学的"横-纵"式发展模式可为安全文化学研究与发展提供清晰严谨的整体性框架，有利于引导安全文化学研究从片面化与零散化走向规范化与系统化，有助于指导构建完善的安全文化学的学科理论体系。

 **思考题**

1. 如何定义安全氛围？安全氛围与安全文化二者之间主要有哪些区别？

2. 安全文化理论正式诞生的标志是什么？安全文化概念的正式提出有何重要意义与价值？

3. 安全文化研究的3个典型阶段及其各阶段的主要特征是什么？

4. 列举国内外安全文化建设历程中的典型事件。

5. "安全文化学"称谓的最早出处是哪里？

6. 简述安全文化学形成与发展的内在逻辑及安全文化学的科学发展模式。

参考文献

[1] 李杰，郭晓宏.安全文化研究的科学知识图谱[J].武汉理工大学学报：社会科学版，2014，27（4）：525-532.

[2] 毛海峰，王珺.企业安全文化：理论与体系化建设[M].北京：首都经济贸易大学出版社，2013.

[3] Guldenmund F W. The nature of safety culture: a review of theory and research[J]. Safety Science, 2000, 34（2）:

215-257.

[4] Zohar D. Safety climate in industrial organizations: theoretical and applied implications[J]. Journal of applied psychology, 1980, 65（1）: 96.

[5] 朱月龙, 段锦云, 王娟娟. 组织氛围研究: 概念测量、理论基础及评价展望[J]. 心理科学进展, 2014, 22（12）: 1964-1974.

[6] Argyris C. Some problems in conceptualizing organizational climate: A case study of a bank[J]. Administrative Science Quarterly, 1958, 2, 501-520.

[7] Fleishman E A. Leadership climate, human relationstraining, and supervisory behavior[J]. Personnel Psychology, 1953, 6, 205-222.

[8] 刘光彩. 如何营造自爱互爱的安全氛围[J]. 兵工安全技术, 1996, 2: 24.

[9] 蓝荣香. 安全氛围对安全行为的影响及安全氛围调查软件的开发[D]. 北京: 清华大学, 2004.

[10] 张吉广, 张伶. 安全氛围对企业安全行为的影响研究[J]. 中国安全生产科学技术, 2007, 3（1）: 106-110.

[11] International nuclear safety advisory group. Summary report on the post-accident review meeting on the Chernobyl accident[M]. Vienna : Safety Series, 1986.

[12] 詹先翠. 中国安全文化建设及其战略构想[D]. 北京: 首都经济贸易大学, 1997.

[13] International Nuclear Safety Advisory Group. Basic safety principles for nuclear plants[R]. Vienna: International Atomic Energy Agency, 1988.

[14] Turner B A, Pidgeon N, Blockley D, et al. Safety culture: Its importance in future risk management[C]. Position paper for the Second World Bank Workshop on Safety Control and Risk Management. 1989.

[15] International Nuclear Safety Advisory Group. Safety culture（Safety Series 75-INSAG-4）[R]. Vienna, 1991

[16] 颜烨. 安全社会学[M]. 北京: 中国政法大学出版社, 2013.

[17] 王秉, 吴超. 安全文化学的研究进展及其科学发展模式[J]. 中国安全科学学报, 2019, 29（6）: 25-31.

[18] Pidgeon N F. Safety Culture and Risk Management in Organizations [J]. Journal of Cross-Cultural Psychology, 1991, 22（1）: 129-140.

[19] Mcsween T E. The value-based safety process: Improving your safety culture with behavior-based safety (2e)[M]. Hoboken: John Wiley and Sons, 2003.

[20] IAEA-TECDOC-743. ASCOT guidelines for organizational self-assessment of safety culture and for reviews by the assessment of safety culture in organization[R]. Vienna, 1994.

[21] IAEA. Developing safety culture in nuclear activities: Practical suggestions to assist progress[R]. Vienna: International Atomic Energy Agency, 1998.

[22] Sorensen J N. Safety culture: a survey of the state-of-the-art[J]. Reliability Engineering & System Safety, 2002 (2): 189-204.

[23] 王光荣. 《21世纪100个交叉科学难题》一书出版[N]. 光明日报, 2005-01-11 (3).

[24] 吴超, 杨冕. 安全科学原理及其结构体系研究[J]. 中国安全科学学报, 2012, 22（11）: 3-10.

[25] 吴超, 杨冕. 25条安全学原理的内涵[J]. 湖南安全与防灾, 2013, 26（2）: 42-45.

[26] 谭洪强, 吴超. 安全文化学核心原理研究[J]. 中国安全科学学报, 2014, 24（8）: 14-20.

[27] 郭飞. 境外安全文化研究20年评述[J]. 武汉理工大学学报: 社会科学版, 2011, 24（1）: 63-69.

[28] 谢荷锋, 马庆国, 肖东生, 等. 企业安全文化研究述评[J]. 南华大学学报: 社会科学版, 2007, 8（1）: 35-38.

[29] Cooper M D, Phillips R A. Exploratory analysis of the safety climate and safety behavior relationship[J]. Journal of Safety Research, 2004, 35 (5): 497-512.

[30] Choudhry R M, Fang D, Mohamed S. The nature of safety culture: A survey of the state-of-the-art[J]. Safety Science, 2007, 45 (10): 993-1012.

[31] Pidgeon N. Safety culture: Key theoretical issues[J]. Journal of Work Health & Organisations, 1998, 12 (3): 202-216.

[32] Richter A, Koch C. Integration, differentiation and ambiguity in safety cultures[J]. Safety Science, 2004, 42 (8): 703-722.

[33] Dedobbeleer N, Béland F. A safety climate measure for construction sites [J]. Journal of Safety Research, 1991, 22

（2）：97-103.

[34] Safety Research Unit. The contribution of attitudinal and management factors to risk in the chemical industry（final report to the health and safety executive）[R]. Guilford: Psychology Department University of Surrey, 1993.

[35] Flin R，Mearns K，O'Connor P，et al. Measuring safety climate: identifying the common features[J]. Safety Science, 2000, 34（1-3）：177-192.

[36] 傅贵，王祥尧，吉洪文，等.基于结构方程模型的安全文化影响因子分析[J].中国安全科学学报，2011，21（2）：9-15.

[37] Cox S J，Cheyne A J T. Assessing safety culture in offshore environments[J]. Safety Science, 2000, 34（1）：111-129.

[38] 田水承，李磊，王莉，等.基于 ANP 法的企业安全文化模糊综合评价[J].中国安全科学学报，2011，21（7）：15-20.

[39] 马跃，傅贵，臧亚丽.企业安全文化建设水平评价指标体系研究[J].中国安全科学学报，2014，24（4）：124-129.

[40] 宋晓燕，谢中朋，漆旺生.基于层次分析法的企业安全文化评价指标体系研究[J].中国安全科学学报，2008，18（7）：144-148.

[41] Hale A R，Hale A R. Culture's confusions[J]. Safety Science, 2000, 34（1-3）：1-14.

[42] Wang B，Wu C. Safety culture development，research，and implementation in China：An overview [J]. Progress in Nuclear Energy，2019，110，289-300.

第3章

安全文化的起源与演进

 **本章导读**

本章基于"大安全"与"大文化"视角，主要介绍安全文化的起源与演进过程。通过本章的学习，以期使读者大体了解和掌握整个安全文化形成与发展历程。本章主要包括以下5个方面内容：①重点介绍安全文化起源与演进的生物学解释与安全科学解释。②分析不同安全文化发展阶段与不同社会类型二者之间的内在对应关系，并介绍与不同社会类型对应的安全文化的重要特征。③重点阐释安全文化的累积机理和创新机理。④扼要解读中国传统安全文化。⑤从多角度探寻安全文化的起源和发展。

相传，自从亚当和夏娃被上帝逐出伊甸园后，人类历史便有了灾难的记录。尽管爱尔兰剧作家乔治·萧伯纳（George Bernard Shaw，1856～1950年）曾说"……我们学习的历史都是那些不学历史的人编写的"，但是本章还是试图勾勒一下人类安全文化的起源与发展、积累与创新等安全文化演进的一般图景。

所谓安全文化起源问题，即安全文化如何产生的问题。在笔者看来，安全文化是人类基于自身生活与生产而对环境（包括自然环境和社会环境）中存在的安全威胁做主动性、创造性适应和抵御，以保障其生活与生产安全。人类在与环境中存在的安全威胁做斗争的过程中，不仅形成了独特的安全文化，其自身安全保障能力亦日臻完善和增强。据考究，安全文化是人类社会最古老的一种文化，即元文化，可以说渴望安全与保障生活和生产安全一直是人类共同的行为和观念。因此，从某种意义上毫不夸张地讲，安全文化的起源即人类的起源，亦是人类文化的源头。

正是随着人类生活与生产安全实践范围的拓展和人类安全思维能力的提升，人类安全文化在不同的时间序列上呈现出广度与深度上的持续递增的总体性发展态势。不同历史时期的安全文化发展状况，对应着不同的社会类型（其实是不同社会类型中的安全技术水平与主要安全问题等）。不过，由于生活与生产的多样性和安全文化主体的复杂性，人类安全文化发展状况在不同的地域空间分布上呈现出多样性和不均衡性的特征。

纵观人类发展史，今日蔚为壮观的安全文化乃是人类自远古以来不断传承、不断累积叠加的结果。由于人类具有本质的安全保障能力，即安全文化创造能力，因此，安全文化累积不仅仅是指同质安全文化在数量上的递增，更是指新的安全文化特质不断渗入的过程。安全文化累积与安全文化创新可谓安全文化发展同一过程中的两个方面，其间既有旧安全文化的传承，也有新安全文化的融入，正是新旧安全文化的交互作用推动着安全文化的发展。此外，在安全文化发展过程中，也留下了人们曾经为安全努力的点点滴滴，哪怕是一块石头，一段文字，一件小物品……都证明了一种安全文化的存在，从中都可见人类安全文化的光芒，值得我们去挖掘，去探索，去品味……

3.1 安全文化的起源与演进机理

文化是人类生活、需求、愿望的反映和记录，是历史发展的积淀。自古以来，安全健康是人类永恒的追求，安全文化是人类社会最古老的一种文化，可视为人类的一种元文化，它伴随着人类的产生而产生，伴随着人类社会的变革而发展。由此可见，试图研究并勾勒人类安全文化的起源与发展、积累与创新等安全文化演进的机理和图景是安全文化研究领域内一个有价值的研究方向。

学界针对人类文化的起源与演进的研究开始较早，如 Blum[1] 描述人类文化起源与演化的一般过程；Charles 等[2] 指出人类文化的演化需要资源的开发利用；威廉·A·哈维兰[3] 指出人类文化起源具有一定的生物性基础；吕挺[4] 针对风水文化的起源、演进与成因开展专门研究。但目前学界关于安全文化的起源与演进的研究并不多见，仅有一些简单的罗列、举例分析与论述研究，如 Mitchem 等[5] 简单论述电力安全文化的形成与发展；徐德蜀[6]、罗云[7] 主要研究了工业革命以来安全文化的演化进程；Marina Järvi 等[8] 研究企业安全文化的形成。

鉴于此，为明晰人类安全文化的起源与演进机理，笔者分别基于生物学视角与安全科学视角，阐释安全文化的起源与演进机理。

3.1.1 安全文化起源与演进的生物学解释

从生物学角度而言，人亦只是众多生命物种中的一种。但在众多生命物种中，唯独人具备文化创造能力，正如古希腊学者亚里士多德所言"人是逻辑动物"，即人并非像其他生命物种一样仅依赖本能生存，而是具有理性思维和文化创造力的特殊生命物种[9]。究竟人类是如何创造安全文化的，这只有从人类起源中去寻求答案。文献［3］指出，人类最终能跨越从人猿共祖到人猿揖别的漫长历史时期，嬗变为"文化动物"，首先不能忽略其生物性基础。有鉴于此，人类也是基于一定的生物学基础来创造并发展安全文化的。通过探讨人类安全文化起源的生物学基础，可阐明安全文化产生的前提条件以及人类创造安全文化的触发条件等安全文化起源与演进问题。

3.1.1.1 基于人类的生物学进化视角的安全文化起源与演进模型的构建

自达尔文的生物进化论学说面世以来，文化学、考古学、历史学、心理学等相关学者运用自然科学和社会科学知识，分别从诸多角度对文化起源与演进问题进行了探索，大致经历了从幻想到假说再到科学的发展历程，使人类文化起源图像已日渐清晰[9]。安全是人类生存的最基本条件和人类的一种本能需要，从人类的生物学进化视角来分析探讨人类安全文化的起源与演进问题，必能明晰人类安全文化产生的前提条件和生物学基础等，乃至促进对人类文化起源与演进的更深层次的认识和理解。由此，基于人类的生物学进化视角，结合人类的本能安全需要及危险普遍存在于人类生存环境的本质特征，运用"正向—逆向"逻辑推演的思路和方法，构建安全文化的起源与演进模型，如图 3-1 所示。

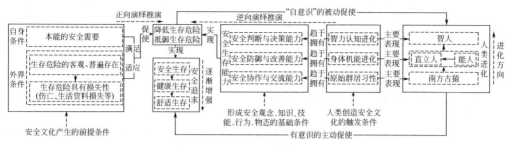

图 3-1　基于人类的生物学进化视角的安全文化起源与演进模型

3.1.1.2　基于人类的生物学进化视角的安全文化起源与演进模型的解析

由图 3-1 可知，该模型阐明了人类安全文化产生的前提条件、人类创造安全文化的触发条件、形成人类安全文化（即安全观念、知识、技能、行为、物态等）的基础条件等解释人类安全文化起源与演进的基础性问题，以及人类进化对安全文化产生与演进的作用。具体解释如下。

（1）人类安全文化是基于自身条件和外界条件两个前提条件产生的，依次为"人类本能的安全需要"和"生存危险的客观、普遍存在→生存危险具有损失性（伤亡、生活资料损失等）"。

① 由马斯洛需求层次理论[10] 可知，安全需要是人类的一种基本本能需要，为了满足这种需要，必会促使人类通过开展某些降低或抵御生存危险的安全实践活动以实现生存安全，它可视之为人类安全文化产生的自身前提条件；② 人类从南方古猿进化至智人的漫长历程中，有一点是毋庸置疑的，即生存危险（如自然灾害、野兽侵袭、意外伤害等）是自始至终客观、普遍存在于其生存环境之中的，但是，若人类生存环境仅仅存在生存危险，这不足以促使人类去开展降低或抵御生存危险的一些安全实践活动，更重要的是生存危险具有损失性（伤亡、生活资料损失等），即生存危险的客观性、普遍性与损失性共同促使人类为适应生存环境而进行降低或抵御生存危险的相关安全实践活动，它可视为人类安全文化产生的外界前提条件。

（2）人类的安全生存能力是人类开展降低或抵御生存危险的安全实践活动，进而实现安全生存目标的最基本保证。换言之，它是形成人类安全文化（即安全观念、知识、技能、行为、物态等）的基础条件，主要包括安全协作与交流能力、安全防御与改善能力、安全判断与决策能力。

① 安全协作与交流能力：一般来说，安全文化形成并存在于某一人类群体之中[9]，这就需要群体个体间进行安全协作与交流，从而保障群体成员生活、生产安全、有序开展，且有助于群体间安全文化的沟通和交流，因此，人类具备安全协作与交流能力既是其安全生存能力的重要表现，也是人类安全文化传播的必然要求。② 安全防御与改善能力：预防事故或避免伤害的最基本思想和策略是防御危险或降低、消除（即改善）危险，由此可见，安全防御与改善能力是人类安全生存能力的重要组成部分。③ 安全判断与决策能力：主要指人类的安全思维与认知能力，它是人类形成安全意识、观念、经验等，以及指导人类正确辨识并应对危险（即安全行为活动）的基础。

（3）上述三种人类安全生存能力的获得分别得益于人类的原始群居习性、身体机能进化和智力认知进化，换言之，这三点缘由是人类创造安全文化的触发条件。

① 原始群居习性：生物学研究表明[11]，灵长目动物（包括人类）均具有群居习性，如目前学界公认的人类最早的祖先南方古猿就具有群居习性，群居习性促使人类借用体态、声音、

气息、面部表情和眼神等实现群体成员间的信息交流和合作，这为人类具备安全协作与交流能力提供了基础，即原始群居习性促使人类趋于拥有安全协作与交流能力。②身体机能进化：当人类进化形成能人和直立人时，人类已具备了较为发达的危险感官系统和危险防御器官，如为防止身体坠落和被障碍物绊倒或其他危险物的伤害，他们已具备了较好的触觉能力、把握能力和平衡能力，以及进化而来的具有抓握能力的、灵巧的双手（双手更有利于防御其他野兽等危险物的伤害，也能使用工具和制造工具，既提高了取食效率，也可避免徒手取食造成伤害）和直立行走能力（可以快速躲避危险物的伤害），这些均为人类获得安全有效的生存方式创造了有利条件[12]，即身体机能进化促使人类趋于拥有安全防御与改善能力。③智力认知进化：当人类从直立人演化为智人，即完成整个人类进化过程时，终于产生出地球上最复杂、最精致、最组织化、最奇妙的结构——人类能思维的大脑，乃是人类智慧的物质基础，因此，其也是人类安全思维和认知的物质基础，人类可将瞬间收集到的来自身体各个器官的有关视觉、听觉、嗅觉、触觉、痛觉以及平衡、运动、温度等的感官安全信息传送至大脑皮层，然后由大脑做出综合分析判断，并依据自身的判断促使自己做出快速的安全防御反应与对策或通过视觉、声音交流给群体其他成员发出危险信号，从而保护群体规避危险或协调群体成员共同抵御危险，此外，大脑还具有强大的记忆功能，有助于人类记忆安全生存经验，即为安全文化积累提供了保证[13]，总之，智力认知进化促使人类趋于拥有安全判断与决策能力。

（4）人类进化对人类安全文化演进具有显著的促进作用。

① 在人类进化过程中，随着人类进化程度的不断增强，人类的安全生存能力也随之增强，这为人类创造和发展安全文化提供了基本保证。②随着人类安全生存能力的不断增强，既使人类保护自身的方式逐步由被动的躲避向主动的防御进步，也使人类由"自意识"［所谓人类的"自意识"是指那种有别于动物本能的观察、思考、判断等初步性思维能力，是人类及其文化起源的关键，形成该能力的内驱力是人类生存（包括安全生存）的需要[9]］地被动创造、发展安全文化发展到有意识地主动创造、发展安全文化，最典型的表现是在人类进化过程中，人类栖居场所按"树栖→洞穴→石屋、土屋"演化、取食按"地面→高处→集体狩猎"演化、用食按"生食→钻木取火熟食"演化，安全性逐渐增强，逐步实现了更安全、更健康、更舒适的生活方式。③随着人类安全生存能力的不断增强，也使人类的安全追求不断增强，必会促使人类的安全追求按"安全生存→健康生存→舒适生存"的先后次序逐步向高层次的安全追求发生过渡，为适应人类安全追求的变化，进而促使人类安全文化向更高层次发展。

3.1.1.3　基于人类的生物学进化视角的安全文化起源与演进模型的深层启示

通过深入分析，可得出基于人类的生物学进化视角的安全文化起源与演进模型的一些深层启示，具体解释如下。

（1）"物竞天择，适者生存"是达尔文进化论最为核心的观点[14]，因此，从达尔文进化论的角度来讲，"生存危险的客观、普遍存在→生存危险具有损失性（伤亡、生活资料损失等）"也可看成是自然选择的必要条件之一，有助于促进人类进化。此外，基于这一角度还可以看出危险具有两面性，即其兼有有利性和有害性，其有害性众所周知，不再赘言，其有利性主要表现在对人类身体机能、智力认知进化，以及对人类发展安全科学技术、创造安全文化的推动作用。

（2）人类自身日益趋于向"更安全、更健康、更舒适地生存"的进化法则不允许人类像其他动物那样可以依赖生物本能适应具有生存危险的生存环境，而必须扬长避短地运用安全思维与实践能力以安全文化补偿的方式获得更安全、更健康、更舒适的生存方式和环境。值得指出的是，这种安全文化补偿能力的获得则又有赖于"安全实践活动（包括脑力与体力安全实践活动）"这一杠杆条件的作用。

（3）安全文化为人类适应存在生存危险的生存环境提供安全手段，为人类安全谋生和增进安全、健康、舒适水平提供条件，即追求并创造安全的生存方式和环境是人类共同的行为和观念。如在人类进化过程中，人类在栖居方面开始了有限改造自然的安全实践和尝试，并在安全实践和尝试中积累了不少保护自身安全的经验，如通过集体居住来增强防御能力，通过改善房屋结构来增加安全性能，并且在过程中不断地交流积累安全经验。通过诸如多次的安全实践与尝试，才使人类成为创造安全文化的主体。

（4）一般情况下，人类更倾向于在保障自身、群体安全的同时获取有限的维持生命的生存资料的理性生存方式，这是由人类本能的安全需要决定的。换言之，通常情况下人类在选择获取生存资料的方式时，获取方式是否安全是一个重要的选择依据。

3.1.2　安全文化起源与演进的安全科学解释

安全本身是一种文化积淀和传承。"三分天灾，七分人祸""悲剧最能净化人的心灵""不见棺材不流泪""事故和灾难是一所学校""幸福的家庭都是相似的，不幸的家庭各有各的不幸"等社会经验或文学古语，都是人们长期以来对事故灾难的深刻反思，是对安全实践的真实写照和最好总结，"安全为天""安全第一"的安全理念是用血和泪铸就出来的。

安全本身具有文化性，其主要体现在以下三方面。

（1）从宏观角度来看，人类的一切社会实践及其成果都可以视为文化，其中促进人类社会不断进步的那一部分即人类文明；安全本身也是一种社会实践活动，最终同样形成全社会的"安全文明"。

（2）从中观角度来看，文化是指人类在社会历史实践中所创造的物质财富和精神财富的总和；安全同样是一种具有物质形态、精神形态的财富。

（3）从微观角度来看，文化仅指社会的意识形态以及与之相适应的制度和组织机构，尤其指文学艺术活动及其作品。从这个意义上讲，安全意识、安全组织、安全制度、安全习惯、安全规范标准和安全科技产品等都是一种文化。

由上述分析可知，正是安全本身具有并显现的文化性才为安全文化的形成提供了无限可能和充分条件。换言之，安全本身的文化性是安全文化得以产生与发展的基础。

3.2　安全文化发展与社会类型变革

文献［9］指出，人类文化史是一个漫长的由简单到复杂、由点到面不断深化和扩散的发展史，但文化发展又具有相对稳定性，因而在不同时期呈现出不同的阶段特征，而文化的这种阶段性特征反映在人类社会中则与不同社会类型相对应，亦即文化发展的不同状况制约着不同的社会生产与生活方式（包括生产技术和生计模式），呈现出不同的社会结构，体现出不同的社会文化形态。简言之，文化发展与社会类型之间存在必然的内在对应关系，生产技术和生计模式是衡量文化水平的重要指标，也是制约人类社会类型的重要因素，在文化发展状况与社会类型特征间起着杠杆作用。

有鉴于此，安全文化作为人类文化的重要组成部分，其发展与社会类型也存在对应关系，某一社会类型对应的主要安全文化特征可透过该社会类型的生产技术和生计模式来显现。从生产技术和生计模式角度，可将人类社会大致划分为采集—狩猎社会、园艺—游牧社会、农耕社会、工业社会和信息社会 5 种类型[9]。依据历史学（包括人类文化史、安全史学等）相关文献［6，7，9，15，16］，分析安全文化发展与社会类型变革间的具体对应关系，见表 3-1。

表 3-1　安全文化发展与社会类型变革间的对应关系

社会类型	安全文化主要特征			
	安全技术水平等级	主要安全问题及其特征	安全观念特征	主要安全行为及其特征
采集—狩猎社会	极低	寻食、居住安全，极简单	宿命论	群体保卫或集体狩猎，躲避型
园艺—游牧社会	低级	产食、居住安全，简单	经验论	安居、用工具替代徒手，事后型
农耕社会	中等	农业、手工业生产安全，较简单	改善论	工具改进，趋物型
工业社会	较高	工业生产安全，较复杂	系统论	人、机、环对策，综合型
信息社会	高级	大安全，极为复杂	本质论	本质安全对策，超前预防型

由表 3-1 可知，依据不同的社会类型，可将人类安全文化的发展大致分为 5 个阶段，具体分析如下。

（1）采集—狩猎社会的安全文化　采集—狩猎是人类早期的一种较为普遍的寻食生计模式，生产力水平十分低下，仅可打制简单粗糙的石器，对自然环境具有高度依赖性，人类的安全观念属于宿命论，主要采取躲避方式来避免伤害，人类主要采取以血缘和婚姻关系为纽带组建的群体（即以家庭为单位聚合为群体）来开展寻食活动和群体保卫，进而保障群体寻食安全和居住安全。

（2）园艺—游牧社会的安全文化　园艺—游牧社会是人类继采集—狩猎社会后由寻食生计模式向产食生计模式转变的历史性飞跃，食物供给得到了充分保障，并相继出现了陶器、铜器、帐篷、简单房屋建筑等，社会成员从居无定所转向安居乐业，生产力水平也开始逐渐提高，人类开始大量使用劳动工具来替代徒手劳作，有效降低了受伤害的可能。此外，这一阶段人类主要靠"事后弥补"方式来积累安全经验，避免再次受到伤害，安全观念提升到了经验论层次。

（3）农耕社会的安全文化　农耕社会的重要标志是金属工具的使用（既可作为劳动工具，又可作为安全防御工具），文字的发明，城镇的产生，精耕细作的集约农业生产和手工业、商贸业等的产生，人类主要通过工具改进来保障农业、手工业生产安全。因而，这一阶段人类的安全观念主要体现为改善论，安全行为主要体现为趋物型。此外，文字、城镇的出现为传播、发展、丰富安全文化创造了有利条件。

（4）工业社会的安全文化　工业社会是蒸汽机、内燃机、电力及原子能等新技术广泛运用的社会，使人类社会进入"加工"和"人造"时代，人类对科学和新技术的追逐成为重要的安身立命之道。随着工业社会的发展，导致各类工业生产事故频发，安全问题也变得趋于复杂化。为保障工业生产安全，人类的安全认识进入了系统论阶段，从而促使人类在安全生产实践中推行人、机、环相结合的综合型安全对策。

（5）信息社会（或称为后工业社会）的安全文化　信息社会是逐渐脱离工业社会以后，信息与知识发挥主要作用的社会，即这一社会类型的最重要资源是信息和知识，相继产生了以加工和服务为主导的第三产业，甚至第四、第五产业。这一阶段的安全问题变得极为复杂，如生产、食品、饮水、治安、交通、消防、医疗、环境、职业、信息等安全问题，即综合大安全问题，不安全因素无处、无时不在，人类开始趋向于从本质安全角度，对造成人、家庭、社会公共秩序、生产秩序和国家的各种危害或威胁给予全面、系统的超前预防和控制，并催生了大量安全科技服务业、安全文化产品制造与销售业等安全文化产业类型。

由以上所述可知，人类安全文化发展与社会类型变革之间是相互影响、相互促进的互动性发展关系，具体表现为：①随着社会类型的变革，人类的安全技术水平等级、安全观念水平逐渐提升，人类的安全行为也逐渐趋于更科学、更有效；②随着社会结构日趋变得复杂，也使人类所面临的主要安全问题变得越来越复杂，给人类应对生存危险带来了更大的挑战；③安全文化最初是为了满足人类衣食住行及繁衍后代等基本安全需要，后期安全文化的主要任务是积累、发展和传递安全实践经验，进而创造新的安全知识、技能和观念等，为人类社会类型变革提供安全保障和手段，即人类安全文化保障并推动社会类型变革。总之，在人类社会类型变革过程中，安全文化主要沿着"生活安全文化→生产安全文化→大安全文化"的先后次序完成了过渡和发展，使人类安全文化的结构日趋复杂，内涵也逐渐变得更加丰富。

3.3 安全文化的累积与创新

由文化学[9,17,18]知识可知，所谓文化累积与文化创新，实质是旧文化保存和新文化增加的发展过程，是文化发展过程中两种相伴相生的状态，因而，安全文化的发展也是一个安全文化累积与创新的过程。基于安全文化起源与演进的生物学解释及安全文化与人类社会的互动性发展关系，分析安全文化累积与创新的机理。

3.3.1 安全文化的累积机理

任何存在的文化都是对以往文化的承续，都是对过去文化累积的结果，即文化累积是未来文化发展的基础和源泉[9,17]。因此，安全文化累积也是安全文化发展的前提和条件，安全文化的累积机理可从其本质与路径两方面进行分析，如表3-2所示。

表3-2　安全文化的累积机理解释

分析要素	具体解释
本质	安全文化累积的本质是有批判性、有选择性(即扬弃)地继承和借鉴安全文化。安全文化的传承、借鉴绝不是简单的重复式数量叠加，而是为适应不断变化的社会发展及个人安全需求，有选择性地保留或借鉴优秀安全文化，并淘汰、抵触腐朽的安全文化，并在此基础上创造新的安全文化，进而增强安全文化的适应性和时效性
路径	① 群体内部安全文化的累积：为了使群体成员获得更安全、更健康、更舒适的生产、生活环境，促使群体成员主动去继承和发展安全文化内容和形态。②吸收外来安全文化的累积：通过学习、借鉴其他群体的先进安全文化来弥补或丰富自身安全文化，如目前诸多企业对杜邦优秀企业安全文化的学习和借鉴

3.3.2 安全文化的创新机理

安全文化创新是指由连续的安全文化累积而导致的一种安全文化创造，意味着安全文化内容和形态的局部或大幅度改变，如安全科学技术的重大突破、创造出新的物质安全文化产品或相应地创造出新的安全行为方式和安全思维方式等精神安全文化内容。对安全文化创新的动力机制、基本条件、主要内容及实现途径的具体分析，见表3-3。

表 3-3 安全文化的创新机理解释

分析要素	具体解释
动力机制	① 人的本能安全需要与现实生存环境之间的矛盾:人类的现实生存环境存在诸多危险因素,为解决这些危险因素与人的本能安全需要之间的矛盾,促使人类创新安全文化。②不断提升的社会安全发展需求、人的安全追求与落后的安全文化之间的矛盾:为满足日益变化的社会安全发展需求和人的身心安全、健康、舒适追求,促使人类创新安全文化
基本条件	①必须以一定的安全文化累积为基础:倘若没有一定高度的安全文化累积作为基本条件,安全文化创新只能是无源之水和无本之木。②必须符合一定的社会安全发展需要:安全文化创新必须要与社会安全发展需要相结合,没有社会安全发展需要,安全文化创新也就失去了价值。③必须以具体的安全实践为依据:解决安全问题是一种技术性、科学性很强的活动,安全文化创新不是仅靠纯理论思索所能完成的,因而,安全文化必须要基于具体的安全实践进行创新
主要内容	①物质技术层面的安全文化创新:该创新活动的产物主要是指满足社会安全发展需求和人追求身心安全、健康、舒适需求的一些基础的、可感知的、具有物质实体的物质安全文化,诸如安全设施设备、安全防护用品等。②非物质的安全文化创新:该创新活动的安全成果主要指安全价值观念、生产与生活方式、行为准则、制度及相关文学作品等
实现途径	① 安全文化发明:新的安全技术、工艺、行为规范、价值观念被创造并成为主流安全文化要素。②安全文化发现:通过人们的观察和分析,认识和了解到一种已经存在,但过去不曾为大多数人认识和了解的安全文化元素,这种发现必然会给人们的安全价值观念带来巨大的冲击,进而使人们的安全行为方式发生改变,催生出新的安全文化要素

3.4 中国传统安全文化解读[9,20~24]

安全是伴随人类进化和发展过程中产生的古老而具有普遍意义的命题。中华民族有着悠久而灿烂的五千年文明史,千百年来,人们通过大量的安全实践活动,积累了许多安全知识与经验,并形成了诸多先进的安全理念,真可谓是中国优秀的传统安全文化。据考究,中国传统安全文化的精华蕴藏于大量中国古代经典文献之中。经笔者归纳总结,将其分为人本型安全文化、预防型安全文化、事后学习型安全文化、情感型安全文化、诚信型安全文化、规则型安全文化、责任型安全文化和细节型安全文化8个视角,以下一一挖掘中国传统安全文化之精髓。

3.4.1 人本型安全文化

人本理念是中国传统文化的重要内容,中国传统文化中的人本思想孕育于西周初年,萌芽于春秋,形成于战国,流传于后世,可谓源远流长,影响深远。中国传统文化的发展始终围绕着人,人是世间一切事物的根本,天地之间人为先。毋庸置疑,无论是传统安全文化,还是现代安全文化,其实质均是以"以人为本"为理念。在此,分三个方面来解读传统安全文化中"以人为本"的理念。

(1) 人之生命最贵 《十问》记载"尧问于舜曰:'天下孰最贵?'舜曰:'生最贵。'"(尧向舜问道:"天下什么最宝贵?"舜回答说:"生命最宝贵。")《孝经·圣至章》中记载"天地之性,人为贵。"《礼记·祭义》中记载"曾子问诸夫子曰:'不亏其体,不辱其亲,可谓全矣。'"这些均表明"人之生命最贵",需珍爱生命。

(2) 人之安全(包括健康)最贵 安全(包括健康)是保全生命的基本保障,若从安全科学视角审视上述"人为贵"思想(再如:《白虎通义·三军》中记载"人者,天之贵物也。"《说文·人部》中记载"人,天地之性最贵者也。"《论衡·诘术》"人之在天地之间也,万物之贵者也。"《列子·天瑞篇》中记载"天生万物，唯人为贵。"邵雍《皇极经世·观物内篇》中记载"人者，物之至者也；圣人者，人之至者也。"等等），均可理解为"人之安全（包括健康）最贵"之意。其实，"人为贵"的观念是最为重要的安全观念，因为唯有确立"人为贵"的观念，才能够指导人们把人的安全（包括健康）作为终极追求与关怀。《论语》记载："厩焚。子退朝，：曰'伤人乎？'不问马。"这表明孔子高度重视人的价值，关怀人的生命安全。而这种情怀，正是以"天地之性人为贵"的观念为指导的。朱熹解释《论语》此章时说"贵人贱畜，理当如此。"朱熹所谓的"理"，就是"天地之性人为贵"的"理"。

（3）民之安最贵　中国最早的一部历史文献《尚书》中就有"重我民""唯民之承""施实德于民""民惟邦本，本固邦宁"的经典记述。此外，还有《亢仓子·君道篇》中记载："夫国以人为本，人安则国安。"《管子》中记载："夫霸王之所始也，以人为本。本理则国固，本乱则国危。"《孟子》中记载："民为贵，社稷次之，君为轻。"三藏般若翻译的《大方广佛华严经》第十二卷中有"王以人为本，亿兆同一身""爱人如爱己，率己以随人"的愿文，等等。若基于安全文化学视角来看上述民本思想，可理解为历代均非常注重"重民安民"，换言之，"重民安民"是中国古代民本观的重要内涵。此外，保障"民安"，也符合现代安全伦理学核心原理之"安全最大原则"，即保障大多数人的安全。

（4）保安应着眼并立足于"人"　常言道："三分天灾，七分人祸"，这句话表明安全保障主要在于人的预防理性和防御能力。人是事故的主要肇事者，这与贝克所指的现代风险主要源于人的决策和行为是一致的。总而言之，保障安全的根本抓手是"人"，这也是"以人为本"理念更深层次的安全文化内涵。

3.4.2　预防型安全文化

预防型安全文化旨在强调人们应时刻具有"居安思危、有备无患与预防为主"的安全防范意识。早在西周和春秋战国时期，出于对国家安全的考虑，一些政治家、思想家就意识到必须防止和平麻痹思想，不要忘记随时可能出现的安全隐患，例如《周易·系辞下》中记载："是故君子安而不忘危。存而不忘亡，治而不忘乱，是以身安而国家可保也。"《左传·襄公十一年》中记载："居安思危，思则有备，有备无患。"汉代扬雄的《长杨赋》中记载："故平不肆险。安不忘危。"《礼记·中庸》中记载："凡事预则立，不预则废。"清代朱用纯《治家格言》中记载："宜未雨而绸缪，毋临渴而掘井。"《后汉书·丁鸿传》中记载："若敕政责躬，杜渐防萌，则凶妖消灭，害除福凑矣。"《周易·既济》中记载："君子以思患而豫防之。"《乐府诗集·君子行》中记载："君子防未然。"《论语·卫灵公》中记载："子曰：'人无远虑，必有近忧。'"等等。其实，就生产生活安全而言，也只有防患未然，才能遇事安然，成竹在胸，泰然处之。换言之，安全防范意识应是保障安全的根本"法宝"，其真可谓是安全行动的原则和方针。此外，关于传统的预防型安全文化，还有三个经典的安全教育故事。

（1）《汉书·霍光传》记录了一个生动的安全故事，说的是一个客人见主人家的烟筒是直的，灶边还有木柴，劝他把烟筒弯过来，把木柴搬走（曲突徙薪），主人不听，结果发生了火灾。在众邻居的帮助下，火灾扑灭了，主人杀牛置酒，答谢救火的邻居，请在救火中烧伤最重的坐上席。有人说，这真是"曲突徙薪无恩泽，焦头烂额为上客"，主人才连忙去请事先提出警告的人。故事虽然说的是火灾的预防，其实是讲明了任何灾害事故都要以预防为主的道理。

（2）《论语·阳货》中说"性相近也，习相远也。"而朱熹的《童蒙须知》开篇就讲"夫童蒙之学，始於衣服冠履，次及言语步趋，次及洒扫涓洁，次及读书写文字，及有杂细事宜，皆所当知。"由此可见，人需要经过后天的教育与学习才能养成良好的习惯，才能成为一个"本质安全"型的人。《宋史·列传第九十五》载："司马光生七岁……群儿戏于庭，一儿登瓮，足跌没水中，众皆弃去，光持石击瓮破之，水迸，儿得活。"这就是家喻户晓的司马光砸缸的故事。若基于安全科学方法论的视角分析此故事，这种救人方式是一种安全逆向思维的运用，这可谓是古代安全教育的生动案例。

（3）北京有句民谚："火烧潭柘寺，水淹北京城"，传说这是一个神话。暂不细究此民谚，但据考证，历史上潭柘寺经常发生火灾，甚至到了防不胜防的地步。怕潭柘寺失火，有位方丈从"不焚则焚，焚则不焚"（与"不安则安，安则不安"同理）的安全教育观点出发，提出把"潭柘寺"三个字刻在烧饭大灶膛口的上方，甚至连煮粥的大锅也刻上（见图 3-2）。每日做饭时，这三个字任火焚烧，以避邪灾。"潭柘寺"经过这样长年累月的烧炼，就不怕火了，这叫以火攻火。弟子不解其意，老方丈回答说"不焚则焚，焚则不焚"，又曰"火烧潭柘寺，日日绕火龙，水火一相济，市岁保太平"。据说该寺从此以后就真杜绝了火患，这说明还确有一些防火效果。因此，北京后来又流传一句老话："火烧潭柘寺，寺未烧"，这并非完全出于迷信。若从心理学（安全心理学）与教育学（安全教育学）的视角审视这个故事，有一定的科学道理，这其实是将恐惧诉求心理、联想心理与逆反心理等心理学知识用于安全警示教育的典型例子。当和尚在烧饭和领粥时，看见火舌舔烧"潭柘寺"三个字，就会联想到火烧潭柘寺的真实情景，由此产生恐惧诉求心理与逆反心理，从而提高安全警惕，下决心不让火烧潭柘寺。"不安则安，安则不安"这种安全教育的思想与方法在中国古代安全教育中倒也非常别致，就算是在今天的安全警示教育中，也颇有借鉴价值与意义，如用事故真实案例进行安全警示教育与此有异曲同工之妙。

图 3-2　火烧"潭柘寺"

此外，《朱子家训》作为一本以家庭道德为主的启蒙教材，除了精辟地阐明了修身治家之道外，也谈及了一些家庭安全文化，如"宜未雨而绸缪，毋临渴而掘井。"深刻警示教育人们应具有安全防范意识。

3.4.3　事后学习型安全文化

所谓"事后学习"即为"向事故学习"。细言之，就是"反思事故原因，总结安全经验，吸取事故教训"。中国古代典籍中有诸多关于"向事故学习"的论述，例如《汉书·贾谊传》中记载："前车覆，后车诫。"《晋书》中记载："前车之覆轨，后车之明鉴。"《荀子·成相》中记载："前车已覆，后未知更何觉时。"《大戴礼记·保傅》中记载："鄙语曰：前车覆，后车诫。"《水浒后传》第二十五回中说："前车之鉴，请自三思。"小说《镜花缘》十二回中说："视此前车之鉴，似不加留神岂不可悲！"等等。它们的表层含义均可理解为由交通安全事故引出的要从事故中吸取事故教训的思想。此后，出现的"前事不忘，后事之师"（出自《战国策·赵策》中的"前事之不忘，后事之师。"）与"吃一堑，长一智"（出自《与薛尚谦书》"经一蹶者长一智，今日之失，未必不为后日之得。""吃一堑"原指掉进壕沟）等均说明"要善于从事故中反思并吸取事故教训"的一个普遍性的安全哲理。

3.4.4　情感型安全文化[25]

笔者在《中国安全科学学报》2016 年第 3 期发表的《情感性组织安全文化的作用机理及建设方法研究》[26] 一文中，首次提出情感安全文化，即以人的情感性安全需要（"爱与被爱的需要"为基础，"完善自我安全人性的需要"和"实现自主保安价值的需要"为助力）为基本条件和基础形成的一种安全文化形式，它是基于人的本性产生的，可视为群体的一种最原始的安全文化形式。情感型安全文化（尤其是"爱与被爱的需要"）在中国传统文化中，主要体现在"仁"与"孝"两个方面。

（1）"仁"　"仁"是儒家基本思想要义（仁、义、礼、智、信、恕、忠、孝、悌）的核心，是"众德之总"，是中国古代文化（包括安全文化）的思想基础。《论语》一书中，孔子有关"仁"的论述多及百次，但其对"仁"字的定义，却未超出下面 3 处的含义：《论语·颜渊》中的"樊迟问'仁'。子曰：'爱人。'"与"子曰：'克己复礼为仁'"及《论语·雍也》中的"子曰：'……夫仁者，己欲立而立人，己欲达而达人'"究其根本，后两者关于"仁"的含义解释也尚未超出"爱人"的范畴。因此，归根结蒂，"仁"就是"爱人"，此"爱人"正是人的"爱与被爱的需要"的这种情感性安全需要，可广指"爱护"与"保护"等含义，且可推己及人，由亲情而扩大到泛众。其实，安全就是一种仁爱之心，要求人们做到"不伤害别人，并尽可能保护他人免受伤害"。

（2）"孝"　在"仁"学思想体系中，"孝"与"悌"是"仁"的基础，是"仁"学思想体系的基本支柱之一。经考究，在中国古代经典文献中，把"保障生命安全和身体免受伤害"视为"行孝尽孝"的开始，也是最大的孝。例如：《弟子规》中的"身有伤，贻亲忧，德有伤，贻亲羞。"《孝经·开宗明义》中的"身体发肤，受之父母，不敢毁伤，孝之始也。"等等。基于上述古语，人们就会真正明白"安全为了谁？"这一问题，即为了自己和亲人。由此可见，安全应从"行孝尽孝"开始做起，这是典型的人的"爱与被爱的需要"的情感性安全需要的体现。换言之，培育情感安全文化也应从培养人们的这种安全型"行孝尽孝"观念和意识做起。

综上可见，从人的情感性安全需要来看，安全是一种"仁爱"和"行孝尽孝"之心。情感安全文化作为一种人们最原始的安全文化形式，历来皆是安全文化的基础，人们应注重情感安全文化的培育和建设。

3.4.5　诚信型安全文化

"信"是"仁"的重要体现，而"忠恕之道"，是"仁"的做人原则。"信"，即指待人处事诚实无欺、言行一致的态度，是贤者必备的品德，真实无妄。正如《论语·为政》中的"人而无信，不知其可也。"《礼记·中庸》中的"言必行，行必果"与《论语·颜渊》中的"民无信不立"等所言，其是指如果民众不信任统治阶级，国家就将衰败。可见，小到为人做事、大到国家治理，信任、忠恕是何等重要。这就涉及安全伦理范畴的安全诚信问题。所谓安全诚信，根据中国华北科技学院颜烨教授[19]的理解，可将其简单解释为人们在社会互动实践中，人与人、人与社会（或组织）之间能够实现安全自保和安全互保的伦理行为，行动者应该通过履行安全义务，保障自身或他人的安全权利，较为典型的有政府的安全诚信、企业及其企业主的安全诚信、专家的安全诚信与普通公民层面的安全诚信。由此可见，营造安全诚信文化是多么重要。

3.4.6 规则型安全文化

《孟子·离娄上》中提及"离娄之明，公输子之巧，不以规矩，不能成方圆。"同样，安全管理也应讲"安全规则"，这在中国传统安全文化中就多有体现。例如：唐太宗颁发的《唐律·仪制令》中的"凡行路巷街，贱避贵，少避老，轻避重，去避来"，概括了唐朝的交通安全规范。《唐律疏议》卷 26 "无故于城内街巷走车马"条规定："诸于城内街巷及人众中，无故走车马者，笞五十；以故杀伤人者，减斗杀伤一等。杀伤畜产，偿所减价。余条称减斗杀伤一等者，有杀伤畜产，并准此。若有公私要速而走者，不坐；以故杀伤人者，以过失论。其因惊骇，不可禁止，而杀伤人者，减过失二等。"《宋刑统》中有"不得在街市走马"与"不得在人众中走马"的规定。《弟子规》中有"缓揭帘，勿有声，宽转弯，勿触棱。"此外，还有《考工记》与《天工开物》等中的生产安全规定，以及中国古代食品安全管理方面的规定，等等。由此可见，规则型（即制度型）安全文化是中国传统安全文化的重要组成部分，就算是到了今天，我们也非常重视规则型安全文化。

3.4.7 责任型安全文化

凡是因事故造成重大损失的，除不可抗拒的自然力外，大多是由人为因素引起的。事后，对有关当事人，必须分清责任，有渎职失职行为的，就要给予必要的处分，以做到惩前毖后。大禹的父亲鲧就是因为治水不力而被舜杀掉的。至于自秦汉至明清因宫廷火灾被杀的，因贪污河款、克扣河工被查办的官员，可说是不计其数。在封建社会，这类惩罚并不能从根本上解决贪污腐败的问题，但在舆论上，抢险救灾是头等重要的大事，贪污这方面的款项就是可杀不可赦，已经成为社会各界的共识。上述便是中国古代责任型安全文化之"追究责任，惩前毖后"的真实体现。此外，这也是中国古代规则型安全文化的另一侧面体现。

3.4.8 细节型安全文化

众所周知，安全也受"蝴蝶效应"的影响，日常工作中的一个安全帽，一根保险绳，一个习惯性动作……这些小的行为、状态，终将产生截然不同的结果。换言之，事故产生的原因，往往是忽视了细小环节的管理，就像那只偶尔舞动几下翅膀的蝴蝶，即事故常出自小的"细节"之间。因此，保障安全应从"细节"着手，从而谨防"蝴蝶效应"的发生。古代文献多有细节型文化（包括安全文化）的体现，例如：《说苑·说丛》中的"患生于所忽，祸起于细微。"晋代葛洪《抱朴子·嘉遁》中的"尘羽之积，沈舟折轴。"《老子》中的"图难于其易，为大于其细。天下难事，必作于易；天下大事，必作于细。"与"合抱之木，生于毫末；九层之台，起于累土；千里之行，始于足下。"《礼记·经解》中的"《易》曰：'君子慎始，差若毫厘，谬以千里。'"《庸易通义》中的"至道问学之有知无行，分温故为存心，知新为致知，而敦厚为存心，崇礼为致知，此皆百密一疏。"《韩非子·喻老》中的"千丈之堤，溃于蚁穴，以蝼蚁之穴溃；百尺之室，以突隙之烟焚。"清代方苞《原过》中的"苟以细过自恕而轻蹈之，则不至於大恶不止。"等等。从安全科学视角来看上述古语，显而易见，中国古人非常重视细节型安全文化建设。

3.5 探寻安全文化起源与发展

在人类的发展史上，人类一直面临着人为或意外事故和自然灾害的考验。而从祖先们祈求老天保佑、被动承受到学会亡羊补牢，到近代人倡导预防，再到现代社会建立一系列安全体系，说明人类在安全文化方面是不断发展与进步的。

3.5.1 从"文"与"化"两个汉字的来历来说安全文化起源[27,28]

人们常说，安全文化是人类社会最古老的一种文化，是一种元文化。"文"与"化"两个汉字的来历充满着"安全文化意蕴"。

由本书第1章内容所述可知，在以单音节词表达意思的古汉语里，没有"文化"这个词，在中国古代典籍里，"文化"也不是一个现成的双音节词，它是由"文"这个象形字和"化"这个指事字复合而成的。

从"文"的甲骨文字形（"文"的汉字演变如表3-4所示）来看，"文"字像站立着的一个"人"，突出他的胸部，胸前"绘有花纹"，它是个象形字，义指"文身"。因此，《说文解字》里说："文，错画也，象交文。"意思是说"文"字的本义是指"交错画的花纹"。

表 3-4　"文"的汉字演变

甲骨文	金文	小篆	繁体隶书
文	文	文	文

据考证，在上古时期，我们的先人有"文身"的习惯。古人在其胸脯刻保护神（图腾）或心爱之物的图案，类似现在所说的文身（藏身避邪术），以求平安。古书中也多有记载，如《礼记·王制》中说"东方曰夷，被发文身，有不火食者也。"《庄子·逍遥游》中说"越人断发文身。"这里的"文"字都是指"文身"。那么古代东夷之人为什么要在自己的身上刺纹呢？《史记集解》里说：因为那里的人们经常在水中活动，所以要剪掉头发，在身上刺上花纹，就像蛟龙的儿子，这样在水中就可以免遭侵害。

通过对"文"这个字的来历和意义构成的了解，不难看出，"文"字是对当时具有安全意义的巫术仪式这一人类行为所做的形象符号与记录。

此外，"化"字把一个侧面站立和一个倒立的人形画在一起，即由"亻"和"匕"组成，其中"匕"是倒立的"人"字的变形，这种组合符合指事造字法的反形表意原则，所指之事为人在翻跟斗，也即人体姿势不断改变的情形。由此"化"的意义已显而易见，但南宋教育家朱熹对"化"的字义有更为精确恰当的解释，他在为《周易》作注时写到："变者，化之渐；化者，变之成。"用现在的话来说，变，指的是事物处在量变过程；化，指的则是事物已达到质变。可见，"化"是变的结果。

综上所述可知，文化，就是"文"的结果，而"文"，又是人为了安全所进行的巫术活动及这一活动的历史遗照。换言之，"文"字最初可视为中国古代一种典型的安全文化符号，而"文化"又是"文"的直接产物。因此，说安全文化是人类文化的一种元文化就绝不为过了。

3.5.2 安全文化之滥觞——原始社会的安全文化图景还原[29,30]

安全，是一个伴随人类发展的古老而有意义的命题。原始社会尽管是人类最初的文明形态，但只要人类进行生存实践活动，就必然会面对各种危险，由此而萌发"趋利避害""消灾避害"的安全意识，形成一些较为素朴的危险应对方式，这便是人类安全文化之滥觞。

原始社会蕴涵了人类社会主要的安全实践形态和活动，因此，安全文化考察必须要追溯到原始社会。首先，应了解早期原始先民的生存境遇与危险类型；其次，依据早期原始先民的生存境遇与危险类型，探寻原始社会的安全文化遗迹。只有这样，我们才能更好、更全地还原并挖掘出原始社会的安全文化。

3.5.2.1 早期原始先民的生存境遇与危险类型

所谓生存境遇，是指塑造人的思维结构与行为方式的周围世界，它通过人与自然、社会和自我的相互关联来解释人的存在方式与责任，目的是使人的存在更加合理，实现人与自然、社会的和谐共生。同样，某一时期人类的安全思想与安全行为方式等的形成应与当时人类的生存境遇密切相关。原始社会作为一种人类生存境遇是人类最初的文明形态，也应是人类社会安全实践活动的开端和萌芽。

就生存基础而言，原始人类基本上是完全地依附于自然，生存极具有限性和脆弱性，主要体现在以下三个方面：①生产工具原始而低下。基本上是以动物骨质和木质工具为主，金属工具的匮乏极大地限制了原始人类劳动对象的范围。②生产方式的初级化。以采摘、狩猎和刀耕火种为主要的生产方式，物质生产受自然因素的绝对控制，劳动产品远远满足不了最基本的生存需求。③社会结构的血缘化。孤独个体在原始社会中基本是无法生存的，往往是由个体以血缘关系为联结纽带组成部落或部落联盟。原始人类的一切实践活动都以向自然寻求维系和延续生命的生存资料为轴心而开展的，这也是原始社会人类所孕育出的安全文化所具有的主要特点。

就生存目的而言，主要包括三个不同层次：①毋庸置疑，原始社会人类以生存需求为基底和核心。换言之，对于原始初民而言，最底层的是维系生命延续的生存需求。按马斯洛的需求层次理论来讲，原始初民的生存需求应是生理需求与安全需求两个基本需求的统一体或集合体，它们两者之间是相辅相成的关系，因为"饿死"或"危险致死"都不可能使生命延续，即生理需求与安全需求是居于最下层的人类生存目的。②原始人类通过融入部落生活，学习劳动工具的制造与使用，在共同体中延伸和扩展了生存能力，这是居于中层的生存目的。③以献祭仪式、交感巫术、图腾崇拜和宗教禁忌为代表的原始宗教生活构成其较为高级的精神生活，反映了原始人类在强大的自然力面前寻求超自然的力量，以此寻求精神慰藉和心理寄托，这属于上层的生存目的。但无论是上层的精神需求，还是中层的发展需求，都难以脱离生存需求而成为独立领域，最终目的都指向实现生命的维系与延续这一最基本的需求，即生理需求与安全需求。

一般而言，不同的生存境遇决定了不同的生存与生活危险类型、主要特征和应对方式。具体到原始社会形态，按照危险的根源，大致存在如下危险（风险）类型。

（1）不可抗拒的自然安全威胁　由于原始初民的思维水平的低下，通常将自然风险解释为"凶兆""危象""不祥之症"等，赋予其超自然的神秘含义。原始社会中的自然风险多以山洪、地震、饥荒、瘟疫等"天灾"的形式表现出来，由于原始初民对危险的认知水平和应对能力的低下，自然灾害的来临通常是不期而至且造成难以抗拒的灾难性后果，往往使得整个部落陷于绝境。值得注意的是，原始社会的自然风险多是由非人为因素引发的。

（2）野兽的侵袭危险　在原始社会，人类与各种野兽共同住在森林中，他们经常需用木棒等同野兽做斗争，以猎取食物或防御野兽侵袭。

（3）争夺生存资料的危险　原始社会通常以部落战争的形式解决生存资料不足的危机。早期部落战争往往缺乏任何真正的政治动机，多是出于报复行为或侵占其他部落的狩猎场所、草场等生存资料，因而在食物极度匮乏的状态下通常将战俘杀掉，一场部落战争的胜败实际上决定着一个氏族的生死存亡。

3.5.2.2　原始社会的安全文化印迹

尽管原始社会人类的安全意识尚不发达，安全心理尚未成熟，但早期原始先民面对自己的生存境遇与危险类型，还是积极围绕着人与自然的关系形成了独特而又素朴的安全思想和安全保障方式，这便是原始社会的安全文化。

（1）原始居所中孕育的安全文化　原始社会初期，人类还不会建造房屋，而以自然洞穴为栖身之所。这种岩洞在北京人遗址等均有发现，其共同特点：①洞口一般较小，可借以避免寒风侵袭及防止野兽侵扰；②洞口方向朝南，因我国冬天有强劲的西北风，洞口方向不加考虑，就难以抗御寒风的袭击，不利于保暖；③洞口的地势一般较高，要求封闭性好，洞内无水，这样有利于防潮和卫生保健。

洞居的不利促使原始人走出洞穴，在地面上建造栖身之所，产生了巢居和穴居。其中，巢居是指原始人类利用树木和杂草搭在树冠上形成的一种原始建筑，因形似鸟巢，故名巢居。在我国，据考古学者考证，长江流域及其以南地区，是巢居的主要分布地带。《韩非子·五蠹》中记载："上古之世，人民少而禽兽众，人民不胜禽兽虫蛇，有圣人作，构木为巢，以避众害，而民悦之，使王天下，号曰有巢氏"，巢居有利于安全和健康，可以比较有效地防止野兽的袭击。新石器时代，中国居室建筑快速进步，河姆渡遗址的干栏式建筑就比较典型。遗址出土圆木、方木、木板等千件以上。干栏式建筑由巢居发展而成，有避瘴气、毒虫与防潮作用，对人类健康是有利的。

此外，穴居为中原地区原始先民的最主要的一种居住方式，与巢居可能同时并存。《孟子·滕文公章句下》中记载："下者为巢，上者为营窟"，是说在地势低洼的地段作巢居，在地势高亢的地段作穴居。穴居主要分布在黄河中上游的黄土高原，随着考古研究的深入，在长江流域、珠江流域、西南和东北有黄土地带的地区，都发现了穴居遗迹，这表明穴居是全国范围内的居住方式之一。穴居根据入地深浅分为深穴居和半穴居两种，根据构造形式又分为横穴和竖穴两种。为了更好地防潮，先民们又探索了一些方法，例如：先将室内地面和壁面拍实，继用颗粒细小的泥土涂抹等。半坡早期的穴居遗址出现了在泥土中掺加草筋，提高泥土的抗拉性能和凝结力，使防水性也有所提高。在仰韶文化建筑遗址中，很多地面有烧烤层，即红烧土地面，这一技术后来又应用于墙壁和屋面上，烧烤陶仅是当时人们所能找到的最好的防潮措施，预防了因潮湿而致的病患。

龙山文化时期，地面式建筑成为主要建筑形式，穴居经由半地穴式发展为地面建筑，使居住条件得以改善，对预防疾病有着积极意义，这表明原始人已有了一定的预防卫生知识。

（2）"火"中孕育的安全文化　火的发现和使用，对于人类的形成和发展，具有划时代的重大意义。"人最终同猿分离"，即从"正在形成的人"发展到"完全形成的人"，其主要标志有两个：一是开始制造工具；二是火的使用。人类发现和使用火的过程中，孕育了丰富的安全文化。

从 100 多万年前的元谋人，到 50 万年前的北京人，都留下了用火的痕迹，如炭屑与灰烬等。人类最初见到和使用的都是自然火，如一些东西自燃而引起的火、雷电击中树木而引起的火、火山爆发而引起的火等。对于原始火种，人类最初与动物一样，是害怕的，后来，逐渐发现了火的好处——靠近火会感到温暖，被烧烤过的兽肉更容易咀嚼，味道更鲜美……于是便主动有意识地利用火。直至旧石器时代的中晚期，人类已掌握摩擦取火的方法。民族学的材料也给我们提供了例证，海南黎族、云南西盟佤族、苦聪族、景颇族等，至今还保存着原始的摩擦取火方法，《韩非子》《礼记》《庄子》《淮南子》等古籍中，也都有关于中国先民发明取火技术的记载。《礼含文嘉》中说，"伏羲禅于伯牛，错木取火"。

由此可见，人类从害怕火到使用天然火，从偶尔使用火到有意识地保存天然火种，经常引火使用，再到掌握人工取火的方法，随时取火以供使用，经历了一个漫长的历史过程。换言之，在人类历史中，对火的认识、控制和掌握，经历了一个漫长的过程。而火的利用给人类的生活带来很大的变化，例如火能用来照明，烤熟食物，烤暖身体，驱走猛兽，保护安全等。

火的使用大大改善了原始人类的安全（包括健康）条件，他们的生命有了更多的保障：①在原始社会，可以用来驱赶那些威胁人类安全的凶猛野兽，增强人类自卫能力。据史料记载，在我国最早懂得用火驱逐野兽、保护自身安全的是北京人。②利用火来照明，人类可以住进山洞（人类住在山洞深处，比在露天更安全），并用火烘干潮湿的山洞，大大改善居住条件。③利用火吃到熟食（如《韩非子·五蠹》中说："上古之世，民食果蓏蚌蛤，腥臊恶臭，而伤肠胃，民多疾病，有圣人作，钻燧取火，以化腥臊，而民悦之，使王天下，号之燧人氏"），喝到热的水、汤和汁，猿人还可用火杀死毒虫（远古人类可以直接在火烧过的地面上建居所）。换言之，火是最古老、最有效的杀毒方式，它可使原始人类少生疾病。④火是原始人类狩猎的重要手段之一，用火驱赶、围歼野兽，行之有效，大大提高了狩猎生产能力及其安全性。⑤火的使用使原始人类掌握了制造工具的手段，如用火烤木棍，容易把木棍弯成所需的形状，也容易把木棍前端烧成尖头；用火烧石头，石头很容易裂开，更有利于加工成石器。⑥原始人类以火驱寒，大大改善了生活舒适度。

（3）占星术和卦象中孕育的安全文化　远古时期人们对风雨雷电、山洪地震、生老病死等自然现象无不感到惊奇与恐惧，但又无法做出科学合理的解释。为了认知和解释自然现象，消除自然力对原始人类生存的安全威胁，也为了寻求心灵的慰藉，维护群居生活的和谐与稳定，原始人类通常用占星术和卦象的方式预言可能发生的灾难和危险，化解已经存在的危险。

具体言之，占星术（Astrology）是通过观测日月星辰的位置及其运动变化的趋势，来解释人世间的各种现象的一种方术。从操作手段而言，占星术通过观察日月星辰的运行与黄道十二宫所处位置的关联，结合金、水、木、土、火等 5 种元素的此消彼长来解释世间所发生的自然现象和社会事件。尽管在天文学科的推动下占星术演变为一种较为系统和专业化的预测技艺是发生在原始社会以后，但占星术是萌芽于原始社会中，首要动因是原始人类无法解释强大的自然力和生老病死等现象，占星术在原始人类的思维世界中占据重要地位，是他们感知风险和解释事故灾难和危险的主要方式。卡西尔认为占星术是天文学的萌芽，只有在"充满着魔术般的、神圣的形态即占星术的形态中，天文学才能得以产生。在那时，天文学首要的和基本的目的是要洞察这些力量的本性和活动，以便预见并避免它们的危险影响"。

除此之外，卦象也是原始社会中"预凶求吉"的重要手段。原始社会的卦象主要是通过对鸟卦、龟卦、兽类生肖等象征性符号进行直观的感知来预测未来的吉凶，多是牵强附会的主观臆断，缺乏充分的理论依据，并不能真正有效地预测原始社会中的可能危险与灾难。尽管原始社会中的占星术和卦象只是以直观的、感性的方式预测未来事物的因果联系，是人类幼年时期精神世界不成熟的表现，但对于心智未开的原始初民而言，提供了重要的风险、危险认知方式，并在农业社会中逐步发展成熟，对人类安全思想和安全理论的形成起到了重要的奠基作用。

（4）宗教禁忌中孕育的安全文化　就禁忌的功能而言，弗洛伊德指出："禁忌在我们看来，它代表了两种不同方面的意义。首先，是'崇高的''神圣的'，另一方面则是'神秘的''危险的''禁止的''不洁的'。"英国人类学家利奇也认为："无论禁忌为何，它都是神圣的、重要的、有价值的、有力量的、危险的、不可触犯的、不可亵渎的、不直言说的。"

原始初民由于对自然威胁的恐惧而求助于宗教生活，但原始宗教往往不能提供正面的建设性功能，而多是劝阻性和禁止性的律令，而禁忌的宗教化借助于具有无限威权和法力的神灵，在征服个体的内心世界之后逐渐成为原始社会的习惯法，实施文化整合和社会控制的功能。就宗教禁忌在安全认知和安全防范方面的功能而言，宗教社会学家奥戴深刻地指出，宗教在人面对不确定性时需要情感上的支持，在面临失望时需要慰藉，在偏离社会目标和规范时需要社会调和。宗教禁忌通过各种信仰和崇拜仪式，为人们提供了一种超验关系，从而使人能够在不确定性与不可能性中获得某种安全感，在历史变迁中获得更稳固的认同感。

原始的宗教禁忌通过精神劝阻和信仰禁令的形式控制与约束相关的可能危害到部落利益的行为，将对可能危险的防范转变为对未来活动的禁止，以此调节和管理原始初民与自然界和社会之间的可能危机。但需要加以反思的是，"支配着禁忌体系的正是恐惧，而恐惧唯一知道的只是如何去禁止，而不是如何去指导。它警告要提防危险，但它不可能在人身上激起新的积极的即道德的能量。禁忌体系越是发展，也就越有把人的生活凝结为完全的消极状态的危险。"

总而言之，对原始人类而言，宗教禁忌在走出对自然威胁的恐惧感，维护社会结构稳定，寻求精神慰藉和信仰寄托方面发挥了不可替代的作用，但由于科学性的匮乏和现实性的缺失，并不能真正有效地解决原始社会的安全问题。

（5）献祭与驱魔仪式中孕育的安全文化　原始思维的前逻辑性、前科学性和直观性特征使得宗教生活缺乏系统的理论支撑，也不愿在内心的忏悔中寻求拯救，较之宗教禁忌而言，更多的是以当下的献祭仪式来协调人与自然、神之间的矛盾，以向神秘力量献祭的方式来规避来自于自然的安全威胁。原始人类从自然界获得生存资料的方式基本上是直接采摘和猎取，在狩猎能力有限和人口不断增长的双重压力下甚至出现了"人口多于野兽"的残酷局面，部落的生死存亡取决于自然界的恩赐。

对原始人类而言，在自然力被神化的基础上人的生存和延续取决于对自然力的态度，因此要么是相信万物有灵，通过原始拜物教的形式直接崇拜自然万物，求得更多的食物和产品，免受自然灾害的威胁；要么以图腾崇拜的形式，神化某一部落或氏族共有的象征体，通过向神秘力量的臣服和献祭换取保护，通过建立人与神的关系实现人与自然的和解。献祭之物经历了从活人献祭、活牲献祭到熟食献祭和象征物献祭的转变历程，实质上是原始人类生产力的发展导致了对人与自然关系的深刻转变，逐渐从对自然力的恐惧中摆脱出来而获得更多的主体性力量，反映了原始人类应对危险能力的增强。

与此同时，原始人类也发展出了一种驱魔仪式来规避和消解危险，将食物短缺、疾病瘟疫和流血冲突归结为某一生命个体中妖魔附体而招致整个部落承受各种可能的灾难与危机，主张通过"驱魔逐邪，祈求平安"的方式回避可能发生的自然灾害和危险。

从本质而言，巫术和宗教献祭仪式将具有一定内在必然性的风险解释为神秘的超自然力量所致，用原始而带有野蛮气息的献祭仪式来祈求神灵的庇护，反映了人类幼年时期的生存境遇的恶劣和原始的安全思维水平。但"对我们来说，关于巫术和宗教仪式的最基本的特点就是：它只有在知识退步不前的地方才能登堂入室。超自然地建立起来的仪式是来自于生活，但它没有使人的实践努力失去价值。在巫术或宗教仪式中，人试图演出各种奇迹，这不是因为他忽视了他的精神力量的局限性，恰恰相反，而是因为他充分意识到了这种局限。"正是因为人类意识到了巫术和宗教仪式面对自然力量的有限性，因此，随着社会形态的转型和新的风险样式的来临，关于安全的认知水平和危险的应对方式也必然不断发展和更新。

（6）其他方面孕育的安全文化 ①生产工具中孕育的安全文化。远古时代，人们为提高劳动效率和抵御野兽侵袭，制造了木器与石器，作为保证生产和安全的工具。②居住地安全防卫中孕育的安全文化。早在 6000～7000 年前，半坡氏族就知道在自己居住的村落周围开挖壕沟来抵御野兽的袭击。③"双鸟朝阳"象牙雕刻中孕育的安全文化。在有 7000 多年历史的余姚河姆渡遗址，出土了大量饰有鸟和太阳图案的艺术品，其中"双鸟朝阳"象牙雕刻件尤其引人关注。对鸟的崇拜，即代表生殖崇拜；对太阳的崇拜，即代表自然崇拜。人们认为太阳具有使万物复苏、生长的超自然力量，将其视为神加以礼敬，以求太阳对生命万物给予庇护。"双鸟朝阳"是远古时代人类朴素的安全观在图腾中的体现。④"羽人竞渡"铜斧中孕育的船舶安全文化。早在 7000 多年前，河姆渡人就通过制造和驾驭舟楫开展水上活动。1976 年，鄞州甲村出土一件战国时期的铜斧，该铜斧下部边框上刻着的线表示狭长的轻舟，内坐 4 人，头戴羽冠，双手划船，被命名为"羽人竞渡"。这件文物是中国航海界最早的文物，是人类最早的航海记录，也可以说是船舶安全文化的见证。

3.5.3　经典论著中的安全文化拾萃

安全是人类的基本需求，在一些历史经典论著中可以找到许多安全文化的历史痕迹。本小节精选 2 部历史经典论著（即国外的《汉穆拉比法典》与中国的《天工开物》），来探索和赏析蕴含在它们之中的安全文化元素。

3.5.3.1　《汉穆拉比法典》中的安全文化[31]

"我在这块土地上创立了法和公正，在这时光里我使人们幸福。"这是古代巴比伦《汉穆拉比法典》的卷首语。而安全（包括健康）作为人们幸福的基础，我们坚信，在这里可以找到安全文化的历史痕迹。

1901 年，一个法国的考古队员在伊朗高原的沙漠里"无意间"挖出了一根黑色玄武岩的大石柱，石柱表面刻有 282 条楔形文字的法律条文，这就是名声赫赫的《汉穆拉比法典》(The Code of Hammurabi)。

与古埃及的文明同时，在此地的两条大河——幼发拉底河和底格里斯河的两河流域上，曾崛起过另一个世界文明古国——巴比伦。据史料记载，于公元前 1762 年前后，古巴比伦王国第六代王汉穆拉比（约公元前 1792 至公元前 1750 年在位）颁布《汉穆拉比法典》，其是最具代表性的楔形文字法典，也是迄今世界上最早的一部完整保存下来的成文法典。《汉穆拉比法典》原文刻在一段高 2.25 米，上部周长 1.65 米，底部周长 1.90 米的黑色玄武岩石柱上，故又名"石柱法"。

《汉穆拉比法典》几乎涵盖整个法律领域：刑事、婚姻、财产和商业，蕴含着法律的正义观、平等观和权利观，甚至西方宪法的某些法律观念都可以追溯至此。很庆幸，它也包含了相关安全法律法规，主要是建筑安全责任事故追究与处罚的法律规定，以及人身安全保护的法律法规，这可视为是迄今世界上最早的完整保存下来的安全法律法规。

建筑安全责任事故追究与处罚的法律规定具体为《汉穆拉比法典》229～232 条的内容：

（1）第 229 条：倘建筑师为自己民建屋而工程不固，结果其所建房屋倒毁，房主因而致死，则此建筑师应处死。

（2）第 230 条：倘房主之子因而致死，则应杀此建筑师之子。

（3）第 231 条：倘房主之奴隶因而致死，则他应对房主以奴还奴。

（4）第 232 条：倘财物因而遭受毁损，则彼应赔偿其所毁损之全部财物；且因所建之屋不坚而致倒毁，彼自己应出资重建倒毁之屋。

人身安全保护法律法规反映了"以牙还牙，以眼还眼"的同态复仇观念，具体为《汉穆拉比法典》196、200、209～211 条的内容：

（1）第 196 条：倘自由民损毁任何自由民之子之眼，则应毁其眼。

（2）第 200 条：倘自由民击落与之同等之自由民之齿，则应击落其齿。

（3）第 209 条：倘自由民打自由民之女，以致此女坠胎，则彼因使人坠胎，应赔银十舍客勒。

（4）第 210 条：倘此妇死亡，则应杀其女。

（5）第 211 条：倘彼殴打穆什钦努之女，以致此女坠胎，则彼应赔银五舍客勒。

分析发现，《汉穆拉比法典》中的安全法律法规极其严格，这既突出了安全文化的严肃性［笔者认为，安全文化的严肃性是其与其他类型的文化的特点最为显著的区别。原因很简单，安全（即生命）绝不能开玩笑］，也反映了自古以来人们对安全的重视，特别是若将其置于当时的时代背景下，更能突出这点。

3.5.3.2 《天工开物》中的安全文化[32]

明朝科学家宋应星所著的《天工开物》是我国生产文化的源泉，其初刊于 1637 年（明崇祯十年），是世界上第一部关于农业和手工业生产的综合性著作，也是一部综合性科学技术著作，收录了农业、手工业、工业——诸如机械、砖瓦、陶瓷、硫黄、烛、纸、兵器、火药、纺织、染色、制盐、采煤、榨油等生产技术。尤其是机械，更是有详细的记述。因此有外国学者称它为"中国 17 世纪的工艺百科全书"。值得一提的是，《天工开物》不仅记载了中国古代工农业生产的丰富经验，还包含了许多宝贵的生产安全文化财富。

据考证，《天工开物》中有关安全文化的内容包括了我国古代劳动人民积累的安全生产知识以及生产安全防护措施，因此也可以说，它是我国甚至是全世界生产安全领域内最早且最具代表性和影响力的安全文化遗产。

值得指出的是，虽然《天工开物》中记载的诸多生产安全问题比较简单，但其基本原理仍适用至今，甚至有的还是现代科技亟需解决的安全课题。总而言之，这在古代相关著作中极为少见，是研究我国古代生产安全文化不可多得的史料。

(1) 采煤的安全文化 《天工开物》中篇"燔石"部分有文，"初见煤端时，毒气灼人。有将巨竹凿去中节，尖锐其末，插入炭中，其毒烟从竹中透上，人从其下施拾取者。或一井而下，炭纵横广有，则随其左右阔取。其上枝板，以防压崩耳。凡煤炭取空而后，以土填实其井，以二三十年后，其下煤复生长，取之不尽。"

该段文字大意为：煤层出现时，毒气冒出能伤人。一种方法是将大竹筒的中节凿通，削尖竹筒末端，插入煤层，毒气便通过竹筒往上空排出，人就可以下去用大锄挖煤了。井下发现煤层向四方延伸，人就可以横打巷道进行挖取。巷道要用木板支护，以防崩塌伤人。煤层挖完以后，如果用土把井填实，二三十年后，煤又会重生，取之不尽。

即便是现在，煤矿开采过程中安全事故还是频发。而上述文字就简明扼要地阐述了煤矿开采过程中，利用通风排除煤矿瓦斯、利用木板防止冒顶以及利用填充等措施保障安全。

(2) 提炼砒霜的安全文化 《天工开物》中篇"燔石"部分还写道，"凡烧砒时，立者必于上风十余丈外，下风所近，草木皆死。烧砒之人经两载即改徙，否则须发尽落。此物生人食过分厘立死。"其大意为：烧制砒霜时，操作者必须站在风向上方十多丈远的地方。风向下方所触及的地方，草木都会死去。所以烧砒霜的人2年后一定要改行，否则须发会全部脱光。砒霜有剧毒，人只要吃一点点就会立即死亡。

砒霜，三氧化二砷（As_2O_3）的俗称，是最古老的毒物之一。它无臭无味，外观为白色霜状粉末，故称砒霜。上述文字明确地指出了砒霜的剧毒性，可使人中毒死亡。为防止烧制砒霜时使人中毒，应利用风向及安全距离加以防护；烧制砒霜的工人应2年后改行，以免砒霜对人的健康造成巨大危害，这可视为是现在"职业危害岗位轮岗制度"的雏形。

(3) 炼银的安全文化 据《天工开物》下篇"五金"部分记载，"靠炉砌砖墙一垛，高阔皆丈余。风箱安置墙背，合两三人力，带拽透管通风。用墙以抵炎热，鼓鞲之人方克安身。"其大意为：靠近炉旁还要砌一道砖墙，高和宽各1丈多。风箱安装在墙背，由两三个人拉动鼓风。靠砖墙来隔热，拉风箱的人才能有立身之地。

上述文字指明了冶炼时必须注意隔热、散热，以保护操作者安全。"隔离"或"减弱"的安全防护思想与办法也是现在惯用的安全防护思想和办法。

(4) 采珠的安全文化 《天工开物》下篇"珠玉"部分有表，"凡采珠舶，其制视他舟横阔而圆，多载草荐于上。经过水漩，则掷荐投之，舟乃无恙。舟中以长绳系没人腰，携篮投水。凡没人以锡造弯环空管，其本缺处对掩没人口鼻，令舒透呼吸于中，别以熟皮包络耳项之际。极深者至四五百尺，拾蚌篮中。气逼则撼绳，其上急提引上，无命者或葬鱼腹。凡没人出水，煮热毸急覆之，缓则寒栗死。"其大意为：采珠船比其他的船要宽和圆一些，船上装载有许多草垫子。每当经过有旋涡的海面时，就把草垫子抛下去，这样船就能安全地驶过。采珠人在船上先用1条长绳绑住腰部，然后带着篮子潜入水里。潜水前还要用锡制弯环空管将口鼻罩住，并将罩子的软皮带包缠在耳项之间，以便于呼吸。有的最深能潜到水下四五百尺，将蚌捡回到篮里。呼吸困难时就摇绳子，船上的人便赶快把他拉上来，命薄的人可能会葬身鱼腹。潜水的人在出水之后，要立即用煮热了的毛皮织物盖上，过迟则会被冻死。

为确保采珠人的安全，上述这段文字提及了 3 方面的安全防护：一是采珠船上需装载一些草垫子，若遇到了旋涡的海面，就把草垫子抛下去，这样船就能安全驶过；二是采珠人需用长绳、篮子与锡做的弯环空管等来保护采珠人安全；三是人潜入水中感到呼吸困难以及出水后的安全防护措施。

（5）采宝石的安全文化 《天工开物》下篇"珠玉"部分还写道，"凡产宝之井即极深无水，此乾坤派设机关。但其中宝气如雾，氤氲井中，人久食其气多致死。故采宝之人，或结十数为群，入井者得其半，而井上众人共得其半也。下井人以长绳系腰，腰带叉口袋两条，及泉近宝石，随手疾拾入袋（宝井内不容蛇虫）。腰带一巨铃，宝气逼不得过，则急摇其铃，井上人引提上，其人即无恙，然已昏聩。止与白滚汤入口解散，三日之内不得进食粮，然后调理平复。"其大意为：出产宝石的矿井，即便很深，其中也是没有水的，这是大自然的刻意安排。但井中有宝气就像雾一样地弥漫着，这种宝气人呼吸得时间久了多数都会致命。因此，采集宝石的人通常是十多个人合伙，下井的人分得一半宝石，井上众人分得另一半宝石。下井的人用长绳绑住腰，腰间系两个口袋，到井底有宝石的地方，随手将宝石赶快装入袋内（宝石井里一般不藏有蛇虫）。腰间系一个大铃铛，一旦宝气逼得人承受不住的时候，就急忙摇晃铃铛，井上的人就立即拉粗绳把他提上来。这时，人即便没有生命危险，但也已经昏迷不醒了。只能往他嘴里灌一些白开水用来解救，三天内都不能吃东西，然后再慢慢加以调理康复。

上述文字提到，矿井中的有害气体会使人死亡，因此，为确保安全，需注意以下 3 个问题：一是采矿时需多人合伙以互助，这可视为最早的采矿安全管理理念；二是下井时腰间必须系一个大铃铛，当矿井中的有害气体使人感到不舒服甚至昏迷时，人可以及时摇晃铃铛以示需要马上提出矿井，以保安全；三是矿井中的有害气体使人窒息后，应及时灌一些白开水等。

3.5.4　中国古诗中的安全文化[33]

安全文学作品（如安全诗歌、散文与小说等）是一种重要的安全文化载体形式，仍是今天人们进行安全文化宣教的绝佳素材。其实，"安全"这个古老而朴素的词汇，承载着中国人最简单的心愿和祝福，历代颇受人们重视。鉴于文学是社会现实生活的反映，因此，文学与事故灾难紧密相联。其实，中国文学一直关注着事故灾难，关于"安全"的文学作品数不胜数。在中国古代，就诞生了许多优秀的文学家，他们留下了许多与"安全"有关的优秀作品。这些作品的广泛流传，客观上对广大老百姓起到了安全文化宣教和熏陶的作用。中国是一个诗作高度发达的国度，诗作因其短小、灵活的体裁形式，可以方便快捷地反映现实生活。这里，以中国部分诗作为例，具体分以下七方面来对其进行简评。

3.5.4.1　表达"安全"祝福或祝愿

中国人常言："出入安全，一路平安，平安是福。"简简单单的几个字，却包含了无尽的安全祝福和牵挂。在逢年过节或远行前，人们也会互道"安全"祝福语。徐德蜀与邱成合著的《安全文化通论》著作中，提及了"一张贺卡的启示"，该贺卡就含有"安全祝语"，但其也涵盖了一些"安全告诫"。因此，"安全"祝福或祝愿类的诗作尤为多见，此类诗作中多出现"平安"二字，也有直接出现"安全"二字的情况。例如：唐代岑参的《逢入京使》："马上相逢无纸笔，凭君传语报平安。"明代李永周的《旅中望月》："欲将数行信，无处寄平安。"宋代赵师侠的《诉衷情》："舳舻万里来往，有祷必安全。"宋代苏辙的《宣徽使张安道生日》："扫除四海一清净，整顿万物俱安全。"等等。其实，古诗作中的"平安"或"安全"二字常常包含两层意思，即精神上的平静安定（如《韩非子·解老》中说："人无智愚，莫不有趋舍；恬淡平安，莫不知祸福之所由来。"）以及肉体上的安全、做事没有困难事故，这与现代安全科学中的"安全"的含义（即人的身心安全）也完全吻合。综上可知，"安全"祝福或祝愿类的古诗作表达了诗人对本人与亲朋好友过上和谐而安康的生活的向往，进而引申到社会与企业发展，可理解为对社会与企业安全发展的美好愿景。

3.5.4.2　描写职业的危险性

在中国古诗作中，直接描写职业危险性（或安全）的诗句并不多见，但有些诗句从侧面可反映出某些职业的危险性。最为典型的是北宋范仲淹的《江上渔者》："江上往来人，但爱鲈鱼美。君看一叶舟，出入风波里。"这首诗的后两句不仅表达出诗人对渔人的辛劳与疾苦的同情，同时，也把"打渔"职业危险性高的特点解释得淋漓尽致，即"你看那江上打渔的人驾着捕鱼小船，正在风浪中时隐时现，是多么危险啊！"

3.5.4.3　阐释安全哲理与思想

在中国古诗词中，诸多诗作中均蕴含丰富的安全哲理与思想。这是因为，无论做什么事，其道理与方法等实则都是相通的。但真正源于事故或直接揭示安全哲理与思想的古诗作并不多见，其中较为典型的有两首。

（1）晚唐杜荀鹤的《泾溪》："泾溪石险人兢慎，终岁不闻倾覆人。却是平流无石处，时时闻说有沉沦。"意为"人在泾溪险石上行走时总是战战兢兢、小心谨慎，所以一年到头没人掉入水中，而恰是在平坦无险之处，却常有落水事件的发生。"这首诗深含安全哲理与思想，当引起我们深思。"水能载舟，亦能覆舟"，但舟的载覆，并不一定取决于水的平险，而与人的思想和心理状况有关，许多事故本不该发生，这是因为人们自以为很安全而放松警惕的缘故，这正如《尧戒》所言："人莫踬于山，而踬于垤"，人没有因登山而绊倒，反而被小土堆绊倒了。这首诗言浅意深，处险未必险，反而可能寓安于其中；居安未必安，反而可能藏险于其中，哲学原理是险与不险的对立和统一关系（这与本章3.4提及的"潭柘寺"方丈防火的哲理是相同的）。在现代安全管理学中，我们也很难寻找到运用优美诗歌的方式来表达安全原理的例子。上述安全哲理与思想其实在目前安全管理中也常用，最为典型的例子是"在公路上安装减速带使经过的车辆减速"，尽管"难走"了，但反而"安全"了。

（2）南宋杨万里的《过沙头》："过了沙头渐有村，地平江阔气清温。暗潮已到无人会，只有篙师识水痕。"意为"暗潮已然来到，而常人却不知道，因为他们没有水上的生活经验，对潮水涨落的规律不知晓；而篙师长年累月在江上撑船，对水的深浅、流速的快慢等都一清二楚，细微变化他们都能察觉。"这首诗明白晓畅而富有深意，表面说明了保障安全需要实践安全经验的道理，而深层则揭示了一个深刻而具有普遍意义的哲理："实践出真知"与"要善于透过现象把握事物的本质与规律"。

3.5.4.4　记录水灾

人们历来深受水灾之害，历代诗人对水灾多有记录。例如：唐代杜甫的《临邑舍弟书至苦雨黄河泛溢堤防之患簿领所忧因寄此诗用宽其意》就记录了大雨引致黄河泛滥之后，灾民遍野嗷嗷待哺的情况，诗中用"二仪积风雨，百谷漏波涛。闻道洪河坼，遥连沧海高。"四句话来形容水灾的惨烈；同时，他的《秋雨叹》三首，记述了唐玄宗天宝十三年，天降大雨，持续了60多天，百姓田中的庄稼都被大雨淹没，连居住的房屋墙舍也都倒塌，人民深受其苦；此外，金代刘迎的《河防行》、元代贡师泰的《河决》、清代王之佐的《癸未大水行》与赵然的《河决叹》等诗作均记录了水灾的惨烈和对当时社会河防不当的担忧。

3.5.4.5　记录地震

人类自诞生以来，可以说生存安全一直受地震的威胁。《诗经》开创了诗作描写地震的文化传统，如"烨烨震电，不宁不令，百川沸腾，山冢崒崩；高岸为谷，深谷为陵"。此外，中国历代的诗作对地震多有记录和反映，这里仅列举清诗中的两首。

（1）康熙五十二年七月十五日（即公元1713年9月4日），四川发生地震，地震中心在现在的茂县叠溪一带，波及到三台、潼川、射洪、蓬溪、乐至、广元等地区，造成巨大的人员伤亡和财产损失。当时身为江油知县的朱樟写了一首《地震行》，对这次地震作了形象真实的描绘，具体为"匏瓜星孤夜欲明，地维坟裂天为惊。千岩万壑送奇响，远听直似雷铿䃔。少焉掀翻墙壁动，石鼓砰磅振八纮。丁当环佩若风解，窸窣窗纸号秋声。譬如浮舟乍离岸，沧海无蒂流青萍。凿破混沌果如此，顷刻欲使西南倾。男呻女吟泣覆釜，神呼鬼救忙支撑。小儿闻声不敢哭，梦呼起直空街行。仓皇不知何所措，两膝蹀躞心怦怦。大恐天时频荡漾，齑粉何止常平阮［坑］。"

（2）道光三十年（1850年）八月初七，建昌（现在的西昌）发生强烈地震，宁远府知府牛树梅的诗歌《建昌地震纪变》见证了这一大难，具体为"坤维夜半走奔雷，山岳震荡海波颓。床榻如舞人如簸，万家栋宇枯叶摧。维时苦雨又幽窗，呼救人多救人少。迟明一望满城平，欲辨街衢谁能晓？"

3.5.4.6　记录火灾事故

与记录其他事故的诗作数量相比，中国历代记录火灾事故的诗作数量非常多，这也许是因为人们经常要用火，但火又很危险，极易导致火灾事故。根据李采芹老先生主编的《中国消防通史（上、下卷）》（笔者"记录火灾"部分的绝大多数素材也来自于此书），西晋初期潘尼的《火赋》是中国较早专门描写火的文学作品，其把火的功能及其严重危害描写得淋漓尽致。

（1）东晋末至南朝宋初期伟大诗人陶渊明归园田的第四年六月的一场家庭火灾使他陷入了困窘的境地，据其《戊申岁六月中遇火》来看，这场大火烧得相当彻底，"正夏长风急，林室顿烧燔"，昔日沾沾自喜的"榆柳荫后檐，桃李罗堂前"的桃源美景不复存在，陶公只好暂栖于门前小河里的船上。

（2）在唐诗中，记录火灾事故的诗作大多出自名家之手，真实地记录了火灾事故给人们的生命财产与精神压力带来的双重损失，同时也寄寓了作者对灾民的深切同情。例如：刘禹锡的《武陵观火诗》；柳宗元的《逐毕方文》［柳宗元在永州的时候经常注意并批评南方人的风俗和迷信，在元和八年（813年），他在此诗歌中从另一观点来描写永州老百姓的迷信，即民众认为"毕方"能引起火灾］和《贺进士王参元失火书》［作于贞元二十一年（805年）被任命为礼部员外郎时，记录王参元家庭火灾一事］；杜甫的名为《火》的长诗（描写一起山林火灾）："风吹巨焰作，河棹腾烟柱。势欲焚昆仑，光弥煣洲渚。腥至焦长蛇，声吼缠猛虎。神物已高飞，不见石与土。"等。

（3）在宋诗中，王安石和苏轼有专门记述火灾的诗。其中，王安石写了三首外厨遗火诗，《外厨遗火二绝》："龟鬼何为便赫然，似嫌刀机苦无膻。图书得免同煨烬，却赖厨人清不眠。"与"青烟散入夜云流，赤焰侵寻上瓦沟。门户便疑能炙手，比邻何苦却焦头。"《示江公佐外厨遗火》："刀匕初无欲清人，如何龟鬼尚嫌嗔。翛翛短褐方扬火，冉冉青烟已被辰。邂逅焚巢连鸟雀，仓黄濡幕愧比邻。王阳幸有囊衣在，报赏焦头亦未贫。"而苏东坡记录的则是嘉祐七年（1062 年）3 月 26 日在陕西武城的小镇（离今宝鸡很近）发生的火灾："薄暮来孤镇，登临忆武侯。峥嵘依绝壁，苍茫瞰奔流。半夜人呼急，横空火气浮。天遥殊不辨，风急已难收。晓入陈仓县，犹余卖酒楼。烟煤已狼藉，吏卒尚呀咻。"

（4）在清诗中，也多有记载火灾事故的诗作。例如，清初诗人周篆写有《可怜》一诗，真实记载了当时长沙火灾过后的悲惨情形。诗的小序中说"荒乱后复遇火灾，长沙作"，诗中写到："乱余楚地非无材，世俗浅见忘远灾。比屋栋梁架青竹，多年茅茨生苍苔。天道何曾示悔祸，鬼物况复多嫌猜。可怜忍死忽变计，相将顿足悲寒灰。"清初诗人徐振芳作有《安庆》一诗，记载了安庆火灾的惨况："舒州旧是繁华地，瓦砾丘墟荆棘生。湖上平章能误国，山头廷尉敢屠城。当时天意高难问，终古江流恨有声。闲上龙眠峰顶望，萧疏烟树晚霞红。"此外，还有淮安进士丁寿昌的《纪灾行》[作于道光十五年三月十一日（1835 年 4 月 8 日），记述淮安大火]、傅炳櫆的《火灾诗》[作于咸丰九年四月初九日（1859 年 5 月 11 日），记述四川涪陵李渡镇发生的大火，死亡六七百人]等。

3.5.4.7 阐释事故原因、安全管理与事故应急处置救援方法

在中国古诗作中，也有部分阐释事故原因、安全管理与事故应急处置救援方法的诗作（包括上述列举的部分诗作就含有这方面内容）。在此，以最为常见的火灾事故为例，列举三首这方面的经典诗作。

（1）乾隆七年（1742 年），著名诗人袁枚出任江宁（今江苏省南京市）知县。在任期间的一个夏天，江宁县城发生火灾，他率领兵丁救火。后来，写了《火灾行》，描述火灾发生、扑救经过和诗人的感慨。诗的最后四句，耐人深思，颇有哲理：自古以来贤明的人总是为百姓的安危焦急，并采取防患于未然的措施，不必等到火灾事故发生时去救火而烧得焦头烂额；即使是青天白日也不可放松警惕，要知道，枯木朽株也能带来灾难。全诗为："七月融风歇不止，鸟声嘻嘻吁满市。县官此际如沙禽，中夜时时惊欲起。出门四顾心惨裂，天下烂如黄金色。文武一色皆戎装，奔前灭火如灭贼。金陵太守气尤雄，独领一队当先锋。出没黑烟人不见，但闻促水肯檬陇。水龙百遭横空射，倒卷黄河向天倾。重九妖雾青山崩，黑连蒸土白石化。须央半空飞霹房，储瓦颓垣如掷戟。不闻知命避岩墙，但见横尸委道旁。春风雨涤新焦土，夜月霜凄古战场。从来贤人心如焚，不必等至额尽烂。白日青天莫入杯，朽株枯木能为难。"

（2）清光绪六年十月（1880 年 11 月），宁波太守鉴于宁波久未得雨，干旱太甚易遭火灾的情况，特令："以白布为旗，大书'天旱风燥，火烛宣传，火油弗用，水宜多藏'十六字，饬役捐旗鸣锣，遍巡城乡内外大街小巷，使之闻声知戒。"显然，"天旱风燥，火烛宣传，火油弗用，水宜多藏"十六字就是典型的诗歌形式。

（3）民国十二年（1923 年）印行的胡祖德《沪谚外编》中，有其早年写的一首《防火

歌》，把当时家庭防火安全须知写得颇为具体，具体为"火起无情势莫当，时时刻刻要提防。柴薪灶下少堆积，暮夜厨房满水缸。老稚烧锅须仔细，睡眠酒醉熄灯光。烘衣烘被常看守，木桶盛灰大不祥。火炮店邻真厉害，油库屋近有惊惶。挂灯要远芦笆壁，起火恐落穷草房。"

3.5.5　中国古代成语中的安全文化赏析[34]

成语是中国汉字语言词汇中一部分定型的词组或短句。成语是汉文化的一大特色，有固定的结构形式和固定的说法，表示一定的意义，在语句中是作为一个整体来应用的。成语有很大一部分是从古代相承沿用下来的，在用词方面往往不同于现代汉语，它代表了一个故事或者典故。部分中国古代成语也不乏蕴涵深厚的安全文化。本书笔者吴超在编著《安全科学方法学》[34] 时，专门尝试从中国古代成语中探索古代安全科学方法论。下面精选了 42 个古代经典成语，从中人们可以探索研究中国古代的安全科学方法与思想。

（1）【未卜先知】卜：占卜，算卦。还没有占卜就先知道了。比喻有预见。元代王晔的《桃花女破法嫁周公》第三折中说：卖弄杀《周易》阴阳谁似你，还有个未卜先知意；明代冯梦龙的《醒世恒言》第三十八卷中说：我那里真是活神仙，能未卜先知的人……只是平日里，听得童谣，揣度将去，偶然符合；明代吴承恩的《西游记》第六十二回中说：行者笑道"这和尚有甚未卜先知之法？我们正是，你怎么认得？"

（2）【深思远虑】想得很深，考虑得很远。指不是只顾眼前，而是作长远打算。汉代班固《汉书·师丹传》中说：发愤懑，奏封事，不及深思远虑，使主簿书，漏泄之过不在丹。

（3）【思前想后】思：考虑。前：前因。后：后果。反复考虑事情发生的缘由和后果。也指回想过去，考虑未来。明代许仲琳的《封神演义》第五十二回中说：且言闻太师见后无袭兵，领人马徐徐而行。又见折了余庆，辛环带伤，太师十分不乐，一路上思前想后。

（4）【后顾之忧】顾：回头看。忧：忧患，担心。作战时后方有令人担心的事，受到牵制。或在前进、外出过程中，还有需要回头照顾的可虑之事。北齐魏收的《魏书·李冲传》第五十三卷中说：（高祖知冲患状，谓右卫宋弁日）联以仁明忠雅，委以台司之寄，使我出境无后顾之忧，一朝忽有此患，朕甚怀怆慨；《宋史·柳开传》中说：令彼有后顾之忧，乃可制其轻动；明代冯梦龙的《东周列国志》第六十二回中说：将军为殿，寡人无后顾之忧矣。

（5）【城门失火，殃及池鱼】殃：灾祸。池：护城河。城门着了火，就用护城河的水来救火，水用尽了，护城河里的鱼都干死了。比喻无端遭牵连而受到祸害。汉代应邵的《风俗通义·辨惑》中说：城门失火，祸及池中鱼。旧说，池仲鱼烧死。又云，宋城门失火，人汲取池中水，以活灌之，池中空竭，鱼悉露死。喻恶之滋，并伤良谨也。北齐杜弼的《为东魏橄梁文》中说：但恐楚国记亡猿，祸延林木；城门失火，殃及池鱼。

（6）【飞来横祸】横祸：意外的灾祸。突然降临的意外灾祸。南朝宋范晔的《后汉书·周荣传》中说：故常敕妻子，若卒遇飞祸，无得殡敛，冀以区区腐身觉悟朝廷；明代冯梦龙的《醒世恒言》第三十四卷中说：欲待不去照管他，到天明被做公的看见，却不是一场飞来横祸，辨不清的官司。

（7）【天不有测风云】本指天气变化使人无法预测。后比喻人常会遇到预想不想的灾祸或事情。常与"人有旦夕祸福"连用。元代《包待制智赚合同文字》第四卷中包待制云："天有不测风云，人有旦夕祸福，那小厮恰才无病，怎生下到牢里便有病？张干，你再去看来。"明代冯梦龙《东周列国志》第三十六回中赵衰曰："主公新立，百事未举，忽有此疾，正是'天有不测风云，人有旦夕祸福'。"

（8）【不祥之兆】不吉利的预兆。明代罗贯中的《三国演义》第一百零六回中说：有此三者，皆不祥之兆也。主公宜避凶就吉，不可轻举妄动；明代冯梦龙《喻世明言》第二十一回中说：董昌心中大恶，急召罗军师商议，告知其事，问道："主何吉凶？"罗平心知不祥之兆，不敢直言。

（9）【万全之策】策：计谋、办法。绝对安全、极其周到的计谋、办法。晋代陈寿的《三国志·魏书·刘表传》中记载：故为将军计者，不若举州以附曹公，曹公必重德将军；长享福祚，垂之后嗣，此万全之策也。唐代姚思廉的《梁书·武帝纪上》第一卷中记载：世治则竭诚本朝，时乱则为国剪暴，可得与时进退，此盖万全之策。如不早图，悔无及也。宋代罗大经的《鹤林玉露·留后门》中说：相公此举，有万全之策乎？

（10）【长治之安】治、安：安定，太平。指长久安定，天下太平。汉代班固的《汉书·贾谊传》中记载：建久安之势，成长治之业；宋代苏舜钦的《石曼卿诗序》中说：由是弛张其务，以足其所思，故能长治久安，弊乱无由而生。

（11）【安不忘危】危：危险，灾难。在安定的时候，不能忘记危难。《周易·系辞下》中说：是故君子安而不忘危，存而不忘亡，治而不忘乱，是以身安而国家可保也。汉代刘向的《说苑·君道》中说：此能求过于天，必不逆谏矣；安不忘危，故能终面成霸焉。

（12）【不时之需】不时：不定什么时候，随时。随时都会出现的需要。宋代王质的《雪山集·论吏民札子》中说：监司不恤郡县，故尝有不时之需，稍缓则符檄纷纷，逼切则急于星火；宋代李心传的《建炎以来系年要录·绍兴二十九年五月壬寅》中记载：（吕广问入对）言常平义仓之法，广储蓄以待不时之需，祖宗长虑远计也。

（13）【防患未然】患：灾祸。然：这样，如此。未然：没有这样，指没有形成。在事故和灾害发生之前就采取措施加以防备。《周易·既济》中说：君子以思患而豫防之；唐代陆贽的《论两河及淮西利害状》中说：无扰则祸乱不生，息劳则物力可济，非止排难于变切，亦将防患于未然；明代马文升的《添风宪以抚流民疏》中说：臣闻防患于未然者易，除患于已然者难。

（14）【防微杜渐】防：防止。微：微小，指事物的苗头。杜：杜绝。渐：事物的开端。在坏思想、坏事或错误刚冒头时，就加以防止、杜绝，不让其发展下去。南朝梁沈约的《宋书·吴喜传》第八十三卷中说：（上与刘勔、张兴世、齐王诏曰）喜罪衅山积，志意难容……焉得不除。且欲防策杜渐，忧在未萌，不欲方幅露其罪恶，明当严诏切之，令自为其所。

（15）【防微虑远】微：细小，指事物的苗头。指在错误或坏事刚露头的时候，就加以防范，并考虑长远之计。唐代崔莅的《置都督有弊议》中记载：所以减削其权，不使专统，盖以防微虑远，杜邪塞奸之策也；唐代郑亚的《唐丞相太尉卫国公李德裕会昌一品制集序》中记载：由是洞启宸衷，大破群议，运筹制胜，举无遗策，防微虑远，必契神机。

（16）【顾犬补牢】发现野兔就回头唤猎狗；丢失了羊，赶紧修补羊圈。比喻事物虽紧急或已经出了差错，但还来得及设法补救。《战国策·楚策四》中说：见兔而顾犬，未为晚也；亡羊而补牢，未为迟也。

（17）【积谷防饥】储存粮食以防饥荒。比喻有备无患。《敦煌变文集·父母恩重经讲经文》中说：书云："积谷防饥，养子防老。"元代关汉卿的《山神庙裴度还带》第三折中说：哀哀父母，生我劬劳，养小防老，积谷防饥。元代高明的《琵琶记·牛小姐谏父》中说：正是养儿代表，积欲防饥。

（18）【居安思危】居：处于。思：想。处于安全的境况要想到可能出现的危难。《左传·襄公十一年》中记载：《书》曰："居安思危。"思则有备，有备无患。《明史·郑本公传》中说：

陛下居安思危，当远群小，节燕游，以防一朝之患。

(19)【曲突徙薪】突：烟囱。徙：迁移。薪：柴禾。把烟囱改成弯曲的，把灶旁的柴禾搬开，避免发生火灾。比喻事先采取措施，防患于未然。汉代桓谭的《新论·见证》中说：淳于髡至邻家，见其灶突之直，而积薪在旁，曰："此且有火灾。"即教使更为曲突，而远徙其薪。灶家不听。后灾，火果及积薪，而燔家屋。

(20)【盛不忘衰】盛：兴盛。衰：衰败。在兴盛时不忘记衰败时。形容安不忘危，懂得深谋远虑。汉代班固的《汉书·匈奴传》中说：及孝元时，仪罢守塞之备，侯应以为不可，可谓盛不忘衰，安必思危，远见识微之明矣。

(21)【亡羊补牢】亡：丢失。牢：养牲口的圈。丢失了羊，就修补羊圈。比喻出了差错，及时设法补救。《战国策·楚策四》第十七卷中说：（庄辛对楚襄王）臣闻鄙语曰：见兔而顾犬，未为晚也；亡羊而补牢，未为迟也。明代沈德符的《万历野获编·河漕·徐州》中说：要之，是举必当亟行，若遇有事更张，不免亡羊补牢矣。

(22)【未焚徙薪】焚：烧。徙：迁徙。薪：柴火。火患未起，先把柴草搬开。比喻防患于未然。明代冯梦龙的《喻世明言》第三十九卷中说：这枢密院官都是怕事的，只晓得临渴掘井，那会得未焚徙薪？

(23)【未雨绸缪】绸缪：紧密缠缚，引申指修缮。趁着天没下雨，先修缮房屋门窗。比喻事先做防备。《诗·豳风·鸱鸮》中说：迨天之未阴雨，彻彼桑土，绸缪牖户；明代高攀龙的《高子遗书·申严宪约责成州县疏》中说：天下多事之时，二者产为未雨绸缪之计，不可忽也。

(24)【夕惕若厉】夕：晚上。惕：小心谨慎。若：如，像。厉：危险。到了晚上，依然谨慎戒惧，如临险境，不敢懈息。形容每时每刻都十分警惕。《周易·乾》中说：君子终日乾乾，夕惕若厉，无咎；《旧唐书·代宗纪》中说：朕主三灵之重，托群后之上，夕惕若厉，不敢荒宁。

(25)【有备无患】患：灾祸，患难。事先有防备就可以免除祸患。《尚书·说命》中说：虑善以动，动惟厥时，有其善，丧厥善；矜其能，丧厥功。惟事事乃其有备，有备无患。唐代张九龄的《应道侔伊吕科对策第一道》中说：济理适时，复何殊于掌上者也。且有备无患，亡（通"忘"）战必危。

(26)【避凶趋吉】避开凶险，归向吉祥。明代张岱的《琅嬛文集·历书眼序》中说：故天下之人，言及星学，验者什之三，不验者之七，避凶趋吉，实亦疑信相半焉。

(27)【趋利避害】趋向有利的一面，避开有害的一面。汉代王符的《潜夫论·劝将》第五卷中说：凡人所以肯赴死亡而不辞者，非为趋利，则因以避害也；汉代霍谞的《奏记大将军商》中说：至于趋利避害，畏死乐生，亦复均也；《朱子语类》第四卷中说：气相近，如知寒暖，识饥饱，好生恶死，趋利避害，人与物都一般。

(28)【去危就安】去：离开。就：靠近。远离危险，靠近安全。北齐魏收的《魏书·慕容白曜传》中记载：夫见机而动，周易所称；去危就安，人事常理。唐代李百药的《北齐书·文襄帝纪》中记载：去危就安，今归正朔；转祸为福，已脱网罗。

(29)【从井救人】从：跟随。跟着跳下井去救落井之人。比喻做好事方法不当，无益于人也无益于己。现多用来比喻冒极大的危险去拯救别人。《论语·雍也》中说：宰我问曰："仁者，虽告之曰井有仁焉，其从之也？"子曰："何为其然也？君子可逝也，不可陷也；可欺也，不可罔也。"

（30）【投膏止火】投：投入。膏：油。指用油去扑火。形容举止不当，适得其反。宋代欧阳修的《新五代史·安重诲传》中说：然其轻信韩玫之潜，而绝钱镠之臣；徒陷彦温于死，而不能支潞王之患……四方骚动，师旅并兴，如投膏止火，适足速之。

（31）【以火救火】用火来救火。比喻处理事情不讲方式方法，反而助长事态发展。《庄子·人间世》中说：是以火救火，以水救水，名之曰益多；宋代胡宏的《论史·刘项》中说：秦以酷急夫人心，项羽又所过残灭，所谓以火救火。

（32）【晓以利害】晓：使人知道，告知。能把利害、得失等关系跟他人讲清楚。唐代李百药的《北齐书·薛修义传》第二十卷中记载：修义以（陈）双炽是其乡人，遂轻诣垒下，晓以利害，炽等遂降；宋代李心传的《建炎以来系年要录·绍兴二十九年四月辛亥》中记载：今若遗一介之使，开其祸福，晓以利害，使塔坦之马无所施其能矣。

（33）【有则改之，无则加勉】加：加以。勉：勉励。别人指出的那种缺点或错误，如果有就改正，没有就进一步勉励自己。多指虚心听取、正确对待别人的批评意见。宋代朱熹的《论语集注·学而》中说：曾子以此三者日省其身，有则改之，无则加勉，其自治诚切如此，可谓得为学之本矣。

（34）【择善而从】择：挑选。从：追随，引申为学习。指选择好的学，按照好的做。《论语·述而》中说：三人行，必有我师焉；择其善者而从之，其不善者而改之。晋代范宁的《春秋谷梁传序》中说：夫至当无二，而三《传》殊说，庸得不弃其所滞，择善而从乎？唐代梁肃的《李晋陵茅亭记》中说：政之未成也，乃必躬必亲，必诚必信，慎思不懈，而务咸叙；未有及者，必访问咨度，择善而从之，则其治足征也。

（35）【吃一堑，长一智】堑：壕沟。引申为挫折，教训。受一次挫折，便得到一次教训，增长一分才智。清代曾国藩的《致沅弟》中说：安知此两番之大败，非天之磨炼英雄，使弟大有长进乎？谚云吃一堑长一智，吾生平长进全在受挫受辱之时。

（36）【病从口入】谓致病之由，多在于饮食不慎。晋代傅玄的《口铭》中说：病从口入，祸从口出；清代赵翼的《陔余丛考·成语》中说：病从口入，祸从口出，见庄绰《鸡肋编》，谓当时谚语。

（37）【覆舟之戒】指翻船的教训。比喻失败和挫折的教训。明代陈子龙的《陈涉论》中说：后之人主，亦知邱民之可畏，而覆舟之戒始信。

（38）【千里之堤，溃于蚁穴】溃：溃决，被大水冲开口子。蚁穴：蚂蚁洞。千里的长堤，由于一个小小的蚂蚁洞而溃决。比喻微小的隐患不注意会酿成大祸。《韩非子·喻老》中说：有形之类，大必起于小……天下之大事必作于细……千丈之堤，以蝼蚁之穴溃；百尺之室，以突隙之烟焚。《淮南子·人间训》中说：事者难成易败也，名者难立而易废也。千里之堤，以蝼蚁之穴漏；百寻之屋，以突隙之烟焚。

（39）【前车之鉴】鉴：镜子，引申为教训。前面车子翻倒的教训。比喻前人的失败，后人可以当作教训。清代方苞的《与鄂张两相国论制驭西边书》中说：窃恐日与番戎往来，黠者诱之，或潜探军情，或逃奔为用，异日必为边境生衅造祸。汉之中行说，宋之张元、李昊，亦前车之鉴也。清代陈忱的《不浒后传》第二十五回中说：（关胜谏刘豫道）张邦昌亦受金命册为楚帝，宗留守统兵恢复，张邦昌自己被诛了。前车之鉴，请自三思。

（40）【前事不忘，后事之师】师：榜样，借鉴。记住以往的经验教训，可以为以后的事作借鉴。《战国策·赵策一》第十八卷中说：（张孟谈对曰）臣观成事，闻往古，天下之美同，臣主之权均之能美，未之有也。前事之忘，后事之师。君若弗图，则臣力不足。唐代陈子昂的《谏刑书二首》（其一）中说：臣每读《汉书》至此，未尝不为戾太子流涕也。古人云："前事之不忘，后事之师。"伏愿陛下念之。

（41）【水可载舟，亦可覆舟】水可以使船航行，也可以使船倾覆。以水比喻民众。古时用以告诫君主处理政事必须顺应民情，不可忽视人民的力量。比喻事物用之得当则有利，反之必有弊害。《荀子•王制》中说：传曰："君者，舟也；庶人者，水也。水则载舟，水则覆舟。"此之谓也。故君人者，欲安，则莫若平政爱民矣。

（42）【隙大墙坏】隙：缝隙，裂缝。坏：倒塌。裂缝大了，墙就将倒塌。比喻错误不及时纠正，就会造成极大的祸害。《商君书•修权》中说：谚曰："蠹众而木折，隙大而墙坏。"故大臣争于私而不顾其民，则下离上。

3.5.6 安全民俗文化集粹[35~38]

民俗文化被认为是人类文化的源泉，安全贯穿于整个人类文明发展过程中。为满足人类生产、生活中的各种安全需要，在人类漫长的安全实践中也诞生并积累了丰富的安全民俗文化。它既是某一族群自己的安全文化，又是自己的安全生产、生活方式有别于其他区域或民族的标志性安全文化形态，可视为是人类安全文化的源泉。

3.5.6.1 为什么人们喜欢互道平安祝福

在人们的日常交往中，总有祝愿平安的用语，尤其是在彼此的往来通信里，早已经成为固定格式的书信结尾。但是现如今的使用与其历史渊源相比或许相去甚远，有时仅仅是一种客套话。

祝语形成于原始的巫术礼仪活动，它首先是巫术，然后才成为礼仪。语言巫术是巫术的重要组成部分，它包括语言、文字和图画，一般使用中多以吉利的词语为表现形式，用于书信是这种形式的一种演变，并逐渐成为礼仪用语。在原始社会，生产力极其低下，人们对自然界缺乏正确认识，但生存温饱、祛除灾祸是必须谋求的。为此，就不得不向想象中的魂灵祈祷，求得保佑，这就需要叨念吉利的言语，于是祝语就成了当时必不可少的祈安避祸的工具。

随着自然奥秘的逐渐揭开，这种向魂灵祈祷的方式被科学取代，但"祝"作为一种礼仪被保留下来，主要用于对人的美好祝愿，这在当今的迎来送往及书信里屡见不鲜。这说明人们使用祝语的真实目的是以祈求平安为核心的。不管当时的举动何等荒唐，我们都应该肯定古人的诚心与淳朴、坚定与坚信。

3.5.6.2 为什么旧时矿工忌讳老鼠搬家

古时候矿工是一种极其危险的职业，矿工早晨离家下井，妻子和父母总是惶惶不可终日，时时提心吊胆，一怕塌方，二怕瓦斯爆炸，三怕冒水。更怕丈夫一去不归，陈尸矿井，成为生离死别的终生遗恨。

由于旧社会矿工头不顾矿工的死活，所以在井下工作的矿工有种种禁忌。中国东北煤矿工人忌讳在矿井中捕捉老鼠。"老鼠过街，人人喊打"，这本是家喻户晓的一句俗语，但矿工在井下，却敬鼠如神，哪怕再穷，一日三餐杂粮菜皮填不饱肚子，可是老少矿工在井下吃饭时，总要分一点饭菜喂老鼠，吃不下的剩饭也从不带回家，倒在井下宴请鼠先生和鼠太太。这种尊敬老鼠的习俗是如何形成的呢？这是因为井下有瓦斯，这种气体会使人窒息，引起爆炸。老鼠和矿工一同生活在井下，它们也受到毒气的威胁，但鼠类对这种气体极为敏感，只有在没有毒气地方，这种小精灵才出现，所以矿工见了老鼠就有一种安全感。若看不到鼠儿在矿井下窜来窜去，即产生恐惧心理。

矿工最忌老鼠搬家，看起来这是一种迷信，其实不尽然。井下时常会发生冒顶和推倒掌子面的不幸事故，这种人不易发现的周期性压力冒顶，老鼠特别敏感。发现鼠群集体迁移，即是事故的预兆。祖祖辈辈在井下工作的矿工，摸索出老鼠的生活规律后，代代相传，这样就形成了矿工关于老鼠的忌讳。

3.5.6.3 为什么古代人崇拜行业保护神

各行各业，各种不同的经济团体中都有自己不同的崇拜偶像。不同职业衍生出种种不同的神灵，在那些世代传承的流动性工匠职业群中，这种行业性崇拜特别发达。如瓦木石匠奉鲁班为祖师爷，制陶的人奉范蠡为祖师爷，蚕农敬重蚕神嫘祖，裁缝信奉黄道婆，医生信奉伏羲、神农、扁鹊，捕鱼人奉妈祖为水神，乐工奉孔明，理发师奉吕洞宾为祖师爷，甚至行窃者也有行业保护神宋江，等等。

业神是特定行业及其从业人员的保护神，是随着社会分工的扩大而发展起来的，起因非常复杂，祖师爷与原先各自行业的关系不尽相同，大体有以下5种。

(1) 与各行业首创者的神话传说和贡献有关。如元代以后民间医生或信奉伏羲或祭祀神农，都与他们知药性、尝百草的传说有关；战国时代的扁鹊，唐代的名医孙思邈被尊为药王，显然与他们擅长各科用药的传说、留下医学名典有关。元代民女黄道婆被奉为裁缝之神是因为她首创纺织术，使百姓深受其惠的结果。鲁班被敬为神，与传说他发明锯以及制造工艺高超有关。太上老君被尊为炉火神，更与他将孙悟空放在八卦炉，欲炼出长生不死之丹的传说有关。

(2) 所敬奉的偶像往往是一种对本行业构成威胁的对象。如山神之于伐木人、火神之于书商、船神之于船工、窑神之于窑工，无非是祈求这些神灵不要对本行业制造灾难。

(3) 该行业一种招徕生意的方法。如酒店有不少以孔子为饮酒之宗的，再加上杜康、嵇康、向子期、贺知章、李太白等历来喜欢饮酒的名士，以此来招徕顾客，使生意兴旺发达。

(4) 祖师爷只有象征意味，实际上与该行业并无特殊关系，如鞋匠祭祀孙膑，可能是因为他割去膝盖骨仍然穿鞋子的缘故。屠宰行业奉桃园三结义的刘关张，可能是因为张飞结义前为屠户。补锅匠信奉三个祖师爷，颇有深意：供奉女娲娘娘，夸耀补锅功同补天；供老君，比喻拥有八卦炼丹炉；供饿佛，意为锅漏饭难熟，人将受饥挨饿，祈求饿佛保佑补锅的生意兴隆。

(5) 祖师爷仅仅因名号或者装束等关系受到崇拜，如开老虎灶的敬奉唐伯虎，只因同用一个虎字；提篮小贩信奉蓝采和，除"篮""蓝"同音外，蓝采和穿蓝衣、系黑带、持拍板、一足踏靴、踏歌浪游的形象无异于流动小贩。

近代随着行会制度的衰落，行神崇拜的观念也日趋减退，行神的神秘性受到蔑视，商业行会为进行同行业间的自由竞争，首先宣布不再崇拜祖师。行神与行神崇拜最终成了中国风俗史的一个遗迹。尽管行业神的由来有多种原因，但其中之一包含着祈求行业平安和发展。

3.5.6.4 为什么旧时要给孩子佩戴长命锁

在中国，不少人家在孩子出世以后，要给孩子佩戴一个锁片，俗称长命锁。逢孩子满百日或周岁，在收到的贺礼中，也少不了这种锁片。这是长期流行于汉族地区的一种习俗，用来祈求祝福孩子健康长大。

给孩子佩戴长命锁的习俗，是从古代系长命索的风俗演化而来。长命索又称长命缕、续命缕、百索等，始于汉代。最初人们只是通常在端阳时将这种长命索系于手臂上，以祈求长命、消灾。《荆楚岁时记》中载："五月五日，以五彩丝系臂，名长命缕。"《事物纪原》引《风土记》又说："荆楚人端午日以五彩丝系臂，辟兵鬼气，一名长命缕，今百索是也。"

后来，又开始出现了婴儿周岁时，将长命索挂于其颈项的风俗了。《留青日札》中说："小儿周岁，顶带五色彩丝绳，名曰百索。"这种百索通常以红、黄、蓝、白、黑五色丝线编织而成，这五色代表东、西、南、北、中五方。古人认为这种长命索可以避邪驱瘟，挂在儿童颈项，可以使儿童祛除百病、顺利成长。再到后来，就由这种长命索进一步演化成长命锁，认为儿童挂了这种长命锁，就能"锁"住生命、健康成长。这种长命锁除了做成锁状外，有的还做成如意状，中间多凿刻"长命富贵""长命百岁"等吉语。有的地方还流行给孩子带百家锁的习俗，称之为"化百家锁"。其方法如同僧侣化缘一样，由孩子的家长挨家挨户去索要铜钱，然后用这些从百家凑来的钱去给孩子打一个锁片。

给孩子佩戴长命锁、百家锁，虽然主要目的在于为孩子祈福祛灾，但这毕竟是一种迷信的俗术。

3.5.6.5 为什么旧时要给孩子穿"百家衣"、吃"百家饭"

旧时，在民间有一种风俗，就是在孩子出世以后，不少家庭要给孩子穿"百家衣"、吃"百家饭"。这种习俗多流行于汉族地区。

所谓穿"百家衣"，即在婴儿诞生后，孩子的亲友向四邻逐户讨要各色碎布块，缝制成衣，称为"百家衣"。按迷信说法，孩子穿了这种"百家衣"，能消病祛灾，顺利成长。

所谓吃"百家饭"，就是在孩子出世以后，家人用红布缝制一个大口袋，由父母或者至亲，持袋向四邻乡亲挨家挨户讨米粮，做成百家饭，这样就可以让孩子像乞儿一样容易长大，其用意同穿"百家衣"一样。与此类似的有"兜百家米"和"吃百家米"的习俗。"兜百家米"旧时主要流行于江浙一带。民间如果遇到小孩体弱多病，怕难养育，其父母要选取吉日，到娘娘庙烧香礼拜，许下讨饭愿。然后向左邻右舍各家兜米，每乞一家就用红头绳打个结。兜来米后煮给小孩吃，吃了可以祛除病痛，也含有贱而易养的意思。"吃百家米"习俗流行于广西东南部。这里的百家米，系指乞丐所讨得的米。人们给乞丐施舍时，往往从其米袋中抓回一把米珍藏起来，等到家中有孩子生病时，煮粥给孩子喝。民间称之为"功德米"，即行善事的米，意为借众人的功德，可以祛病免灾。

在民间，这种以给孩子穿"百家衣"、吃"百家饭"为孩子祈求保佑的迷信习俗还有多种表现形式，如旧时流行"穿虎头鞋"，这种虎头鞋以黄布精心制作而成，鞋头绣一虎头，虎额绣一"王"字。俗信认为小孩穿上这种虎头鞋可以为其壮胆、避邪，同时也含有祝福孩子长命百岁之意。

以上这些习俗，都有企盼孩子日后顺利、健康成长的美好愿望。从根本上讲，这是人们在医药水平不发达的情况下，在自然面前没有力量的表现，总认为人的吉凶祸福是冥冥之中被神秘力量所支配，也反映了人们追求健康长寿的美好愿望。

3.5.6.6 为什么许多人迷信占卜

"占"，观察之意；"卜"是以火灼龟壳，根据其出现的裂纹形状，预测祸福吉凶。这种古老的迷信方式，代代相传，逐渐成为一种专门的"学问"。宋代邵雍著有《梅花神数》，人称奇书。清代胡煦撰有《卜法详考》，整整四卷。民国以来"奇门遁甲""麻衣神相""六壬文王课"等书更是充斥市场。而以"张铁嘴""小神仙""赛诸葛"为名的测字先生、算命瞎子、卜卦真人简直多如牛毛。他们凭借三寸不烂之舌，把臭的说成香的，把死的说成活的，吹得天花乱坠，使人信以为真，让人把钱乖乖送到这些占卜人的手中。

占卜所用的手法，不外乎"兆"与"数"两大类。兆，北方称"征候"，南方叫"兆头"。民间认为人的凶吉祸福皆有预兆。解放前南京的夫子庙、上海的城隍庙、苏州的观前街等地，游人会突然被看相、测字的拦住，说其脸上某部分出现了大祸临头的征兆。被说者心惊肉跳，占卜的人立即摆出一副善指迷津的架势，让其看相或测字，然后套出被占卜者的心理反应，骗取钱财。

"数"是一种"数术"，也称算卦。自古代创造了八卦之后，一些数术家即利用它占卜。

上述迷信也都是利用人们希望趋吉避凶、追求人生吉祥如意的心理。

3.5.6.7　为什么古人信奉"生辰八字"

推算"生辰八字"，是中国古代算命者用来推算人生祸福吉凶的习俗方法。人的出生年、月、日、时相对应的干支，古人称作"四柱"。"四柱"的天干地支共八个字，每项两字，依次排列。如"甲子"（年）、"乙丑"（月）、"丙寅"（日）、"丁卯"（时），这就是所谓的"八字"。然后找出其所属五行（水、金、火、木、土），再判断其相生相克的关系，即木生火、火生土、土生金、金生水、水生木，水克火、火克金、金克木、木克土、土克水，再根据八字所属的相生相克来推断其祸福寿夭、嫁娶姻缘。

古人既然认为生辰决定了人的终身命运，那么在趋福避祸、卜求寿夭、判断嫁娶时都要推算"生辰八字"。清代杰出的古典小说《红楼梦》的第九十六回，记载了推算生辰八字以决定婚娶的过程。卜者通过对贾宝玉、林黛玉、薛宝钗生辰八字的推算，认为贾宝玉只有与薛宝钗结婚方合"八字"命定。因为宝玉生于庚子年，属鼠，水命；黛玉生于辛丑年，属牛，土命；而宝钗则生于丁酉年，属鸡，金命。金生水，故宝玉病了，算命的人便说是要娶金命的人冲喜。至于黛玉，则因为她的土命要克宝玉的水命，所以是娶不得的。这种"批八字"，不知拆散了天下多少有情人。

"生辰八字"的推算，其理论基础是星占学和阴阳五行说，这两种学说都形成于汉代，因此，算命起源于汉代。东汉王充的著作《论衡》中关于星占学和十二生肖的论述，反映了它的雏形。到了清代，按"生辰八字"算命更为盛行，并出现了许多算命方面的顺口语，如"白马畏青牛""猪猴不到头""龙虎两相斗""红蛇白猴满堂红，福寿双全多康宁""青兔黄狗古来有，万贯家财足北斗"等。可见当时按生辰八字算命的风气之盛。

民间信奉"生辰八字"的习俗，必须从"八字"本身来加以分析。首先，"八字"能预测未来结果如何；其次，"八字"能判断事物产生后果的前因是什么。这两方面的共同目的都是趋吉避凶，以迎合或满足问"八字"者向往幸福、追求人生吉祥如意的心理。在人们无力支配自己命运时，职业算命者便得以乘隙而入，从而左右着人们的精神生活。

3.5.6.8　为什么称箸为筷

据古文献记载，早在3000多年前的中国古代殷商时期就已开始使用筷子，可谓历史悠久。那时人们把筷子称为"箸"或"夹"，中国东部江南一带的人认为"箸"和"住"的发音是一样的，在江边行船的人很忌讳"停住"（有行船不安全的意思），就取反义叫"箸"为"快"，希望船顺风顺水。到公元 10 世纪的宋朝，人们又在"快"上加了"竹"头，因为筷子大都是用竹子做成的。

3.5.6.9 为什么会有这么多安全禁忌

据考证，禁忌（Taboo），原为南太平洋波利尼西亚汤加岛的土语，其意有二：一是"崇高的""神圣的""不可侵犯的"；二是"危险的""被禁止的""不可接触的"。汉语意译为禁忌。根据禁忌的第二点含义，显而易见，禁忌本身就具有丰富的安全文化色彩，它是"危险的"，是"被禁止的"和"不可接触的"，唯有人们相信并遵守它，才可保障人们生活与生产安全。基于此，不妨把被人们认为是危险的禁忌定义为安全禁忌，这类似于现在人们所讲的"安全注意事项"与"安全禁令"等。其实，经仔细考究，禁忌中的安全禁忌颇多，如前述提及的"旧时矿工忌讳老鼠搬家"等，更多的安全禁忌将在本节末进行具体列举。

安全禁忌从何而来？首先，我们先考究一下"禁忌是怎么形成的"。关于这一问题，有各种各样的解释：有人认为它是一种超自然的力量，因附着于某个人或物的身上，便形成了禁忌；弗洛伊德则从分析心理学的角度进行研究，认为它是对人的欲望的一种抑制；有些学者则认为禁忌是一种仪式，是一种社会规定的仪式，因此，谁也不能违犯；还有些学者则认为禁忌是一种生活教训的总结。不管怎么说，禁忌是现实生活与生产中的一种客观存在，它在我们传统社会中有着广泛的影响和作用，是一种常常对生活与生产进行规范的习俗内容。

我们应基于安全科学视角与心理学视角解释"安全禁忌的形成"。具体缘由大体主要有三：①安全禁忌是一种事故教训（或安全经验）的总结。事故教训（或安全经验）是人们从事故或"实现安全的过程或经历"中取得的认识，这种认识的过程是一种简单的因果关系的推导过程（需指出的是，由于早期人类的"愚昧"和科学的不发达，这种推导有时是正确的，但有时往往会造成偏差），从而形成人们对某种"偶然不安全因素"或"偶然安全经历"的共同的误解，从这种"共同的误解"中得出来的"事故教训"（或安全经验），是形成安全禁忌的一个重要缘由。②因人们对危险性较高的生活与生产作业往往存在心理安全恐惧，人们为解脱这种心理安全恐惧，常借以图腾信仰、祖灵崇拜与其他带有迷信色彩的方式来祈求安全，以此来增加自己的心理安全感。③源于一些与人们生活和生产安全相关的语言文字禁忌，如文字"四""十""洗"等与"死"谐音，人们认为讲上述文字不吉利，故形成了一些安全禁忌。其中，源于后两种缘由的安全禁忌，绝大多数均具有浓厚迷信色彩，基本无科学依据，应摒弃。

此外，从安全科学视角来看，安全禁忌有两大特征，一是危险的特征，表示所有的安全禁忌都是危险的，不可违反，若违反了安全禁忌，将招致惨重或可怕的事故与灾难；二是惩罚的特征，表示所有违反安全禁忌的人，都将受到人或神的安全惩罚，除非进行某种禳解，如渔民或司机相信吃鱼时翻身，将导致捕鱼时翻船。

由此，显而易见，安全禁忌至少具有三大功能：①自我保安功能，即安全禁忌具有防止出现不安全行为的作用，因此，安全禁忌是具有防范性的，主要是为了避免出现错误以致事故；②增加心理安全感的功能，即人们为摆脱对某种危险性较高的生活与生产作业的安全恐惧以增加自己的心理安全感，相信遵守安全禁忌（包括迷信成分居多的安全禁忌）就可以保障人们的生活与生产安全，换言之，人们认为只要遵守安全禁忌，就完全能够保障安全；③整合与规范功能，即人们能够通过安全禁忌的相互沟通和共同遵守，达到人们行为的规范和统一，使组织处于有机的运行状态。

综上所述可知，尽管一些安全禁忌所含迷信成分居多（这与当时人们的认知水平与科学发达程度密切相关），但安全禁忌均可表明"祈求安全"与"趋利避害"是人们历来的追求，且诸多安全禁忌在人们生产与生活中均具有安全经验性作用，可视为是民众安全文化的积累结果和表现方式。因此，对于无科学依据、迷信成分较多且无实质保安价值的安全禁忌应筛选摒弃，培养民众形成科学的安全观念与保安方式，但对于经事故教训（或安全经验）得出的安全禁忌，若具有充分的科学依据和显著的保安作用，应继承并发扬光大，这是宝贵而优秀的传统安全文化。

此外，由安全禁忌的功能可知，安全禁忌对纠正不正确的安全观念、规范不安全行为与塑造安全习惯等会有显著作用。因此，有鉴于此，我们应把安全禁忌（如现在人们总结的"电工安全禁忌""安全生产十二禁忌""安全行车九大禁忌""电工安全操作禁忌"等）融入安全管理工作与安全文化建设，这无疑对提升安全管理与安全文化效用具有重要价值与意义，也有助于建设符合中国传统文化背景的安全文化。

在此，列举 8 种典型的中国传统文化背景下的安全禁忌，具体如下（因对现在一般人而言，一些缺乏科学依据，具有浓厚的迷信色彩的安全禁忌是显而易见的，故笔者不再特别指出，仅对一些具有一定保安价值的安全禁忌进行扼要解释）。

（1）在中国贵州，与矿工交谈时，一般将"煤"称为"黑金"，因为"煤"有"霉"谐音，煤矿开采的危险性又很高，有"倒霉"之意，而以"黑金"代替，以祈求矿工平安。

（2）在中国黑龙江的一些矿中，认为"井"字不吉利，习惯称自己的矿为"坑"。无论哪个矿都可以找到一坑、二坑、三坑……但大多没有"十坑"，因为"十坑"与"死"谐音（"四"也与"死"谐音），正如欧洲人避开"十三"一样，矿工都躲开"十"数，以求平安吉利。

（3）旧时矿工无论在井上还是井下，说话有不少忌讳，禁止说"冒顶""砸""倒"等犯忌的话，如甘肃武威一带的挖煤工，都忌说"砸"，凡用"砸"处都以"碾"代替。

（4）旧时矿工在家中如发生家庭纠纷、邻居吵架，特别是听了别人的咒骂后，翌日即停止下井。夜间做噩梦也认为是凶兆，第二天就避免进坑。这种传统的习俗，有迷信色彩，但也不完全属于迷信，心绪不宁、精神沮丧，是很容易出工伤事故的。

（5）在中国广东和闽南等海边地区，人们在酒席上，一条全鱼朝上的一面被剥尽要翻鱼的另一面吃时，把"鱼翻过来"说成把"鱼顺过来"，因为说"翻"字时总会联想到翻车、翻船。

（6）打石匠工作时不准开头说话，否则可能导致工伤事故；忌女人到采石的洞口或洞中，认为女人去了会惹山神发怒；青田石匠忌说"洞"，进矿洞叫"进财"；也不说回家，叫"拔草鞋"；忌说"洗"，因方言中"洗"与"死"同音，所以，连碗也不洗，只用布擦干净。显然，后两者具有显著的迷信色彩，而前两者具有一定的科学道理，"说话分神，心不在焉"容易导致工伤事故，且"女人到采石的洞口或洞中"也是非常危险的。

（7）烧窑匠的禁忌也颇多，建窑要择吉日，开工要祭窑神，建窑时不许儿童、孕妇到窑地，也不许挑粪桶的人从窑前经过，以防触犯窑神，导致事故。这些安全禁忌带有一些迷信色彩，但"不许儿童、孕妇到窑地"还是可以理解的，因为窑地较危险，应尽可能避免他们出现于此。

（8）由于民间相信食物有各种相互对应的性质，并且认为这些性质不同的食物可以相互作用而产生出新的性质来，即毒性，于是为保障饮食安全健康，就又产生了许多饮食安全禁忌。例如：鱼肉禁忌与荆芥同食，食之必亡，谓之"鲤鱼犯荆花"；鱼子与猪肝禁忌同食，食之必亡；葱与蜜禁忌同食，食之必亡，谓之"甜砒霜"；花生与黄瓜禁忌同食，因其物性相反，故以为食之断肠、亡命；等等。总之，这类饮食安全禁忌是很多的，也许有些是欠科学的，甚至多数是荒谬的，还需进行科学考证，但它们曾在民间广为流传，就算今天，民间仍有人笃信不疑，并且相互传递，这是民间习俗的顽固性和魅力所致，同时这也说明了中国当前安全科普还不到位的问题。

3.5.6.10 旧时狩猎的安全习俗

过去人们认为，狩猎应是一种勇敢者的生产方式，在捕猎虎、熊、豹、野猪等凶猛的动物的过程中充满了危险，体力和技艺差的都可能给自身的生命带来危险。由于狩猎极其危险，大都需要集体进行，所以在长期的生产过程中，中国各地各民族的民众创造了各种各样狩猎的方式方法以及技能，同时也形成了许多适宜于各地民众的狩猎安全习俗，颇具狩猎保安作用。在此，列举两例典型的狩猎安全习俗。

（1）东北人认为，猎熊应在冬季黑熊进入冬眠之后，这已基本成为过去东北人的猎熊习俗。黑熊进入冬眠俗称蹲仓，即进入枯树洞中过冬。人们把从树洞中猎取熊叫掏仓或刷仓。首先由一人到树洞边去叫仓，人们用大斧猛击树干震醒睡熊，待其出洞给予射杀。当然人们也有采用设陷阱夹子等方法捕捉的。

（2）南方捕猎各种动物，大都是猎狗先行，然后或个人或集体捕杀，这是南方人捕猎的习俗。南方人狩猎，集体进行并公推负责人，一切都由集体讨论决定，而且人们常常分工合作，负责搜山的叫赶山组，传达消息的叫报号组，负责打伏击的叫猎手组。这种集体讨论、集体行动与分工合作的狩猎习俗无疑大大提高了人们狩猎的安全性。

3.5.6.11 旧时渔民的安全习俗

海上捕鱼作业危险性很大，天气变化无常。渔民为保障"捕鱼"安全，以捕鱼为生的渔民千百年来不仅形成了自己独特的生产方式，同时也形成了许多独特的生产安全习俗。渔民的各种生产安全习俗的形成，绝大多数都是基于现实"保安"功用目的和安全信仰等因素。其中有些是安全经验的总结，有些是科学缺乏的结果，迷信成分居多。随着现代渔业生产技术的进步，许多旧的渔业生产安全习俗正在消除，科学的渔业生产安全观念正在形成。在此，列举以下5例中国渔民传统的渔业生产安全习俗。

（1）为保障安全，捕鱼前要占验天气，尤其是出海捕鱼，就显得更为重要。像福建的漳州等地，渔民出海前就要占天（看风雨）、占云（看阴晴）、占风（看潮汛、飓风）、占日（看晴风）、占雾（看雾雷）等。在浙江的舟山渔民中，这种安全习俗极其系统和规范，出海前要举行海祭，渔民在每条船上祭告神祇，烧化疏牒，称行文书。供祭之后，把一杯酒和少许碎肉抛入海中，这叫酬游魂，以祈祷渔船出海顺风顺水，一路平安。习俗禁忌在这一天吵嘴和讲不吉利的话，否则要受处罚。舟山渔民的大船上都供奉关菩萨，小船上则供奉圣姑娘娘。关菩萨传说是三国时的关云长，圣姑娘娘则是宋朝的寇承女。关菩萨老爷旁还供有两个木头神像，一个叫顺风耳，一个叫千里眼。供奉这些神灵的主要原因是海上捕鱼作业危险性大，天气变化无常，人们无法保障自己的安全，便将安全交托给了神灵。

（2）渔民为保证出海平安，嵊泗一带在七月半还举行隆重的祭海神仪式，用三牲（猪、鸭、鱼）和香烛、锡箔在海边礁岩上供祭海神爷，还要请道士念经打醮，规模很大。传说海神爷是古时候的一位斩海蛇的安知县，祭海神爷是祈求他斩尽海蛇，使渔民出海打鱼平安无事。

（3）东海渔民对遇险之船或人都是全力救助的，但对死人，若遇朝天女尸或伏身男尸则不能捞，要等海浪将尸体冲翻过来之后才能捞。捞尸时用镶边篷布蒙住船眼睛以避邪气。捞上的尸体忌直言，而说是捞了个元宝。对无主尸体则集中安葬。据说海盐渔民有不救落水之人的禁忌，主要是人们相信有讨替身之说。如果你救了他，那么下一个就该是你倒霉了。

（4）民间渔民禁忌和"翻"有关的所有东西，吃鱼时是绝对不能翻身的，否则将预示着翻船。

（5）苍南等地则有渔民出海时点长明灯的习俗。据说长明灯象征着出海者的灵魂，因此家人绝不会让长明灯在出海者回来之前熄灭，否则是出事故的征兆。

3.5.6.12　过年的安全民俗

对于每个中国人而言，春节（又称为过年）绝对是一年当中最隆重、最热闹的一个传统节日。"除夕"算是春节的开始，根据《吕氏春秋》记载，古人在新年的前一天，击鼓驱逐"疫病之鬼"，这就是除夕的由来，它源于先秦时期的"逐除"。关于"除夕"，还有一个传说故事。传说远古时有个凶恶的妖怪叫"夕"，经常危害百姓，百姓无法，只好求助于"灶王爷"。但是，"灶王爷"也拿"夕"没办法，便到天宫请神仙，天宫派了一个叫"年"的少年神仙，在腊月三十这天晚上下凡去除掉"夕"，从此，人们便把这天晚上叫作"除夕"，并点燃竹子使其发出爆裂声（现在人们改为燃放鞭炮），以示纪念，并有驱逐妖魔"夕"的作用。由此可见，关于"除夕"的来源及其传说故事就充满了安全文化色彩。

此外，春节期间，中国人为驱灾避邪，许多地方都还有着自己独特的一些安全民俗，在此收集整理了以下 7 例。

（1）腊月二十三，在台湾忌春米，据说会有把风神捣下来之虞，恐怕给来年带来风灾。

（2）腊月二十八打糕蒸馍贴花。古人以桃木为辟邪之木，后被红纸代替。

（3）正月初一金鸡报晓。晚辈给长辈拜年，长辈给晚辈压岁钱，压住邪祟；我国许多地方在这一天忌动刀杖和斧剪，否则会有凶事发生。

（4）正月初四做大岁。在中国莆田，除夕大年三十叫做岁，而初四叫做大岁。当地人的风俗是大年初四重新围炉过大年，这是全国唯一、独特的地方风俗，寄托了广大劳动人民去邪、避灾、祈福的美好愿望。

（5）正月初四绑火神。中国北方有些农村有绑火神的风俗，用玉米梗或麦梗绑在棍子上，点燃后从自己家出发送到河里去，代表一年家里无火灾。

（6）正月初五破五。我国黑龙江在初五这天有吃饺子的风俗，也称"破五"，就是把饺子咬破，寓意将不吉利的事都破坏，有驱灾辟邪之意。

（7）正月十四是临水娘娘的诞辰，临水娘娘又称"顺天圣母"，是拯救难产妇女的神仙。

3.5.6.13　其他安全民俗

人类对红色的崇尚，在山顶洞人时期即已普遍存在，当时以红矿石粉来打扮自己，据说还用以驱逐敌人和野兽，以保生命安全与居住安全。

中国河南平顶山一带地处中原地带，当地的居民通常会在自家门口放置一个稻草人，防止野生动物的袭击。

江苏无锡童谣"冬腊月，天气干燥，小心火烛，脚炉别放被头里，前门栓栓，后门撑撑，水缸满满，灶膛清清。"这反映了民间的防火守则。

在游牧民族，蒙古靴是常用的生活用品，有皮靴和布靴之分。骑马时可以保护足踝，如果发生坠马时，靴子能自然脱落，以保障人身安全。

端午节，许多地方都有插艾草、烧艾草、吃艾草煮的鸡蛋等习惯，艾草有杀菌消毒之效。

3.5.6.14 安全民俗神话传说故事

民俗神话传说故事被认为是人类核心文化的源头，为人类文化创新提供了不竭的智本资源，正如亚里士多德所言："爱好智慧的人，亦是爱好神话的人。"此外，民俗神话传说故事也被认为是浪漫主义叙述文学的源头，为后世文学奠定了基础，正如马克思所说："希腊神话不只是希腊艺术的武库，而且是它的土壤。"其实，人类历来就面临诸多生存与生活等的安全威胁，故很早就产生了诸多安全民俗神话传说故事，如"诺亚方舟"的神话故事、"女娲补天"的神话故事、古希腊神话传说之"普罗米修斯之火"与"大禹治水"的神话传说故事等，它们可谓是人类安全文化之滥觞。

在中国文化中，安全文化最早可追溯至《淮南子·览冥训》中"女娲补天"的神话传说故事，"天柱折"导致"四极废，九州裂。天不兼覆，地不周载"时，便有"女娲炼五色石以补苍天。断鳌足以立四极，杀黑龙以济冀州，积芦灰以止淫水。"（引自《淮南子·览冥训》）女娲重整宇宙，保障了人类的生存安全，解救了人类，表现了民族精神中不倦的创造伟力。

中国民俗神话传说故事以其广博精深的意蕴，生动活泼的表现力，成为了中国传统文化的重要源头之一。中国李泽厚教授曾指出："中国远古传说中的'神'、'神人'或'英雄'，大抵都是'人首蛇身'。"正是这些"以蛇图腾为主的远古华夏氏族、部落不断战胜、融合其他氏族部落，即蛇图腾不断合并其他图腾并逐渐演变为'龙'"，可见中国民俗神话传说故事是我们中华民族核心文化的源头。而据徐德蜀与邱成考证，龙在一般意义上，是吉祥与全能的象征，蛇反映了古人祈求长寿的心愿，龙与蛇在中国文化含义中实则是一种生命符号和安全（包括健康）符号，龙蛇崇拜中体现了人们的安全寄托。由此可见，中国安全民俗神话传说故事也是中国传统安全文化的起源。同时，由此印证，安全文化是人类最古老的一种元文化，与人类其他文化同时产生，甚至早于人类其他文化。

中国先民在与自然灾害、事故灾难顽强拼搏中，积累了大量的安全经验和安全斗争技能，这些成功的安全历练成为中国安全神话传说的重要素材，不仅大大丰富了安全神话传说的内容，而且这些内容成为后人了解先民安全发展历史过程的重要印记。远古自然条件恶劣，人们常常遇到各种各样的自然灾害与灾难，如洪水和猛兽等，时刻对人类生存造成巨大的安全威胁。他们无法解释大自然的奥秘，只能对曾经有过的惨烈灾害与灾难加以描述，提醒人们对自然灾害与灾难保持戒惧的态度；往往将自身属性不自觉地移到自然之上，形成以己观物、以己感物的思维特征；他们无力战胜困难，便想象出无所不能的神或英雄，寄托自己征服和改造自然的愿望，如前述提及的"龙蛇崇拜中的安全寄托"与"女娲补天"的安全神话传说故事。

生存环境的高危险性，未能吞噬中国先民保障安全生存的意志，反而激发了中国先民不屈的奋斗精神，这种奋斗精神本身就意味着对于他们生存中所存在的安全威胁的抗争，由此而孕育出一大批反抗生存安全威胁的神话传说英雄。《山海经·海内经》载：洪水滔天。鲧窃帝之息壤以堙洪水，不待帝命。帝令祝融杀鲧于羽郊。鲧复生禹，帝乃命禹卒布土以定九州。鲧为了人类冒死窃取天帝的息壤，至死也要生子来完成解救人间水患的遗愿。这不禁打动了天帝，更令百代生灵为之动容！

对于进入农业初期社会的民族来讲，治理水灾是一件头等重要的大事。禹是历史真实人物，他发明创造了疏导治水的方法，而且历尽千辛万苦，"八年于外，三过其门而不入"，精神不朽，业绩辉煌，值得永远牢记。对他的安全神话传说，不仅表达了对英雄的崇拜，使后世子孙永远缅怀，同时也是为了记住他战胜灾害与灾难的成功经验。于是在传说的过程中，他的故事也逐渐神话化了。《淮南子》就叙述了有关禹的一段神奇的家庭故事：禹治洪水，通轘辕山，化为熊。谓涂山氏曰："欲饷，闻鼓声乃来。"禹跳石，误中鼓，涂山氏往，见禹方作熊，惭而去，至嵩高山下，方生启。禹曰："归我子！"石破北方而启生。这则安全神话传说显然是进入奴隶社会后的产物，具有较高的叙述技巧，有人物，有言行描写，还有细节，情节曲折完整，俨然具备了后世小说的基本要素，可谓小说之滥觞。

中国哲学教授李泽厚曾讲过一句话，即"一个民族，如果失掉了神话，不论在哪里，即使在文明社会中，也总是一场道德灾难！"同样告诉大家："一个民族，更不能失掉安全神话，因为它作为安全文化之滥觞，是我们先民与生存安全威胁斗争的片片印记，是我们传承优秀传统安全文化的根基，值得我们每个人慢慢去体会和品味！"

3.5.6.15 纪念事故：一种典型的"向事故学习"型安全文化[39]

举行纪念与祭奠活动或仪式是中西方文化中历来共有的习俗，各种各样的纪念日与祭日可谓是数不胜数，可以说它们是人类传统文化保留与延续最完整的一部分。至于它们的意义与作用，无外乎是表达人们对人或物的一种留恋、怀念或情绪，或是对逝者的一种悼念。

对于事故伤害，谁也不想看到，但已经发生了的事故伤害是无法消弭的，我们能做的就是尽量减少事故伤害的发生，尤其要减少人为事故伤害的发生。为了"让人们永远记住事故伤害""提醒后人增强安全意识""让人们反思事故教训，预防类似事故再次发生""事故灾难不被历史遗忘""悼念事故遇难者，减轻事故受害者的心理创伤"，人们将传统文化中的纪念与祭奠习俗融入其中，也开展重大事故的纪念活动，并由此形成了诸多具有重大安全文化价值的事故纪念日，也有部分事故纪念物，如事故纪念馆、纪念园、纪念碑等。需指出的是，中国学者与民众多将"事故纪念"称为"事故祭奠"，但将其称为"纪念事故"更为科学、准确。因为"纪念"的含义可囊括"祭奠"之意，也可涵盖人们进行事故纪念的全部意图和意义。

由以上分析可知，除了具有悼念事故遇难者的功用，纪念事故的更深层意义和价值在于提醒人们不断反思事故教训，不断提高安全意识，进而预防和减少事故发生。因此，显而易见，它实则是一种典型的"向事故学习型"安全文化。与其他文化类型相比，"向事故学习型"安全文化应是安全文化的一大特色，也是其他文化所不能获得的一种"文化资源"。

其实，若深究"安全文化"作为学术概念被首次正式提出的时间与缘由，就必须要提及于 1986 年 4 月 26 日发生在乌克兰的切尔诺贝利核事故（乌克兰语 Чорнобильська катастрофа，或简称"切尔诺贝利事件"）。这是因为在 1986 年，国际原子能机构（IAEA）的国际核安全咨询组（INSAG）在分析与反思切尔诺贝利核事故原因和教训的基础上，正式提出"安全文化"这一概念。因此，显而易见，切尔诺贝利核事故是提出"安全文化"这一学术概念的直接触发缘由，而"安全文化"这一学术概念的提出与重视也算是对切尔诺贝利核事故的纪念和反思，正如本节开篇笔者所言："其实，安全文化的提出、研究与建设，本身就是一种事故纪念活动，是对'切尔诺贝利核事故'的最好纪念和反思！"

切尔诺贝利核事故被称作是历史上最严重的核电事故，是首例按国际核事件分级表被评为第七级事件的特大事故（目前为止第二例为 2011 年 3 月 11 日发生于日本福岛县的福岛第一核电站事故），是近代历史中代价最"昂贵"的灾难事件〔总共经济损失约两千亿美元，切尔诺贝利城也因此被废弃。此外，英国电视制作人丹尼·库克（Danny Cooke）曾用无人机航拍乌克兰切尔诺贝利核事故遗址，镜头中荒废的切尔诺贝利静谧如鬼城〕。对于这次极为惨烈的事故，无论是乌克兰政府与民众，还是世界其他国家的政府与民众，尤其是核工业领域，每年 4 月 26 日均会举行活动以纪念此次事故，它可视为真正意义上的事故纪念文化之滥觞。

按理讲，唯有不断深刻反思与吸取事故教训，才可更好地做好事故预防与控制。其实，世界上各国、各地区、各民族都有进行事故反思与纪念的意识和习俗。就中国而言，也是非常注重进行事故反思与纪念的，如于 2008 年 9 月建成的"唐山地震遗址纪念公园"，现已成为唐山市乃至全国最为重要的灾难主题纪念性人文景观之一；"五九事故"纪念馆的建成，以纪念 1960 年 5 月 9 日在大同矿务局发生的煤尘大爆炸事故；2015 年举行的"天津爆炸头七之祭"活动等。由此可见，中国也历来重视纪念事故，特别是随着人们安全素质的不断提升，这种事故反思意识与纪念意识也在进一步增强。

在此，按事故发生时间或纪念日成立时间的先后顺序，列举 6 个世界上具有代表性的人们纪念事故的例子。具体如下。

（1）矿山事故纪念。1960 年 5 月 9 日，中外采矿史上最悲惨的煤尘大爆炸在中国最大的煤炭生产基地——大同矿务局发生了。事故死亡 677 人，连同被救出的 228 人中又死亡的 5 人，共死亡 682 人。矿难发生时，正值轰轰烈烈的"大跃进"时期，由于受极"左"路线的影响，这起世界采煤史上最悲惨的矿难事故在当时并没有公之于众，而是被列为"绝密"保存在档案库中。在尘封了 30 年后的 1998 年，"五九"事故才首次向国内外公开，并于后期建成了"五九事故"纪念馆，以告诫人们"前事不忘后事之师，要把安全放在首位！"因纪念馆是国家级安全教育基地，规划紧紧围绕"科学发展、安全发展"的安全主题，把安全警示教育融入到景观建设中，进一步完善和强化了纪念馆的功能性与教育性意义。

（2）航空事故纪念。1985 年 8 月 12 日，日航一架"超级巨无霸"客机在从东京飞往大阪的途中坠落，造成 520 人遇难，这在当时是世界上单机死亡人数最多的空难事故。至此，日本政府与民众（特别是航空业领域），每年 8 月 12 日都会在事故现场御巢鹰尾根山脊（群马县上野村）的"慰灵园"举行客机坠落事故周年纪念仪式。在 2011 年举行日本航空公司客机坠落事故 26 周年出席仪式上，日航董事长稻盛和夫表示："这是我第二次出席，但依然心如刀绞。作为航空运输业者，我们将以安全第一作为经营宗旨，不使事故再次发生。"

（3）铁路事故纪念。在经历了 1998 年的高铁惨案后，德国政府和民众都支持建造一个纪念馆来"反思事故"，因此在埃舍德镇灾难现场修建了一座主题为"在天堂的路上"的高铁事故纪念园。在当年失事倒塌的桥梁处重新修建的高架桥旁的一扇水泥门的侧面刻着这样的文字："1998 年 6 月 3 日，10 时 58 分，ICE884 伦琴号在这里发生严重的出轨事故，101人在此次事故中遇难，他们的家庭被彻底破坏，更有数以百计的人严重受伤，这些伤痕将伴随他们一生。在这场灾难面前，我们看到了人类的渺小和短暂，还有我们的不足。那些舍己救人的救护人员、当地的市民们为我们作出榜样，他们完成了巨大的任务，也给予他人莫大的帮助和安慰。通过他们的行动，我们也在埃舍德看到了团结一心和人与人之间的真切情感。"从水泥门另一头往下看，是 101 棵樱桃树，据介绍，101 棵樱桃树代表着 101 个逝去的生命。这就是著名的"高铁事故与樱桃树的故事"——"栽樱桃树缅怀逝者，立纪念碑予以反思"，并将未受损车厢做成了宝贵的"安全教育教材"。

（4）安全生产与健康纪念。2001 年，国际劳工组织（ILO）正式将 4 月 28 日定为"世界安全生产与健康日"，并作为联合国官方纪念日。确立"世界安全生产与健康日"的想法起源于工人纪念日（Workers Memorial Day）。纪念日于 1989 年首次由美国和加拿大工人发起，以便在每年的 4 月 28 日纪念死亡和受伤的工人。国际自由工会联合会和全球工会联盟将它发展成一种全球性活动，并将其范围扩展到每一个工作场所。国际死亡和伤残工人纪念日已在世界上 100 多个国家获得承认。历年的主题多涉及安全文化，例如："让安全和健康文化全球化"（2003 年）；"创建并持续推行安全文化"（2004 年）；"参与建设保障职业安全与健康的预防文化"（2015 年）。

（5）交通事故纪念。2005 年 10 月 26 日，联合国大会邀请会员国和国际社会确认每年 11 月第三个星期日为"世界道路事故遇难者受害纪念日"，以适当体恤道路交通碰撞事故受害者及其家属，更重要的希望公共都能明白在"安全出行，平安回家"背后，承载着怎样的希望与祈盼，从而提高交通参与者的安全意识。

（6）地震灾难纪念。2008 年 5 月 12 日，四川汶川发生里氏 8.0 级特大地震。这场新中国成立以来破坏性最强的大地震仅四川全省就有 68712 人遇难、17912 人失踪。这场大地震给全国人民带来了巨大的心理压力和难以愈合的心灵创伤，堪称国家和民族史上的重大灾难。2008 年 6 月，山西省太原市有政协委员提议，为表达对灾害遇难者的追思，增强全民忧患意识，提高防灾减灾能力，有必要设立"防灾减灾日"或"中国赈灾日"，借此表达对地震遇难者的纪念。经国务院批准，自 2009 年起，每年 5 月 12 日为"全国防灾减灾日"。

此外，还有诸多纪念事故的活动，例如：美国得克萨斯城建成纪念公园，以纪念 1947 年 4 月 16 日发生于美国得克萨斯城被认为是美国历史上最严重的工业爆炸事故（导致大约 600 人丧生，3500 多人受伤）；美国新泽西州的"9·11"纪念碑；美国宾夕法尼亚州三哩岛（TMI）核电站事故纪念日（3 月 28 日）；中国温州鹿城区制作的"7·23"甬温线特别重大铁路交通事故纪念章；以及网上构建的各类事故的"虚拟纪念馆"和每逢事故周年日人们自发举行的各类事故纪念活动；等等。其实，"安全教育日"和"安全生产月"也有与事故纪念活动类似的意义与功用。

显然，我们应重视并习惯于去纪念事故或铭记事故教训。纪念事故是为了缅怀故人，更重要的是警示生者珍爱生命，注意安全，善于反思和吸取事故教训。让在纪念事故中反思和吸取事故教训成为我们的一种安全习惯和安全文化吧！

3.5.7　世界近现代职业安全文化拾萃[40]

本节通过梳理和列举世界上一些典型国家（包括中国、美国、德国、英国和日本 5 个国家）在 1990～1999 年的职业安全（包括健康）大事记，来简单了解一下世界各国的近现代职业安全文化发展历程。

3.5.7.1 中国近现代职业安全文化

（1）1923 年。1923 年 3 月 29 日，北洋政府农商部公布《暂行工厂规则》，内容包括最低的受雇年龄、工作时间与休息时间、对童工和女工工作的限制等规定；1923 年 5 月 5 日，公布《矿业保安规则》，当时的安全被称为"保安"，这是中国近代第一个由政府颁布的专门矿业安全法规，具有划时代的意义，规范了采矿业、冶金业的安全要求；1923 年 5 月 15 日，公布《矿场钩虫病预防规则》，是中国近代第一个预防职业病的劳动卫生方面的法规；1923 年 5 月 17 日，公布《煤矿爆发预防规则》，这是中国近代第一个预防煤矿瓦斯和煤尘爆炸的专业安全法规，对安全巡检、通风、安全灯的使用、炸药的管理等做了说明和要求。

（2）1922 年。中国共产党召开"全国劳动大会"通过《八小时工作制案》。

（3）1929 年。国民党政府于 1929 年 10 月颁布《工会法》，它实际上是限制与剥夺工人民主自由的法律。

（4）1930 年。中央苏区颁布《劳动暂行法》，第一次为工人建立了真正的社会保险，比如，规定长期雇佣的工人遇有疾病或死伤者，其医药费、抚恤费由业主给予，标准由工会自定。

（5）1931~1932 年。1931 年 11 月，中华苏维埃共和国在瑞金成立，正式颁布《中华苏维埃共和国劳动法》，并于 1932 年 1 月 1 日起正式实施。其中规定工人患病或发生其他暂时丧失劳动能力以及服侍家中病人的情况时，雇主必须保留其原有的工作和原有的中等工资；当年老、残废（包括因工或非因工）时可以领取残废或老弱优抚金等。

（6）1940 年。陕甘宁边区政府制定《陕甘宁边区劳动保护条例》，晋察冀边区政府制定《边区政府工作人员伤亡褒恤条例》，晋绥边区政府制定《关于改善工人生活办法草案》。

（7）1941 年。晋冀鲁豫边区政府 1941 年 11 月 1 日公布《晋冀鲁豫边区劳工保护暂行条例》。

（8）1942 年。冀中总工会和农村合作社冀中总社制定《关于各级社工厂职工待遇之共同决定》等，规定机关工作人员疾病伤亡时，发给生活费；职工死亡厂方埋葬并酌情给予抚恤等。

（9）1948 年。中国共产党为保护工人的利益，哈尔滨市制定了《战时劳动法》，1948 年 12 月 27 日颁布《东北公营企业战时暂时劳动保险条例》。1949 年 4 月 1 日起，在铁路、邮电、矿山、军工、电气、纺织等 7 个行业中试行；7 月 1 日起，扩大到东北地区所有公营企业实行。这些法案及条例对工人的劳动保护内容有：职工因工负伤，企业负担全部医疗费，工资照发；因工残废，按其残废程度和致残原因，抚恤金为本人工资的 50%~60%；非因工残废，发给救济金，数额为因工残废抚恤金额的 50%；职工因工死亡，发放丧葬费的标准为最多不超过本人两个月的工资，按致死原因及工龄长短定期发放遗属抚恤金，金额相当于死者本人工资的 15%~50%。非因工死亡，丧葬费最多不超过死者本人一个月的工资。按死者工龄长短一次性发给 3~12 个月的死者本人工资作为救济金，职工供养的直系亲属死亡，发给丧葬补助金，数额为职工工资的 1/3，等等。

（10）1949 年。9 月，中国政治协商会议决定成立中华人民共和国，并通过《共同纲领》。在这部非常重要的纲领文件中，对劳动者的安全保护做了明确的规定；逐步实行劳动保险制度；保护青工女工的特殊利益；实行工矿检查制度，以改进工矿的安全和卫生设备。

（11）1950 年。6 月，中央人民政府委员会第八次会议通过《中华人民共和国工会法》，明确规定工会组织在新民主主义国家政权下的法律地位与职责，如第 7 条规定："工会有保护工人、职员、群众的利益，监督行政方面或资方切实执行政府法令所规定之劳动保护、劳动保险、工资支付标准、工厂卫生与技术安全规则及其他有关之条例、指令等。"

（12）1951 年。政务院公布《中华人民共和国劳动保险条例》，在全国范围内凡有职工百人以上的国营、公私合营、私营和合作社的企业中实行。

（13）1956 年。5 月 25 日，国务院全体会议上通过《工厂安全卫生规程》，这是新中国成立以来较为全面的劳动安全规程。这部规程在厂院，工作场所，机械设备，电气设备，锅炉和气瓶，气体、粉尘和危险物品，供水，个人防护用品的使用和安全等方面做了非常具体的规定。同时还颁布实施《建筑安装工程安全技术规程》和《工人职员伤亡事故报告规程》。此外，在 5 月 31 日，发布《国务院关于防止厂、矿企业中矽尘危害的决定》，主要为了消除厂、矿企业中矽尘的危害，保护工人的安全和健康，其中对工作中应当遵守的操作规程做了非常详细的规定。

（14）1963 年。3 月，国务院发布《国务院关于加强企业生产中安全工作的几项规定》，对于安全生产责任制、安全技术措施计划、安全生产教育、安全生产的定期检查、伤亡事故的调查和处理等事项做了特别规定。5 月 28 日，劳动部发布《关于加强各地锅炉和受压容器安全监察机构的报告》，规定由本地区各级劳动部门的锅炉安全监察机构和企业共同负责安全监察，保证了生产建设的安全进行。9 月 18 日，又发布《国营企业职工个人防护用品发放标准》，对劳动者在生产过程中应当配备的劳动保护用品做了细致的规定。9 月 28 日，经国务院批准，由劳动部、卫生部、中华全国总工会联合发布《防止矽尘危害工作管理办法》。

（15）1979 年。国务院发布《中共中央关于认真做好劳动保护工作的通知》；同年 2 月发布《放射性同位素工作卫生防护管理办法》；同年 4 月发布《国务院批转国家劳动总局、卫生部关于加强厂矿企业防尘防毒工作报告的通知》，在一定程度上扭转了厂矿企业尘毒危害严重的状况，保障了职工的安全和健康；同年 10 月发布《国务院批转国家劳动总局关于健全锅炉压力容器安全监察机构加强监督检查工作的报告》，加强对特种工业生产安全的规制力度。

（16）1980～1984 年。经国务院批准，由国家经委、国家建委、国防工办、国务院财贸小组、国家农委、公安部、卫生部、国家劳动总局、全国总工会和中央广播事业局等十个部门共同做出决定，在全国开展安全月活动，并确定每年 5 月都开展安全月活动，使之经常化、制度化。

（17）1985 年。1 月，成立全国安全生产委员会，该机构是国务院下设的非常设机构，在国务院领导下研究、协调重大安全生产问题，指导全局性的安全生产工作。

（18）1991 年。全国安委会开始在全国组织开展"安全生产周"活动。

3.5.7.2 美国近现代职业安全文化

（1）1938 年。美国罗斯福政府通过《公平劳动标准法》（Fair labor standards act，简称 FLSA），它是改善劳资关系的法律。该法律又称为《工资时数法》，是一部关于工人工资与工时的法案。该法针对雇用未满 18 岁的年轻工人的企业，由劳工部的"工资和工作时间雇佣标准部"进行管理和执行，旨在保护美国年轻人的健康和福利。

（2）1941～1952 年。1941 年，颁布《煤矿检查法》，这是美国历史上第一次授权给检查人员，赋予他们可以进入煤矿进行检查的权力，可以对事故进行调查，对煤矿安全提出改进意见。但因缺少强有力的法律条款的支持，使《煤矿检查法》的影响力难以维持，煤矿劳动安全效果不明显。为弥补先前法案的缺陷，1952 年出台《联邦煤矿安全法》，但是事实证明它也并不完善。

（3）1969 年。通过以"严厉"著称的《煤矿安全与健康法》，这部法案大大加强了联邦检查员的权力，并且细化了安全和健康标准，对美国现在的劳动安全规制产生深远的影响。

（4）1970 年。12 月 29 日，尼克松总统签署《职业安全和健康法》，开辟了保护工人远离职业伤害的历史新纪元，该法案第一次以全国联邦法规的形式保护全体劳动者免受与工作相关的死亡、伤害和疾病。

（5）1971 年。4 月 28 日，成立"职业安全和健康机构"（Occupational Safety and Health Administration，简称 OSHA），隶属于美国劳工部。

（6）1977 年。"矿业安全和健康机构"（Mine Safety and Health Administration，简称 MSHA）主要负责管理和执行 1977 年颁布实施的《矿山安全和健康法》。该法是由 1966 年颁布的《金属和非金属安全法》和 1969 年颁布的《煤矿安全与健康法》合并修改而成，它与《职业安全和健康法》共同形成了有关职业安全与健康的基本法律框架。

3.5.7.3　英国近现代职业安全文化

（1）1974 年。英国政府颁布《工作健康与安全法》，通过这部统一的法律对工作中产生的健康和安全风险进行管理。在该法规下，建立了两个新机构：健康和安全委员会（The Health and Safety Conunission，简称 HSC），其首要职责是确保工作场所内工人和公众的健康、安全和福利，包括提出新的法律和规定，开展研究，提供信息和建议，控制炸药和其他危险物质；健康和安全执行局（The Health and Safety Executive，简称 HSE），它有自己特殊的法律责任，最重要的就是执行安全和健康法案。

（2）1975～1993 年。1975 年颁布的《农业安全规制》对 1956 年颁布的《农业（安全、健康和福利）法》的部分内容进行删减和调整后实施；1992 年实施《近海作业安全法》；1993 年实施《煤矿安全和健康管理与执行条例》。

3.5.7.4　德国近现代职业安全文化

（1）1900 年。颁布的《德国民法典》明确规定：雇主在安排劳动过程时，应在许可范围内，保护劳工免于生命及健康的危险。

（2）1905 年。德国政府实施《工人保护法》，规定拥有 100 名雇员以上的采矿企业应当成立代表工人利益的工人委员会。

（3）1970～1990 年。1974 年，颁布《职业安全卫生法》。此后，德国又颁布实施数十项劳动保护法律法规，如《工作安全法》《设备和产品安全法》《工业安全和健康法》《操作安全技术规章》《个人保护设备使用规范》《工作场所保护法》《年轻工人保护法》《工作时间法》等，对特殊工作岗位及就业群体的劳动保护更加完善。

（4）1996 年。7 月 1 日，成立联邦职业安全和健康机构，总部设在多特蒙德，同时在柏林和德累斯顿设有办事处，在开姆尼斯设有分支机构，它是没有立法权的公众法律机构，是联邦劳动和社会事务部的一个权力机构。

3.5.7.5　日本近现代职业安全文化

（1）1911～1949 年。日本在 1911 年通过《工业法》，1916 年正式实施；1927 年，将"绿十字主题"作为职业安全的标志；1928 年，开始"全国安全周"活动；1929 年，《工业事故预防和健康（保健）条例》开始实施；1932 年，设立国家工业安全大会；1942 年，工业安全研究机构成立；1947 年，在厚生劳动省下设劳工标准局成立劳工局，履行原厚生劳动省的职业安全健康监管职能，并颁布《工业安全健康法》。

（2）1950～1959 年。1950 年，开始"全国工业卫生周"活动；1952 年，发起"零事故"运动；1953 年，全国性安全组织成立，同时把"白十字主题"作为职业健康的标志，成立国家职业健康大会（1967 年更名为"国家工业健康和安全大会"）；1957 年，建立全国工业卫生学院；1958 年，启动第一个"全国工业事故预防五年计划"；1959 年，颁布《锅炉与压力容器安全法》和《离子化辐射危害预防法》。

（3）1960～1969 年。1960 年，颁布《尘肺病法》《四乙基铅中毒预防法》《有机溶剂中毒预防法》；1961 年，颁布《高压危害预防法》；1962 年，颁布《起重机安全法》；1964 年，颁布《工业事故预防组织法》，成立日本工业安全健康组织（JISHA）；1967 年，颁布《铅中毒预防法》；1968 年，颁布《四烷基铅中毒预防法》；1969 年，颁布《敞篷货车安全法》。

（4）1970～1999 年。1971 年，颁布《特定化学品危害预防法》和《缺氧预防法》；1972 年，颁布《工业安全健康法》，修订《劳动标准法》有关条例；1975 年，颁布《工业环境检测法》；1978 年，建立职业与环境健康大学；1979 年，颁布《粉尘相关危害预防法》；1982 年，成立日本生物鉴定研究中心；1998 年，启动第 9 个"工业事故预防五年计划"；1999 年，发布《职业安全健康管理体系指导方针》，成立日本职业安全健康国际中心。

📖 思考题

1. 安全文化起源与演进的解释方法有几种？具体是如何解释的？请简述。

2. 简述安全文化发展与社会类型间的对应关系。

3. 安全文化累积的本质与路径各是什么？

4. 安全文化创新的动力机制、基本条件、主要内容及实现途径各是什么？

5. 可从哪几个视角解读中国传统安全文化？请分别进行简述。

6. 例举典型的人类安全实践活动、安全事件、安全相关古代文献与安全民俗等，并简述蕴含于其中的深层次的安全文化内涵（选做题）。

📑 参考文献

[1] Blum HF. On the origin and evolution of human culture [J]. American Scientist，1963，51(1)：32-47.

[2] Charles H，Pradeep T，John H，et al. Hydrocarbons and the evolution of human culture [J]. Nature，2003，426 (6964)：318-322.

[3] 威廉·A·哈维兰[美]. 文化人类学[M]. 瞿铁鹏，张钰，译. 上海：上海社会科学院出版社，2006：65-77.

[4] 吕挺. 浅析风水文化的起源、演进与成因[J]. 三江高教，2012，8(4)：57-62.

[5] Mitchem J E，Cross M，Crow D R. Evolution of an electrical safety culture [C]. Petroleum & Chemical Industry Conference，2010：1-6.

[6] 徐德蜀. 安全文化的形成与发展[J]. 安全、健康和环境，2006，6(1)：8-11.

[7] 罗云. 安全文化的起源、发展及概念[J]. 建筑安全，2009，24(9)：26-27.

[8] Marina Järvis，Piia Tint. The formation of a good safety culture at enterprise [J]. Journal of Business Economics & Management，2009，10(2)：12.

[9] 陈华文，王逍，陈映婕等. 文化学概论新编 [M]. 北京：首都经贸大学出版社，2013：41-65.

[10] Maslow A H，Green C D. A theory of human motivation [J]. Psychological Review，1943，50(1)：370-396.

[11] Miller R C. The significance of the gregarious habit [J]. Ecology，1922，3(2)：122-126.

[12] Roseman C C，Auerbach BM. Ecogeography，genetics，and the evolution of human body form [J]. Journal of Human Evolution，2015，78：80 - 90.

[13] Iriki A，Sakura O. The neuroscience of primate intellectual evolution：natural selection and passive and intentional niche construction [J]. Philosophical Transactions of the Royal Society of London，2008，363(1500)：2229-41.

[14] Ruse M. Charles Darwin's theory of evolution：An analysis [J]. Journal of the History of Biology，1975，8(2)：219-241.

[15] 孙安弟. 中国近代安全史[M]. 上海：上海书店出版社，2009.

[16] [日]尤瓦尔·赫拉利. 人类简史[M]. 瞿铁鹏，林俊宏，译. 北京：中信出版社，2014.

[17] 高福进. 文化年轮：关于中西文化的累积及比较[J]. 上海交通大学学报：哲学社会科学版，1997，5(1)：80-84.

[18] 王树祥. 文化创新：条件、特征和路径——基于文化哲学视角的分析[J]. 人民论坛，2012，11(32)：168-169.

[19] 颜烨. 安全社会学[M]. 北京：中国政法大学出版社，2013.

[20] 张翠荣. 中国传统文化中的安全哲学思想[J]. 时代文学，2008(19)：143-145.

[21] 苏斌. 中国古代文化中的安全理念（上）[J]. 江苏安全生产，2014(10)：30-31.

[22] 李采芹. 中国古建筑与消防（上卷）[M]. 北京：群众出版社，2002.

[23] 李采芹. 中国古建筑与消防（下卷）[M]. 北京：群众出版社，2002.

[24] 王秉. 光阴里的安全文化（23）——基于8视角全方位窥视与解读中国传统安全文化[EB/OL].（2015-06-30）. 科学网. http：//blog. sciencenet. cn/blog-1953670-987832. html.

[25] 王秉. 光阴里的安全文化（22）——情感安全文化：从"仁"与"孝"说起[EB/OL].（2015-06-30）. 科学网. http：//blog. sciencenet. cn/blog-1953670-987716. html.

[26] 王秉，吴超. 情感性组织安全文化的作用机理及建设方法研究 [J]. 中国安全科学学报，2016，26（3）：8-14.

[27] 王秉. 探寻安全文化起源（9）——从"文"与"化"2汉字的来历探寻安全文化起源痕迹[EB/OL].（2015-04-26）. 科学网. http：//blog. sciencenet. cn/blog-1953670-972928. html.

[28] 对安全文化的理解（上）[EB/OL].（2007-09-24）. 本质安全网. http：//www. 51benan. com/a/200709/122682. html.

[29] 王秉. 探寻安全文化起源与发展（10）——原始社会的安全文化图景[EB/OL].（2015-04-27）. 科学网. http：//blog. sciencenet. cn/blog-1953670-973143. html.

[30] 宁波古代安全文化漫谈[EB/OL].（2013-08-22）. http：//www. qstheory. cn/ztck/2013nd/anquan/201308/t20130822_262980. htm.

[31] 王秉. 读《汉穆拉比法典》，品安全文化[EB/OL].（2016-12-24）. 科学网. http：//blog. sciencenet. cn/blog-1953670-1023023. html.

[32] 王秉.《天工开物》中的安全文化[J]. 现代职业安全，2016(7)：116-117.

[33] 王秉. 光阴里的安全文化（25）——古安全艺文简析：从自己的安全往事说起[EB/OL].（2015-07-02）. 科学网. http：//blog. sciencenet. cn/blog-1953670-988253. html.

[34] 吴超. 安全科学方法论[M]. 北京：科学出版社，2016.

[35] 吴超，王秉. 大学生安全文化[M]. 北京：机械工业出版社，2017.

[36] 王秉. 安全民俗文化集粹（1）——狩猎、捕鱼与过年[EB/OL].（2015-07-04）. 科学网. http：//blog. sciencenet. cn/blog-1953670-988664. html.

[37] 王秉. 安全民俗文化集粹（2）——对于安全禁忌，我这么解读，您怎么看？ [EB/OL].（2015-07-05）. 科学网. http：//blog. sciencenet. cn/blog-1953670-988821. html.

[38] 王秉. 安全民俗文化集粹（3）——对于安全民俗神话传说，您了解吗？ [EB/OL].（2015-07-05）. 科学网. http：//blog. sciencenet. cn/blog-1953670-988885. html.

[39] 王秉. 面对事故，请给自己一个问号[J]. 现代职业安全，2016，（8）：116.

[40] 张秋秋. 中国劳动安全规制体制改革研究[D]. 沈阳：辽宁大学，2007.

安全文化学的基础问题

本章主要论述安全文化的特征、功能、层次结构及安全文化符号系统 4 个安全文化学基础性问题。通过本章的学习，以期读者对安全文化有一个基本认识，并夯实学习安全文化学相关知识的基础。本章主要包括以下 5 个方面内容：①从安全文化的本质、元素、生成、创造（建设）与作用机制等方面介绍安全文化的重要特点，并构建和解析安全文化特点的三角形模型。②提炼安全文化的主要功能，并构建和解析安全文化功能的人形结构模型。③提出安全文化的六维分类体系。④提出安全文化的"4＋1"层次结构，并解释安全文化各层次的内涵。⑤分析安全文化符号的内涵，剖析安全文化符号系统的构成。

从某种意义上讲，安全文化是人类或组织群体基于自身多层次、多方面的安全需要而独创的一种主动适应或抵御生活与生产环境中所存在的安全威胁的安全生产与生活方式。安全文化一经人类或组织群体创造出来，就必然以其特有的方式存在，以其特有的规律发展演变，同时在长时间的发展演进中逐渐形成自己的基本特征、功能、类型、层次结构，以及安全文化符号系统。

就理论而言，明晰安全文化的特点、功能、类型、层次结构，以及安全文化符号系统是认识隐藏于安全文化深层的规律的基础，因此，它们理应是安全文化学基础理论的首要部分，是安全文化学研究与学科建设的最基本和最根本问题。但过去学界鲜有关于它们的详细论述，仅有一些缺乏学理性与系统性的简单散论，且绝大多数讨论均是从文化学（包括企业文化学）视角进行论述，从安全科学视角对安全文化的审视与反思力度明显不够，尚未明确安全文化的特质，严重阻碍安全文化学学科建设及其研究实践。

鉴于此，笔者立足于安全文化学高度，运用文献分析法［即以现有的安全文化特点、功能、类型与层次结构的研究文献为主要基础，并以文化学（包括企业文化学）中的文化特点、功能、类型与层次结构的相关论述为辅助参考］和模型构建方法，基于安全科学角度审视与考察安全文化，拟对安全文化的特点、功能、类型、层次结构，以及安全文化符号系统进行总括性与系统性阐释，以期挖掘并明晰安全文化的特质。

4.1 安全文化的特点

本节内容主要选自本书作者发表的题为《安全文化学的基础性问题研究》[1] 的研究论文，具体参考文献不再具体列出，有需要的读者请参见文献 [1] 的相关参考文献。

人类创造了文化，文化如同人的影子，哪里有人哪里就有文化，文化简直是无处不在。但是，安全文化与其他类型文化相比较，有什么不同，有什么特性，还需要通过分析和对比才能说清楚。

关于安全文化的特征，因安全文化学界侧重的角度不同而表述各异。安全文化究竟具有哪些最基本的区别于其他文化类型与事物的象征性、标志性特征？这有必要回溯至"安全文化"的定义。关于安全文化的定义，迄今已有很多种，虽然尚未形成让大家信服的统一的权威性说法，但所有对安全文化的解说（特别是本书给出的安全文化的定义）均存在一个共同点：将安全文化视作在群体安全生产与生活方式中共享的安全技术、安全价值观与安全规则等精神能力和物质能力的复合系统。

基于此，并结合其他安全文化学相关论述，安全文化的基本特征可以从安全文化的存在方式、安全文化的本质、安全文化的创造（建设）机制与形式、作用特点及安全文化元素（内容）的特点等角度予以思考。

4.1.1　特点提取及其模型构建

基于安全科学视角审视人类文化，结合已有的相关安全文化研究成果，并借鉴其他文化类型的特点，提取并归纳出 10 项安全文化有别于其他文化的重要特点，即自然性与普遍性、人本性与实践性、累积性与时代性、严肃性与活泼性、"硬件"性与"软件"性、稳定性与变异性、目标性与创塑性、系统性与独特性、个体性与群体性及滞后性与长期性。由此，构成安全文化特点的三角形模型，如图 4-1 所示。

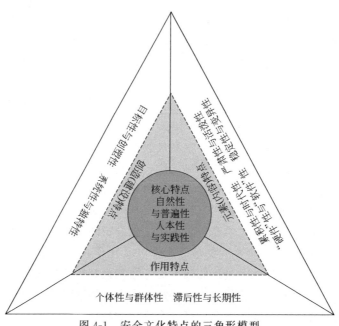

图 4-1　安全文化特点的三角形模型

由图 4-1 可知，可将安全文化的 10 项重要特点依次划分为核心特点、元素（内容）特点、创造（建设）特点与作用特点 4 个不同层面。其中，核心特点是安全文化的最基本和最根本特点，它决定着其他 3 个层面的安全文化特点；元素（内容）特点是安全文化重要内容（包括形式）的显著特点，它是安全文化特点的直接体现；创造（建设）特点，即安全文化的创造机制特点，是创造（建设）安全文化需遵循的特点，是保证安全文化特点有效释放与彰显的关键；作用特点是安全文化作用机制的特点，是其他安全文化特点综合作用的结果。由此可见，上述10项安全文化的重要特点几乎涵盖安全文化的本质、元素（内容，包括形式）、生成、创造（建设）与作用机制等方面的重要特点，即对安全文化的重要特点做出系统论述。总而言之，各层面的安全文化特点互相关联，互相影响，共同构成丰富而独具特色的安全文化特点。

4.1.2 特点之含义解释

基于安全文化特点的三角形模型（图 4-1），对各层面的安全文化特点之含义进行具体解释，见表 4-1。

表 4-1 不同层面的安全文化特点

层面	具体特点及其含义			
	自然性与普遍性		人本性与实践性	
核心特点	自然性：①就生物学角度而言，人类属于生物界的一个种群，其应具有某些生物本能属性，而著名心理学家Maslow[96]指出，安全需要（仅高于生理需要）是人的第二层基本需要，由此观之，安全文化本质上是人类的安全需要之本性的对象化；②人类创造安全文化必须要以一定的自然环境为条件，且也只能以自然为对象。普遍性：①人性普同，安全人性也一样，且人都有安全需求这一基本需求；②一般而言，人类在生存与发展的同一历史时期所面临的安全问题具有共性（即相似性），由此，导致人类安全文化必然具有某种普遍性		人本性：①安全科学的最终目的是保护人的身心安全（包括健康），因此，这就要求安全文化必须要体现人的本性；②安全文化的核心是"以人为本"，其目的是实现人的安全价值，其本质在于追求人们对安全价值的认同。实践性：①安全文化诞生于人类的安全生产与生活领域，它是人类安全经验与理论经总结、归纳、传播、继承、优化和提炼等形成的文化成果；②安全文化又反作用于人类安全实践活动，并指导安全实践，再次升华并发展成为新的安全文化内容	
	累积性与时代性	严肃性与活泼性	"硬件"性与"软件"性	稳定性与变异性
元素（内容）特点	累积性：指安全文化元素（包括形式）的积聚，一般表现为安全文化元素从某一个体、群体、时代向另一个体、群体、时代的延续发展与累积叠加过程，这是安全文化形成与发展的前提和条件。时代性：随着时代变迁，人类和社会发展的安全需求与所面临的安全问题在不断变化，因此，安全文化内容需随着时代的变化而不断演变，即是安全文化的时代性的体现	严肃性：安全与否直接危及人的生命，因此，安全文化具有严肃性，如制度安全文化（包括安全法律法规与安全规章制度等）和安全禁忌等。活泼性：或称为趣味性，它是文化的共有特征，安全文化也是如此，正因安全文化具有活泼性，才使安全文化具备品味价值，让人们在品味中了解安全、认识安全并认同安全	就安全文化内容而言，具有"硬件"性与"软件"性。"硬件"性即显性安全文化，如安全器物与一些强制性安全对策（如法律法规、规章、制度、守则、规范、纪律，以及伴随的安全职权与监管）。"软件"性即隐性安全文化，如安全理念、价值观、信念、道德、伦理，以及伴随的规劝、说服、调解和安全宣传教育等	稳定性：指安全文化具有相对稳定性，即某一个体或群体的安全文化一旦形成，在一段时期内基本保持稳定。变异性：指安全文化在累积发展过程中不断变化的特性。这是因为安全文化需不断进行扬弃与自我更新，以保持其活力，并适应时代与现实要求，这是安全文化发展的环节与契机
	目标性与创塑性		系统性与独特性	
创造（建设）特点	目标性：①人类创造安全文化的根本目的是使人们的生产、生活变得更安全、健康、舒适而高效；②安全文化具有安全价值取向与安全目标取向，一般而言，其与群体或组织的经济利益与社会效益等密切相关，它有利于助推群体或组织实现其安全目标。创塑性：安全文化不仅可继承、借鉴与吸收，且可按照时代与群体（或组织）的具体安全发展需求，能动地、科学地、有意识地、有目的地创新和塑造一种新的安全文化，这也是文化时代性与变异性的间接体现		系统性：又称为全面性，安全文化内涵丰富，涉及人们安全生产与生活领域的方方面面，因此，在安全文化建设中，必须以系统工程思想为指导，综合运用各种方法与手段，构建安全文化系统，这也是安全文化评价需把握的特点。独特性：不同个体或群体（国家、民族、地区、行业与企业等）的安全文化具有自身独特的特点与部分内容特质，因此，安全文化建设（创造）要结合自身特性有针对性地建设（创造），以提高其适用性	

续表

层面	具体特点及其含义	
	个体性与群体性	滞后性与长期性
作用特点	个体性:安全文化的总体效用的发挥需依赖于个体积极性的发挥,若无个体的主观能动作用,则无法形成安全文化的总体功能效应,即安全文化作用个体所产生的效用的叠加形成了安全文化的总效用。群体性:安全文化具有共享性,安全文化的规范与约束等安全要求适用于群体所有个体,此外,群体压力有助于安全文化效用最大化发挥	滞后性:一般而言,个体或群体对某一具体的安全文化的认知、认同,以及内化于心与外化于行是一个漫长的过程,由此可知,安全文化的作用效果不会短期显现,具有滞后性。长期性:因安全文化长时间作用,可固化个体或群体的安全认识与安全行为习惯等。一旦固化,其就具有显著的长久性与顽固性,短期内不易发生变化

4.2 安全文化的功能

本节内容主要选自本书作者发表的题为《安全文化学的基础性问题研究》[1] 的研究论文,具体参考文献不再具体列出,有需要的读者请参见文献 [1] 的相关参考文献。

安全文化的功能是安全文化的固有价值。从宏观层面讲,安全文化的功能是指安全文化在满足人们生产与生活方面的安全需要所表现出来的价值作用。从微观层面(具体到某一组织层面)讲,安全文化的功能主要指作为一个组织安全管理因素的安全文化对组织安全健康发展的作用和影响。笔者从"宏观—微观"综合视角出发,谈谈安全文化的主要功能。

就理论而言,人类(包括组织群体)之所以创造(或建设)安全文化和发展安全文化,是因为安全文化这一习得行为具有满足人们生产与生活方面的安全需要的独特功能,人类社会(包括组织群体)的安全健康发展也因为安全文化功能的发挥而维系和延续。此外,安全文化是一个有机整体,由各个相互关联的安全文化要素所构成,其中每一个要素都起着一定的作用,发挥着自己的功能。正是各安全文化要素功能的相互作用,决定着安全文化的性质、存在和发展。

通过上述分析,对我们全面、整体地把握安全文化的功能,具有十分重要的启迪意义。笔者赞成以整体性的视野来看待安全文化系统内部各个安全文化要素是如何发挥各自的功能,并相互协同、共同维系着安全文化整体运转的。需明确的是,本书所指的安全文化的功能,是在已有安全文化的功能的相关论述基础上的提炼、延伸和拓展,具体而言就是安全文化系统在人们的生产与生活实践中,在适应和满足个体及社会(包括组织群体)各种安全需要方面所体现的价值和作用。

4.2.1 功能提炼及其模型构建

安全文化的最终目的是塑造人形成理性的安全认识,引导完善人的安全人性,提高人的安全素质,增强人的安全意识与安全意愿等。基于此,可提炼出安全文化的 8 项主要功能,即满足安全需要的功能、认知与教育功能、导向与认同功能、规范与调控功能、情感与凝聚功能、融合与守望功能、辐射与增誉功能、激发与跃迁功能。由此,它们共同构成安全文化功能的人形结构模型,如图 4-2 所示。

由图 4-2 可知,安全文化的主要功能由基本功能(头部)、直接功能(双腿与双臂)与深层外延功能(心腹)3 个不同层次的功能构成,各功能彼此影响、相互促进,共同决定安全文化的效能(即效用)。其中,基本功能是安全文化的最基础功能,其可为其他功能的发挥提供基础和保障;直接功能是安全文化的表层效用,它可为其他功能的发挥起到支撑作用；深层外延功能是对安全文化效用的扩大与升华，它可为改善组织安全状况或突破组织安全水平提供助力与动力。

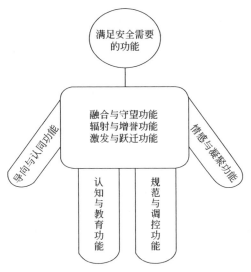

图 4-2　安全文化功能的人形结构模型

4.2.2　功能之含义解释

基于安全文化功能的人形结构模型（见图 4-2），对各层次的具体安全文化主要功能之含义进行解释，见表 4-2。

表 4-2　不同层次的安全文化功能及其含义

层次	具体功能及其含义			
基本功能	满足安全需要的功能			
	MASLOW 指出,安全需要(即身体与生活的安全保障,以及生产与生活的稳定感与秩序感等需要)是人的第 2 层基本需要,若人的安全需要得不到满足,就会使人产生不同层次与程度的痛苦、焦虑与不安感,而依赖于安全文化就可有效解决这一问题。显而易见,人的安全需要是人创造安全文化的根本内驱力,而安全文化的基本功能就是满足人的安全需要			
直接功能	认知与教育功能	导向与认同功能	规范与调控功能	情感与凝聚功能
	认知功能:安全文化行为是一种个体后天习得的行为,它具有启迪人的安全思维、增强人的安全知识、拓宽人的安全视野、提升人对安全的认识与保障能力等独特作用。教育功能:安全文化的认知功能是借助其安全教育功能实现的,这是因为安全文化内容包含大量安全教育成分	导向功能:①安全文化集中体现某一组织的安全理念与目标等,其对组织安全行为方向有显示、诱导与指向作用;②安全文化行为是个体经后天观察、模仿、选择与塑造而形成,因此,安全文化对个体后天的安全文化行为塑造有导向作用。认同功能:安全文化可促使人对安全本身及其保障条件或要素的价值的认同	规范功能:安全文化可按一定安全行为准则,对人的行为起到规定、约束与模塑作用。调控功能:其与规范功能类似,但侧重点不同,它强调安全文化对人的干预与调节作用,如调控生产、效益与安全的关系;个体与群体的关系;个体自身的安全需要与其他需要的平衡	情感功能:使人在情感上对安全产生归属感与依赖感,即从心理层面开始喜爱安全,并热爱与支持安全工作。凝聚功能:使人们在观念上达成安全共识,从而使群体的安全行为与习惯趋于一致,进而增强群体的内聚力

续表

层次	具体功能及其含义		
	融合与守望功能	辐射与增誉功能	激发与跃迁功能
深层外延功能	融合功能：①融合不同利益群体或组织内部的不同群体，使之成为一个共同体，使他们具有共同的安全理念与安全目标，共同为保障群体或组织安全而努力；②能够把带有异质安全文化倾向的个体，同化为本群体或组织的个体。守望功能：或称之为防守（屏蔽）功能，安全文化可保持自身安全理念与价值观等的纯洁性与一贯性，以防止外部消极或异质安全文化对其干扰或渗透	辐射功能：①同化内部小的异质安全文化；②可向外部扩散，影响其他群体或组织，以至整个社会的安全文化，从而扩大组织或群体的安全文化影响力。增誉功能：优秀的组织安全文化可为组织塑造良好的整体安全形象，特别是对于企业和国家尤为重要，它可增强企业与国家的国际市场竞争力的深层效用（如早期被冠以"带血的煤"或"带血的GDP"之名的中国企业很难赢得国际市场）	激发功能：安全文化对强化人的安全行为动机，激发人重视与保障安全的主动性、积极性与创造性均具有显著作用。跃迁功能：安全文化可鼓励人主动挖掘自身潜力，勇于创新，努力突破自我，鼓励人努力保障个体与群体（或组织）安全，即最大限度地发挥个体的自主保安价值，这是群体或组织安全水平实现突破与跃迁的动力来源

由表4-2可知，可将安全文化的重要功能概括为促使安全文化主体（包括个体、群体或组织）对"我需要安全吗？""安全本身及其保障条件或要素等对我有价值（即重要）吗？""我关注安全吗？""我的认识或行为等符合安全要求吗？""我应该或必须要这样做才安全吗？""我可以保障安全吗？"等6个问题做出正面回答，并进行内心的反复反思与行为的适时外显表达。

4.3 安全文化的类型

本节内容主要选自本书作者发表的题为《安全文化学的基础性问题研究》[1]的研究论文，具体参考文献不再具体列出，有需要的读者请参见文献［1］的相关参考文献。

科学史证明，对事物进行科学的分类，进而可暴露其各类的本质和联系。此外，安全文化作为一种客观存在，渗透于个体和群体之中，覆盖人类生产与生活的各个领域，极为复杂。为进一步认识安全文化的本质与特性等，极有必要结合安全文化学研究与实践需要，从不同角度对安全文化进行科学分类。

与其他诸多事物的分类一样，站在不同的角度或出于不同的需要（或目的），对安全文化的类型可以做出不同的划分。本书分别从文化学与本质安全视角对安全文化分类，结合安全文化学研究与实践（如安全文化比较与建设等）需要，构建安全文化的六维分类体系，如图4-3所示。

由图4-3可知，可按空间维、内容维、时间维、功能性质维、事故维与本安维6个不同维度对安全文化的类型进行划分。显而易见，其中本安维与事故维侧重于安全科学视角，内容维与时间维侧重于文化学视角，而空间维与功能性质维兼顾安全科学视角与文化学视角。因此，就安全文化学研究与实践需要而言，安全文化的六维分类体系对安全文化类型的划分较为科学而全面，且具有显著的安全文化学特色。这里对各维度的安全文化类型的具体划分进行解释，见表4-3。

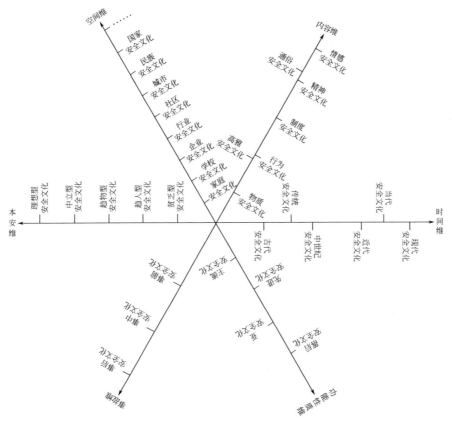

图 4-3 安全文化的六维分类体系

表 4-3 不同分类维度的安全文化类型

维度	类型及其解释与举例								
空间	家庭安全文化	学校安全文化	企业安全文化	行业安全文化	社区安全文化	城市安全文化	民族安全文化	国家安全文化	……
	基于空间维度，可按安全文化主体的不同对安全文化进行分类，比较典型的是家庭、学校、企业、行业(如交通、航空与矿山行业等)、社区、城市、民族、国家安全文化。其中，企业安全文化侧重于生产领域，其他均属于公共安全领域								

维度		物质安全文化	行为安全文化	制度安全文化	精神安全文化	情感安全文化
内容	层次	包括人类为保障安全而制造使用的各类有形的物质(如安全防护工具、器材与设施设备等)，以及安全资金投入	包括人们生活与工作方面的安全行为方式，如生活中的驾驶、作息规律与穿马路等；工作中的安全操作规范与安全决策行为等	包括正式制度(如安全法律法规、标准规范、正式组织和政策等)与非正式制度(如安全民俗、禁忌和非正式的安全公约或组织等)	包括安全意识形态(如安全价值理念和伦理道德等)、安全科学研究(安全学科和专业等)与安全文艺作品等	特指以人的情感性安全需要为基本条件和基础形成的一种安全文化形式，它是基于人的本性产生的，可视为是群体的一种最原始的安全文化形式
	受众对象	高雅安全文化		通俗安全文化		
		精英与文化等阶层品味与享用的安全文化，如安全科学研究、安全工程技术与高雅安全文艺作品等		普通大众接触与享用的大众化的安全文化，如安全民俗、安全传说故事与安全标语等		

维度		类型及其解释与举例			
时间	四分法	古代安全文化	中世纪安全文化	近代安全文化	现代安全文化
		基于时间维度,根据历史年代划分方法,可将安全文化划分为古代安全文化、中世纪安全文化、近代安全文化与现代安全文化			
	二分法	传统安全文化		当代安全文化	
		包括世代相传存留下来的种种物质的、制度的和精神的安全文化实体意识,如安全生产与生活习俗、安全饮食禁忌与安全古文古训等。需指出的是,其含有腐朽的,甚至反动的安全文化,如迷信保安等,需筛选摒弃		指符合当代社会与企业安全发展要求与方向的安全文化,如人本安全理念、安全发展理念、安全法治、科技兴安、本质安全理念与技术、安全系统思想、安全权利维护及事故科学与控制等	
功能性质	功能特性	先进安全文化		落后安全文化	
		指对组织(包括企业与社会等)安全发展起正向作用的安全文化(如安全科学研究、法治与科技兴安等)		指对组织(包括企业与社会等)安全发展起到消极作用的安全文化(如安全迷信与安全诚信缺失等)	
	主次地位	主流安全文化		亚安全文化	
		指在组织中占据主流地位,被绝大多数组织成员所遵循和认同的安全文化,如组织正式颁布的安全法律法规与规章制度等		指在组织中不起主导作用的部分个体所拥有的安全文化。组织中的部分个体总会受原有环境中的安全化的影响或拥有一些固有的安全文化倾向	
事故本质安全		事前安全文化		事中安全文化	事后安全文化
		根据群体(如国家与民族等)应对事故的事前、事中与事后的安全文化表现(如持有态度、行为准则、制度设计与器物设置等),可将安全文化划分为事前安全文化、事中安全文化与事后安全文化			

贫乏型安全文化	趋人型安全文化	趋物型安全文化	中立型安全文化	理想型安全文化
秉承这类安全文化的组织对人与物的本质安全化都没有给予应有的足够重视,组织安全文化水平极低	秉承这类安全文化的组织侧重于本质安全型人的塑造,但其弱化了从技术方面来实现物的本质安全化	秉承这类安全文化的组织侧重于物的本质安全化,但这类组织弱化了本质安全型人的素质,人的安全素质较低	秉承这类安全文化的组织对提高人和物的本质安全化程度都给予适当的关注和投入,但程度都不高	秉承这类安全文化的组织既重视本质安全型人的塑造,也关注物的本质安全化程度的提高,较理想

此外,还可由上述分类维度延伸出分类方式,如基于安全文化的物质层次、行为层次、制度层次与精神层次 4 个层次,根据不同群体(或组织)对各层次的安全文化的重视程度的不同,依次可将安全文化分为物质导向型、行为导向型、制度导向型与精神导向型 4 种类型。需指出的是,安全文化类型的划分维度不仅限于上述 6 个维度,有时出于安全文化学研究与实践需要,还需挖掘其他更多的安全文化分类维度,或需将若干分类维度结合起来使用,以对安全文化的性质和状况从不同维度进行全面剖析。

4.4 安全文化的层次结构[2]

在本书第 1 章 1.5 节探讨安全文化学的研究对象和研究范围,以及本章 4.3 节讲述按层次划分安全文化的类型时,都已牵涉到安全文化的构成要素,即层次结构。但在一般意义上,安全文化学研究范围的讨论仅仅是对安全文化形态或内容的叙述。若从学科理论的角度出发,则安全文化的层次结构是在安全文化学研究过程中对于具体对象抽象化或条理化的表达。就研究安全文化的层次机构的目的与意义而言,揭示安全文化的构成要素,即层次结构,界定每一层次的内涵,阐明每一层次的地位和作用,有利于进一步理解安全文化的本质，全面而又深刻地把握安全文化的内涵和要素等。

就理论而言，各个不同的安全文化层次结构为其他层次的安全文化的存在提供支持，同时，不同安全文化层次的安全文化表达又满足了人们不同的安全文化需求。有时，安全文化的意识与心理层面决定了其他层面的安全文化的选择和存在，而有时，一些具体的安全文化的存在，诸如物质安全文化当中的器物形态，决定了人们的心理需求是完全不同的。总而言之，安全文化的构成是具有层次性的，这使我们感受到安全文化的存在是多样而丰富的。

在此，我们仅想比较简单地展示安全文化的层次结构。从一般意义上看，安全文化学研究者对于安全文化的层次结构都有自己的视角和框架（如 AQ/T 9004—2008《企业安全文化建设导则》和 AQ/T 9005—2008《企业安全文化建设评价准则》两个标准所给出的"安全文化"的定义中，把安全文化这一整体划分为安全价值观、安全态度、安全道德和安全行为规范。基于此，毛海峰教授[3] 将安全文化的层次结构划分为潜意识层、显意识层和行为准则层三个不同层次，即安全文化层次结构的"三层次"说）。但在实际操作过程中，都比较倾向于采用绝大多数学者和民众可以接受的方式或形态，如目前绝大多数人都接受安全文化的"四层次"说（即安全文化的"四要素"或"四分法"），即安全文化由物质安全文化、制度安全文化、行为安全文化和精神安全文化 4 个层次构成，该种安全文化层次结构的划分方法在社会上十分流行而普遍。

由上述分析，显而易见，安全文化的层次结构的划分问题，实际上是对于安全文化的形态认知的问题，它在一定意义上决定了安全文化学者是广义安全文化论者还是非广义安全文化论者。例如，上述提及的毛海峰教授[3] 提出的安全文化的"三层次"说是非广义（即狭义）安全文化论者的代表，而后面提及的安全文化的"四层次"说是广义安全文化论者的代表。此外，还有安全文化的"二层次"说（即物质安全文化与精神安全文化）也属于广义安全文化论者。在此，以表格的形式对现有的 3 种典型的安全文化的层次结构的划分及对应称谓做简单明了的对比与说明（见表 4-4）。

表 4-4　现有的 3 种典型的安全文化的层次结构的划分及对应称谓

视角	层次数	安全文化各层次称谓			
广义	4	物质安全文化	行为安全文化	制度安全文化	精神安全文化
	2	物质安全文化		精神安全文化	
狭义	3	潜意识层	显意识层	行为准则层	

根据笔者的研究与认识，以及本书给出的安全文化的定义，我们较为赞成基于广义安全文化视角，在绝大多数均认可的安全文化的"四层次"说（其实，按照联合国现行的对于文化遗产的有关认定来看，遗产包括文化遗产、非物质文化遗产与自然遗产等形态。其中，文化遗产主要有物质文化遗产与非物质文化遗产，二者形成结构上的互补。有鉴于此，这在一定程度上也佐证了安全文化的"四层次"说的合理性）的基础上，以丰富安全文化内涵与凸显安全文化特性为着眼点，来探讨安全文化的层次结构的问题。

在本章 4.3 论述按层次划分安全文化的类型时，在安全文化的"四层次"说的基础上，补充了情感安全文化。这是因为鉴于组织群体（包括家庭、社区与企业等）的安全文化受人的情感性安全需要影响较大，从安全文化学和心理学相结合的角度，提出情感安全文化[4,5]。

由此，基于安全文化的"四层次"说的逻辑思路，可将安全文化分为情感安全文化、精神安全文化、制度安全文化、行为安全文化和物质安全文化 5 个不同层面，它们共同构成安全文化的整体层次结构，将其命名为安全文化的"4＋1"层次结构（4 指安全文化的"四层次"说，1 指情感安全文化），如图 4-4 所示。需指出的是，鉴于情感安全文化属于笔者首提，故下面将基于精神安全文化、制度安全文化、行为安全文化和物质安全文化的内涵，重点论述情感安全文化的内涵。

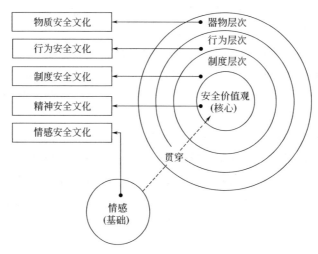

图 4-4　安全文化的"4＋1"层次结构

4.4.1　物质安全文化

4.4.1.1　宏观层面的物质安全文化

物质安全文化习惯上也称为器物安全文化，是人类为满足自我各种各样的生产与生活的安全需要而创造的各种保护人类身心安全（包括健康）的安全文化形态，它包括人们制造并使用的各种安全工具、器具和物品。从古代寻食护身的石器、铜器，到现代各种安全防护器材、装置、仪器仪表，均属于安全文化的器物层次。换角度观之，物质安全文化主要包括人们的衣、食、住、行等方面的安全文化产业产品，如安全食品、安全鞋帽、安全建筑与安全交通工具等，以及实现安全功能的专门物品、工具和设施设备等，如安全阀、煤气报警器与紧急制动装置等。

器物是文化概念中物质文化的重要内容，是科学思想和审美意识的物化。就其含义，器物指一切自然物和人造物（人工自然物），而"人工自然物"即凡是人造的器具、物品，包括挖掘的文物、器具和物品等。安全文化的物质层次是开展安全文化史学研究的重要素材和途径，因为它能够较明显、较全面、较真实、较直观地体现一定社会发展阶段的安全科技文化特点，特别是从考古器物中，可考证古代安全文化及特殊的安全工程技术的发展历史和水平，反映出特定组织群体的安全文化水平及其安全智慧，以及评估不同历史时期人类的安全保障能力的强弱。因此，在一般情况下，通过对物质层次的安全文化的考察就可直接得出其所属的安全文化的整体发展水平，即当时社会的安全文化整体水平。

物质安全文化不仅是人类创造和最原始的安全文化形态，同时也是人类在安全文化延续期间不断创新发展的安全文化形态。如安全防护用品，它除了具有丰富的安全文化内容之外，在世界各地存在着些许差异，并不断地处于更新发展过程之中。从大的方面来看，从打制石器工具到磨制石器工具，再到青铜器工具，一直到铁制工具，人类的寻食护身的能力在不断提升，这当中凝聚了人类无限的安全创造力和智慧。从小的方面来看，某一具体的器具（如锁、剃须刀及"从别针到纽扣"[6,7]），无论是其材料的改进、外形的变化，还是其功能和配件的增加，都使其安全性处于不断的演化或创新之中。就今天的物质安全文化发展趋势来看，人们已把器物本身的安全性或用其保障安全的价值大小作为主要衡量评价标准来选用相关器物，因此，今天的人类的物质安全文化越来越具有世界性和同一化的趋势。

物质安全文化的创新和不断发展，丰富并改变着人类的生产与生活的安全保障水平，使人类的安全保障能力日趋增强。今天，我们的物质安全文化已经非常丰富，特别是近年来人们对"科技兴安"的高度重视，使物质安全文化已进入急速增长和发展的阶段。

4.4.1.2 微观（组织）层面的物质安全文化

物质安全文化作为安全文化的表层部分，是形成精神安全文化与行为安全文化等其他层次安全文化的物质基础和基本条件。就某一具体组织而言，从物质安全文化中往往能体现出组织领导和组织安全管理者的安全认识和安全态度，反映出组织安全管理的理念和哲学，折射出安全文化的显性化的建设成效。

由此可见，物质层的安全文化既是安全文化的体现，又是安全文化发展的基础。对于组织来说，物质安全文化主要体现在：①人类技术和生活方式与生产工艺的本质安全性；②生产和生活中所使用的技术和工具等人造物与自然相适应有关的安全装置、仪器仪表和工具等物态本身的安全条件和安全可靠性；③劳动作业条件和环境的优化；等等。

4.4.2 行为安全文化

4.4.2.1 宏观层面的行为安全文化

所谓行为，简言之，就是指人的肢体动作。行为安全文化主要是通过日常生产与生活中与安全相关的各种行为方式进行表达的安全文化形态。我们知道，所谓的安全文化，表现在日常的生产与生活中，就是各国、各地区和各民族的民众在与安全相关的行为方式上存在的各不相同，有时甚至差异巨大的习惯性安全规定，如生活中的安全饮食习惯与禁忌、作息规律、过马路的行动方式、进入具有潜在危险区域的行为举止等，以及工作中领导的安全决策行为、工人安全操作规范程度等。行为安全文化的具体方式常常仅存在于一些人或一部分人之中，这些所谓的一些人或一部分人，可能是原始群团，也可能是一个民族、国家或地区，当然也可能是一个城市、企业、学校、社区和家庭等。

就理论而言，行为安全文化应是在精神安全文化与制度安全文化的指导下，人们在生产和生活过程中所表现出的安全行为准则、思维方式与行为模式等。具体言之，安全价值观念促使人们形成公认的安全价值标准，存在于人们内心，指导着人的安全行动。安全价值观制约着人们的安全行为，这就是所谓的安全行为规范。总之，行为安全文化是精神安全文化与制度安全文化的反映，同时又作用于精神安全文化与制度安全文化。现代社会需要发展的行为安全文化是进行科学的安全思维；强化高质量的安全学习；执行严格的安全行为规范；进行科学的安全领导、指挥与决策；掌握必需的应急自救知识和技能；进行合理的安全操作和使用等。

行为安全文化的内容极为丰富，涉及人类生产与生活中与安全领域相关的方方面面。它不以文字的形式记录，但它却是每一个生活于其间的个体必须习得的安全知识和技能。没有这种安全知识和技能，人们不仅不能有效保障自身的生产与生活安全，而且不能很好地适应其所在地区、族群与企业等群体组织的生产和生活，更不能很好地融入该地区、族群与企业等的生产和生活，当然也无法被该地区、族群与企业等的安全文化所接受。

4.4.2.2 微观（组织）层面的行为安全文化

组织行为安全文化是指组织成员在生产与生活中产生的安全活动文化，包括组织生产安全、安全教育宣传与安全领导决策中产生的安全文化现象，它是组织安全作风与安全形象的动态体现，也是组织安全理念和安全价值观的折射。组织安全习俗是安全习惯和安全风俗的总称。一般来讲，对个体而言，这叫安全习惯；对社会、组织和群体而言，这叫安全风俗。组织安全习俗是组织成员在长期安全实践中逐渐形成的安全习惯和安全风俗。习俗（包括安全习俗）不同于时尚，时尚是现实的、流变的，因时间变动而变化的；而安全习俗是历史的、较为稳定的（也存在缓慢变化），为世代相传。

安全习俗，实际上是组织成员习以为常的、共同遵守的安全行为式样，对组织安全行为起着规范作用。不过，其规范作用，既不同于正式安全规章制度那样"硬"，又不同于安全理念、安全作风那样"软"，而是处于"硬"安全约束与"软"安全约束之间的地位。其作用特点是以习惯了的、自然而然的，甚至是"无意识"的方式对组织成员的安全行为起着调节作用，因而，它大大简化了人们的安全行为选择过程。若从组织成员结构上划分，组织行为安全文化又包括组织领导的安全行为（如安全领导、安全决策与安全指挥等）、组织安全模范人物的安全行为（安全宣传与安全倡导等）与组织成员群体的安全行为（安全法律法规与规章制度等的学习、安全操作技能培训与其他安全活动等）等。

4.4.3 制度安全文化

4.4.3.1 宏观层面的制度安全文化

顾名思义，制度安全文化就是通过规范的安全准则或文字文本形式固定下来的作为人们生产与生活所应遵循的安全规则的安全文化成果。一般而言，以文字规范形式出现的安全规章制度是制度安全文化最重要的组成部分，而习惯性规定的制度安全文化是文字性规定的制度安全文化的民间部分，二者的适用范围和对象是不同的，前者对应的是全体民众、国民或组织整体，后者仅仅在传统的社会或团体中发挥作用。

也有学者认为，制度安全文化包括劳动保护、劳动安全与卫生、交通安全、消防安全、减灾安全、环保安全等方面的一切制度化的社会组织形式以及人的社会关系网络。从社会制度、法律制度、政治体制、经济体制，以及教育体制、科学体制，直至各种工业、生产行业、各个社会集团的安全组织形式等，均属安全文化的制度层次。此观点更为宽泛，很难具体阐明制度安全文化的内涵与范畴。

制度安全文化具有很大的层次性。国家层面的安全法律制度适用于全体国民和组织群体。以中国为例，以宪法为最高规范，列有《安全生产法》和《职业病防治法》两大安全类大法，下面则根据需要制定各种安全法律，包括各行业与各领域的安全法律制度。除了国家层面的安全法律制度外，还有区域性的安全法律制度，如地方性的安全法律法规和团体性的安全规章制度等。这些适用范围、适用人群有着很大差异的安全法律法规、安全规章制度和安全条例，在一个最大的限度上规范着不同群体在生产与生活中应遵循的安全规则，保障人们安全健康生产与生活，保障整个社会安全健康、有序和谐地发展。

此外，制度安全文化一般属于强制性的形态，强制性极强的如国家安全法律，它对某些行为方式做出硬性的安全规定，若违反了这些安全规定，将受到法律的制裁。这种制裁通过政府部门（包括安监部门）和强权机关等国家机关来完成。因此，制度安全文化的建设主要包括建立安全法制观念、强化安全法制意识、端正安全法制态度，科学地制定安全法规、安全标准和安全规章，严格的安全执法程序和自觉的守法行为等。同时，制度安全文化建设还包括安全行政手段的改善和合理化、安全经济手段的建立和强化等。

4.4.3.2 微观（组织）层面的制度安全文化

组织制度安全文化主要指组织安全管理文化，即组织所制订和形成的安全领导体制、组织内部的安全组织结构与组织安全管理制度。组织安全领导体制的产生、发展、变化是组织安全发展的必然结果，也是组织安全文化进步的产物。组织内部的安全组织机构是组织安全文化的载体，包括正式安全组织机构（如组织安委会、组织的安全部或处等）和非正式安全组织（如各组织部门与班组等）。组织安全管理制度是组织在进行生产经营的安全管理时所制订、起着安全规范保证作用的各项安全规定或条例。

在组织安全文化中，组织制度安全文化是人与物、人与组织安全规章制度的结合部分，既是人的安全意识与安全观念的反映，又是由一定物的安全文化形式所构成。同时，组织制度安全文化的中介性，还表现在它是精神安全文化与物质安全文化的中介，既是适应物质安全文化的固定形式，又是塑造精神安全文化的主要机制和载体。正是由于组织制度安全文化的这种中介的固定、传递功能，它对组织安全文化的建设具有重要作用。组织制度安全文化是组织为实现自身安全目标对组织成员的行为给予一定限制的安全文化，具有共性和强有力的安全行为规范的要求。组织制度安全文化的"规范性"是一种来自组织成员自身以外的带有强制性的安全约束，规范着组织的每一个个体。组织工艺操作的安全规程、安全厂规厂纪、安全考核奖惩机制等都是组织制度安全文化的内容。

4.4.4 精神安全文化

4.4.4.1 宏观层面的精神安全文化

精神安全文化是一种看不见摸不着的安全文化，一方面，它通过人类所有的安全文化（如物质安全文化与制度安全文化等）进行传达；另一方面，它通过一些特殊的安全文化形态来直接展示人类的安全观念、安全意识、安全思想、安全愿景与安全心理等安全需求。后者，我们常常称它为精神安全文化。

精神安全文化的内容非常丰富。首先，它包括宗教信仰层面的安全文化，如安全图腾文化和诸多安全民俗安全文化内容等；其次，它包括安全哲学思想、安全科学、安全技术以及关于自然科学、社会科学的安全科学理论或安全管理方面的经验与理论；最后，它包括安全审美意识（有学者提出的安全美学）、安全艺术（安全艺术物品及书画、安全微电影等）与安全文学（安全小说、安全诗歌与安全标语等）。

安全文化的精神层次，究其本质而言，它是人的思想、情感和意志的综合表现，是人对外部客观和自身内心世界的安全认识能力与危险辨识结果的综合体现，人们把它看成是安全文化结构系统中的"软件"，但其却发挥着巨大的决定性作用和价值。很多情况下，精神安全文化决定了物质安全文化、制度安全文化与行为安全文化的创造形态和内容。换言之，安全文化的物质层次、制度层次与行为层次都是精神安全文化的对象化，是其"外化"的表现形式和结果。因此，精神安全文化是一种人类安全文化中不可或缺，有着其他安全文化形态不可替代作用的安全文化形态。它是安全文化的灵魂和中枢，决定并在一定程度上支配其他安全文化形态的存在。

4.4.4.2 微观（组织）层面的精神安全文化

从微观（组织）层面来看，组织精神安全文化，是指组织生产经营活动的群体安全意识、安全价值观念、安全愿景与安全道德的总和，是组织安全文化的核心内容，是组织安全文化的其他层次的升华，是组织安全文化的上层建筑。一般认为，组织精神安全文化的核心应主要包括组织成员共同接受和拥有的安全价值观、安全态度与安全道德三个方面。

（1）安全价值观 所谓价值观，是指人们对什么是真的和什么是假的（鉴定认知）；什么是好的和什么是坏的（鉴定功用）；什么是善的和什么是恶的（鉴定行为）；什么是美的和什么是丑的（鉴定形式）等方面的问题所做出的判断。由此推理，可得出安全价值观的含义，即人们针对各种安全问题的价值观的集合［在《企业安全文化建设导则》（AQ/T 9004—2008）中，将安全价值观定义为"被组织的员工群体所共享的、对安全问题的意义和重要性的总评价和总看法"］。细言之，安全价值观是人（包括个体或组织群体）对自身的安全认知及行为等的安全后果的对错，合德、合规与否及其意义、作用与影响等所持有的总体鉴定与评价的标准和看法。目前需要建立的科学安全价值观主要有：预防为主的观念；安全也是生产力的观念；安全第一、以人为本的观念；安全就是效益的观念；安全性是生活质量的观念；风险最小化的观念；最适安全性的观念；安全超前的观念；尽可能保护他人安全与不伤害他人的观念；安全管理科学化的观念；等等。同时还要有自我安全保护的意识；保险防范意识；防患于未然的意识；等等。

（2）安全态度 对于"态度"的定义最早是由斯宾塞和贝因（1862 年）提出，认为态度是一种先有主见，是把判断和思考引导到一定方向的先有观念和倾向，即心理准备[8]。作为心理学名词的"态度"一词，目前学界认为态度是个体对特定对象（人、观念、情感或者事件等）所持有的稳定的心理倾向[8]。这种心理倾向蕴含着个体的主观评价以及由此产生的行为倾向性。态度成分包括认知、情感、意向 3 种成分。认知反映个人对人、事、物的认识和了解；情感表示个人对态度指向对象的好恶情感反应的程度；意向指主体作用于态度对象的行为准备状态，是一种反应倾向。

基于态度的定义，在《企业安全文化建设导则》（AQ/T 9004—2008）中，将安全态度定义为"在安全价值观的指导下，员工个人对各种安全问题所产生的内在反应倾向"。在笔者看来，一般意义上的安全态度是个体对"保障安全"所持有的稳定的心理倾向，这包括个体对安全的重要性、执行安全规章制度与服从安全管理等的心理倾向。通过文献分析发现，学界普遍认为事故是由个体的不安全态度导致的不安全行为引起的，如Heinrch[9] 提出个体不恰当的态度是导致不安全行为的重要原因；杜邦公司认为员工的观念、态度将决定企业的安全绩效[10]。由此可见，安全态度对安全行为具有正向显著影响。此外，人的安全态度与安全价值观有密切的关系，可以说，安全价值观是形成人的安全态度的核心因素。

（3）安全道德 在现代汉语中，道德是一种社会意识形态，它是人们共同生活及其行为的准则与规范。顺理则为善，违理则为恶，以善恶为判断标准，不以个人的意志为转移。道德往往代表着社会的正面价值取向，起判断行为正当与否的作用。或者说，道德是指以善恶为标准，通过社会舆论、内心信念和传统习惯来评价人的行为，调整人与人之间以及个人与社会之间相互关系的行动规范的总和。道德具有调节、认识、教育、导向等功能，其与政治、法律、艺术等意识形式有密切的关系。根据毛海峰教授[3]的理解，安全道德是人们在共同的生产和生活过程中，在涉及他人安全利益时衡量人的行为正当与否的观念标准。在某一具体组织中，安全道德既是组织安全文化的组成部分，也是组织道德的重要组成部分。

需明确的是，尽管安全价值观、安全态度与安全道德三者间存在紧密关联，但也存在一些差异。首先，安全态度是个体所具有的，而安全价值观与安全道德既有个体层面的，也有组织层面的。在进行组织精神安全文化建设时，就是要通过组织的安全价值观与安全道德影响组织个体的安全价值观、安全态度与安全道德。

4.4.5　情感安全文化

本节内容主要选自本书作者发表的题为《情感性安全文化的作用机理及建设方法研究》[4]的研究论文，具体参考文献不再具体列出，有需要的读者请参见文献［4］的相关参考文献。

人是情感动物，一般而言，每个身心健康的人都具有强烈的情感需要[141]。心理文化学认为，人类除了有生理性和社会性 2 类基本需要外，还有另一类最高层次的需要，即情感需要，它对人的认识和行为具有显著影响。因此，培育情感安全文化就显得至关重要，它对改变人的不正确安全观念和控制人的不安全行为等具有重要价值。

许烺光将情感需要从社会需要中区分开来，提出角色与情感的理论，并指出培育情感性组织文化极为重要。他认为人在社会生产、生活中，通常是在担当一个或几个角色，如一个人可能同时是工人、父亲、丈夫等，根据人给自己的角色投入感情与否，可将角色分为功能性角色和情感性角色，并指出单纯的角色（功能性角色）仅是告诉人"能不能"，而情感则告诉人"对不对""应不应该""值不值得"等，换言之，情感决定人选择做什么（如果可以选择的话）。此外，王洪宾指出，情感管理是组织文化建设的内在需要；葛麦斯安全法则与其他被融入了情感元素的安全管理或教育手段也在安全管理与教育中得到广泛应用，并取得良好的实践效果。

由上述分析可知，情感在安全文化建设中具有重要作用，可显著加快安全文化建设进展，并大幅度提高安全文化的效用。鉴于此，笔者在分析人的情感性安全需要的内涵的基础上，从安全文化学和心理学相结合的角度，提出情感安全文化。

4.4.5.1　情感性安全需要的内涵

情感需要是人类特有的需要，包括给予和接受，它是一种感情上的满足和心理上的认同，其主要包括表达悲欢的需要、倾诉的需要、爱与被爱的需要、尊严的需要和完善生命的需要 5 种类型。情感对于人的实践活动的作用具有积极和消极双重特性。此处的人的情感性安全需要特指能够引发人的积极的行为反应，并有利于保障个人和他人安全，促进人的安全素质提升的情感需要。

基于上述对情感需要的分类和情感性安全需要的定义，笔者将情感性安全需要划分为爱与被爱的需要、完善自我安全人性的需要和实现自主保安价值的需要 3 种类型，具体解释如下。

（1）爱与被爱的需要　一般而言，人都具有被他人爱和爱抚他人的需要。这在人的情感性安全需要方面的具体表现为：①"被爱"的需要使人明白个人安危不仅是个人需要，更是别人（如亲人、同事等）的需要，从而使其更加注意个人安全问题；②"爱"的需要可使人做到不伤害他人或尽可能保护他人不受伤害，促使人思考个人的行为等是否会给他人带来伤害，进而纠正自己的不安全行为或判断做出有利于他人安全的行为。总而言之，爱与被爱的需要可激发人产生安全责任感，使人明白重视安全是值得且幸福的。

（2）完善自我安全人性的需要　Maslow 认为，人的高层次需要主要体现在人对"完满人性"的追求，同样，大多数人也都有完善个人安全人性的需要，即逐渐摒弃马虎、侥幸、鲁莽、懒散等个人安全人性弱点，尽可能把个人塑造成一个拥有更多安全人性优点的人。

（3）实现自主保安价值的需要　Maslow 认为，人的最高层次的需要是自我实现的需要。因此，一般情况下，人都具有主动、自控的一面，且都具有很强的生理安全欲和安全责任心，并想方设法尽其最大努力确保个人和组织安全，即实现自主保安价值。

需要指出的是，人的爱与被爱的需要是最基本的情感性安全需要，完善自主安全人性的需要是较高层次的情感性安全需要，实现自主保安价值的需要是最高层次的情感性安全需要，人的高层次的情感性安全需要是基本的情感性安全需要的升华。基于上述分析可知，情感性安全需要至少具有刺激与动员功能和提醒与说服功能两项基本功能，其深层次功能在于激发人的安全责任感和规范、约束人的不安全行为。人的情感性安全需要的分类及功能，如图 4-5 所示。

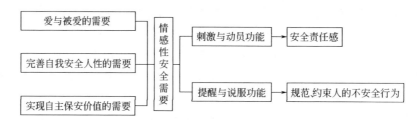

图 4-5　人的情感性安全需要的分类及功能

4.4.5.2　情感安全文化的内涵

（1）情感安全文化是安全文化的基础和内在需要，贯穿于安全文化的其他层次，并对它们产生巨大影响（如图 4-5 所示），主要表现在两方面：①实施安全文化建设的关键是确立并贯彻以人为本的理念，即基于人的情感性安全需要，关心、理解、激励和信任人，使人主动发挥其主观能动性，充分展示人的安全创造力；②情感安全文化强调用情感激发人的安全责任感并纠正组织成员的错误安全认识和不安全行为，将个人、亲人和组织的安全和发展融为一体，用美好的愿景（亲人团聚、同事互助互安、组织成员与组织共平安等）激励人、鼓舞人，让人更容易接受和认同组织的安全制度、规范等，进而调动人的安全主动性、积极性和创造性。

（2）情感安全文化是依赖于人的情感性安全需要形成并发挥作用的。其中，人的爱与被爱的需要是其形成的基本条件和基础，而人的完善自我安全人性的需要和实现自主保安价值的需要是其追求的最终目标。

对于保障组织及组织成员安全而言，情感安全文化可发挥巨大作用。基于情感安全文化的具体涵义，提炼出情感安全文化的 4 项重要功能，具体解释如下。

（1）情感安全文化有助于减小组织安全管理和安全文化建设阻力　①情感是组织成员对其他组织成员和组织事物的心理体验和心理反应，激发组织成员的安全责任，即爱自己、爱组织成员、爱组织财产和环境等，组织成员间才能够实现安全思想意识的一致，安全理想信念的相投，安全行为习惯的相近等；②情感安全文化能增强组织成员对组织安全管理制度和安全文化理念等的认同感，进而自觉纠正自己的错误认识并规范自己的行为等。

（2）情感安全文化有利于提高组织安全文化的品位和层次　情感安全文化是维系组织成员间良好关系的纽带，实施情感安全文化建设能够增进管理者和被管理者间的沟通和理解，能够增强组织成员的安全主人翁意识，促使先进的组织安全理念迅速深入人心，得到组织成员的拥护支持和切实贯彻，从而提高组织安全文化的品位和层次。

（3）情感安全文化有利于组织安全文化向生产力的转化　组织安全文化不是片面追求组织安全，而是挖掘组织成员的安全智力资源，提高劳动绩效，关心、尊重与成就人。情感安全文化是组织安全文化力向生产力转化的催化剂，能够提升生产效率，提高组织形象，增强组织知名度和美誉度，增强市场竞争力。

（4）情感安全文化有利于组织安全文化的突破与创新　只有将组织安全文化理念根植于组织成员，组织才能具有永久安全发展的生机与活力。情感安全文化鼓励组织成员挖掘自身潜力，勇于创新，突破自我，鼓励组织成员自主保安价值的实现，实现组织与组织成员的双安效果，这是组织安全文化创新与突破的动力来源。

4.5　安全文化符号系统

本节内容主要选自本书作者发表的题为《安全文化符号系统的建构研究》[11] 的研究论文，具体参考文献不再具体列出，有需要的读者请参见文献［11］的相关参考文献。

人类文化的起源和发展是以文化符号为基础的。在安全文化发展进程中，出现许多被赋予特定安全信息或意义的符号，即安全文化符号，如安全标语、标志或手势等，为安全文化传播起到了促进作用。

4.5.1　安全文化符号的内涵

4.5.1.1　概念界定

文化是一个社会中所有与社会生活相关的符号活动的总集合，换言之，文化是人类创造的一种符号。所谓文化符号，是指人类用来表达某种文化内容的标记或记号。

目前，学界对安全文化符号尚无具体定义，笔者运用"属＋种差"的方法定义安全文化符号。基于属的角度，安全文化符号隶属于文化符号的范畴；基于种差的角度，安全文化符号有别于其他文化符号，其诞生并应用于安全文化领域。因此，可将安全文化符号的概念界定为人类文化符号中用以表达某种特定安全信息或意义的文化符号。

4.5.1.2　涵义剖析

文化符号是人类复杂思维在长期社会实践中的产物，具有高度的复杂性和抽象性。基于文化符号的涵义，从 4 个方面阐述安全文化符号的内涵。

（1）安全文化符号既不是事物本身，也不体现事物属性　如橄榄枝是灾难已过、和平的象征，可引申为安全与健康，但安全与健康既不是橄榄枝本身，也未体现其属性。

（2）安全文化符号是某种特定安全信息或意义的替代物　如十字路口的红色交通信号灯象征危险，示意行人和车辆暂停。

（3）安全文化符号包含形式（能指）和内容（所指）　其中，用来代表事物的物质形式称为符号的形式，即它能表示某一事物，也被称为能指；安全文化符号在代表事物的过程中产生的价值和作用，就是符号的内容，即它可以指称一定对象，也被称为所指。如安全标志中象征危险的图案标志，属于符号的形式，而危险则是其所指。

（4）安全文化符号具有任意性和约定性　任意性是指一定的安全文化符号内容可以用多种安全文化符号的形式来表示，如红色信号灯表示行人车辆暂停，交警的手势或语言也可以表达同样的内容。由此可知，安全文化符号内容的"所指"形式，是人们按照自己的思维和心理习惯约定俗成的，即其具有约定性。

4.5.1.3　功能分析

基于安全文化角度，安全文化符号共有以下 4 项基本功能。

（1）有利于安全文化得到更充分的认知和传播　信息量与其价值间的关系是以一个临界点为界限的。当信息量超过临界点时，信息价值与信息量之间呈反比关系，即信息过载。而符号作为表达与传播信息意义的象征物，可极大地简化信息量。鉴于此，为使安全文化得到更充分的认知与传播，有必要将安全文化符号化。

（2）有利于事故预防和安全管理　安全文化符号能够表达某种特定的安全信息或意义，可借助其来进行安全提示、警示、指挥等。安全文化符号是事故预防和安全管理的常用途径，主要表现在两个方面：①可使危险有害因素（危险源）、人的不安全行为等实现可视化，即让风险"看得见"；②可借助安全手势进行作业安全指挥或判断人的作业姿势是否符合安全操作规范等。

（3）有利于营造组织安全文化氛围　①安全文化符号形式多样，如安全标语、标志、手势、漫画、诗歌等；②安全文化符号内容形象生动、寓意深刻，且大部分是说理与抒情并存；③安全文化符号的形式和内容都非常注重设计的美感和精度，且安全文化符号大多能与地方文化相结合，具有深厚的文化底蕴。

（4）有利于安全文化研究，为创建安全文化符号学奠定基础　①安全文化是由各种安全文化符号构成的体系，可透过安全文化符号研究安全文化的特点、溯源和发展等，为安全文化研究提供一种新方法。由于安全文化符号具有物质性和客观性，符号研究法可从根本上克服以往研究方法的主观性较强、信服力较弱等弊病；②文化符号学主要研究各文化符号系统间的相互关系及各系统对整体做出的贡献。因此，安全文化符号系统的建构研究为安全文化符号学的创建奠定了基础。

4.5.1.4　特征分析

作为一种文化符号，安全文化符号自身具有独特的存在方式、表现形式和内在属性。现将安全文化符号的基本特征解释如下。

（1）安全文化符号是形态性与表意性的结合　形态性指其形式，表意性指其内容。若仅有形态性，人们无法理解安全文化符号的内涵；若仅有表意性，安全文化符号就失去了载体作用，无法被人们感知，失去了存在的基础。因此，形态性与表意性是安全文化符号最鲜明的特点。

（2）安全文化符号具有任意性和约定性　该特征已在其涵义剖析中详细阐述，不再赘述。

（3）安全文化符号的表意性外延远远超过其形态性　在中国传统文化中，红色代表吉利祥瑞，是原始审美中的安全想象；目前，安全领域又赋予其新的意义，作为禁令色标使用。由此可知，在一种固定形式的安全文化符号中，可以挖掘出更多的安全文化意义。

（4）安全文化符号具有普遍性、多样性及多义性　①安全文化符号在生产和生活中普遍存在，且符号形式多种多样；②不同国家、民族甚至同一国家的不同地区，随着时代变迁，同一安全文化符号的安全意义存在差异。如对于安全操作指挥中常用的点头符号，在中国、俄罗斯等多数国家，点头表示肯定，而在保加利亚、希腊等国家，摇头则表示肯定。

4.5.2　安全文化符号系统的构成

安全文化符号系统极其丰富且复杂，所有的安全文化行为都可视为安全文化符号，即安全语言、行为及各类综合的形态等，都属于安全文化符号系统。正是基于复杂的安全文化符号系统，安全文化才得以记录、传承和交流。在具体使用的特定情境中，安全文化符号才可体现出特殊的价值和涵义。

安全文化符号系统由多种安全文化符号形态构成。根据安全文化的内容层次（物质安全文化、制度安全文化、行为安全文化、精神安全文化与情感安全文化），分别将其符号化，即形成物质安全文化符号、制度安全文化符号、行为安全文化符号、精神安全文化符号和情感安全文化符号。为避免分类的抽象性，使其具体化，安全文化符号可通过语言、文字、服饰及各种综合形态等多种具体物质形式表现出来。因此，根据安全文化符号的不同物质形式，笔者把安全文化符号系统分为 3 个子系统，各子系统又可细分为若干更小的系统，如图 4-6 所示。

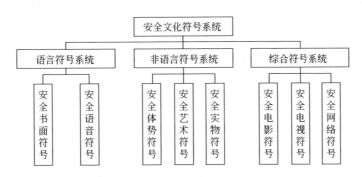

图 4-6　安全文化符号系统的构成

4.5.2.1　语言符号系统

现代语言学之父费尔迪南·德·索绪尔认为，语言是一种表达观念的符号系统。因此，语言在安全文化符号系统中占据重要位置，诸多安全文化符号系统是通过语言阐释的方式传递安全信息，并逐渐被人们理解和接受。常见的语言安全文化符号有：①安全书面符号，如安全谚语、标语、说明语及提示语；②安全语音符号，如保证机器正确操作或防止误操作的安全语音提示、消防应急逃生语言提示器、安全应急演练的警报声等。需要说明的是，语言系统按"语系→语族→语支→语种"的顺序可划分为若干具体形态，如常见的汉语、英语、藏语、蒙古语等。因此，语言安全文化符号系统具有多种语言形态，能够传递被不同区域群体认同的安全文化信息。

4.5.2.2　非语言符号系统

非语言符号系统是指人们在安全信息交流过程中，能够表情达意的各种外在的、具体的非语言形态标记。在人类交往中，非语言信息量占社会信息量的65％。由此可知，非语言符号系统是安全文化符号系统的重要组成部分。非语言安全文化符号系统可大致分为3类：①安全体势符号，是指人们在安全信息交流或表达中所使用的手势（如交通指挥安全手势信号、起重吊运指挥安全手势信号、神东煤炭集团员工编排的22种安全手势信号等）、姿态（安全作业姿势等）或脸部表情（脸部表情可以体现出人的恐惧、紧张等与安全相关的心理状态）等体态语言；②安全实物符号，是指在生产、生活中被赋予安全文化价值的固定的事物，即具有安全文化符号意义，如安全防护背心、安全旗、安全色、警示灯、警戒线等；③安全艺术符号，是指一种安全文化创造物，即以安全文化为基础而创造的艺术形式，常见的有安全文学（如安全古文、诗歌、散文、小说等）、安全绘画（漫画、图案）、安全雕塑等。

4.5.2.3　综合符号系统

综合安全文化符号系统是一种包括语言安全文化符号系统和非语言安全文化符号系统，并对二者进行有机融合的综合结构式安全文化符号系统，表现为3种形式：①安全电影符号，如安全微电影等，它是以画面、音乐、体势等多种形态表现的综合安全文化符号；②安全电视符号，如安全公益广告等，与安全电影符号极为接近，差异在于与受众的沟通方式不同，安全电视符号通过电视台直接将信号传向各个电视用户，具有快捷、直接和综合的特点；③安全网络符号，如安全微信公众平台、安全生产管理网站等，多媒体与网络技术将语言、图形图像、声音等符号集于一体，通过计算机、网络及相关辅助器材等，实现安全文化的更广泛传播。

4.5.3　安全文化符号圈的涵义

4.5.3.1　洛特曼"文化符号圈"理论的释义

苏联学者洛特曼认为，人生活在自然世界和文化空间中，文化空间是人类符号化思维和符号化行为对自然世界重塑的结果，因此，他将文化空间命名为文化符号圈。此外，洛特曼将文化的实质定义为信息，而文本可以传递、保存及产生信息。因此，基于"符号→文本→文化→符号圈"，即"符号形成文本，文本形成文化，文化形成符号圈"的逻辑思路，洛特曼提出"文化符号圈"理论，并阐明文化符号圈的特征、内在结构和信息运作机制。

（1）文化符号圈的最本质特征是不匀质性　不匀质性指文化符号圈中的语言性质有差异，主要表现为：①各种语言性质的迥异，如体态符号、诗歌符号、电影符号各不相同；②自然语言的发展滞后于思想意识形态的变化。

（2）文化符号圈的内在结构是一个具有"中心"与"边缘"的层级结构　洛特曼认为，最发达、结构上最有组织、最强势的符号，构成文化符号圈的"中心"；与"中心"相比，"边缘"上则是结构不够发达、组织性不强的符号。

（3）文化符号圈的信息运作是通过其"中心"与"边缘"的互动来完成的　①"中心"可视为符号法则，它给整个文化圈系统赋予深层的文化寓意，是推动文化传播的原动力，并对"边缘"产生约束和影响；②"边缘"是离散和活跃的部分，保证整个符号圈的多样性与动态性。

4.5.3.2　安全文化符号圈的提出

安全文化符号圈与洛特曼提出的"文化符号圈"在特征、内在结构和信息运作机制方面具有诸多相似性。①最本质特征相似：安全文化符号圈具有不匀质性，表现为符号性质迥异，如语言符号系统、非语言符号系统和综合符号系统各不相同；同时表现为安全文化符号滞后于安全思想意识形态变化。②内在结构方面：安全文化符号圈是一个具有"中心"与"边缘"的层级结构，具体内容将在下文详述。③信息运行机制方面：安全文化符号圈不是一个死板静止的组织结构，是一个相互联系的动态系统集合。

鉴于此，洛特曼提出的符号圈概念适用于指代安全文化符号空间，即安全文化符号圈，是安全文化学与符号学交叉的理论部分。

4.5.4　安全文化符号系统的建构

4.5.4.1　安全文化符号结构体系的构造

安全文化是以各类安全文化符号为媒介，实现不同国家、地区、民族、文化、语言群体之间的安全文化交流与互动。安全文化符号通过多种具体物质形式表现出来，如各类语言符号、非语言符号等。为实现对诸多安全文化符号形式进行整体性分析，基于洛特曼"文化符号圈"理论，将各孤立的、分散的符号个体整合成一个层次分明、动态多元且相对稳定的结构体系，如图 4-7 所示。

4.5.4.2　安全文化符号结构体系的解析

基于洛特曼"文化符号圈"理论，解析安全文化符号结构体系如下。

（1）安全文化符号圈的"中心"是安全文化的深层所指，具有高度一致性。安全文化符号圈的"中心"体现出安全文化的主导文化，即反映精神安全文化的安全价值观、安全理念、安全目标或安全行为准则等。安全文化符号圈的"中心"把安全文化符号规则传播至整个安全文化符号圈，并成为安全文化符号圈中所有安全文化符号的深层所指。

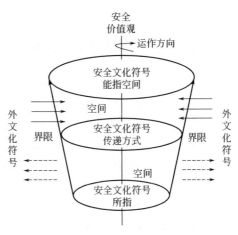

图 4-7　安全文化符号结构体系

（2）安全文化符号圈的"中间区域"是其"中心"的间接性能指，并具有具体所指。此外，某一特定组织的安全文化符号圈的"中间区域"在一段时间内是保持相对稳定的。安全文化符号圈的"中间区域"由物质安全文化符号、行为安全文化符号和制度安全文化符号组成，这些符号均具有具体的所指，它们的设计和应用应以安全文化符号圈的"中心"，即主导安全文化为依据。需要说明的是，某一特定组织的主导安全文化在一段时间保持稳定，因此，它的安全文化符号圈的"中间区域"在一段时间也保持相对稳定。

（3）安全文化符号圈的"边缘"是安全文化中不定时出现的新符号，具有不稳定性。若单纯强调安全文化符号圈的"中心"价值，就会使安全文化符号圈变得僵硬死板，失去发展动力。因此，需要另一种因素进行调节，即在安全文化符号圈中允许"边缘"存在。随着时代变迁，为增强安全文化符号圈的"中心"时宜性，人们不断丰富和发展其内涵，同时出现新的安全文化符号。由于安全文化符号圈的"中心"与"边缘"的不断互动，安全文化得以发展。此外，因新安全文化符号出现时间的随机性和被人们接受与否的不确定性，其具有不稳定性。

（4）安全文化符号圈的"界限"功能是区别并过滤外文化。文化圈的"界限"把文化分为内外两个空间，内空间表示圈内文化，外空间表示圈外文化。由此可知，安全文化符号圈的"界限"具有两项重要功能：①根据安全文化符号系统的独特性，强调其某些特征的绝对性，进而区分安全文化符号系统和外文化符号系统；②由于安全文化与外文化存在广泛交流，为阻挡与安全文化符号圈"中心"相冲突的外文化符号流入，或选择性吸收部分"相融"的外文化符号，丰富和发展安全文化符号圈，安全文化符号圈的"界限"就需要发挥其过滤作用。

（5）安全文化符号圈的"中心轴"是安全价值观。价值观是文化的灵魂，决定组织文化的发展和建设方向。因此，将安全价值观作为其"中心轴"，表明安全价值观对所有安全文化符号的设计和应用具有核心指导作用。

（6）基于上述分析可知，安全文化符号圈是将人、文化和自然都纳入自身体系之中，并以安全价值观为主线，确立并形成符号系统，由此建立安全文化符号圈中心维度示意图（图4-8）。

由图4-8可知，人自身、人与人、人与自然三者间存在交点 O；整体平衡意味着三者关系处于"安全、和谐"状态；表明安全文化符号（包括能指和所指）必须始终围绕"安全、和谐"的状态运行。

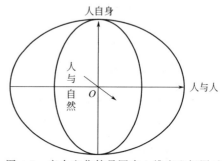

图4-8　安全文化符号圈中心维度坐标图示

4.5.5　安全文化符号系统的创新

特定组织的安全文化具有独特性和时间连续性，不易改变，其稳定性、惰性与组织的历史久远度和自身成熟度呈正比关系。随着时代变迁，特定组织的安全文化以独特创新机制不断更新，从而使安全文化符号系统成为动态变化的有机体。

安全文化符号个体的创新，包括形式（能指）和内容（所指）的创新，较简单；安全文化符号系统的创新，是一个系统的创新，较复杂，包括自我创新、位移创新和互动创新3种方式，如图4-9所示。

（1）自我创新发生于安全文化符号圈的"中心"和"中间区域"　①虽然安全文化符号圈"中心"是人们长期安全实践的结晶，非常稳定，但为适应社会安全发展需求、受众需求的变化以及不断进步的安全价值理念，安全文化符号圈"中心"需要不断改变和补充；②安全文化符号圈"中间区域"的创新是以安全文化符号圈"中心"为限定条件的创新，并随着社会安全发展要求等，实现对安全文化符号圈"中心"内容具体表现形式的更新和丰富。

（2）位移创新发生于安全文化符号圈的"边缘" 安全文化符号圈的"边缘"是安全文化符号圈最活跃的区域，此区域的多数安全文化符号都是自生自灭。少数安全文化符号经安全文化符号圈"中心"严格"把关"后，变为安全文化符号圈的"中间区域"符号，即发生位移，实现安全文化符号系统的创新。

（3）互动创新发生于安全文化符号圈的"界限" 安全文化符号圈的"界限"是安全文化符号与外文化符号的接壤区域，圈外的文化符号与安全文化符号必定会发生排斥或融合。只有符合安全文化符号圈"中心"内容要求的极少数圈外文化符号才会被安全文化符号系统吸收，实现自身的创新，其余的圈外文化符号均被排斥。由此可知，安全文化受社会宏观文化的影响和制约，只有其不断改变和调适，才能与外部文化环境相互协调，通过互动创新，吸收新的安全文化符号。

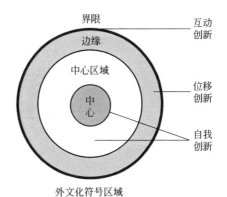

图 4-9　安全文化符号圈的创新方式及其发生区域图示

思考题

1. 安全文化的特点有哪些？
2. 安全文化的功能有哪些？
3. 可从哪些维度出发对安全文化进行分类？各维度又包括哪些具体安全文化类型？
4. 关于安全文化的层次结构有哪几种典型说法？
5. 阐述安全文化的"4＋1"层次结构的基本内涵。
6. 简述安全文化符号及安全文化符号系统的构成。
7. 简述安全文化圈的涵义及安全文化符号系统的建构。

参考文献

[1] 王秉，吴超，杨冕，等.安全文化学的基础性问题研究[J].中国安全科学学报，2016，26（8）：7-12.

[2] 徐德蜀，邱成.安全文化通论[M].北京：化学工业出版社，2004.

[3] 毛海峰，王珺.企业安全文化：理论与体系化建设[M].北京：首都经济贸易大学出版社，2013.

[4] 王秉，吴超.情感性安全文化的作用机理及建设方法研究[J].中国安全科学学报.2016，26（3）：8-14.

[5] 王秉，吴超.家庭安全文化的建构研究[J].中国安全科学学报，2016，26（1）：8-14.

[6] 王秉.探寻安全文化起源与发展（12）——"锁"住安全文化[EB/OL].（2015-04-28）.科学网.http：//blog.sciencenet.cn/blog-1953670-973468.html.

[7] 王秉.探寻安全文化起源与发展（13）——人类设计中的6则安全文化趣事[EB/OL].（2015-04-29）.科学网.http：//blog.sciencenet.cn/blog-1953670-973603.html.

[8] 张林，张向葵.态度研究的新进展——双重态度模型[J].心理科学进展，2003，11（2）：171-176.

[9] Heinrich H W. Industrial accident prevention[M]. New York: McGraw-Hm, 1959.

[10] Stuart J M. Managing for world class safety[M]. A Wiley Interscience Publication, 2002.

[11] 王秉，吴超，黄浪.安全文化符号系统的建构研究[J].中国安全科学学报，2015，25（12）：9-15.

安全文化学方法论

 本章导读

本章主要建构了安全文化学方法论体系，从而进一步完善了安全文化学学科理论体系。通过本章的学习，读者可掌握安全文化学研究方法论，以期指导读者开展具体的安全文化学研究。本章主要包括以下 5 个方面内容：①概述方法论，旨在明晰方法论的定义与内涵，以及方法与方法论的关系。②提出安全文化学方法论的定义，并分析其内涵。③提出整体主义与局部主义两条安全文化学研究路径，归纳宏观研究与微观研究相结合、现实研究与历史研究相结合等 6 条安全文化学研究原则。④提炼辩证法、比较法、系统论法与审视交叉法等 6 种安全文化学主要研究程式。⑤构建安全文化学方法论的"轮形"体系结构，并分析其内涵。

在安全社会科学领域内，安全文化学至今已经发展成为一门颇具特色的分支学科。从理论上看，安全文化学侧重于从横向来研究安全文化现象，注重安全文化发展的规律以及安全文化元素之间相互作用的内在机制，注重安全文化研究方法的探讨，并从安全文化现象中概括出反映客观现实的概念和范畴来构建自己的理论体系。

学科研究需要方法论的指导，因此，安全文化学研究也离不开方法论。从方法上看，尽管目前已积累诸多安全文化研究的具体方法（安全文化学吸纳了多种学科的方法，使得研究的形式趋于多样化和综合化），但尚未达到方法论的高度，关于安全文化学方法论的研究还几乎处于空白，因此，有必要对安全文化学方法论进行深入研究。

鉴于此，基于安全文化学与方法论定义，笔者提出安全文化学方法论的定义，分析其内涵。在此基础上，从方法论高度探讨安全文化学的研究进路、原则及研究程式，构建安全文化学方法论体系结构，以期实现对安全文化学研究的理论指导，进而完善安全文化学学科理论体系，促进安全科学发展。

5.1 方法论概述[1]

《墨子·天志（中）》中述："中吾矩者，谓之方，不中吾矩者，谓之不方。是以方与不方，皆可得而知之，此其故何？则方法明也。"又述："中吾规者，谓之圜；不中吾规者，谓之不圜。是以圜与不圜，皆可得而知也。"上述就是有名的"方法"与"圆法"，前者为度量方形之法，后者为度量圆形之法。汉语中"方法"一词后来演变成做各类事情的办法或手段。

5.1.1 方法和科学方法

在《现代汉语词典》中，方法是"关于解决思想、说法、行动等问题的门路、程序等"。方法是实践过程中最重要也是最基本的要素，是主体认识客体的桥梁和工具。

从这些定义可以看出，方法既包括认识方法、表达方法，也包括实践方法；它是为实现目标服务的一个分层次的有机系统。这个系统包括思路、途径、方式和程序 4 个层次，这 4 个层次形成了有秩序、相互联系、相互影响、相互补充的方法的内部结构系统。

科学研究的成就无一不与正确方法的运用相联系。许多科学家对方法的重要性都有深刻的体会和精辟的描述，例如，俄国生理学家巴甫洛夫深有体会地说："我们头等重要的任务乃是制订研究法。""方法是最主要和最基本的东西""有了良好的方法，即使是没有多大才干的人也能作出许多成就。如果方法不好，即使是有天才的人也将一事无成。""方法掌握着研究的命运"。科学方法是方法的一类，因为并非所有的方法都能称为科学方法。科学方法是科学探索的工具。科学方法的两个主要方面都是不可或缺的，即逻辑结构和经验观察。科学方法一方面强调理论的构造，另一方面强调观察和实验。科学史证明，科学方法就是经验和理论的平衡，是二者的正确结合。

5.1.2 方法论

方法学是以方法为研究对象的科学。方法论则是从哲学的高度总结人类创造和运用各种方法的经验，探求关于方法的规律性知识。方法论摆脱了具体工具的束缚，进入了思维领域，它已经超出了经验的范围，上升为抽象的理论系统。方法论是具有普遍意义的一般理论，它有两层含义：一种是指关于研究的方法、研究方式的学说；另一种是指在某一门科学上所采用的研究方法、方式的学说。这两层含义都不是以具体的事物为对象，不可能解决任何以具体事物为对象的具体科学问题，只能对某一具体对象研究程序提供理论性指导。

作为具有普遍指导意义的方法论，它所提供的是具体科学研究所必须遵循的一般性规律或法则。方法论影响和制约方法的选择及运用，自觉或不自觉地运用不同方法论的人考虑问题时都会有自己特有的观点和视角，同时在选择研究手段的程序和方法上也会表现出差异。

方法论具有导航作用，在科学探索中，每一种新的科学成果的发现，不仅需要科学家独到的思想见解和精密的实验，更需要有引导他们走向成功的方法论。正因为如此，方法论已经成为哲学家、科学家、社会学家等的重要研究课题。

科学家在研究方法上各有不同的习惯、风格和特点，不同的学派也各有研究方法的特色和传统，各个学科更有不同的研究方法。方法论的研究，就是要从个别人、个别学派、个别学科的研究方法和研究经验中，总结出关于方法的共同性的、规律性的东西。用过河需要桥或船的比喻来说，方法论并不为人们提供现成的桥或船，而是教给人们怎样认识造桥或造船的重要性，以及怎样造更好的桥或船的一般原则。这种一般性原则常常能给人们以思想上的提示、启发和指引，使人们根据具体情况寻找或创造具体的方法，不再重走历史的弯路，更好地发挥创新精神，争取高效率地完成任务。这种提示、启发和指引，正是方法论的价值所在。

5.1.3　方法和方法论的关系

方法和方法论既有密切的联系，又有本质的区别，二者是辩证统一的关系。从联系的角度来讲，一方面，方法是方法论的分散、不系统的经验材料，缺乏方法论指导的方法是难以发挥其应有作用的；另一方面，具体的方法构成了方法论的基础和素材，没有具体方法支撑的方法论仅仅是抽象的、空洞的，不可能指导人们运用、总结和提升方法。从区别的角度来讲，一方面，方法论不是各种方法的简单堆积，只有在一定的原理、观点指导下所形成的系统化、条理化的方法体系，才能称为方法论；另一方面，方法仅是方法论研究的对象、加工的材料，在方法论中是个别的和具体的，未在一定原理、观点指导下加以系统化和条理化的方法不能称为方法论。

5.2　安全文化学方法论的定义及内涵

基于方法论的定义及本书第1章1.5节所给出的安全文化学的定义，将安全文化学方法论定义为：安全文化学方法论是指从哲学高度总结并提炼安全文化学的研究方法，是基于哲学、文化学方法论与安全科学方法论等理论，以安全文化学研究为主体，对安全文化学的研究方法与范式体系等内容起宏观指导作用的方法论。

安全文化学方法论旨在阐明安全文化学的研究进路、方向与途径等，既有助于构建安全文化学的研究范式，又有利于形成多层次、多维度、多视角且有独特学科内涵与外延的安全文化学学科框架体系。

5.3　安全文化学的研究进路及原则

本节内容主要选自本书作者发表的题为《安全文化学方法论研究》[2]的研究论文，具体参考文献不再具体列出，有需要的读者请参见文献［2］的相关参考文献。

所谓安全文化学的研究进路，是指开展安全文化学研究的基本切入点，即应该最先着手的地方，可以说，安全文化学研究的重大进展在于安全文化学的研究进路。而安全文化学的研究原则是安全文化学研究必须遵守的基本要求，它是安全文化学研究规律的反映和安全文化学研究实践经验的概括。因此，安全文化学的研究进路及原则可谓是安全文化学方法论的基础，值得最先探讨清楚。

5.3.1　研究进路

基于安全文化学方法论的定义与内涵，以及安全文化与人类文化的共性（安全文化作为人类文化的亚文化或子文化，是客观存在的文化现象之一）与个性（安全文化产生于人类的安全生产与生活领域，并为人类的安全生产与生活服务，有其自身特有的特征、功能、结构与演变、作用规律等），提出安全文化学的两条研究进路。

（1）整体主义路径　以人的安全健康为纲领，提取并重新整合人类文化中与安全有关的文化元素，构建出"珍爱生命，关注人的安康，提升人的安康保障水平及其生产、生活舒适度"为主旨的文化模式，即"人的生产、生活关系和谐，安全价值高扬，安全意义丰富，安全态度超迈"的文化模式。

（2）局部主义路径　从安全文化的某一方面探讨安全文化学的研究思路。换言之，研究作为安全文化某一方面的安全文化样式，如研究不同局部（包括学校、社区、企业与国家等）的安全文化、不同层面（包括精神层、制度层、行为层与物质层等）的安全文化或安全文化的自身运动规律（包括形成、演进、传播与作用等）等。

基于两条不同研究进路，可实现对安全文化的系统性深入研究。无论从何种研究进路切入，安全文化学的内核应是关注人的安全健康文化。需特别指出的是，在哲学视阈下，关注人的安全健康的文化并非是人类中心主义，而是人的安全健康中心主义。

5.3.2　研究原则

根据安全文化的特点（见本书第 4 章 4.1 节内容），提出安全文化学研究的 6 条核心原则：宏观研究与微观研究相结合、现实研究与历史研究相结合、群体研究与个体研究相结合、纵向研究与横向研究相结合、"软件"研究与"硬件"研究相结合、定性研究与定量研究相结合，具体解释见表 5-1。

表 5-1　安全文化学的研究原则

原则名称	具体内涵
宏观研究与微观研究相结合	①宏观研究:把安全文化作为整个社会文化的一种亚文化或子文化,从大文化系统出发,研究安全文化与社会文化的相互关系,揭示安全文化发生与发展的宏观规律和制约安全文化建设的宏观条件,即从更广的范围与更高的水平把握安全文化的本质,进而推进安全文化改良和建设进程。②微观研究:对某一群体自身的安全文化机制、内容及其影响因素的研究。唯有二者结合,才可全面、科学把握安全文化的本质、特质与内在规律等,进而指导安全文化改良或建设
现实研究与历史研究相结合	①现实研究:研究某一群体的安全文化现状,即了解当前该群体的安全文化特性、优劣与强弱,确认其安全文化模式并判断其存在的安全价值等,以便做出科学的决策改良或建设群体安全文化,因此,现实研究应是安全文化研究的侧重点。②历史研究:基于现实是历史的延续(即安全文化总是延续的)的观点,对某一群体安全文化现状形成的历史过程的研究。唯有用历史的眼光去考察安全文化的发展演变过程,才可对现状作出更深刻的理解,即要实现二者有机结合
群体研究与个体研究相结合	①群体研究:对某一群人的集合体(如大到民族、国家与城市等,小到企业、社区、学校、家庭与班组等)的研究。安全文化作为一种群体文化,唯有研究群体及其安全文化特点,形成过程与制约条件,才可真正理解某一群体的安全文化。②个体研究:对个别典型人物,如安全领导、安全模范或易造成事故的个体等的研究。群体由若干个体构成,不可脱离个体来研究群体,即个体研究应是群体研究的起点和基础,应把群体研究与个体研究有效结合起来
纵向研究与横向研究相结合	①纵向研究:指在相当长的时间内,对同一群体及其安全文化现象的追踪研究。这是因为安全文化具有稳定性,无论是维持还是变革安全文化,都需花费一段较长的时间。②横向研究:指在不同范围内(如大到美国、日本与中国等国家层面或企业层面等之间,小到中国沿海与内地的城市层面或企业层面之间),同时对同一安全文化现象进行研究,它可概括、抽象出带普遍性的结论。唯有横向研究与纵向研究相互补充、检验和修正,才可得出比较准确且实用的结论
"软件"研究与"硬件"研究相结合	①"软件"研究:研究某一群体的安全价值观、信念、伦理与精神等所谓"软件"的"软"安全文化。就安全文化自身结构而言,越深层和越接近内核的安全文化越"软","软"是安全文化的重要属性之一,需对其进行重点研究。②"硬件"研究:研究群体的安全规章制度、安全行为规范、安全设施设备与安全文化载体设置等安全文化"硬件"。研究安全文化,必须要以物质安全文化等安全文化"硬件"为基点,否则,安全文化"软件"研究将无从下手,也缺乏依托
定性研究与定量研究相结合	①定性研究:指确定某一群体安全文化的现象及其状态性质,以揭示某一群体安全文化的本质、功能与特征等的研究。②定量研究:指对某一群体安全文化的现象进行数量分析,即揭示其数量的多少、分布的宽窄、变异程度的强弱、发展与建设水平的高低等的研究。安全文化现象与任何现象一样,也是质和量两种规定性的辩证统一,即对安全文化现象的认识也是包含着定性与定量不可分割的两个方面。因此,安全文化学研究应把二者有机结合起来

5.4 安全文化学的主要研究程式

本节内容主要选自本书作者发表的题为《安全文化学方法论研究》[2] 的研究论文，具体参考文献不再具体列出，有需要的读者请参见文献［2］的相关参考文献。

基于安全文化学的研究进路及原则，结合安全科学与安全文化学的学科特色及安全文化学研究者的一般学科背景（工学或管理学等），从方法论的高度总结并提炼具有普适性的 6 种安全文化学的主要研究程式：辩证法、叙事法、比较法、系统论法、审视交叉法与关联学科的具体方法。

5.4.1 辩证法

为得到令人信服的研究结论，安全文化学研究必须要采用辩证法，该方法是安全文化学研究的方法准则，具体包括分析与综合、具体与抽象、归纳与演绎、历史与逻辑、理论与实践等具体方法，具体解释见表 5-2。

表 5-2 运用辩证法开展安全文化学研究的具体方法

具体方法名称	具体内涵及过程
分析与综合方法	安全文化学研究者应在分析考证所得相关安全文化文献资料真实性的基础上，分析其中所蕴含的安全文化要素、内涵及因素，进而综合得出相关安全文化文献中所寓有的安全文化信息
具体与抽象方法	由具体(即未经加工处理的原始安全文化现象)到抽象的过程是指从繁杂的安全文化现象中提炼出规律性的结论，这是提炼、总结安全文化学基础原理的重要方法
归纳与演绎方法	归纳是从特殊到一般，即从具体到抽象的过程，而演绎恰好相反。但仅采用归纳或演绎方法均无法接近安全文化的真实与本质，因此，归纳方法与演绎方法二者不可分割，需结合运用于安全文化学研究
历史与逻辑方法	诸多安全文化学研究方法均存在主观非理性的弊病，而逻辑恰是避免这种弊病的有效措施，如对安全文化演进过程的描述，以逻辑联系为依据，就可有力避免研究者主观遐想因素的干扰
理论与实践方法	安全文化学源于安全实践，其理论正确与否必须要得到安全实践的检验，离开安全实践，安全文化学就失去存在的意义。因此，安全文化学研究需将抽象、概括得出的理性安全文化认识运用至安全文化实践中，以得到检验、修正、补充与完善

5.4.2 叙事法

历史学科的叙事法（又称为历史叙事法）是一种在人文社会科学研究中被广泛运用的研究方法，如文学研究者将其用至文学研究，并将其改称为文学叙事法。基于以下两点原因将叙事法引入安全文化研究：①安全文化的诸多内容是人类过去的文化遗迹，如安全文化的器物形态；②人类对于安全（包括健康）的认知及其保障水平的提升是一个极其漫长的历史过程。

从表面上看，叙事法是一种具有客观理性的研究方法，但由于研究者的学科背景与认知水平等的差异，叙事法具有主观非理性的内质，如有史学家指出，历史是基于史学家假想性建构的重构，并非真实的历史存在。因此。若运用叙事法开展安全文化学研究，为尽可能降低叙事法的弊病对安全文化学研究带来的不利影响，安全文化学研究者应基于文化认同的立场，在充分占有安全文化研究资料的基础上，采用理性的自觉，以陈寅恪先生的"了解之同情"（即基于丰富的知识与安全实践，尽力突破时空与文化的阻隔，公正而严谨地描述与评价前人的安全文化成果，实现对安全文化的零距离研究，以期为现实安全文化建设与改良提供理论指导）的态度来描述安全文化的真实。

5.4.3 比较法

诸多安全文化研究实例均已佐证比较法在安全文化学研究领域中具有重要地位，许多学者对安全文化起源与发展的研究；或者对中外安全文化差异进行比较分析。依据不同的研究目的，可将安全文化学比较研究法分为以下两种。

（1）基于时间维度的纵向比较法　从时间，即历史（主要包括古代、中世纪、近代与现代）维度出发，对同一群体（如国家与民族等）安全文化的不同时期的安全文化现象开展比较研究的方法，其主要目的是研究安全文化的特质分布及其演进与重建等。①就理论层面而言，纵向比较主要是从发展的动态对安全文化进行历时性比较研究，分析某一群体的安全文化在整个人类安全文化历史阶段的类型、特征及其变迁规律，简言之，其主要是探究安全文化的演化脉络。②就实践应用层面而言，纵向比较注重某一群体内部的历史安全文化与现实安全文化的比较研究，从而发现和把握该群体安全文化的演变、走向与特质等，进而指导改良或有效建设该群体安全文化。

（2）基于安全文化类型的横向比较法　指从安全文化类型，即从不同群体安全文化的总体或某种要素与层面出发，对同一时期不同群体的安全文化进行比较研究的方法。①就理论层面而言，横向比较旨在区别不同安全文化的特点与类型，以了解异同并分析原因，进而研究不同安全文化发展的普适性或特殊规律的方法。②就实践应用层面而言，通过安全文化横向比较，既可借鉴他人之长，为我所用，又能从横向比较研究中明确自身安全文化的特色并建设或完善具有自身特色的安全文化体系。需指出的是，安全文化类型比较法所选取的比较范围或层次可根据实际研究需要自由确定，如不同国家、民族、城市、社区、行业或企业的安全文化等。

总之，比较法是安全文化学研究中比较常用的一种方法，可基于比较法开展比较安全文化学的创建及其具体内容研究。此外，因采用比较法开展安全文化学研究需涉及两个或两个以上的安全文化主体、内容、形态或类型等，因此，需注意以下两点：①注意逻辑标准的统一，建立个人选择与运用安全文化素材的规范；②可交叉运用纵比（即对某一群体的安全文化源流的发展进行比较）与横比（即对同一时期不同安全文化系统或安全文化形态进行比较）方法来辅助比较研究，以便使研究结论更为全面和科学。

5.4.4 系统论法

在哲学视阈下，系统指处在一定相互联系中并与环境发生关系的各组成部分的总和。所谓系统论法，指用系统的观点研究和改造客观对象的方法，是当前在自然科学、人文社会科学与工程科学研究中被普遍采用的研究方法。具体而言，它是基于系统视角，全方位剖析系统内要素与要素、要素与系统、系统与环境、此系统与他系统的关系，从而把握系统内部联系与规律性，达到有效地控制与改良系统的目的。系统论法主要有 4 条基本原则，具体解释见表 5-3。

表 5-3　系统论法的 4 条基本原则及其内涵

基本原则	内涵
整体性原则	基于系统的构成要素间的相互关系,考量各要素对整体的影响,进而促进系统整体功能的最大化发挥

基本原则	内涵
联系性原则	系统与外部环境以及系统内部各元素间是相互联系和制约的。换言之,系统、要素和环境三者是有机统一的关系
最优化原则	最优化是系统论的出发点和最终目的,因此,应从整体目标实现对系统构成要素优化
动态性原则	所有系统均会与外界进行能量、物质与信息交换,且受所处环境的影响,即所有系统均具有开放性与动态性

鉴于此,将系统论方法引入安全文化学研究,至少具有以下 4 点优势:①有利于考察与探讨安全文化系统内部各要素间的相互作用,以及各要素对安全文化系统整体发展与变迁的影响;②有利于考察与探讨安全文化系统与外在环境间的相互作用和影响;③有助于考察和探讨不同时空的安全文化系统的交互作用;④此外,无论是一元论的安全文化观,还是多元论(即安全文化"二分法"或"四分法"等)的安全文化观,系统论法均是不可或缺的研究方法。

5.4.5 审视交叉法

安全文化是文化的重要组成部分,安全文化学是文化学的学科分支。鉴于文化学的学科交叉属性,在文化学研究过程中,诸多学者尝试从文化学角度审视其他学科,或将文化学与其他学科进行交叉融合研究,并由此产生各类文化学研究学派(如传播学学派、心理学派与符号学派等)和文化学学科分支(文化社会学、民俗文化学、文化心理学与文化史学等)。该研究方法可称为审视交叉法,属于方法论的范畴。

鉴于此,基于安全科学的主要研究内容与目的,从安全文化学视角审视与安全文化学有密切联系的其他学科,或将安全文化学与其他学科进行综合交叉研究,进而挖掘安全文化学更深层次的本质规律,或细化与丰富安全文化学原理与学科分支,吸纳相关学科的理论或综合运用相关学科理论分析安全文化现象,实现安全文化学理论体系和内容上的创新,从而更好地为安全文化研究与实践服务。由此,基于安全文化学视角,可审视或交叉融合符号学、传播学、心理学、民俗学与安全史学等学科开展相关研究,具体分析见表 5-4。

表 5-4　运用审视交叉法开展安全文化学研究的典例

学科	具体解释	研究示例
符号学	人类文化符号中有许多用以表达某种特定安全信息或意义的文化符号,如安全标语、安全标志、安全色与安全手势等,研究安全文化符号的内涵、分类、功能、形成、设计和应用等对促进安全文化得到更充分认知和传播,进而纠正人的不安全认识和行为具有重要意义	安全文化符号(系统)的设计;安全文化符号学创建研究等
传播学	安全文化传播(包括宣教)是促进人们注意、认同安全文化与不同群体间安全文化交流,并使安全文化落地(即发挥安全文化效用)的关键。因此,对安全文化学与传播学进行交叉融合研究,将会得出促进安全文化传播与效用发挥的诸多理论依据与有效方法	安全文化传播(宣教)原理与方法;安全文化宣传载体设计与布置等
心理学	由事故致因理论可知,人的不安全行为是造成事故的主要原因之一,而人的行为又主要受人的心理因素的影响,对安全文化学与心理学进行交叉融合研究,可挖掘出对安全文化建设与效用发挥有影响的心理学因素或探讨安全文化受众的心理驱动机理,进而促进安全文化得到认同	情感安全文化研究;人的行为的相关性研究;安全文化受众心理研究等

续表

学科	具体解释	研究示例
民俗学	民俗被认为是人类文化的源泉,在人类漫长的安全实践中也诞生并积累了丰富的安全民俗文化,如最为典型的狩猎、渔业安全习俗及重大事故灾难祭日、生产禁忌等。从安全文化学视角出发去审视民俗学,通过研究某一民众群体的民俗安全文化现象,可客观评价民俗安全文化、挖掘并发扬符合社会安全发展要求且积极的民俗安全文化内容、鉴别并改造或剔除不符合社会安全发展要求且消极腐朽的民俗安全文化内容,从而促进全社会安全文化正向发展	研究安全民俗文化的本质、特征与功能、产生与演变,以及评价基准、方法或改良方法等;安全民俗文化学创建研究等
安全史学	文化史,即以人类文化为研究对象的文化学与历史学的研究分支,它是历史学和文化学交叉的综合性学科。有鉴于此,可对安全文化学与安全史学进行综合交叉研究,主要对精神安全文化、制度安全文化与物质安全文化等的历史进行研究,研究特定历史时期的安全文化特征,以及某一群体安全文化的起源、演进与发展脉络等	研究特定历史时期的安全文化观念、安全文化器物等的特征;安全文化史学创建研究等
......	......	......

为保证本书读者能将"审视交叉法"科学、有效而熟练地运用至安全文化学研究,极有必要在此扼要阐释一下表 5-4 中提及的符号学、传播学、心理学、民俗学与安全史学的定义。

(1) 符号学　钱德勒在《符号学初阶》中,开头一段用"符号学是研究符号的学说"来定义符号学。此外,就符号学还存在诸多理解,例如:符号学研究所有能被视为符号的事物;符号学研究人类符号活动诸特点;等等。中国学者赵毅衡认为,符号是被认为携带意义的感知,因此,他在 1993 年把符号学定义为关于意义活动的学说。

(2) 传播学　传播学是研究人类一切传播行为和传播过程发生、发展的规律以及传播与人和社会的关系的学问,是研究社会信息系统及其运行规律的科学。简言之,传播学是研究人类如何运用符号进行社会信息交流的学科。传播学又称传学、传意学等。

(3) 心理学　19 世纪末,心理学成为一门独立的学科,到了 20 世纪中期,心理学才有了相对统一的定义。心理学是一门研究人类的心理现象、精神功能和行为的科学,既是一门理论学科,也是一门应用学科,主要包括基础心理学与应用心理学两大领域。

(4) 民俗学　目前学界尚无关于民俗学概念的权威界定,比较有代表性的是陈华文对其概念的界定:民俗学是一门基于民俗生产、生活研究,探讨其发生、发展和演变规律,从而获得一地区、一民族,乃至一国地方文化及其特点、特色的科学。纵观诸多学者关于民俗学概念的界定,它们在本质指向上是一致的,即民俗学是研究民俗事象和理论的科学。

(5) 安全史学　安全史学是基于历史发展角度,以古为今用和以史为鉴为侧重点,以不断吸取历史安全教训和挖掘并借鉴历史上的人类安全智慧为目的,以人类历史上的安全问题及安全实践活动为研究对象,以安全科学和史学为学科基础,借助史料,运用科学历史观与翔实的史料,通过记载、撰述、认识与反思人类历史上的安全问题及安全实践活动,分析人类认识、掌握和避免危险、事故与灾难的策略和过程等,并总结人类避免危险有害因素威胁或伤害的历史安全经验,进而阐明人类安全实践活动具体发展过程、内在规律及其与社会发展的关系,从而为人类当前安全实践活动提供历史参照的一门兼具理论性与应用性的新兴交叉学科。

5.4.6 关联学科的具体方法

根据安全科学的综合交叉属性及安全文化学自身的学科特点［①安全文化学学理上隶属于安全社会科学；②安全文化学研究的最终目的旨在预防事故，进而促进人们生产、生活安全（包括健康）开展］，不难理解安全科学与自然科学（包括物理学、化学、医学、力学、数学与生物学等）的紧密联系，可采用相关社会科学与自然科学的具体研究方法开展安全文化学研究。笔者仅列举部分关联学科的具体方法在安全文化学研究中的应用（表5-5）。其中，调查方法、文献方法与心理测量方法等社会科学方法，以及数理统计方法、影像技术方法与数字化方法等自然科学方法均可运用于安全文化学研究。

表 5-5 部分关联学科的具体方法在安全文化学研究中的应用举例

方法类别	方法名称	内涵及主要特点
社会科学方法	调查方法	到研究对象所在地，通过参与观察的方式获取资料进行安全文化研究的方法，可基于整体性、历时态研究与同时态研究等视角解释、研究某区域的安全文化特征与发展历程等
	文献方法	通过查阅书籍、报刊、档案文书、手稿以及其他记载中的相关文献资料进行安全文化学研究的方法，历史文献大致可从史书、档案文件、史部以外之群籍与少数民族古文字文献等中获取
	心理测量方法	通过心理测量研究不同安全文化背景下或不同安全文化群体的安全心理的共同性与差异性，以及安全文化特点对人的安全心理产生的影响
	……	……
自然科学方法	数理统计方法	运用数理统计知识与方法，收集、整理和分析与安全文化研究相关的统计数据，如研究安全文化要素构成、人们对安全文化的认知度与接受度，以及安全文化建设评价等
	影像技术方法	利用相机、摄影机和录像机设备等形象地记录与保存某一群体安全文化的实地调查资料，实现对某一群体的安全文化场景的真实记录与反映，既可丰富实地调查的具体手段，又可弥补传统调查手段的不足
	数字化方法	通过数字化辅助数理统计方法开展安全文化学研究，或通过计算机模拟方法研究安全文化的作用曲线以及安全文化与人的心理、行为等之间的相关性等
	……	……

为保证本书读者能在安全文化学研究中科学、有效而熟练地运用关联学科的具体方法，极有必要在表5-5的基础上，对表5-5中提及的调查方法与文献方法做进一步补充说明和解释。

（1）调查方法 调查方法，即实地考察法，是到研究对象所在地，通过参与和观察的方式获取资料进行安全文化研究的方法，它是安全文化研究者最为重视的一种研究方法。安全文化研究者除了通过典籍、文献与实践资料对安全文化进行研究之外，更多的是对人们的安全生产生活行为和方式的研究，而人们的安全生产生活行为和方式必须从人们的具体生产生活形态中获得。为了达到这一目的，安全文化研究者必须对他所研究的对象的生产生活考察一段时间，以便了解他们的安全思维习惯与行为方式等。因此，调查是安全文化学研究获得科学的第一手研究资料的必然途径。从理论方法视角来看，在调查过程中需注意掌握以下两个重要的研究视角：①整体性研究视角。这是指将研究对象的各种安全文化元素视为一个整体系统来看，从而分析出各安全文化元素的内在逻辑关系和不同功能。②历时态研究与同时态研究相结合的研究视角。历时态的研究又称纵剖面的分析研究，即从发展的视角去研究安全文化，既考察安全文化的历史变迁，也关注安全文化的现实功能。而同时态的研究又称横切面的分析研究，旨在考察某一特定时间内安全文化系统的内部结构及其功能等。

（2）文献方法 文献方法是一种与调查方法或其他方法相配合使用才更为有效的安全文化学研究方法。文献方法是安全文化学研究中十分常见的一种方法，因为大量的安全文化学资料除了从实地调查中获取之外，还需要从各种历史的和现实的相关文献资料中获得。即便是调查方法所获得的资料，在许多时候也需要文献资料来补充或核实，以增加其历史深度和科学性、全面性。

总而言之，安全文化学具有亚文化学与安全科学属性，是一门新型的边缘性、交叉性学科。因此，安全文化学的研究要采取跨学科研究方法，即需吸纳关联学科的诸多具体研究方法。换言之，研究安全文化学应当以多种科学方法进行全方位考察，以便多层次、多侧面地呈现安全文化实践活动的客观规律。

5.5 安全文化学方法论的体系结构[2]

安全文化学方法论不是各种方法的简单堆积，而是在安全文化学原理及相关内容的基础上形成的系统化、条理化的方法论体系。基于安全文化学的研究进路、原则及主要研究程式，建立安全文化学方法论的"轮形"体系结构，如图 5-1 所示。

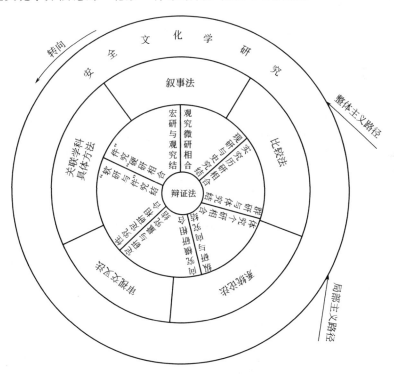

图 5-1 安全文化学方法论的"轮形"体系结构

该"轮形"体系结构内涵丰富，具体解析如下。

（1）辩证法构成"轮形"体系结构的"轮轴"，表明其是安全文化学研究所采用的研究程式的核心准则与基础。此外，其他 5 种安全文化学的主要研究程式构成"轮形"体系结构的"轮辋"，而各安全文化学的研究程式是开展安全文化学研究的基础与途径，二者间的关系类似于"轮辋"与"轮胎"间的关系（"轮辋"是"轮胎"的直接支撑构件），因此，安全文化学研究构成"轮形"体系结构的"轮胎"。

（2）6条安全文化学研究原则分别构成"轮形"体系结构的6条"轮辐"。辩证法与安全文化学研究原则通过"轮辐"对安全文化学研究程式发挥指导与约束作用，进而保证安全文化学研究的科学性、准确性与全面性。

（3）要使轮子正常运转，即使安全文化学研究有效开展起来，还必须对其施加动力，而两条安全文化研究进路为安全文化学研究指明切入点与大方向，即可通过两条安全文化研究进路确定给"轮形"体系结构施力的作用点及方向。

总而言之，安全文化学研究进路、原则及主要研究程式并非是各自独立的，它们之间彼此影响，相互促进，共同构成安全文化学方法论体系结构，对安全文化学相关研究产生理论指导作用。

 **思考题**

   1. 简述方法论的定义与内涵，以及方法与方法论的关系。

   2. 安全文化学方法论的定义与内涵是什么？

   3. 安全文化学的两条研究进路分别是什么？安全文化学研究原则主要有哪些？

   4. 安全文化学的主要研究方法有哪些？

   5. 简述安全文化学方法论的"轮形"体系结构的基本内涵。

参考文献

[1] 吴超. 安全科学方法论[M]. 北京：科学出版社，2016.

[2] 吴超，王秉. 安全文化学方法论研究[J]. 中国安全科学学报，2016，26（4）：1-7.

≡ 第 **6** 章 ≡

安全文化学原理

 本章导读

　　本章梳理、提炼与分析了安全文化学基础原理。对读者而言，通过本章学习，可为开展安全文化学学习、研究和实践奠定理论基础。本章主要包括以下 8 方面内容：①提炼并分析 8 条安全文化学核心原理，即组织原理、累积效应、"中心—边缘"效应、过滤原理、传播原理、局部稳定原理、最小偏离角原则、牵引跨越原理。②介绍安全文化的功能和特点原理。③分析"6-5-2-4"安全文化生成理论。④分析组织安全文化建设的核心原理，即组织安全文化方格理论和杠杆原理。⑤阐释安全文化场原理。⑥介绍安全文化宣教原理。⑦分析安全文化认同原理。⑧剖析情感安全文化的作用机理与建设思路方法。

　　学科基础理论指一门学科的基本概念、范畴、判断与推理；学科基础原理是指这门科学理论体系中起基础性作用并具有稳定性、根本性、普遍性特点的理论原理。在过去，学界关于安全文化的研究比较广泛和深入，但由于安全文化研究最早起源于企业安全管理，因而，安全文化的研究大多停留在应用领域，基础理论（包括基础原理）研究较少，导致安全文化学缺乏相对完善的理论体系。

　　早在 2012 年，笔者[1] 提出安全科学原理主要应由 5 个一级原理与 25 个二级原理构成，其中，安全文化学原理属于二级原理之一。所谓安全文化学原理，主要是指研究安全文化的特征及作用、形成、演变、发展、体系建设等过程和机理，以及安全文化与安全管理之间的作用关系等，从提高安全文化水平的角度加强安全文化建设，进而促进提升安全管理水平，保障人们生活、生产安全，并基于上述目标和过程获得的普适性基本规律[2]。由此可知，安全文化学原理着力探讨如何使安全文化水平提升和效用最大化发挥。

　　需要指出的是，安全文化学原理研究应注意两点：①安全文化学原理的研究对象，应是跨时空的安全文化群体（组织），而不应局限于具体的时间或空间；②安全文化学原理的研究应是人类的所有安全文化成果，而不是只针对其中的一个剖面。

　　基于上述理解和认识，近年来，笔者在借鉴前人的安全文化研究成果的基础上，主要运用文献分析法与比较研究法，重新梳理、提炼安全文化学基础原理，以期进一步夯实安全文化学学科基础，并进一步完善安全文化学学科理论体系，进而促进安全文化学与安全科学发展。现在看来，近年来笔者围绕安全文化学基础原理，已开展了较为系统的研究，基本阐明了安全文化的内涵及作用、形成、传承、发展、创新、变迁、传播等过程或规律。

6.1 安全文化学核心原理

本节内容主要选自本书作者发表的题为《安全文化学核心原理研究》[2] 的研究论文，具体参考文献不再具体列出，有需要的读者请参见文献 [2] 的相关参考文献。

基于安全文化学原理的研究内容，共提炼出 8 条安全文化学核心原理：组织原理、累积效应、"中心—边缘"效应、过滤原理、传播原理、局部稳定原理、最小偏离角原则、牵引跨越原理。

6.1.1 组织原理

文化形成、存在和作用的基础是组织（文化群体），同样，安全文化也是如此。一般来说，对组织安全文化的定义，只需突出其核心要素即可，其他要素均可看成是其核心要素的外延或拓展。因此，基于上述对安全文化的定义，可将组织安全文化描述为：组织安全文化是组织文化的组成部分，以保障组织安全运行、发展为目标，是组织的安全价值观与安全行为规范的集合，通过组织体系对组织系统施加影响，其概念框架示意图如图 6-1 所示。

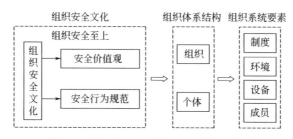

图 6-1　组织安全文化的概念框架示意图

组织是安全文化形成、存在和作用的基础，因此，探讨安全文化的组织原理就显得极为关键。基于组织安全文化的概念及其概念框架示意图，将安全文化的组织原理的具体内涵解析如下。

（1）组织安全文化以"组织安全至上"为核心价值观，是一种组织安全管理手段，它强调的目标包含两层含义：①最高目标，保障组织整体安全运行和发展；②最低目标，保障组织个体的生命、财产不受损失。

（2）组织安全文化的主要内容包括安全价值观与安全行为规范。安全价值观体现为深层次的安全观念、理念，是组织成员对于安全问题的基本善恶判别及看待安全问题的态度，是组织安全文化的价值内核；安全行为规范体现为外显行为，是组织成员在长期生产、生活实践中形成的良好行为习惯的积累。

（3）组织安全文化的传播载体是由个体和组织构成的组织体系。安全价值观与安全行为规范首先影响的是组织成员的个体观念或行为，各组织个体的观念或行为一旦汇集成组织的观念和自觉行为，就会产生升华，聚集成组织的观念或行为，成为组织的安全文化。

（4）组织安全文化的影响作用体现在由成员、设备、环境和制度四要素构成的组织系统。①对组织成员的观念与行为的影响，这是最基本的影响作用，也是组织安全文化发挥效用的基础；②对设备的影响，如设备是否有安全防护装置等；③对环境的影响，如环境的噪声、装潢等是否有损健康等；④对制度的影响，如制度是否涉及了危险有害因素等。

（5）组织安全文化建设应以组织体系为核心，通过安全宣传教育、安全监督检查、安全规章制度等各种手段措施改善组织体系中的个体、组织这两个不同层次主体的安全价值观与安全行为规范，最终目的是提升组织系统中的四要素的安全状态。

6.1.2　累积效应

安全文化在其发展和效用方面具有累积效应，具体解释如下。

（1）元素累积　任何存在的文化都是对以往文化的承续，都是对过去文化累积的结果，同时它又是未来文化发展的基础和源泉。因此，安全文化元素的累积也是安全文化发展的前提和条件，但这种累积不是简单的重复式叠加，而是有批判性继承、选择性借鉴、适应性整合等一系列辩证的过程。

（2）效用累积　安全文化的效用是其导向、凝聚、熏陶、规范和激励等功能综合作用的结果。安全文化效用的发挥是一个循序渐进、不断累积的过程，即安全文化效用的累积效应（可以抽象为图 6-2 的阴影部分所示）。对于一个特定的组织，安全文化的累积作用效应的数学表达式可表示为

$$E_{总} = \int_0^t E \, \mathrm{d}t = \int_0^t f(t) \, \mathrm{d}t \tag{6-1}$$

式中，$E_{总}$ 为组织安全文化的总效用；E 为组织安全文化作用于所有组织成员所产生的效用强度，它是一个平均值；f 为效用强度与作用时间的函数；t 为组织安全文化的作用时间。

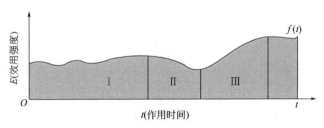

图 6-2　安全文化的累积效应示意图

需要指出的是，效用强度 E 并不是保持不变的，换言之，不同的作用时间 t 所对应的效用强度 E 是不同的。因受组织安全文化建设投入、安全管理力度或组织成员的心理状态等的影响，在一段时间内，效用强度 E 的变化规律一般会表现为以下三种情况的任意一种：基本保持稳定、呈减弱趋势或呈增强趋势（分别如图中的Ⅰ、Ⅱ、Ⅲ阶段所示）。从理论上讲，这三种情况的出现是可以预测和控制的（如企业"安全生产月"对应的效用强度 E 会增强），但它们具体出现的先后顺序或时间段又具有随机性。

6.1.3　"中心—边缘"效应

本书第 4 章 4.5 节内容指出，洛特曼认为人生活在自然世界和文化空间之中，而文化空间是人类符号化思维和行为对自然世界重塑的结果，因此，他把文化空间命名为文化符号圈，并指出文化符号圈是一个不匀质的、有界的且具有中心与边缘的层级结构，其信息运作是通过其中心与边缘的互动来完成的。有鉴于此，若将安全文化符号化（如安全观念、情感、制度、行为和物质文化符号），再将各孤立的、分散的安全文化符号个体加以整合，即可形成安全文化符号圈，它可以抽象为图 6-3 所示。

由图 6-3 可知，某一特定组织的安全文化符号圈可看成是一个有界封闭圆区域，其包括

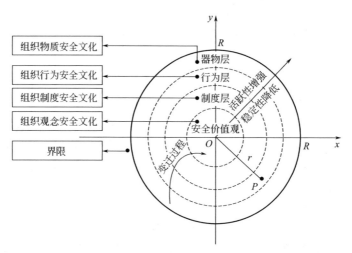

图 6-3　安全文化符号圈示意图

由内到外的组织观念、制度、行为和物质安全文化四层（需指出的是，由本书第 4 章 4.5 节内容可知，严格而言，组织情感安全文化理应贯穿于组织观念、制度、行为和物质安全文化，但鉴于本书第 4 章 4.5 节内容已阐明情感安全文化与观念、制度、行为和物质安全文化之间的关系，故图 6-3 省略组织情感安全文化），体现了安全文化的主次，这就是安全文化的"中心—边缘"效应。若将该组织安全文化符号圈的半径设为 R，则其区域范围可用数学表达式表示为

$$\{(x,y)|x^2+y^2\leqslant R^2\} \tag{6-2}$$

式中，(x,y) 为任意一个组织安全文化符号在组织安全文化符号圈内的位置坐标。

另外，圈内任意一个安全文化符号 P 可看成是与组织安全文化符号圈有界封闭圆区域具有同一圆心 O 的某个圆上的一点。若把该同心圆的半径设为 r，则 P 的位置坐标关系可表示为

$$x^2+y^2=r^2 \quad (r<R) \tag{6-3}$$

安全文化的"中心—边缘"效应还具有更深层次内涵，具体解释如下。

（1）组织安全文化符号圈也存在界限，组织安全文化的影响范围是由组织安全文化符号圈的半径 R 所决定的。由式（6-2）可知，可将某一组织的安全文化符号圈的界限表示为

$$x^2+y^2=R^2 \tag{6-4}$$

式（6-4）表明，组织安全文化符号圈的有界封闭圆区域的面积随着组织安全文化符号圈的半径 R 的增大而增大，即组织安全文化的覆盖面在不断增大，这直接影响着组织安全文化的影响范围。

（2）组织安全文化符号的活跃性随着 r 的增大而增强，换言之，组织安全文化符号圈的"边缘"的活跃性强于其"中心"，表明组织安全文化变迁是一个从器物到观念变化的过程。主要原因是：①组织安全文化符号圈的中心区域是组织安全文化的核心（即精神安全文化符号），稳定性很强，而其"边缘区域"主要由组织物质安全文化符号组成，它是有形的、最为活跃的、变化最快的要素，容易发生变化。②制度和行为文化是物质和观念文化的中介，这就决定它们的形成和变革必须要受物质和观念文化的制约，它们的活跃性处于物质和观念文化之间。同样，各层面的安全文化之间的关系也是如此。③组织安全文化是一个统一的有机体，一旦安全文化系统的器物层面、行为层面和制度层面发生变迁，则观念层面也会随即

发生一定程度的变迁，这是一个层层递进的过程。

6.1.4 过滤原理

由安全文化的"中心—边缘"效应可知，安全文化符号圈存在界限，该界限把文化划分成了内外两个空间。因此，以某个特定组织的安全文化为界限，可将整个文化系统划分为组织安全文化系统和非组织安全文化系统（包括组织中除安全文化以外的其他文化），如图 6-4 所示。

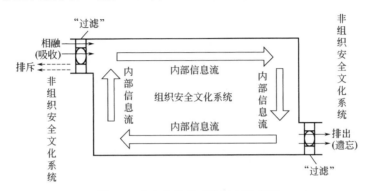

图 6-4　安全文化的过滤原理示意图

过滤原理是组织安全文化系统中的文化元素更替的重要规律，其具体内涵解释如下。

（1）对非组织安全文化系统中的文化元素的选择性吸收　一般来说，每种文化一旦形成便带有很强的自身独特性，它会排斥其他文化模式。另外，借鉴或吸收外文化元素又是文化创新的重要途径。因此，某种文化和与之相对的外文化进行交流时，为了阻挡与自身相冲突的外文化元素流入，则需要对外文化元素进行选择性吸收（即对外文化元素进行"过滤"，吸收与自身相融合的，排斥与自身相冲突的），从而达到丰富和发展自身的目的。同样，组织安全文化系统对非组织安全文化系统中的文化元素也是一种选择性吸收。

（2）对组织安全文化系统中的文化元素的选择性排出（遗忘）　随着组织的发展，其安全文化系统中的有些文化元素不再符合组织安全发展要求，甚至会阻碍组织安全发展，这就需要组织安全文化系统在进行内部信息互动时，选择排出这部分落后的，甚至有害的安全文化元素，即安全文化的选择性遗忘，这也是一个"过滤"的过程。

6.1.5 传播原理

文化模因是文化的基本单位，文化传播是文化模因的复制及表达过程。另外，有文献指出，文化传播的前提是接触，其传播方式大体分为三种：直接接触（同一区域范围内相互毗邻的两个文化群体）、媒介接触（借助一定的载体与工具）和刺激接触（某一文化群体掌握了某项知识后，刺激了另一个文化群体，从而激发了它的创造灵感，并使之发明或发展出某个新事物）。因此，安全文化传播机理和方式也是如此。由此，建立安全文化的传播原理示意图（见图 6-5），具体涵义解释如下。

（1）安全文化的传播过程可简单描述为某一安全文化源模因先经某一种或几种传播方式传给不同的安全文化群体，再由各安全文化群体对安全文化源模因进行加工，最后通过各安全文化群体的安全观念、行为、制度等将安全文化源模因的传播结果体现出来，即安全文化源模因表达。

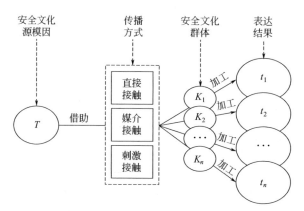

图 6-5 安全文化的传播原理示意图

（2）加工是安全文化传播的最关键环节。某一安全文化群体借鉴另一群体的安全文化要素时，并不是简单的照搬照抄（即完全的复制），而是有选择地进行借鉴（即有针对性地做某些或多或少的改变）。因此，同一安全文化源模因在不同的安全文化群体中的模因表达结果是不同的。

（3）安全文化传播促进了人类安全文化的同一性与多元性。一般来说，人们总是在他们可能实现的范围内，选取具有适应性和优越性的安全文化要素，来弥补或取代现有的安全文化要素，由此使适应性和优越性较强的安全文化要素（安全文化源模因）被广泛模仿和学习，因此，从理论上讲人类安全文化具有同一性的趋势。因不同安全文化群体的自身特点等的影响，使同一安全文化源模因在不同的安全文化群体中的模因表达结果是不同的，且又会形成新的安全文化源模因，因此，安全文化传播又促进了人类安全文化的多元性。

（4）安全文化传播使不同安全文化群体的安全文化在许多方面得到了共享和互补，丰富了安全文化的内容和结构。此外，安全文化传播也为组织安全文化发展提供了新动力，能够激发组织安全文化变迁。

6.1.6 局部稳定原理

安全文化受多种因素的综合影响，它的均衡是相对的，而它的变化是绝对的，即相对稳定性和渐变性是它的两个固有属性。换言之，它需要持续不间断地缓慢发展变化，一般无突变。因此，它的发展变化过程与时间的关系可以抽象为图 6-6 所示。

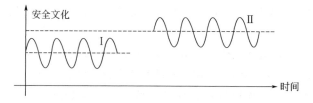

图 6-6 安全文化持续模型

由图 6-6 可知，安全文化随着时间不断发展变化，在某一确定的时间段内，它是沿着平衡轴线上下波动的，但从总的趋势来看，它的发展变化具有局部稳定性，这就是安全文化的局部稳定原理，其内涵可分两个层面来解释。

（1）表层内涵 短时间内安全文化现状值基本保持不变，即安全文化"量"的局部稳定。在短时间内，安全文化现状值（可通过安全文化评估手段测得）是基本保持稳定的（如图6-6中的曲线Ⅰ或Ⅱ所示），它是由安全文化的累积效应所决定的。

（2）深层内涵　较长一段时间内组织安全价值观是确定而唯一的，即安全文化"质"的局部稳定。组织的安全价值观是组织安全文化的核心，一般来说，在较长的一段时间内，它是确定而唯一的，这就决定组织安全文化必须要以它为基准保持一致（如图6-6中的曲线Ⅰ或Ⅱ所示）。组织安全价值观并不是永久地保持不变，由于时代的变迁等各种因素的影响，从量变到质变，从器物层到观念层，组织安全文化也会打破原有的局部稳定状态而建立新的局部稳定状态，这意味着组织安全价值观发生了变化，即组织安全文化发生了变迁（如图6-6中的曲线Ⅰ向曲线Ⅱ的过渡）。

6.1.7　最小偏离角原则

文化可为组织成员的文化行为选择提供一些有力的制约（束缚），它是文化的各种功能综合作用的结果，这种束缚力量称为文化强制。有鉴于此，在组织安全文化作用下，组织个体的安全文化行为也要受到组织安全文化的制约，即组织安全文化为组织成员的安全文化行为选择与决策提供了一些有力的制约，这就是组织安全文化强制，此力量可称为组织安全文化束缚力。由此，提出安全文化的最小偏离角原则（可以抽象为图6-7所示）。

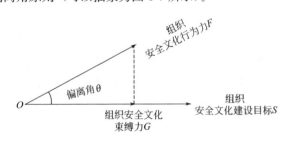

图6-7　安全文化的最小偏离角原则示意图

由图6-7可知，可把组织安全文化行为力 F 与组织安全文化建设目标 S 看成是两个具有方向的向量，它们交于点 O，形成的夹角为偏离角 θ。最小偏离角原则是组织安全文化建设与实施时必须要遵循的核心原则，其内涵解释如下。

（1）组织安全文化行为力 F 同时受组织内聚力和组织安全文化等的影响，而组织安全文化对组织安全文化行为力 F 的影响程度大小的具体表现就是组织安全文化束缚力 G。换言之，可把组织安全文化束缚力 G 看成是组织安全文化行为力 F 在组织安全文化建设目标 S 方向向量上的分力，则组织安全文化束缚力 G 的物理表达式可表示为

$$G = F\cos\theta \quad (0 < \theta < \pi) \tag{6-5}$$

式（6-5）表明当 F 大小一定时，G 的大小仅由 $\cos\theta$ 的值来决定，即 G 随着 $\cos\theta$ 值的增大（或偏离角 θ 的减小）而增大。从理论上讲，偏离角 θ 的取值应是 $0 < \theta < \pi$，因为组织安全文化行为既不可能完全被组织安全文化所束缚，组织安全文化所表现的束缚力也不可能是零。组织安全文化束缚力 G 的深层涵义是组织安全文化行为选择余地是随着组织安全文化束缚力 G 的增大而降低的，进而使得组织所有个体在相同情境下总是倾向于选择符合组织安全文化要求的行为。

（2）反过来，组织安全文化行为对组织安全文化建设也会产生重要影响。若将组织某阶段的安全文化建设目标设为 S，则组织安全文化行为力 F 对组织安全文化建设所做贡献 W

的物理表达式可表示为

$$W = FS\cos\theta \quad (0 < \theta < \pi) \tag{6-6}$$

式（6-6）表明组织安全文化行为力 F 对组织安全文化建设的贡献 W 可表达为 F 在方向向量 S 上所做的物理功，具体可分为 3 种情况：①当 $0 < \theta < \pi/2$ 时，$W > 0$，表示组织安全文化行为力对组织安全文化建设具有促进作用；②当 $\theta = \pi/2$ 时，$W = 0$，表示组织安全文化行为力对组织安全文化建设无影响；③当 $\pi/2 < \theta < \pi$ 时，$W < 0$，表示组织安全文化行为力对组织安全文化建设具有阻碍作用，即组织安全文化行为力成了组织安全文化建设的阻力来源之一，这是由组织安全文化理念、建设目标等背离组织安全管理实际或造成组织成员的逆反情绪等而引起的。

（3）安全文化的最小偏离角原则表明了组织安全文化实施和建设的方向，即要尽可能实现组织安全文化行为力 F 与组织安全文化建设目标 S 之间的偏离角 θ 的最小化，这样组织安全文化行为既对组织安全文化建设具有显著的促进作用，而且组织安全文化束缚力也达到了最大值，实现了其效用的最大化发挥。

6.1.8 牵引跨越原理

笔者王秉[3] 曾对一个组织中的所有成员做了两种极端假设：事故倾向型和安全倾向型，即安全人性的"X 理论"假设（强调人的安全人性弱点）和"Y 理论"假设（强调人的安全人性优点），统称为安全人性的"X-Y 理论"假设，并指出通常情况下该绝对化的假设是不存在的，组织内的绝大多数成员应该处于两种假设之间。由此，若将某个特定组织中符合安全人性的"X 理论"和"Y 理论"假设的成员人数分别设为 A 与 B，令

$$H = \frac{A}{A+B} \tag{6-7}$$

运用逻辑斯谛回归，可得

$$Logit\,(H) = \ln\frac{H}{1-H} \tag{6-8}$$

由式（6-8）可知上述分布服从正态分布，此模型即为安全人性正态分布模型，如图 6-8 中的曲线 I 所示。该模型不仅提出了组织安全管理的两种重要途径，即安全人性的"X 理论"假设下的处罚淘汰（安全管理制度设计）手段和"Y 理论"假设下的宣传典型（安全文化建设）手段，而且也为组织安全管理指明了目标方向，即要实现积极安全人性的"正态分布"的最大值。

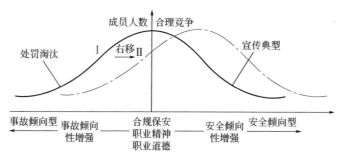

图 6-8 安全人性正态分布模型

基于安全人性的"X-Y 理论"假设和安全人性正态分布模型，来阐明安全文化的牵引

跨越原理的内涵，解释如下。

（1）在安全人性分布模型中，通过对安全人性的"Y理论"假设的组织成员为组织安全的努力行为进行宣传和奖励等激励，就会促使越来越多的组织成员认可并主动接受组织的安全价值观、理念和行为准则等，进而使组织成员自发采取有利于组织安全的行为，这时模型会向右发生移动（如图 6-8 中的曲线 Ⅱ 所示），这与安全人性的正态分布模型所指明的组织安全管理方向保持一致，突出了组织安全文化的牵引作用。

（2）管理中所镶嵌的文化因素可将组织成员集聚到一个"命运共同体"。凭借组织安全文化的牵引作用，使越来越多的组织个体逐渐从关注个人安全到关注整个组织的安全，进而使组织个体与组织之间形成了一个"命运共同体"，组织成员会主动为组织安全贡献自己的努力。值得说明的是，此时组织成员是不管个人的这种努力是否在安全管理制度规定等的范围之内（即安全管理制度的"空白地带"），其完全出于组织成员的个人意愿，组织成员行为呈现出安全人性的"Y理论"假设，即其安全人性实现了跨越式改变，这种改变就会促使组织成员主动发挥其主观能动性，从而充分展示其自我保安价值。

6.1.9 安全文化学核心原理的体系结构的构建与解析

安全文化学各核心原理不是各自独立的，它们之间有着复杂的结构关系，各核心原理共同构成了安全文化学核心原理的"四层"结构体系，如图 6-9 所示。

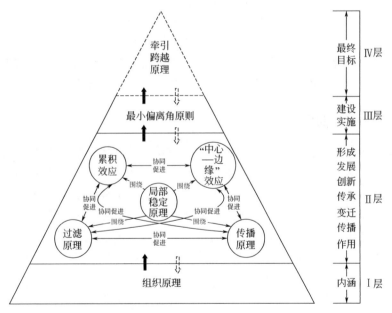

图 6-9 安全文化学核心原理的"四层"结构体系

该结构由自下而上的 Ⅰ、Ⅱ、Ⅲ、Ⅳ 四个不同层面的安全文化学核心原理构成，各核心原理彼此影响、相互促进，共同体现了安全文化学核心原理的核心内容和具体应用。其中，组织原理是研究安全文化学原理的基础，最小偏离角原则指导安全文化学原理的实践与应用，牵引跨越原理是安全文化学原理研究所追求的最终目标，而累积效应、"中心—边缘"效应、过滤原理、传播原理和局部稳定原理共同支撑整个安全文化学核心原理系统的发展。总之，构成该结构的 8 条安全文化学基础原理几乎可以涵盖安全文化学的所有研究内容，可极大地促进安全文化学学科体系的发展。各层的具体涵义，分别解释如下。

（1）Ⅰ层：组织原理。正确理解和把握安全文化的组织原理是安全文化学原理研究的基础和前提条件，因此，它是安全文化学的最基本和最基础原理，其旨在阐明安全文化的形成、存在及作用的基础。

（2）Ⅱ层：累积效应、"中心—边缘"效应、过滤原理、传播原理、局部稳定原理。它们旨在阐明安全文化的发展变化及传播、作用过程和规律，具体包括安全文化的形成、发展、创新、传承、变迁、传播以及作用。需要说明的是，累积效应等原理始终是围绕局部稳定原理运动并发挥作用的，即局部稳定原理是其他原理的基准原理。换言之，这一层面的其他原理的共同作用就是为了使安全文化保持局部稳定状态。此外，除局部稳定原理以外的其他原理之间是相互协同促进的关系。

（3）Ⅲ层：最小偏离角原则。这一原理指明了安全文化建设和实施所要遵循的核心原则，旨在指导安全文化的应用研究。

（4）Ⅳ层：牵引跨越原理。这是安全文化建设和安全文化学研究所追求的最终目标，即在安全文化的牵引作用下，实现人的积极安全人性的大幅度、跨越式自主提高，这是安全文化的基本功能升华的结果。

6.2 安全文化的功能与特点原理[4]

安全文化的功能与特点原理是指揭示安全文化（或安全文化学）的功能（效用）发挥规律及特点的安全文化学原理。基于安全文化的功能及安全文化学核心原理，共可提炼出 9 条安全文化的功能与特点原理，即安全文化信仰原理、安全文化熏陶原理、安全文化纪念原理、安全文化控制原理、安全文化互为性原理、安全文化可塑性和塑他性原理、安全文化渐变性原理、安全文化发展性与延伸性原理、物质文化趋于本质安全的原理。

6.2.1 安全文化信仰原理

任何国家或民族都存在自身的信仰和认同。同样，国民对生命无价和生命至上的认同程度极大地影响他们对安全和安全文化的重视程度，安全文化从信仰的高度更能充分发挥它的能动作用，使安全文化渗透到整个系统体系之中。安全文化信仰原理对于安全文化学的研究具有极其重要的作用，指导着安全文化学的发展方向。安全文化信仰原理是以文化学原理为基础，充分发挥文化信仰在安全文化学中的重要作用，将安全文化观念、理念等更加有序、更加系统地传播给受众，使安全文化以信仰的高度得到传承和发展。对于安全文化信仰原理的内涵可以从以下三方面进行理解。

（1）将安全文化学与哲学结合在一起，从文化信仰的高度传承安全文化系统并促进其发展。以信仰或者图腾的方式能够更加形象生动地提升系统组织的安全文化氛围，提升全体成员的安全理念。安全文化信仰原理不仅能够极大地促进安全文化对系统、组织、个人的影响作用，同时，对于安全文化学的传承与发展也有良好的促进作用。

（2）安全文化信仰原理对于营造组织的安全文化氛围具有很强的现实意义，对于安全文化体系的构建也具有较大的推动作用。基于安全文化信仰原理，从影响力和导向力的层面促进安全文化学基础理论的研究，从而更加有利于安全文化学学科体系的建设。反过来，又深刻影响着系统整体安全文化的氛围，促进组织安全性的提升。

（3）安全文化信仰原理以信仰的方式使安全理念、观念等深入人心，使组织内所有成员转变观念，将"要我安全"转变为"我要安全"，从消极被动转换为积极主动增强安全意识，提高安全责任感，更重要的是增强主人翁意识，群策群力，更能提高系统的安全性。同时，对于组织本身而言，安全文化信仰原理可以通过安全文化这条纽带紧密团结所有成员，进而保证安全活动的顺利进行。

6.2.2　安全文化熏陶原理

安全文化对人的影响是潜移默化的，其通过对人-机-环系统的全面影响进而影响系统中的各个要素，使之符合安全文化学的本质要求。安全文化熏陶原理是安全文化作用于组织系统最基本的影响方式，也是促进整体环境安全文化氛围的重要原理。其通过榜样激励、尊重氛围、情感氛围、竞争氛围等方式对组织内部产生影响。安全文化熏陶原理是以哲学与文化学为基础，通过精神、情感、物质、制度等氛围影响的方式，激发组织或者个人的安全意识，提高系统的整体安全性能和安全水平，最终达到本质安全文化的目标。当组织内部出现不利于组织安全文化的氛围时，则会通过系统反馈机制进行调节，促进系统趋于安全状态。对于安全文化熏陶原理，笔者通过以下三方面进行深入阐释。

（1）安全文化学熏陶原理与文化学、哲学以及系统工程学等共同发挥作用，相辅相成，既有利于促进系统整体安全文化氛围，又对安全文化学理论体系起到巨大的推动作用。以文化熏陶为基础，对安全文化的传承与发展影响深远。同时，以安全文化熏陶为依托，增强理论研究，促进理论与实践相结合，对于安全文化学基础理论体系的构建具有重大意义。

（2）安全文化熏陶原理通过文化的熏陶作用对整个系统以及系统诸要素产生影响，且影响深远长久。安全文化的熏陶作用是潜移默化的，通过文化的影响力、导向力等方式产生刺激，影响着受众，不仅对系统本身，更重要的是对系统诸要素产生足够大的影响力，促进安全理念，增强安全素养，提高安全性能，从而消除人的不安全行为、物的不安全状态以及管理上的缺陷。

（3）当系统内部呈现不安全氛围时，安全文化熏陶原理所产生的作用就会启动动态反馈机制，从而寻找不安全因素，找到解决问题的方案。这种反馈机制是系统受到文化熏陶的影响而产生的，对系统整体文化氛围产生作用，反过来，系统安全文化又将完善这种反馈机制，从而促进系统趋于安全状态。

6.2.3　安全文化纪念原理

一个国家或民族总有一些重要纪念的日子或图腾来弘扬其精神文化。同样，弘扬安全文化和发展安全文化学离不开安全文化纪念原理的作用。安全文化纪念原理是指通过如安全文化周、安全文化月、防灾减灾日、消防日、安全月等有纪念性的日期和活动，来加强组织或者个人的安全观念，提升安全意识，增强安全素养，尽可能减少事故的发生，保障人员不受伤害、财产不受损伤。通过安全文化纪念原理的发展和促进作用，可以提高安全文化的多样性与趣味性，进而促进本质安全文化的发展。安全文化纪念原理可以从以下两方面进行深度剖析。

（1）安全文化纪念原理可以增强安全文化的趣味性与多元性，符合安全科学发展的整体趋势，使安全文化朝着综合性、稳定性、系统性的方向发展，建立安全文化示范区、纪念性节日更加有助于安全文化的推广与落实。通过纪念原理的推动作用，增强安全文化学基础理论研究，有利于安全文化学体系框架的完善，最终促进安全文化学的发展。

（2）大众媒体需要正确引导和广泛宣传，真正做到因势利导、循循善诱，将安全文化的精髓通过媒体的宣传效果传达给每个人，使安全文化纪念原理的影响力得到更深层次系统的推广，再结合科学研究使之有机联系在一起。举办诸如安全文化论坛、安全文化知识竞赛杯等活动，将安全文化以丰富多彩的形式展现给受众，使受众更乐于接受安全文化的熏陶与影响，从而提升大众的安全文化素养，增强安全自觉性与自制力。

6.2.4　安全文化控制原理

安全文化控制原理是指利用组织系统共同的价值观和行为规范，通过安全文化本身以及人的相互作用协调、控制、规划整个系统，使其达到自组织、最经济的效果，从而形成体系的自我控制，规范系统中人的世界观、人生观、价值观以及相互关系等。安全文化的控制功能是非正式的，是系统内部自发形成的自我控制。不仅仅是人，安全文化也在追求归属性以及文化本身的价值倾向。安全文化控制原理可以发挥控制和管理功能，能够弥补法律制度管理和控制手段的不足。该原理包括五大功能，即安全文化的协调控制功能、安全文化的自组织控制功能、安全文化的最经济控制功能、安全文化的规划控制功能、安全文化的系统控制功能。具体内涵可以从以下两方面理解。

（1）安全文化控制原理主要有两大手段，即行为控制和结果控制。利用企业文化的内涵、发展愿景、共同的价值观等约束成员行为方式，促进全体成员的价值观与系统整体价值取向相一致。同时，安全文化控制功能原理还会作用于系统本身的文化氛围，使之更加完善、人性化，更加有利于系统本身实现其安全功能。

（2）安全文化控制原理的目的是实现系统与人的协同作用，使系统与人一体化，既可以弥补安全管理的不足，又可以促进人的情感归属。安全文化的控制功能原理对于安全文化学的传承与创新也具有极大的推动作用，特别是规划控制和系统控制功能，从系统工程的角度来实现控制功能，增强学科体系融合，促进安全文化学的发展。

6.2.5　安全文化可塑性和塑他性原理

安全文化本身具有较强的可塑性，安全文化学受到安全科学、哲学、艺术等学科以及社会环境的影响而不断发展充实，同时安全文化又深刻影响着其他学科的发展创新。安全文化的可塑性和塑他性原理是指安全文化具有影响其他学科或者系统，同时又具有被其他学科或者系统影响的性质。安全文化一旦形成就具有相对稳定的特点，但同时又是变化的、运动的、不断发展的，需要继续创造和塑造以完善学科体系，具有可塑性的特点。安全文化学本身属于交叉学科，其系统性与发散性的特点，使其具有影响其他学科以及环境的能力。可塑性和塑他性是安全文化具有的极其重要的性质，该原理的深刻内涵可以从以下两方面理解。

（1）安全文化学科体系本身还不够完善，学科领域仍然存在着许多空白，同时，安全文化学兼容性很强，其发展性与运动性决定安全文化学的可塑性。安全文化的可塑性保障安全文化学不断完善、创新、发展，使其更好地为系统服务。安全文化学不仅受到各学科体系的影响，还受到来自系统内部的作用力，使之不断得到完善发展。

（2）安全文化学又具有影响其他学科发展的塑他性，安全文化的综合作用可以作为一种精神力量使其具有认识世界、改造世界的能力，可以深刻地影响着其他学科的发展创新。安全文化学不仅对其他学科体系产生重大影响，同时对人同样意义深远，可以丰富人的精神世界，增强创造力，提升意志力，使人能够得到长足发展。

6.2.6　安全文化互为性原理

安全文化的互为性原理指的是将安全文化与人进行互为主体性比较，使两种主体统一于一身，优势互补，互相影响，互相促进。安全文化与人-机-环系统形成一种协调反馈机制，有利于安全文化与系统中最重要的要素"人"互为助力，形成互为效应，使二者尽可能融合为一体。安全文化是人创造的，并服务于人、制约于人，同时人也生活在文化之中，影响着安全文化本身。安全文化的互为主体性比较不仅是一种研究方法、视角、态度，更是一种研究的层次。如此可以尽量避免主观偏见，客观真实地展现安全文化的本质与魅力。安全文化的互为性原理可以通过以下两方面理解。

（1）安全文化由人创造，具有多样性和体系性的特点，但是安全文化由于自身固有属性等原因，缺乏本身不具有的"人"主体性的优势。互为主体性比较不仅可以使两种主体优势集于一身，更能够使资源自由互补，增强安全文化的可识别性，促进安全文化的丰富性、多样性和体系性，因此能够极大地促进安全文化的发展。

（2）安全文化影响并改变着人类自身。安全文化影响着人类，使人对安全文化具有更多的认同和追求，增强其价值观和文化认同感。人的可塑性极高，其思想行为受到多方面的影响，良好的安全文化氛围可以促进人的全面健康发展，同时又反作用于安全文化本身，二者形成闭路循环反馈调节，互相促进，互相影响，实现共赢。

6.2.7　安全文化渐变性原理

在本章6.1节提及的安全文化学核心原理之"累积原理"，已表明了安全文化的渐变性。为进一步阐明安全文化的这一重要特点，有必要在此基础上，深入阐明安全文化渐变性原理。

安全文化的发展是一个不断积累的过程，需要持续不间断才能够实现。从横向上讲，安全文化体系可以分为物质、精神、制度、行为等多个层面，从物质到制度再到行为最终达到精神的层面是个渐变的过程。从纵向上讲，安全文化学也需要长期的累积和诸多要素的组合才能逐渐实现其长远发展。通过层次的渐变影响可以使安全文化循序渐进地深入人心，使安全成为一种习惯，逐渐地成为一种素养，进而达到安全的效果。渐变性表明了安全文化自身属性，展示了其不断发展的特性，又展现了其相对稳定的一面。安全文化的渐变性原理可以从以下两方面进行深入阐释。

（1）安全文化具有相对稳定性的特点，需要持续不间断的发展，无突变。不论是安全文化还是民族文化，或者是其他文化，都需要缓慢的、长期的变化，受到多种因素的综合影响，以此来促进文化的衍变和发展。安全文化通过渐进变化更能促进其良好稳定发展。安全文化学的发展是一个不断改进的过程，渐变性有利于改进的细致性，促进安全文化学的体系更加完善。

（2）安全文化的稳定性决定其渐变性。安全文化学是经过长期的研究发展得来的，经过数代人的不断努力逐渐趋于稳定完整，其整体大框架也已经趋于完善。因此，安全文化学的稳定性决定其渐变性，更进一步的完善需要新要素的不断积累和旧要素的逐渐衰亡来实现。

这个过程是长期的、渐进的，甚至需要打破原有平衡为基础。

6.2.8 安全文化发展性和延伸性原理

安全文化只有经过不断的发展和传承才能充分发挥其作用。安全文化的延伸性既展示了其兼容并包的一面，又展现了其不断创新的一面，安全文化的发展性和延伸性对安全文化学起到极其巨大的作用。安全文化发展性和延伸性原理是指通过安全文化的传承，跨学科、跨时空等之间的互渗和衍生等达到延伸安全文化的目的，从而促进安全文化学的发展，进而促进安全科学的发展和创新。安全文化发展性和延伸性原理可以从以下两方面理解。

（1）安全文化的发展性使其更加有层次、系统化，通过安全文化的发展性评价收集相关信息并进行分析整理，可以促进安全文化学综合功能的具体实现。安全文化兼容并包，通过传承和创新更加完善安全文化学这门学科。

（2）安全文化的延伸性奠定安全文化学与其他学科之间的交叉发展特征，既有利于促进安全文化学本身开拓性发展，又促进安全文化学与其他学科之间的交流融合，进而大大加强安全文化学及其交叉学科的发展与创新。

6.2.9 物质文化趋于本质安全的原理

本质安全文化是以风险预控为核心，体现"安全第一、预防为主、综合治理"的方针，具有广泛接受性的安全价值观、安全信念、安全行为准则以及安全行为方式与安全物质表现的总称。物质文化趋于本质安全的原理指的是人总是期望所有的物质、设施、环境等都是安全的，通过宣传教育等手段，即使在发生误操作的情况下，设备系统仍然保持安全，不会发生事故，从而促进整个安全文化系统的安全性。基于物质文化趋于本质安全原理的定义与内涵，可以将其做以下三方面阐释。

（1）本质安全是人类共同的追求，物质文化趋于本质安全原理促进本质安全文化的进程，使人们所期望的物质、设施、环境等趋于更加安全的状态，从而促进物质安全文化的发展。深入贯彻落实"安全第一、预防为主、综合治理"的方针政策，将安全设施、措施、环境等尽可能落到实处，保障其安全性，从而消除安全隐患，减少事故发生的可能性，变被动为主动，有利于提高系统整体的安全系数。

（2）物质安全文化是基础，以此为基础可以促进更高层次的人-机-环系统的安全性，协调总体关系，促进物质文化、行为文化、制度文化、情感文化、精神文化整体的发展，从而达到最终目标。

（3）物质文化趋于本质安全原理有利于促进安全文化体系的完善和补充，对于安全文化学的发展与创新具有极大的研究价值。物质文化趋于本质安全原理代表了安全文化学的研究方向，是安全文化学学科发展的未来趋势，以此为突破口应该能够使安全文化学得到长足发展。

6.3 "6-5-2-4"安全文化生成理论

本节内容主要选自本书作者发表的题为《安全文化生成机制研究》[5]的研究论文，具体参考文献不再具体列出，有需要的读者请参见文献［5］的相关参考文献。

为明晰安全文化生成机理，进一步丰富与完善安全文化学理论，本节基于"宏观—中观—微观"综合视角，对安全文化生成机理开展系统性研究。基于生成的含义，提出安全文化生成的定义。基于此，分别剖析安全文化生成的人的安全需要、安全威胁与应对者等 6 个因素；安全文化生成的联合型、实践型与理性型等 5 条途径；安全文化生成的自发型与操作型两种动力；安全文化生成的形式形态、经验形态与理论形态等 4 种表现形态。最终发现，安全文化生成机理的核心可概括为"6-5-2-4"安全文化生成理论。

6.3.1　安全文化生成的因素

6.3.1.1　安全文化生成的定义

据考证，"生成"一词通常含有"长成、形成和发展"等含义。因此，就字面含义而言，安全文化生成至少应包含安全文化的形成与发展（包括创新）两层基本含义。基于此，为使此研究更为严谨而科学，笔者拟给出较为准确而具体的安全文化生成的定义：安全文化生成是指为满足人的安全需要，人对其生活与生产环境中所存在的安全（包括健康，为简单方便起见，下述不再专门指出）威胁所做的应对（包括应对的方法与结果），以及在应对过程中逐步发展起来和在应对方法与结果中充分显现出来的人的本质安全保障能力。由此，显而易见，可将安全文化生成的定义简单理解为安全文化的生成性定义，即基于安全文化生成角度提出的安全文化的定义。

6.3.1.2　安全文化生成的 6 个因素

就上述安全文化生成的定义而言，其具有丰富的内涵。基于安全文化生成的定义，易知安全文化生成的 6 个因素（可统称为安全文化生成的"6 因素"说），即人的安全需要、安全威胁、应对者、应对方法、应对结果和人的本质安全保障能力的形成与显现，具体分析见表 6-1。

表 6-1　安全文化生成的 6 个因素

因素序号	因素名称	解释说明
因素 1	人的安全需要	根据马斯洛需求层次理论,安全需要(包括情感性安全需要)是人的一种基本的本能需要。人为满足这一基本需要,即实现生产与生活安全,必会促使人开展某些降低或抵御生活与生产环境中所存在的安全威胁的安全实践活动。由此可见,基于人的角度观之,人的安全需要是安全文化生成的自身基本前提条件。换言之,若人无安全需要,人也就不可能创造安全文化,即安全文化无法生成。需指出的是,这里的"人"并非仅指"个体",也指群体组织(如企业、事业单位),其同样具有安全发展需求
因素 2	安全威胁	毋庸置疑,就人类个体或群体而言,无论其处于何种社会类型(主要包括原始社会、农耕社会、工业社会与信息社会),都会面临一定的安全威胁(如野兽侵袭、自然灾害、工业事故与意外伤害等)。换言之,安全威胁自始至终客观并普遍存在于人的生活与生产环境之中。而且,安全威胁具有破坏性与损失性(伤亡及生活和生产资料损失等)。由此,安全威胁必会促使个体或群体开展某些降低或抵御生活与生产环境中所存在的安全威胁的安全实践活动,其可视为安全文化生成的外界基本前提条件
因素 3	应对者	为保障生活与生产安全,人必须要对其生活与生产中存在的安全威胁进行积极应对,事实就是如此。因此,概括而言,这里的应对者就指人(包括个体与组织群体),其是安全文化的主体,是安全文化的创造者和建设者。根据应对者的不同,可将安全文化划分为个体文化(如中国古代孔子与老子的安全文化)与群体安全文化(如家庭安全文化、企业安全文化、学校安全文化与民族安全文化等)

因素序号	因素名称	解释说明
因素 4	应对方法	一般而言，对于人的生活与生产环境中所存在的安全威胁，人对其具有诸多应对方法。但概括而言，无非是思考的方法、实践的方法与自律的方法。①思考的方法，即主要运用至分析和认识安全威胁的特征及其发展规律等，从而探索出保障人生活与生产安全的理论基础；②实践的方法，即主要运用至抵御生活与生产环境中所存在的安全威胁或降低其危险性，使生活与生产环境更适合于人的安全、健康、生存和发展；③自律的方法，主要运用至约束、调整和塑造人自身的安全人性、观念与行为等，以求适应无法用安全技术手段加以改变的安全威胁或尽可能免受其伤害
因素 5	应对结果	就具体应对结果而言，尽管存在多种安全文化类型，即表现（如可将安全文化划分为工业安全文化与交通安全文化等，或物质安全文化、制度安全文化、行为安全文化、观念安全文化与情感安全文化），但它们具有三个共性特征：①人化物，即从控制物的不安全状态着手，实现人的生活与生产安全；②人自化，即从控制人的不安全行为着手，实现人的生活与生产安全；③上述两者兼而有之，实现人的生活与生产安全。总而言之，应对结果均是人化（包括"人对物的安全化"和"人对人的安全化"）的结果，这与"文化就是人化"这一观点也完全相吻合
因素 6	人的本质安全保障能力的形成与显现	尽管人先天就具有部分本质安全保障能力，最为典型的是人的安全人性之安全需要，但绝大多数人的本质安全保障能力并非先天具备，而是在应对生活与生产环境中所存在的安全威胁的过程中逐步形成和发展起来的。从此角度观之，安全文化的建设过程，主要是人的安全人性的完善、人的安全认知水平的提升及人的安全技能的形成和增强的过程

　　由表6-1可知，在安全文化生成过程中，表6-1中的安全文化生成的6个因素缺一不可。换言之，安全文化的生成是6个因素共同作用的结果。但具体而言，安全文化生成的6个因素对安全文化的生成所发挥的具体作用存在差异，它们之间的相互关系如图6-10所示。其中，人的安全需要、安全威胁与应对者3个因素是安全文化生成的基本条件；应对方法与应对结果是安全文化生成的转化条件，且二者之间相互影响（应对方法产生应对结果，而应对结果通过反馈方式又作用于应对方法）；人的本质安全保障能力是安全文化生成的雏形，即初始结果，其最终显现为安全文化，表示安全文化真正生成。此外，上述安全文化生成的6个因素是随着时空的变化而不断发展变化的，它们可为生成新的安全文化，即发展、创新与丰富安全文化（包括形式与内容）注入源源动力。

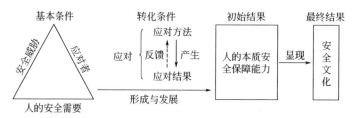

图 6-10　安全文化生成的 6 个因素之间的相互关系

6.3.2　安全文化生成的途径

　　由安全文化生成的"6因素"说可知，安全文化生成的途径主要由安全文化生成的因素4，即应对方法决定。细言之，不同的应对方法，即安全文化生成的途径会产生不同的应对结果，对应形成不同的人的本质安全保障能力，进而最终形成不同的安全文化。在表6-1中对应对方法的分类的基础上，根据现有的安全文化类型，将安全文化生成的途径大致划分为联合型、实践型、理性型、自律型与理想型（可统称为安全文化生成的"5途径"说），具体解释见表6-2。

根据表6-2，显而易见，依赖于上述安全文化生成的5条途径，才生成了当前丰富的人类安全文化。换言之，不同的安全文化生成的途径为生成不同的安全文化提供了基本路径。此外，就深层次而言，各安全文化生成的途径也为形成、发展和显现相应的人的本质安全保障能力提供了基本路径。

表 6-2　安全文化生成的 5 条途径

途径	应对方法	生成的安全文化类型	备注说明
联合型	联合应对	家庭、族群、企业与社会安全文化等	在原始社会，人类面临进攻性食人猛兽与自然灾害等的安全威胁，而人的一个明显劣势是个体自卫保安能力极其有限。因此，在人类进化过程中，不得不以群的联合与协作来应对各种安全威胁，从而弥补个体自卫保安能力的不足，即"联合应对"。联合应对的最终结果是创造出族群、家庭与社会安全文化等，直至后来形成普遍意义上的组织安全文化，这是形成、发展和显现人的安全协作和交流能力。此外，联合应对的另一结果就是人的个体自卫保安能力会随着时间的推移趋于弱化（相对群体保安能力而言），从而个体会越来越依赖于联合应对，会越来越需要发展组织安全文化（如家庭、族群、企业与社会安全文化等）
实践型	实践应对	物质安全文化	人的生活与生产环境中存在诸多不利于人的生活与生产安全的因素，即安全威胁。面对安全威胁，人们开展各种安全实践活动（如生产安全设施设备及完善和优化器物的安全设计等），这就是"实践应对"。实践应对的最终结果是创造出多种物质安全文化（如保障人的生活与生产安全的工具、器材与机械设备等），这是形成、发展和显现人安全改善和防护能力
理性型	理性应对	科学安全文化	一般而言，面对生活与生产环境中存在的安全威胁，人会积极主动地进行思考，以求得知安全威胁的特征及其发展规律等，如现有的多种事故致因理论与安全科学原理等，这就是"理性应对"。理性应对的最终结果是创造出科学安全文化，这是形成、发展和显现人运用理性认识安全科学规律的能力
自律型	自律应对	观念、制度、行为与民俗安全文化等	一般而言，对于当时的安全技术尚不能有效应对的人的生活与生产环境中存在的安全威胁，人会通过自律途径，即改变自身的安全观念、完善自身的安全人性与规范自身的安全行为等来应对，这就是"自律应对"。自律应对的最终结果是创造出观念、制度、行为与民俗安全文化等（其中，这里的民俗安全文化主要指安全禁忌），这是形成、发展和显现人的安全自律能力
理想型	理想应对	艺术或民俗安全文化	对于依赖上述四种应对方法暂时尚不能有效应对的人的生活与生产环境中存在的安全威胁（如古代的自然灾害及其他一些事故伤害等），人也会发挥想象，利用宗教信仰或基于偶然的安全（或事故伤害）经历等在思想上臆造应对的方法或结果，这就是"理想应对"。理想应对的最终结果是创造出艺术或民俗安全文化（如古代安全神话传说故事、表达安全景象的艺术作品、宗教崇拜中的安全寄托与其他迷信安全保安方式等），这是形成、发展和显现人的建构安全愿景与树立应对安全威胁的信心的能力

6.3.3　安全文化生成的动力

根据安全文化生成的动力来源，笔者将安全文化生成的动力划分为自发型与操作型两种基本类型（可统称为安全文化生成的"2动力"说），具体解释见表6-3。

表 6-3　安全文化生成的动力

类型	含义	主要原因	备注说明
自发型	对组织（包括社会）而言，自发型的安全文化生成动力主要指来自于个体或组织成员本身的安全文化生成动力。此安全文化生成动力一般不受组织领导、组织安全管理者或组织外界环境的直接干扰和影响，对组织成员而言，具有较强的主动性	①组织成员的安全素质的逐渐提升；②组织成员的安全需求的逐渐提升；③安全威胁应对方法的发展；等等	自发型的安全文化生成动力促使某种安全文化在组织成员的共同劳动和生活过程中逐渐自发生成，如安全民俗文化与某个家庭的安全文化主要都是在此动力的作用下形成的
操作型	对组织（包括社会）而言，操作型的安全文化生成动力主要指来自于组织领导、组织安全管理者及组织外界环境施加于组织及组织成员的安全文化生成动力。此安全文化生成动力一般主要受组织领导、组织安全管理者或组织外界环境的干扰和影响，对组织成员而言，具有较强的被动性	①组织安全事故；②组织安全发展要求；③政府相关安监部门的要求；④组织学习与借鉴其他安全文化；⑤组织外界安全文化环境的影响；等等	某种安全文化主要在组织领导、组织安全管理者或组织外部机构等的控制和指导下生成，如以 AQ/T 9004—2008《企业安全文化建设导则》和 AQ/T 9005—2008《企业安全文化建设评价准则》为标准来指导企业安全文化建设

由表 6-3 可知，自发型的安全文化生成动力强调个体或组织成员自身的主导作用，在组织的安全文化生成过程中通过个体和群体的学习和互相影响促使安全文化的生成，它一般是一种由下而上的作用模式；操作型的安全文化生成动力强调组织领导层和安全管理层等根据组织内外的安全发展要求，为生成某种组织安全文化而施加的动力，它一般是一种由上而下的作用模式。就某一组织的整体安全文化而言，两种安全文化生成的动力相辅相成，共同推动着组织安全文化的生成。

6.3.4　安全文化生成的表现形态

就安全文化生成的表现形态而言，细言之，是多种多样的。但概括而言，主要有形式形态、经验形态、理论形态与学科形态四种表现形态（可统称为安全文化生成的"4 表现形态"说）。依次解释如下。

（1）形式形态　就理论而言，任何安全文化生成的最初表现形态都应是形式形态。一般而言，当安全文化表现为形式形态时，以某一具体组织（如企业与城市等）为例，组织领导者和组织安全管理者等开始着手建设某种组织安全文化，但此时的组织安全文化更多的是外显化（即显性）的表层物质安全文化（如传播和展示某种组织安全文化的安全理念、安全目标与安全要求等的安全文化载体、组织安全文化建设手册及相关安全设施设备的配备）及一定的安全行为规范和安全规章制度等，但由于缺乏对该种组织安全文化的系统性梳理和深层次挖掘，组织安全文化理念与安全行为准则仅仅停留于表面，更多的是一种包装和形式。需指出的是，尽管形式形态的安全文化的表现是流于形式的，但这表明了某一安全文化的逐渐生成过程，是任何安全文化生成的必经表现形态。

（2）经验形态　安全文化生成的表现形态之经验形态是某组织在生产与生活过程中，进行组织安全文化建设和组织安全文化积累的经验总结。一般由组织领导或组织安全管理者本身完成，多以安全文化宣传手册或短篇论著的形式出现。以国内外具有优秀企业安全文化的典型企业（如国外的力拓矿业集团、杜邦公司与菲利普斯公司等，以及国内的金川集团、兖矿集团与潞安矿业集团等）为例，它们在基本建设完成具有自身鲜明特色的企业安全文化后，一般都会由企业领导或企业安全管理者负责以安全文化宣传手册或短篇论著的形式在企业内外展示和宣传自身的企业安全文化建设经验和企业安全文化形象（如国外的力拓矿业集团安全文化模式、杜邦公司安全文化模式与菲利普斯公司安全与环境创优计划模式等，以及国内的金川集团五阶段安全文化管控集成模式、兖矿集团兴隆庄煤矿"兴隆鼎"安全文化模式与潞安矿业集团"弓"安全文化模式等）。

（3）理论形态　安全文化理论研究者基于安全文化（或某一企业安全文化类型，如企业安全文化与学校安全文化等）视角，对诸多安全文化应用实践的经验，进行深入总结、比较、研究和反思，进而抽象概括成诸多具有普适性意义的安全文化理论（如本节研究的安全文化生成机理本身就是一种具有普适性意义的安全文化理论），这就是安全文化生成的表现形态之理论形态，此表现形态多以学术论文或学术专著的形式出现。此外，随着安全文化学研究与实践的不断深入，理论形态的安全文化会日趋增多。

（4）学科形态　安全文化的学科形态，就是对各种安全文化理论进一步系统化、逻辑化与条理化，把安全文化作为一门学科来建设（如本书就从学科建设高度对安全文化学开展相关研究），明确它在现代整个科学技术，尤其是安全科学技术中的地位，以利于传承和发展。值得一提的是，根据中国现行的学科划分标准，安全文化学被划归为二级学科"安全社会科学"下的一个分支学科，这既表明把安全文化学作为学科发展的社会需求，也表明中国企业界、理论界和教育界在推动安全文化学学科发展上基本已达成共识。作为学科形态的安全文化，笔者认为应至少承担三项重要任务：①必须深入准确地阐明与安全文化相关的所有基本概念，必须构建和完善安全文化的理论框架体系，以便能够接纳和解释各种安全文化实践经验；②必须积累安全文化实践经验，挖掘具有典型意义的安全文化实践案例；③与此同时，必须要把上述两项任务有机结合和统一起来，以揭示安全文化的本质与发展规律等。从目前安全文化学学科发展状况来看，还尚未形成完整的安全文化学方面的学术论著。换言之，就安全文化学的学科建设而言，仍任重而道远。需指出的是，尽管目前学界对"安全文化"存在诸多不同理解，但这并不妨碍建立安全文化学这门学科，这是因为各种认识和见解都可囊括于安全文化学学科之中。

由以上所述可知，从宏观角度来看，安全文化生成的表现形态大致依次按"形式形态→经验形态→理论形态→学科形态"的次序逐步递进和发展，前一安全文化生成的表现形态应是后一安全文化生成的表现形态的基础，而后一安全文化生成的表现形态应是前一安全文化生成的表现形态的升华，但它们均是安全文化生成的表现形态。

6.4　安全文化建设原理

本节内容主要选自本书作者发表的题为《安全文化建设原理研究》[6] 的研究论文，具体参考文献不再具体列出，有需要的读者请参见文献［6］的相关参考文献。

安全文化是确保组织安全的重要保障，通过组织安全文化建设来改善组织安全状况已成为国内外学术界的研究共识。为深入研究组织安全文化建设的普适性原理，本节内容从组织安全文化建设的基点（人与物）出发，以降低组织安全文化建设阻力的阻碍作用、提升组织安全文化的建设效率为着眼点，提炼并分析组织安全文化建设原理，以期为组织安全文化建设提供理论指导，进而丰富安全文化学原理，促进安全文化学研究发展。

6.4.1 组织安全文化方格理论

6.4.1.1 理论的提出

综观诸多比较有代表性的事故致因理论（如海因里希、博德、亚当斯等事故因果连锁理论以及人失误事故模型、轨迹交叉理论、行为安全"2-4"模型等），发现它们具有一个共同点，即均强调人的不安全行为和物的不安全状态是造成事故的直接原因，而管理缺陷是造成事故的根本原因，这已成为国内外学术界的研究共识。此外，研究指出，塑造本质安全型人和实现物的本质安全化是解决安全管理"空白"地带（缺陷）的最根本、最有效途径。因此，安全管理和安全文化建设所追求的最终目的都可视为提高人和物的本质安全化程度。换言之，组织安全文化建设应从"人的本质安全化"和"物的本质安全化"两条脉络着手，既要关注"人"，也要关注"物"，要坚持"两手抓"，二者不可偏废，这也与目前组织安全文化建设实际相吻合。由此，提出组织安全文化方格理论，如图6-11所示。

6.4.1.2 关键方格的涵义解释

由图6-11可知，组织安全文化方格矩阵的横坐标表示"物本安化安全文化强度"，纵坐标表示"人本安化安全文化强度"。按照不同强度分为9挡，1为最低，9为最高，纵横交错，共同构成具有81个方格的矩阵。其中，5个方格具有组织安全文化的典型意义，分别解释如下。

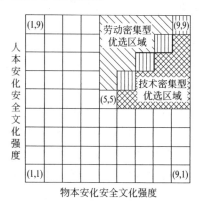

图6-11　组织安全文化方格矩阵图

（1）（1,1）为贫乏型安全文化　秉承这类安全文化的组织既不重视人的本质安全化，也不关注物的本质安全化，组织安全文化水平极低。这类组织的人的安全意识和素质低，安全宣传教育和监督检查不到位，工艺技术落后，设备可靠性差，组织抗灾能力弱。因此，这类安全文化下的组织事故频发，事故起数居高不下。如果没有特殊的条件支撑与保护，势必被淘汰。

（2）（1,9）为趋人型安全文化　秉承这类安全文化的组织重点强调本质安全型人的塑造，这类组织的安全文化以"以人为本"为核心理念，用先进安全理念引导人的安全价值取向，用系统的安全培训教育提高人的安全意识和素质，用完善的安全行为规范保障人的安全行为的养成。但这类组织弱化了从技术方面来提高物的本质安全化程度，设备、生产工艺等存在较大的安全隐患，绝大多数事故都是由物的因素引起的，即因物的因素导致的事故频发。

（3）（9,1）为趋物型安全文化　秉承这类安全文化的组织高度关注物的安全，偏向采用提高设备可靠性、工艺技术水平、系统抗灾能力、机械化程度、安全设施设备投入等措施来预防事故，进而提高组织的安全水平，成本较高。但这类企业弱化了对人的安全意识、素质等的提高。此外，许多特定条件下的研究发现，86%～96%的伤害事故都是由人为原因所致。因此，这类安全文化下的组织提高自身安全水平的效果不明显且不持久，绝大多数事故都是由人的因素引起的，即人的因素导致的事故频发。

（4）（5，5）为中立型安全文化　秉承这类安全文化的组织对提高人和物的本质安全化程度都给予适当的关注和投入，但"两手"都不硬，人和物的本质安全化程度都不理想，组织安全水平提升效率低。事故原因中既有物的因素，也有人的因素。

（5）（9，9）为理想型安全文化　秉承这类安全文化的组织既重视本质安全型人的塑造，也关注物的本质安全化程度的提高，是最为理想的双强组织安全文化模式，这类组织一定是安全水平持续提高的组织。

由以上所述可知，五种不同类型的安全文化的作用曲线，即不同类型的安全文化与组织事故量之间的关系曲线可抽象为图 6-12 所示。其中，曲线Ⅰ表示贫乏型安全文化的作用曲线；曲线Ⅱ表示趋人型、趋物型和中立型安全文化的作用曲线；曲线Ⅲ表示理想型安全文化的作用曲线。需要说明的是，曲线Ⅲ趋向实现"零事故、零伤害"的安全目标，这是组织安全文化建设所追求的最终目标，也是优秀组织安全文化的具体表现。

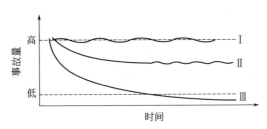

图 6-12　不同类型安全文化的作用曲线

6.4.1.3　深层内涵的解析

组织安全文化方格理论内涵丰富，可从不同角度分析得出其不同的深层内涵，具体分析如下。

（1）"人本安化"的内涵　组织安全文化方格之"人本安化"维度，从组织安全管理角度来讲，就是坚持"以人为本"，以人为前提和动力，努力把组织成员塑造成"想安全、会安全、能安全"的人。其具体内涵是：①"想安全"指组织成员具有强烈的自主安全意识；②"会安全"指组织成员具有保障安全的丰富知识和熟练技能；③"能安全"指组织成员本身能够有效地保障安全。塑造本质安全型人不是一味强调对人的硬性约束和被动服从，而要通过长期培养人的安全主体意识、安全责任意识，并弘扬人的安全主观能动性，使人充分发挥其自主保安能力和价值。塑造本质安全型人是一项系统工程，需要理念导向系统（安全价值理念）、行为养成系统（安全行为规范）和安全环境系统（良好的安全环境）的蕴涵互动。其中，理念导向系统是内因，是内动力；行为养成系统是枢纽，是启动力；安全环境系统是外因，是影响力。三力交互，叠加共振，构成塑造本质安全型人的有机整体。换言之，塑造本质安全型人要以理念为先导，以制度为支撑，以环境为基础，如图 6-13 所示。

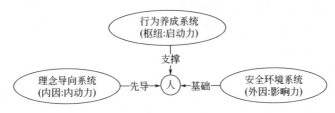

图 6-13　本质安全型人的塑造机理

（2）"物本安化"的内涵　组织安全文化方格之"物本安化"维度，就是以提高设备或组织物质系统本身的安全性为导向，通过设计、技术改进等手段来确保即使在误操作或发生故障的情况下也不会造成事故，即"物的安全准则"。由轨迹交叉理论可知，事故是由于物的不安全状态和人的不安全行为在一定的时空里的交叉所致。因此，实现物的本质安全化的基本途径可分为四种：①消除物的不安全状态，如替代法、降低固有危险法、被动防护法等；②设备能自动防止误操作和设备故障，即避免人操作失误或设备自身故障所引起的事故，如联锁法、自动控制法、保险法等；③通过时空措施防止物的不安全状态和人的不安全行为的交叉，如密闭法、隔离法、避让法等；④通过"人-机-环"系统的优化配置，提高系统的抗灾能力，使系统处于最佳安全状态。总之，物的本质安全化是从控制导致事故的"物源"方面入手，提出的防止事故发生的技术途径与方法。

（3）理想型安全文化的建设思路和实质涵义　在"人本安化"与"物本安化"的互相推动中建立理想型安全文化模式，其实质是建设组织本质安全文化。由组织安全文化方格矩阵图可知，"人本安化"与"物本安化"两个维度在组织安全文化建设实践中既相互独立，又相互交叉，联系紧密，在组织安全文化建设实践中是相互推动、共同发展的，即"人本安化"需要依赖于"物本安化"（如通过"物本安化"可以有效改善组织的安全环境，这为实现"人本安化"创造了有利的外因条件），"物本安化"也必然依赖于"人本安化"（如通过对组织成员的安全教育和培训，可以有效降低人的误操作，而且通过人的安全意识和责任的培养，以及对人的主观能动性的弘扬等，可以促使组织成员积极探索实现物的本质安全化的新方法、新技术等）。因此，建立理想型组织安全文化，避免组织安全文化畸形发展，必须要把"人本安化"与"物本安化"的安全文化建设结合起来，实现二者的结合和互动发展。由以上分析可知，理想型组织安全文化即组织本质安全文化，是组织安全文化建设所追求的最终目标，它是指以组织安全价值理念为主导，以风险预控为核心，在此基础上形成的被组织成员所接受的组织安全价值观、信念、行为准则与保障组织安全的物质表现的总和。

（4）安全文化建设目标的设定　由理想型安全文化的建设思路可知，组织安全文化建设应从"人本安化"与"物本安化"两方面着手，据此讨论组织安全文化建设目标的设定。以方格（5，5），即中立型安全文化为界限，图6-11中的阴影部分表示优良型安全文化，且其优良度（即安全文化强度）随着"人本安化安全文化强度"和"物本安化安全文化强度"的增强而增强，其作用曲线可抽象为图6-14所示。因而，组织安全文化建设应以优良型安全文化区域内的某一方格为某一阶段的具体安全文化建设目标，逐步提升组织安全文化强度。

（5）安全文化建设任务重心的选择　根据组织实际情况，选择合理的组织安全文化建设任务重心，任务重心优选区域范围如图6-11阴影部分所示。具体分两方面讨论：①对于典型的劳动密集型和技术密集型企业来说，各自的企业安全文化建设的侧重点应存在明显差异，即劳动密集型企业应侧重于"人本安化"，而技术密集型企业则应侧重于

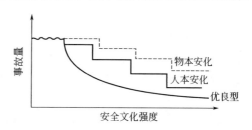

图6-14　优良型安全文化的作用曲线

"物本安化"（具体如图6-11阴影部分所示）。这主要是因为人和物两类因素分别在两类企业的事故原因中所占的比重有所差异，即在劳动密集型企业中，引起事故的主要原因是人的因素，而在技术密集型企业，引起事故的主要原因是物的因素。②对于其他组织（包括家庭、社区等）来说，组织安全文化建设应从"人本安化"与"物本安化"两方面同时抓起，但并

不是说其安全文化建设就没有侧重点，也应根据自身劣势或不同阶段的实际需要，灵活调整安全文化建设的任务重心，使其安全文化建设方案最优化。

（6）安全文化建设水平的评估　从"人本安化安全文化强度"和"物本安化安全文化强度"的两个维度，分别构建各维度的安全文化强度评价指标体系，并采用相关安全文化评估方法和技术手段，就可以评估得出组织安全文化强度（即组织安全文化强度在组织安全文化方格矩阵图中的具体位置）。此外，通过评估反馈，及时调整和优化组织安全文化建设方案，进而提升组织安全文化建设效率并节约建设成本。

6.4.2　组织安全文化杠杆原理

6.4.2.1　原理模型的构建

由组织安全文化方格理论可知，组织安全文化建设应从"人本安化"与"物本安化"两方面注入动力。从理论上讲，动力的作用位置具体可分为两方面：①一部分动力仅贡献于组织安全文化建设，即不用于减弱组织安全文化建设阻力所带来的负面影响（阻碍作用）；②另一部分动力则需要用于减弱组织安全文化建设阻力所带来的负面影响（阻碍作用），以促进组织安全文化建设。不妨把这部分动力和组织安全文化建设阻力分别设为 F_1 和 F_2，由此构建组织安全文化杠杆原理模型，如图 6-15 所示。

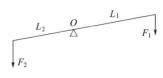

图 6-15　组织安全文化
杠杆原理模型

6.4.2.2　原理模型的构成要素释义

由图 6-15 可知，F_1 与 L_1 分别构成该模型的动力与动力臂，F_2 与 L_2 分别构成该模型的阻力与阻力臂。其中，F_1 和 F_2 的涵义前面已做了解释，不再赘述，但尚未解释 L_1 和 L_2 的涵义。此外，还需具体限定 F_2 的涵义。鉴于此，将该模型的动力臂 L_1、阻力 F_2 和阻力臂 L_2 的具体涵义分别解释如下。

（1）动力臂 L_1 表示动力 F_1 减弱阻力 F_2 的阻碍作用的有效度，有效度越高，则所需的动力 F_1 就越小，就越有利于组织安全文化建设。它主要是由安全文化建设方案（包括安全文化建设理念、目标、思路、任务、方法和评估等）的适宜性和可行性决定的。

（2）阻力 F_2 表示组织安全文化建设阻力的量的大小，即在"人本安化"与"物本安化"两方面所存在的漏洞数量的多少及其严重程度。换言之，它是指落后组织安全文化的量的大小，如在组织安全价值观念、安全制度规范、安全设施设备投入、组织成员的安全行为习惯养成等方面存在的漏洞及其严重程度。

（3）阻力臂 L_2 表示改变阻力 F_2 的难易程度，这主要与组织和组织成员的自身特性有关，如组织安全管理的惯性，组织成员行为的惯性、思想的惰性、变革的适应性以及对既得利益的守护等。

6.4.2.3　原理模型的内涵解析

由物理学中的杠杆平衡条件可知，要使杠杆平衡，作用在杠杆上的两个力矩（力与力臂的乘积）大小必须相等，用代数式表示为

$$F_1 L_1 = F_2 L_2 \qquad\qquad (6-9)$$

式中，F_1、L_1、F_2 和 L_2 分别表示动力、动力臂、阻力和阻力臂。

由式（6-9）可知，要减小 F_1 的值，具体有三种途径：增大 L_1 的值、减小 F_2 的值或减小 L_2 的值。一般来说，F_2 的值是确定的，因此，减小 F_1 只能采用增大 L_1 的值或减小 L_2 的值的途径来实现。

有鉴于此，物理学中的杠杆原理同样适用于解释组织安全文化杠杆原理模型，分析如下。

（1）组织安全文化杠杆原理模型的构成要素中的 F_1 与 L_1 的乘积表示组织安全文化建设阻力的阻碍作用强度，而 F_2 与 L_2 的乘积表示用于减弱组织安全文化建设阻力的阻碍作用的那部分组织安全文化建设动力的作用强度。

（2）若 F_2 与 L_2 的乘积与 F_1 与 L_1 的乘积相等，则表示组织安全文化建设阻力的阻碍作用已完全被消除。从理论上讲，这只是一种理想状态。因为组织安全文化建设阻力是不可能彻底被消除的，即其阻碍作用也是不可能完全被消除的，只能最大限度地减弱其阻碍作用。

（3）一般来说，在某一确定的时间段内，组织安全文化建设阻力的量的大小，即阻力 F_2 是确定的。若要减小动力 F_1 的值，同样有两条途径，即增大 L_1 的值或减小 L_2 的值。由上述对组织安全文化杠杆原理模型的构成要素的释义可知，这两条途径的实质内涵是：①提高组织的安全价值观念和安全文化建设方案的适宜性和可行性；②采用教育培训以及加强与组织成员之间的沟通等措施，减弱、纠正组织成员的不正确认识和行为等，逐步摆脱落后组织安全文化对组织成员的思想和行为等的负面影响，进而增强组织成员对组织安全文化建设理念等的认同感。

6.4.3 组织安全文化建设原理的体系结构

组织安全文化方格理论和杠杆原理不是各自独立的，它们之间彼此影响，相互促进，共同为组织安全文化建设奠定了理论基础。由此，建立组织安全文化建设原理的"轮形"体系结构，如图 6-16 所示。

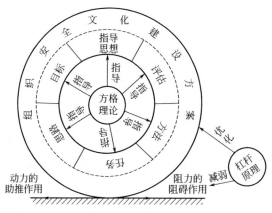

图 6-16　组织安全文化建设原理的"轮形"体系结构

该"轮形"体系结构看似简单，实则内涵丰富。由图 6-16 可知，组织安全文化建设方案的要素构成"轮形"体系结构的"轮辋"，而各组织安全文化建设方案的要素是制订组织安全文化建设整体方案的基础，两者间的关系类似于"轮辋"与"轮胎"之间的关系（"轮辋"是"轮胎"的直接支撑构件），因此，组织安全文化建设的整体方案构成"轮形"体系结构的"轮胎"，组织安全文化方格理论构成"轮轴"，组织安全文化方格理论通过"轮辐"对组织安全文化建设方案发挥指导作用。此外，要使轮子正常运转起来，即使组织安全文化建设方案有效运行起来，必须要对其施加动力，但轮子又受到与接触面间的摩擦力的阻碍作用，它们分别相当于组织安全文化建设动力的助推作用和阻力的阻碍作用。对于该体系结构的深层内涵，具体解释如下。

（1）由组织安全文化方格理论的内涵可知，组织安全文化方格理论为组织安全文化建设方案的要素设计（包括组织安全文化建设的指导思想、目标、思路、任务、方法及评估手段的确定）提供了理论依据。需要说明的是，通过评估组织安全文化的建设效果，并将评估结果及时反馈至组织安全文化建设者，有助于及时优化和调整组织安全文化建设方案。因此，在组织安全文化建设方案的设计阶段，有必要考虑并制订组织安全文化建设效果的评估手段。鉴于此，笔者把组织安全文化建设效果的评估手段也看成是组织安全文化建设方案的要素之一。

（2）由组织安全文化杠杆原理的内涵可知，组织安全文化杠杆原理指明了组织安全文化建设者减弱组织安全文化建设阻力的阻碍作用的方法和具体措施，而方法和措施的本质是优化组织安全文化建设方案，这类似于通过改造"轮胎"本身（如改变"轮胎"表面的粗糙程度等）来减小其与接触面间的摩擦力。

6.5　安全文化场原理[7]

6.5.1　组织安全文化场

无论是优良的还是劣势的组织安全文化，它的存在都是客观的。组织安全文化是组织在长期的发展中经过较长历史沉淀形成的，因此，组织一旦形成自己独特的安全文化，就会反过来对组织产生巨大的能动作用。那么这种能动作用是如何传递的呢？物体之间的相互作用，必须相互接触或者借助于某种介质才能传递，没有媒介，物体之间的相互作用是不可能的。类似于自然科学中的各种场，可把组织安全文化对组织产生能动作用通过的特殊介质称为组织安全文化场。当组织安全文化形成时，在它的周围就会激发出安全文化场，具有思想和行为的组织成员在其中活动都会受到组织安全文化场的作用。组织安全文化场原理可用图 6-17 表示。

6.5.2　组织安全文化场强度

当组织安全文化所倡导的安全价值观和安全理念为组织全体成员接受时，组织成员按照这种价值观和理念进行活动时，这种组织安全文化就被看作强安全文化，反之为弱安全文化，这是安全文化的基本特征。

用组织安全文化场强度来描述组织安全文化场的性质，用 E 表示。通过对组织安全文化进行分析可得，决定组织安全文化场强度大小的主要因素包括以下 4 方面。

（1）组织领导对组织安全文化建设的重视程度，用 l 表示。一般组织领导越是重视组织安全文化建设，形成的安全文化场强度就越大。

（2）组织安全文化在企业中的渗透程度，用 s 表示。包括组织安全文化在组织中辐射的广度和组织成员对组织安全文化内涵的理解深度。

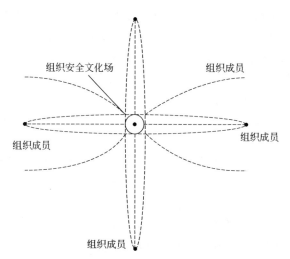

图 6-17　组织安全文化场原理

（3）组织成员的文化素质和个人特性，简称组织成员特性，用 m 表示。组织成员的文化素质越高，m 值就越大；随着组织成员安全经验的不断丰富，m 值也随之增大；稳重型性格的组织成员的 m 值往往大于做事粗心大意、马马虎虎的组织成员的 m 值。

（4）组织的外部环境，即国家社会对组织安全的重视程度以及安全文化习俗等，用 k 表示。一般国家有关部门对组织安全监管的力度越大、要求越高，对组织安全管理工作的影响就越大，对应 k 值就越大。

如果不考虑外部环境的影响，组织安全文化场强度（E）可以看作领导重视程度（l）、安全文化渗透程度（s）、组织成员特性（m）的函数，函数关系式为

$$E = \Phi(l, s, m) \tag{6-10}$$

式（6-10）中，E 与 l、s、m 成正比，即领导重视程度越高，安全文化渗透程度越高，组织成员特性值越高，组织安全文化场强度就越大。

当考虑企业外部环境的影响时，函数关系式为

$$E = k\Phi(l, s, m) \tag{6-11}$$

式（6-11）中，当企业处于一定时期的外部环境中，k 为定值。

6.5.3　组织安全文化力

组织安全文化力是组织安全文化场对组织成员的作用力。组织安全文化力不仅与组织安全文化场的强度有关，而且还与组织成员的文化素养和个人特性有关，即与员工特性有关。

当不考虑组织成员之间的相互作用时，如果用 F 表示组织安全文化力，用 t 表示组织成员特性，那么可以把组织安全力看成组织安全文化场强度（E）和组织成员特性（t）的函数。函数表达式为

$$F = \Phi(E, t) \tag{6-12}$$

式（6-12）中，F 与 E 和 t 成正比。

当考虑组织内部成员之间的相互作用时，函数关系式为

$$F = p\Phi(E, t) \tag{6-13}$$

式（6-13）中，当企业内部员工比较稳定以及各自职责明确且比较固定时，p 为常量。

6.6 安全文化宣教原理

本节内容主要选自本书作者发表的题为《安全文化宣教机理研究》[8] 的研究论文，具体参考文献不再具体列出，有需要的读者请参见文献 [8] 的相关参考文献。

大量实例表明，安全文化宣教是提升组织成员的安全意愿、意识与素质的有效途径，是组织安全文化建设的重要手段。因此，安全文化宣教是当前绝大多数组织（如企业、社区与学校等）进行安全文化建设、安全教育与安全管理等的首选手段。

目前，学界关于安全文化宣教的研究较少，比较有代表性的研究成果有：①Stian Antonsen 指出，安全文化宣教对营造组织安全文化氛围具有显著的促进作用；②贺阿红研究企业安全文化宣教载体的内容设计；③王秉等研究安全标语这一安全文化宣教载体。许多特定条件下的研究发现，86%～96%的伤害事故都是由人为原因所致，而安全文化宣教是纠正人的不安全认识和行为的有效途径。此外，心理学家 Treicher 通过实验得出人类通过视听觉获取的信息占其所获取信息总量的94%，而安全文化宣教主要是通过人的视听觉给受众传输安全信息，因而，它可有效促进受众获得安全理念、知识和技能等。现有的关于安全文化宣教的研究成果，研究层次都比较浅显，理论深度明显不够，尚未系统阐述安全文化宣教的内涵，缺乏对安全文化宣教机理的剖析和深描，严重阻碍安全文化宣教内容、形式等质量及其实施效果的提升。

鉴于此，笔者分析安全文化宣教的内涵，深入剖析安全文化宣教的机理，并探讨受众的心理驱动原理与方法，以期为安全文化宣教活动和行为的设计、筹划与实施提供理论依据，进而提升安全文化宣教在组织安全文化建设安全教育和安全管理中的效用。

6.6.1 安全文化宣教的定义与内涵

6.6.1.1 安全文化宣教的定义

目前，学界对安全文化宣教尚无具体定义，笔者基于宣传与教育的定义对其进行定义。安全文化宣教是指某一组织（包括家庭、社区、企业、学校、城市和国家等）根据其现实和未来发展的安全需要，遵循组织成员（受众）的认知学习特点、规律和自身需要，有目的、有计划、有组织地运用各种被赋予了特定安全意义的安全文化符号传播，并通过其引导、教化受众，进而说服受众获得并接受一定的安全观念、知识和技能等，以提高受众的安全意愿、意识、知识和技能等，并规范约束其不安全行为为目的的一种组织宣教活动和行为。安全文化宣教是一项系统工程，其最终目标是使受众形成一种相对完善、成熟而理性的安全思维、观念、知识和技能等来认知并解决已有的或未来可能出现的各种安全问题。

6.6.1.2 安全文化宣教的内涵

基于安全文化宣教的定义，解析安全文化宣教的内涵，具体如下。

（1）安全文化宣教是组织文化宣教的主要内容，是组织安全工作的重要组成部分，是一种有效而重要的组织安全管理手段。具体表现为：①组织安全文化是组织文化的重要组成部分；②安全文化宣教是提高组织成员的安全意识和塑造组织成员的安全行为习惯的最直接、最有效手段；③安全文化宣教是组织安全文化建设成败的关键。

（2）安全文化宣教的实施主体是组织（即它是一种组织行为），安全文化宣教内容的设置及其主要受众对象、宣教时段与空间位置等的设定应以组织的现实和未来发展的安全需要为依据。安全文化宣教带有极强的目的性，它是组织为实现组织设定的安全愿景和目标等而策划、组织并支持运作的，力图使受众按组织的安全文化宣教意图行动的一种组织行为。从组织的角度来看，为增强安全文化宣教的作用效果，即其对提升组织安全状态水平的贡献力，安全文化宣教内容的设置及其主要受众对象、宣教时段与空间位置等的设定应具有针对性，即要与组织的现实和未来发展的安全需要相吻合。

（3）安全文化宣教的内容、形式与媒介等应尽可能符合受众的认知学习特点、规律和自身需要，这样可显著提升安全文化宣教的效果。这是因为就受众群体而言，符合受众的认知学习特点、规律和自身需要的安全文化宣教内容、形式与媒介等是受众期待得到的安全信息和视听觉体验，能够极大地调动受众的学习积极性和兴趣，也能促使受众更容易理解、认可和接受安全文化宣教内容。

（4）受众对安全文化宣教的内容和形式的最直接接触和体验是各种被赋予了特定安全意义的安全文化符号，主要是一些视听觉安全符号，如安全标语、漫画、手册、PPT、操作姿势、文学作品、微电影、歌曲与小品等。

（5）安全文化宣教的重要目的是使受众获得并接受一定的安全观念、知识和技能，进而提升自身安全素质和规范自己的不安全行为，这一目的的实现过程本质上是一个不断说服受众的过程。说服方式主要有两种：①心理动态说服，是指经过安全文化宣教改变受众个体的认识和心理，导致其行为发生改变；②组织安全文化说服，是指通过安全文化宣教影响组织成员（受众群体）的安全价值观，建立新的安全价值观，从而达到改变受众不安全行为的目的。

（6）安全文化宣教是一项系统工程，在安全文化宣教过程中，贯穿着一系列战略、战术和方法问题。安全文化宣教战略是指导安全文化宣教全过程的计划和策略，应根据组织的实际安全管理情况等来制订。安全文化宣教战术和方法是保障安全文化宣教有效、顺利开展的措施和手段，可从受众的态度、宣教内容的强度及宣教形式的灵活度等方面加以设计。

（7）安全文化宣教的最终目标是使受众形成一种相对完善、成熟而理性的安全思维、观念、知识和技能等来认知并解决已有的或未来可能出现的各种安全问题。换言之，使受众走向并拥有最理性、最正确的安全思维和认知，辨识、规避或控制有可能造成个人或他人伤害的危险（风险）是安全文化宣教的根本所在。

6.6.1.3 功能分析

安全文化宣教主要有劝服、引导、灌输、教化、激励、规约、批评、环境和文化 9 项功能，并可将它们划分为基本功能、直接功能和深层功能三个不同层次，各功能彼此影响、相互促进，共同决定着安全文化宣教的效果，具体解释见表 6-4。其中，基本功能为其他功能的发挥提供基础和保障；直接功能为其他功能的发挥起到支撑作用；深层功能是基本功能和直接功能的升华和外延。

表 6-4　安全文化宣教功能的分类及其涵义

层次	名称	具体涵义
基本功能	劝服功能	通过安全文化宣教阐明某些安全理念与知识等,使受众相信并在认识和行为上做出相应改变
直接功能	引导功能	安全文化宣教内容为受众的思想与行为等指明了方向,对受众的思想与行为等具有引导作用
	灌输功能	通过安全文化宣教可将安全价值观念与知识等灌输至人们的头脑并不断强化,理性和系统性是其特色

续表

层次	名称	具体涵义
直接功能	教化功能	安全文化宣教可融入受众的生存环境,对受众的安全信仰与行为等具有全方位的教育感化作用
	激励功能	安全文化宣教注重对符合组织安全价值标准的行为不断给予鼓励和强化,从而产生模仿与激励效应
	规约功能	安全文化宣教内容可直接或间接规范和约束受众的行为等,即它是受众的安全行为的基准和参考
	批评功能	安全文化宣教内容可对某些不符合组织安全价值标准的认识、行为等进行否定或批判,具有批评作用
	环境功能	安全文化宣教有助于为受众群体营造良好的安全氛围和创造舒适的生活、工作环境
深层功能	文化功能	安全文化宣教既要传递安全文化,还要满足安全文化本身延续和更新的要求,其影响安全文化的发展

6.6.1.4　特点分析

经分析发现,尽管安全文化宣教的内容和形式多种多样,但它们具有共同的特点,主要表现在以下五方面:①目的性。所有安全文化宣教活动和行为都旨在影响受众的安全意愿和意识等,力图使受众按宣教者的意图做出符合宣教者意图的行为表现。②倾向性。某一组织的安全文化宣教者对宣教内容、形式及媒介等的选择具有趋同性,这与组织群体的整体安全价值理念和审美价值观等有关。③现实性。主要表现在安全文化宣教目标、材料和效果等方面,不符合组织现实安全需要的安全文化宣教目标和材料,就不能获得现实需要的安全文化宣教效果。④群体性。一般而言,安全文化宣教要面向组织各个层面,以求影响最多的受众对象。⑤附合性。安全文化宣教往往依附于组织的其他文化传播,如可镶嵌于组织文艺文化进行传播,这是因为组织安全文化是组织文化的重要组成部分,对于同一组织来说,它们之间并不互相排斥,而是相辅相成的关系。

6.6.2　安全文化宣教的基本模式

6.6.2.1　安全文化宣教的"5-13"模式的构建

模式是对事物在空间结构和时间序列上进行的一种描述,是人类把握和认识事物变化的有力工具。要对安全文化宣教现象进行最具体、最系统且最全面的考察,就必须借助简化的模式再现安全文化宣教现象。简言之,所谓安全文化宣教模式,就是指研究安全文化宣教过程、性质与效果的公式,它既是对复杂的安全文化宣教现象的过程和环节的高度概括和抽象,也可对人们了解、认识,进而深入研究安全文化宣教现象给予极大启迪。同时,安全文化宣教模式研究同安全文化宣教活动本身一样,也是一个不断发展、逐步完善的过程。根据传播学、教育学和文化学相关理论,结合安全文化宣教的自身特点,构建安全文化宣教的"5-13"模式,如图 6-18 所示。

6.6.2.2　安全文化宣教的"5-13"模式的解析

安全文化宣教的"5-13"模式看似简单,实则内涵丰富,它可视为是描述安全文化宣教行为的一种简便而完整的范式和方法,将其内涵具体解释如下。

(1)"5"表示在安全文化宣教单向过程中,按照先后次序所涉及的Ⅰ、Ⅱ、Ⅲ、Ⅳ与Ⅴ五个关键环节,即该模式把安全文化宣教单向过程分解成了宣教者、安全文化符号、媒介、受众和宣教效果五个必要要素，完整阐述了整个安全文化宣教过程，同时也表明这五个要素对安全文化宣教效果具有决定性作用。其中，宣教者、媒介、受众和宣教效果四个要素的内涵显而易见，限于篇幅，此处不再赘述，笔者仅对安全文化符号这一要素的内涵进行解释。安全文化符号包含形式（意指）和内容（所指，主要包括安全理念、知识和技能等），一个安全文化符号可携带一种或多种安全文化基因（如安全理念、制度、规范、知识与技能等），即安全文化宣教者实则是将安全文化基因植入安全文化符号，让受众借助安全文化符号来体验和认知安全文化宣教内容和意图。

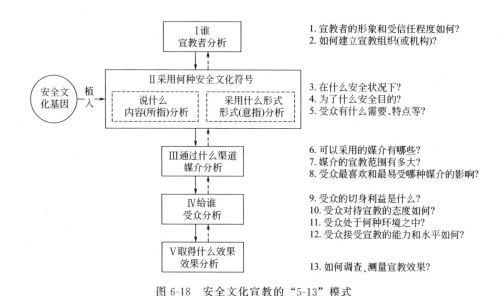

图 6-18　安全文化宣教的"5-13"模式

（2）"13"表示对安全文化宣教单向过程中所涉及的五个关键要素有直接、重要影响的13个问题（因子）（见表6-5），设计和优化安全文化宣教模式必须要从这13个问题着手，即要着眼于思考并回答这13个问题。换言之，这13个问题是设计和优化安全文化宣教模式和提升安全文化宣教有效性的重要突破点。

表 6-5　影响安全文化宣教过程的重要问题（因子）的含义

问题	具体含义
1	宣传者的形象和可信任程度直接影响着受众对安全文化宣教内容的相信程度和响应积极性，即影响对受众的劝服作用
2	宣教活动一般是由某一组织（机构）策划并组织开展的，因此需考虑如何科学、合理地建立安全文化宣教组织（机构）
3	安全文化宣教内容应与组织现在的实际安全状况相吻合，针对实际安全问题，对症下药，有针对性地进行安全文化宣教
4	宣教目的（目标）是宣教者期望给组织和组织成员带来的某种变化，安全文化宣教内容应与宣教目的（目标）密切结合
5	安全文化宣教内容、形式等应尽可能满足受众的自身需要并符合受众的心理、审美等特点，且要真实、充实而简练
6	根据组织的财力和现有的宣教媒介等实际情况，对安全文化宣教媒介进行预选，形成安全文化宣教媒介备选集合
7	根据安全文化宣教媒介的宣教覆盖范围大小，结合宣教范围的实际需求，在安全文化宣教媒介备选集合中进行进一步筛选

问题	具体含义
8	受众对宣教媒介具有选择性,因此,要了解和分析受众最注重和最易受影响的宣教媒介,这有助于选择最佳的宣教媒介
9	安全文化宣教要抓住广大受众群体最切身、最迫切、最易感动的安全需要和事实,这有助于劝服受众
10	掌握受众接受安全文化宣教的态度,对赞成、无所谓、中立、反对甚至带抵触的不同受众,采用不同的宣教方式和措施
11	分析受众所处的环境,一些对安全文化宣教持中立、不在乎或反对态度的受众,在一定环境的群体压力下容易改变态度
12	了解受众接受安全文化宣教的能力和水平,如阅读能力、理解水平等,这是受众认知和理解安全文化宣教内容的基本前提
13	根据安全文化宣教效果可以不断调整和优化安全文化宣教的内容、手段等,应选择合理的方法和工具对安全文化宣教效果进行调查和测量

（3）安全文化宣教行为并非是一次性的单向过程，而是一个双向过程。通过对安全文化宣教效果的调查和测量，并将测定结果反馈至其他各要素，不断调整、完善和优化安全文化宣教的内容、手段与步骤等，分析并排除影响安全文化宣教效果的干扰因素（如误解与曲解等），这是进行有效安全文化宣教的一项重要程序。

（4）安全文化宣教要实现从"宣教者中心"向"受众中心"的转移。安全文化宣教的起点是宣教者，终点是受众，宣教意图是使受众理解、接受和认可安全文化宣教内容，即起初掌握在宣教者手中的安全文化宣教内容与媒介等的效用必须要借助受众才能发挥并表达出来。换言之，安全文化宣教要实现从"宣教者中心"向"受众中心"的转移，尽可能使安全文化宣教内容、形式与媒介等更适合于受众，更受受众喜爱，这有助于消除宣教者与受众之间的张力关系，使受众不再只是被动地接受，而转入积极参与、主动接受和交流的情境中。因此，该模式在分析影响安全文化宣教过程的13个重要问题（因子）时，对与受众有关的因素的分析和考虑有所侧重。

6.6.3 受众处理安全文化符号信息的过程模型

6.6.3.1 模型构建

由安全文化宣教的定义与内涵可知，受众对安全文化宣教信息的接受过程其实是受众对安全文化符号信息的处理过程。在此过程中，受众的心理紧张程度和具体行为选择随着接受的视听觉（以视觉为主）刺激的变化而变化。根据知觉心理学，基于受众的视听觉认知特点，建立受众对安全文化符号信息的处理过程模型，如图6-19所示。

6.6.3.2 模型解析

该模型将受众对安全文化符号信息的处理过程分为四个具有先后顺序的阶段：初识阶段、情感阶段、意向阶段和行为阶段，经历了从感性认识、认知认识、制度规范认识到价值认识四个层次，这符合人的一般认知过程。各阶段的具体内涵分别解释如下。

（1）在初识阶段，受众对安全文化符号信息形成感知觉，这是安全文化宣教功能发挥的基本条件。安全文化符号信息通过视听觉信号对受众产生刺激，然后受众根据其对安全文化符号内涵的预知性，实现短暂的接触和感知，这需要安全文化符号内容和形式要对受众具有

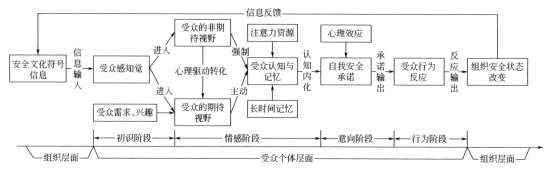

图 6-19　受众处理安全文化符号信息的过程模型

视听觉冲击力。

（2）在情感阶段，受众对安全文化符号信息选择、认知和记忆，这是安全文化宣教功能发挥的保障和基础。因受受众需求与兴趣的影响，受众对安全文化符号信息具有选择性和偏好，即起初有些安全文化符号信息是受众的期待视野范围中的信息，反之另一些则是受众的非期待视野范围中的信息，这就需要通过一些受众心理驱动方法改变受众的期待视野，从而使这部分安全文化符号信息也转化为受众的期待视野范围中的信息，最后进入受众的期待视野的安全文化符号信息被受众主动认知并记忆。但还是有少数但尤为重要的安全文化符号信息无法进入受众的期待视野，这就需要一些强制性手段或措施（如安全考核机制与安全惩罚制度等）使受众对其进行被动认知和记忆。

（3）在意向阶段，受众在接受、认可安全文化符号信息的基础上，形成自我安全承诺，愿意接受并遵从安全文化符号所表达的安全理念和规范等，这是安全文化宣教效用的内在表现。若安全文化符号信息得到受众的理解和认同，这只是有了被执行的可能，真正要通过受众实际行动体现出来还需要受众形成自我安全承诺，这是一个受众的心理意向选择过程。

（4）在行为阶段，受众按照安全文化符号所传递的安全理念与制度等规范自己的行为，并养成良好的安全习惯，这是安全文化宣教效用的外在表现。

基于上述分析和拓扑心理学中的心理场概念，还可采用心理场来表示受众对安全文化符号信息的处理机理。心理场通常被用来描述人与外界环境因素的作用关系，认为某一个体的行为取决于该个体与外界环境因素的相互作用。因此，可用心理场来表示受众对安全文化符号信息的处理机理，具体可抽象为一个基本公式来表达，该公式可表示为

$$B = f (P \cdot E) \tag{6-14}$$

式中，B 为受众个体行为；f 为受众个体特性与安全文化符号信息作用的函数；P 为受众个体属性；E 为安全文化符号信息。

式（6-14）表明，受众个体的行为（包括心理活动）会随着安全文化符号信息作用的变化而变化，这里安全文化符号信息作用的变化主要是通过改变安全文化宣教内容、形式、媒介与手段等来实现的。

此外，该模型也表明安全文化宣教的整个作用过程可分为组织和个体两个层面。个人层面即受众对安全文化符号信息的处理过程，这里不再赘述。组织层面可分两方面对其进行解释：①安全文化符号信息是组织负责设计并传播的，主要包括安全文化符号质量的把关与传播，其质量包括安全文化符号的内容和形式，其传播包括宣教媒介的选择和布置（如时间与区域等的选择），以及对安全文化宣教过程的防干扰保护等；②安全文化宣教的整体效果是通过组织安全状态的改变体现出来的，这是安全文化宣教对所有受众个体的作用效果的集中

表现，另外，还可根据组织安全状态的改变，通过信息反馈作用及时调整或优化安全文化符号信息，这是不断提升安全文化宣教效果和确保安全文化符号信息时效性等的关键。

6.6.4 受众的心理驱动原理及方法

由上述分析可知，在受众处理安全文化符号信息的过程中，通过采用一些受众心理驱动方法来改变受众的期待视野，从而使更多的安全文化符号信息进入受众的期待视野是提升安全文化宣教效果的关键。因此，有必要对受众的心理驱动原理进行深入剖析，从而找出驱动受众心理的具体方法。分析可知，受众的心理驱动过程实质上是一个"引起受众注意→受众产生兴趣和需要→促成受众欲望"的过程。由此，从心理学角度，根据相关心理学知识和人性需求，笔者提炼出16条受众心理驱动的理论依据和与之对应的一些具体方法，具体见表6-6。需说明的是，这些受众心理驱动的理论依据和具体方法等并不是相互独立的，在应用过程中应根据实际情况选择一种或多种配合使用，从而提高受众心理驱动的效果。

表 6-6 受众心理驱动的理论依据及具体方法

序号	理论依据	具体方法
1	猎奇心理	增加安全文化宣教内容、形式，甚至是媒介等的新颖度，或设置一些谜语竞猜等探谜性或新鲜的宣教内容
2	重情心理	情感启迪法，从受众一致在乎的感情（亲情、爱情、友情等）着手，刺激、唤醒受众的安全意愿和责任
3	联想心理	联想法，从受众熟悉且关注度高的事物着手，这容易使受众产生联想，有助于使其理解和记忆宣教内容
4	恐惧诉求	"敲警钟"法，通过强调事故的严重性或安全的重要性，唤起受众的安全意识，并促成其态度和行为的改变
5	群体心理	氛围感染法，通过营造良好的群体安全氛围，发挥群体效应和群体环境压力驱动作用，从而扩大宣教效应
6	求知心理	根据受众当前急需的安全知识或需迫切解决的安全问题，设置与之对应的安全文化宣教内容
7	求简心理	受众通过选择性注意、理解和记忆来对付"信息超载"，即具有求简心理倾向，应保证宣教内容简练而完整
8	求好心理	批评法或赞扬法，给某种不安全行为等贴上一个不好的标签，或对有益于安全的行为等进行正面肯定和赞扬
9	求真心理	证词法或转移法，用安全科学理论来简洁论证或利用某机构（或人）的权威、影响力来代言宣教内容
10	娱乐心理	幽默法等，设置诙谐幽默的安全文化宣教内容或采用形象、活泼的安全文化宣教形式及媒介等
11	安全需要	正面法或反面法，通过一些含有伤害、事故惨象或美好安全图景的宣教内容、形式，唤起人强烈的安全需要
12	审美需要	设计法或"包装"法，通过设计宣教形式和"包装"宣教内容，使宣教形式变得形象、生动而富有美感
13	关怀需要	祝愿法与换位法，宣教内容要体现对受众的安全关爱和祝愿，或通过换位方式将宣教者与受众置于同一处境
14	褒扬需要	期望激励法、榜样法，宣教内容要体现对受众好的安全表现的期待和正面激励，或通过树立榜样进行宣教
15	尊重需要	互动法等，宣教内容和方式既要体现宣教者与受众之间的平等交流，也要符合礼貌原则，表示对受众的尊重
16	体验需要	练习法、情景模拟法与角色扮演法等，设置可让受众参与并亲身体验、实践的安全文化宣教内容和形式

6.7 安全文化认同原理

本节内容主要选自本书作者发表的题为《企业安全文化认同机理及其影响因素》[9] 的研究论文，具体参考文献不再具体列出，有需要的读者请参见文献 [9] 的相关参考文献。

组织文化唯有被绝大多数组织成员认同，才能促进组织文化建设和发挥组织文化应有的作用。此外，目前仍有部分组织成员认为组织安全文化空洞、无实际价值，阻碍组织安全文化建设与其功能的有效发挥，甚至造成抵触或不服从组织安全管理。因此，提升组织安全文化认同度既是组织安全文化建设的关键，也是增强组织安全文化效用、协调企业安全管理工作的重要保障。

国内外学者针对组织文化认同做过一些研究，如陈致中等指出组织文化认同度的概念与模型；Chih-Chung Chen 等研究组织文化认同机理与结构；有研究论述组织文化的认同过程。过去，学界已开展相对广泛和深入的组织安全文化研究，但尚未对组织安全文化认同问题进行专门研究，仅有部分组织安全文化元素或评价方面的研究提及一些可表征组织安全文化认同度的元素或评价指标（如安全态度与安全承诺等），阻碍组织安全文化建设和组织安全文化效用的发挥。

鉴于此，为深入研究组织安全文化认同机理及其影响因素，本节剖析组织主流安全文化的形成过程，分析组织主流安全文化对组织安全文化认同的作用，深入阐释组织安全文化认同机理，并提取对组织安全文化认同有显著影响的因素，以期为提高组织安全文化认同度，进而提升组织安全文化建设效率与质量提供理论依据和指导。

6.7.1 组织主流安全文化的形成过程分析

6.7.1.1 组织安全文化的源头

一般而言，一个组织安全文化的源头有组织领导安全文化、安全咨询师安全文化与组织安全精英安全文化三类，分别解释如下。

（1）组织领导安全文化 领导者的安全理念、安全认识或安全示范等是组织安全文化建设的关键因素。一位创业者或组织的新任领导者，对于如何保障、管理组织安全生产与发展总有个人的安全理念、安全认识与安全经验，以及安全管理原则与风格，这可称为组织领导安全文化。组织领导者总偏向于期望组织按自己的想法去要求组织成员或用自己的思维方式去总结组织成败的经验。对于组织安全管理也是如此，从而实现组织领导安全文化向组织安全文化的转换。当组织领导的一套安全文化理念被广大组织成员所认同时，组织领导安全文化就完成了成为组织安全文化的转换过程。换言之，组织领导安全文化就成了组织安全文化。

（2）安全咨询师安全文化 因社会分工的不断细化与社会、国家、组织对安全工作的不断重视，催生了大量专门从事组织安全管理咨询的机构。其拥有大批学有专长的安全咨询师，为组织安全发展与管理进行策划、献计献策，其中也包括组织安全文化建设方面的策划者。诸多组织因缺乏组织安全文化建设专门人才，无能力进行组织安全文化建设方面的设计与谋划。因此，就需依赖于组织安全管理咨询机构的组织安全文化专家完成相关组织安全文化建设工作。尽管安全咨询师会在总结组织已有安全经验、听取组织各方建议的基础上设计组织安全文化，但是，毋庸讳言，安全咨询师会在组织安全文化建设建议中不可避免地赋予个人的安全价值观与理念，从而使其设计的组织安全文化带有显著的安全咨询师的安全文化色彩。此外，安全咨询师会尽最大努力说服组织领导者或通过组织安全培训方式促使组织成员接受并认同其组织安全文化建设建议，实现安全咨询师安全文化向组织安全文化的转换。

（3）组织安全精英安全文化 部分组织（如美国的杜邦公司、陶氏化学公司，以及中国的金川集团股份有限公司、中国石化集团公司等）不仅有若干安全技术专家，且有若干精通安全管理、熟悉组织安全文化理论的安全精英。安全精英长期生活在组织中，了解组织的安全状况、存在的安全问题与迫切的安全需要，因而，他们可提出切合组织实际的可行安全工作建议，容易被组织领导者与广大组织成员所接受和认同，从而实现组织安全精英安全文化向组织安全文化的转换。

需要指出的是，一般而言，组织安全文化并不是上述某种安全文化的单独作用的结果，而是上述两种或三种安全文化共同作用的结果，仅是何种安全文化最终会处于主导地位（即成为组织主流安全文化）的差异。

6.7.1.2 组织主流安全文化形成的基本条件

无论上述何种安全文化，要真正成为组织安全文化，首要条件是它应获得组织主流安全文化地位。换言之，只有获得主流地位的组织安全文化，才能顺畅地在组织中传播，才有可能被广大组织成员所认同和接受，进而成为组织强势安全文化。具有主流地位的组织文化是指具有合法性、可信性与有效性的文化。因此，要赋予某种组织安全文化以主流地位，需对其合法性、可信性与有效性进行论证。论据越充分，理论基础越深厚，其主流地位就越凸显。换言之，组织安全文化的合法性、可信性与有效性可视为其成为组织主流安全文化的基本条件。对上述三个基本条件进行具体解释，见表6-7。

表 6-7　组织主流安全文化形成的基本条件解释

基本条件	论证过程	具体解释
合法性	指组织最高安全管理机构赋予组织安全文化以合法地位的过程	①核准选择机构：由组织最高安全管理机构（如组织安全生产委员会、安环部等）核准选择拥有合法地位的组织安全文化；②核准选择程序：一般应采取广泛参与、民主协商与少数服从多数的方式；③核准选择人员组成：研究表明，参与选择的组织成员越广泛，其合法性就越强
可信性	指昭示组织安全文化的安全内涵、意义与价值的过程	①昭示内容：组织安全文化的基本内容、核心安全价值观、意义、价值与选择该组织安全文化的目的等，使组织成员对该组织安全文化确信不疑；②昭示手段：安全会议、培训班、正式文件、板报、海报、杂志及微信公众平台等传播方式，尽可能做到人尽皆知、皆懂、皆信
有效性	指昭示组织安全文化现实可行，可保障实现组织安全愿景的过程	①揭示组织建设该组织安全文化所存在的自身优势；②援引实际经验，列举类似组织安全文化建设的成功案例或把该组织安全文化与组织成员已有的安全表现、行为等联系起来，从而证明其可行性与有效性；③先行选择少数群体试点，获得成功经验后在整个组织内推广

由表6-7可知，组织安全文化主流地位的合法性涉及组织权力及其运作程序问题；可信性涉及组织安全文化的安全价值观，甚至安全伦理观问题；有效性涉及组织及其组织成员的实际经验问题。总之，某种组织安全文化一旦同时具备合法性、可信性与有效性，则其就满足了成为组织主流安全文化的基本条件，即获得了牢固的组织主流安全文化地位。

6.7.2 组织安全文化认同机理分析

6.7.2.1 组织安全文化的认同机理模型的构建

由上述可知，组织主流安全文化形成后，下一步最主要的任务就是如何促使组织成员认同组织主流安全文化。换言之，组织主流安全文化的形成为组织成员认同组织安全文化奠定了基础。由此，构建组织安全文化认同机理模型，如图 6-20 所示。

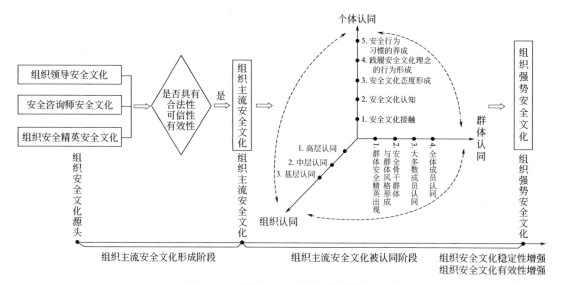

图 6-20 组织安全文化认同机理模型

6.7.2.2 组织安全文化认同机理模型的解析

由图 6-20 可知，组织安全文化按"组织安全文化源头→组织主流安全文化→组织强势安全文化"的先后次序，先后历经"组织主流安全文化形成阶段"与"组织主流安全文化被认同阶段"两个阶段，形成了稳定性与有效性极强的组织强势安全文化。此外，组织安全文化认同机理模型表明组织安全文化认同涉及个体认同、群体认同与组织认同三个层面，三者之间相互影响，共同影响组织安全文化认同，且每个层面认同组织安全文化的过程与机理存在差异。组织主流安全文化的形成过程已做详细阐释，此处不再赘述，笔者着重分别从个体认同、群体认同与组织认同三个层面来阐释组织安全文化认同机理。

（1）个体认同　组织由若干群体构成，每个群体又由若干个体成员构成，一种文化的个体认同，是群体认同乃至组织认同的基础。由此可知，唯有每个个体成员均认同组织主流安全文化时，该组织主流安全文化才可成为组织强势安全文化。若仅有组织高层与领导者认同组织主流安全文化，而无广大个体成员认同的基础，组织主流安全文化很可能无法处于强势，或者仅处于形式主义状态。个体组织安全文化认同过程可分为具有先后次序的 5 个阶段：安全文化接触、安全文化认知、安全文化态度形成、践履安全文化理念的行为形成与安全行为习惯的养成，分别解释如下。

① 安全文化接触：文化接触是个体认同文化的第一步，只有接触组织安全文化并获得某些信息，才有可能谈及是否认同。个体认同组织安全文化的路径很多，如新组织成员正式

入职前的安全培训或从组织的安全类会议、杂志、网页、微信公众平台等中获得。一般而言，组织成员接触组织安全文化的路径越广、机会越多，其获得组织安全文化信息的量就越大、质就越高，则认同的可能性也就越大。

② 安全文化认知：安全文化认知是组织成员对获得的组织安全文化信息进行感知与思维的过程。在此过程中，组织成员不仅了解了组织安全文化的内容构成及各要素的安全内涵，且理解了组织安全文化的意义、价值与组织安全文化对组织成员的基本安全要求。组织成员认知组织安全文化的路径主要有两条：a. 组织成员个体或小组自发学习，如部分较大的组织均有自己内部的安全杂志，可以刊登并传播组织成员学习组织安全文化的感想；b. 组织安全文化培训，一般新的组织安全文化倡导与新的组织安全文化方案出台前，组织往往要举办相关培训，从而强化组织成员对新的组织安全文化的深入理解。一般而言，组织成员对组织安全文化的认知越透彻而深刻，则其对组织安全文化的态度就越积极而稳定，就越有可能自觉履行其安全承诺。

③ 安全文化态度形成：态度是内隐的行为，是外显行为的基础与准备。因此，只有形成一定的安全文化态度，才最有可能把抽象的安全文化理念引渡为实际安全行为。组织成员形成安全文化态度的路径主要有两条：a. 增强组织成员对组织安全文化的态度体验，如接触大量感性的组织安全文化相关材料，使其获得相关的感性经验；b. 组织组织安全文化活动，渲染一种强烈的、浓厚的安全文化氛围，从而使组织成员身临其境，受到感染。一般而言，组织成员参与组织文化活动越多，积累经验越丰富，其形成安全文化态度的进程就越顺畅。

④ 践履安全文化理念的行为形成：这是组织安全文化理念内化向外化的转化过程。一条组织安全文化理念实际上是一组安全行为方式，即标示着一定的安全动作组合与安全动作程序。因此，促进组织安全文化理念行为化的路径主要是指导与组织组织成员学习和练习，使组织成员掌握安全动作组合及安全动作步骤。具体步骤为：a. 提出具体安全行为标准，如组织制订的《组织成员安全行为规范》与《组织成员安全条例》等；b. 提供安全行为示范，选择行为符合安全行为标准的组织成员（可通过先行培训培养）做安全行为示范，使其成为广大组织成员的仿效对象；c. 及时给予客观、公正评价，评价是确保行为学习与练习效果的重要条件，它可以让学习者知道自己的优点与不足，以保持学习安全行为的自觉性；d. 给予适当强化，正强化能使符合安全行为标准的行为巩固且持续，负强化（如惩罚、批评等）能使不规范行为停止或弱化。

⑤ 安全行为习惯的养成：这是指安全行为的动力定型化与自动化。组织安全文化理念一旦转化为安全行为习惯，就会以极大的惯性由安全行为表现出来。使组织成员养成安全行为习惯的主要方法就是举一反三、反复练习，逐渐塑造组织成员养成良好的安全行为习惯。

（2）群体认同　个体认同组织安全文化是群体认同组织安全文化的基础，但群体对组织安全文化的认同并非是个体对组织安全文化的认同的简单相加，群体认同有其独特的机制与模式，主要包括群体安全精英出现、安全骨干群体与群体风格形成、大多数成员认同和全体成员认同四个先后阶段，分别解释如下。

① 群体安全精英出现：群体安全精英是群体中对安全内涵认识深刻、安全实践经验丰富、安全理论基础深厚且热爱、认可安全工作的人，能开展良好的组织安全管理工作，且可指导、教育与保护其他成员免受伤害。因此，他们深受群体成员爱戴，有威信与安全影响力。群体安全精英在组织安全文化认同过程中的作用具体表现为：a. 带头作用。他们因接受了组织的提前安全培

训，或在实际工作中已积累若干安全感悟，个人的安全价值观与组织安全文化取向不谋而合等，因此，他们最先积极响应组织发出的安全文化倡导，最先对组织安全文化建设方案身体力行，对群体成员起着带动作用。b. 示范作用。群体安全精英在全面、深刻理解组织安全文化理念的基础上，密切联系工作实际，将抽象的组织安全文化理念转换为具体形象的可操作的安全行为方式，且采取实际行动，为群体成员做好示范。c. 领导作用。一般而言，群体安全精英同时也是群体中的安全领导，负有组织安全管控责任，对群体成员拥有安全指示、劝导、监督与纠正的权威，因此，群体安全精英在推进组织安全文化认同中，一是对于积极认同组织主流安全文化的骨干给予及时指导与关怀，二是对于抵触组织主流安全文化的现象给予特别关注与适度的批评，防止其对组织安全文化认同产生负面影响。

② 安全骨干群体与群体风格形成：安全骨干群体是积极拥护群体安全精英的一群人，是群体中的群体，他们作为组织的一部分群体，已形成了自己的安全风格，即群体安全文化。群体安全文化作为组织主流安全文化所属的亚安全文化，内含组织主流安全文化的骨架与精髓，体现组织主流安全文化的核心安全理念，同时又具体反映了群体的安全需要。因此，群体安全文化对组织主流安全文化起着支撑、辅助作用。此外，形式多样且符合组织主流安全文化的群体安全文化为丰富与创新组织安全文化注入了动力。

③ 大多数成员认同：由群体动力学可知，大多数群体成员对组织安全文化的认同可在群体认同组织安全文化中发挥群体动力作用。该作用实则是群体安全规范（如群体安全规章制度、群体安全文化等）给予群体成员的压力（如舆论压力、惩罚压力等），促使群体成员规范个人的不安全行为和认识。换言之，若一个群体的大多数成员均认同组织安全文化，则表明组织安全文化已成为群体安全规范，且该安全规范被大多数成员所遵守，从而对少数不认同组织安全文化的成员形成压力。压力的作用结果是从众，即采取与大多数成员相符的安全理念与行为方式。

④ 全体成员认同：若构成组织的每个群体均认同了组织主流安全文化，则组织主流安全文化自然就成了组织强势安全文化。

（3）组织认同　群体整合为组织，但组织安全文化认同过程不同于群体认同过程。一般而言，组织分为高层、中层与基层3个不同层次。组织安全文化认同过程通常是从高层向基层逐渐进行的。

① 高层认同：组织高层结构是指组织的最高决策指挥机构，如董事会董事及董事长、管理委员会总经理与各专门业务总监（尤其是组织安全负责人）等，他们享有充分的权力，既能决定组织安全文化发展方向，选择组织安全文化类型，也能控制组织安全文化建设进程。组织高层认同应主要解决三方面问题：a. 对组织安全文化的认识。组织高层对组织安全文化及其建设的意义、价值，以及应该将其置于何种地位等的认识，直接影响着其对组织安全文化建设的重视程度。b. 对组织安全文化建设任务的分配。人人均负有建设组织安全文化的责任，应做到人人参与。因此，组织安全文化建设任务的合理分配尤为重要，必须要有组织高层专门负责才可保证组织安全文化建设在组织的各个领域里全方位展开。c. 个人的组织安全文化角色定位。组织给组织高层赋予了特殊的组织安全文化角色，组织高层不仅要坚决履行安全承诺与践履组织安全文化规范等，还应给普通成员扮演安全模范角色，做好安全示范，这对组织安全文化建设的实际效果具有巨大影响。

② 中层认同：组织中层结构比较复杂，如以企业为例，有子公司经理、分部部长与总部的安全职能机构的负责人等，他们对待组织安全文化的态度，不仅影响中层本身对组织安全文

化的认同，且影响组织高层对组织安全文化建设的信心以及基层成员建设组织安全文化的积极性。组织中层认同应主要解决三方面问题：a. 具体化。将口号化的组织成员安全行为指南与抽象的组织安全文化理念化为组织成员的安全行为规范，将组织安全文化目标化为组织成员具体工作目标，并融入组织成员的实际工作活动。b. 均衡化。组织中层在组织安全文化建设中存在比较普遍的问题是失衡，如"先紧后松""搞突击""雷声大雨点小"等问题，这违背组织安全文化建设"循序渐进"与"日积月累"的原则，影响组织安全文化进程。解决失衡问题的有效方法是制订有效性与可行性较强的组织安全文化建设计划，指导组织安全文化建设工作有序开展。c. 协调化。组织中层结构处于纵横交叉点（纵向有上司与下属，横向有各职能业务部门），因此，在组织安全文化建设中他们应充分发挥其协调作用，如明确各部门职责或采用规章制度形式分配布置任务等，从而促进组织安全文化建设效率与质量。

③ 基层认同：由广大组织成员构成的基层是组织的基础，一般而言，若每个基层组织均认同了组织主流安全文化，则表明组织主流安全文化已正式成为组织强势安全文化。组织基层认同应主要解决两方面问题：a. 营造基层组织环境的安全文化氛围。从硬件到软件、视觉到听觉、个体到集体，全方位积极营造与组织安全文化内容相融合的基层组织安全文化氛围，使组织成员置身于其中，自然受到组织安全文化的感染，并自觉履行自己的安全承诺。b. 组织开展丰富多彩的安全文化活动。开展温情安全管理、安全分享、安全知识竞赛与安全文学作品竞赛等安全文化活动，吸纳基层组织成员广泛参与组织安全文化建设，并尽可能做到安全文化活动经常化，从而为保持基层安全文化活力注入新鲜元素。

6.7.3 组织安全文化认同的影响因素分析

基于组织安全文化的认同机理，从个体认同、群体认同与组织认同3个维度，提取对组织安全文化认同有重要影响的11个关键因子（见表6-8），加快组织安全文化的认同速度、提升组织安全文化认同水平应从这11个关键因子着手。

表6-8　组织安全文化认同的影响因子及其含义

一级因子	二级因子	具体解释
个体认同影响因子	社会角色	个体在群体中扮演的角色影响其对组织安全文化的认同。一般而言，担任安全职务或负有一定安全领导责任的成员与其他成员相比，对组织安全文化的认同度偏高
	已有安全文化倾向	因个人的社会背景、学历、工作经历与安全认知等差异，致使各成员均具有各自的安全文化倾向，已有的安全文化倾向与组织安全价值观取向的匹配度（包括一致、反对与不相关）直接影响其对组织安全文化的认同
	安全素质	个体的安全意愿、安全意识、安全态度、安全责任、安全知识与安全技能等个体安全素质构成要素均对个体对组织安全文化态度及行为方式具有显著影响
	外界因素	群体关系、内聚力、安全规范与组织安全文化氛围等外界因素均会影响个体对组织安全文化的认同
群体认同影响因子	群体安全精英素质	群体安全精英是群体认同组织安全文化的关键，起着引领、示范与领导作用。因此，他们的领导能力、安全专业能力、道德修养与个人见识等均影响其在组织安全文化认同中的作用的发挥
	群体关系	群体关系是指群体成员之间的人际关系，即成员与成员之间的心理距离，这直接影响群体的内聚力。大量事实表明，内聚力高的群体有利于群体认同组织文化，群体对组织安全文化的认同也是如此
	安全文化传播强度	组织安全文化在群体内部的传播强度会显著影响群体对组织安全文化的认同效果。因此，应从组织安全文化传播手段、途径、方式与方法等方面着手，促进组织安全文化传播，从而提高群体认同速度与效果

一级因子	二级因子	具体解释
组织认同影响因子	组织安全发展战略	组织安全发展战略既影响组织安全文化类型的选择,也影响组织安全文化理念的确立及内容的设计。若组织安全发展战略与组织安全文化之间具有高度的契合性,则必能加快组织安全文化认同进程
	组织结构	组织结构(包括中央集权制、分权制、直线式以及矩阵式等)直接影响组织安全文化理念类型的确立,如中央集权制倡导统一、集中、安全纪律等安全理念,分权制倡导安全责任、分工、协作等安全理念
	组织安全沟通网络	组织安全沟通网络的效用影响组织安全文化信息的传播,顺畅且较开放的通道与多种多样的信息传播方式有利于组织高层信息向中层和基层传播,有助于加快组织中层与基层的组织安全文化认同速度
	社会安全文化环境	社会安全文化环境对组织安全文化认同起着挑战或支持作用,社会安全文化环境到底起何种作用关键取决于组织安全文化对社会安全文化的适应性及其相应应对策略

6.8 情感安全文化的作用原理

本节内容主要选自本书作者发表的题为《情感性组织安全文化的作用机理及建设方法研究》[10]的研究论文,具体参考文献不再具体列出,有需要的读者请参见文献［10］的相关参考文献。

6.8.1 爱与被爱需要作用下的人的安全选择行为模型的构建与解析

爱与被爱的需要是人的最基本的情感性安全需要,是情感安全文化发挥作用的核心基础。换言之,组织安全文化的核心基础是人的情感性安全需要,尤其是人的爱与被爱的需要,若没有其作为基础,组织安全文化就会失去其存在的本质意义和价值。因此,了解人的爱与被爱的需要对人的安全选择行为的影响极为必要。基于人的本性(一般而言,人们普遍重视亲情、爱情和友情等情感,三者相比,更加侧重于前两者)和行为动机(情感需要等)等特征,建立爱与被爱需要作用下的人的安全选择行为模型,如图 6-21 所示。

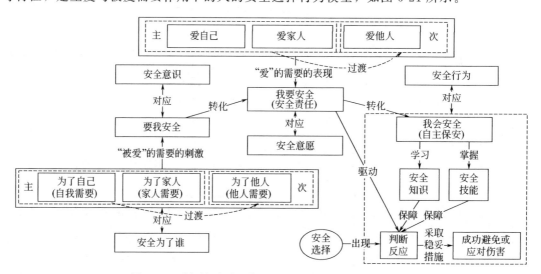

图 6-21 爱与被爱需要作用下的人的安全选择行为模型

该模型的具体内涵解析如下。

(1) 在人的"被爱"需要刺激作用下,人按"要我安全→我要安全(安全责任)→我会安全(自主保安)"的次序完成动态的心理认知过程,最终使人具有强烈的安全意识和安全意愿，并开始主动学习安全知识和掌握安全技能（包括对个人安全人性的完善）。

（2）安全责任是促使人选择安全型行为的心理驱动力，它是人的被爱与爱的需要共同作用的结果，即它既是人的"被爱"的需要刺激作用产生的，又是人的"爱"的需要的具体体现。总的来说，二者是互相促进的关系，即二者作用于人的安全责任上表现出叠加效应。

（3）当人面临安全选择（指面临潜在或外显危险时，人所做出的具体行为选择，如采取冒险行为或避险措施等）时，一般来说，人若具备必要的安全知识和安全技能就可以成功避免或应对伤害，但还是有人会表现出冒险等不安全行为，原因是其忘记个人的安全责任，最终归结于人的被爱与爱的需要。

（4）在人的被爱与爱的需要的作用下，人也表现出对完善自我安全人性的需要和实现自主保安价值的需要的高层次情感性安全需要的趋向和追求（如自主保安等具体表现），表明人的被爱与爱的需要的基础作用。

（5）组织安全文化建设的基点在于促进组织成员之间的情感（尤其是人的"被爱"与"爱"的需要）的涌动，让组织成员明白保护个人或其他组织成员安全不仅是个人需要，而且也是一份组织（包括家庭）责任，必须以严谨、认真的态度承担这份责任，这就是将情感载体置于组织安全文化的重要意义和价值。

（6）人的爱与被爱的需要的最终作用结果是实现人的"被爱"的需要。从"为了自己（自我需要）、为了家人（家人需要）"向"为了他人（他人需要）"的过渡和人的"爱"的需要从"爱自己、爱家人"向"爱他人"的过渡，是组织成员把组织安全视为个人安全责任的根本动力和保障。

6.8.2　安全文化作用下的人的行为取向的自控模型的构建与解析

人的行为动机是为满足个人的某种需要，但无论哪种社会的人，其需要的满足都会受到限制，从一定意义上讲，文化是为限制（也是更好地满足）人的各种需要而设，即文化会对人的行为选择产生显著影响。为满足人的各种安全需要，人们积累许多物质生产所需的安全知识和技能，制定规范人行为的一系列安全法律法规、安全制度和安全行为规范等，并产生旨在保障人们生产、生活安全的安全价值观和安全道德等，即安全文化。为阐明情感安全文化对人的安全选择行为取向的影响，基于日本学者滨口惠俊提出的人的行为取向的控制模型，融入情感安全文化的影响，建立安全文化作用下的人的行为取向自控模型，如图 6-22 所示。

就某一特定组织而言，图 6-22 中模型的具体含义如下。

（1）组织个体为满足个人的某种需要开始行动，要确定目标，明确所要达到的目的，要考虑、整合并利用现有的资源与手段，计算投入与回报比率，分析其行为的安全性，最终决定具体采取何种行为，这就是模型中的"初级直接系统"。

（2）组织个体在情感性安全需要的刺激下产生极强的安全责任感、安全意识和安全意愿，促使其根据个人的安全经验及组织的相关安全规定等判断其行为的安全性，即是否有损于个人或其他组织成员的安全，保证尽可能选择安全性相对高的行为，这就是模型中的"辅助防错系统"，即情感安全文化。需要指出的是，从理论上讲，组织个体的这一行为选择过程是在其情感性安全需要作用下的主动行为。

（3）组织个体的行为不是随心所欲的，组织为保证组织个体行为的安全性，需制订一些组织安全基准供组织个体作为参考依据，进而做出相对安全的行为选择，即其行为受到组织

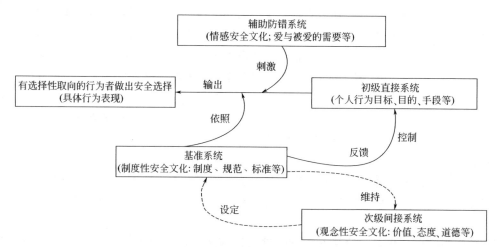

图 6-22 安全文化作用下的人的行为取向的自控模型

安全基准的限制，这就是模型中的"基准系统"，即制度性安全文化。具体内容包括组织安全法律法规、安全制度、安全行为规范和安全标准等。经过基准系统的过滤，去掉一些不符合组织安全基准的需要和行为。基准系统影响目标的设定和行为手段的选择，反馈给行为体，使其调整行为。需要指出的是，从理论上讲，组织个体的这一行为选择过程是在组织安全基准作用下的被动行为。

（4）基准系统是由一系列思想和伦理道德准则设定的，这个系统包括组织的安全价值观、安全态度和安全道德等，即观念性安全文化。同时，基准系统又起着维持组织的安全价值观和安全态度等的作用。

由上述分析可知，情感组织安全文化不仅会激发组织个体的安全责任感，进而促使其注意安全问题并规范个人行为，而且也是制度性和观念性组织安全文化有效发挥作用的必要保障，其作用相当于一个"辅助防错系统"，尽可能激发、说服组织个体纠正其不安全的认识和行为。总而言之，在组织安全文化作用下，组织个体的行为选择过程就是一个趋向选择安全型行为的决策过程。就理论而言，决策是自由的，其实不然，要受各种主客观因素的影响，如组织个体所采取的具体行为就要受组织安全文化的制约，即组织安全文化为组织个体行为选择与决策提供有力的制约，即组织安全文化强制，它是情感性、制度性和观念性等组织安全文化共同作用所产生的。正是这种"强制"大幅度缩小个人选择的余地，进而也大大降低组织个体行为的危险性，使得组织个体在相同情境下总是倾向于选择相似的安全型行为。

6.8.3 情感安全文化的建设方法

基于情感安全文化的内涵、功能及作用机理，对情感组织安全文化建设提出三点基本要求和三条总体思路，以期对情感组织安全文化建设具有指导作用，进而促进组织安全文化的整体提升。

6.8.3.1 基本要求

（1）切勿认为情感组织安全文化无所不能，即过分夸大情感组织安全文化的作用。倡导情感组织安全文化建设的目的是创造一种和谐的组织人际关系，创造一种和谐、主动的组织安全文化氛围，这就是情感组织安全文化在组织安全文化中的关键作用。但组织管理者必须认识到，情感组织安全文化不是组织安全文化的唯一模块，优秀的组织安全文化需要组织观念与制度等安全文化的综合作用。实施情感组织安全文化建设，并不是忽视安全工作的组织性、制度性和纪律性等，只有客观正确地认识情感组织安全文化的作用，组织安全文化才会健康稳定地向前发展。

（2）切勿认为情感组织安全文化是务虚的，导致过分强调技巧。①情感组织安全文化集中体现为理解、尊重和关心组织成员的情感安全需要，注重与组织成员的沟通交流，既要注重正式的、制度化的沟通，更要注重非正式的、坦诚的交流；②情感组织安全文化不应该被安全管理者当作笼络人心的工具，更不应该过分强调情感组织安全文化的建设技巧，虚情假意和功利性的做法在短期内可能会有比较好的效果，但最终只会使组织成员产生厌烦甚至逆反心理，结果可能会适得其反。

（3）切勿认为情感组织安全文化建设成本低廉。情感组织安全文化能够激发组织成员的内在安全动力，诱发组织成员的安全潜力，充分挖掘并有效利用组织成员的自主保安价值，降低组织安全管理成本，即情感组织安全文化是一种简单而有效的组织安全文化建设手段。但是，情感组织安全文化的建设需要组织安全管理者等在组织成员的情感安全需要上关心组织成员，在精神上感召组织成员等，需要付出巨大成本，尤其是精神成本。因此，将情感组织安全文化的建设简单化、模式化的做法是十分不可取的。

6.8.3.2　建设思路

在情感组织安全文化建设过程中，应把握以下两条总体思路。

（1）以人的爱与被爱的需要这一最基本的情感安全需要为基点，将亲情、爱情以及组织成员间的情感进行有效融合，将三方面情感植入情感组织安全文化性建设，并努力实现人的"被爱"的需要从"为了自己（自我需要）、为了家人（家人需要）"向"为了他人（他人需要）"的过渡和人的"爱"的需要从"爱自己、爱家人"向"爱他人"的过渡，从而为情感组织安全文化建设注入更强动力。

（2）在重视人的爱与被爱需要的基础上，逐步引导组织个体向人的完善自我安全人性需要和实现自主保安价值需要的高层次的情感性安全需要爬升，进而提升组织情感安全文化的作用效果。其次，高层次的情感性安全需要也会对低层次的情感性安全需要产生影响，共同促进情感组织安全文化建设，如图6-23所示。

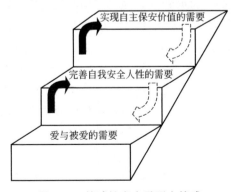

图6-23　情感性安全需要在情感
安全文化建设中的转化过程

6.8.3.3　建议措施

基于情感组织安全文化建设的基本要求和思路，对情感组织安全文化建设提出四点具体建议。

（1）开展亲情性组织安全教育，筑牢亲情性安全防线。亲情作为人们最为重视的情感，组织成员的亲人应是亲情性组织安全教育的主体，通过亲情性安全教育旨在阐明安全对于生命和对于亲情的重大意义。因此，亲情性组织安全教育应围绕"安全就是幸福"或"安全就是生命"等主题，让组织成员明白"没有安全就没有家庭幸福"和"没有安全就没有职工生活幸福"，让组织成员深刻体会到安全对于生命和对于亲情的无可替代性，如开展亲情性事故案例教育、现身说法教育或事故危害和后果分析会等具体方法。

（2）构建情感组织安全文化宣传网络，营造浓厚的情感性安全氛围。借助情感组织安全文化宣传网络，实现情感的耳濡目染的作用。因此，应充分利用安全标语、安全宣传画、安全宣传栏、安全文化墙、组织内部网络平台等载体，将家庭和组织的情感性安全关怀、祝福和教育及时传递给每位组织成员，形成全过程、全方位的情感安全文化宣传网络，进而形成时时、处处、人人讲安全的浓厚情感性安全氛围。

（3）注重情感投资，做到处处尊重、关心和爱护组织成员。组织安全管理者要加强与组织成员之间的沟通，及时给予组织成员情感性安全关怀，且在沟通的过程中要及时发现并解决组织成员在生产、生活中所面临的安全问题和困难，从而使组织成员感受到组织对组织成员安全和组织安全的重视，以及对组织成员的关心，进而有效激发组织成员搞好安全的自觉性和热情，使组织成员养成互相关心、互相提醒的良好习惯，同时也有助于增强组织成员对组织安全管理制度和安全文化理念等的认同感，减小组织安全管理和安全文化建设的阻力。

（4）激励、肯定组织成员的自主保安行为，引导组织成员不断完善自我安全人性和充分发挥自主保安能力。①坚持物质激励和精神激励相结合，可适当加大精神激励力度，对为保障组织安全而付出个人努力的员工进行荣誉表彰等激励和肯定，发挥他们的榜样作用，促使更多组织成员向他们学习和靠拢；②安全管理制度等并非不存在任何漏洞，对于安全管理制度等中没有做出规定的，但本质上有助于组织安全的行为，即安全管理制度等的"空白"地带，需要引导组织成员不断完善自我安全人性，使组织成员充分发挥自我保安能力并主动采取有利于组织安全的行为，而不管这种行为是否在自己职责范围之内。

6.9　安全伦理道德基础原理

伦理道德是人类社会亘古不变的话题，作为社会调控体系的重要手段，伦理道德与法律规定共同构成人们的行为规范内容[11]。因此，伦理道德一直是伦理学、文化学、社会学与法学等社会科学领域的研究热点。在安全科学领域，安全伦理道德是安全文化建设的核心和基础，也是近10年的研究与讨论热点[12~21]。国内外诸多学者一致认为，除因当前尚不可抗拒的因素（如自然因素与根本技术缺陷等）导致的安全问题外，大量当前频发的安全问题（如生产事故、环境污染及食品、药品、医疗等安全问题等）几乎均具有"人为性"和"缺德性"（如社会、政府部门、企业与相关利益个体的安全信仰缺失、利益至上、安全诚信与责任心缺失、知法犯法、玩忽职守、腐败受贿、政企合谋[22]、安全过度官僚化[23]和安全评价或培训等过度商业化等）两个显著而共有的特点。换言之，在当前安全防御保障技术失效的可能性已极低的情况下，诸多安全问题更多地表现为安全责任问题和如何对待自我与他人利益关系的问题，即其本质上是一个伦理道德问题。因此，安全伦理道德研究与建设已成为解决当前安全问题的必然选择，安全伦理道德建设应纳入安全文化建设的重要任务。

本节从伦理哲学层面出发，以安全伦理学相关研究成果为重要理论基础，以现代科学安全价值观与现代安全科学原理为主要依据，借鉴伦理学相关研究成果，并结合安全社会学与安全文化学等学科理论与知识，梳理与提炼符合现代安全伦理学核心原理，具体包括伦理哲学层面的现代安全伦理道德基础原理及其推论，以期进一步丰富和完善现代安全文化建设理论，进而促进当前安全文化建设发展与现代安全伦理道德建设。

6.9.1 伦理哲学层面的 3 条现代安全伦理道德基础原理

基于现代科学安全价值观与现代安全科学原理，共提炼出伦理哲学层面的 3 条现代安全伦理道德基础原理：人本价值取向原理、安全的公共性原理以及安全健康信仰与事故可预防信念原理。

6.9.1.1 人本价值取向原理

刘宽红教授[24] 等指出，安全是人的存在方式。由现代安全伦理学的定义、现代科学安全价值观中的"以人为本"理念、现代安全科学公理之"生命安全至高无上"公理等可知，人本价值取向原理应是现代安全伦理学的最根本和最基本原理。其内涵涵盖刘星教授[15] 提出的安全伦理原则之保存生命原则（或安全权利原则）与生存正义原则，但又不仅限于上述内涵，主要包括以下两个方面：

（1）从生存论意义上讲，现代安全伦理学之人本价值取向原理中"人"特指人的生命权（主要包括生存权、安全权、健康权与自由权等）及人赖以生存的安全保障条件。①理论而言，每个人均有关心、选择和保护自己生命权，以及创造与索求生存安全保障条件的自然本性，这种自然本性源于人的安全需要；②安全（包括健康）作为人类的基本生存条件之一，其重要性不言而喻，可以说人的生命权的核心就是安全（包括健康）权，而安全实践活动是对人生命价值的关怀，安全保障条件是实现安全的必要条件；③人的生命权作为人权的最根本权利[24]，它为人们生产与生活定下了一些不可逾越的道德界限（道德规限）以保障与维护人的安全利益；④保障与维护人的安全（包括健康）权利是维护社会和谐稳定的基本条件，若人的安全（包括健康）权利得不到保障与维护，即人的安全需要得不到基本满足，人就会失去安全感，动荡不安，进而会使社会失去平衡与和谐。

（2）从价值理性与道德理性角度讲，现代安全伦理学之人本价值取向原理中"本"指人类的一切生产与生活实践活动（包括实践活动的一切环节）都应以人的安全（包括健康）权及创造人生存的安全保障条件为根本价值取向。人类的一切生产与生活实践活动均应尊重人的安全权与安全人性，应努力为保障人类安全生产与生活创造条件（即人类实践活动都应围绕人的安全而展开和生成，离开人的安全而谈实践活动没有任何意义和价值），这就需要通过将这一根本价值原则不断内化使之成为人类生产与生活实践活动的核心价值标准与目标。换言之，这一价值原则应是人类生产与生活实践活动（主要包括资源配置、管理方法模式和行为规范等）的原发点和生长点，这就要求人类在生产与生活实践活动过程中，必须做到两点：①必须优先考虑人的安全（包括健康）权及创造人生存的安全保障条件；②把上述原则作为指导、判断与评价人类在生产与生活实践活动中的终极道德原则与标准，作为人类在生产与生活实践活动过程中的出发点与归宿点。

总言之，现代安全伦理学原理建构在人本价值取向原理基础之上，即人本价值取向原理是建构现代安全伦理道德原则、标准和体系的最根本和最基本依据，可将其内涵概括为以下 4 点：①安全建构在人本理念基础之上；②人是安全的主体与核心；③保存与尊重人的生命安全（包括健康）是现代安全伦理道德的底线原则；④安全保障条件的发展过程实则是基于人的存在方式诉求安全的过程。

6.9.1.2　安全的公共性原理

由现代安全科学公理之"人人需要安全"公理（即人的本能需要之安全需要）、现代安全科学定理之"遵循安全人人有责准则"定理[25]（即安全是每一个人的事）、诸多安全事故的受影响对象均是群体（如安全事故后果一般都会导致群死群伤甚至使整个社会受到影响）、诸多安全保障条件的服务对象均是一个或若干群体（如社区、企业、学校、城市、地区与国家等）、"四不伤害"事故预防原则（即不伤害自己、不伤害他人、不被他人伤害与保护他人不受伤害）[25]、事故应急救援一般需调动诸多社会力量（如政府、消防、军队与志愿者等）及安全问题的出现地点（主要包括企事业单位与社会）等诸多安全科学规律、特点与安全事实可知，安全具有公共性这个显著而重要的特点。换言之，安全的公共性可视为是上述安全科学规律、特点与安全事实的整体性概括与总结。

基于上述分析，笔者尝试给出安全的公共性的定义：安全的公共性是指人们在安全实践活动（如工程建造与安全决策等）中为保障自身与他人安全所表现出来的一种组织或社会属性，是在人的"己安与他安"和"利己与利他"的整合中所形成的人类安全生产与生活的共在性，它体现安全在人与人间的共在性与相依性。基于此，笔者认为，安全作为一种价值基础的"公共性"，其本质上是一个公共性的安全生产和生活的伦理道德问题。因此，唯有培育与生成一种人们安全生产与生活应有的公共性安全伦理道德与公共性安全文化自觉视野，才可实现社会安全发展与保障水平的新高度与新境界。

因此，安全的公共性应是安全实践活动与安全科学研究的基础性依据，由此，笔者提出现代安全伦理学基础原理之安全的公共性原理，其具体内涵主要包括以下5方面：①在安全和利益取向层面，人类安全实践活动不应仅局限于自己的安全和利益来考虑问题，而应把安全的公共性置于首位，以免安全的公共性丧失；②在安全伦理价值层面，应依据安全的公共性原理，评估和监督相关人类实践活动的性质与行为等的安全伦理学后果；③在安全理念表达层面，安全的公共性是一种安全理性与安全道德，它支持公民社会及其公共舆论的安全监督与参与作用，支持安全信息公开；④在公共安全资源配置与安全权力运用层面，安全的公共性必须要体现共享性、公平（公正）性与合法性；⑤在安全监督管理与教育宣传层面，其揭示出安全管理与教育宣传目的的公益性，强调了安全监督管理与教育宣传为公众安全服务的出发点。总言之，安全的公共性是用于描述、判断与评价现代人类安全实践活动基本性质和行为归宿的一个重要分析工具。

6.9.1.3　安全健康信仰与事故可预防信念原理

信仰与信念是刺激人的意愿、意识、责任与行为等的根本精神力量。毋庸置疑，安全信仰与安全信念是安全伦理道德的根本，换言之，导致目前人的安全伦理道德缺失的根本原因之一就是人的安全信仰与信念缺失（危机）。根据笔者[26]与罗云教授[25]等的观点，十分赞同将倡导安全健康信仰与秉持事故可预防信念作为现代安全伦理学基础原理，具体阐述如下：

（1）倡导安全健康信仰。笔者认为，把安全健康作为主义来倡导和追求绝不为过，其可作为指导人们安全健康的精神动力与信仰。换言之，人们的安全健康行为需一种安全信仰对象，即安全健康主义提供的终极意义作为参照与向导。倡导安全健康信仰，可促使人自觉追求安全健康状态与践行安全健康行为，为实现人们安全生活与生产指明了精神方向与目标。

（2）秉持事故可预防信念。罗云教授[25]等基于"事故灾难是安全风险的产物"这一安全科学公理，推导得出"秉持事故可预防信念"这一安全科学定理。具体言之，通过对事故的因果性及其致因规律的认知可知，理论而言，除当前尚不可抗拒的因素（如自然因素与根本技术缺陷等）所致的事故外，绝大多数事故都是可预防的，且其后果是可控的，而事实也是如此，人类在漫长的与事故博弈的过程中，已获得了诸多预防事故的技术、知识与技能等。因此，目前我们更应秉持事故可预防信念，只有这样才会为人类逐渐迈向"零事故与零伤害"等安全终极目标注入源源不断的精神动力。

总言之，安全健康信仰与事故可预防信念是两个最根本和最基本的人的安全信仰，其应是解决人的安全信仰缺失问题或塑造人的安全信仰的基点，故其应是现代安全伦理学基础原理的重要组成部分。

6.9.2　伦理哲学层面的 8 条现代安全伦理道德基础原理推论

基于伦理哲学层面的 3 条现代安全伦理道德基础原理，即人本价值取向原理、安全的公共性原理以及安全健康信仰与事故可预防信念原理，运用逻辑推理方法，可推导得出伦理哲学层面的 8 条现代安全伦理道德基础原理推论，即最大安全原则、绝对安全责任原则、安全优先导向原则、尊重安全揭短原则、安全诚信原则、安全改进原则、遵守安全规则原则与道德行为的生命安全限度原则。由此，伦理哲学层面的 3 条现代安全伦理道德基础原理及其 8 条推论共同构成现代安全伦理道德核心原理。方便与简单起见，不妨将它们概括为"3-8"现代安全伦理道德哲学原理，它们间的逻辑关系如图 6-24 所示。需指出的是，吴王氏"3-8"现代安全伦理道德哲学原理各原理间并不是相互独立的关系，而是相互促进与相互补充的关系。

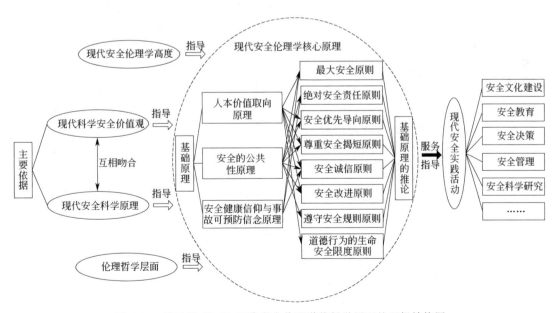

图 6-24　吴王氏"3-8"现代安全伦理道德哲学原理的逻辑结构图

6.9.2.1　最大安全原则

显而易见，基于伦理哲学层面的 3 条现代安全伦理学基础原理，容易推导得出最大安全原则，其内涵主要包括以下两方面：

（1）英国著名哲学家、法学家与社会学家边沁提出了最大幸福原则（即"为最大多数人创造最大的幸福"），后被推广为法学原则和政治学原则。有鉴于此，能够为最大多数人带来安全的安全实践活动就是最好的安全实践活动。因此，在安全实践活动中，需调查研究安全实践活动可能产生的安全受益范围与强度，以便使最大多数人获得最大安全保障，这样的安全实践活动才是道德的。

（2）一般而言，在物质财富等许可的情况下，人类生产与生活的安全保障条件与水平应尽可能达到最优化，禁止片面追求物质财富（经济利益），这应是处理人的"安全获得与财富、利益获得"价值关系的重要安全伦理道德规限。

6.9.2.2　绝对安全责任原则

由康德提出的道德哲学原理"一个人的道德品质不能从经验世界中自发地产生出来"[27]可知，事故（生产事故、交通事故与医疗事故等）及借用事故开展的安全伦理道德教育，均不能真正使人从中吸取安全教训，并由此形成安全道德。此外，根据道德的普遍性与道德不能以"假言律令"的形式存在两个重要的道德共性[27]，一些表面看似非常合理的安全道德规范，也未必符合上述两个道德的重要性质。如"我得按照安全操作规范作业，否则，我将面临罚款或解雇"，这种讲"安全道德"的方式属于"假言安全律令"形式的安全道德，当其中的所有条件被去除（如不再罚款或解雇）后，该安全道德就会很快失去约束作用。

综上可知，安全道德必须是一种普遍性的安全义务，一种以"绝对律令"形式表达出来的安全责任，这即为现代安全伦理学核心原理之绝对安全责任原则。换言之，安全道德是一种由绝对安全责任决定的绝对安全义务（如唯有坚持"绝不违章"才可根本避免违章行为出现），只有以绝对安全义务的理念才可承担其绝对安全责任，从而建构起绝对的安全道德。此外，绝对安全责任原则进一步强调，使最大多数人获得安全保障是作为崇高的安全道德目的而存在的，而绝不是作为多获得个人利益的手段而存在的，即把满足人类安全需要的愿望当"手段"而不是当"目的"的想法与做法，是违背安全道德责任的绝对性的，归根结底是不道德，甚至会导致事故发生。此外，分析可知，绝对安全责任原则实质是基于人本价值取向原理与安全的公共性原理推导得出的。

6.9.2.3　安全优先导向原则

由安全科学定理之"坚持安全第一的原则"定理[25]、生命健康优先的伦理原则及人本价值原理和安全的公共性原理可知，安全优先导向原则理应是重要的现代安全伦理学原理。它指出人们在生产与生活实践活动中发生与人的安全（包括健康）相关的价值或矛盾冲突时，应当贯彻与倡导安全优先原则，可具体分类概括抽象为以下4条重要原则：

（1）当人类的安全与自然界的动态演化相冲突时，以人的安全优先。如要积极应对与预防自然灾害，以免对人的生命财产安全造成威胁。

（2）当人的安全健康权与新技术等的使用与拓展相冲突时，以人的安全健康权优先。常言道，科学技术是把双刃剑，若基于安全科学角度理解此话，即科学技术既可提高人的安全保障水平，但同时也会对人造成严重的安全威胁，如核技术与食品添加剂等。因此，当面临这类问题时，为维护和保障人的安全健康权，应以人的安全健康权优先，严格限制有可能对人的安全健康造成威胁的新技术等的使用与拓展。

（3）在可保障自身安全的前提条件下，当公共安全利益与私人安全利益相冲突时，以公共安全利益优先，这也是最大安全原则的要求与体现。

（4）当安全性与功能性和收益率（如产品设计与工程建设等）相冲突时，以安全性优先。

6.9.2.4 尊重安全揭短原则

据考证，"揭短（Whistleblowing）"源自"吹哨"，是从英国警察通过"吹哨"警告或制止街头违规行为引申而来，它的基本含义可简单理解为：将别人的短处揭露出来，并公之于众[27]。目前，以揭短作为学术术语已被广泛用于科学、技术与工程领域，如工程揭短与揭短管理等，且得到了诸多国家法律和规章的普遍认同和尊重[27]。

根据木桶原理[28]，一般而言，组织在保障安全方面往往存在一些"安全短板"，需及时弥补或消除，以避免事故发生或提升组织安全保障水平。因此，在实际安全监督管理实践中，需通过安全监督检查（如组织内部的"自检、自查、自纠"和"互检、互查、互纠"，以及组织外部的政府安监部门的安全监督检查或公众的安全监督举报等）来及时发现存在的"安全短板"，并进行立即整改和处理，以避免事故发生和提升人的安全保障水平，这实则就是一个安全揭短过程。基于此，笔者提出尊重安全揭短原则，这是由安全的公共性决定的。其具体内涵如下：

（1）人们在进行现实实践活动时，一定要把公共安全与健康放在首位，确保公众不受实践活动过程及其成果的伤害，这应该视为是所有人的安全职责。

（2）为消除组织安全隐患（包括内部安全隐患与外部安全隐患），组织和个体均应该接受所有人对组织的安全揭短，尤其是那些基于现有事实、安全科学技术原理、安全法律法规、安全标准规范与逻辑推理以及严格的安全评估或数学计算等得出的安全揭短，这是尊重安全揭短原则的最重要内涵。

（3）组织与个体均应明白，任何形式的安全揭短都可起到暴露组织或个人安全问题的作用，都有助于更好地保障组织、个人与他人的安全，对安全揭短的尊重是对组织与社会的忠诚。此外，处于安全绝对责任的安全揭短行为是一种高尚而纯洁的行为，一种难能可贵的忠诚。

6.9.2.5 安全诚信原则

诚信是保证人类有效交往的前提条件，是最基本的伦理规范和道德标准，是人的第二个"身份证"。诚信管理是现代重要的新型管理学理论，是社会道德文明进步的重要标志，备受学界、政界与企业界等关注，已被企业管理、政府管理与社会管理等管理领域广泛采用，并取得良好的实践效果[29]。由安全的公共性原理、安全健康信仰与事故可预防信念原理、安全科学公理之"生命安全至高无上"公理[25]，以及因人的安全诚信缺失（如个人违章作业、事故与隐患隐瞒不报、诡辩或推卸安全责任、产品假冒伪劣、政府安监部门的安全监督检查走形式或安全评价活动缺乏真实性等）所致的大量事故可知，诚信原则应是安全实践活动的基本道德准则，由此，政府与企业等积极倡导与推行安全诚信管理，如按照安全规章制度诚信作业与诚信安全监管等。

基于此，笔者提出安全诚信原则：组织（包括政府安监部门）与个人在实际安全实践活动过程中应把诚信作为一条不可逾越的安全道德规限，即做到有章必循、有诺必践与有过必纠，此原则是保证安全诚信道德与安全诚信文化的约束和导向等作用有效发挥与落地的根本保证。根据文献［29］，对其内涵进行解释，主要包括以下两方面：

（1）安全诚信原则之"诚"的含义。①忠诚于安全，忠诚贯彻、执行与落实安全法律法规、规章制度、标准规范与政策指令等；②真诚于安全，塑造与培养互助保安与自主保安的真诚安全意愿、意识、态度与责任；③虔诚于安全，虔诚对待安全实践活动与承担安全责任，把安全健康信仰与事故可预防信念作为虔诚追求。

（2）安全诚信原则之"实"的含义。①立安全承诺，以安全伦理道德操守为保证，对安全目标、追求与责任做出安全承诺；②信守安全承诺，以安全伦理道德规范为准则，信守与恪守安全承诺（包括安全约定）；③践行安全承诺，以安全伦理道德责任与追求为约束和动力，主动承担安全责任，忠实履行并坚定兑现安全承诺，坚决做到言行一致。

6.9.2.6　安全改进原则

根据著名意大利经济学家帕累托提出的"帕累托改进（Pareto Improvement）"原理，即"一项经济政策能够至少有利于一个社会成员，而不会对任何其他成员造成损害"（所谓"帕累托最优"，是指用尽所有帕累托改进机会，即使一项经济政策既对任何一个社会成员有利而不得不对其他一些社会成员造成损害的状态），肖岁利[30]指出，"帕累托改进"原理与道德内在要求是一致的，这也与人本价值取向原理与安全的公共性原理要求是一致的。有鉴于此，可将安全道德理解为：在现实生产与生活中人们在追求安全的实践中，至少应使一个人获得或改善了安全保障条件，而不会对其他任何人的安全造成损害，或不阻碍其他任何人追求安全的实践。

基于此，笔者提出安全改进原则：安全道德规范、安全法律规范与安全实践活动等应该能够至少有利于一个人，而又不会对其他任何人的安全（包括健康）造成损害或威胁，这也与底线伦理原则中的不伤害原则的含义是完全相吻合的。其内涵主要包括两方面：①不能为自身（包括组织与个体）安全而伤害其他组织或个体，如不合理的危险转移行为或政策与安全"霸王条款"（尤其是有些网络安全与职业健康方面的条款）等；②为别人安全而导致自身安全无基本保障，如自身无施救能力的情况下而盲目进行的"见义勇为"或"下水救人"等行为或公众进行安全举报后遭报复而无相应安全保护措施等。

6.9.2.7　道德行为的生命安全限度原则

针对不考虑自身生命的安全性而盲目进行的表面看似合乎道德的行为的典例，如不会游泳者下水救人的行为、鼓励儿童救火的行为、无法保障自身安全的"见义勇为"行为及其他自身不具备相应安全知识、技能或能力而盲目进行的施救行为（如因不知地窖空气稀薄会窒息身亡而盲目下窖施救导致多人身亡、不懂触电施救知识而导致的死亡或盲目冲进大火救人的行为等），中国伦理学著名学者易小明教授等[21]指出，生命是一切价值的基础，在一般情况下，道德行为应有其生命安全之底线或限度（这也是由人本价值取向原理所决定的），换言之，在提倡实现道德价值时要以保护自身生命的安全性为基本前提，这就是道德行为的生命安全限度原则。

笔者认为，此原则理应是现代安全伦理道德的一条重要原则，其具体内涵是：道德价值固然重要，但一般而言，生命价值应大于某种道德行为价值，因此，放弃或牺牲生命的安全性保证仅可限于一定的具体情况，即不论条件的"舍身尊德"行为肯定存在问题，这是有悖于"以人为本"的现代科学价值观的欠科学的道德观念或规范。

6.9.2.8　遵守安全规则原则

许多特定条件下的研究发现，绝大多数的伤害事故都是由人的不安全行为所致[31]。一般而言，导致事故发生的人的不安全行为无非出于以下两种情况：①非故意性不安全行为，究其原因主要是安全责任心不强而疏忽大意所致；②故意性不安全行为，其又可细分为故意性安全破坏行为（如恐怖行为等）、故意性不作为（如无安全意愿、懒惰、侥幸或赌气等）和利益驱动型不安全行为（如赶工、省力、投机或腐败等）。需指出的是，人们在逃生过程中因不遵守安全秩序（如拥挤或推搡等）而导致事故后果严重化（如发生踩踏或因拥挤而导致无法及时有效逃生），这实则也是一种不安全行为，是不遵守安全伦理道德规范的具体表现。但无论上述哪一种不安全行为，几乎都可归结为不遵守安全规则（主要指安全法律法规、规章制度、标准规范与伦理道德规范等）的行为，因此，究其根源是无安全规则意识所致。换言之，若所有人都能遵守安全规则，就几乎可消除所有因人为原因所致的事故或降低部分事故的伤亡损失。

由此，笔者提出遵守安全规则原则：人们在现实生产与生活实践活动中，必须都要遵守安全规则。一般而言，安全规则都是由群体成员共同制定并得到公认与遵守的安全条例和章程等，具有公共性，因此，此原则究其根本应是基于安全的公共性原理推导得出的。

📖 思考题

1. 安全文化学核心原理有哪些？并请分别阐述各自的内涵及相互间的关系。
2. 简述安全文化的功能与特点原理。
3. 简述"6-5-2-4"安全文化生成理论。
4. 根据安全文化建设原理，谈谈对安全文化建设的启示。
5. 简述安全文化场原理。
6. 安全文化宣教的模式是什么？
7. 什么是安全文化认同？如何促进安全文化认同？
8. 简述情感安全文化的作用原理。
9. 安全伦理道德基础原理主要有哪些？
10. 通过本章学习，请思考安全文化学原理的研究意义和研究方法，并尝试提出新的安全文化学原理（选做题）。

📑 参考文献

[1] 吴超,杨冕.安全科学原理及其结构体系研究[J].中国安全科学学报，2012, 22(11):3-10.
[2] 王秉, 吴超.安全文化学核心原理研究[J].安全与环境学报，2017, 17（12）: 34-44.
[3] 王秉.安全人性假设下的管理路径选择分析[J].企业管理，2015, 36（6）: 119-123.
[4] 谭洪强, 吴超.安全文化学核心原理研究[J].中国安全科学学报，2014, 24（8）: 14-20.
[5] 王秉, 吴超.安全文化生成机制研究[J].中国安全科学学报，2019, 29（9）: 8-12.
[6] 王秉, 吴超.安全文化建设原理研究[J].中国安全生产科学技术，2015, 11（12）: 26-32.
[7] 孟娜, 吴超.企业安全文化力场初探[C].中国职业安全健康协会 2008 年学术年会论文集，2008.4: 21-25.

［8］ 王秉，吴超.安全文化宣教机理研究［J］.中国安全生产科学技术，2016，12（6）：9-14.

［9］ 施波，王秉，吴超.企业安全文化认同机理及其影响因素［J］.科技管理研究.2016，36（16）：195-200.

［10］ 王秉，吴超.情感性组织安全文化的作用机理及建设方法研究［J］.中国安全科学学报，2016，26（3）：8-14.

［11］ Davis L. The importance of ethics review ［J］. Journal of the Association for Vascular Access, 2015, 20(2)：708-710.

［12］ Vanem E. Ethics and fundamental principles of risk acceptance criteria ［J］. Safety Science, 2012, 50(4)：958-967.

［13］ Koh D, Muah L S, Jeyaratnam J. Health and safety ethics for management. ［J］. Asia-Pacific journal of public health/Asia-Pacific Academic Consortium for Public Health, 1995, 8(2)：144-7.

［14］ 龚长宇.道德失范：社会安全的腐蚀剂［J］.伦理学研究，2004(5)：22-26.

［15］ 刘星.安全伦理学的建构——关于安全伦理哲学研究及其领域的探讨［J］.中国安全科学学报，2007，17(2)：22-29.

［16］ 冯昊青.安全伦理观念是安全文化的灵魂——以核安全文化为例［J］.武汉理工大学学报：社会科学版，2010，23(2)：150-155.

［17］ 黄麟淇，吴超.比较安全伦理学的创建研究［J］.中国安全科学学报，2014，24(3)：3-8.

［18］ 刘星，林刚.安全道德教育研究［J］.华北科技学院学报，2006，3(4)：98-103.

［19］ Papadaki M. Inherent safety, ethics and human error ［J］. Journal of Hazardous Materials, 2008, 150(3)：826-30.

［20］ 刘星.安全道德素质：缺失与建设［J］.中国安全科学学报，2008，18(3)：88-94.

［21］ 易小明，谢宁.道德行为的生命安全限度［J］.兰州大学学报：社会科学版，2014，42(5)：53-57.

［22］ 聂辉华，蒋敏杰.政企合谋与矿难：来自中国省级面板数据的证据［J］.经济研究，2011(6)：146-156.

［23］ Dekker S W A. The bureaucratization of safety ［J］. Safety Science, 2014, 70(70)：348-357.

［24］ 刘宽红，鲍鸥.安全文化的人本价值取向及其系统模式研究［J］.自然辩证法研究，2009(1)：97-102.

［25］ 罗云，许铭.安全科学公理、定理、定律的分析探讨［C］// 中国职业安全健康协会 2013 年学术年会论文集.2013.

［26］ 吴超，刘爱华.安全文化与和谐社会的关系及其建设的研究［J］.中国安全科学学报，2009，19(5)：67-74.

［27］ 张功耀.自然辩证法概论［M］.北京：现代教育出版社，2013：99-105.

［28］ 王秉.新"木桶理论"与安全生产［EB/OL］.（2015-07-15）.中国安全生产网 http://www. aiweibang. com/yuedu/38083814. html.

［29］ 季佩佩，李新春.煤矿企业员工安全诚信体系建设的研究［J］.煤矿安全，2010(10)：122-125.

［30］ 肖岁利.帕累托改进原理对我国道德建设的启示［J］.长春理工大学学报：社会科学版，2012，25(10)：50-51.

［31］ 王秉，吴超.安全管理学视阈下的安全标语研究［J］.中国安全生产科学技术，2015，11(9)：138-143.

第 **7** 章

安全文化学的学科分支

 **本章导读**

　　本章主要介绍五个安全文化学的主要学科分支，即安全文化符号学、安全民俗文化学、比较安全文化学、安全文化心理学与安全文化史学。通过本章的学习，以期能在安全文化学的研究方法论或研究视角层面对读者开展安全文化学相关研究与实践能有所有益启示。本章主要包括以下五个方面内容：①简述安全文化符号学的定义、内涵、理论基础、学科基本问题与方法论。②简述安全民俗文化学的定义、内涵、学科基本问题及应用前景。③简述比较安全文化学的定义、内涵、学科基础、比较维度、比较基准、比较层次、研究内容和方法论。④简单论证创立安全文化心理学的可能性与必要性，并简述安全文化心理学的定义、内涵与学科基本问题。⑤简单论证创立安全文化史学的必要性，并简述安全文化史学的定义、内涵与学科基本问题。

　　从理论上讲，就一个具有丰富内涵、广泛研究内容和旺盛生命力及发展潜力的学科而言，它在其学科领域理应有若干个细化部分，即学科分支组成。其实，所有学科的重大发展与突破一般均会诞生其标志性的新学科分支。而对于安全学科及其学科分支之安全文化学的发展而言，理应也是如此。与任何新生事物一样，鉴于安全文化学本身还是一门安全学科的新兴分支学科，因此，毋庸讳言，安全文化学的学科分支必然会和其他新兴学科分支（尤其是安全学科的新兴学科分支，如比较安全学、安全统计学与相似安全系统学等）一样，表现出初生的不成熟性。

　　我们的许多科学研究者往往已习惯于"学科现状"，往往仅擅长于做一些较为具体的创新研究，而一般都不擅长从学科建设高度开辟一片新而大的"研究园地"，其根本缘由也许是我们历来缺乏或忽略这种思维所致。而对于我们安全科学研究者而言，又何尝不是如此呢？任何学问都不是一成不变的，安全科学研究者与其对新兴的安全学科分支学科（包括安全文化学的学科分支，以及其他新兴的安全学科分支学科）责备求全，不如以开放和包容的姿态，对安全学科分支学科多进行观察、分析与思考，不如改弦更张，使安全科学变得更科学、更加卓有成效，以求安全学科这门古老而又年轻的学科在扶植、建设学科分支的同时，使自己也更加丰满、完善和实用起来，使安全学科更具发展活力，以免陷入"无精打采"的"无精神"成长状态。

　　需补充的是，尤其是作为一门新学科，及早建构其主要学科分支，这就犹如给该学科绘制了一张亟需的发展蓝图。毫不夸张地讲，这对该学科未来发展的深度、广度和潜力等都具有决定性的作用与价值，会给学科发展注入无限生机和活力。而安全学科及其分支学科恰恰就具备这一优势，因此，我们应更加重视并及时抓住这一伟大机遇。由此，笔者非常赞成史学家常金仓[1] 先生一直持有的一个观点：到底什么是学术进步？在我看来，严格意义上的学术进步并非是在原来的老路上又走了多远，而是换一个思路使这门学问比先前更有效！鉴于此，笔者在安全文化学建构之时，就开始仔细斟酌其应包含哪些主要学科分支这一重要问题。

带着上述问题，笔者根据社会科学原理，基于安全文化学研究与发展需要，先后创立了五个安全文化学的主要学科分支，即安全文化符号学、安全民俗文化学、比较安全文化学、安全文化心理学与安全文化史学，显然，它们都属于笔者首提。但是，安全文化学的上述分支学科的出现并非是笔者心血来潮的产物，而是取决于安全文化学实际研究和发展的需要，安全科学事业发展的需要，尤其是完善安全学科体系及促进安全文化学研究和发展的需要。

此外，为保证所创建的安全文化学的学科分支的科学性、独立性与严谨性，并具有广阔的发展前景，笔者不仅经过了长时间的思考和交流探讨，并尝试把每一个学科分支的建构问题都撰写成一篇独立的学术论文，以求在投稿发表的过程中得到审稿专家和期刊编辑的建议与认可。上述五篇论文的正式发表，至少进一步佐证了笔者创立的五个安全文化学学科分支的必要性、合理性和科学性。在此，笔者简单说明一下上述五个安全文化学的主要学科分支出现和创立的主要原因。

（1）安全文化学研究领域的扩大和新课题的提出。从空间尺度来看，安全文化学的研究范围先后按"核工业领域的安全文化→高危行业（如交通、矿山与危化品等）的安全文化→一般企事业单位的安全文化→大众（包括家庭、学校、社区、企业、城市与国家等）的安全文化"逐步拓宽与延展，特别是随着风险社会这一时代背景与社会背景的来临，开展大众安全文化研究已是大势所趋；从研究内容来看，安全文化学研究涉及安全文化的本质、传播与建设等诸多问题。

（2）安全文化学与各相近学科互相渗透、互相联结和综合、交叉、分化的趋势促成安全文化学学科分支的出现。一门学科的兴起，首先要有基本原理、研究对象和研究方法三种要素。这三种要素，随着学科的综合和分化，也在发生变化，这便孕育出新的学科分支。这些新的学科分支的产生，从结构方式来看，有的属非交叉结构形式，如安全科学学，就名称形式来说是单科（安全科学）型结构的综合性学科分支。另一种则是交叉结构型，如本章列出的五个安全文化学的主要学科分支，即安全民俗文化学、安全文化符号学、安全文化心理学、安全文化史学与比较安全文化学。其中，安全文化心理学、安全文化史学与比较安全文化学可称为"同级交叉"，因为它们是安全文化学与其同一级别的学科之间的综合交叉产生的；而安全民俗文化学和安全文化符号学应属于"跨级交叉"，因为它们是安全文化学与其他学科的综合交叉形成的。

（3）研究方法的更新，这也是安全文化学学科分支产生的另一个重要原因。长期以来，人们用辩证唯物主义认识论研究安全文化学，收到了一定效果。近年来，研究方法有了新的发展，如本书第5章提出的比较法、系统论法与审视交叉法等六种安全文化学主要研究方法，形成了比较安全文化、安全民俗文化与安全文化符号等一系列研究领域。可以设想，许多新的分支学科将从这里产生，其中，比较安全文化学就是一个典例，后期，还有可能出现相似安全文化学等安全文化学的学科分支。

7.1 安全文化符号学

本节内容主要选自本书作者发表的题为《安全文化符号学的建构研究》[2] 的研究论文，

具体参考文献不再具体列出，有需要的读者请参见文献［2］的相关参考文献。

本书第 4 章 4.5 节已对安全文化符号系统做了详细介绍。由其可知，符号被认为是人类文化累积性发展的关键，如语言、体势和艺术符号等。安全贯穿于整个人类文明发展过程中，在漫长的人类安全实践中也诞生了许多安全文化符号，如安全吉祥物、标志与手势等，其对安全文化的传播等起到了积极的促进作用。

自从 Ferdinand de Saussure 于 20 世纪初提出符号学的概念开始，符号学就得到了学界的深入研究，如 Yuri Lotman 提出的著名的"四维一体"符号学理论思想等。正是这股研究热潮的推动，以 Yuri Lotman 为代表的莫斯科塔图学派于 1973 年首先提出文化符号学，后来，以 Umberto Eco 为代表的符号学派也相继提出并开展文化符号学的相关研究，两者相比，前者更为系统且被当前学界所推崇。目前学界关于文化符号和安全文化的研究比较广泛和深入，但还尚未从学科建设高度出发探讨安全文化符号学的建构问题，严重阻碍对安全文化本质及作用机理等的认识和研究。

鉴于此，这里该文从符号学和安全文化学角度，提出安全文化符号学，并基于安全文化学、符号学及相关学科理论，深入研究和提炼安全文化符号学的主要理论基础和研究方法。安全文化符号学的建构探讨在安全文化研究领域尚未曾见，研究具有一定的创新性和价值，以期为丰富安全科学理论和促进安全文化学研究发展起到积极的推动作用，也为读者开展安全文化学研究提供一个新视角，开辟一片新领域。

7.1.1 安全文化符号学的定义与内涵

7.1.1.1 安全文化符号学的定义

从学科体系结构上看，安全文化符号学既是安全文化学的学科分支，又是符号学的应用分支。作为一门刚提出的新兴学科，研究安全文化符号学，需从其定义、内涵、功能、外延、学科基础与学科体系等方面开展研究。基于安全文化学和符号学的内涵，提出安全文化符号学的定义。

安全文化符号学主要是综合运用安全文化学和符号学的功能和原理，研究安全文化符号系统的内涵、分类、特征、功能、结构、形成、演变、运行、设计和应用等，以促进安全文化得到更充分认知和传播，进而纠正人的不安全认识和行为的一门应用性学科。

7.1.1.2 安全文化符号学的内涵

对于安全文化符号学的内涵，具体解释如下所示。

（1）从安全文化角度出发审视符号学或研究符号学在安全文化学领域的应用是安全文化符号学的两种基本研究思路。

（2）基于上述两种研究思路，实现了安全文化学和符号学的紧密、有效融合。因此，安全文化符号学的理论基础主要包括安全文化学和符号学。另外，其研究对象是安全文化符号系统，因而，其理论基础还可具体拓展到安全科学、文化学、符号学和系统科学等。

（3）安全文化符号系统的优化设计和运行是安全文化符号学的主要研究内容。

（4）安全文化符号学研究的目标是通过各安全文化符号子系统的互相作用，使整个安全文化符号系统运行取得最佳效果。

（5）安全文化符号学研究的深层次意义在于促进安全文化得到更充分认知和传播，表明安全文化符号学研究具有两个核心目的：①阐明安全文化符号在人们对安全文化认知中的作用；②解释安全文化符号在安全文化互动和传播中的作用。

（6）安全文化符号学实则是把安全文化看成是一个由各种安全文化符号构成的体系（即安全文化符号系统）来进行一系列研究。换言之，安全文化符号学可视为安全文化学的具体表达。

（7）安全文化符号学为安全文化研究提供了一种新方法，它也可以属于方法论的范畴。此外，由于安全文化符号具有物质性和客观性，因而，此方法可从根本上克服以往的安全文化研究方法本身所无法克服的主观性等弊病。

7.1.2 安全文化符号学的理论基础

符号学和安全文化学的理论与方法是安全文化符号学发展的理论基础，具体解释如下所示。

（1）符号学是研究符号在人类认知、思维和传递信息中的作用的一门科学，其研究范围包括意指符号和非意指符号，重点研究意指符号，总的来说，符号学研究自然科学、社会科学以及人文科学领域中所使用的符号，但以人文科学中的符号为主。安全文化符号是人文科学领域的重要符号之一，因此，符号学可为安全文化符号学研究提供核心理论基础。目前比较被学术界推崇的符号学重要理论有 Ferdinand de Saussure 的符号学和语言学理论、Charles Sanders Peirce 的符号学理论以及 Yuri Lotman 的符号学理论等。

（2）安全文化学是研究与探讨安全文化的产生、创造、发展演变规律及其本质特征的一门科学，它以安全科学和文化学为理论基础，以一切安全文化现象、行为、本质、体系及安全文化产生和发展演变规律为研究对象。安全文化学的研究范围主要体现在物质安全文化、行为安全文化、制度安全文化和精神安全文化等与人类和人类社会的安全发展有着密切关系的方方面面。正是这些方面的研究，使我们对人类和人类社会的相关安全现象或问题的认识达到越来越高的程度，进而推动社会安全发展。安全文化符号学是安全文化学的具体表达，因此，安全文化学也可为安全文化符号学研究提供核心理论基础。

另外，由安全文化符号学的定义可知，安全文化符号学的研究对象是安全文化符号系统，则系统科学可为安全文化符号学的研究提供指导思想，即系统科学也是安全文化学研究的重要理论基础。此外，由于安全文化符号系统的特性，系统科学中的一般系统论、信息论、控制论与认识论等理论也可为安全文化符号学研究提供方法指导。且有文献指出，文化符号学的研究也离不开语言学、心理学、传播学、逻辑学、社会学、管理学、设计学、美学与人类工效学等学科的理论支持。安全文化符号学的学科理论基础如图 7-1 所示。

由图 7-1 可知，安全文化符号学学科理论基础构成了一个"木桶"结构，其具体含义如下。

（1）安全文化学和符号学是安全文化符号学研究的两个重要理论基础，它们分别作为"木桶"的上下两道桶箍，将构成"木桶"桶壁的各木板紧紧束缚在一起，表明了它们的核心地位和作用。

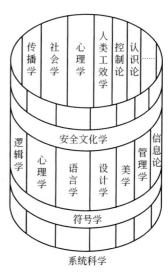

图 7-1　安全文化符号学学科理论基础的"木桶"结构

（2）语言学与传播学等其他学科是安全文化符号学研究的辅助性理论基础，它们充当木板构成了"木桶"的桶壁，表明了它们的辅助支撑作用。

（3）若要使"木桶"能够盛水，则还需桶底，系统科学就扮演了"木桶"桶底的角色，突出其也是安全文化符号学研究必不可少的理论基础。

（4）构成"木桶"桶壁的各木板的宽度并不一定相同，表明各辅助性理论基础的地位也有所差异。

（5）随着安全文化符号学的发展，还可不断补充和丰富其理论基础，即通过补充木板来进行"木桶"改造。

7.1.3 安全文化符号学的学科基本问题

7.1.3.1 安全文化符号学的研究对象与分类

安全文化符号学以安全文化符号系统为研究对象。人类的文化符号系统极其丰富而复杂，同样，安全文化符号系统也是如此。可以说，所有的安全文化行为都可视为安全文化符号，即安全语言、行为及各类综合的形态等，都属于安全文化符号系统。正是基于复杂的安全文化符号系统，安全文化才得以记录、传承和交流。因此，只有在具体使用过程的特别情境中，安全文化符号才能体现出其特殊的价值和涵义。

由本书第4章4.5节内容可知，安全文化符号系统由多种安全文化符号形态构成，从安全文化的层次（物质安全文化、制度安全文化、行为安全文化、精神安全文化与情感安全文化）来看，分别将其符号化，即分别形成物质安全文化符号、制度安全文化符号、行为安全文化符号、精神安全文化符号与情感安全文化符号。但这种分类比较抽象，也不具体，为避免这一缺陷，经搜集整理发现，安全文化符号还可通过诸如语言、文字、服饰（如防护背心等）及各种综合形态等多种具体物质形式表现出来。因此，根据安全文化符号的具体物质形式的不同，可将安全文化符号系统分为语言符号系统（如安全谚语、安全标语与安全语音提示等）、非语言符号系统（如安全手势、安全绘画与安全信号灯等）和综合符号系统（如安全电影作品和安全文学作品等）三大子系统，见本书第4章4.5节的图4-6。

7.1.3.2 安全文化符号学的研究任务

安全文化符号学的研究任务主要包括以下五个方面。

（1）研究安全文化符号的内涵，旨在阐明安全文化的符号性属性，即其本质是一个由各种安全文化符号组成的结构体系，按照"传者制作安全文化符号（编码）→媒介传播安全文化符号（传码）→受众解读理解安全文化符号（解码）"的过程传播。

（2）研究安全文化符号系统的自身独特性，强调其所具有的某些特征的绝对性，旨在区分安全文化符号系统（安全文化）和外文化符号系统（外文化），并阐明安全文化与外文化的交流的原理和过程。

（3）研究安全文化符号系统的内部活动规律，旨在掌握安全文化系统的内部信息运行机制，即安全文化的内部信息互动及更新机理。

（4）研究各安全文化符号子系统之间的功能性关系，旨在明确各子系统在安全文化被认知和传播中所发挥的作用，为安全文化符号系统的设计和运用，即安全文化的建设提供理论依据和方法，进而促进安全文化得到更充分的认知和传播。

（5）研究同一时期不同民族、国家、地区、语言或文化的群体的安全文化符号系统，旨在阐明各群体的安全文化特点及相互之间的异同点；或研究同一群体处于不同时期的安全文化符号系统，旨在阐明该群体的安全文化符号系统的演变规律，即该群体的安全文化发展进程。

7.1.3.3　安全文化符号学的研究内容

（1）安全文化符号系统的范围和特性　①从系统的观点，揭示安全文化符号系统的范畴，即"界限"；②研究安全文化符号系统的独特性、系统性、开放性、确定性与不确定性、有序性与无序性、突变性与畸变性、静态特性和动态特性。

（2）安全文化符号系统的组成结构　对于由各孤立的、分散的安全文化符号个体整合成的一个有层次的动态多元而相对稳定的结构体系，有必要深入剖析其组成结构，这有利于对诸多安全文化符号形式进行整体性分析。

（3）安全文化符号系统的活动规律　针对安全文化符号系统的活动过程，即内部互动、运行及外部交流等过程，研究其组织、协调、控制的机理。

（4）安全文化符号系统的设计原理及方法基于安全文化符号系统的特点等或各子系统之间的功能性等关系，总结设计安全文化符号系统的原理及方法，目的是实现各子系统的最佳配置，即使整个安全文化符号系统处于最佳运行状态。

（5）安全文化符号系统的更新　为了使安全文化符号系统成为一个与时俱进的动态变化的有活力的有机体，安全文化符号系统也要以独特创新机制不断进行更新，因此，研究其更新方式等也就显得极为重要。

安全文化符号学的研究内容，如图 7-2 所示。

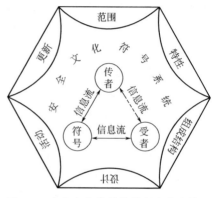

图 7-2　安全文化符号学的研究内容体系

7.1.4　安全文化符号学的方法论

7.1.4.1　安全文化符号学方法论的定义

方法论不是具体的方法，是对诸多方法进行分析研究、系统总结并最终提炼出的较为一般性的原则，对方法的研究具有理论性的指导作用。基于方法论的基本内涵和安全文化符号学的学科内容等，给出安全文化符号学方法论的定义：安全文化符号学方法论是从哲学高度总结安全文化符号学研究的方法，是在哲学、符号学方法论、文化学方法论和安全科学方法论等理论的基础上，以安全文化符号系统研究为主体，对安全文化符号学的研究方法与范式体系等内容起宏观指导作用的方法论。安全文化符号学方法论阐明了安全文化符号学研究的方向和途径，对构建安全文化符号学研究范式及安全文化符号学学科框架体系均具有指导作用。

7.1.4.2　安全文化符号学方法论的多维结构体系的构建与解析

安全文化符号学是一门综合性学科，内容丰富，涵盖范围广，涉及多种研究方法。安全文化符号学具有跨时间、跨文化、跨国度与跨空间等特点，其方法论不是各种方法的简单堆积，而是在安全文化符号学的理论基础上所形成的系统化、条理化的方法体系。基于安全文化符号学的理论基础及学科内容等，建立安全文化符号学方法论的多维结构体系，如图 7-3 所示。

该结构体系具体解析如下。

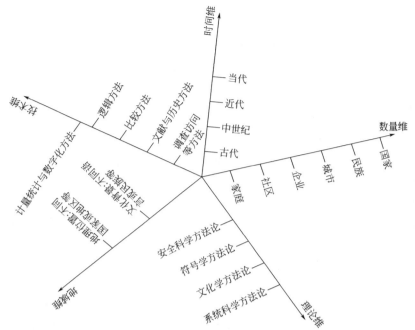

图 7-3　安全文化符号学方法论的多维结构体系

（1）安全文化符号学方法论的时间维　以时间为标准来划分，不同时期的安全文化符号系统均具有不同特征。根据每个时期的不同特征，结合时代背景实际，对安全文化符号系统进行单一研究或比较研究。

（2）安全文化符号学方法论的数量维　不同数量、不同特点的群体，反映的安全文化符号系统的结构、特性、运行规律等也不同。根据每个群体的自身组成和特性等，研究该群体的安全文化系统的结构、特点等。

（3）安全文化符号学方法论的理论维　基于安全文化符号学的学科理论基础可知，安全科学方法论、符号学方法论、文化学方法论和系统科学方法论等均适用于安全文化符号学方法论的研究，为安全文化符号学方法论的研究提供理论性指导和支撑。

（4）安全文化符号学方法论的地域维　群体所处地理位置（如不同国家或地区等）或文化背景（不同语言或背景等）不同，则各自的安全文化是有差异的，所表现出的安全文化符号系统的特点等也是不同的。因此，根据群体所处地域的差异，有必要对其安全文化符号系统进行单一研究或对比研究。

（5）安全文化符号学方法论的技术维　技术维侧重于安全文化符号学的具体研究方法。由于安全文化符号学的综合性和复杂性等独特性，因此，需要采用多种方法对其进行系统研究。研究安全文化符号学的一些具体研究方法，如表 7-1 所示。

表 7-1　安全文化符号学的一些具体研究方法

方法名称	特点	适用范围
调查访问方法	到研究对象所在地实地考察、询问获取资料	从整体性视角观察、了解当地的安全文化符号系统
文献与历史方法	基于各种现存的有关文献资料，从发展的视角进行研究	研究各历史阶段的安全文化符号系统，考察安全文化符号系统的变迁
比较方法	根据一定的标准，对两个或两个以上有联系的事物进行对比研究	比较研究不同时期或不同地域（类型）的群体的安全文化符号系统
逻辑方法	根据现实材料按逻辑思维的规律、规则形成概念，进行判断和推理	分析各安全文化符号子系统的内在逻辑关系和各自的功能、特点等

续表

方法名称	特点	适用范围
计量统计与数字化方法	运用数字化技术收集、整理和分析统计数据,并作出分析结论	研究安全文化符号系统的组成及人们对其认知和接受度等

7.1.5　安全文化符号学的应用前景

从安全文化符号学的角度研究安全文化,对于安全文化研究发展和安全科学的建设,是极有价值的。安全文化符号学理论将在以下四个方面得到很好的应用。

(1) 安全文化研究方面　通过安全文化符号系统研究,可掌握安全文化的特点、溯源和发展等,即安全文化符号学为安全文化研究提供了一种新方法,其从根本上克服了以往的安全文化研究方法本身所无法克服的主观性等弊病,且它也可以属于方法论的范畴,对促进安全文化研究具有积极的推动作用。

(2) 安全文化符号设计方面　通过对安全文化符号学的研究,把握其功能、传播机理及受众接受的过程和心理驱动,并根据受众的心理特征、所面临的实际安全问题、审美需求和文化背景等,设计出符合受众心理、文化需求及实际安全生产、生活所需要的安全文化符号,增强受众对安全文化符号的关注度、理解度和接受度,从而促进安全文化得到更充分的传播和认可。

(3) 安全文化氛围营造方面　通过对安全文化符号学的研究,可从以下四个方面着手营造组织安全文化氛围:①丰富安全文化符号形式(能指),如安全标语、标志、手势、漫画、诗歌等;②使安全文化符号内容形象生动、寓意深刻,并尽可能做到说理与抒情并存;③注重安全文化符号形式(能指)和内容(意指)的设计美感和精度,且安全文化符号要与地方文化符号相结合,使其具有深厚的文化底蕴;④根据各安全文化符号子系统的具体功能及它们之间的功能性关系,实现各安全文化符号子系统的合理配置,使整个安全文化符号系统的运行取得最佳效果。

(4) 安全预防管理方面　安全科学的发展不仅要通过新材料、新技术来提高物的可靠性及本质安全化程度,而且要注意安全管理方式的优化。安全文化符号均可表达某种特定的安全信息或意义,可借助其来进行安全提示、安全警示、安全指挥等,是安全预防管理的常用途径,主要可从以下三个方面着手:①将事故致因理论及安全科学内涵、规律、哲理等融入安全文化符号内容(意指),并通过视听觉手段使其入受众的脑和心,进而纠正其不正确认识和行为等;②通过安全文化符号可使危险有害因素(危险源)、常见的人的不安全行为等实现可视化,即让风险"看得见";③可借助安全手势等进行作业指挥,通过人的姿势来判断是否符合安全操作规范,或通过人的表情等来辨识人的不安全心理状态等。因此,通过对安全文化符号学的研究,对创新安全预防管理手段及提升安全管理质量等都具有重要价值。

7.2　安全民俗文化学

本节内容主要选自本书作者发表的题为《安全民俗文化学的创立研究》[3] 的研究论文,具体参考文献不再具体列出,有需要的读者请参见文献 [3] 的相关参考文献。

民俗文化被认为是人类文化的源泉,在人类漫长的安全实践中诞生并积累了丰富的安全民俗文化,如最为典型的采矿业、狩猎、渔业安全习俗,安全民俗神话传说(如"普罗米修斯之火"与"大禹治水"等),以及重大事故灾难纪念等。它既是某一族群自己的安全文化,又是自己的安全生产、生活方式有别于其他区域或民族的标志性安全文化形态，可视为是人类安全文化的源泉。

据考证，在民俗文化研究方面，诸多学者已对民俗文化开展大量研究，并建立民俗文化学这门独立学科。在安全民俗文化研究方面，仅有本书第 3 章 3.5 节部分内容对一些零散的安全民俗进行分类搜集与整理，但其学理性明显不足，且尚未正式提出安全民俗文化这一概念。此外，本书第 5 章 5.4 节已从安全文化学方法论层面，提出创建安全民俗文化学这门主要的安全文化学学科分支的构想，并指出开展安全民俗文化学研究有利于提高安全文化的"品味性"及完善安全文化学学科体系。但令人遗憾的是，目前尚未有学者从学科建设高度对安全民俗文化开展专门研究，严重阻碍安全文化学研究与发展，因此，亟需对安全民俗文化学的建构开展深入研究。

这里从民俗学和安全文化学角度，提出安全民俗文化学，并深入探讨和分析安全民俗文化学的学科基本问题和应用前景。安全民俗文化学在安全文化学研究领域尚未曾见，研究具有一定的创新性和价值，以期为完善安全学科体系、开拓安全文化学研究新领域起到积极的推动作用。

7.2.1　安全民俗文化学的内涵

7.2.1.1　民俗及民俗学的内涵

著名英国人类学家威廉·汤姆斯（William Thoms）认为，民俗是民间的知识、学问和智慧。民俗就是民间的风俗习惯，是一个国家或民族在长期的历史生活过程中形成，并不断重复传承下来的生活文化。换言之，民俗是一种在历史过程中创造，在现实生产、生活中不断重复，并得到民众认同的、成为群体文化标志的独特的生产、生活方式。

目前学界尚无关于民俗学的权威定义，比较有代表性的是陈华文给民俗学下的定义：民俗学是一门基于民俗生产、生活研究，探讨其发生、发展和演变规律，从而获得一地区、一民族，乃至一国地方文化及其特点、特色的科学。纵观诸多学者关于民俗学概念的界定，它们在本质指向上是一致的，即民俗学是研究民俗事象和理论的科学。

7.2.1.2　安全民俗文化的定义与涵义

民俗文化的本质是一种独特的生活方式。基于此，并结合民俗和安全文化的定义，可将安全民俗文化定义为：安全民俗文化是民众群体在长期的安全生产、生活实践过程中形成的，并被民众群体自觉或不自觉遵循和认同的、重复进行的与安全相关的精神寄托、习惯、制度和行为规范等，其本质是民众的一种独特的安全生产、生活方式。就其内涵具体解释如下。

（1）安全民俗文化是民俗文化的重要组成部分。①安全是与人类共生的，安全文化是一种元文化，即人类最初脱离动物状态时首批创造的文化，由此可知，人类为维护自身安全需要所创造的安全民俗文化在民俗文化中也占有重要地位；②其他民俗文化也渗透于安全民俗文化之中，具体表现如在中国黑龙江的一些矿中，他们认为"井"字不吉利，习惯将其称为"坑"，有一坑、二坑……但大多没有"十坑"，因为"十坑"与"死"谐音，正如欧洲人避开"十三"一样，矿工都躲开"十"，以求吉利。

（2）安全民俗文化是民众群体在长期的安全生产、生活实践过程中积淀形成的。换言之，安全民俗文化是基于民众群体的生产、生活安全需要产生并累积而成的，如从原始社会传承至今的一些狩猎民俗（东北人的猎熊常常都是在冬季黑熊进入冬眠之后进行，而南方捕猎各种动物大都用猎狗先行，然后或个人或集体捕杀），大大降低了狩猎的危险性。

（3）安全民俗文化是民众群体约定俗成的、共有的安全信仰、习惯与规范等，为群体所认同，并支配群体成员的意识和行为，即安全民俗文化是以群体对其认同和执行为基础来发挥作用的。正是基于民众群体对安全民俗文化的这份认同和执行，使得安全民俗文化在任何时候都可表现出它对民众群体的安全规约作用。安全民俗文化在不断的循环重复中得到群体的认同而被保存下来，并成为代表群体安全文化的一种重要标志。

（4）安全民俗文化是一种侧重于人们生产、生活安全需要的安全行为模式和规范，具有制度化的倾向，但更多地是存在于人们的日常生产、生活之中，即安全民俗文化的本质是民众群体的一种独特的安全生产、生活方式。其具体表现是：①安全民俗文化的产生是为了人们安全地生产和生活，这一点毋庸置疑；②安全民俗文化在重复进行（传承）时是以安全生产、生活方式进行的，如矿工摸索出井下老鼠搬家与冒顶等事故发生有密切联系时，代代相传，就形成了矿中关于老鼠搬家的忌讳；③安全民俗文化即使在传承中失去了原初的含义，但仍能保持独有的安全生产、生活方式，如给孩子佩戴长命锁是旧时流行于汉族地区的一种民俗，原主要目的是为孩子祈福祛灾，而今则为讨个吉祥如意或称为审美装饰了。

7.2.1.3 安全民俗文化学的定义与涵义

从学科体系结构上看，安全民俗文化学既是安全文化学与民俗文化学的学科分支，又是民俗学的应用分支。民俗是研究文化的重要中介之一，安全民俗文化学的基本研究思路是从安全文化这一视角去审视民俗，它不仅仅是民俗与安全文化的结合，而且是一种对人们安全生产、生活方式和理念等的解读。鉴于此，研究安全民俗文化学应该摆脱传统的民俗文化学研究的束缚，而是要从它的本源出发来理解和研究安全民俗文化。为此，笔者给安全民俗文化学下这样一个定义：安全民俗文化学是以研究某一民众群体中存在的与安全相关的各种民俗习惯等为内容，具体包括安全民俗文化现象的特征、功能、发生、发展、传承、利用等，以客观评价安全民俗文化、挖掘并发扬符合社会安全发展要求且积极的安全民俗文化内容、鉴别并改造或剔除不符合社会安全发展要求且消极腐朽的安全民俗文化内容为目的，以民俗学与安全文化学交叉与结合的一门综合性、基础性的边缘应用性学科。对于安全民俗文化学的涵义，具体解释如下。

（1）从安全文化角度出发审视民俗是安全民俗文化学的最基本研究思路，并可拓展至研究民俗在安全文化传承和教育等方面的价值等。

（2）基于上述研究思路，实现了安全文化学与民俗学的紧密、有效融合。因此，安全民俗文化学的理论基础主要包括安全文化学和民俗学。另外，鉴别安全民俗文化的积极、消极成分需要以安全科学原理等为依据，因而，安全科学也是其重要的理论基础。

（3）在客观认识、评价安全民俗文化的基础上，根据安全科学原理等正确鉴别安全民俗文化的积极、消极成分，并保持或弘扬安全民俗文化的积极成分，以及改造或剔除安全民俗文化的消极成分的思路和具体方法是安全民俗文化学的主要研究内容。

（4）安全民俗文化学研究的目标是挖掘并发扬符合社会安全发展要求且积极的安全民俗文化内容、鉴别并改造或剔除不符合社会安全发展要求且消极腐朽的安全民俗文化内容，使安全民俗文化对民众群体的意识和行为等产生积极的影响作用。换言之，就是要尽可能减弱直至消除消极安全民俗文化成分对民众群体意识、行为等的负面影响作用，不断促进积极安全民俗文化成分对民众群体意识、行为等的正面影响作用。总而言之，就是促进安全民俗文化的积极效用的最大化发挥。

（5）安全民俗文化学研究的深层次意义在于促进全社会民众安全文化素质的提升和安全文化的发展，其具体表现是：①宣传教育功能是安全文化的最基本、最重要功能，同样，它也是安全民俗文化的最基本、最重要功能，改造或剔除了消极成分的安全民俗文化对提升民众安全文化素质具有积极的正面效应；②安全民俗文化形成并贯穿于普通民众的生产、生活之中，安全民俗文化学研究有助于提升民众对安全民俗文化的认识和鉴别能力，进而做到自主正确鉴别并发扬或摒弃安全民俗文化；③安全民俗文化对社会安全文化的发展具有巨大的影响作用，原因就在于，安全民俗文化是民众在长期的生产、生活中所获得的安全经验和所形成的安全信仰等，它不仅是一个民众群体的文化表象，也是一个民众群体的安全生产、生活方式，民众群体将其视为意识和行为的一种重要安全参考基准，换言之，可将安全民俗文化看成是某一民众群体的"集体无意识"。

（6）安全民俗文化学为安全文化学研究提供了一种新方法，它也可以属于方法论的范畴。因为安全民俗文化是民间生产、生活中最具代表性和核心本质的安全文化内容，可以透过安全民俗文化来研究安全文化的起源和发展等，这也是它对于促进安全文化学研究的重要价值所在。

7.2.2 安全民俗文化学的学科基本问题

7.2.2.1 研究对象及其分类

安全民俗文化学以某一民众群体与安全相关的各种民俗，即安全民俗文化现象为研究对象。鉴于世界各国学者对民俗文化的认识和各自学术习惯的不同，他们对民俗文化的分类也持有不同的观点，比较有代表性的有英国学者波尔尼、法国学者狄夫、日本学者柳田国男和钟敬文、张紫晨、陈华文等对民俗文化的分类。在上述关于民俗文化分类的基础上，结合安全文化的层次和安全民俗文化的自身特点等，笔者将安全民俗文化分为物质安全民俗文化、社会安全民俗文化和精神安全民俗文化三大类，每一大类还可划分为若干小类。在此，对其进行具体解释，详见表7-2和表7-3。

表 7-2 安全民俗文化的一级分类及其涵义

类别	具体涵义释义
物质安全民俗文化	人们在创造物质财富和消费物质财富中所创造的安全民俗文化,主要包括生产安全民俗和生活安全民俗,其主要目的是为了人们的生产、生活能够安全、舒适、健康、高效进行
社会安全民俗文化	人的生命周期中的相关安全礼俗,诸如诞生、寿诞、结婚、丧葬等安全礼俗,在此基础上延伸出的对逝者的祭拜以求后代平安健康等民俗。另外,事故灾难祭日习俗也是一种重要的社会安全民俗文化
精神安全民俗文化	以信仰和文艺作品为主要内容的安全民俗文化形式,包括安全图腾、崇拜等信仰,民间安全禁忌或是一些迷信保安方式等,以及一些记录、传递安全经验等的文字或表达人们安全愿景的艺术作品等

表 7-3 安全民俗文化的二级分类及其涵义

一级分类	二级分类	具体涵义释义及举例说明
物质安全民俗文化	生产安全民俗	农、渔、猎、匠、作等安全民俗文化。如东北的"掏仓"捕熊民俗;福建漳州等地渔民出海捕鱼前要占验天气;打石匠工作时不准开口说话,否则可能导致工伤事故;河南等地流行戏业行规"十禁",其中之一就是禁止偷摸拐骗

一级分类	二级分类	具体涵义释义及举例说明
物质安全民俗文化	生活安全民俗	衣、食、住、行、居室等安全民俗文化。如许多司机都以领袖像作为平安守护神或出门看天气、问风寒等以求出行平安；很多地区修房造屋时要看风水等以求居住平安；大多数中国人认为白色等为凶色，白色在服饰颜色方面有所忌讳以求平安吉利；民间还有诸多健康饮食禁忌(如多食韭菜可导致神昏目眩，多食蒜可伤肝，一些动物的内脏和血液是不干净的，应忌食)
社会安全民俗文化	诞生安全礼俗	生命孕育期的安全民俗文化(包括习俗和禁忌)以及诞生后的庆贺习俗。如在民间孕妇有诸多保护性禁忌(禁食某些事物、禁受某些刺激、禁忌钉东西或往高处挂取东西等以防伤胎)；江苏连云港有生了孩子之后挂红布条的习俗，以求孩子平安健康；很多地区均有给孩子举行"满月礼"的习俗，其意一个是庆贺，另一个则是祝福孩子健康长寿
	寿诞安全礼俗	寿诞礼俗是人们重视生命的一种最好的表达，它在世界各国都普遍存在。其安全文化内涵，大致可分为两个方面：①健康增寿，其代表仪式是拜寿、挂寿图和吃长寿面，均含有祈求健康长寿的内涵；②禳灾保安，民间有人在55岁(或36岁)，本命年、逢"9"等年龄关口时需消灾避祸的习俗
	婚姻安全礼俗	民间在男女婚姻方面所表现出的一些安全民俗文化。如民间习惯婚配要看"生辰八字"；迎娶要择定良辰吉日等，要避开女方的"天癸"即生理例假日，人们认为婚事遇到经期是极其不吉利的事情，俗话说："骑马拜堂，家破人亡"；婚礼上的"撒谷"仪式，目的是祛邪避煞
	葬祭安全礼俗	处理逝者或祭奠逝者的安全民俗文化。如民间殡葬要择定日期和葬地等；丧葬完成后有"烧七"、墓祭(清明节时举行)、祠祭(春秋两祭)、春祭(元宵节时举行)、秋祭(中元节时举行)等祭祀民俗。它们表面上是后代对逝者的祭拜，实则是祈求死者保佑后代平安、健康、吉利
	事故祭奠习俗	祭奠事故灾难中的死者(包括消防战士等)以表对逝者的悼念，主要目的是让人们在祭奠默哀中铭刻灾难意识，提高安全意识。这种习俗在世界各地都比较普遍，如中国设定的南京大屠杀公祭日和一些重大事故灾难的"头七"祭日；乌克兰设定的切尔诺贝利核事故祭日；美国设定的9•11事件祭日等
精神安全民俗文化	安全信仰民俗	以安全图腾、崇拜等信仰、民间安全禁忌或是一些迷信保安方式等为主要内容的安全民俗文化，是人们为避免一些事故、伤害等发生的一种防范、祈求和无奈表达，有时也具有积极意义，但更多的是消极作用，它贯穿于各类安全民俗文化之中。如橄榄枝是人类永恒的安全图腾；天地江河、龙蛇、祖灵等崇拜及祭奠火神、行业保护神等中的安全寄托；借用祝福祈祷平安健康；对数字"4"(与"死"谐音)的禁忌；寿衣忌双数，以免灾祸再次降临家门；渔民忌说"翻"；占卜、看风水、巫术保安等
	安全文艺民俗	安全故事、传说、民谣、谜语、谚语、艺术品等。如"普罗米修斯之火"和"司马光砸缸"等安全传说故事；古人留下的"宜疏不宜堵""深掏滩、低作堰"等安全治水方略；"寸火能焚云梦，蚁穴能决大堤""行船防滩，作田防旱"等安全谚语；"寒冬腊月，天气干燥，小心火烛，脚炉弗要放被头里，前门栓栓，后门撑撑，水缸满满，灶膛清清"是无锡童谣中的消防安全文化；"风满楼时补屋漏(打安全成语)"这一谜语的谜底是未雨绸缪等；五毒图、四灵图、双喜临门图、百福图等表达人们美好安全愿景的安全艺术品

7.2.2.2　研究价值及目的

　　安全民俗文化学具有重要的研究价值，其核心表现就是安全民俗文化的强大功能。换言之，安全民俗文化的强大功能是安全民俗文化学研究价值的最主要基础。一般认为，功能是从事物内部提炼出来的有用性或价值体系，它侧重的是该事物对于社会、自然或周围环境等有益的一面。安全民俗文化功能就是从安全民俗文化内容中传达出来的对于社会、族群的特殊功用。鉴于安全民俗文化的功能涉及面相当广泛，对于民众群体所有人都具有巨大的影响力，笔者将它的功能概括为认同、教化、规约、调控和记录五大功能。其中，认同功能是教化、规约、调控功能的基础，教化、规约、调控功能是安全民俗文化效用的直接体现，而记录功能是其延伸功能，因而可将其功能划分为基础层、效用层和外延层三个不同层次。具体解释见表 7-4。

表 7-4　安全民俗文化的功能分类及其涵义

层次	类别	涵义	具体表现
基础层	认同功能	安全民俗文化作为民众族群之内在生产、生活中累积起来的共同的安全信仰、习惯或制度等,其认同功能是一种具有文化归属与依附意义的安全民俗形式和价值认同,是一种心理的皈依,是一种对于共同安全文化的完全归顺	①对自身民众族群安全生产、生活方式的认同,它更注重重复进行的安全价值观念和安全行为模式;②存在一种地域和空间的认同功能,这是因为在同一或相近地域空间生存的族群,在安全民俗文化总是最为相近,形成了一种特殊的地域生存情结
效用层	教化功能	安全民俗文化的教化功能是指个体在社会化过程中所受到的安全民俗文化的安全教育感化功能。因安全民俗文化融入了人们的生存环境,因而安全民俗文化对人的安全教化功能是从人出生开始的,是全过程、全方位的,具有多重价值和意义	①具有塑造族群个体的安全信仰、习惯和行为的作用;②具有建立族群安全行为模式的作用(教化的目的就是使族群成员的安全行为逐渐趋同);③使族群成员适应自己的安全文化背景或环境的作用;④具有建立和保持传承自身独特的安全生产、生活方式和安全价值体系的作用
	规约功能	安全民俗文化的规约功能是指安全民俗文化对族群个体或群体的直接或间接规范和约束,是族群成员必须遵守的传统安全价值理念、伦理道德、行为模式等	①制约族群安全民俗文化场中人的安全思想认识和行为习惯等,并由族群成员共同加以监督;②其规约独立于安全法律法规之外,其内容、效力及执行范围自成体系;③其规约功能是一种带有情感色彩的安全价值体系,主要是为了保障族群个体生产、生活的安全进行和延续
	调控功能	安全民俗文化的调控功能主要指安全民俗文化维持族群生产、生活保持和谐稳定和正常有序的状态,它既是安全文化发展的需要,也是一种人类生存的内在机制的需要	①调控族群内个体与个体之间的关系,以及个体与族群的关系,因为安全民俗文化有助于族群内聚力和共同安全价值观等的形成;②调控人与自然的关系,人们通过一些与自然有关的民俗方式来祈祷免受自然惩罚或灾害、伤害,是人们面对未知伤害的一种主动的精神胜法;③基于族群成员对族群安全民俗文化的心理认同,它有助于使族群成员保持平衡且张弛有度的生产、生活状态,即是一种心理安全感
外延层	记录功能	安全民俗文化是对人类安全文化的一种记录方式,它可凭借一定的记录手段来记录人类安全文化发展的部分痕迹,这也是安全文化传承和传播的基础之一	①非文字的记录方式,通过人的口头语言和行为语言再现的方式记录并传承安全民俗文化;②文字记录方式,有些安全民俗文化被人们用文字形式记载下来;③艺术品记录方式,有些安全民俗文化被融入了艺术品,使安全民俗文化得以记录和传承

　　需要指出的是，由于安全民俗文化本身有积极和消极元素之分，因而其影响作用也有正面和负面之分。由此可知，安全民俗文化的最为主要的研究目的就是在客观认识、评价安全民俗文化的基础上，通过某种方法来尽可能减弱直至消除安全民俗文化的负面影响，并使其正面影响作用实现最大化发挥。

7.2.2.3　研究内容

　　（1）安全民俗文化的本质。正确认识和理解安全民俗文化的本质是进行安全民俗文化学研究的基本前提，为了避免对安全民俗文化的本质产生片面或错误认识，必须要从共性（如在精神安全文化层次，安全民俗文化具有一些精神共性）与个性（如安全民俗文化具有民族性、区域性等个性）或地方性相结合的视角出发来认识安全民俗文化的本质。另外，还应充分挖掘蕴含于民俗深层的安全文化涵义。

（2）安全民俗文化的特征与功能。安全民俗文化作为一种存在于人们生产、生活中的完整的文化结构，其表现出了一些明显的特征（如复杂性、群体性、区域性、实用性、优劣性等）和内部本质意义上的不同功能，这些功能对于社会安全发展等具有重要意义和价值。把握其主要特征和功能有助于我们在认识安全民俗文化时更为深刻，也更为全面和更具有整体性。

（3）安全民俗文化的产生和演变。安全民俗文化的发生是关于其在什么样的状态和人类的某种安全需要下生成的问题，每一时代发生的安全民俗文化内容总是能直接再现那一时代的人类在生产、生活中的安全需要，并在长期的实践过程中使它们成为了约定俗成的安全习惯。随着时代变迁，人们的安全认识和需要等也在不断发生变化，安全民俗文化也会随之发生演变。总之，安全民俗文化的产生和演变就是人类安全认识和需要不断变化的真实写照。

（4）安全民俗文化解释。这是对某一区域的安全民俗文化的产生、意义、内容等的说明，这种说明的主要目的就是给出当地人认为合理的解释，旨在阐明某种安全民俗文化并不是没有来由的编造或没有道理的强制安全规定，而是具有历史渊源的延续、具有安全文化价值的存在、具有合乎安全信仰的认同、具有民众共同认知的安全文化。

（5）安全民俗文化的传播和传承。传播和传承是安全民俗文化赖以广泛存在和发展的根本原因，二者研究的区别是传播应侧重于研究不同安全民俗文化之间的碰撞以及安全民俗文化向周边的扩散，而传承应侧重于研究安全民俗文化在族群内的延续和继承；二者研究的共同点是均可从安全民俗文化传播和传承的范式、载体等方面展开研究。

（6）安全民俗文化的结构。民俗文化的起源是多元的（即具有区域性），但随着民间交流的不断增多，民俗文化又越来越体现出了它的一体化趋势和内涵，同样，安全民俗文化也是如此。因此，研究安全民俗文化的多元一体结构及区域型结构就显得极为必要。

（7）对某类安全民俗文化的专门研究及其相互之间关系的研究。因物质安全民俗文化、社会安全民俗文化和精神安全民俗文化在内涵、内容、特征和功能等方面存在诸多差异，因此，有必要对它们进行分类具体研究。各类安全民俗文化之间并不是完全相互独立的，它们之间有着复杂且紧密的关系，共同构成了安全民俗文化整体，因而，研究它们之间的关系也就显得尤为重要。

（8）安全民俗文化的评价基准、方法，以及保持和发扬积极安全民俗文化成分（或改造和剔除消极安全民俗文化成分）的思路和具体方法。辩证、客观地认识安全民俗文化在当时人们现实生产、生活的作用，如有些今天看似荒谬的安全民俗文化，但由于受当时安全科学技术水平等的限制，那也是人们强烈的安全意愿和意识的真实体现，因此，对安全民俗文化的价值判断和评价应站在安全民俗文化历史发展的角度，动态综合考量其功能与作用，而不能截取其发展的历史片段，以安全民俗文化的截面做出所谓"精华"与"糟粕"的判断。对安全民俗文化优劣成分的判断和评价应以安全科学理论等为依据。在正确认识、评价和判断安全民俗文化优劣成分的基础上，研究和探索"扬弃"（弘扬其精华，摒弃其糟粕）安全民俗文化的思路和具体方法是保证安全民俗文化正效应最大化发挥的关键。

7.2.2.4 研究方法

安全民俗文化存在于人们的生产、生活之中，存在于人们的安全信仰和习惯之中，基于安全民俗文化的这种独特的存在方式，再加之其具有复杂性、群体性、区域性、实用性、优劣性等一系列明显特征，因此，安全民俗文化学的研究方法应有别于其他一些社会科学的研究方法，笔者提炼出安全民俗文化学的五种主要研究方法，即实地调查法、文献法、历史地理研究法、比较研究法、动态基准考量法。就各种方法的扼要解释，见表 7-5。

表 7-5　安全民俗文化学的主要研究方法

名　称	主要特点	主要适用范围
实地调查法	到研究对象所在地实地考察、询问获取资料	从整体性视角，观察、了解当地的安全民俗文化
文献法	基于各种现存的有关文献资料和材料进行研究	考察安全民俗文化的变迁、发展过程，了解其来龙去脉
历史地理研究法	采取历史的发展线索与地理分布相结合方式研究	寻找安全民俗文化的原型、发生缘由和历史演变规律
比较研究法	对比研究两个或两个以上有联系的事物	发现不同安全民俗文化之间的异同、优劣及互相影响痕迹
动态基准考量法	从发展的视角，基于科学的基准评价和考察事物	认识、判断、评价安全民俗文化的积极或消极成分

7.2.3　安全民俗文化学的应用前景

安全民俗文化学理论和成果将在以下几个方面得到很好的应用，分别解释如下。

（1）安全文化研究方面。通过对安全民俗文化的研究，使人类安全文化的溯源和发展演变脉络更清晰，使安全文化研究更具有历史的深度感和层次感，即安全民俗文化学为安全文化研究提供了一种新方法，且它也可以属于方法论的范畴，对促进安全文化研究具有积极的推动作用，对于建立安全文化史学这一独立的学科分支、开拓安全文化研究新领域等均具有显著的促进作用。

（2）安全宣教方面。①一些积极的安全民俗文化素材可以极大地丰富安全宣教内容，并可增加安全宣教内容的文化底蕴，进而增强安全宣教内容的可读性和可品性；②安全民俗文化源于人们的生产、生活的安全需要，又服务于人们的生产、生活，体现安全民俗文化的安全宣教内容更加贴近民众的生产、生活的安全需要，也更容易使民众认同和接受；③安全民俗文化的教化功能是从人出生开始的，即是一种终身教化，因此，通过安全民俗文化学研究减弱直至消除消极的安全民俗文化成分对人的负面影响，扩大积极的安全民俗文化成分对人的正面影响就显得极为重要；④优化或净化安全宣教内容，即将含有迷信类等不符合科学的安全宣教内容予以改造或清除。

（3）事故预防管理方面。①安全民俗文化是国家相关安全管理部门进行社会安全管理工作的第一手材料，对社会安全管理效果会产生直接影响；②从安全民俗文化中汲取有用的安全预防管理经验，如安全禁忌具有危险和惩罚两个明显特征，以及自我保护、心理自信（人们相信安全禁忌可以保障人们生产、生活免受伤害）和社会整合（人们通过安全禁忌的互相沟通和共同遵守，达到社会安全行为的规范和统一）三项主要功能，有鉴于此，可以挖掘或创造一些保障人们生产、生活安全的安全禁忌，或还可从一些安全谚语中领悟事故预防管理智慧。

7.3　比较安全文化学

本节内容主要选自本书作者发表的题为《比较安全文化学的创建研究》[4] 的研究论文，具体参考文献不再具体列出，有需要的读者请参见文献 [4] 的相关参考文献。

各国（或企业、地区等）的文化之间经常发生互相交流或学习借鉴的现象。因此，学习、交流、吸收并借鉴不同时空的文化早就引起学界重视，并已开展大量比较文化学相关研究。此外，吴超等指出，比较法是安全科学的主要研究方法之一，由此创建并研究比较安全学（Comparative Safety Science），同时开展比较安全法学、比较安全管理学、比较安全教育学与比较安全伦理学等的建构研究。

而安全文化学（Safety Culturology）同时隶属于文化学与安全科学，其诸多研究实例（如中外国家、企业、学校在安全文化史等层面的安全文化比较研究）均已佐证比较法在安全文化学研究与实践中具有重要地位，即安全文化比较研究亦是一种重要的安全文化学研究途径，但目前尚未有学者从学科科学层面对其开展相关研究。因此，有必要对比较安全文化学（Comparative Safety Culturology）的建构进行深入研究。

鉴于此，本节提出比较安全文化学的定义，并分析其内涵、学科基础、研究方法与研究内容。在此基础上，分析比较安全文化学的比较维度、层次与基准，并构建比较安全文化学的研究方法论体系与研究程序，以期指导并促进安全文化学与比较安全学的研究与发展。

7.3.1 比较安全文化学的定义及学科基础

7.3.1.1 定义与内涵

比较安全文化学的定义是：比较安全文化学是以塑造人的理性安全认识，引导完善人的安全人性，提高人的安全素质，增强人的安全意识与安全意愿等为目标，以达到保护人的安全和身心健康为目的，以比较学、安全文化学、文化学、安全科学与其他社会科学的原理与方法为基础，基于全球化的视角，运用比较意识、比较思维方式和比较方法探讨和研究不同时空的安全文化之异同，以及它们相互比较借鉴的一门交叉应用型学科。

作为一门学科，其定义中所有的概念都应具有一定的科学性与实际意义。因此，有必要对比较安全文化学的定义中的有关概念进行一定解释，具体解释如下。

（1）比较安全文化学以辩证唯物主义哲学为指导思想；比较安全文化学研究与实践的基础是安全科学、文化学、比较学、社会学与方法学等的理论与研究方法；比较安全文化学是以比较意识、比较思维方式和比较方法为特征的研究学科，而不是简单的形式比较或比附，这是比较安全文化学的本体论、方法论和实践论的统一。

（2）比较安全文化学主要研究安全文化理论与实践，研究对象是不同时期的某一群体的安全文化现象或不同民族、不同地域、不同国家、不同行业与不同企业等所具有的不同安全文化现象（包括安全文化传统、安全文化特性、安全文化发展史与安全文化形态等），其具有巨大的时空跨度与维度。前者的主要目的是研究某一群体的安全文化的特质分布及其演进与重建，而后者的主要目的是通过对不同群体的安全文化的同一性和各自的差异性的辩证认识，达到发现和掌握安全文化发展规律以及互为借鉴利用的目的。此外，基于安全科学角度，依据安全文化的"五分法"，将安全文化现象分为物质安全文化现象、行为安全文化现象、制度安全文化现象、精神安全文化现象与情感安全文化现象，具体如图7-4所示。

（3）比较安全文化学的研究视角是全球化视角，原因主要包括以下两点：①就比较安全文化学的现实意义而言，比较安全文化学与全球化发展的关系极为密切，换言之，基于全球

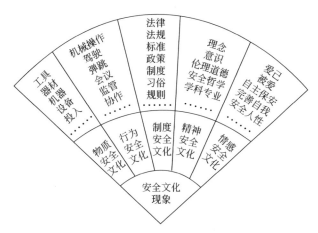

图 7-4 比较安全文化学研究对象的扇形结构

化发展这一重要的社会现实，必会促进安全文化的差异性与同一性的进一步交流；②就全球化的特性而言，比较安全文化学可使安全文化实现相互借鉴、交流与传播，从安全文化的总体性来研究安全文化，为比较安全文化学发展创造了有利时机，这是全球化与比较安全文化学的本质关联。

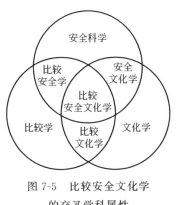

图 7-5 比较安全文化学
的交叉学科属性

（4）比较安全文化学的研究目的是探索最佳的适合本国、本地区或本企业等的安全文化体系，并用于借鉴，以达到改良和建设自身安全文化的目的；其任务是通过对不同民族、不同地域、不同国家、不同行业与不同企业等的安全文化的形成与实践进行比较分析，互为取长补短并进行借鉴移植与互相融合，借以改良、发展和完善自身安全文化体系，同时促进安全文化学研究与发展。

（5）比较安全文化学是安全科学、文化学与比较学等学科相互融合交叉而产生的一门新兴学科，是安全文化学与比较文化学直接相互渗透、有机结合的学科产物，其学科交叉性如图 7-5 所示，其具有整体性、可比性、社会性、跨界性、综合性和借鉴性等特征。

7.3.1.2 理论基础

就学理而言，比较安全文化学隶属于安全文化学，其理论基础是辩证唯物主义方法。比较安全文化学是比较安全学与安全文化学的交叉学科，比较安全学基于比较角度研究安全现象，含有诸多学科分支。此外，安全文化的形成与发展受当时社会类型、环境特点、重要安全问题、历史发展、经济状况与宗教背景等的制约。为明晰其他外界因素对安全文化的作用与影响，因此，比较安全文化学研究需以哲学、人类学、历史学、语言学、行为学、教育学、社会学、心理学、经济学、数理学与系统科学等学科为理论与方法支撑。换言之，比较安全文化学的理论基础应是以上各学科理论的交叉、渗透与互融，如图 7-6 所示。

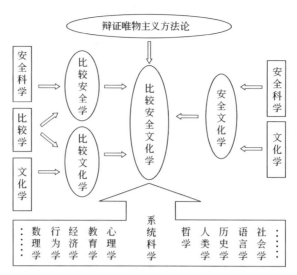

图 7-6 比较安全文化学的理论基础

7.3.2 比较安全文化学的比较维度、基准与层次

7.3.2.1 比较维度

从安全科学角度，基于逻辑维，结合比较安全文化学的定义及诸多安全文化比较研究的实例，可将比较安全文化学的比较维度分为时间维、空间维与内容维三个维度，它们共同构成比较安全文化学的三维比较维度体系结构，如图 7-7 所示。

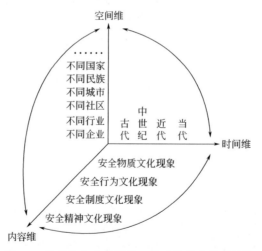

图 7-7 比较安全文化学的三维比较维度体系结构

将图 7-7 的具体内涵解析如下。

（1）基于时间维度的比较。指从时间，即历史（主要包括古代、中世纪、近代与现代）维度出发，对同一群体（如国家与民族等）不同时期的安全文化现象开展比较研究。就理论层面而言，基于时间维度的比较主要是从发展的动态对安全文化进行历时性比较研究，分析某一群体的安全文化在整个人类安全文化历史阶段的类型、特征及其变迁规律，简言之，其

主要是探究安全文化的演化脉络。就实践应用层面而言，基于时间维度的比较注重某一群体内部的历史安全文化与现实安全文化的比较研究，从而发现和把握该群体安全文化的演变、走向与特质等，进而指导改良或有效建设该群体安全文化。

（2）基于空间维度的比较。指从空间，即安全文化类型维度出发，对同一时期不同群体的安全文化进行比较研究。就理论层面而言，基于空间维度的比较旨在区别不同安全文化的特点与类型，以了解异同并分析原因，进而研究不同安全文化发展的普适性或特殊规律的方法。就实践应用层面而言，通过基于空间维度的安全文化比较，既可借鉴他人之长，为我所用，又能从基于空间维度的比较研究中明确自身安全文化的特色并建设或完善具有自身特色的安全文化体系。需要指出的是，安全文化类型比较法所选取的比较范围或层次可根据实际研究需要自由确定，如不同国家、民族、城市、社区、行业或企业的安全文化等。

（3）基于内容维度的比较。指从内容，即安全文化现象类型（包括物质安全文化现象、行为安全文化现象、制度安全文化现象与精神安全文化现象）维度出发，对同一群体不同时期或同一时期不同群体的安全文化内容进行比较研究。就理论层面而言，首先，基于内容维度的比较旨在对安全文化的不同层面或要素之间的区别与联系进行研究，探讨各层面安全文化之间的关系以及各层面安全文化对安全文化整体的影响。其次，也为基于时间与空间维度比较研究安全文化提供了一种比较思路，即可对不同时空的安全文化现象分四种类型依次进行比较研究。就实践应用层面而言，通过基于内容维度的安全文化比较，既可有针对性地提出安全文化要素（如物质安全文化与制度安全文化等）建设的具体思路，又可把握如何分别从安全文化的各层面着手有效提升安全文化整体建设水平的方法。

（4）由安全文化的特征可知，整体性是安全文化的重要属性之一，即安全文化是一个不可分割且具有内外联系的有机整体，因此，应基于整体性视角开展安全文化学研究。就比较安全文化学研究而言，单从某一维度进行安全文化比较研究得出的结论是不全面且缺乏科学性的，应交叉运用上述三个比较维度来做辅助综合比较研究，才可得出令人信服且准确性与实用性较强的结论。

7.3.2.2 比较基准

由于比较安全文化学研究一般需涉及两个或两个以上的安全文化主体、内容、形态或类型等，因此，建立具有普适性、系统性且实用性的比较基准（即建立统一的比较逻辑标准）就显得尤为重要。从安全科学角度，根据群体应对事故的事前、事中与事后的安全文化表现（如持有态度、行为准则、制度设计与器物设置等），建立比较安全文化学的三维比较基准，如图7-8所示。

由图7-8可知，群体应对事故的事前、事中与事后的安全文化表现分别构成比较安全文化学的三维比较基准的 Z 轴、X 轴与 Y 轴三个坐标轴，即三个维度。此外，各坐标轴的正负轴分别表示群体应对事故的事前、事中与事后的安全文化表现的两种情况，依次为：Z 轴正负轴分别表示事故发生前群体的积极预防与消极预防两种安全文化表现；X 轴正负轴分别表示事故发生时群体的有效应对与无效应对两种安全文化表现；Y 轴正负轴分别表示事故发生后群体的主动面对与被动面对两种安全文化表现。据此，可将三维坐标图划分为八个蕴含不同安全文化表现含义的卦限，分别是："积极预防—有效应对—主动面对""积极预防—有效应对—被动面对""积极预防—无效应对—被动面对""积极预防—无效应对—主动面对""消极预防—有效应对—主动面对""消极预防—有效应对—被动面对""消极预防—无效应对—被动面对""消极预防—无效应对—主动面对"。

显而易见，比较安全文化学的三维比较基准可同时涵盖比较安全文化学的三个比较维度，且符合比较基准的选择与设计要求。因此，基于比较安全文化学的时间、空间与内容三个维度，根据比较安全文化学的三维比较基准，可使安全文化比较研究实现比较逻辑标准统一、比较涉及面全面且研究结论科学准确。

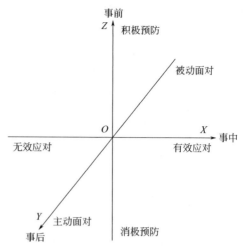

图 7-8　比较安全文化学的三维比较基准

7.3.2.3　比较层次

基于比较安全文化学的定义、比较维度与比较基准，从安全文化学角度，分析比较安全文化学的已有研究成果，概括并提出如下比较安全文化学的三个比较层次。

（1）Ⅰ层次：民族安全文化与国家安全文化层次。民族安全文化与国家安全文化研究是比较安全文化学的基础，民族安全文化与国家安全文化层次的比较研究是一种整体性（即世界安全文化）的研究视阈，比较安全文化学就是这种整体性视阈的实践应用型学科。此外，该层次的比较研究还可把已有的安全文化研究中关于比较研究的内容与其他内容区分开来。

（2）Ⅱ层次：安全文化史层次。就性质而言，此层次可视为是历史现象学的进化。安全文化研究中，安全文化史是一个重要研究内容。基于比较安全文化史的视阈，通过分析安全文化现象的差异性与同一性，发现安全文化的历史发展规律，这是比较安全文化学较高层次的比较层次。

（3）Ⅲ层次：不同安全文化类型或形态层次。就理论而言，因不同类型或形态的安全文化之间存在一些差异性，甚至差异巨大，因此，不同安全文化类型或形态层次的比较研究应引起学界注意。此外，此类研究必须涉及对安全文化类型或形态的划分，因此，需在已有的安全文化类型或形态分类基础上，提出更有利于比较安全文化学研究的安全文化类型或形态划分方式。

7.3.3　比较安全文化学的研究内容、方法论体系与程序

7.3.3.1　研究内容

比较安全文化学不是简单的形式比较或比附。根据比较安全文化学的定义及其比较维度、基准与层次，结合安全文化学的学科特色与研究内容，概括（比较安全文化学的研究内容极其广泛，并在不断发展和延伸，无法用描述性的方法叙述穷尽）并提出比较安全文化的三大方面的研究内容：安全文化对比研究、安全文化交流研究与安全文化整体研究，具体解释见表 7-6。

表 7-6 比较安全文化学的研究内容

研究内容	具体研究内容举例
安全文化对比研究	对不同区域(即安全文化圈)的整体安全文化状况和现存的典型的安全文化圈的数量与类别等进行概述
	比较各种安全文化的特点,找出在构成一种安全文化的各种安全文化要素中显示出来的、作为区别于其他安全文化体的唯一且基本的特点
	基于跨文化的立场,对一定的安全文化现象进行比较,探讨各种安全文化之间的相互对应和相互反应
	……
安全文化交流研究	对多种安全文化体之间的相互接触或借鉴原理、方法与原则等作出概述,宏观指导各安全文化体之间的相互交流与借鉴
	分析比较由于相互接触或借鉴而引起的各安全文化体在形态和特征等方面的不同变化,并总结有效的交流与借鉴经验
	探讨某一安全文化体中的某些文化要素和文化事象向其他文化体的传播规律,进而指导各安全文化元素的交流与借鉴
	阐明同一区域内新安全文化对旧安全文化的取代规律,即某一群体的安全文化的演化与发展脉络
	……
安全文化整体研究	对包含着诸多安全文化体的安全文化总体的现状和本质作出实证性和思辨性的解释,为安全文化比较研究奠定基础
	分别对各安全文化体的存在意义作出实证性和思辨性的解释,为各安全文化体之间的安全文化相互比较研究奠定基础
	……

7.3.3.2 研究方法论体系

学科研究首先需要方法论的指导,方法论不是具体的方法,是众多方法的抽象和提升,对方法的研究具有理论性的指导作用。基于方法论的定义以及比较安全文化学的定义与内涵,给出比较安全文化学方法论的定义:比较安全文化学方法论是指从哲学高度总结并提炼比较安全文化学研究的方法,是基于哲学、文化学方法论、比较文化学方法论、比较安全学方法论与安全科学方法论等理论,以比较安全文化学研究为主体,对比较安全文化学的研究方法与范式体系等内容起宏观指导作用的方法论。由比较安全文化学方法论的定义可知,比较安全文化学方法论旨在阐明比较安全文化学的研究方向与途径等,其既有利于形成多层次、多维度、多视角且有独特学科内涵与外延的比较安全文化学学科框架体系,又有利于指导比较安全文化学实践。

基于上述理论基础,提出比较安全学研究的知识维、技术维、逻辑维与理论维,并构建比较安全文化学研究方法论体系,如图 7-9 所示。其中,知识维是比较安全文化学的研究对象类型及其范围;技术维是比较安全文化学的研究步骤(即过程);逻辑维是比较安全文化学的研究路径(即纵向比较与横向比较);理论维是比较安全文化学的学科理论基础。

7.3.3.3 研究程序

综合安全文化的特点,并基于比较安全文化学的研究方法论体系的技术维,提出并论述比较安全文化学研究的步骤,包括问题提出阶段、资料收集阶段、安全文化现象描述阶段、安全文化现象解释阶段、比较元素或层面确定阶段、安全文化现象比较分析阶段与结论导出阶段 7 个具有先后次序的阶段,具体解释见表 7-7。

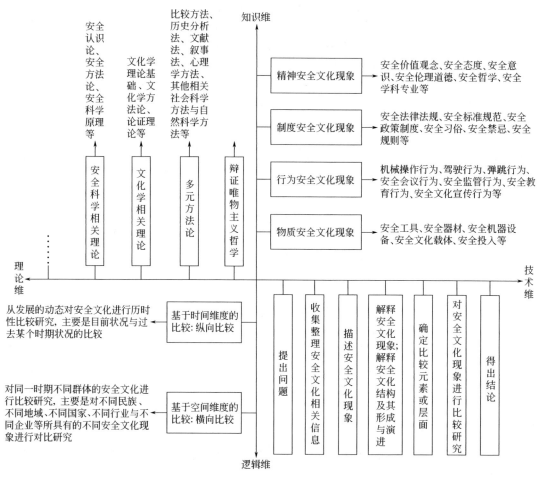

图 7-9 比较安全文化学的研究方法论体系

表 7-7 比较安全文化的研究步骤及其所用研究方法

次序	步骤名称	具体内涵
1	问题提出阶段	如提出"中外企业(或家庭、社区等)安全文化比较研究""中外公共安全文化比较研究""中外应急安全文化比较研究""其他国家(或行业、企业、城市、学校等)如何建设安全文化""安全文化历时性比较研究""各层次的安全文化之间的关系"等问题,需要运用的方法有社会调查访问法、历史分析法与文献法等
2	资料收集阶段	①确定比较单元及待比较区域,主要包括自身与其他安全文化主体两个方面,一般应选择优秀安全文化等与自身的安全文化进行比较研究,如中国与日本、美国、俄罗斯、德国之间的比较或某些企业与美国杜邦公司、中国金川集团公司、中石化集团公司之间的比较等;②确定安全文化体系,即自身与其他安全文化主体的安全文化体系;③收集考察比较对象的安全文化相关资料,主要包括安全物质、行为、制度与精神文化资料。需运用的方法有观察法、访谈法、调研法、统计法与文献法等。此外,对某一群体安全文化历时性的比较研究在资料收集阶段的研究步骤与上述三个步骤类似,限于篇幅,此处不再赘述
3	安全文化现象描述阶段	①对收集的安全文化相关资料进行分析、整理和研究,并用特定的安全文化符号或其他符号记录下来;②对所收集的安全文化相关资料进行描述、概述与辨伪,筛选出符合安全文化比较研究目的的安全文化相关资料,并尽可能进行归类,以便于后期开展安全文化比较研究

次序	步骤名称	具体内涵
4	安全文化现象解释阶段	对安全文化现象进行解释,主要包括两个方面:①安全文化现象解释应立足于比较单元所在区域(民族、国家、城市、行业或企业等),研究者应保持客观、中立和系统的态度开展安全文化现象解释活动;②对特定的社会类型、环境特点、重要安全问题、历史、经济状况与宗教背景等影响下的比较区域内的安全文化的源头、本质、演进、特点与功能等内在机制进行解释。需运用的方法有历史分析法、逻辑推演方法、解释方法及其他具体社会科学方法与自然科学方法等
5	比较元素或层面确定阶段	确定比较参照与比较内容。一般而言,比较参照与比较内容可确定为物质安全文化现象、行为安全文化现象、制度安全文化现象与精神安全文化现象四方面或安全文化史、特征与功能等。但是,单从这四方面着手进行比较研究是缺乏统一的逻辑标准的,必须要以比较安全文化学的三维比较基准为核心准则,两者结合才可保证确定的比较参照与比较内容科学且全面
6	安全文化现象比较分析阶段	对比较安全文化学的比较单元的相关维度与属性进行比较分析。具体而言,就是在比较元素或层面确定阶段提出的比较项目的基础上,分别进行安全文化现象各要素或层面的比较研究。需运用的方法有辩证法、比较法、类比法、实验法、模拟法及其他具体社会科学方法与自然科学方法等
7	结论导出阶段	对比较过程进行分析,并总结归纳得出安全文化比较之异同的结果,深入探究相同或相似之处的背后的规律,并融合发展;深入剖析不同之处的原因,并借鉴移植。需运用的方法有总结归纳法、类比法与逻辑推演法等

7.4 安全文化心理学

文化与心理联系密切,二者相互依存、相互建构。基于此,文化学和心理学学者很早就开始从文化学与心理学相结合的角度研究文化和心理(包括行为)的相互影响关系,并由此形成文化心理学这门重要的文化学与心理学学科分支。有鉴于此,安全文化心理学(Safety Culture Psychology)理应也是安全文化学(Safety Culturology)与安全心理学(Safety Psychology)交叉领域的一个有价值的研究分支。

在文化心理学研究方面,从 20 世纪 60 年代开始,文化心理学得到了快速发展,并成为文化学与心理学的最新研究领域之一,现已取得大量研究成果。据考证,文化心理学的诞生和发展是文化学和心理学学者的共同努力,具体表现为:①文化学领域认为,文化心理学(早期称之为心理文化学)按"文化人类学→心理学派(文化与人格)→心理人类学→心理文化学"的脉络演化而来,其中,心理人类学家许烺光与文化人类学家米德和本尼狄克等对早期文化心理学的发展贡献尤为突出[5];②心理学领域认为,文化心理学的早期雏形是民族心理学(冯特把心理学分为个体心理学和民族心理学),心理学家鲁温、科尔与赫尔夫塔德等对文化心理学的产生与发展贡献颇多[6]。

在安全文化心理学研究方面,近年来也已取得一些较具代表性的研究成果,例如:①吴超等[7] 从安全文化学方法论高度指出安全文化心理学是安全文化学的重要学科分支;②王秉等[8~10] 开展情感性安全文化、安全文化建设的安全人性学依据、安全文化宣教的心理学方法,以及心理学视阈下的安全标语研究;③施波等[11] 研究安全文化认同;④孟娜等[12] 研究安全文化场对人的行为的影响;⑤汪云等[13] 研究中外不同安全文化背景下的人的安全心理差异等。但目前尚未有学者从学科建设高度对其开展专门研究,导致安全文化心理学研究缺乏宏观层面的依据和指导,严重阻碍其研究发展。

鉴于此，笔者基于学科建设高度，以安全文化学与安全心理学为基础，对安全文化心理学的建构开展深入研究，以期促进安全文化心理学研究发展，并进一步丰富和完善安全文化学与安全心理学学科体系。

7.4.1 创立安全文化心理学的可能性与必要性论证

7.4.1.1 可能性论证

安全文化与安全心理之间的相互影响、促进和依赖关系决定安全文化学与安全心理学之间也一定存在紧密关联，这可为创立安全文化心理学提供充分的可能性。具体分析如下。

（1）安全文化学的安全心理学基础。人的心理需求之安全需要是安全文化产生的根本内驱力，正是因人类具有本能的安全需求，才促使人类通过创造安全文化来服务和保障人类生产与生活安全。由进化观[14]可知，人类的心理（如信念、愿景和需求等）是文化形成的基础，同样，人类的安全心理（如安全需求、愿景和态度等）也是最终积淀形成安全文化的基础。尽管关于安全文化有诸多定义，但几乎所有安全文化定义均指出安全文化产生于某一可界定的群体之中，它是某一群体的个体所共有的且有别于其他群体的个体所共有的具体安全认知、信念、愿景和行为规范等。而研究表明[14]，群体的个体所共有的具体认知、信念与行为规范等的形成与发展受人的各种心理过程的影响显著，因此，人的各种安全心理过程也必会显著影响安全文化的形成与发展。安全文化的重要功能（如凝聚、刺激、约束与规范等）均需依赖于人的安全心理过程方可发挥其效用。

（2）安全心理学的安全文化学基础。诸多研究表明[6,14]，人的心理或行为是文化和自然环境共同塑造的结果，而大量安全文化研究也指出，安全文化对人的安全心理或行为等具有显著的影响作用。心理学研究表明[6,14]，不同文化背景下的群体的基本心理过程和行为存在显著差异，而事实上，不同类型（或组织）的安全文化情境下的人的安全态度、认知、意愿、意识与行为也存在显著差异。诸多学者认为，心理学固有的人文主义取向决定其研究需以文化学理论为基础，同理，安全心理学理应也需结合相关安全文化学理论来开展研究。

由上所述可知，安全文化与安全心理是相互建构的充要条件，细言之，安全文化是安全心理的外化，而安全心理是安全文化的内化。因此，安全文化学与安全心理学研究应互为基础，即二者不可分割，这表明创立安全文化心理学具有充分的可能性。

7.4.1.2 必要性论证

根据中国现行的学科划分标准，安全文化学与安全心理学分别被划归为二级学科"安全社会科学"与"安全人体学"下的三级学科。但遗憾的是，经查阅文献［15～17］发现，二者的传统研究尚存在诸多不足和局限性，主要表现在以下两个方面：①在应用研究层面，研究成果较多，但实际应用效果并不理想；②在基础理论研究层面，研究相对薄弱，特别是学科层面的研究普遍偏少，导致二者的学科内涵较为空洞，学科体系尚不完善。显而易见，若对二者进行融合交叉研究，即创立安全文化心理学是解决二者传统研究所存在的研究弊病和缺陷的有效途径之一，具体分析如下。

（1）丰富并完善安全文化学与安全心理学学科理论体系。创立安全文化心理学旨在破安全文化学与安全心理学二者相对独立的研究模式，立二者的交叉研究范式。传统的安全心理学研究主要沿用科学心理学理论与方法（即科学主义取向，强调自然科学研究取向和方法），而传统的安全文化学研究主要以人文主义为取向（即运用社会科学研究取向和方法），二者的交叉研究，即安全文化心理学研究无疑对二者的研究对象、研究内容、学科性质、研究方法论和学科理论等具有重要的互为借鉴、吸收和补充作用。

（2）充实并提升安全文化学与安全心理学的实践应用价值。就实践应用而言，创立安全文化心理学可使安全文化学与安全心理学更好地为社会安全发展和人们的安全生产与生活服务。因为二者的传统研究存在与现实生产和生活相脱节的弊病［具体表现为：①传统的安全文化学研究缺乏考虑人的安全心理（包括安全人性）特征，致使安全文化无法有效落地；②传统的安全心理学研究以方法为中心，强调研究的"客观性""可实证性""可观察性""可重复检验性"，而弱化甚至忽视了安全文化对人的安全心理（包括安全人性）与行为的影响，缺乏对人的安全心理的整体性把握，导致其研究成果往往无法符合现实安全文化环境］，导致研究的实际应用效果不明显，而安全文化心理学恰恰强调基于人们的实际安全心理（包括安全人性）特征开展安全文化学研究或在人们生产和生活的实际安全文化情境中开展安全心理学研究，其研究与实际密切相关，有助于人们全面地考察、认识和解决各种安全问题，从而提高安全文化学与安全心理学的实际应用价值和解释力。

（3）建设有中国特色的安全文化学和安全心理学。2016 年 5 月 17 日，国家主席习近平在主持召开国家哲学社会科学工作座谈会时，强调要加快构建中国特色哲学社会科学。同样，对于安全哲学社会科学，特别是安全文化学和安全心理学（因目前中国运用的大多安全文化学和安全心理学理论均是直接从国外相关研究中借鉴移植而来，导致其实际应用的适用性和匹配性偏差），也急需结合中国的实际安全问题、安全形势、安全文化背景和人的安全心理（包括安全人性）特性等开展具有中国特色的本土研究。而若把安全文化心理学具体至中国，就是研究中国安全文化情境中的人的安全心理（包括安全人性）和行为或研究符合中国人安全心理（包括安全人性）特性的安全文化建设和落地理论，这实则是安全文化学和安全心理学的中国化或建设有中国特色的安全文化学和安全心理学问题。

由以上分析可知，目前学科建设高度的安全文化学与安全心理学研究极为迫切，此外，安全文化心理学研究可显著推动安全文化学与安全心理学的研究和发展。总而言之，开展安全文化心理学的创建研究具有重要的学术与实践价值，极有必要对其开展专门研究。

7.4.2　安全文化心理学的定义与内涵

7.4.2.1　安全文化学与安全心理学的定义

因目前学界就文化心理学的定义还尚未达成共识[6,18]，为保证研究的严谨性与科学性，应从安全文化心理学的根基（即安全文化学与安全心理学的定义）着手给安全文化心理学下定义。鉴于此，基于科学高度，笔者首先尝试给出较为具体而科学的安全心理学定义。

（1）安全文化学是以人本价值为取向，以塑造人的理性安全认识及增强人的安全意愿和素质为侧重点，以不断提高人在生产和生活中的安全水平为目的，以安全显现的文化性特征为实践基础，以安全科学和文化学为学科基础，以安全文化为研究对象，通过研究与探讨安全文化的起源、特征、功能、演变、发展、传播与作用等规律，指导安全文化实践的一门融理论性与应用性为一体的新兴交叉学科。

（2）安全心理学是以控制人因事故和减弱外因对人所造成的心理创伤为着眼点，以培养人的安全（包括健康）心理状态及提高人的安全意愿和意识为侧重点，以提高人的行为的安全可靠性和保护人免受外因心理创伤为目的，以描述、解释、预测和影响人的安全心理现象与行为为任务，以安全科学与心理学原理和方法为主要理论基础，以人的安全心理与行为活动为研究对象，通过研究人的安全心理现象和行为过程规律，指导行为安全管理和外因心理创伤安抚的一门兼具理论性与应用性的新兴边缘交叉学科。

7.4.2.2　安全文化心理学的定义

所谓安全文化心理学，简言之，就是研究安全心理（包括行为）和安全文化之间相互影响关系的学科。需特别指出的是，文化心理学强调人性彰显，且安全心理与安全人性的联系极为紧密，因此，安全文化心理学之安全心理还应包括安全人性这层含义（为简单方便起见，下文将不再明确指出）。

由此，基于安全文化学与安全心理学的定义，以及创立安全文化心理学的可能性与必要性论证，笔者给出安全文化心理学的详细定义：安全文化心理学以安全文化学与安全心理学之间存在的必然关联为基点，以对安全文化学与安全心理学开展融合交叉研究为出发点，以揭示安全文化和安全心理之间的相互整合机制为侧重点，以提高安全文化学与安全心理学研究的科学性、本土性、匹配性和适用性为目的，以安全文化学、安全心理学及安全人性学为主要学科基础，以安全文化与安全心理互为作用所产生的安全意义和价值为研究对象，通过研究和探讨安全文化和安全心理之间的相互影响与相互建构的机理和规律等，从而指导具体安全文化情境下的安全心理学实践或具体群体安全心理特性下的安全文化学实践的综合新兴交叉边缘学科。

7.4.2.3　安全文化心理学的基本内涵

基于创立安全文化心理学的可能性与必要性论证，极易得出安全文化心理学的基点、出发点、侧重点与目的（此处不再赘述），这里仅重点解释安全文化心理学的学科属性及其双重内涵。安全文化心理学是安全文化学与安全心理学互相审视而结合的学科产物（其学科属性如图7-10所示，此外，其本应也是文化心理学的学科分支之一）。基于此，结合安全文化心理学的定义，可知安全文化心理学实则具有双重内涵，具体分析如下。

（1）安全文化心理。从人的安全文化负载着手，把人的安全心理和行为看作是特定安全文化的产物（即人的安全心理和行为与特定的安全文化有着密切关系，无法脱离实际安全文化历史背景来研究人的安全心理和行为活动），注重各种安全文化条件下的人的安全心理和行为的独特性，尝试基于安全文化学视角，理解、解释和探究安全文化对人的安全心理与行为的影响，研究特定安全文化情境下的人的安全心理与行为表现，以实现安全心理学研究取向与思维的变革，以及实际应用价值的提升，可抽象理解为"安全文化心理"学，其研究重点是安全文化心理。

（2）安全心理文化。从人的安全心理负载着手，把安全文化看作是人的安全心理和行为的积淀，尝试基于安全心理学视角，分析人的安全心理对安全文化形成与

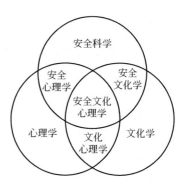

图 7-10　安全文化心理学的交叉学科属性

发展等的影响，探讨特定安全心理特性下的安全文化特征与表现，阐释人获取和接受安全文化意义的安全心理学机理，研究建设符合人的安全心理特征的安全文化的理论和方法，挖掘提升安全文化效用的安全心理学方法，以实现安全文化学内涵和研究内容的丰富和扩展，以及实践效果的增强，可抽象理解为"安全心理文化"学，其研究重点是安全心理文化。

总而言之，上述两个方面既有联系又有区别，共同构成安全文化心理学的完整内涵。分别或融合考察两个层面的研究内容是安全文化心理学研究与发展的关键问题，有效整合两个层面的内涵有助于整体理解和把握安全文化心理学的内涵。此外，从方法论角度来看，安全文化心理学实则是安全文化学和安全心理学的一种新研究策略或范式，其既可拓宽安全文化学与安全心理学的研究范围和内容，又可突破二者传统研究的立场、观点和方法，从而克服与弥补二者传统研究内容与研究方法的不足和缺陷。

7.4.3 安全文化心理学的学科基本问题

明确一门学科的学科基本问题是建构这门学科并开展研究的首要问题。鉴于此，基于安全文化心理学的定义与内涵，笔者详细阐释安全文化心理学的研究对象、学科基础、研究内容与研究方法四个学科基本问题。

7.4.3.1 研究对象

由安全文化心理学的定义可知，安全文化心理学的研究对象是安全文化与安全心理互为作用所产生的安全意义和价值，具体可分为两个方面：①安全文化对人的安全心理与行为的刺激和影响，即安全文化作用于人的心理与行为所产生的安全意义与价值，正是所产生的某种安全意义与价值来支配人的安全心理与行为活动，也正是安全文化作用于不同人（或群体）的心理与行为所产生的安全意义与价值的不同而导致同种安全文化作用下的人（或群体）的安全心理与行为存在差异；②安全心理对安全文化的影响，即安全心理作用于安全文化所产生的安全意义与价值，人们正是以所产生的某种安全意义与价值为中心构建其安全观念、安全生产与生活方式及安全制度等，安全文化才得以形成和发展。

显而易见，上述两个方面相互联系、互为说明，安全文化与安全心理互为作用所产生的安全意义和价值反映了安全文化与安全心理的相互建构性，而相互建构又说明了上述安全意义和价值的产生与存在。因此，总而言之，安全文化心理学的研究对象是安全文化与安全心理互为作用所产生的安全意义和价值。

7.4.3.2 学科基础

由安全文化心理学的定义可知，就学科根基而言，安全文化心理学的核心理论基础应是安全文化学、安全心理学与安全人性学的原理和方法。但就学理上而言，安全文化心理学又同时隶属于安全文化学、安全心理学与文化心理学，因此，安全文化学研究还需借鉴和吸收人类学、人种学、语言学、传播学、教育学、经济学、历史学、社会学与行为学等文化心理学的学科理论基础。此外，安全文化心理学旨在研究安全文化与安全心理二者之间的辩证统一关系，因此，其研究必须要以辩证唯物主义哲学为总体指导思想和方法论。由此可知，安全文化心理学的学科理论基础应是以上各学科理论的交叉、渗透与互融，如图7-11所示。

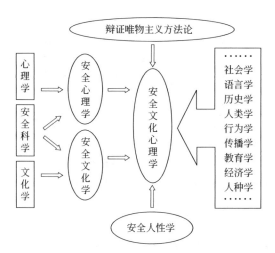

图 7-11　安全文化心理学的学科基础

7.4.3.3　研究内容

由安全文化心理学的定义和内涵可知，简言之，安全文化心理学是基于安全文化学与安全心理学相结合的视角，研究人的安全心理（包括行为）与安全文化之间相互影响与相互建构的机理和规律等。细言之，可将安全文化心理学的主要研究内容概括划分为四个层面，每一层面又包含若干具体研究内容（见表7-8）。

表 7-8　安全文化心理学的研究内容

层面	研究内容
共性研究	了解与探讨安全文化对人的安全心理与行为影响的一般共性机理与规律，具体包括安全文化如何影响与安全相关的人的认知、情感、情绪、动机、意愿、信念、态度与意识等，以及安全文化对人的行为的影响机理。简言之，旨在基于安全心理学视角，阐明安全文化的一般作用机理
	研究人的安全心理与行为活动对安全文化的组织、创造、传承、传播与强化等影响的一般共性规律（如人获取和接受安全文化意义的安全心理学机理等），探讨建设适合于人的共性安全心理的安全文化的通用理论和方法
	基于以上两方面研究，总结概括安全文化与安全心理相互影响和相互建构的一般原理和规律
	检验已经存在的一些安全心理学和安全文化学的理论和证据是否具有普遍的意义和价值，即是否具有普适性
个性研究	研究特定安全文化情境下的人的安全心理与行为表现，即研究某一具体类型的安全文化作用下的人的安全心理与行为活动规律，旨在挖掘其作用的特性
	研究特定安全心理特性下的安全文化特征与表现，旨在探究人的某一具体安全心理对安全文化的组织、创造、传承、传播与强化等的影响特性
比较研究	比较研究不同安全文化情境下人的安全心理活动与行为方式的异同或不同安全心理特性下人的安全文化表现的异同，并研究产生安全文化差异的安全心理学原因及产生人的安全心理与行为差异的安全文化学原因等
本土研究	以中国为例，针对中国的实际安全问题、管理体制与形势等，并结合自身安全文化（特别是传统安全文化）背景开展具有中国特色的安全心理学研究或结合中国人的安全心理（包括安全人性）特性开展具有中国特色的安全文化学研究
	以中国为例，结合自身的安全文化背景或安全心理（包括安全人性）特性有选择地移植或借鉴改造国外的安全文化学与安全心理学相关理论成果，并将其应用于中国具体的安全实践活动，以更好地服务于中国社会与企业等的安全发展

7. 4. 3. 4　研究方法

除辩证唯物主义方法论作为安全文化心理学研究的总体指导方法外，笔者认为，安全文化心理学的其他研究方法主要是安全文化学方法论、安全心理学方法论与文化心理学方法论。具体解释如下。

（1）安全文化心理学是安全文化学与安全心理学的综合交叉学科，安全文化学方法论（主要有辩证法、叙事法、比较法、系统论法、审视交叉法与关联学科的具体研究方法等[43]）和安全心理学方法论（主要包括主观测试法、客观测试法和实验法三大类，具体有文献法、观察法、交谈法、问卷法、测试法与实验法等）理应是安全文化心理学核心的研究方法，限于篇幅，此处不再详述。

（2）安全文化心理学也是文化心理学的学科分支之一，因此，文化心理学方法论无疑也应是安全文化心理学的重要研究方法。下面将文化心理学的三种常用研究方法在安全文化心理学中的应用进行举例，具体见表 7-9[18]。

表 7-9　文化心理学研究方法在安全文化心理学研究中的应用举例

方法名称	内涵	具体应用举例
释义学方法	一种重在理解与解释事件、事物或事实等的"意义"的研究方法	人类在生产与生活中留下的各种安全文化符号（如安全神话、安全民俗与安全艺术品等）上都会烙下人的安全心理与行为痕迹，因此，可通过分析与解释安全文化符号系统来解读和把握人的安全心理与行为
现象学方法	一种重视人的主观心理活动和现实存在（即现象），强调研究整体的人，反对将人物化，用现象还原的方法开展研究的方法	通过人的安全心理与行为现象推理安全文化特征或通过安全文化现象来反推人的安全心理与行为特征。总而言之，这种研究方法的基本主张与安全文化心理学的人本、整体和系统的思想极其吻合
民族志方法	一种可全面、具体、动态、整体和情景化地描述和反映人及其文化的方法，旨在研究特定文化中的人的价值观和行为模式等	通过分析某一群体（如国家或民族等）的历史、人物志、地理和风俗等中的安全文化元素来了解该群体的安全心理与行为特征。此外，民族志法可保证获取某一具体安全文化背景和环境下的个体或群体的第一手资料，从而可提高研究结果的可靠性、真实性和适用性

7. 5　安全文化史学

本节内容主要选自本书作者发表的题为《安全文化史学的创建研究》[19] 的研究论文，具体参考文献不再具体列出，有需要的读者请参见文献［19］的相关参考文献。

文化与历史是一组有机的统一体，即二者之间存在内在的必然联系。显而易见，文化学与史学内部之间也存在必然关联。基于此，早期诸多学者就意识到文化学与史学研究存在诸多弊病与缺陷的根本原因之一可归结于对二者的结合交叉研究不足。由此，学界很早就对文化学与史学进行交叉研究，并发展形成文化史学这门文化学与史学的重要学科分支，甚至部分学者提出文化史学是使史学走向科学的必由之路。

有鉴于此，毋庸置疑，安全文化学（Safety Culturology）与安全史学（Safety Historiography）之间也必然存在诸多内在联系，若不对二者进行交叉研究，无疑也会导致对二者的研究存在一些研究缺陷和弊病。换言之，创建安全文化学具有充分的可能性（即现实依据和例证）和极强的必要性，安全文化史学（Safety Culture Historiography）理应是安全文化学与安全史学的重要学科分支，其研究可极大丰富和完善安全文化学与安全史学的学科理论。基于此，本书第 5 章 5.4 节就从安全文化学方法论层面，提出创建安全文化史学的构想。

鉴于此，笔者基于学科建设高度，对安全文化史学的建构进行深入研究，以期丰富安全科学理论和弥补传统安全文化学与安全史学研究存在的弊病或缺陷，从而推动安全文化学与安全史学研究发展。

7.5.1 创建安全文化史学的必要性论证

就理论而言，具备充分的可能性与极强的必要性是创立一门新学科的两个前提条件，换言之，思考并回答"创立这门学科是否有依据"与"创立这门学科是否有价值"两个问题是创立一门学科的首要问题。上述已对创建安全文化学的可能性做了理论推理与引证，但未对其必要性进行深入论证，故笔者对此进行详细剖析。

7.5.1.1 理论层面的必要性论证

安全文化学与安全史学之间的内在必然联系决定极有必要创立安全史学。安全文化是安全史的积淀与产物，安全史学研究绝不能离开考察与研究安全文化的本质。唯有准确了解和把握安全文化的本质，全面而科学地认识与剖析安全史之中的各类安全文化现象，才可更好地理解和把握安全史。换言之，为保证安全文化学与安全史学研究的科学性、准确性与全面性，二者的研究极有必要借鉴与吸收对方学科的理论与方法。

7.5.1.2 现实层面的必要性论证

根据中国现行的学科划分标准，安全文化学与安全史学分别被划归为二级学科"安全社会科学"与"安全科学技术基础学科"下的三级学科，但目前学界在安全文化学与安全史学研究方面，均存在基础理论研究偏少（尤其是学科建设高度的研究较少，导致它们的学科体系均尚不完善）与研究的理论性、学理性和系统性明显不足等诸多缺陷（需指出的是，上述研究缺陷在安全史学研究方面表现得极为突出），严重阻碍二者的研究与发展。具体分析如下。

（1）在安全文化学研究方面，已有研究成果主要集中于应用实践层面，但在理论层面也已开展一些较具代表性的研究成果。需特别指出的是，人类安全文化起源及发展演进方面的梳理与研究较少，使安全文化品味度较差，且仅有的部分这方面研究绝大多数也只是一些极简单的散论，如对人类安全文化的历史演进脉络的描述不科学、不清晰和不全面，这主要是该方面研究尚未与安全史学进行紧密联系所致。

（2）在安全史学研究方面，研究成果极少［较典型的研究成果仅有文献初探安全史学的创建；有文献研究安全史学方法论；孙安第梳理并简评中国近代（1840～1949 年）安全史；其他的安全史学研究均仅是穿插于安全文化或安全管理等起源与发展研究方面的散论］，从学科建设高度的理论研究更是无从谈起。需特别指出的是，绝大多数已有的安全史学研究均是安全叙事史（即仅是具体安全史料的简单叠加），存在个别性与独特性的弊病，缺乏对一般性规律的探究（即尚未阐明安全历史发展的一般原理等），未深入剖析与挖掘隐藏于安全史料深层的内涵，使研究成果缺乏思想性和古为今用的实践价值，这主要是因从安全文化学视角审视安全史学的力度不够所致（因安全文化学研究强调安全文化的统一性与整体性，正好可有效避免或弥补上述研究弊病，笔者在撰写安全文化起源与演进系列文章时深有感触），甚至毫不夸张地说，安全文化学视阈下的安全史料研究才更有研究价值。简言之，安全文化史学的诞生会为安全史学的归纳概括奠定基础。

由以上分析可知，目前学科建设高度的安全文化学与安全史学研究极为迫切，且未重视安全文化学与安全史学二者的交叉研究是导致传统的安全文化学与安全史学研究产生一系列弊病和缺陷的关键原因。总而言之，开展安全文化史学的创建研究具有重要学术与实践价值，极有必要对其开展研究。

7.5.2 安全文化史学的定义与内涵

7.5.2.1 安全文化学与安全史学的定义

基于科学高度，笔者尝试给出较为具体而科学的安全史学定义。

安全史学是基于历史发展角度，以古为今用和以史为鉴为侧重点，以不断吸取历史安全教训和挖掘并借鉴历史上的人类安全智慧为目的，以人类历史上的安全问题及安全实践活动为研究对象，以安全科学和史学为学科基础，借助史料，运用科学历史观与翔实的史料，通过记载、撰述、认识与反思人类历史上的安全问题及安全实践活动，分析人类认识、掌握和避免危险、事故与灾难的策略和过程等，并总结人类避免危险有害因素威胁或伤害的历史安全经验，进而阐明人类安全实践活动具体发展过程、内在规律及其与社会发展的关系，从而为人类当前安全实践活动提供历史参照的一门兼具理论性与应用性的新兴交叉学科。

在此，还有必要对安全史学的内涵做一补充说明。需特别指出的是，简言之，安全史学即为安全的历史，其不仅仅局限于研究安全科学本身的历史。现行的中国学科划分标准[16]将安全史学列为二级学科"安全科学技术基础学科"下的一个三级学科的这种学科划归方法有待商榷，根据学界对史学学科的划归方法，笔者认为将安全史学列为二级学科"安全社会科学"下的一个三级学科更为科学合理。

7.5.2.2 安全文化史学的定义

就字面含义而言，所谓安全文化史学，即记述与研究人类安全文化发展历史的科学。基于安全文化学与安全史学的定义，笔者给出安全文化史学的定义：安全文化史学是以安全文化学与安全史学之间存在的必然关联为基点，以对安全文化学与安全史学进行综合交叉研究为出发点，以挖掘和探讨隐匿于各种安全史料之中的安全文化现象为侧重点，以丰富安全文化学与安全史学学科内涵及提高它们的学术与实践价值为目的，以安全文化形态为具体载体形式，以安全文化学和安全史学为学科基础，以人类安全文化发展过程为研究对象，借助安全史料，通过运用唯物史观记述、考察、评价与探讨特定历史时期的人类安全文化及人类安全文化的整个发展演变过程，从而揭示人类安全文化产生发展一般原理和规律的综合新兴交叉学科。

简言之，安全文化史学是研究某一历史时期的安全文化及安全文化演变发展过程的科学。由此，可建立安全文化史学的基本认识系统，如图7-12所示。此外，笔者认为，可将安全文化史学的定义形象解释或理解为"光阴里的安全文化"或"一半是安全文化，一半是安全历史"。

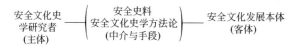

图 7-12　安全文化史学的基本认识系统

7.5.2.3　安全文化史学的内涵

作为一门学科，其定义中所有的概念都应具有一定的科学性与实际意义。因此，有必要对安全文化史学的定义中的有关概念进行一定解释，具体如下。

（1）安全文化史学以安全文化学与安全史学之间存在的必然关联为基点。由上述分析可知，人类安全文化与安全历史是一组有机的统一体，彼此联系极为密切。因此，安全文化学与安全史学之间也存在必然关联，正是它们之间的这一关系，才为安全文化史学研究奠定了基础。换言之，安全文化学与安全史学之间若不存在紧密联系，安全文化史学研究就失去了基点，同时其研究也就失去了根本价值。

（2）安全文化史学以对安全文化学与安全史学进行综合交叉研究为出发点。就理论而言，安全文化史学是安全文化学与安全史学直接相互渗透、有机结合的学科产物（其学科交叉属性如图 7-13 所示），因此，对安全文化学与安全史学进行综合交叉研究是安全文化史学的出发点。对二者开展综合交叉研究，至少具有以下两个显著优势：①由于安全文化本身不仅具有系统本质，且兼具历史本质，安全文化作为一种安全历史现象，自有其产生发展的过程，而安全文化学与安全史学交叉研究正好可揭示安全文化的历史地位与历史沿革，以期从更深远的意义上把握住安全文化的本质；②安全文化学与安全史学交叉研究为安全文化学与安全史学理论和方法的互为借鉴与补充提供了基本条件和有效途径，有助于丰富二者的学科内涵。

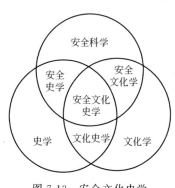

图 7-13　安全文化史学
的学科交叉属性

（3）安全文化史学以挖掘和探讨隐匿于各种安全史料之中的安全文化现象为侧重点。就理论而言，安全文化史学研究旨在重点解决两个问题：①从大量安全史料，即安全历史事实（主要包括历史安全问题及其历史上的人类安全实践活动）中捕捉、发现和确定安全文化现象。②解释从安全史料中捕捉、发现和确定的安全文化现象，如创造这种而非那种安全文化的原因；某一时期的各类安全文化之间的联系；安全文化是在多种变量中生成和发展的，研究究竟哪个变量对某种安全文化的生成和发展影响更为明显等。总之，解决以上两个问题的最终目的均可归为挖掘和探讨隐匿于各种安全史料之中的安全文化现象。

（4）安全文化史学以丰富安全文化学与安全史学学科内涵及提高它们的学术与实践价值为目的。在创建安全文化史学的必要性论证部分，已详细论述传统安全文化学与安全史学研究所存在的弊病与缺陷，可分别概括为：①传统安全文化学研究尚未阐明安全文化产生与发展的一般原理和规律，且安全文化的品味性较差；②传统安全史学注重历史上的具体安全问题（事件）与安全实践活动（如具体的人和事等）的记载，研究有时极为详尽和具体，但缺乏思想性，导致二者的学科内涵欠缺且学术与实践价值不理想。而安全文化学研究具有两方面重要优点：①安全文化史学把人类的全部安全史当作文化加以整体考察，正是这个整体性才能克服旧式叙事安全史的个别性和独特性，从而发现安全文化发展的一般原理和规律；②安全文化史学不再满足于叙述和简评历史上的具体安全问题和安全实践活动，其集中在历史上的相关安全问题和安全实践活动所表现出来的各种安全文化现象之上，这些安全文化现象，与变动不居和形式多样的安全问题和安全实践活动相比，它具有极强的稳定性和齐一性，而具有稳定性和齐一性的事物才是科学方法便于处理的对象。显而易见，安全文化学研究不仅可极大地丰富安全文化学与安全史学学科内涵，还可大大提高二者的学术与实践价值。

（5）安全文化史学以安全文化形态为具体载体形式。就安全文化史学研究过程而言，安全文化史学的直接考证对象是各种安全文化史料，实则是各种安全文化史料所承载的安全文化形态，如物质、行为与制度等安全文化；就安全文化史学研究结果而言，其研究成果本身是一种良好的安全文化形态的具体载体形式，有助于人类安全文化传承和传播。

（6）安全文化史学以唯物史观为根本理论基础和方法指导。一般而言，史学研究均需依据一定的史观为基础和指导，而安全文化史学是安全史学的一个学科研究分支，同样，确定科学而合理的历史观也是开展安全文化史学研究的首要关键问题。目前，史学界一致推崇运用唯物史观（即历史唯物主义，是哲学中关于人类社会发展一般规律的理论，是关于现实的人及其历史发展的科学，其关照人的发展与社会进步的统一）开展史学研究。同样，唯物史观也应是安全文化史学研究的最佳历史观，具体原因如下：①究其本质，安全文化史学旨在借助安全史料（主要是安全器物，因为安全制度、行为与观念最终均以安全器物形式记载或承载）剖析蕴含于其中的安全文化现象，换言之，离开了"历史安全实物"，安全文化史学也就失去了研究基础，即安全文化史学的本质决定必须要基于唯物史观开展安全文化史学相关研究；②科学认识历史上的具体安全问题或安全实践活动在人类安全文化发展过程和结构中的地位和作用，分析它们与安全文化发展过程本质的内在关联，以及准确定位局部与全局、部分与整体、现象与本质的真实关系都需以唯物史观为指导和依据；③运用唯物史观，可有效指导解决"如何看待历史上的安全问题和安全实践活动""如何运用历史上的安全问题和安全实践活动""如何科学准确地从历史上的安全问题和安全实践活动中挖掘深层次的安全文化现象""如何有选择地继承并发展安全历史文化"四个安全文化史学研究的中心问题，即安全文化史学的重要研究任务；④此外，由原因①可知，在安全文化史学研究过程中，安全史料整理与新的安全史料的运用都应在唯物史观的指导下进行。

对于研究对象、研究内容、学科基础与研究方法等安全文化史学学科基本问题此处不做阐释，将另行详述。综上所述可知，从方法论角度来看，安全文化史学实则是安全史学与安全文化学的一种研究新策略。任何科学研究策略都是对材料的特定处理方式，安全文化史学作为一种科学研究策略的具体表现体现在以下两个方面：①基于安全文化学视角审视、提炼并剖析安全史料，即安全文化史学是一种为研究安全文化现象而重新认识、组织和解释安全史料的研究方式；②基于安全史学视角解释安全文化现象，即安全文化史学是一种为赋予安全史学新的研究内容和目的而进行的借助安全史料来解释安全文化产生、发展的一般原理和规律的研究方式。此外，显而易见，安全文化史学是一门以科学性为基础的内在地融合了实证性、抽象性、价值性和艺术性的安全史学与安全文化学的整合学。

7.5.3 安全文化史学的学科基本问题

明确一门学科的学科基本问题是建构这门学科并推动其发展的首要问题，因此，极有必要基于安全文化史学的定义与内涵，系统阐释并明晰安全文化学的学科基本问题。在此，笔者详细阐释安全文化史学的学科基础、研究对象及其分类、研究内容及研究方法与研究步骤。

7.5.3.1 学科基础

就学理而言，安全文化史学同时隶属于安全文化学与安全史学，其核心理论基础是唯物史观及安全文化学与安全史学学科理论。此外，安全文化的产生与发展受当时社会类型、环境特点、重要安全问题、历史发展、经济状况与宗教背景等的制约。为明晰其他外界因素对某一时期或某一地区（或群体）的安全文化的作用与影响，因此，安全文化史学研究需以哲学、人类学、历史学、语言学、行为学、教育学、社会学、心理学、经济学、数理学与系统科学等学科为理论与方法支撑。换言之，安全文化史学的理论基础应是以上各学科理论的交叉、渗透与互融，如图 7-14 所示。

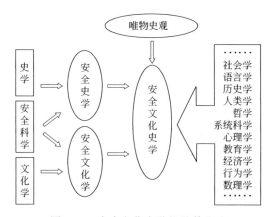

图 7-14　安全文化史学的学科基础

7.5.3.2 研究对象及其分类

由安全文化史学的定义和内涵可知，安全文化史学的研究对象是人类安全文化的发展过程，即安全文化的历史。科学史证明，对研究对象进行科学的分类，进而可暴露其各类的本质和联系。因此，有必要从不同角度对安全文化史学的研究对象进行科学分类。依据安全文化史学较安全文化学与安全史学存在的优势及其核心研究准则（强调整体性与连续性），提出对安全文化史学研究对象进行分类时需注意的两个关键问题。

（1）由于安全文化是一个连续统一体，所以，发现安全文化发展演变规律的关键之一是应以安全文化的整体作为研究的出发点。大而言之，即把整个人类创造的安全文化看成一个整体；细而言之，至少也应把一个相对独立的安全文化体系看成一个整体。因此，不能基于安全文化的二分法（即广义安全文化与狭义安全文化）或"4+1"分法（即物质安全文化、行为安全文化、制度安全文化、精神安全文化与情感安全文化）对安全文化史学的研究进行分类。

（2）由于安全文化史学旨在总体研究与宏观概述和把握安全文化的发展过程和规律，因此，为避免安全史学研究的个别性与间断性缺陷，基于整个人类的安全史来开展安全文化历史研究是安全文化史学研究的一种理想研究模式。而这往往又不现实，但至少可根据安全文化的稳定性这一特征（即就理论而言，某一群体的安全文化，尤其是其本质在较长的时间段内都是保持稳定的），截取一段较长的历史时间段来分别对各历史时段的安全文化历史进行研究，然后再将各分段研究结果综合以实现考察整个安全文化历史的目的。

基于此，笔者从大安全视角出发，根据历史上的典型而普遍的安全问题及人类的安全实践活动类型，分别基于四个维度对安全文化史学的研究对象进行分类，见表 7-10。

表 7-10　安全文化史学的研究对象分类

划分维度	具体类型							
安全问题	居所安全文化史	防洪安全文化史	防震安全文化史	消防安全文化史	食品安全文化史	生产安全文化史	交通安全文化史	社会公共卫生安全文化史	……
安全策略	安全工程技术文化史		安全管理文化史			安全教育文化史		安全伦理道德文化史
地域	中国安全文化史				国外安全文化史			
时间	三分法	古代安全文化史		中世纪安全文化史		近现代安全文化史		
	二分法	传统安全文化史			近现代安全文化史			

7.5.3.3　研究内容

基于安全文化史学的定义和内涵，将安全文化史学的主要研究内容概括为以下四点。

(1) 安全文化的起源。人类（或某种）安全文化诞生的时间、条件、标志、原因与意义及其与其他安全文化类型或其他文化类型之间的区别和联系。

(2) 安全文化的演进过程。①分析阐述推动安全文化发生变革演进的关键因素；②不同历史时期的安全文化集中领域；③安全文化发展与社会类型的关系，具体可为各个社会类型（采集—狩猎社会、园艺—游牧社会、农耕社会、工业社会与信息社会）的安全文化特性及其相互之间的区别与联系等；④梳理安全文化发生变革的标志性事件等。

(3) 揭示人类安全文化发展的共性规律及某一群体（如民族和国家等）的安全文化发展的个性规律；研究某类或某群体的安全文化在人类安全文化史上的贡献情况。

(4) 评价与反思安全文化史，提炼与传承传统安全文化精华，并摒弃腐朽的传统安全文化，以将传统安全文化更好地借鉴并运用于指导当前人们的安全实践活动（尤其是安全文化实践）；探讨与研究更新、扬弃传统安全文化的理论与方法等。

此外，安全文化史学还应辅以研究安全科学（即高雅安全文化），尤其是安全文化学本身的缘起与发展过程。

7.5.3.4　研究方法与研究步骤

除唯物史观作为安全文化史学研究的根本指导方法外，笔者认为，安全文化史学的其他研究方法主要是安全史学方法论、安全文化学方法论与文献学方法论。具体解释如下。

(1) 安全文化史学是安全文化学与安全史学的综合交叉学科，安全史学方法论（主要有归纳方法、叙述法、比较方法、综合方法、系统研究法与关联学科的具体研究方法等）与安全文化学方法论（主要有辩证法、叙事法、比较法、系统论法、审视交叉法与关联学科的具体研究方法等）理应是安全文化史学核心的研究方法。

(2) 安全文化史学唯有借助安全史料才可开展相关研究，而历史文献资料作为安全史料的主要来源，文献学方法论（文献校勘方法、比较法、折衷法、谱系法、底本法等）无疑也应是安全文化史学的重要研究方法。此外，若把与安全相关文献作为一种安全文化现象来考察时，不仅把与安全相关文献作为安全史学研究的依据，甚至把与安全相关文献作为安全学术文化的载体来评价安全学术文化的盛衰发展。

基于安全文化史学的定义、内涵、研究方法与研究内容，构建安全文化史学的基本研究步骤图示（见图 7-15）。

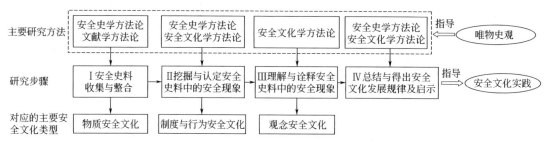

图 7-15　安全文化史学的基本研究步骤

由图 7-15 可知，唯物史观方法贯穿于整个安全文化史学研究过程的始终，安全文化史学的基本研究步骤主要包括四步，即安全文化史学的四个研究层次。

（1）Ⅰ安全史料收集与整合。安全史料（主要有人工安全遗存与历史安全文献资料等）是安全文化史学的研究基础，安全史料收集与整合主要应以安全史学方法论与文献学方法论为研究方法。而且，安全史料一般都是有形实物，可将其视为物质安全文化。

（2）Ⅱ挖掘与认定安全史料中的安全现象。发现安全史料中的制度与行为安全文化痕迹（即制度与行为安全文化符号）是挖掘与认定安全史料中的安全现象的基本手段，这一研究步骤主要以安全史学方法论与安全文化学方法论为研究方法。

（3）Ⅲ理解与诠释安全史料中的安全现象。基于上步发现的安全史料中的安全现象（主要是制度与行为安全文化符号），探寻蕴含于其中的观念安全文化，即挖掘与剖析包含于有形安全文化实物之中的无形安全文化元素，从而了解和把握安全史料所显现的安全文化现象本质，这是安全文化史学研究步骤的最重要一步，其主要以安全文化学方法论为研究方法。

（4）Ⅳ总结与得出安全文化发展规律及启示。揭示人类安全文化产生发展的一般原理和规律是安全文化史学研究的最终目标。基于安全史学方法论与安全文化学方法论，通过整合与分析前三步的研究结果，可总结得出安全文化发展规律及启示。此外，通过对安全文化历史的研究，将得出的安全文化发展规律及传统安全文化精华应用于指导当前安全文化实践。

思考题

　　1. 概述安全文化符号学。

　　2. 概述安全民俗文化学。

　　3. 概述比较安全文化学。

　　4. 概述安全文化心理学。

　　5. 概述安全文化史学。

　　6. 简述安全文化学学科分支体系。

　　7. 根据已有的安全文化学学科分支构建原理与方法，尝试提出安全文化学新分支（选做题）。

参考文献

[1]　常金仓.穷变通久——文化史学的理论与实践[M].沈阳：辽宁人民出版社，1998.

[2] 王秉,吴超.安全文化符号学的建构研究[J].灾害学,2016,31(4):185-190.

[3] 王秉,吴超,贾楠.安全民俗文化学的创立研究[J].世界科技研究与发展,2016,38(6):1237-1243.

[4] 王秉,吴超.比较安全文化学的创建研究[J].灾害学,2016,31(3):190-195.

[5] Zaks L A. Psychology and culturology: A means of cooperating and problems associated with cooperation[J]. Psychology in Russia State of the Art, 2014, 7(2): 14-26.

[6] 孙煦扬,田浩.文化心理学与进化心理学的理论比较[J].心理学探新,2015(4):299-302.

[7] 吴超,王秉.安全文化学方法论研究[J].中国安全科学学报,2016,26(4):1-7.

[8] 王秉,吴超.情感性组织安全文化的作用机理及建设方法研究[J].中国安全科学学报,2016,26(3):8-14.

[9] 王秉.安全人性假设下的管理路径选择分析[J].企业管理,2015,36(6):119-123.

[10] 王秉,吴超.安全文化宣教机理研究[J].中国安全生产科学技术,2016,12(6):9-14.

[11] 施波,王秉,吴超.企业安全文化认同机理及其影响因素[J].科技管理研究.2016,36(16):195-200.

[12] 孟娜,吴超.企业安全文化力场初探[C].中国职业安全健康协会2008年学术年会论文集,2008.4:21-25.

[13] 汪云,迟菲,陈安.中外灾害应急文化差异分析[J].灾害学,2016,31(4):226-234.

[14] 纪海英.文化与心理学的相互作用关系探析[J].南京师大学报:社会科学版,2007(4):109-113.

[15] 刘星期.构建工业安全心理学的思考[J].心理科学,2003,26(2):341-342.

[16] 李双蓉,王卫华,吴超.安全心理学的核心原理研究[J].中国安全科学学报,2015,25(9):8-13.

[17] 栗继祖.安全心理学[M].北京:中国劳动社会保障出版社,2007.

[18] 李炳全.人性彰显和人文精神的回归与复兴——文化心理学研究与建构[D].南京:南京师范大学,2004.

[19] 王秉,吴超,黄锐.安全文化史学的创建研究[J].科技管理研究,2018,38(5):260-266.

第8章
安全文化学的外延

本章针对安全文化学所具有的交叉学科属性（这是由其研究内容的广泛性、交叉性与复杂性所决定的），即其与诸多安全学科相关分支学科均存在特定关联，探讨安全文化学与安全学科及其相关分支学科的关系。细言之，本章内容分别介绍安全文化学与安全科学、安全社会学、安全经济学、安全教育学、安全管理学、安全人性学、安全伦理学、安全法学、安全心理学、安全史学与其他安全学科分支之间的关系。安全文化学与安全学科相关分支学科在具体研究中可以相互交叉与互为借鉴，通过本章的学习，可帮助读者基于多学科视角与知识来审视和研究安全文化现象，以保证安全文化学研究的系统性、科学性与准确性。

研究者一般将安全文化划分为多种安全文化元素，因此，安全文化是一个复杂的系统，它由若干具有具体特定功能的元素构成，它们按照一定的秩序与规律结合成为一个有机整体，形成丰富多彩的安全文化。由此可知，安全文化学是一个极其庞大的大学科，必然会与其他各个安全学科分支学科（特别是其他安全社会科学）互相借鉴，互相交叉，互相运用，共同推进。正是因为如此，本书第5章论述安全文化学方法论时专门提出了审视交叉方法，其是一种从学科交叉视角开展安全文化学研究的研究方法，并在本书第5章详细论述运用审视交叉方法创建的部分安全文化学分支学科，如安全文化史学与安全文化心理学。

需明确的是，安全文化学并非仅与安全学科分支学科存在紧密关联关系，其实则与符号学和民俗学等也存在紧密关联关系，并由此可交叉创立安全文化符号学与安全民俗文化学（详见本书第7章）。但是，鉴于安全文化学与各个安全学科分支学科之间的关联关系更为密切，且阐明它们之间的关联关系也对安全科学研究更为重要，故本章仅重点阐明安全文化学与其他各个安全学科分支学科之间的关联关系，与其他非安全学科分支学科之间的典型而重要的关联关系已在本书第7章进行了详述。

广而言之，安全社会学、安全经济学、安全管理学和安全法学等相近学科，均属于安全文化学研究的理论范畴。此外，随着交流与合作的加深，安全学科各子学科也会与其他学科一样，它们之间的边界会日益变得模糊，学者们的学术视野也日趋开阔。这些都将有助于使安全文化学成为一个有着巨大研究潜能和应用前景的安全学科的学科。

为更加凸显学科特色，笔者不妨像国内一般学科著作那样，将安全文化学与相近学科做一些比较。这里，与安全学科及其分支学科比较，可能更能凸显安全文化学的重要性和特色，以及它们之间具有共性方面的交叉性、相似性与相异性等。

8.1　安全文化学与安全学科[1]

从学理上而言，安全文化学是安全学科与文化学的交叉与融合，是安全学科的一个重要分支学科。在了解安全文化学与相关安全学科分支学科的关系之前，我们首先应弄清安全文化学与安全学科的关系。

学科的诞生标志着学科自身发展的理论知识体系的基本成熟，而学科建设则标志学科发展、完善的过程。安全学科的完善和拓展，除自身发展的内在动力外，更需要得到全社会、全民和政府的认同、理解和支持。正因为安全无时不在、无处不有、极为普遍和常见，因而安全非常重要，但常常也被人们所忽视，直到发生事故伤害时，才悟出"安全第一"与"人命关天"等的含义。若社会民众的安全意愿和安全意识处在低下水平，行为和心理并未用科学安全观念和安全规范来制约，这就不利于安全学科的发展，甚至还会产生阻碍作用。

怎样才能改变忽视安全的民众安全意识和社会安全习俗呢？唯有大力倡导和弘扬科学健康的安全文化，提高全民的安全文化素质，使大众都建立科学的安全观和价值观。当人们的安全观念、安全意愿、安全意识和安全思维等真正提高了，才会珍惜生命，善待人生，才懂得自觉地用言行保护自己的身心安全。近 10 余年来，中国安全科学学科理论的进步和科学技术体系结构的建立以及安全科学技术的快速发展，是有其产生的安全文化背景的，即全社会慢慢产生了认同和重视安全的安全文化。

通过安全文化宣教，改变人们已有的安全人生观和价值观，建立科学的安全思维方法，形成自我约束的安全习俗和规范，并促使人们尽可能实现个体的自主保安价值，让大众都懂得并认同安全的价值和生命的意义，把安全文化素质提高至相当高的程度。当民众对安全学科的认识和需要显示出无比渴望和热衷追求的积极性时，安全才真正有了保障。万万不可忽视对全民、全社会进行安全宣教活动，应从下一代抓起，用安全文化影响未来的接班人是当代的重大安全举措。事故的意外性、随机性，可能给每个个体带来风险与伤害，如果人人都能在临场的几秒钟或几分钟内妥善处理意外伤害，就能转危为安，或将事故造成的损失和伤害减小到最小程度。由此可见，安全文化素质对实现全民安全，对推动安全学科发展，有着非常重要的现实意义和战略意义。

安全文化学是安全学科的母体，只有民众安全文化素质达到了相当高的水平，才能使安全科学技术被公众普遍认同、接受并采用，安全科学技术将在为社会、为民众服务的应用领域中得到发展。学科的产生是其领域的科学知识自身发展和社会、公众需要的产物，有什么样的安全文化背景，自然也会有相应水平的安全学科。安全文化是安全学科创建和发展的基础，而安全学科是安全文化的特殊表现形态，是安全文化在某种程度的结晶，即科学安全文化。安全学科的建设正是安全文化丰富和繁荣的一种安全文化过程。

因此，概括而言，安全文化学与安全学科之间是相互促进和共同发展的关系，共同推动人类安全事业的进步和国家经济建设的快速发展。

在此，笔者根据安全学科发展现状，对徐德蜀等[2] 于 2006 年构建的安全科学与安全文化的关系框图进行补充与丰富，建构安全文化学与安全学科的相互关系框图，如图 8-1 所示。

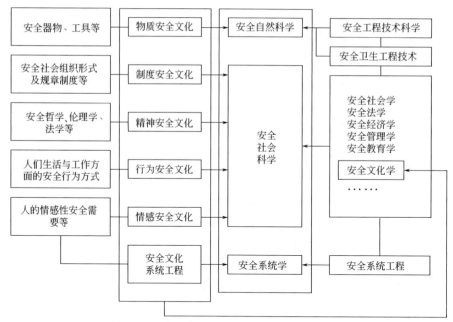

图 8-1　安全文化学与安全学科的相互关系框图

8.2　安全文化学与安全社会学[3]

安全，伴随着人类社会的诞生和发展，是一种社会现象（即安全现象），是一种社会过程（即安全化过程），是一种社会秩序（即安全表达一种社会秩序），等等。因此，安全与社会的关系，无疑是包含与被包含的关系，极有必要使"安全"与"社会"两个词汇发生联系，即开展安全社会学（Safety Sociology）研究。在1989年《中文图书资料分类法》（第3版）中收入"安全社会学"（代码 X915.2）条目，放在增设的"X9 劳动保护科学（安全科学）"专类中；1992年国家标准《学科分类与代码》将安全科学技术与环境科学技术、管理科学同时并列为介于自然科学与社会科学之间的三大综合科学；在2009年修订的国家标准《学科分类与代码》（GB/T 13745—2009）中，安全社会学（学科代码是 6202110）与安全文化学（学科代码是 6202160）被同时列为二级学科"安全社会科学"下的两个安全科学技术学科的三级学科。

在安全社会学研究方面，颜烨[3] 曾做过较为系统而深入的研究，并先后发表了一系列安全社会学方面的学术论文和2版次的学术专著［2007年出版安全社会学第一版——《安全社会学：安全问题的社会学初探》[4]，2013年在第一版的基础上，出版安全社会学第二版——《安全社会学》（第二版）[3]］。根据颜烨[3] 所著的《安全社会学》（第二版）对安全社会学的定义，所谓安全社会学，就是把安全作为一种社会现象、一种社会过程、一种社会秩序，从安全学、主要是社会学角度研究"安全"与"社会"的关系，分析影响人的安全现象存在和发展的社会因素，安全现象尤其是事故（事件）对社会发展变迁的影响，安全主体社会化—安全化的社会过程，以及"安全—社会"（核心命题是安全行动—安全结构，也即安全行动者—安全社会结构）关系变迁的本质规律。简言之，安全社会学是研究人的安全存在和发展的社会因素、社会过程、社会功能及其本质规律的一门应用性交叉学科。

安全文化学中广义的"安全文化"概念是比较宽泛的，涉及人类社会安全的各个方面。

由于安全文化与社会之间存在密切的联系，"安全文化"一词也是安全社会学里使用频率较高的专业术语［如颜烨[3] 所著的《安全社会学》（第二版）的第四章"安全行动：主体行动的安全化"的第四节专门论述"安全行动的外在文化氛围"］，但比较侧重于认为社会成员是由共同的、由安全文化造就的结构化社会中被组织起来的。

此外，众多学者常言"文化是社会的文化，社会是文化的社会"。安全文化与社会之间的关系也是如此。没有社会，也就没有安全文化及其功能的存在环境；没有安全文化，社会也就无法得到有序的安全健康发展。这种紧密程度充分说明安全文化学与安全社会学之间必然存在紧密联系。就安全文化学与安全社会学之间的相互关系，颜烨[3] 也曾做过简明扼要的宏观层面的阐释。安全文化学与安全社会学的共同点在于两者都要研究主体安全的社会化，即安全化的过程，这个过程就是安全主体不断习得和内化安全规则、传递安全文化、形成全社会的安全文化氛围和行业安全文化模式等。

在此，笔者基于中微观层面，对安全文化与社会的关联关系进行剖析，具体归纳为以下四个方面。

（1）多样的社会群体产生了多样的安全文化。一个社会中有着许多社会群体，这些大小与构成不一的社会群体有着自己的安全生存与发展方式和方法，即有着自己的安全文化模式，使社会中的安全文化呈现多样化的形态。因此，社会群体的多样性与安全文化的多样性是保持一致的。

（2）主体安全的社会化（即安全化的过程）是安全文化传承的主要机制与渠道，保证了安全文化在代际的习得、传递和延续。社会学家[3] 将社会化分为两个阶段：一个阶段是指初级社会化阶段，主要发生在幼年和童年时期，这应是安全主体学习安全文化的集中阶段。孩童时习得了基本的安全认识和安全行为规范，家庭安全教育则是这个阶段的安全主体的社会化的重要方式[5]。换言之，家庭是这个阶段的安全主体的社会化，即安全化的重要机构，也由此足以见得，建设家庭安全文化是多么重要[5]。另一个阶段是次级社会化阶段，发生在儿童阶段晚期一直到成年，持续时间较长。学校、社会组织、媒体、同龄人群体、工作单位（同时也包括家庭）都成为他们再社会化（即安全化）的重要机构。人们在其中与他人互动，以获得和强化安全文化模式的安全价值观、安全伦理道德、安全信仰方式与安全行为规范等。

（3）社会形态（即类型）与安全文化模式二者相互影响。由本书第3章3.2节内容可知，安全文化发展与社会类型存在对应关系，某一社会类型对应的主要安全文化特征可透过该社会类型的安全生产技术和安全生计模式来显现。此外，本书第3章3.2节还详细探讨了采集—狩猎社会、园艺—游牧社会、农耕社会、工业社会和信息社会5种社会类型所对应的安全文化的主要特征，以及人类安全文化发展与社会类型变革之间相互影响、相互促进的互动性发展关系（详见本书第3章3.2节，此处不再详述）。总的来看，在人类社会形态（类型）变革过程中，安全文化主要沿着"生活安全文化→生产安全文化→大安全文化"的先后次序完成了过渡和发展，使人类安全文化的结构日趋复杂，内涵也逐渐变得更加丰富。所以，社会因素与安全文化系统交织在一起，使之成为一个社会-安全文化共同体，社会形态（类型）与安全文化模式在一定程度上是相对应的。

（4）社会的变迁影响与制约着安全文化的变迁，反之亦然。就社会安全文化而言，安全文化与社会二者在变迁机制上的相互影响力主要表现在：当社会发生变迁时，其中的安全文化也会发生相应的变化；当安全文化向另一阶段演进时，社会也会做出一定的调整。如从历史角度来看，中国的传统安全文化（主要指封建社会的安全文化）与现代安全文化（主要是现代社会的安全文化）具有相似性，但也发生了巨大的变迁。

8.3 安全文化学与安全经济学

随着人类社会的发展和人民生活水平及受教育程度的提高，安全的作用、功能、理念不断发生变化，人们对安全的重视程度越来越高。在生产生活过程中，在强调生命价值、职业健康、社会效益的同时，也要注重经济意义对促进社会发展的作用。安全经济活动在安全实践中至关重要，安全科学决策与管理、安全人力资源的配置、安全投资政策的制订、事故损失评估与风险管理等均涉及安全经济学（Safety Economics）范畴，安全经济学是安全经济活动的理论基础[6]。

安全经济学是以经济学理论为基础，将相对成熟的经济学思想和研究方法运用于安全实践活动中，研究安全经济活动规律的科学[6]。经济学在安全实践活动中有着至关重要的作用，通过引入经济学研究方法，可以对安全投入产出、安全效益、安全投资价值评估等基本活动进行更加精细的量化分析。根据 2009 年修订的国家标准《学科分类与代码》（GB/T 13745—2009），安全经济学（学科代码是 6202120）与安全文化学（学科代码是 6202160）被同时列为二级学科"安全社会科学"下的两个安全科学技术学科的三级学科。

概括而言，安全文化学与安全经济学二者之间的关系，主要体现在以下四个方面。

（1）安全经济学与安全文化学均体现生命的崇高。事故造成的人员伤亡历来是安全问题的核心，其巨大的人身伤亡基数，以及如何评估生命价值、保证公正合理的善后理赔等问题引起了社会各界的高度重视。经济补偿是人员伤亡的主要解决办法，该做法在许多国家也得到普遍认同，甚至形成了法规条例，如德国基于公共保险的赔偿制度、比利时无过失保险制度等。

在进行高危项目施工设计时，也常需要通过对生命定价进行可行性评估，常用的生命价值评定方法分别是人力资本法和支付愿意法，并且各自有具体的计算公式。经济学家 Mankiw[7] 提出：一种评价人的生命价值的较好方法，是观察其得到多少钱才愿意从事有生命危险的工作。

生命价值不仅是经济问题，也是伦理问题。从道德层面来讲，经济学中的普遍做法相当于间接以金钱衡量生命，对生命进行明码标价，这似乎违背了道义准则，因为人的惯有思维是不应该把安全尤其是生命货币化，因为人的生命是无价的（这也是安全文化学所强调的重点之一）。但是，"生命有价"与"生命无价"都可体现"生命之崇高"。换言之，它们是"生命崇高"的两种不同具体表现形式而已，有异曲同工之妙，这是因为：①一方面，生命是人与生俱来的特殊财产，无法交易，没有人愿意拿生命去交换别的东西，生命的价值无限大；另一方面，对于其他人而言，自觉放弃的生命都是负效应，没有买家愿意为此买单，此时，生命价值无限小。因此，"生命有价"的实质是生命有无限的价值[6]。②生命本质上是无价的。生命有无限的价值，但无价格。价格是交换比率，而生命无法交换，所以无法像其他商品一样用货币来衡量[6]。③国内外常见的对因公伤亡的员工进行经济补偿不能说明"生命有价"，这是对员工亲属的精神抚慰或安家费，而不是对生命的直接定价，没有机构愿意为非工伤事故的员工亲属进行经济补偿[6]。

总之，安全经济学认可人的生命所创造的价值（如其劳动能力对社会的贡献），也承认对因公伤亡进行经济补偿的合理性。但是，该行为只是由于资源利用、正常生产、事故损失统计、法律标准制定等活动的需求，并非是对生命进行交易性估价，不仅不违背安全文化学中所强调的生命无价，反而有利于受损家庭迅速恢复正常生产生活，以及维护社会和谐稳定。

（2）安全文化学研究与实践有助于促进人们对安全效益的认同和理解。安全效益与生产效益既有联系，又有区别。安全效益不仅包含价值因素的经济效益，还包含非价值因素（健康、安定与幸福等）的社会效益。但是，因安全效益往往具有潜在性、间接性与延时性等特征，一般均会被人们所忽视，特别是安全效益的非价值因素经常被人们所忽视，从而导致人们的安全认同度低，弱化安全投入。显而易见，安全文化有助于使人形成对安全效益的科学认识和理解，进而认同安全效益并重视安全投入。

（3）安全经济学可为安全文化的经济价值的论证和安全文化建设的经济投入优化提供理论依据和基础。组织文化建设要投入大量人力、物力和财力，作为以获取经济绩效为目标的组织来说，这种投入是否具有经济性十分关键。因此，从安全经济学的角度来说，安全文化具有经济价值，如组织安全文化的激励功能是实现安全文化的经济价值的重要途径。此外，安全经济最优化原理[6] 作为安全经济学的一条核心原理，其可为安全投入产出最优化提供理论依据。同样，就安全文化建设方面的经济投入而言，也可依据安全经济学原理之安全经济最优化原理[6]，实现对安全文化建设的经济投入的最优化，有助于做出科学而合理的安全文化建设方面的经济投入决策。

（4）安全文化学研究与实践有利于降低组织安全投入，从而实现安全经济学所追求的用最少的经济投入实现最佳安全效果的目的。由本书前面章节内容可知，组织安全文化与组织安全绩效密切关联。一般而言，组织一旦形成良好的安全文化氛围，既会有效约束和规范组织成员的行为以保障组织及组织成员安全，也会激发组织成员的安全积极性、自觉性和主动性。显然，良好的组织安全文化可大幅度提升组织安全绩效，有利于降低组织安全投入。换言之，尽管组织安全文化培育过程漫长而困难，但一旦形成，其安全管理效果明显，作用时间长久，真可谓是一种经济有效的组织安全保障措施。

8.4 安全文化学与安全教育学

在20世纪60年代，国外较先提出事故预防"3E"原则，即 Engineering、Education 和 Enforcement（技术、教育和法治），"安全教育"被纳入事故预防体系，多年来中国也将安全教育列为事故预防的三大对策之一[8]。总之，安全教育为保障安全生产与经济发展发挥了重要作用。鉴于安全教育如此重要，近年来，本书第二笔者吴超教授等围绕安全教育学理论与实践开展了大量研究，并于2016年编著出版《现代安全教育学及其应用》[9] 一书，其可作为全国高校安全科学与工程类专业开设"安全教育学"课程的备选教材。

所谓安全教育，可简单理解为是以受教育者获得安全意识和素养及某种特定技能为目的的教育[9]。安全教育学（Safety Pedagogy）是以安全科学和教育科学为理论基础，以保护人的身心安全健康为目的，对安全领域中的一切与教育和培训等活动有关的现象、规律进行研究的一门应用性交叉学科[8,9]。根据2009年修订的国家标准《学科分类与代码》（GB/T 13745—2009），安全教育学（学科代码是6202140）与安全文化学（学科代码是6202160）被同时列为二级学科"安全社会科学"下的两个安全科学技术学科的三级学科。宏观来看，安全教育学相当于安全文化学的实践性学科。在此，笔者着重谈谈安全教育与安全文化之间的相互关系。

安全教育是安全文化的表现形式，是安全文化中的一个重要组成部分。在理解安全教育与安全文化之间的关系时，笔者认为，安全文化是本质性的，安全教育是安全文化的形式，是一定安全文化的表现。

（1）安全教育是安全文化的一个组成部分和表现形式。当我们把安全文化作为一个统一的整体存在予以把握的时候，作为安全文化体系之一的安全教育体系无疑包含其中。在这一点上，与文化学者所认为的人类文化系统中包含教育成分的观点也相吻合。因此，安全教育是庞大安全文化体系的一份子，它时时处处受着安全文化的制约。

（2）安全文化的独特性影响着安全教育的本质特征。世界上很多国家和民族的安全教育内容、安全教育政策、安全教育方式方法都有很大的差别，这些差别的存在是由主流安全意识形态决定的，而主流安全意识中无疑蕴含着国家或民族安全文化的基因和国家或民族的个性。

以中国、美国高校公共安全教育为例，据衣庆泳等[10] 的研究，美国高校公共安全教育具有三个重要特征，即在师资的配置上体现出"社会化"特征；在教育内容的安排上体现出"实用主义"特征；在教育途径的选择上体现出"多元化"特征（主要包括课堂授课、法律约束与信息警示 3 条途径）。而中国高校公共安全教育的重要特点是：在师资的配置上体现出以辅导员为主，其他人员为辅的特点；在教育内容的安排上强调大学生的"个人安全"，忽视"社会安全"；在教育途径的选择上形式多样，但实际演练较少，实效性不明显。因此，显而易见，中美高校公共安全教育在教育者、教育内容和教育途径等方面存在诸多差异。中国、美国高校公共安全教育的这些差异表现的根本就是安全教育体制和安全教育政策的差别，是安全文化的独特性和安全文化意识形态在安全教育上的具体体现。

（3）安全文化的累积性与时代性决定了安全教育的内容。安全文化的累积性是指一个群体的安全文化的历史性积累，是群体安全文化通过安全文化继承走到今天表现出的特征，对传统安全文化的继承是一个群体安全文化教育的重要内容。中国历史悠久，先哲前辈以其安全智慧创造了丰富的安全文化，传统的安全哲学、艺术、科技等安全思想，各种优秀的传统安全文化都已成为今天我们安全教育的重要内容。这是安全文化教育一个方面的内容。

安全文化的时代性决定了安全教育的另一个方面的内容。安全教育不仅仅是向下一代传授传统安全文化，同时也要紧跟时代安全发展要求，把握时代安全发展需要。结合时代安全发展要求和需要，塑造符合时代安全发展要求和需要的人的安全观念，并传授符合时代安全发展要求和需要的安全知识与安全技能，这也是安全教育的重要内容。唯有这样，才可使安全教育内容与方式等更具时效性，安全教育的效果也更为明显，以免因为安全教育内容与方式落后而使安全教育的效用降低。

总而言之，安全文化的积累性（即传统性）教育保证了群体传统安全文化的继承，保证了群体安全价值观念与安全精神的独立性，为群体安全发展提供了精神动力和源泉。安全文化的时代性教育促进了群体安全文化的发展，为群体安全文化进步和创新提供了新鲜血液。

（4）安全文化与安全教育之间的双向互动。安全文化与安全教育之间的关系并非是简单地一个影响一个，而是存在一种双向互动关系，二者相互影响，相互促进。

① 安全教育促进了安全文化的继承与发展，安全教育的不断发展也促进了安全文化的创新与进步。离开了安全教育，也就无所谓安全文化的继承与发展，安全文化的继承与创新也就失去了具体的动力。② 安全文化的发展也推动了安全教育的进步，没有安全文化就不会有安全教育，就没有安全教育的具体内容。安全文化的发展推动安全教育进步主要体现为两个方面的内容，一是物质安全文化的繁荣推动安全教育技术和安全教育手段的丰富；二是安全文化的发展促进了安全文化信息量的大幅度增加，这也为安全教育的发展提出了更高的要求。随着计算机网络技术的快速发展，安全文化信息已呈爆炸式增长，面对众多的安全信息，人们的认识不可能做到面面俱到，有些安全信息甚至是错误的，因此，安全教育此时承

担的职责较过去更具挑战性，如何梳理、筛选与辨别安全信息，总结安全信息的特点，传承和发展这些安全文化和安全信息，对安全教育的发展提出了更高的要求。

安全文化体系包含安全教育内容，而安全教育既作为安全文化的内容，也是促进安全文化传承和发展的重要手段。安全教育伴随安全文化发展的始终，促进安全文化的继承与延续、发展与更新。

8.5　安全文化学与安全管理学

管理产生于人类的生产活动的实践中，是生产力发展到一定水平的产物，是人类共同劳动、生存的需要。所谓安全管理，是指管理者对安全工作进行的计划、组织、监督、协调和控制的一系列活动。其目的是保护人的安全与健康，保护国家和集体的财产不受损失，促进组织改善管理，提高效益，保障组织各项工作的安全顺利开展[11]。

按照对象的不同可将安全管理划分为狭义的安全管理和广义的安全管理[11]。以企业为例，狭义的安全管理是指直接以生产过程为对象的安全管理，它是指在生产过程或与生产有直接关系的活动中防止意外伤害和财产损失的管理活动，即生产安全管理；广义的安全管理泛指一切保护劳动者安全健康、防止国家与集体财产受到损失的安全管理活动，不仅以生产经营活动为对象，而且包括服务、消费活动等涉及的安全管理活动。

对安全管理学（Safety Management Science）的研究颇多，但很难说有一个统一的定义。简单讲，安全管理学应该是研究安全管理活动规律的一门科学[11]。具体言之，它是运用现代管理科学的理论、原理和方法，探讨并揭示安全管理活动的规律，为安全法治建设、安全管理体制和规章制度的建立提供指导和帮助，以达到提高管理效益，防止事故，实现安全的目的[11]。通俗讲，安全管理学就是研究应用于事故、职业危害预防和协调安全工作的包括安全管理的理论和原理、组织机构和体制、管理方法、安全法规等一系列学问的科学[11]。

根据 2009 年修订的国家标准《学科分类与代码》（GB/T 13745—2009），安全管理学（学科代码是 6202130）与安全文化学（学科代码是 6202160）被同时列为二级学科"安全社会科学"下的两个安全科学技术学科的三级学科。

鉴于安全管理的重要性，因此，"安全管理学"课程历来是安全科学与工程类专业的专业主干课程。

安全文化学与安全管理学二者之间的关系极其复杂。因此，我们需重点明晰安全文化与安全管理之间的关系，它们之间主要包括以下五方面关联。

（1）安全文化是一种重要的安全管理对策。由安全"3E＋C"对策（详见本书第 9 章 9.3 节），即技术（Enginneering）、法治（Enforcement）、教育（Education）＋文化（Culture）可知，安全文化是安全管理的一种重要对策，且是四种安全管理对策之核心，即安全文化对策处于安全"3E＋C"对策的中心地位。安全文化作为安全管理的一种新对策，并不是对已有安全管理方式的超越，而只是一种升华。安全文化就是将安全管理的诸要素耦合而构成现代安全管理的结构，安全文化渗透在安全管理的每一要素中，决定着每一个要素的功能强度，就像黏合剂一样，把其余要素合成为一个整体，使安全管理系统发挥出整体功能。安全文化起着功能"放大器"的作用，放大倍数就是安全文化的水平。此外，就某一具体组织而言，现代组织安全管理的核心是完善组织安全健康体系和组织安全文化推介。总而言之，安全文化是一种重要的安全管理对策。此外，鉴于此，目前大多数安全管理（学）类著作（如文献［11］）均纳入安全文化内容，且绝大多数都把它作为单独一章内容来进行详细论述。

（2）安全文化是一种重要的安全管理理念[12]。从企业管理学视角来看，在当今全世界范围内，正在越发盛行企业文化管理，企业文化成为企业职工的精神、信念和行为准则，这是新时代企业管理的新特点，是企业更加重视企业职工、重视激励人的精神的一种文化现象。在此背景下，对企业安全管理也提出了更高要求，创新安全管理理念，寻求安全管理方法、方式的突破，创出安全管理的新水平，是摆在当今所有企业领导者和管理者面前的严峻课题。而如今倡导的安全文化，作为安全管理的一种新模式，正是"以人为本"的管理理念在安全管理方面的体现（即企业文化管理的体现），可以说它是安全管理的一种崭新理念，它的提出和实践必定是安全管理科学发展史上的一个新里程碑。因此，从这一角度观之，安全文化是一种重要的安全管理理念，推动安全管理学发展迈上了一个新台阶。

（3）安全文化显著影响安全管理绩效。安全管理的效能发挥，自然离不开安全管理的主体、对象，其最根本的决定因素是人，即安全管理者和被管理者，他们的安全文化素质及其安全文化环境直接影响安全管理的机制和所能接受的安全管理方法等。学界、政界与企业界等愈来愈注意到，人的安全文化素质的提高，是不断推动安全文明发展，保护人安全和健康的关键。简言之，安全文化是安全工作的灵魂，是影响安全管理绩效的关键因素，具有决定性作用。具体言之，安全文化主要通过对安全管理产生以下三方面影响来影响安全管理绩效。① 对安全管理理念的影响。安全理念文化是安全文化的观念层面的一种反映，体现了组织内部关于组织及其组织成员安全的一种核心价值体系。安全文化的建设首先要有一个安全管理理念，这一理念将指导组织领导及组织成员一起，为更好地完成组织安全工作做准备，也是组织成员进行生产操作时的安全意识的重要内容，是推进组织安全管理效能发展的关键点。②对安全管理制度的影响。所谓制度，即为一种约束，安全管理制度是用来规范人的行为的重要安全法则，可以起到很好的安全规范作用。但是不同的组织安全文化在安全管理制度上的体现是不一样的。例如：长远看，以惩罚来加强安全管理的安全管理制度不能达到很好的安全管理效能，过分强调产量而弱化安全的规定也很难保证高的安全管理效能。在安全规章制度上，组织应该从科学的角度，从实际出发，保证严密性、逻辑性和科学性，从而在约束的环境下得到很好的安全管理效果，同时也要加强组织安全文化建设，不断巩固安全管理制度在组织安全管理中的地位和作用。③对安全管理行为的影响。安全管理行为体现在组织日常安全工作中的每一个细节上。将安全管理理念付诸行动，可以说是理论与实践相结合的一种体现，将正确的安全理念反映到实际行为中是组织安全管理的必经之路。同时，这也是安全文化对于人的行为的一种束缚作用。

概括而言，安全文化对安全管理绩效的显著影响是通过安全文化的组织及协调安全管理功能实现的。协调是指为了实现系统的目标，对系统中各子系统的关系进行匹配的过程。在安全管理中，一是需对安全决策持有不同观点的人进行协调；二是需对系统（如企业）中各子系统（如部门）在安全职能关系上进行协调，以使系统形成一个整体，克服顾此失彼和安全管理上的片面性。而这种协调就需要有统一的安全价值观念和行为取向为基础，否则，协调就常常失灵。

（4）安全管理是安全文化的一种表现形式。一方面，安全管理是不断发展和优化的安全文化经验化、理性化的体现；另一方面，安全管理离不开安全文化，也可以说不同的安全文化背景就有不同的安全管理理论和方法，而安全管理的进步实际上是一种安全文化现象。作为安全文化的一种表现和相对独立的现象，自然也丰富了安全文化，也反过来促进了安全文化的发展，即安全管理也属于安全文化的范畴，如上述提及的"以人为本"的安全管理理念就是现代理念安全文化的一种典型体现。此外，组织安全文化的氛围和背景或特定的安全文化环境也会形成或造就组织特殊的安全管理模式，反过来安全管理模式也会体现组织安全文化特征与水平等。

（5）安全管理是安全文化建设的前提和基础，是安全文化有效落地的保障和助力。安全文化建设的前提和基础是要有一套完整的制度化的安全管理系统，即要建设好安全文化的规范层次，如安全法律、法规、标准、规范等，否则，盲目地追求一种新安全文化理论和新安全文化建设方法，只会是事倍功半，甚至适得其反。但是，需指出的是，只抓制度化的安全管理系统的建设而不适时地辅以安全文化观念等"软"因素的培养也只是一种权宜之计。没有安全文化基础的安全管理即使当时十分有效，也只是暂时的现象，会因安全管理者的变更或时间的推移而迅速滑坡。此外，要使安全文化，特别是精神安全文化（主要指组织的决策层、管理层、执行层的安全信念与安全价值观等）有效落地，必须要借助安全管理规章制度与安全标准规范（但这本身又是制度安全文化）来推动和实现。

综上所述可知，安全文化与安全管理有其内在的联系，二者之间是一种双向互动关系，不可互相取代。安全文化是安全管理的基础和背景，是理念和精神支柱，安全管理的哲学、管理者与被管理者的安全素养、安全管理的伦理道德等这些无形的高尚境界却都由安全文化来培养、影响和造就。安全文化与安全管理是互相不可取代的，那种误认为提倡安全文化，安全管理就可以不要了，或认为安全管理落后了、过时了等观点都是十分错误的。总之，安全文化能够促进安全管理的理论与机制创新，安全管理的改进与提高反过来又能激励安全文化的传承与发扬。

就安全文化学与安全管理学而言，虽然它们都是为了人的安全和健康，但从当前二者的发展状况来看，各自的目标值和广度及深度大不相同，如所涉及的主要对象（安全文化学的主要对象是全人类，包括职工、大众、公民、家庭、民族、国家；安全管理学主要局限于企业安全管理，主要对象是劳动者、生产经营活动人员与雇员等）、追求安全与健康的程度（安全文化学追求全民身心安全与健康，包括安全、舒适、健康与长寿等；安全管理学追求生产过程中职工不伤、不死、不得职业病）与对人影响的侧重点（安全文化学侧重于对人的安全意识、思维方法、人生观、价值观、道德规范等，从精神安全文化方面提高；安全管理学侧重于安全技能、安全生产物质环境、技改和更新等，偏重于"硬件"）等。

此外，安全管理学还可为安全文化建设奠定理论基础。例如：安全管理学理论之海因里希安全法则对安全文化建设的开展就具有重要的指导意义[13]。美国著名安全工程师海因里希（Herbert William Heinrich）提出的 300：29：1 的安全法则，意为当一个企业有 300 起隐患或违章，必然要发生 29 起轻伤或故障，另外还有一起重伤、死亡或重大事故。这一法则完全可以用于安全管理上，即在一件重大的事故背后必有 29 件轻度的事故，还有 300 件潜在的隐患。其对安全文化建设至少具有 3 点启示：①防止严重伤亡事故发生应从消除大量轻微伤害事故或未遂事故着手；②安全惩罚有可能会使轻微伤害事故或未遂事故被"隐藏"，要充分发挥安全文化的激励作用；③消除安全隐患，应积极倡导每个个体都关注身边的安全隐患，这正是安全文化建设所要实现的重要目的之一。其他（安全）管理学理论，如马斯洛的需要层次理论、斯金纳的行为强化理论、阿吉里斯的组织理论与行动科学及赫茨伯格的双因素理论等均对安全文化建设具有借鉴和参考价值，读者可详细阅读毛海峰等著的《企业安全文化：理论与体系化建设》[13] 一书。

8.6 安全文化学与安全人性学[12,14~16]

笔者吴超等首次正式提出"安全人性"这一专业术语,近年来其课题组已围绕安全人性开展了大量较具探索性和原创性的研究。安全人性主要是指人的精神需求、物质需求、道德需求和智力需求等方面在安全中的体现,即人的各种需求在涉及安全的时候,人的本能反应。有的需求在一定程度上表现出来的是积极的,是有利于安全的;而有的则很大程度上体现出来的是消极的,不利于安全。故安全人性有积极与消极之分,这也是我们建设安全文化的基础与依据。安全人性是由生理安全欲、安全责任心、安全价值取向、工作满意度、好胜心、惰性、疲劳与随意性等多种要素构成的。一般来讲,安全人性有四个基本特征,见表8-1。

表 8-1　安全人性的特征

基本特征	基本内涵
先天遗传性	安全人性具有先天性。安全人性指导着人的安全行为,安全人性的遗传性也决定了安全心理和行为具有一定的遗传性
后天可塑性	安全人性的后天可塑性,主要体现为后天培养,如安全技能培养、安全知识培养、安全观念培养等
分维性	安全人性的分维性是针对时间维、数量维、物质维、知识维等不同维度研究安全人性,便于对安全人性有更全面的认识
复杂性	安全人性是复杂的,后天的安全人性受思维、情感、意志等心理活动的支配,同时受道德观、人生观和世界观的影响

根据安全人性学(Safety Humanology)的定义,安全人性学是以哲学、安全科学及社会学等理论为基础,以安全科学为主体,以利用和改造安全人性实现劳动者的安全、健康为目标,从人性的角度对安全科学基础原理进行探索研究的一门交叉性学科。其主要研究内容是人的精神需求、物质需求、道德需求和智力需求在安全中的体现。

人性与文化一直是学界的研究热点,二者之间的相关性也越来越受学界关注,并围绕其已开展大量具有重要价值的研究。而安全人性是人的本性之一,安全文化作为文化的重要组成部分,两者之间的相互关系理应是明晰安全文化学与安全人性学的相互关系的基础。鉴于若明晰了安全文化与安全人性之间的相互关系,也就基本明白了安全文化学与安全人性学之间的相互关系,故笔者在此仅重点谈谈安全文化与安全人性之间的相互关系。

8.6.1 安全文化对安全人性的影响

基于安全文化的重要功能,论述安全文化对安全人性的影响作用,主要包括提醒与刺激功能、约束与说服功能、规范与塑造功能、推动与导向功能、完善与突破功能,如表8-2所示。

表 8-2　安全文化对安全人性的影响作用

影响作用	内涵解释
提醒与刺激功能	促进人的安全意愿和安全意识的提高,提醒人们避免处于不安全的境地,远离危险,保障身心安全与健康
约束与说服功能	对安全人性中的消极因素进行约束,维护正常的安全规则和秩序,构建安全和谐的社会
规范与塑造功能	对存在的各种不安全行为进行规范,达到消除的目的,并通过安全文化教育学习等塑造积极安全人性
推动与导向功能	推动消极安全人性转向积极安全人性,引导安全人性向积极安全人性靠拢
完善与突破功能	不断摒弃个人的安全人性弱点,即不断完善并培养自己的安全人性优点,并尽可能逐渐向安全文化引导的方向不断突破自己,从而使自己拥有更多安全人性优点,实现自己安全人性的升华

8.6.2 安全人性对安全文化的影响

人性对文化建设有着至关重要的影响作用，安全人性对安全文化建设的影响也是如此。基于安全人性与安全文化的内涵，构建安全人性对安全文化建设影响的"拱形桥"模型，如图 8-2 所示。

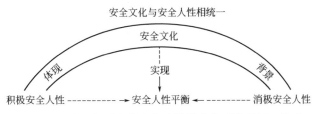

图 8-2　安全人性对安全文化建设影响的"拱形桥"模型

由图 8-2 可知，由消极安全人性与积极安全人性分别构成"拱形桥"模型的两个桥墩，安全文化构成"拱形桥"模型的桥梁，三者共同构成完整的安全人性对安全文化建设影响的"拱形桥"模型。该模型看似简单，实则内涵丰富。其主要包括两层内涵，具体解析如下。

（1）桥墩含义。安全人性有积极和消极之分，即积极安全人性与消极安全人性，它们分别构成"拱形桥"模型的两个桥墩，表明积极安全人性与消极安全人性是安全文化建设的基础，换言之，安全文化正是基于积极安全人性与消极安全人性而产生并发挥效用的。这是因为：①因安全文化的最核心功能是规约人的消极安全人性，所以安全文化产生的背景应是人固有的消极安全人性，即规范安全人性的"X 理论"假设[11] 的那部分个体或群体的不安全认识与行为这一需要催生了安全文化。此外，正是因为人具有消极安全人性，这才赋予了安全文化建设与存在的价值，即重要性与必要性。②人除了一些固有的消极安全人性外，还有诸多安全人性优点，安全保障就是主要得益于人的积极安全人性，因此，安全文化需体现对人的积极安全人性（即安全人性的"Y 理论"假设[11] 情况）的肯定、支持、倡导与保护（如人本能的安全需要，即安全健康权利），以引导积极安全人性效用的有效发挥，或促使消极安全人性向积极安全人性转化。

（2）桥梁含义。安全文化构成"拱形桥"模型的桥梁，即安全文化充当了积极安全人性和消极安全人性之间的连接纽带角色，构成了整个"拱形桥"结构，表明安全文化实现了积极安全人性和消极安全人性间的平衡。简言之，安全文化建设应保证安全人性与安全文化的辩证统一性。

综上所述，提炼并归纳 5 条安全文化建设的安全人性学依据，即安全人本原理、安全人性平衡原理、安全人性双轨原理、安全人性的"Y 理论"假设与追求安全生存优越原理，具体解释见表 8-3。

表 8-3　安全文化建设的安全人性学依据

依据	基本内涵	在安全文化建设中的应用
安全人本原理	在安全文化建设的过程中，始终把人的安全问题放在首位，体现"以人为本"的指导思想。主要体现在两个方面：①安全文化建设是以"以人为本"展开的，人既是社会活动的主体，也是活动的客体；②安全文化建设的各个环节必要要由人掌管、运作、实施	此原理是安全文化建设的基准。安全文化的出现是为了从最大程度上保证人们的安全，用安全文化来抑制人的恶性消极安全人性，发挥人的积极安全人性

依据	基本内涵	在安全文化建设中的应用
安全人性平衡原理	安全人性是由积极安全人性和消极安全人性多种要素构成的,而各个要素之间是相互矛盾,又相互平衡的,这些要素的综合与时间的关系可抽象看作是沿着平衡轴上下波动的:平衡状态;上升为安全人;下降为事故多发人。因社会环境、安全文化以及个人安全素养的差异,这三种状态不断转换,但始终趋于平衡	此原理是安全文化建设的最终目的。安全文化建设最直接的动力就是约束消极安全人性,引导积极安全人性。从安全人性平衡原理的角度出发,就是尽可能地减少事故多发,最大程度地趋于安全,让两个极端的结果向平衡轴靠拢
安全人性双轨原理	安全人性发展的双轨性是指安全人性是双轨运行发展的,一条轨道是先天遗传,另一条是后天培养。即对于安全人性,要坚持先天和后天相结合的研究方法。可以通过安全技能培养、安全教育培养、安全管理培养等三种形式对安全人性进行塑造。基于这个原理,安全法律法规的制定和实行,是安全人性培养的最佳催化剂,给人类社会的发展注入一股强有力的正能量	此原理是保证安全文化效用实现的基本条件(即人性可塑)。基于安全人性的双轨性,立足于安全人性的后天可培养,利用安全文化的教育性和约束性对消极安全人性加以重新塑造,并对积极安全人性起到肯定与促进作用
安全人性的"Y理论"假设	安全人性的"Y理论"则是对安全人性的积极看法,强调的是安全人性优点,即为了个人和组织安全,人具有主动、自控的一面。其基本观点是:①一般情况下,人都具有很强的生理安全欲和安全责任心,并尽其最大努力来确保个人和组织安全;②强迫、监督或惩罚不是实现组织安全管理目标的唯一方法,人在执行任务时,能够通过主动调节和控制个人的意识和行为来保障个体和组织安全	此原理是安全文化建设的假设前提和依据,即保证安全文化积极向上。在进行安全文化建设时,应该积极宣传和激励为保障组织安全而付出个人努力的组织成员,即安全人性的"Y理论"假设的人,这样就会促使越来越多的人认可组织的安全价值观、理念和行为准则等,进而使组织成员自发采取有利于组织安全的行为
追求安全生存优越原理	追求安全生存优越原理,即人总是追求更好的安全环境。由马斯洛需求层次论类比得到安全人性需求也是逐级上升的,并提出安全生存优越层次,由下至上分别是生理安全、器物安全、人-机安全、人本型安全、本质安全5部分。而安全文化是以"以人为本"建设的,当人的需求发生了变化之后,或者人们探索的领域更深入之后,安全文化也会随之发展并更新	此原理是安全文化发挥引导作用的理论依据。人的需求贯穿整个社会的运行与发展,随着人们的安全需求不断上升,原有的安全文化便不能满足人们的需要,因此,需求的改变会促进新的安全文化的生成,使得安全文化不断发展和改良

8.7　安全文化学与安全伦理学

近年来,国内外在安全伦理道德方面均开展了较多研究。刘星[18]指出,安全伦理学(Safety Ethics)是关于安全伦理道德的学问,即关于在安全活动中处理人与人、人与社会等社会关系的伦理原则、伦理范畴和道德规范的知识体系。在国家标准《学科分类与代码》(GB/T 13745—2009)中,安全伦理学(学科代码是6202150)与安全文化学(学科代码是6202160)被同时列为二级学科"安全社会科学"下的两个安全科学技术学科的三级学科。冯昊青[19]认为,安全伦理观念是安全文化的灵魂,笔者也赞同这一论断。细言之,安全伦理观念是安全文化的观念层的重要组成部分,安全文化应倡导科学的安全伦理观念。

由上可见，安全文化学的研究范畴可包含安全伦理学的研究范畴，但二者研究的侧重点存在差异，安全文化学的研究对象是安全文化这一整体，而安全伦理学的研究对象是精神安全文化之安全伦理道德。此外，显而易见，安全伦理学研究及实践对推动安全文化学研究及实践一定具有重要的指导意义。

尽管当今安全文化受到前所未有的重视，安全文化学研究及实践成果颇多。但是，安全文化学理论及实践在认识上还存在着深层次的欠缺。因"人因控制"是安全文化的作用中心，传统观念一般认为安全文化的核心是人的安全知识、安全技能和安全意识，但对人的安全伦理观念——关于安全的道德观念、态度、品德、修养及其深层次的价值理念等精神因素和道德素质认识不够，而这些因素和素质正是人们对安全文化的认识的反映。由此可见，安全伦理学研究及实践对弥补人们传统的安全文化认识的不足具有重要价值和意义，这也是安全伦理学研究及实践对安全文化学研究及实线影响最重要的方面。

在本节内容中，还要基于冯昊青[19] 的研究，详细论述"安全伦理观念是安全文化的灵魂"这一观点。具体分析如下。

有学者[19] 认为，安全文化应是指实践人的安全责任感与安全贡献力，重在对安全事务的个人责任心和整体的自我完善。这种看法一语中的，安全伦理观念及其素养是人的精神和灵魂性的东西，左右着人的行为，"一切行为只不过是观念的外化"。"人因控制"既然是安全文化的作用中心，那么左右人的行为的安全伦理观念就必然是安全文化的灵魂。因为，由人因导致的安全事故无非出于两种情况：一种是非故意的，由于责任心不强而疏忽大意所致；另一种是故意所为而致——故意破坏和故意不作为或为了某种利益考虑而故意忽视。但无论哪一种都是可以归结为安全伦理道德观念问题的，也就是说，安全伦理观念是安全文化的灵魂。

安全伦理观念作为安全文化的灵魂，还表现在安全文化的中心得以贯彻落实的关键问题上。安全文化的中心是要人具有强烈的安全责任感，自觉自愿地执行安全责任的道德自觉性，以避免人因错误或失误导致安全事故，它要求人们从被迫执行"安全第一，预防为主"的方针转变为自觉执行，并且将其看成是维护自身发展和利益实现以及维护他人利益的需要。

在此基础上，我们还应明晰一个观点，即"安全不仅是个技术问题，而且更是一个伦理道德问题"，因此，安全文化倡导科学的安全伦理观念就显得极为重要。具体分析如下。

纵观当前诸多频发的各类安全事故，除了那些由于自然因素或因不可抗拒力而导致的以外，几乎都有一个共同特征，即"人为性"和"缺德性"。因此，安全不仅仅只是个技术问题，而且随着技术水平的提高，由于技术问题而导致一系列安全防御措施失效的可能性已经非常低，而安全问题更多地表现为安全责任问题和如何对待自我与他人利益关系的问题，因而本质上是个安全伦理道德问题。

从价值层面上看，安全就是指主体免于伤害的客观状态得以实现的利益或价值。当安全成为人们普遍追求的利益和价值进入社会生活，与人的目的和需要联系在一起，成为人们相互竞争的一种特殊利益时，安全便成为人与人之间的一种特殊利益关系。那么，人们对待安全的态度和行为就体现着他们的道德意识和伦理追求，因而就具有了道德意义与伦理价值。因此，安全行为因其具有道德含义而成了道德行为，成为了道德评判的对象。很显然，有利于增进和维护安全的行为就是维护和增进他人利益的行为，就是合乎道德的行为，就是善的行为；反之，不利于安全的，甚至是破坏安全的，使他人陷于不安全境遇之中的行为便是不道德的，就是恶的。于是，安全自然成为了一个具有普遍意义的善，同时也成为了人们在处理涉及相互之间安全利益关系时应该遵守的伦理原则和道德规范，也是人们可以用来评价和判断安全行为是否道德的标准。因此，安全自然成为一个合乎于善的道德范畴和行为主体应当遵守的伦理原则。所以，安全不仅是个技术问题，而且更是一个伦理道德问题，于是安全问题的解决或安全保障离不开安全伦理道德的参与，也就是说安全不仅仅需要技术保障，更需要安全伦理道德保障。

综上可知，要把组织安全保障水平提到更高、更新的水平，只靠安全工程技术、卫生工程技术和安全管理技术等技术性手段是不够的，也就是说，有良好的安全设施设备，有必要的安全机构和安全管理方法，有安全制度、法律、法规和标准等技术性硬件仍然是不够的，还要充分认识人这一核心因素，要从人的生理、心理、价值观念等方面认识安全的本质，遵循其运动规律，而且最根本的就是要不断提高人的以安全伦理素质为灵魂的安全文化素养，以安全责任伦理为灵魂构造现代安全文化管理模式，真正把安全管理的中心由事故处理转移到事故预防上，由主要依靠硬件转移到硬件软件并举上，由个体的人转移到整体的人，由人的技术知识以及生理心理转移到人的安全价值观念和安全道德意识等观念安全文化上，使组织和组织个体从道德、习俗、思维、信仰、价值观、行为准则与行为方式等方面均折射出"安全第一"的特性。

8.8　安全文化学与安全法学[20,21]

安全法律法规是安全管理的基础和准绳，在事故预防和控制方面发挥着巨大作用。在13世纪，人类为了控制日益严重的工业事故，改善劳动条件，保护劳动者的健康，就开始了安全立法。最早的安全立法是德国的《矿工保护法》。针对世界范围的最早安全立法是1919年第一届国际劳工大会制定了有关工时、妇女、儿童劳动保护的一系列国际公约。中国最早的劳动安全相关法规是1922年5月1日在广州召开的第一次劳动大会提出的《劳动法大纲》。英国、德国、美国等工业发达国家是劳动安全立法最早和较为完善的国度。除此，很多国家的安全立法一般起步于20世纪。

随着安全科学学科建设及理论基础研究的深入，安全科学日益重视法治手段在安全科学领域的运用。在《学科分类与代码》（GB/T 13745—2009）中，安全法学（Safety Jurisprudence，学科代码是8203080）被列入法学学科的三级学科，1992年颁布、1993年7月实施的《学科分类与代码》（GB/T 13745—1992）也是如此划分。但与此同时，国家标准《学科分类与代码》（GB/T 13745—2009）也将安全法学与安全文化学（学科代码是6202160）同时列为二级学科"安全社会科学"下的两个安全科学技术学科的三级学科。所谓安全法学，是关于通过法律法规的控制手段保障人的身心健康免遭外界因素危害的科学活动及认识成果的总称。它是介于安全科学与法学之间的边缘学科，是法学运用于安全科学领域后产生的一门新学科。

基于上述解释，对于安全文化学与安全法学在宏观层面的关联关系已较为明晰。在此，笔者重点对安全文化与安全法律法规之间的关系进行阐明，以帮助读者深入理解和把握安全文化学与安全法学微观层面的关联关系。具体分析，主要包括以下四方面。

（1）安全法律法规本身是一种安全文化现象。安全法学所研究的法律法规现象常常被人们理解为是一种安全文化现象。具体言之，安全法律法规实则是制度安全文化的重要组成部分，它实际上是某种安全文化据以表达其安全秩序观念的具体方式。在安全文化的框架里，安全法律法规成为整体安全文化的一个部分，安全文化同时也需要安全法律法规作为其存在，但不是唯一的载体。其实，有关法学也经常提及"法律文化"或"法文化"这一学术术语，它就是把法律法规理解为一种文化现象，这也间接佐证了"安全法律法规本身是一种安全文化现象"这一观点的合理性和正确性。

（2）安全文化学为安全法学解释提供了一种方法，其属于安全法学的方法论范畴。历史上诸多法学家都对法律是什么做过不同的回答。也许这是一个经久不绝的问题，正像圣奥古斯丁曾经说过："时间是什么？如果无人问我则我知道，如果我欲对发问者说明则我不知道。"同样，安全法律法规是什么？也许每个人心中都有一个模糊的概念，但如何清晰地表达及表达能否完整就成为一个只能意会而不易言传的话题了。

虽然是这样，也许正因为是这样，我们总是尽力从多个角度来观察安全法律法规，力求给予安全法律法规不同于"前见"的解释，那么，经过安全文化解释的安全法律法规是怎样的呢？笔者倾向于基于安全文化符号学视角，对安全法律法规进行解释。从安全文化符号学的视角观之，安全法律法规是一种典型的安全文化符号，而且对保障个体和群体生活与生产活动安全具有建设性、构造性与组织性的能动作用。之所以要从安全文化符号学视角解释安全法律法规，这是因为安全法律法规作为一种安全文化现象，它不仅可以解决安全问题，同时也可以传达安全意义，即安全法律法规除了可以作为解决安全问题的手段和技术外，同时也可以作为体现安全价值观等的一种安全文化符号。

基于上述这一认识，更重要的是安全法律法规既然作为一种传达安全文化意义的安全文化符号系统的一部分，我们就可以根据某一时代、国家、民族或地区等安全法律法规特征来间接推断其安全文化特征。此外，还可根据安全法律法规的发展与变化，来考证和探寻某一国家、民族或地区等的安全文化起源与演进过程。换言之，安全法律法规在一定程度上给安全文化史学提供了可靠的研究资料。虽然我们的研究追溯到了安全法律法规的出发点和演变过程，但归根结蒂还是为了现在以及未来的安全法律法规制定和安全文化建设。由此可见，安全法律法规的安全文化解释不仅仅是"对旧材料的重新安排和重新解释"，而且是一种"引入了新的立场、观点和方法，而且提出了新的主题"的研究对象和领域——安全法律法规文化（其应属于制度安全文化范畴）。

总而言之，上述描述都是把安全法律法规当作一种安全文化现象来看待，即安全文化学为解释安全法律法规提供了方法，其属于安全法学的方法论范畴。

（3）安全文化对安全法律法规的制定与实施具有巨大的影响，安全法律法规制定和实施应与具体群体或地区等的安全文化背景相适应。毋庸置疑，安全法律法规是解决当前安全问题的一个重要且必不可少的手段。但是，安全文化对安全法律法规的制定与实施具有巨大的影响。例如：安全意识形态对安全法律法规等的正式约束是一个决定因素，优秀成熟的安全文化可有效降低安全法律法规的执行成本；若无相应的安全文化建设，安全法律法规就得不到应有的保障，执行起来就会困难重重，发挥不了安全法律法规应有的作用。

此外，安全法律法规制定和实施应与具体群体或地区等的安全文化背景相适应。这里举一个安全环保方面的法律法规制定后最终实施失败的典型例子：数年前，北京等城市曾出台烟花爆竹禁放的法规，而且是市人大常委会制定的。从法理上讲，作为人大的地方立法，权威性很高，应该实施较易。但结果是，禁放烟花爆竹的法规制度尚未得到很好的执行，最终不得不部分被解除。究其原因，最关键的原因在于文化方面，因为就禁放烟花爆竹而言，逢年过节，燃放烟花爆竹已经变成了中国民众节庆文化的重要组成部分，在人们的观念中，谁都不认为这有什么不对，更不认为这是违法行为。简言之，法规禁止的东西，却在具体的文化中得到某种程度的赞成，故无法有效执行，这与"美国等国曾经也出台过禁酒的法令，最后都流产了"的原因也是一致的。

由此可见，若安全法律法规和安全文化指向一致，安全法律法规就能得到很好的执行；若安全法律法规和安全文化长期背道而驰，或者安全文化建设长期滞后于安全法律法规建设，这种安全法律法规最终会流于形式。但为什么近几年烟花爆竹禁放的法规慢慢在中国得到了较好的执行呢？究其根本原因，同样也是文化，因为近年来中国民众的文化（尤其是观念层面的文化）中对燃放烟花爆竹的理解和认识逐渐发生了变化，认为这会污染环境与造成火灾事故等，应予以减少直至禁止。

总之，只有促进安全文化建设，注重安全文化与安全法律法规的互动，并在安全文化的背景下，在分析影响安全法律法规制定和实施因素的基础上，进行安全文化（特别是精神安全文化）环境构建，从而建立健全安全法律法规。唯有这样，才可保证所制定的安全法律法规的科学性和适用性，以及它们的实施效果。

（4）安全法律法规有助于促进和保障安全文化落地。安全文化建设的前提和基础是要有一套较为健全的安全法律法规体系，即要建设好安全文化的规范层次（主要是制度安全文化），否则，盲目地追求精神安全文化环境建设，无法有效保障精神安全文化及时落地。因此，要使安全文化，特别是精神安全文化（主要指人的安全信念与安全价值观等）有效落地，必须要借助安全法律法规来推动和实现。

8.9　安全文化学与安全心理学

众所周知，事故的发生主要是由人的不安全行为和物的不安全状态造成的，而人的不安全行为占绝大多数。如果应用心理学分析的话，我们就会发现，人的不安全行为的背后，起支配作用的多是一些异常的心理因素。此外，减弱外因对人所造成的心理创伤也是减弱事故伤害的一个重点。因此，安全心理学（Safety Psychology）研究极为必要。

安全心理学在国外被称为职业健康心理学（Occupational Health Psychology），它起源于 20 世纪早期，经过 100 多年的发展，到现在已经拥有学科专有的杂志和手册，如职业健康心理学杂志（Journal of Occupational Health Psychology）和现在通用的职业健康与保健手册（Handbook of Occupational Healthand Wellness）。国外对职业健康心理学的研究多为指导人们通过调节心理状态预防伤害和事故，国内的安全心理学研究则普遍重视其在安全管理工作中的应用。

由本书第 7 章 7.4 节的内容可知，安全心理学是以控制人因事故和减弱外因对人所造成的心理创伤为着眼点，以培养人的安全（包括健康）心理状态及提高人的安全意愿和意识为侧重点，以提高人的行为的安全可靠性和保护人免受外因心理创伤为目的，以描述、解释、预测和影响人的安全心理现象与行为为任务，以安全科学与心理学原理和方法为主要理论基础，以人的安全心理与行为活动为研究对象，通过研究人的安全心理现象和行为过程规律，指导行为安全管理和外因心理创伤安抚的一门兼具理论性与应用性的新兴边缘交叉学科。

安全心理学是应用心理学的一个分支，同时，《学科分类与代码》（GB/T 13745—2009），安全心理学（学科代码是 6202520）被列为二级学科"安全人体学"下的一个安全科学技术学科的三级学科。文化与心理联系密切，二者相互依存、相互建构。同样，安全文化与安全心理之间也是紧密联系。安全文化与安全心理之间的相互影响、促进和依赖关系决定安全文化学与安全心理学之间也一定存在紧密关联（已在本书第 7 章 7.4 节做过扼要分析）。在此，再对其进行具体分析。

（1）安全文化学的安全心理学基础。①人的心理需求之安全需要是安全文化产生的根本内驱力，正是因人类具有本能的安全需求，才促使人类通过创造安全文化来服务和保障人类生产与生活安全。②由进化观可知，人类的心理（如信念、愿景和需求等）是文化形成的基础，同样，人类的安全心理（如安全需求、愿景和态度等）也是最终积淀形成安全文化的基础。③尽管关于安全文化有诸多定义，但几乎所有安全文化定义均指出安全文化产生于某一可界定的群体之中，它是某一群体的个体所共有的且有别于其他群体的个体所共有的具体安全认知、信念、愿景和行为规范等，而群体的个体所共有的具体认知、信念与行为规范等的形成与发展受人的各种心理过程的影响显著，因此，人的各种安全心理过程也必会显著影响安全文化的形成与发展。④安全文化的重要功能（如凝聚、刺激、约束与规范等）均需依赖于人的安全心理过程方可发挥其效用。

（2）安全心理学的安全文化学基础。①人的心理或行为是文化和自然环境共同塑造的结果，而大量安全文化研究也指出，安全文化对人的安全心理或行为等具有显著的影响作用。②不同文化背景下的群体的基本心理过程和行为存在显著差异，而事实上，不同类型（或组织）的安全文化情境下的人的安全态度、认知、意愿、意识与行为也存在显著差异。③心理学固有的人文主义取向决定其研究需以文化学理论为基础，同理，安全心理学理应也需结合相关安全文化学理论来开展研究。

由以上所述可知，安全文化与安全心理是相互建构的充要条件，细言之，安全文化是安全心理的外化，而安全心理是安全文化的内化。因此，安全文化学与安全心理学研究应互为基础，即二者不可分割，这表明创立安全文化心理学具有充分的可能性（具体安全文化学的学科分支之安全文化心理学已在本书第 7 章 7.4 节进行详述，此处不再赘述）。

在此，归纳总结安全文化建设的 5 大心理学重要原理[22]。换言之，这是安全文化建设的 5 条心理学思路或方法。

（1）心理定势原理。人的心理活动具有定势规律，前一强烈的心理活动对于随后进行的心理活动的反应内容及反应趋势有明显的影响。特别是对组织新成员的安全培训，要重视这个问题。组织在保障安全方面提倡什么？反对什么？欣赏什么样的组织成员？组织成员应该具备什么样的安全观念和表现？新的组织成员都急于找到这些答案。通过安全培训，使他们在这些基本问题上形成有利于组织安全的心理定势，对其今后的行为产生指导和制约作用。组织的变革和发展，相应地要更新和改造原有的组织安全文化，首先就要打破已有的传统心理定势，建立新的心理定势。这将会遇到安全文化惰性的顽强抵抗。

（2）心理强化原理。强化是使某种心理品质变得更加牢固的手段。所谓强化是指通过对一种行为的肯定或否定（奖励或惩罚），从而使该行为得到重复或抑制的过程。使人的行为重复发生，称为正强化；反之，则称为负强化。这种心理机制运用到安全文化建设上，就是要及时表扬或奖励有利于保障组织安全的观念和行为，批评不利于组织安全的思想和行为，使奖惩尽量成为组织安全文化的载体，使组织安全文化可见、可感。许多组织在这方面均已积累宝贵的经验。

（3）从众心理原理。从众是在群体影响下放弃个人意愿而与大家保持一致的心理行为。

从众的前提是实际存在的群体压力,它不同于行政压力,不具有直接的强制性或威胁性。一般来讲,重视社会评价和舆论的人,情绪敏感、顾虑重重的人,文化水平低的人,惰性强的人,随和的人及独立性差的人,从众心理比较强;反之相反。在组织安全文化建设中,组织领导者和安全管理者应利用人的从众心理,采用一切舆论工具,促使组织成员在安全行为上符合安全规程要求。一旦这种行为一致的局面初步形成,对个别组织成员就构成一种心理压力,进而与大多数组织成员保持一致。对于消极因素,则应采取抑制措施,严防消极从众行为的发生。

(4)认同心理原理。认同是指个体之间、个体与群体之间相互视为同类,从而产生彼此不分的整体感觉。初步的认同处于认知层次上,较深的认同是情绪认同,完全认同则有了行动的成分。个体对他人、群体、组织的认同,使个体与这些对象融为一体,休戚与共。为了建设优良的组织安全文化,使全体组织成员认同组织安全文化是十分必要的,也是组织安全文化发挥效用的第一步。这部分内容已在本书第6章6.7节进行了详述,此处不再赘述。

(5)模仿心理原理。模仿指个人受到社会刺激后,按照与别人行为相似的方式行动的一种倾向,它是社会生活中一种常见的人际互动现象。不言而喻,利用模仿的心理机制有利于组织安全文化建设,而树立好的安全工作榜样可为模仿提供条件。组织的安全模范人物,特别是组织的安全主要负责人,理应成为组织安全文化的人格化代表。组织成员对他们由钦佩、爱戴到模仿的过程,也就是对组织安全文化的认同和实践的过程。组织的安全主要负责人应以身作则,以自己的模范言行倡导优秀的组织安全文化,同时应该大力表彰安全模范、安全先进工作者、安全标兵等,使他们的先进安全事迹及其所体现的组织安全文化深入人心,在组织内掀起学先进、赶先进、超先进的热潮,这是组织安全文化建设的重要途径。

8.10 安全文化学与安全史学

自从人类出现在地球上,就饱受各种事故灾难,有自然灾害,也有人为的事故灾难。整个人类历史,伴随着充满血泪的事故灾难史。人类在战胜事故灾难,与天灾人祸做斗争的过程中,付出了巨大的代价,也总结了许多宝贵的安全实践经验。在进行生产活动、社会活动的过程中争取安全、维护安全,逐渐形成自觉的理念与行动,而这一过程,就构成了人类的安全史。人类写下的就是安全史,安全史就会伴随人类走向幸福和文明。

每一学科都需要有自己的历史研究,例如国内外都有著名的哲学史、数学史、物理学史、文学史、音乐史、美术史专家和著作。安全史学(Safety History)的研究对象是安全的历史,其应是安全学科的重要组成部分。根据《学科分类与代码》(GB/T 13745—2009),安全史学(学科代码是6201007)被列为二级学科"安全科学技术基础学科"下的一个安全科学技术学科的三级学科。但对于这种学科划归方法有待商榷,根据学界对史学的学科划归方法,笔者认为将安全史学列为二级学科"安全社会科学"下的一个安全科学技术学科的三级学科更为科学合理。

根据本书第7章7.5节中给出的安全史学定义,安全史学是基于历史发展角度,以古为今用和以史为鉴为侧重点,以不断吸取历史安全教训和挖掘并借鉴历史上的人类安全智慧为目的,以人类历史上的安全问题及安全实践活动为研究对象,以安全科学和史学为学科基础,借助史料,运用科学历史观与翔实的史料,通过记载、撰述、认识与反思人类历史上的安全问题及安全实践活动,分析人类认识、掌握和避免危险、事故与灾难的策略和过程等,并总结人类避免危险有害因素威胁或伤害的历史安全经验，进而阐明人类安全实践活动具体发展过程、内在规律及其与社会发展的关系，从而为人类当前安全实践活动提供历史参照的一门兼具理论性与应用性的新兴交叉学科。简言之，安全史学就是研究安全的历史的一门科学，其非单纯局限于研究安全科学本身的历史。

文化与历史是一组有机的统一体，即二者之间存在内在的必然联系。显而易见，安全文化与安全史也密切关联，二者同样久远，可谓是同时产生，同时发展，故安全文化学与安全史学内部之间存在必然关联（已在本书第 7 章 7.5 节中做过扼要分析）。在此，对于二者之间的关联关系，具体分析如下。

人类的安全文化是安全史的产物，人类的安全文化同时也创造着安全史。安全文化是由人创造的，在安全史的递进中，安全文化历经萌芽、积累、变迁、传播、衰亡、重构等多样形态。安全史包含所有安全文化。从安全文化的角度来看，每一时代的安全史，本质上是那个时代的人对安全史做理性认识与感性体验后产生的安全思想、观念和实践方法，是每个时代安全历史的主体在物质与精神生活世界中进行安全探索的过程和结果。

由于安全文化与安全史是一个相互交织的整体，研究安全文化时必然要涉及安全史的概念与事实。这种安全史或是国家民族的大的安全历史，或是某一行业或地区的小的安全历史，都已经成为安全文化研究的一个重要维度。对安全文化史的研究，也充分体现了安全文化研究者对勾勒安全史怀有同样强烈的热情与兴趣。研究安全史时也同样无法逃避对安全文化的系统性描述与客观评价，安全文化有时还成为安全史研究的重要线索。

此外，安全文化为安全史的传播提供了载体，而安全史又丰富了安全文化的宣教内容。我们既需要科学的、系统的安全史学专著，也需要深入浅出的安全史普及读物。在社会和企业的安全文化建设活动中，需要有反映安全历史的各种小册子、图画和音像制品等，以群众喜闻乐见的形式，进行生动的安全历史教育。这样一方面促进了安全史的传播，另一方面也丰富了安全文化的宣教内容。

总之，为保证安全文化学与安全史学研究的科学性、准确性与全面性，二者的研究极有必要相互借鉴与吸收对方学科的理论与方法，即安全文化学与安全史学之间的内在必然联系决定极有必要创立安全文化史学（具体安全文化学的学科分支之安全文化史学已在本书第 7章 7.5 节中进行详述，此处不再赘述）。

8.11　安全文化学与其他安全学科分支

在学理上，安全文化学属于安全社会科学的范畴，因此按理讲，较非安全社会科学分支学科而言，安全文化学与其他安全社会科学分支学科之间的关联更为紧密一些，故本章前几节重点介绍了安全文化学与安全社会科学分支学科（也包括部分安全科学技术基础学科分支学科）之间的关系。但是，鉴于安全科技也是安全文化的重要组成部分（侧重于物质安全文化），即安全科技与安全文化的关系也较为密切，因此，也极有必要对安全文化学与安全科技类学科之间的关系进行整体把握和了解。

安全科技类学科涉及诸多安全学科分支分科。根据《学科分类与代码》（GB/T 13745—2009），与安全科技类学科相关的重要分支学科有安全系统学（Safety Systematology，代码为 62027）、安全工程技术科学（Safety Science of Engineering and Technology，代码为 62030）与安全卫生工程技术（Safety Hygiene Engineering and Technology，代码 62040）

等安全科学技术学科的二级学科，各二级学科又包括若干分支学科。安全科技与安全文化的关系在于它们能够相互推动和彼此促进，常常贯穿于一体，互为因果关系。安全科技的进步能够促进安全文化发展，其中最先发生变迁的是物质安全文化，接着是安全文化的其他层面。整体安全文化发展了，安全科技也随之受到重视并推动进步。反过来，安全科技也可以影响安全文化的进步和传播，安全文化也能够制约安全科技的变革。

人类的物质安全文化的发展并不是匀速前进的，既可能在某个时期停滞不前，也可能在特定时代突飞猛进。在采集—狩猎社会、园艺—游牧社会与农耕社会，当时的安全科技水平较为低下，基本的生活安全文化（重要的是生存安全文化）是主导性的安全文化模式。但自从 200 年前一直到今天，历经工业社会和信息社会，随着工业及其他各类安全新问题的不断出现，人类的物质安全文化以惊人的速度发展着。特别是随着当代国家、政府与民众对安全问题的不断重视，这实质上是社会安全文化水平的不断增强，使得安全科技得到了前所未有的重视，也推动了安全科技的快速发展。此外，各项安全科技的发明和发展，如同连锁反应，也造就了全新的人类安全文化。

由上述可知，安全科技并非是一个安全文化之外的孤岛，安全文化也并非是脱离安全科技就可以独自得到发展，二者的关系可谓是一环扣一环，彼此促进的。也正是安全文化与安全科技的密切关系，使得安全文化学与安全科技类学科成为两个相辅相成的学科。安全学科的许多研究对象，既有安全科技类学科的内容，也有安全文化学的内容成分，既包括有形的安全科技技术层面，也包括无形的安全文化层面的影响因素。换言之，诸多安全学科研究课题都非常值得安全科技类学科与安全文化学共同进行探讨与研究。

就微观层面而言，安全科技技术与安全文化均是保障安全（即事故预防）的重要对策。其中，安全科技技术侧重于实现物的本质安全化，但往往不能很好地消除和控制人的不安全行为，而安全文化恰恰侧重于实现人的本质安全化，即其可通过改变和强化人的安全价值观、安全态度和安全道德来从根本上彻底控制人的不安全行为，进而弥补安全科技技术所存在的先天不足。总而言之，无论是微观层面的安全科技技术与安全文化，还是宏观层面的安全文化学与安全科技类学科，彼此间均是互相促进、互为因果、互相补充的关系。

此外，安全文化学还与近年来一些逐渐兴起的安全行为学、比较安全学与公共安全学等也存在一些关联关系。其中，安全文化学与比较安全学之间的关联关系已在第 7 章提及，安全文化学与其他学科分支之间的关联关系本书不再进行详述，感兴趣的读者可在老师指导下或自行进行探索和分析，以实现对安全文化学与相近学科之间的关联关系的进一步明晰和补充。

🔖 思考题

1. 简述安全文化学与安全学科间的关联关系。

2. 安全文化学与哪些安全社会科学学科分支间存在紧密的关联关系？并简述它们之间的关联关系。

3. 简述安全文化学与非安全社会科学学科（即安全自然科学、工程技术类学科）分支之间的联系。

4. 通过本章学习，对你学习安全文化学和开展安全文化学研究有何启示？请举例说明。

参考文献

[1] 林柏泉.安全学原理[M].北京：煤炭工业出版社，2010.

[2] 徐德蜀，汪国华，张爱军.浅谈"安全生产五要素"与安全科学技术[C].海峡两岸及香港、澳门地区职业安全健康学术研讨会暨中国职业安全健康协会 2006 年学术年会，2006.

[3] 颜烨.安全社会学[M].北京：中国政法大学出版社，2013.

[4] 颜烨.安全社会学：安全问题的社会学初探[M].北京：中国社会出版社，2007.

[5] 王秉，吴超.家庭安全文化的建构研究[J].中国安全科学学报，2016，26（1）：8-14.

[6] 马浩鹏，吴超.安全经济学核心原理研究[J].中国安全科学学报，2014，24（9）：3-7.

[7] Mankiw N G. Principles of economics[M]. Ohio: South－Western College Publishing, 2012.

[8] 徐媛，吴超.安全教育学基础原理及其体系研究[J].中国安全科学学报，2013，23（9）：3-8.

[9] 吴超，孙胜，胡鸿.现代安全教育学及其应用[M].北京：化学工业出版社，2016.

[10] 衣庆泳，李艳.中美高校公共安全教育模式比较[J].思想政治教育研究，2013，29（6）：136-138.

[11] 田水承，景国勋.安全管理学[M].第 2 版.北京：机械工业出版社，2016.

[12] 李美婷，吴超.安全人性学的方法论研究[J].中国安全科学学报，2015，25（3）：3-8.

[13] 毛海峰，王珺.企业安全文化：理论与体系化建设[M].北京：首都经济贸易大学出版社，2013.

[14] 明俊桦，杨珊，吴超，等.安全人性与安全法律法规的互为影响关系研究[J].中国安全生产科学技术，2016，12（9）：182-187.

[15] 许洁，吴超.安全人性学的学科体系研究[J].中国安全科学学报，2015，25（8）：10-16.

[16] 周欢，吴超.安全人性学的基础原理研究[J].中国安全科学学报，2014，24（5）：3-8.

[17] 王秉.安全人性假设下的管理路径选择分析[J].企业管理，2015，36（6）：119-123.

[18] 刘星.安全伦理学的建构——关于安全伦理哲学研究及其领域的探讨[J].中国安全科学学报，2007，17（2）：22-29.

[19] 冯昊青.安全伦理观念是安全文化的灵魂——以核安全文化为例[J].武汉理工大学学报：社会科学版，2010，23（2）：150-155.

[20] 易灿南，吴超，胡鸿，等.比较安全法学的创建与研究[J].中国安全科学学报，2013，23（11）：3-9.

[21] 栗继祖，赵耀江.安全法学[M].北京：机械工业出版社，2016.

[22] 杨鹏.心理学原理在企业安全文化建设中的应用研究[J].科学与财富，2015（32）：36.

第 9 章

安全文化学的应用实践理论

 **本章导读**

　　本章针对安全文化学的应用实践问题，从安全文化学高度出发，对安全文化学应用实践的核心理论进行系统论述。通过本章的学习，以期使读者掌握安全文化学应用实践的通用性理论。本章主要包括以下 10 方面内容：①介绍两种典型的安全文化关联理论，即安全文化中心法则模型与"3E＋C"广义安全管理模型。②提出组织安全文化建设的定义，分析组织安全文化建设内涵、基本原则、启动时机与切入点。③详细论述组织安全文化建设的基本程序与方法。④分析组织安全文化落地的定义与内涵、基本目标、基本前提、基本原则、影响因素与本质。⑤分析组织安全文化落地的机理与方法论。⑥阐述基于安全标语的组织安全文化建设原理和方法。⑦提炼与剖析组织安全文化评价的基本问题。⑧建构和解析组织安全文化评价的一般程式，指出组织安全文化评价所需的方法支撑。⑨介绍组织安全文化识别及组织安全文化识别系统的建构。⑩探讨安全文化标准建设的若干理论问题。

　　大量研究与实践表明，组织安全文化对提升组织安全绩效具有巨大的促进作用。正因为如此，"安全文化"已成为近年来安全科学领域的研究热词。与此同时，几乎与它同时出现和使用的还有"安全文化建设"一词。毋庸讳言，组织安全文化进步与发展（包括其效用的发挥）的根本途径是组织安全文化建设。此外，组织安全文化建设还可实现安全文化学理论与实践的紧密结合。由此可见，探讨"组织安全文化建设"这一问题颇有价值。此外，鉴于一般而言，安全文化学的具体应用实践均是对某一具体组织而言的，因此，通过探讨上述这一问题，可提炼出安全文化学应用实践的基本理论。

　　值得注意的是，明晰安全文化学应用实践中的组织层面的关联关系（如安全文化与安全管理、安全绩效、安全形象、安全行为及安全动机等之间的关联关系）是安全文化学应用实践（主要是组织安全文化建设）的基础。其实，组织安全文化实则不存在有无之分，唯有优劣之分。为判断其优劣程度，需对组织安全文化进行科学评价，从而为组织安全文化建设、落地与变革提供重要的科学依据。由此可见，明晰组织层面的安全文化关联关系与科学合理组织安全文化评价理应是组织安全文化建设和落地的必需环节和手段，也是安全文化学的重要研究内容之一，颇具研究价值与空间。

　　此外，组织安全文化所具有的普遍性，决定可概括出组织安全文化建设与评价的一般情形，即普适性的基础性问题、原理及方法论。而且，就哲学层面而言，任何研究均需以其基础性问题及方法论为根基和指导。因此，理清组织安全文化建设的基础性问题及方法论理应是组织安全文化建设与评价的理论研究的首要部分。鉴于此，本章主要基于文献分析法（即以现有的组织安全文化建设与评价的研究文献为主要基础，并以组织文化建设与评价的相关论述为辅助参考），从安全文化学高度出发，审视与考察组织安全文化建设与评价问题，拟对组织安全文化建设与评价的基础性问题及方法论开展系统研究，以期夯实安全文化学应用实践（组织安全文化建设与评价）的通用性理论和方法论基础。

9.1 典型的安全文化关联理论

鉴于世界万事万物之间均存在或多或少的关联，为明晰和理清各事物之间的联系，诸多学科研究领域都极为重视探究本学科领域的关联现象与规律。同样，许多关联现象与规律也必然存在于安全文化学研究领域，其理应也是安全文化学领域的重要研究内容之一。

从宏观（学科，即安全文化学）与理论层面来看，安全文化学实则涉及诸多关联关系，如安全文化学的主要学科分支，以及安全文化学与安全学科及其相关分支的关系。就微观和应用实践层面而言，学界很早就对安全文化学应用实践中的微观层面的关联关系开展研究，如安全文化与安全绩效、安全形象、安全行为及安全动机等之间的关联关系；此外，安全文化评价研究的实质也是探究各安全文化评价指标之间的关联关系。尚未理清并明晰微观和应用实践层面的与安全文化相关的关联关系是导致人们对安全文化学应用实践（如安全文化建设流程及安全管理的方法思路等）问题的认识和理解模糊，进而严重阻碍安全文化学应用实践效果的关键原因之一，有必要对微观和应用实践层面的与安全文化相关的关联关系进行阐明。

鉴于微观和应用实践层面的与安全文化相关的关联关系颇多，本节仅筛选两种较为典型而重要的安全文化关联关系，即"安全文化内部各层次之间的深层关联关系"（即安全文化内部各层次之间的信息传递规律）与"安全文化与安全'3E'对策之间的关联关系"进行阐述，以期理清并明晰上述两种典型而重要的安全文化关联关系。

需特别指出的是，为描述简单而明确，以及便于安全文化学实践应用起见，本节以组织安全文化为例阐释上述两种安全文化关联关系。

9.1.1 安全文化关联

据考证，关联一词指互相贯连，语出《尉缭子·将理》："如此关联良民，皆囚之情也。"所谓安全文化关联，是指安全文化内部元素与元素，以及安全文化与其他安全体系元素或非安全体系元素通过某一介质元件为纽带（即形成一个界面或节点），所建立起来的特定安全联结关系。需明确的是，显而易见，上述是从微观（即安全文化）和应用实践层面所谈的安全文化关联。若上升至宏观（即安全文化学）和理论层面，实则也涉及诸多关联关系，最为典型而重要的诸如安全文化学与安全学科及其相关分支的关系（详见本书第8章），以及安全文化学的主要学科分支（详见本书第7章）。

由上面给出的安全文化关联的定义可知，安全文化关联主要包括安全文化内关联与安全文化外关联两种。

（1）安全文化内关联是指安全文化内部各元素相互之间存在的内部关联关系，如本节将进行详细介绍的安全文化内部各层次之间的深层关联关系，以及传统安全文化与现代安全文化之间的关联关系等。

（2）安全文化外关联是指安全文化与其他安全体系元素或非安全体系元素之间存在的外部关联关系的模型，如本节将进行详细介绍的安全文化与安全"3E"对策之间的关联关系；安全学者田水承[1] 提出的实现安全"三双手"说（既看得见又摸得着的手——安全机器装备、工程设施等；看不见但摸得着的手——安全法规、安全制度等；既看不见又摸不着的手——安全文化。其中，安全文化是最重要的手）；2001 年，国家安全生产监督管理局局长李毅中提出的安全生产"五要素"说（即安全文化、安全法规、安全责任、安全科技和安全投入）[2]；等等。

9.1.2　安全文化关联的常用描述方法之模型法

要清晰而准确地描述事物之间存在的关联关系，除用语言进行定性描述外，一般最常用的关联关系的描述方法是模型法。同理，模型法也是描述和表示安全文化关联关系的最常用方法之一。鉴于此，本节介绍的两种安全文化关联关系绝大多数均采用建模方法或建模思维进行描述。

模型一直是诸多学科领域研究者最常讨论的重要学科术语之一，建模是自然科学与社会科学领域一种常用的研究方法。模型是相对原型而言的，在科学研究中，简言之，原型是指研究者所关注的现实世界中的实际研究对象，而模型则指研究者所关注的实际研究对象的替代物[3]。按照模型替代原型的方式（即模型的表现形式），可将模型划分为物质模型与理想模型，物质模型又可细分为直观模型和物理模型，理想模型可细分为思维模型、符号模型和数学模型[3]。其中，在社会科学研究领域，运用最为普遍的模型是理想模型。

同样，就安全社会科学（如安全文化学）研究领域而言，也是如此。需强调的是，"框架→理论→模型"是安全社会科学研究的一种常见范式，从一定意义上讲，模型方法实则是安全社会科学研究从定性研究向定量研究过渡的典型研究方法之一。换言之，模型方法有助于使安全文化学研究实现定量化。

此外，根据模型的用途，还可将模型分为工业模型、金融模型与建筑模型等[3]。由此推理，所谓安全文化模型，是指模型方法运用至安全文化学研究领域所建立的科学模型。显而易见，安全文化关联模型是安全文化模型之一，具体言之，它是表示安全文化内部各元素相互之间存在的内部关联关系，以及安全文化与其他安全体系元素或非安全体系元素之间存在的外部关联关系的模型。换言之，安全文化关联模型是研究者认识和掌握安全文化关联关系的一种安全文化学研究方法。

此外，所谓安全文化关联模型的构建，即安全文化关联关系建模（或模型化）是指以安全文化为中心，以安全文化内部各元素相互间存在的内部关联关系，以及安全文化与其他安全体系元素或非安全体系元素之间存在的外部关联关系为基础，基于关联思维，运用相似原理等建模原理和分门别类、归纳总结、逻辑推理与类比分析等建模方法，建构旨在揭示安全文化关联关系的科学模型的过程。简言之，安全文化关联关系建模是把安全文化关联关系模型化的过程，以实现安全文化关联关系的逻辑化、集成化、结构化和明晰化。显而易见，通过安全文化关联关系建模便于将安全文化关联关系形象地表示出来，可使安全文化关联问题变得简明、扼要而清晰，有助于窥见其本质关联关系。

9.1.3 安全文化中心法则模型

随着学界对组织（包括企业）研究的不断深入，诸多研究者[4,5] 越发意识到，就本质规律而言，组织与生物体之间实则存在颇多相似之处，如组织同生物体一样，也具有其生命周期、机体结构、代谢机理与遗传规律等。基于此，越来越多的学者开始借鉴运用生命科学原理来丰富和发展组织管理理论，由此形成的经典的组织管理理论有组织生命周期理论与组织遗传理论等[4,5]。其中，就组织遗传理论而言，学界对其研究尚处于起步阶段，其内涵和内容还具有广阔的研究发展空间。此外，目前学界尚未有学者基于生命科学理论来探讨组织安全管理（包括组织安全文化）理论。

而经比较发现，安全文化作为组织安全发展的根本保障，其所具有的决定性、独特性、稳定性、变异性（随着时间、环境与人的安全需求等的变化而发生适当"变异"，以适应新的环境与人的安全需求等）、复制性（遗传性）和可塑性等特点，与生命科学理论中的"生物基因"的特点具有高度相似性。鉴于此，基于生命科学视角，借鉴生物遗传学经典理论之生物中心法则，构建安全文化中心法则模型，以揭示典型的安全文化内关联关系，同时也为安全文化研究与建设提供一种新的思路和视角，并丰富和发展组织遗传理论。

9.1.3.1 生物中心法则简介

为揭示生物遗传信息的流向和传递规律，Crick[7,8] 于 1958 年首次提出生物中心法则，并于 1970 年又重申生物中心法则的重要性，同时提出完整的生物中心法则的图解形式（见图 9-1）。所谓生物中心法则，简言之，即为 DNA、RNA 与蛋白质三大生物大分子之间遗传信息转移的基本法则[9]。在此，基于文献［7～9］，仅阐释生物中心法则的核心思想。

（1）生物遗传信息的转移可分为两类，即生物遗传信息按"DNA→RNA→蛋白质"（具体为 DNA→DNA，即复制；DNA→RNA，即转录；RNA→蛋白质，即翻译）的流程（如图 9-1 实线箭头所示）或"RNA→DNA→蛋白质"（具体为 RNA→RNA，即复制；RNA→DNA，即逆转录；DNA→蛋白质）的流程（如图 9-1 虚线箭头所示）转移。其中，前者普遍存在于所有生物细胞中，而后者仅存在于 RNA 病毒

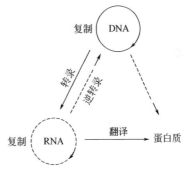

图 9-1　生物中心法则模型

中。换言之，生物遗传信息的重要转移流程是"由 DNA→RNA→蛋白质"，故人们将这一流程称为生物遗传信息传递的标准流程。

（2）蛋白质决定生物性状，且反过来协助生物遗传信息的整个传递过程。

此外，朊病毒的发现表明自然界中存在着以蛋白质为遗传信息的可能性，即在蛋白质的指导下合成蛋白质，但此假说尚未完全被证实，若被证实，它将是生物中心法则现时已知的唯一例外。总而言之，生物中心法则是一种阐明核酸（即 DNA 与 RNA）与蛋白质之间互为作用、互为影响并互相配合完成遗传信息的复制、传递、加工和修饰等生命活动的规律。

9.1.3.2 模型构建

本书提出的安全文化的"4+1"层次结构（详见第 4 章 4.4 节）在传统的组织安全文化"4 层次"说的基础上，重新将组织安全文化分为情感安全文化、精神安全文化、制度安全文化、行为安全文化和物质安全文化 5 个层次（扼要解释见表 9-1）。

表 9-1　组织安全文化的 5 个层次

层次	具体内涵
情感层	特指以人的爱与被爱的需要为基本条件和基础，以人的完善自我安全人性的需要和实现自主保安价值的需要为辅助驱动力形成的一种组织安全文化。它是基于人的本性产生的，可视为是一种最原始的组织安全文化，是组织安全文化的基础和内在需要，贯穿于组织安全文化的其他层次，并对它们产生巨大影响
精神层	主要指所有组织成员共同信守的重要安全信仰、安全价值理念与职业安全伦理道德等，是组织安全文化的核心
制度层	主要指对组织和组织成员的行为具有安全规范性和安全约束性影响的组织安全文化部分，其集中体现组织安全制度与安全行为规范等对组织中个体行为与群体行为的安全要求
行为层	主要指组织和组织成员的安全行为方式表现，如组织的安全决策行为，组织成员在生活和工作中的安全行为表现等
物质层	主要指组织中凝聚着本组织的理念安全文化和制度安全文化的生产过程和器物的总和，是看得见、摸得着的形象安全文化层面，如安全防护工具、器材与设施设备及安全技术工艺、安全资金投入等

需指出的是，鉴于行为安全文化和物质安全文化均是组织安全文化"外化"（或"外显"）的表现形式，故将二者概括归纳为同一类，即行为/物质安全文化。由此，根据组织安全文化所具有的"生物基因"特性与组织安全文化的层次，运用类比的方法，依次界定组织安全文化 DNA、组织安全文化 RNA 与组织安全文化蛋白质的含义，并分析它们与生物DNA、RNA 和蛋白质之间的相似性，具体见表 9-2。

表 9-2　组织安全文化 DNA、RNA 与蛋白质

名称	含义	与生物 DNA、RNA 和蛋白质的相似性
组织安全文化 DNA	精神安全文化	生物 DNA 是控制生物性状的最根本遗传物质，是决定某一生物物种的所有生命现象的基本单位；而精神安全文化（组织安全文化 DNA）作为组织安全文化的核心，其可从本质上决定组织安全文化的根本属性和内容。总而言之，二者均具有遗传性、稳定性、独特性与变异性，即二者之间具有高度的相似性
组织安全文化 RNA	制度安全文化	生物 RNA 的最重要功能是为生物 DNA 所携带的遗传信息向生物蛋白质传递发挥媒介作用；此外，若一些病毒中无 DNA，则 RNA 可携带遗传信息间接指导生物蛋白质的合成。而制度安全文化（组织安全文化 RNA）作为具有组织特色的各类安全规章制度与安全行为规范等，一方面，其可视为是联系精神安全文化与行为/物质安全文化的中介，即在二者之间起着安全文化信息传递作用；另一方面，制度安全文化也在一定程度上具有安全文化信息的自我复制和传递作用，且可反作用于精神安全文化，进而影响行为/物质安全文化。因此，二者之间具有高度的相似性
组织安全文化蛋白质	行为/物质安全文化	经生物 DNA 或生物 RNA 所携带的生物遗传信息的传递过程，最终使生物遗传信息表达在生物蛋白质上，决定生物蛋白质的结构与功能的特异性，进而使生物体表现出不同的遗传性状，即实现遗传信息的表达和外显；而行为/物质安全文化（组织安全文化蛋白质）作为组织安全文化的外部直观表现形式（即组织安全文化的性状体现），也可视为是精神安全文化与制度安全文化的具体表达或外显。因此，生物蛋白质与行为/物质安全文化二者之间具有高度的相似性

其实，生物遗传信息的整个传递和表达过程还需生物体本身提供能量与加工场所等，这是生物遗传信息传递和表达的基础和内在需要，且贯穿于整个生物遗传信息传递和表达过程，因此，生物体本身为生物遗传信息的传递和表达提供能量与加工场所等的作用与情感安全文化的功能极其相似，即情感安全文化是组织安全文化系统信息顺利传递的保证和内在需要。此外，需明确的是，行为/物质安全文化也会反过来协助促进精神安全文化和制度安全文化的形成与传播，且其可进行自我复制。由此，借鉴生物中心法则模型并将其进行适当扩展，构建安全文化中心法则模型，如图 9-2 所示。

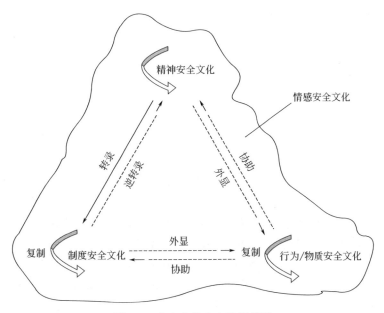

图 9-2　安全文化中心法则模型

9.1.3.3　模型解析

由图 9-2 可知，安全文化中心法则模型类似于生物中心法则模型，但其内涵比生物中心法则模型的内涵更为丰富，其可视为生物中心法则模型的"山寨拓展版"。将其内涵具体解析如下。

（1）安全文化中心法则模型旨在揭示情感安全文化、精神安全文化、制度安全文化和行为/物质安全文化相互之间的关联关系。其中，安全文化中心法则模型的中心思想是揭示精神安全文化（组织安全文化 DNA）、制度安全文化（组织安全文化 RNA）与行为/物质安全文化（组织安全文化蛋白质）三者之间的信息传递或转移方向（由上述分析，可将组织安全文化系统信息传递方式概括归纳为表 9-3 所示），同时也间接阐明了组织安全文化的内在层次结构和运行规律。此外，安全文化中心法则模型也揭示了情感安全文化在组织安全文化系统信息传递过程中的核心作用（前述已做详细阐释，此处不再赘述）。

表 9-3　组织安全文化系统的信息传递方式

传递类型	传递流程
主流方式	精神安全文化→制度安全文化→行为/物质安全文化；制度安全文化→行为/物质安全文化
辅助方式	制度安全文化→精神安全文化→行为/物质安全文化；精神安全文化→行为/物质安全文化
其他方式	制度安全文化→行为/物质安全文化→精神安全文化；行为/物质安全文化→制度安全文化

（2）类似于生物中心法则模型，安全文化中心法则模型的中心思想并非为精神安全文化、制度安全文化和行为/物质安全文化之间简单的线性信息转移与传递关系，而是涵盖了情感安全文化四者之间复杂的互为作用、促进与配合关系，即关联关系，它们共同构成四位一体的组织安全文化信息循环系统，共同完成组织安全文化的"遗传信息"的复制、传递、加工和外显等安全文化运行活动，进而促进组织安全文化信息的传播和组织安全文化水平的提升。

总而言之，安全文化中心法则模型阐明了情感安全文化、精神安全文化、制度安全文化和行为/物质安全文化相互之间复杂的关联关系，从而为安全文化研究与组织安全文化建设理清了思路。

9.1.4 "3E+C"广义安全管理模型

9.1.4.1 模型构建

安全管理缺陷是造成事故的根本原因，这已成为国内外学术界的研究共识。人们在长期安全管理实践活动中总结归纳出安全"3E"对策，即技术（Engingeering）、法治（Enforcement）与教育（Education），它被认为是组织安全管理所应遵循的根本原则与方法。

在此基础上，鉴于众多学者均认为安全文化在组织安全管理中起着决定性作用，换言之，其理应也是组织安全管理的核心手段，故将安全文化对策融入安全"3E"对策，进而提出安全"3E＋C"对策，即技术（Engingeering）、法治（Enforcement）、教育（Education）与文化（Culture）。需明确的是，"3E＋C"对策之安全文化对策应包括安全伦理道德（Ethics），安全伦理道德属于精神安全文化层次。此外，根据傅贵等[38]界定的广义安全管理的概念，安全"3E＋C"对策应属于广义安全管理范畴，其囊括广义安全管理的4条核心安全管理手段。换言之，安全"3E＋C"对策可几乎涵盖或可基于它延伸拓展出广义安全管理的全部内容和内涵。由此，基于上述分析，并结合组织安全管理的实际特点，构建安全文化外关联模型之"3E＋C"广义安全管理模型，如图9-3所示。

9.1.4.2 模型解析

由图9-3可知，"3E＋C"广义安全管理模型的主体结构由核心要素（即安全"3E＋C"对策）和辅助要素（即组织内部因素与组织外部因素）两大类要素融合而成，模型看似简单，实则内涵丰富，具体解析如下。

（1）核心内涵。该模型旨在阐明安全"3E＋C"对策之安全文化对策与安全"3E"对策（除安全文化对策外，安全"3E"对策是最为重要的组织安全管理体系元素）之间的相互关联关系，这是最为重要的安全文化外关联关系。由图9-3可知，安全文化对策相对于安全"3E"对策而言，其应处于中心地位，以突出其在组织安全管理中的核心基础地位，但其与安全"3E"对策之间又存在紧密的相互关联关系，即互为促进和影响的关系（扼要解析见表9-4）。此外，安全"3E"对策三者之间也是协同促进的关系。由此可见，保障组织安全发展需四种安全对策（即安全"3E＋C"对策）相互配合与促进，换言之，它们共同决定组织整体安全管理水平。

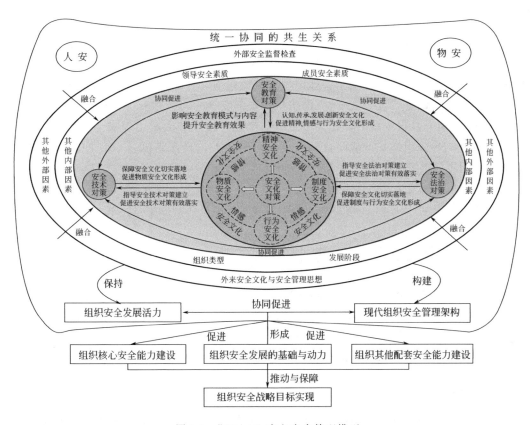

图 9-3　"3E＋C"广义安全管理模型

表 9-4　安全文化对策与安全"3E"对策之间的关联关系

关联关系	具体解释
安全文化与安全教育之间的关联关系	组织安全文化包括组织及其组织成员共有的安全认识、安全价值理念与安全知识技能等,其可融入组织安全教育内容,进而影响组织安全教育的模式与内容,且良好的组织安全文化有助于提升组织安全教育效果
	安全教育内容主要包括安全观念教育、安全知识教育与安全技能教育三种,显然,这是组织成员认知、传承、发展与创新组织安全文化的核心手段,可有效促进组织精神、情感与行为安全文化形成
安全文化与安全技术之间的关联关系	组织安全文化显著影响组织及其组织成员对组织安全技术对策的认同与重视程度,它可促进组织安全技术对策实现有效落地,且可指导组织安全技术对策的建立
	组织安全技术对策注重运用安全工程技术(如安全工艺技术与安全设施设备等)手段来解决组织安全问题,它属于典型的组织物质安全文化,其不仅有助于促进组织物质安全文化形成,有助于营造良好的组织安全文化氛围,且可使组织安全文化融入组织安全技术对策,从而保障组织安全文化有效落地
安全文化与安全法治之间的关联关系	组织安全文化显著影响组织及其组织成员对组织安全管理制度,即组织安全法治对策的认同与重视程度,它可促进组织安全法治对策实现有效落地,且可指导组织安全法治对策的建立
	组织安全法治对策注重运用安全管理制度手段来解决组织安全问题,它属于典型的组织制度安全文化,其不仅有助于促进组织制度安全文化形成,且可使组织安全文化融入组织安全管理制度,从而保障组织安全文化有效落地

　　(2) 次要内涵。①组织安全管理除受安全"3E＋C"对策的重要影响外,同时受组织内部因素(如组织领导的安全素质、组织成员的安全素质、组织类型与组织发展阶段等)与组

织外部因素（如外部安全监督检查及外来安全文化与安全管理思想等）的影响；②组织内部因素与组织外部因素会共同融合对组织安全"3E＋C"对策的实际实施与执行效果产生影响；③总体而言，安全"3E＋C"对策、组织内部因素与组织外部因素之间是统一协同的共生关系，它们是构建现代组织安全管理架构和保持组织安全发展活力的基础和动力；④组织安全管理的直接目的是实现"人安"（即组织成员的安全）与"物安"（即组织及其组织成员的财物安全），但究其根本目的，是促进组织安全能力建设和形成组织安全发展的动力与基础，进而推动与保障组织安全战略目标的实现；⑤此外，显而易见，"3E＋C"广义安全管理模型也阐明了情感安全文化、精神安全文化、制度安全文化与行为/物质安全文化四者之间的关联关系，且其对安全学科体系构建也具有重要的指导作用，即可以"3E＋C"广义安全管理模型（主要是安全"3E＋C"对策）为基础演绎建构出整体安全学科体系（这里不再详述）。

9.2 组织安全文化建设的基础性问题

本节内容主要选自本书作者发表的题为《组织安全文化建设的基础性问题及方法论》[10]的研究论文，具体参考文献不再具体列出，有需要的读者请参见文献［10］的相关参考文献。

9.2.1 组织安全文化建设的定义与内涵

9.2.1.1 定义

毛海峰曾专门指出，"组织安全文化建设"应是一个独立而完整的概念。所谓组织安全文化建设，顾名思义，就是对组织安全文化这种对象进行建设。据考究，尽管"组织安全文化建设"一词经常被诸多学者提及，但鲜有学者给其下过明确定义，较具代表性的仅有国家安全生产监督管理总局颁布并实施的 AQ/T 9004—2008《企业安全文化建设导则》中给出的企业安全文化建设的定义，即企业安全文化建设是指通过综合的组织管理等手段，使企业的安全文化不断进步和发展的过程。显而易见，该定义过于简单，完整性明显欠缺，仅阐明了组织安全文化建设的手段（组织管理等手段）和宏观的直接目的（促进组织安全文化进步和发展），尚未阐明组织安全文化建设的主体与侧重点等，不利于指导组织安全文化建设的具体实践。

鉴于此，基于笔者拟给出更为具体而科学的组织安全文化建设的定义。组织安全文化建设是指以提升组织安全文化水平为目的，以提高组织成员的安全素质为侧重点，以组织成员为主体，以组织安全领导者为倡导者和培育者，运用综合的组织安全管理手段，使组织和组织安全领导者所倡导的组织安全理念逐步被确立、塑造、传播、应用及发展的过程。

9.2.1.2 内涵

上述组织安全文化建设的定义看似简单，实则内涵丰富，主要包括 8 点内涵，依次分析如下。

（1）组织安全文化建设的目的是提升组织安全文化水平。就直接的最终目的而言，显而易见，组织安全文化建设的直接的最终目的是提升组织安全文化水平，即使组织安全文化不断进步和发展。

（2）组织安全文化建设的侧重点是提高组织成员的安全素质。组织安全文化的直接作用对象是组织成员，组织安全文化建设旨在不断提升组织成员的安全素质（包括安全意愿、意识、知识与技能等）。组织成员的安全素质是组织安全文化水平的直接体现，换言之，提高组织成员的安全素质实则就是提升组织安全文化水平。因此，组织安全文化建设的侧重点是提高组织成员的安全素质。

（3）组织安全文化建设的主体是组织成员。组织成员是组织安全文化的创造者。组织成员是实现组织及个体安全的主体与核心，组织及个体安全不仅是组织成员的本能需要（即组织成员创造组织安全文化的根本内驱力是其安全需要），更重要的是组织成员还可创造条件实现组织及个体安全，即形成组织安全文化。组织成员是组织安全文化的承载者。组织安全文化是通过组织成员的安全意识、观念、思维方式与行为表现等表征出来的。组织成员是组织安全文化的实践者。从实践角度来看，组织安全文化是组织成员的一种安全行为方式和规范，一种优良的安全工作作风和传统习惯。总而言之，组织安全文化建设实则是组织成员在生产经营活动中不断创造与实践的过程，即"以人为本"是组织安全文化建设的宗旨。因此，安全文化建设的一切环节均应指向组织成员，即围绕组织成员而展开和建设，才能创造并发展形成优秀的组织安全文化。

（4）组织安全文化建设的倡导者和培育者是组织安全领导者。诸多研究均表明，组织安全领导在组织安全管理中的地位与作用极为突出。纵观众多建设优秀组织安全文化的组织（如杜邦、金川与埃克森美孚等公司），其成功的一个极为重要的原因是组织都拥有一支优秀的组织安全领导团队，他们不仅具有扎实的组织安全管理实践经验和理论基础，而且具有较高的组织管理职权，可对组织安全文化的规划、定位、培育与发展等起到科学的引导和核心的支持（如人力与财力等）作用。

（5）组织安全文化建设的手段是各种组织安全管理手段。组织安全文化建设是一种组织管理过程。组织安全文化作为一种组织安全管理的新对策和新理念，组织安全文化建设应属于组织安全管理范畴，因此，更为严谨而言，组织安全文化建设应是一种组织安全管理过程。既然是组织安全管理过程，就必然会涉及运用诸多组织安全管理手段。

（6）组织安全文化建设的实质是塑造一种理想的组织安全文化。就理论而言，组织安全文化原本就是有的（细言之，组织安全文化实则不存在有无之分，唯有优劣之分），它是一种真实的客观存在，但对组织和组织安全领导者而言，可能并非是一种理想的组织安全文化，使组织和组织安全领导者所倡导的安全理念植入组织安全文化，就是要塑造一种组织和组织安全领导者理想中的组织安全文化。

（7）组织安全文化建设是一个循序渐进的过程。组织安全文化建设是指在某一组织中，组织安全文化理念从形成、塑造、传播和内化到全体组织成员，直至形成组织安全文化的过程，此过程的重点在"建"字上。由本书第4章4.1节内容可知，累积性是组织安全文化的主要特征之一。由此观之，组织安全文化建设应是一项长期性的任务，在组织安全文化建设过程中，应讲求在时间纵向上的重复性与持续性。

（8）组织安全文化建设的内容主要包括确立、塑造、传播、应用和发展组织安全理念。严格讲，组织安全文化建设的直接对象是组织的安全宗旨、使命、愿景与价值观等组织安全理念，并非组织安全文化（组织安全文化实则仅是组织安全文化建设结果的整体表现而已）。换言之，组织安全文化建设就是使组织安全理念逐渐落地（即指导组织安全实践活动）并不断促进组织安全文化进步与发展。需特别指出的是，根据组织内外安全发展环境的变化，及时调整和发展（即创新）组织安全理念也是极为重要的，这是促进组织安全文化创新的根本动力。因此，发展组织安全理念也应是组织安全文化建设的重要内容。

9.2.2 组织安全文化建设的其他若干基本问题

在分析组织安全文化建设的内涵时，已对组织安全文化建设的目的、主体、侧重点、倡导者与培育者、手段、实质与内容等组织安全文化建设的基本问题做了论述。在此基础上，根据上述组织安全文化建设的定义，深入解析组织安全文化建设的其他三个基本问题，即基本原则、启动时机与切入点。

9.2.2.1 基本原则

原则是行事做事的前提和准则，组织安全文化建设理应也要遵循相应的原则。根据组织安全文化的定义与内涵，显而易见，组织安全文化建设应坚持人本原则（上述已做详细解释，此处不再赘述）这项总原则。为使人本原则这一总原则具体落实到组织安全文化建设过程中（即发挥人本原则在组织安全文化建设实践中的具体指导作用），极有必要把它分解为若干更为具体的基本原则，以便提高其在组织安全文化建设实践中的可操作性与针对性。围绕人本原则这一总原则，笔者共提炼出组织安全文化建设至少应遵循的 6 项基本原则，即目标原则、共识原则、一体原则、绩效原则、卓越原则与亲密原则，其具体含义及实践的详细解释见表 9-5。

表 9-5　组织安全文化建设的 6 项基本原则

基本原则	具体含义	具体实践
目标原则	目标管理（MBO）是一种重要的管理思想和方法，其强调任何管理活动均应有设想和目标，避免出现盲目管理。有鉴于此，组织安全文化建设作为组织安全管理活动的高层次追求更不可缺少目标。在组织安全文化建设过程中，坚持目标原则的作用在于：①有效地引导组织成员的安全认识与行为；②激励组织成员的组织安全文化建设热情；③为考核与评价组织成员的安全业绩和安全文化行为提供依据	在组织安全文化建设实践中，坚持目标原则，需坚持做到两点：①科学合理地制订组织安全文化的发展目标，即明确组织的基本安全价值观目标；②采取有效办法实现既定组织安全文化建设目标
共识原则	"共识"是指人们共同的价值判断。组织安全文化建设强调共识原则，是由以下四点原因决定的：①组织安全文化的本质（优秀的组织安全文化本身即是组织成员安全共识的结果）；②组织安全文化的特性之群体性；③人的心理规律（在现代组织中，绝大多数组织成员均具有极强的参与组织安全事务积极性，这是组织成员的共同心理需求特点）；④现代组织发展的内外环境（随着现代组织发展的内外环境的变化，组织成员的凝聚力在现代组织发展中的地位日益凸显）	在组织安全文化建设实践中，坚持共识原则，需坚持做到两点：①充分发挥组织安全文化网络的作用，即要注重组织安全文化信息传播与沟通；②逐渐摒弃权力主义的组织安全管理文化，建立参与型的组织安全管理文化（即组织安全文化建设应讲求全员参与）
一体原则	一体原则，即坚持组织安全管理人员（包括组织安全领导）和基层组织成员之间的关系的一体化，最终实现组织安全价值体系的一体化。组织安全文化建设坚持一体原则的原因在于：有助于打破组织安全管理人员和基层组织成员之间的人为"安全文化界限"，使二者融为一体，建立共同的安全目标，并相互认同、支持和信赖，从而促进组织精神安全文化一体化的形成	在组织安全文化建设实践中，坚持一体原则，需坚持做到两点：①弱化等级制度的影响，组织安全管理要注重分工协作和共同奉献；②强化组织安全管理人员与基层组织成员的沟通与交流

基本原则	具体含义	具体实践
绩效原则	绩效是一项工作的结果,也是一项新工作的起点。在组织安全文化建设过程中,坚持绩效原则的作用在于:①根据组织成员的安全工作绩效大小予以适当奖励,激发组织成员的安全主动性与能动性;②促使组织重视组织安全文化建设的"最终结果"(即组织安全绩效的提升幅度),避免形式主义;③因绩效原则强调结果,故其可增强组织安全建设过程的灵活性和自主性	在组织安全文化建设实践中,坚持绩效原则,需坚持做到三点:①组织安全文化建设应引入目标管理方法;②组织安全文化建设评价要强调组织安全绩效的提升度;③倡导安全自主管理
卓越原则	卓越是一种心理状态,更是一种向上精神。大凡优秀的组织安全文化,肯定力求卓越。在组织安全文化建设过程中,坚持卓越原则的原因在于:组织安全文化建设的任务之一就在于创造一种组织安全价值观,并营造一种组织安全氛围,从而强化每个组织成员追求卓越(即良好安全绩效)的内在动力,把他们的安全认识和行为引导至一个正确的方向,进而促进组织安全文化创新与发展。由此,显而易见,该原则是组织安全文化建设的内在要求	在组织安全文化建设实践中,坚持卓越原则,需坚持做到两点:①善于建立卓越的安全标准或目标,并建立反馈与激励机制;②造就组织安全楷模,组织安全楷模是组织先进安全文化的体现者,其可发挥榜样、导向与聚合作用
亲密原则	美国管理学者威廉·大内(William Ouchi)提出的著名的 Z 理论指出,组织内部保持亲密性,可带来和谐与效率。组织安全文化建设坚持亲密原则,是由以下三点原因决定的:①组织的人性化本质;②人的社会属性(人具有社会交往与相互尊重的需求,即亲密性需求);③组织对保障组织成员安全及组织成员对保障组织安全所应承担的互相责任	在组织安全文化建设实践中,坚持亲密原则,需做到三点:①组织安全文化建设以安全人性的"Y 理论"为依据;②加强情感安全文化的建设;③注重"无谴责"安全文化的建设

由表 9-5 可知,可将组织安全文化建设的 6 项基本原则的含义及其实践,简单形象地概括为:①目标原则——有目标才有组织安全文化建设方向、动力和感觉;②共识原则——创造安全共识是组织安全文化建设的核心;③一体原则——组织精神安全文化一体化是组织安全文化追求的至高境界;④绩效原则——组织安全文化建设重过程更重结果;⑤卓越原则——卓越是优秀组织安全文化的一种状态;⑥亲密原则——亲密性可为组织安全文化建设带来和谐与效率。

9.2.2.2 启动时机

就实践而言,推进组织安全文化建设,应从组织的实际安全管理现状和特点出发。此外,除极少数新成立的组织外,多数组织建设自身的组织安全文化均是在其原有"组织安全文化"基础上,进行组织安全文化的微观再造。换言之,绝大多数组织的组织安全文化建设均是"非零起点"的。因此,选准何时开始开展组织安全文化建设工作(即组织安全文化建设的启动时机)极为关键。

就理论而言,组织安全文化创新和变革主要是在组织内外安全发展要求、组织安全事故数量、组织生产经营规模、组织内的危险有害因素(包括危险源)种类与组织成员的安全素质等组织安全管理因素发生重大变化时,原有组织安全文化已不能满足组织安全发展要求或对组织安全发展产生阻碍作用的情况下进行的。在此,结合当前绝大多数的组织安全管理现状,分别从宏观和微观两个方面来讨论组织安全文化建设的启动时机。

(1)从宏观角度来看,当前正是组织(尤其是中国的企业、学校与社区等)安全文化建设的最佳时期。主要原因分析如下:①就理论层面而言,安全管理理论与安全管理学分别先后按"事故学理论→技术危险理论→系统风险理论→本质安全理论（其强调的重点内容之一即是安全文化管理理论）"与"经验管理→制度管理→科学管理→文化管理"的次序不断发展。此外，安全文化更是一种重要而有效的安全管理技术方法。②就实践层面而言，大量实践均表明，优秀的组织安全文化对提升组织安全绩效具有极大的促进作用，故近年来诸多组织都越来越强调组织安全文化建设。此外，就中国而言，国家相关安全监管部门也日趋重视组织安全文化建设，并为之制定了相关具体保障措施。③此外，就企业这种组织而言，对大多数企业（特别是中国企业）而言，它们当前正处于经济增长方式转变及产业结构大调整与大改组时期，这为加速企业文化变革（如制度创新与管理结构改革等）创造了良好条件，因此，这一时期无疑是摒弃企业旧文化、培育企业新文化的最佳时机。而企业安全文化作为企业文化的重要组成部分，其建设理应抓住这一良好时机。

（2）从微观角度来看，总结国内外诸多组织（主要是企业，如杜邦、壳牌与金川等）的组织安全文化建设的成功经验，可以发现，以下 8 种情况和征兆，即"组织进入快速增长期""组织安全绩效提升陷入困境""组织安全管理掣肘增多、效率低下""组织安全事故（含未遂事故）数量显著增多""组织面临的安全问题发生较大变化""组织面对的外部安全发展环境发生巨大变化""组织安全领导层调整""组织文化转型期"出现时，是组织安全文化建设的最佳启动时机，具体分析见表 9-6。

表 9-6　组织安全文化建设的 8 个最佳启动时机

最佳启动时机	具体分析
组织进入快速增长期	组织一旦进入快速增长期，一般会表现出组织成员大量增加与组织规模迅速膨胀等现象，这难免会给组织安全管理带来众多新问题。在这一时期，组织安全文化往往滞后，很难同组织安全发展要求保持同步，乃使组织安全发展失去相应的安全文化支撑，进而导致组织安全绩效提升缓慢，甚至出现急剧下滑。简言之，组织快速发展时，实际上就已开始孕育一定的组织安全文化危机。因此，这一时期应及时启动组织安全文化建设，以保证组织实现安全可持续发展
组织安全绩效提升陷入困境	目前，就大多数组织而言，提升组织安全绩效极其困难，其中部分原因是组织过去有良好的安全记录。在此情况下，多数组织往往会注重安全科学技术开发与引进，或组织安全管理层调整，却极少检查自身的组织安全文化，这可能是一个误区。就理论而言，组织安全绩效固然会受众多因素影响和制约，但若从一个较长的时期来看，组织安全文化的优劣是起决定性作用的。因此，及时变革组织安全文化是改善组织安全绩效的首要任务
组织安全管理掣肘增多、效率低下	当组织发展到一定阶段时，就组织安全管理而言，一般会出现机构臃肿、职责不清与管理效率低下等不良现象。此时，多数组织会进行组织安全管理机构改革（即精简或增加组织安全管理机构或人员）。殊不知，这一措施往往无法从根本上解决上述问题。实际上，组织安全管理掣肘增多、效率低下一般是组织安全文化滞后造成的。因此，当组织安全管理出现上述问题时，应配合组织安全管理机构改革，大力推进组织安全文化革新
组织安全事故（含未遂事故）数量显著增多	组织安全事故（包括未遂事故）数量的显著增多现象，表明组织安全管理出现了一些漏洞。此时，多数组织会通过安全技术对策、安全教育对策与安全强制对策（主要是加大处罚力度或严格安全管理制度等）等措施来予以应对。但是，显而易见，上述对策均并非是解决上述问题的根本对策。根本对策应是安全文化对策。因此，当组织安全事故（包括未遂事故）数量显著增多时，应及时变革组织安全文化，以降低组织安全事故数量
组织面临的安全问题发生较大变化	一般而言，随着科学技术的发展，必然会带来组织（特别是企业）生产经营产品的更新及技术设备的换代。尤其当涉及组织安全生产经营领域的技术大幅变化时，这会对组织安全生产经营环境带来诸多影响，主要是组织面临的安全问题（如危险有害因素与安全管理方式等）的较大变化。就组织安全管理而言，由此带来的影响不仅表现在安全生产经营方式上，且会影响组织成员的安全思维方式与传统习惯等。总而言之，因科学技术的进步引起组织面临的安全问题发生较大变化，同组织安全文化相比总是超前的，故应及时推动组织安全文化的进步

续表

最佳启动时机	具体分析
组织所处的外部安全发展环境发生巨大变化	一般而言,当组织所处的外部安全发展环境发生巨大变化时,会倒逼组织对其组织安全文化进行相应革新,以适应组织外部的安全发展环境的变化。可将这种变化大体划分为两类:①组织所在国家或地区的整体安全发展环境(主要包括相关国家或地区的安全方针政策、法律法规与标准规范等,尤其是与组织安全文化建设密切相关的要求)的变化。②组织所在某一类型(包括行业)或相似组织的安全发展环境的变化。组织安全形象会直接影响组织的社会与市场声誉(特别是企业的市场竞争力),而组织安全文化是组织安全形象的直接体现,因而,就组织安全文化建设而言,同类型(包括行业)或相似的组织之间往往存在竞争,以助其获得较高的社会与市场声誉
组织安全领导层调整	一般而言,一任组织安全领导团队在任时,极难改变其倡导和信守的组织安全文化,以及由这种组织安全文化决定的组织安全制度、行为方式与工作作风等。此外,若组织安全领导层调整,新任的组织安全领导也必会有其想要倡导的组织安全文化。因此,当组织安全领导更迭时,无疑是在前任组织安全领导就任期间的组织安全文化基础上,创新和变革组织安全文化的极好时机
组织文化转型期	组织安全文化作为组织文化的主要组成部分,借助组织文化转型机遇,可有针对性地对组织安全文化进行变革。因而,组织文化转型期是组织安全文化革新的绝好时机

9.2.2.3 切入点

通俗而言,所谓切入点,是指解决某个问题最先着手的地方,即解决某个问题的基本"抓手"。由此可见,组织安全文化建设的切入点的选择实则属于组织安全文化建设的方法论范畴,正确选择组织安全文化建设的切入点应是组织安全文化建设的基本前提。

由王秉等提出的组织安全文化方格理论可知,就宏观而言,所有组织(包括新成立的组织)安全文化建设的切入点是统一的,即应从"人的本质安全化"(即把组织成员塑造成"想安全、会安全、能安全"的本质安全型人)和"物的本质安全化"(即运用本质安全技术提升设备或组织物质系统本身的安全性)两条脉络着手,既要关注"人",也要关注"物",要坚持"两手抓",二者不可偏废。换言之,组织安全文化建设的切入点主要包括两个,即"人系统的本安化建设"与"物系统的本安化建设"。显而易见,"人系统的本安化建设"是组织安全文化建设的重点,更是"物系统的本安化建设"的基础。就微观而言,分别围绕上述两个组织安全文化建设的切入点,又可细分出若干组织安全文化建设的具体切入点。于这里对其进行具体分析,结果见表9-7。

表 9-7　组织安全文化建设的切入点

宏观切入点	微观切入点	具体解释
人系统的本安化建设	理念导向系统建设	指组织安全文化理念导向系统(主要包括组织安全价值观、组织安全愿景、组织安全使命与组织安全目标等)建设。这是组织安全文化建设的内动力
	行为养成系统建设	指组织安全行为养成系统(主要包括组织安全管理制度、组织安全行为准则及激励机制、组织安全操作规范与组织安全管理机构或模式等)建设。这是组织建设的启动力
	安全环境系统建设	指通过一些具体形式使组织安全文化实现外化(主要包括物质化、视觉化与听觉化等),其主要目的是营造组织安全文化氛围。这是组织建设的影响力
物系统的本安化建设	消除物的不安全状态	指运用替代法、降低固有危险法与被动防护法等消除物的不安全状态
	设备自动防错设计	指运用连锁法、自动控制法与保险法等避免人操作失误或设备自身故障而引发事故
	时空阻隔防交叉设计	指通过时空措施(如密闭法、隔离法与避让法等)防止物的不安全状态和人的不安全行为交叉而引发事故
	"人-机-环"系统优化	指通过"人-机-环"系统的优化配置,提高系统安全韧性,使系统保持安全状态

需指出的是，由表 9-7 可知，上述组织安全文化建设的切入点既清晰地点明了组织安全文化建设的具体着手点，也阐明了组织安全文化建设的基本要素（即各微观切入点）。概括而言，上述组织安全文化建设的各微观切入点均可归属于组织物质安全文化、组织行为安全文化、组织制度安全文化、组织精神安全文化与组织情感安全文化五方面，这也与 AQ/T 9004—2008《企业安全文化建设导则》中给出的组织安全文化建设的基本要素基本相吻合。

9.3　组织安全文化建设的基本程序与方法

本节内容主要选自本书作者发表的题为《组织安全文化建设的基础性问题及方法论》[10]的研究论文，具体参考文献不再具体列出，有需要的读者请参见文献［10］的相关参考文献。

组织安全文化建设是一项复杂而艰巨的系统工程。一种优秀的组织安全文化的构建，不同于制订一项组织安全管理制度或建立一种组织安全管理流程那样简单，它需组织有意识、有目的和有组织地进行长期的总结、提炼、倡导与强化。因而，在组织安全文化建设过程中，基于上述组织安全文化建设的基础性问题，确定科学的组织安全文化建设的程序与方法是极为必要的。

9.3.1　基本程序

由组织安全文化建设的定义可知，组织安全文化建设的基本程序主要包括调查研究、定格设计、实践巩固与完善提高四个环节。换言之，"调查研究→定格设计→实践巩固→完善提高"构成组织安全文化建设的一个循环（如图 9-4 所示），如此循环重复，促使组织安全文化不断升华、完善并赋予其自身个性。

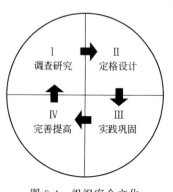

图 9-4　组织安全文化建设的基本程序

在此，对上述组织安全文化建设的基本程序的各环节进行具体解析，分别如下。

（1）调查研究。除极少数新建组织外，多数组织的组织安全文化建设均是在原有的组织安全文化的基础上进行的，因此，进行组织安全文化建设应首先做好调查研究，把握组织现有的安全文化状况及影响组织安全文化的各种因素，从而为组织安全文化的定格设计做好准备。由组织安全文化建设的基础性问题可知，调查研究的主要内容应包括：①组织的生产经营领域；②组织安全领导者的个人安全修养；③组织成员的安全素质与需求特点；④组织优良的安全文化传统与成功经验；⑤组织现有的安全文化理念及其适应性；⑥组织面临的主要安全问题；⑦组织所处国家、地区或行业的安全发展环境；等等。

（2）定格设计。组织安全文化的定格设计，即在分析总结组织现有安全文化状况的基础上，结合上述调查研究的多方面内容，提炼、概括与确立组织与组织安全领导应倡导的组织安全理念（即组织安全文化的中心要素，主要包括组织安全价值观、愿景、使命、伦理道德、目标与组织成员的基本安全行为准则等），然后用确切的安全文化符号（如文字语言或标志等）把确立的组织安全理念表达出来，从而形成固定的组织安全理念体系。简言之，组织安全文化定格设计就是组织安全文化中心要素的设计与生产，定格设计至少应遵循表 9-8 中的三项原则。

表 9-8　组织安全文化定格设计的原则

原则名称	具体解释
从实际出发和积极创新相结合	①为增强组织安全文化的适应性与有效性，组织安全文化定格设计应与组织安全管理实际、组织内外当前的安全文化环境与组织成员现有的安全素质等相适应；②为保持组织安全文化的时效性与先进性，较原有的组织安全文化而言，定格设计的组织安全文化应有一定的升华与创新
创造个性与体现共性相结合	①为增强组织安全文化的可识别性与针对性，定格设计的组织安全文化应赋有自身个性；②为促进组织安全文化融入社会并得到外界认同，定格设计的组织安全文化要体现绝大多数组织共同的安全文化追求，要符合安全科学规律。总而言之，组织安全文化有个性而无共性，就难以融入社会；有共性而无个性，就又缺乏生命力
组织安全领导组织和全员参与相结合	为增强组织安全文化的科学性及其在组织成员中的被认同度，组织安全文化的定格设计应在组织安全领导的组织下，广泛发动组织成员参与讨论和设计，再经组织安全领导提炼、概括与确认（包括咨询相关组织外部的组织安全文化专家），最终将所要倡导的组织安全理念体系确定下来

（3）实践巩固。组织安全文化经定格设计后，需创造条件付诸实践并加以强化巩固。换言之，就是把组织安全文化所确立的组织安全理念全面地体现于组织的一切生产经营活动和组织成员行为之中，同时采取必要手段，强化新的组织安全理念，使之在组织安全实践中得到组织成员的进一步认同，使新型的组织安全文化逐步得到巩固与强化。简言之，组织安全文化的实践巩固就是组织安全文化中心要素的植入与催化。细言之，此环节需具体重点做好以下五方面：①积极创造适应新的组织安全文化运行机制的条件；②加强组织安全理念向组织成员的灌输与宣传；③组织安全领导以身作则，并积极倡导新的组织安全文化，以充分发挥其自身的安全领导力与影响力；④利用安全制度、规范、禁忌与活动等进行强化；⑤安全行为激励，即鼓励符合新的组织安全文化要求的组织成员行为，惩戒有悖于新的组织安全文化要求的组织成员行为。

（4）完善提高。组织安全文化经定格设计并在实践中得到巩固后，尽管其核心（即中心要素）不易改变，但随着组织安全管理实践的发展与内外安全发展环境的改变等，组织安全文化还需不断充实、完善与发展，从而更好地适应组织安全发展的需要。显而易见，组织安全文化的完善提高，既是一个组织安全文化建设过程的结束，又是下一个组织安全文化建设过程的开始，是一个承上启下的阶段。由此可见，组织安全文化建设是一个不断积累、确立、塑造、传播、应用、整合与变革的过程，循环往复，永无休止。但需说明的是，一种积极的组织安全文化体系和模式一旦构塑完成，就会在一个较长的时期内发挥作用，组织安全文化建设的任务主要是积累、传播、充实与完善组织安全文化，唯有当组织内外安全发展环境发生急剧变化时，组织安全文化受到严重冲击时，组织安全文化建设的任务才是对原有组织安全文化实行彻底的扬弃，重新构塑和创造新型组织安全文化。

9.3.2　基本方法

组织安全文化建设方法是多种多样的，组织安全文化建设与组织安全管理活动相伴随，二者相互渗透、相互推动。但从相对独立的角度与方法论的高度而言，组织安全文化建设方法主要有九种，即行为规范法、氛围营造法、教育输入法、行为激励法、领导垂范法、宣传导向法、活动渲染法、评估完善法与事件启迪法（具体解释见表 9-9）。显然，上述组织安全文化建设方法在实际运用中并非是孤立的，而应根据组织安全文化建设的特点与难度，可以一种方法为主，其他方法为辅；也可将上述各种方法结合在一起使用，使之相互渗透和相互补充，从而发挥其综合作用。

表 9-9　组织安全文化建设的基本方法

方法名称	具体解释
行为规范法	研究表明,绝大多数事故均是因人的不安全行为所致。因此,组织安全行为规范应是组织安全管理的重要手段,是组织在长期的安全实践活动中所形成的安全行为模式,它规定了组织成员所必须遵守的安全行为规范。此外,组织安全行为规范又是组织安全文化传播最现实的形式。因此,行为规范法应是组织安全文化建设的重要方法之一。需明确的是,组织安全行为规范应包括工作安全行为规范与生活安全行为规范两方面
氛围营造法	研究表明,组织安全文化氛围对组织成员的安全价值观塑造与安全行为习惯养成等均具有显著的促进作用。因此,氛围营造法是组织安全文化建设的重要方法。就理论而言,组织安全文化氛围主要由物质(物质安全文化)氛围、制度(制度安全文化)氛围与情感(情感安全文化)氛围三部分组成。其中,物质氛围是基础,制度氛围是保证,情感氛围是核心。由此可见,营造组织安全文化氛围的重点应是情感氛围营造
教育输入法	当组织需迫切推行新的组织安全理念体系时,组织安全文化的倡导者应通过各种教育形式,如组织安全文化手册、会议、讲座、报告、报刊、板报、墙报、宣传栏、组织网站与组织微信平台等向组织成员输入组织新的安全理念,使组织成员在较短的时期内,尽快了解与理解组织安全理念,从而在组织安全价值观上达成"共识"
行为激励法	安全行为激励是组织安全文化建设的基本要素之一。为促使组织成员快速认可并积极践行组织安全价值观,极有必要采用一些激励方法(如物质激励、目标激励、反馈激励、强化激励、成就激励、参与激励与情感激励等)激发组织成员学习、认可与践行组织安全价值观的积极性,促使组织成员调整自身的心理与行为
领导垂范法	组织安全领导作为新的组织安全文化的发起者与倡导者,其在安全方面的言行对组织安全文化的发展影响极大。组织安全领导唯有使自身的安全素质更充分展示所倡导的组织安全文化的特点,身体力行,率先垂范,才能充分发挥其安全模范作用,才能增强其安全领导力与影响力
宣传导向法	组织安全文化建设应注重有目的地组织各种系统的组织安全文化宣传活动,让组织成员知道,什么是值得倡导的,什么是不好的,什么行为是有利于保障组织安全的,什么行为是不利于保障组织安全的,从而为组织成员提供正确的安全价值观导向和行为导向
活动渲染法	通过举办各种形式的严肃性、文化性或娱乐性的活动,如组织安全模范报告会、安全经验交流会、安全故事分享会、安全应急演练、安全文艺作品展示会、安全知识技能比赛、事故报告会、安全家访活动与"家属安全寄语"活动等,突出体现组织安全价值观的主题,使组织成员在其中潜移默化地受到组织安全文化的感染与熏陶
评估完善法	通过组织安全文化建设评估,可为组织安全文化建设的完善提高提供科学依据。由此可见,评估完善法是组织安全文化建设的"完善提高"阶段所要使用的关键方法
事件启迪法	积极利用组织发展过程中或组织外部发生的重大安全文化事件(如组织安全文化评比获奖与新闻报道中的表彰或批评事件等)或安全事故(包括未遂事故)案例等,借以使组织成员在其中受到教育和启发,从而接受组织所倡导的正确的组织安全价值观和安全行为方式

9.4　组织安全文化落地的基础性问题

本节内容主要选自本书作者发表的题为《组织安全文化落地的机制及方法论》[11] 的研究论文,具体参考文献不再具体列出,有需要的读者请参见文献 [11] 的相关参考文献。

据查阅相关文献考证与实际调研发现,就安全文化学研究与实践而言,组织安全文化落地是组织安全文化建设的关键,更是学界、政界和企业界历来(尤其是当前)普遍最为关心和困惑的问题之一(该问题的现实表现:①组织高层、组织安全管理层和组织成员相互之间缺少安全共识;②组织安全理念和组织安全管理系统之间相脱节或背离)。由此可见,探讨"究竟如何让组织安全文化真正落地"这一问题就显得颇为必要。

9.4.1 组织安全文化落地的定义与内涵

9.4.1.1 定义

显而易见，"组织文化（包括组织安全文化）落地"这一学术概念中的"落地"一词应是一个形象的称谓。据考证，其含义与被誉为"企业文化理论之父"埃德加·沙因（Schein）的代表作《组织文化与领导力》中提及的"根植（Embed）"一词的含义基本相同，是指组织成员接受组织和组织领导者的理念的过程。简言之，组织文化落地（或根植）的含义就是"以文化人"（这也是组织文化的本质作用）。

基于此，笔者给出组织安全文化落地的定义：组织安全文化落地是指组织和组织安全领导者所倡导的安全理念被组织成员接受并践行，直至视为他们的共同安全信仰的过程或结果。

9.4.1.2 基本内涵

基于组织安全文化落地的定义，剖析其基本内涵，具体分析如下。

（1）组织安全文化落地是一种过程或结果。从组织成员的安全表现（主要包括安全认识与行为表现）变化的角度来看，组织安全文化落地是组织成员逐渐接受并践行组织和组织安全领导者所倡导的安全理念的过程；从组织安全文化作用的角度来看，组织安全文化落地是组织安全文化作用于组织成员所产生的结果，由此可见，组织安全文化落地是组织安全文化作用发挥的根本途径和手段。

（2）组织安全文化落地是安全文化实现"以文化人"的过程，整个过程大致包括安全理念被接受、安全理念被践行与安全信仰形成三个主要阶段。安全理念被接受阶段是组织成员接受组织和组织安全领导者所倡导的安全理念的过程，具体为"组织成员认知安全理念→组织成员认同安全理念→组织成员接受安全理念"，即"安全理念被组织成员内化于心（理解）→安全理念被组织成员固化于心（认同并铭记）→安全理念被组织成员感化于誓（接受，或承诺）"的过程；安全理念被践行阶段是组织成员按照组织和组织安全领导者所倡导的安全理念规范自己的行为，并养成良好的安全习惯的过程，即"安全理念被组织成员强化于行（规范行为）→安全理念被组织成员融化于习（融入习惯）"的过程；在安全信仰形成阶段，组织成员对组织和组织安全领导者所倡导的安全理念达成共识，并把安全当成他们的一种共同信仰，简言之，即"安全理念被组织成员习化于神（习惯化为信仰），即真正实现文化于人"的过程。

（3）组织安全文化落地的主体是组织安全理念，并非组织安全文化。严格地讲，组织安全文化落地的主体是组织的安全宗旨、使命、愿景与价值观等组织安全理念，并非组织安全文化。这是因为：就理论而言，组织安全文化原本就是落地的，它是一种真实的客观存在，但对组织和组织安全领导者而言，可能并非是一种理想的组织安全文化，让组织和组织安全领导者所倡导的安全理念落地就是要塑造一种组织和组织安全领导者理想中的组织安全文化。

（4）在某一确定阶段（即组织安全理念未发生变化的阶段），组织安全文化完全落地是几乎不可实现的，只能尽可能增强组织安全文化落地程度。从理论与实践的双重视角来看，组织安全理念至少应讲求实用性、适用性、指导性、目标性、长远性、引领性与前瞻性。显而易见，在某一确定阶段（即组织安全理念未发生变化的阶段），组织安全理念所具备的上述基本属性决定组织安全文化是可落地的，但几乎是不可能实现完全落地的，这是因为：①组织安全理念的实用性、适用性、指导性与目标性为组织安全文化落地提供了可能与基础；②就理论而言，组织安全理念的长远性、引领性与前瞻性是组织安全文化发展与创新的根本动力，而若在某一确定阶段，组织安全文化实现了完全落地（即该阶段的组织安全理念完全变成了"现实"），这与组织安全文化发展与创新之需是相悖的（除非该阶段的组织安全理念的设计是不合理和不科学的）。因而，只能通过各种途径尽可能增强组织安全文化落地程度。此外，需明确的是，组织安全理念设计应是组织安全文化落地与发展的最关键环节。

9.4.2　组织安全文化落地的基础性问题

就理论而言，明晰组织安全文化落地的基础性问题是研究组织安全文化落地的机理及方法论的基础。经分析，笔者提炼出组织安全文化落地的四个基础性问题，即组织安全文化落地的基本目标、基本前提、基本原则与影响因素。

9.4.2.1　基本目标

由组织安全文化落地的基本内涵可知，概括而言，组织安全文化落地的目标就是塑造一种组织和组织安全领导者理想的组织安全文化。细言之，组织安全文化落地的基本目标主要包含两个层面。

（1）表层目标。使组织成员在正确认知与高度认同组织和组织安全领导者所倡导的安全理念基础上，将组织和组织安全领导者所倡导的安全理念转变为他们的安全行为准则，从而保证组织成员能够规约自己的行为，并积极履行自己的安全职责，实现行为自觉。

（2）深层目标。在组织高层、组织安全管理层与组织成员三者之间形成安全共识的基础上，将组织和组织安全领导者所倡导的安全理念转变为他们共同的安全信仰，做到组织上下同欲，即形成人人尽可能为保障组织及组织成员安全而努力的良好的组织安全文化氛围。

9.4.2.2　基本前提

由组织安全文化落地的基本内涵可知，组织安全文化落地的第一步是组织成员认知组织安全理念。因而，组织安全文化落地的基本前提是正确表达组织安全理念。换言之，唯有正确的组织安全理念才可落地，有误的组织安全理念极难也不该落地。正确表达安全理念主要包括以下两个层面的要求。

（1）概念正确，能恰当回答问题。一般而言，组织安全理念的最重要内容包括组织安全使命（如金川集团股份有限公司的安全理念——"员工的生命安全与健康高于一切"）、组织安全愿景（如埃克森美孚公司的安全理念——"实现无伤害、无事故、无疾病和对环境无影响的作业操作"）、组织安全信念（如杜邦公司的安全理念——"所有安全事故皆可预防"）与组织安全价值观（如杜邦公司的安全理念——"所发现安全隐患必须及时更正"）四部分，它们依次回答"为什么要保障组织及组织成员安全""组织所要达到的安全目标是什么""为什么可实现组织及组织成员安全""如何实现组织安全目标"四个问题。在组织安全理念设计的过程中，要避免上述组织安全理念的四个核心部分出现相互混淆或误用的现象。

（2）内容正确，能充分涵盖应有的内容。①组织安全理念的内容正确要求组织安全理念要"真实"，即组织安全理念应源于组织安全管理的主要成功经验，并符合组织安全管理实际（如行业特征与组织安全文化发展阶段等）、安全科学规律及绝大多数组织成员的安全理念；②组织安全理念的内容正确要求组织安全理念要回答"安全对组织及组织成员的价值是什么"，即组织安全文化理念应阐明安全对组织及组织成员的价值，从而激发组织成员的安全意愿与责任等；③组织安全理念的内容正确要求组织安全理念要回答"组织如何看待安全"，即组织安全理念应点明安全在组织运营与发展过程中的地位（包括安全与效益及生产之间的优先关系等），目的是使组织在运营与发展过程中尽可能遵循"安全优先"原则。

9.4.2.3 基本原则

组织安全文化落地是一项长期而复杂的系统工程。为增强组织安全文化落地操作的高效性与有效性，组织安全文化落地操作至少应遵循三项基本原则，即系统性（即全面性）原则、融合性原则与持续性原则。具体解析如下。

（1）系统性（即全面性）原则。系统性是组织安全文化的主要特征之一，它对组织安全文化落地操作提出两点要求：①组织安全文化的所有层次和要素均要相互匹配，且任何组织安全文化载体均应为表达和传递组织安全理念服务；②组织安全文化传播应辐射至每位组织成员，即组织安全文化落地操作应讲求全员参与。

（2）融合性原则。①塑造理想的组织安全文化并非是与原有的组织安全文化（包括组织安全管理模式）相脱节，应在梳理与分析原有的组织安全文化特点的基础上，将所要塑造的理想的组织安全文化与原有的组织安全文化相衔接，这是组织安全文化落地的重要环节；②组织安全文化作为组织文化的组成部分之一，组织安全文化落地操作应将组织安全文化与现有组织文化进行有机融合，从而避免组织安全文化与组织文化之间出现相矛盾或"两张皮"的现象。

（3）持续性原则。累积性是组织安全文化的主要特征之一。由此观之，组织安全文化落地应是一项长期性的任务，在组织安全文化落地操作过程中，应讲求在时间纵向上的重复。细言之，组织安全文化落地操作（主要包括组织安全文化传播与强化等工作）要不断重复进行，唯有这样，才能将组织安全文化强化于组织成员的习惯，即使组织成员形成良好的安全习惯。

9.4.2.4 影响因素

就理论而言，找准组织安全文化落地的影响因素是制订提升组织安全文化落地效率的相关策略的立足点与出发点。换言之，提升组织安全文化落地效率应从组织安全文化落地的影响因素着手。鉴于此，从理论角度出发，基于组织安全文化的定义与内涵，从个体、组织与社会三个维度，提取对组织安全文化落地有重要影响的 10 个关键因素（见表 9-10）。

表 9-10　组织安全文化落地的影响因素

因素	具体因素举例	备注说明
个体因素	个体角色	组织个体在组织中所扮演的角色会对组织安全文化落地产生直接影响。一般而言，组织安全文化在担任安全职务或负有安全管理责任的组织成员群体更易落地
	个体安全价值观	组织个体安全价值观与组织安全价值观的契合度会对组织安全文化落地产生影响。就理论而言，组织个体安全价值观与组织安全价值观的契合度和组织安全文化落地效率呈正相关关系
	个体安全素质	组织个体的安全素质（如安全知识与技能水平、安全认知能力与安全意识水平等）会对组织安全文化落地产生影响。就理论而言，其与组织安全文化落地效率呈正相关关系
	个体安全需求	组织个体的安全需求的高低直接决定着其安全意愿的强烈程度，进而会对组织安全文化落地产生影响。就理论而言，其与组织安全文化落地效率呈正相关关系

因素	具体因素举例	备注说明
组织因素	组织安全形象	组织安全形象是组织安全文化的影响力的直接显现。就理论而言,组织安全形象与组织安全文化落地效率呈正相关关系
	组织领导的重视程度	组织领导对组织安全文化建设的重视是组织安全文化落地的关键。就理论而言,组织领导对组织安全文化建设的重视程度与组织安全文化落地效率呈正相关关系
	组织安全文化的独特性	组织安全文化的独特性直接决定组织成员识别组织安全文化的难易程度,且可提高组织成员附属于组织而获得的自尊和自豪感。因此,组织安全文化的独特性一般与组织安全文化落地效率呈正相关关系
	组织安全文化的传播强度	良好的组织安全信息沟通不仅能提升组织安全管理效率与质量,也可提高组织安全文化传播强度。一般而言,组织安全文化的传播强度与组织安全文化落地效率呈正相关关系
	组织成员之间的群体关系	就理论而言,群体关系(如组织内聚力与公平性等)会显著影响组织安全文化落地的效果
社会因素	社会安全文化环境	社会安全文化环境对组织安全文化落地起着挑战或支撑作用。具体言之,组织安全文化对社会安全文化环境的适应性会显著影响组织安全文化落地效率

9.5　组织安全文化落地的机理与方法论

本节内容主要选自本书作者发表的题为《组织安全文化落地的机制及方法论》[11] 的研究论文,具体参考文献不再具体列出,有需要的读者请参见文献 [11] 的相关参考文献。

9.5.1　组织安全文化落地的本质

组织安全文化的作用强度可用组织安全文化力的大小来表征。所谓组织安全文化力,是指组织成员在组织安全文化场(组织安全文化场是由组织安全文化在其周围激发产生的)中活动时所受到的组织安全文化场的作用。有鉴于此,组织安全文化落地的本质实则是组织安全文化力的逐渐释放过程或组织安全文化力对组织成员的作用结果。因而,可基于组织安全文化力的释放机理来阐释组织安全文化落地的本质,并可根据组织安全文化力的强度来评估组织安全文化落地效果。由组织行为学知识可知,组织安全文化力的释放应包含以下两个方面。

(1) 组织安全文化对组织成员个体的作用力。由组织安全文化落地的定义与内涵可知,从组织成员个体角度来看,组织成员对组织安全文化是一个逐渐习得的过程,主要包括认知、认同与践行三个核心环节。基于此,可用认知力、认同力和践行力三个力的合力来表示组织安全文化对组织成员个体的作用力的大小,这是组织安全文化力作用的内在表现,可将其称为组织安全文化内驱力。此外,根据拓扑心理学知识,就理论而言,个体的原始认知力、原始认同力和原始践行力的大小仅受组织成员个体属性的影响,但其实际释放还受环境因素的影响。因此,可将组织安全文化内驱力表示为

$$f_{内驱力} = \varphi(f_1 + f_2 + f_3) \tag{9-1}$$

式中,$f_{内驱力}$ 为组织安全文化内驱力;φ 为环境影响系数;f_1、f_2 和 f_3 分别为组织成员个体的原始认知力、原始认同力和原始践行力。

此外,若假设某一特定组织中的所有组织成员个体所受到的环境的影响基本相同,即 φ 是一个定值,根据式 (9-1),可将总的组织安全文化内驱力表示为

$$F_{内驱力} = \sum_{i=1}^{m} f_{i内驱力} = \sum_{i=1}^{m} \varphi(f_{i1} + f_{i2} + f_{i3}) \tag{9-2}$$

式中,$f_{i内驱力}$ 为第 i 个组织成员个体所受到的组织安全文化内驱力;m 为组织成员数;

f_{i1}、f_{i2}、f_{i3} 分别为第 i 个组织成员个体的原始认知力、原始认同力和原始践行力。

（2）组织成员群体的助推力。从组织动力学角度来看，组织安全文化的凝聚功能、激发功能与跃迁功能等深层次功能的发挥均需依赖组织成员群体之间彼此影响、感染与模仿的心理特征，即羊群效应。换言之，羊群效应有助于组织主流安全价值观的形成和落地。因而，从组织成员群体角度来看，组织安全文化功能的发挥（即组织安全文化落地）正是依赖于组织成员的群体动力所推动的，组织成员群体的助推力显著影响组织安全文化作用的辐射面的大小，这可视为是组织安全文化力的外在表现，也可将其称为组织安全文化外驱力。组织安全文化外驱力受诸多因素（如组织成员之间的关系与内聚力等）的影响。

由上述分析可知，显而易见，就某一特定组织而言，组织安全文化力是总的组织安全文化内驱力与组织安全文化外驱力之和，可把它表示为

$$F = F_{内驱力} + F_{外驱力} \qquad (9\text{-}3)$$

式中，F 为组织安全文化力；$F_{内驱力}$ 为总的组织安全文化内驱力；$F_{外驱力}$ 为总的组织安全文化外驱力。

由此，可根据式（9-1）～式（9-3），对组织安全文化力的强度（即组织安全文化落地的效果）进行评估。此外，还可将组织安全文化的释放机理（即组织安全文化落地的本质）抽象表示为如图 9-5 所示。

9.5.2　组织安全文化落地的操作过程模型

在分析组织安全文化的基本内涵时，基于组织安全文化落地的定义，把组织安全文化落地的整个过程大致划分为安全理念被接受、安全理念被践行与安全信仰形成三个阶段，每一阶段又包含若干具体阶段。但是，显而易见，上述组织安全文化落地的过程的划分方式不利于指导组织安全文化落地的实践操作。鉴于此，基于组织成员接受心理角度，并结合组织安全文化落地的实际操作案例，创新性地建构组织安全文化落地的操作过程模型（见图 9-6）。

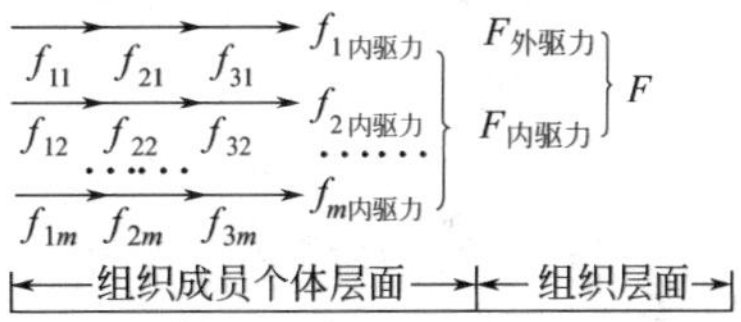

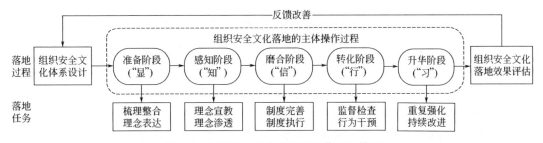

图 9-5　组织安全文化落地的本质

图 9-6　组织安全文化落地的操作过程模型

由图 9-6 可知，该模型可完整表达组织安全文化落地的整个操作流程（包括落地过程各阶段及其与之对应的落地任务），思路明晰，任务明确，主次分明，简单易行，操作性较强（对其具体解释见表 9-11）。需指出的是，鉴于组织安全文化体系设计与组织安全文化效果评估两个阶段是组织安全文化建设初期与末期（即组织安全文化建设评估）的工作重点，并非是组织安全文化落地的核心环节，故该模型未包含其所对应的主要落地任务（表 9-11 也不再对这两个阶段做具体解释）。

表 9-11 组织安全文化落地的操作过程

落地过程阶段名称及其解释说明		落地过程各阶段所对应的落地任务及其解释说明	
准备阶段 ("显")	将组织安全文化元素融入组织安全文化载体,即使组织安全文化外显	梳理整合理念表达	在梳理整合组织安全文化元素的基础上,准确表达组织安全文化元素(主要是组织安全理念)
感知阶段 ("知")	使组织成员知道与理解组织安全理念,以及组织安全理念的内涵	理念宣教理念渗透	采取各种宣教方式大力宣贯组织安全理念;将组织安全理念融入组织各项工作环节和内容
磨合阶段 ("信")	使组织成员相信组织安全理念对个人和组织均是正确而重要的,即使组织成员认同组织安全理念	制度完善制度执行	依据组织安全理念与组织安全文化落地的前两个阶段的实施情况,完善与严格执行相关制度
转化阶段 ("行")	使组织成员的日常行为与组织安全理念保持一致,即积极践行组织安全理念所倡导的行为	监督检查行为干预	对组织成员的日常行为进行监督检查,对不符合组织安全行为规范的行为进行及时干预与纠正
升华阶段 ("习")	使组织成员在长期践行组织安全理念的基础上,习惯成自然,直至形成与组织安全理念相符的信仰	重复强化持续改进	对符合组织安全理念的组织成员的安全价值观与行为等进行重复强化与持续改进

9.5.3 组织安全文化落地的方法论

9.5.3.1 组织成员习得组织安全文化的路径

由以上所述可知,就组织成员自身而言,组织安全文化落地实则就是让组织成员逐渐习得组织安全文化。概括而言,组织成员习得组织安全文化的路径主要有四条,即正式学习、观察学习、经验学习与环境暗示。分别对它们做如下扼要解释。

(1) 正式学习是指组织成员通过安全文化培训方式或自我学习方式来习得组织安全文化。

(2) 观察学习是指组织成员通过观察与效仿他人的相关安全表现来习得组织安全文化。

(3) 经验学习是指组织成员通过学习个人及他人的符合或有悖于组织安全理念的表现(即成功和错误)来习得组织安全文化。

(4) 环境暗示是指组织成员在长期受物理环境(主要指组织安全文化氛围)的约束与感化中获得组织安全文化信息,即习得组织安全文化。

9.5.3.2 组织安全文化落地的途径及其具体操作方法

围绕组织成员习得组织安全文化的上述四条路径,并结合组织安全文化落地的影响因素、任务及实际操作经验,笔者归纳出七条组织安全文化落地的途径,即宣教灌输途径、制度保障途径、组织推进途径、环境影响途径、考核激励途径、过程体验途径与情感感化途径,每条途径又包含若干具体操作方法(具体解释见表 9-12)。此外,需指出的是,七条组织安全文化落地的途径及其具体操作方法并非是相互独立的,且部分存在交叉重叠,在运用过程中应根据实际情况选择一条或多条配合使用,从而尽可能提升组织安全文化落地的效率。

表 9-12 组织安全文化落地的途径及其具体操作方法

落地途径	基本含义	具体操作方法举例
宣教灌输途径	建立畅通有效的组织安全文化宣传网络,并对组织安全文化进行系统性培训与宣讲	培训法(如学习组织安全文化手册)、文艺宣教法、安全文化载体(如安全文化刊物、宣传栏、文化墙与宣传标语等)设计法及借助新型传播渠道(QQ群组、微信群组与微信公众平台等)法等

续表

落地途径	基本含义	具体操作方法举例
制度保障途径	制定并严格执行与组织安全文化相关的规章制度,或者将一些与组织安全文化落地相关的活动制度化	制定与组织安全文化相关的规章制度(如组织安全管理制度与组织成员安全教育制度等)法、制定组织安全行为规范法、建立承诺方针法、建立责任体系法及制定组织安全考核与奖惩激励机制法等
组织推进途径	组织需在组织安全文化落地过程中发挥其领导、表率、动员与指导等作用	成立组织安全文化落地组织机构法、领导示范法、召开组织安全文化落地动员会议法与专家咨询整改法等
环境影响途径	运用组织安全文化氛围营造方式,促进组织安全文化落地	树立组织安全形象法、安全标识形象设计法、举办组织安全文化节及全员"要安全、能安全、会安全"互学互助法等
考核激励途径	运用检查考核或正负激励(包括心理激励)方式,对组织成员与组织安全文化相关的表现的对错做出肯定(奖励)或否定(惩戒)	树立典型(榜样塑造)法、检查评优法、组织成员"三不伤害"评比法、"安全警句、语录与标语"激励法、安全文化知识竞赛法、安全文学作品优胜评比法及安全演讲比赛法等
过程体验途径	使组织成员在亲自参与组织安全文化活动或学习安全文化案例的过程中体验和学习组织安全文化所倡导的安全价值观与行为等	应急演练法、防"三违"基本素质训练法、组织安全文化案例分享对比法、事故奠基反思法、举办事故报告会法、不安全行为"自检、自查、自纠"法、"5S"活动法及安全经验交流活动法等
情感感化途径	通过情感安全文化建设途径来促进组织安全文化落地	家属教育法、安全谈心法、领导安全关怀法、安全家庭评选法、送安全祝福法及安全帮扶法等

9.6　基于安全标语的组织安全文化建设

本节内容主要选自本书作者发表的题为《安全标语的文化作用机理研究》[12] 的研究论文,具体参考文献不再具体列出,有需要的读者请参见文献 [12] 的相关参考文献。

安全标语是安全文化载体的最直接表现,是人们喜闻乐见的一种安全宣传教育形式,已广泛融入企事业单位及社会各层面的安全文化建设之中,它是当前绝大多数组织进行安全文化建设的首选手段。

过去,学界关于安全标语的理论研究不多见。笔者曾针对"安全标语"这一安全文化载体做过一系列深入研究,主要包括心理学视阈下的安全标语研究、安全管理学视阈下的安全标语研究与安全标语的文化作用机理研究等,并于 2016 年出版《安全标语鉴赏与集粹》著作。在本节,主要介绍基于安全标语的组织安全文化建设的原理和方法等。

9.6.1　安全标语的安全文化内涵

9.6.1.1　概念界定

关于安全标语的概念,笔者曾运用"属＋种差"的方法,分别从心理学和安全管理学视阈对安全标语下了定义。为了更好地挖掘安全标语的安全文化内涵,笔者从安全文化学角度,尝试对安全标语进行重新定义。

一般来说,安全文化分为物质安全文化、制度安全文化、行为安全文化、精神安全文化和情感安全文化五个层面。经搜集整理发现,安全标语大体反映组织安全文化和安全管理的主题和内容，直观来看其是一种物质安全文化，实则其内容集组织安全价值观、安全理念、安全规章制度、安全操作规程、安全行为准则、人的情感性安全需要等于一体，渗透、贯穿于制度安全文化、行为安全文化、精神安全文化和情感安全文化之中。

因此，从安全文化学视角，可将安全标语的概念界定为：采用简洁明确、通俗易懂的语言归纳并表达的体现组织制度安全文化、行为安全文化、精神安全文化和情感安全文化，通过导向、警示、感染和规范等功能来提升组织安全文化水平，以促进和保障组织安全文化落地为设置目的的一种组织物质安全文化表现形式。

9.6.1.2 安全标语的安全文化价值分析

安全文化如同其他任何社会现象一样，也具有一定的价值属性。而安全标语作为安全文化的最直接表现形式，也具有重要的安全文化价值。基于安全标语的定义，笔者认为安全标语的主要安全文化价值分两个方面。

（1）从表层来看，安全标语对营造组织安全文化氛围具有重要作用。安全标语是一种"看得见"的安全文化，即它可把非物质安全文化实现可视化。换言之，安全标语为安全"隐文化"显化提供了途径。另外，语言和文字本身又是一种重要的"显文化"形式，且安全标语也反映了审美文化。正是通过上述安全"显文化"和审美文化对受众的熏陶，就会在受众群体中形成一种"久视入目、耳濡目染、舒适温馨、潜移默化"的安全文化氛围，这种良好的组织安全文化氛围正是保障组织安全发展的不竭动力。

（2）从深层来看，安全标语是使组织安全文化落地的直接、重要途径。由于上述安全"隐文化"的隐蔽性，对于普通组织成员来说，总有一种"虚无缥缈"的感觉，这就是当前建设组织安全文化所面对的重要难题之一。研究表明，感性认识是理性认识的基础，因此，让组织成员能够直观感知安全文化是建设组织安全文化的前提，即是实现安全文化精神升华的基本条件，进而对组织成员的安全意愿、意识、态度及行为产生影响。总而言之，安全标语为组织安全文化落地提供了路径。

9.6.1.3 基于安全标语的安全文化传播机理分析

由 Richard Dawkins 提出的模因论可知，模因是文化的基本单位，文化传播是文化模因的自我复制过程。换言之，模因论是指思想、观念等是通过人与人之间的相互模仿、相互学习散播开来并相传下去的，它阐明了文化的传递机制。

所谓文化模因，包括知识、观念、习惯甚至标语口号、谚语等。由此可知，安全标语本身就是一种文化模因，而且其内容又包含了丰富的安全观念、知识等，是一种重要的安全文化模因。因此，模因论也是以安全标语为载体传播安全文化的主要基础。

9.6.2 安全标语的作用效应

9.6.2.1 安全标语的核心效用

文化的核心内容是价值观念，而文化本身的发展又受特定价值观念和目标的引领，因此，价值观念的培育和践行是文化建设的重中之重。

有鉴于此，安全价值观、理念的孕育和落地也应是安全文化建设的核心。尽管安全标语的内容涵盖组织安全价值观、理念、规章制度和行为准则等，但从建设安全文化的要点来看，它的核心功能是宣贯组织安全价值观和理念，其他功能仅对建设组织安全文化发挥辅助性作用。换言之，安全标语作为组织安全价值观、理念的传播媒介，其最重要作用就是让组织安全价值观、理念落地扎根，进而让组织成员认同组织安全价值观、理念，这是安全标语的核心效用。

9.6.2.2　安全标语信息的传递原理

在安全标语信息传递过程中，受众所处环境直接影响受众的情绪，同时，受众的心理紧张程度随着接受的视觉刺激的变化而变化。根据知觉心理学，从受众的视觉认知特征出发，分析特定环境下受众对安全标语信息的处理过程，如图9-7所示。

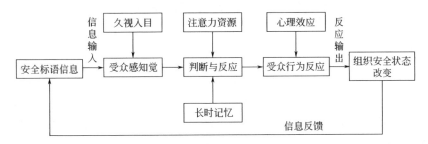

图 9-7　特定环境下受众对安全标语信息的处理过程

9.6.2.3　安全标语与组织安全文化的关系解析

基于安全标语文化力的作用效应，构建安全标语与组织安全文化的"自行车"关系模型，见图9-8。

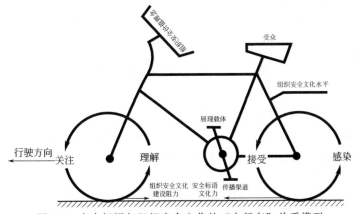

图 9-8　安全标语与组织安全文化的"自行车"关系模型

该"自行车"关系模型内涵极其丰富，具体内涵解释如下。

（1）把柄掌控自行车的行驶方向，由组织安全价值理念，即安全标语的核心内容构成，表明组织安全价值理念决定了组织安全文化的发展和建设方向。

（2）前后轮是保证自行车行驶的最核心构件，由安全标语文化力释放的四个关键环节（关注、理解、接受和感染）构成，表明安全标语文化力释放是安全标语促进组织安全文化建设的最重要基础。需要说明的是，安全标语文化外驱力主要是因受众群体之间的互相感染而产生的，则其释放的关键环节是感染。

（3）座垫是骑车人所处位置，被受众所占据，表明受众是安全标语文化力的释放主体。

（4）脚踏是骑车人脚蹬施加力的构件，由安全标语展现载体和传播渠道构成，表明安全标语展现载体和传播渠道是安全标语文化力释放的硬件条件。

（5）后座是自行车驮运物品的构件，组织安全文化水平处在此位置，表明安全标语可促进组织安全文化水平提升。

（6）自行车是靠车轮与地面的摩擦力前进的。前轮与地面产生的静摩擦力方向与自行车前进方向相反，相当于组织安全文化建设阻力；而后轮与地面产生的静摩擦力方向与自行车前进方向一致，相当于安全标语文化力，推动自行车向前运动，表明安全标语文化力对组织安全文化建设具有推动作用。

9.6.3 基于安全标语的组织安全文化建设原理及方法

9.6.3.1 设置的重要理论基础

安全标语是安全哲学、安全文化、安全实践、安全经验和安全规律等的精华所在，因此，安全科学理论是安全标语的根基和灵魂所在。笔者从安全标语的本质、内容、展现载体和应用四个方面来阐述安全标语的安全科学理论基础，各方面所涉及的重要二级安全学原理基础如图9-9所示。

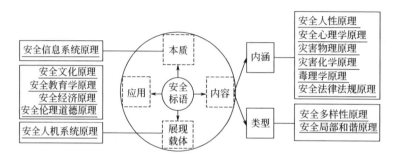

图9-9 安全标语的安全学原理基础

具体解释如下。

（1）安全信息是安全系统的精髓，安全信息系统原理的主要研究对象是安全信息流。而安全标语集安全理念、知识、价值观、规律等于一体，它就是安全信息的载体。因此，安全标语是一种特殊的安全信息，其传播体现了安全信息的流动，即安全标语的本质是一种安全信息流。

（2）内容是安全标语的核心。安全标语内容具有丰富的安全科学内涵，从受众角度来看，主要涉及安全人性、安全心理学等原理；从表达所涉及自然科学知识的角度来看，它又是以灾害物理、灾害化学、毒理学和安全法律法规等原理为基础的。安全标语的内容和应用范围十分广泛，这是由安全多样性原理、安全局部和谐原理所决定的。

（3）安全人机系统原理强调人-机的协调性，这就要求安全标语展现载体的选择和设置要符合这一原理。如展现载体的设置要考虑背景及字体颜色、类型和大小等，展现载体形式的选择（如横幅、宣传栏、电子屏、宣传册、短信、网络等）要符合受众特点。

（4）安全标语作为一种视觉安全文化，赋予了人的安全道德，具有强大的宣传教育作用，因此，安全文化原理、安全伦理道德原理、安全教育学原理可为安全标语应用提供理论支撑。另外，安全经济原理强调以最少的资金投入取得最大的经济效益和可持续发展，而恰恰安全标语就是一种投资很少却效果极佳的安全宣传、教育及安全文化建设手段。

9.6.3.2 设置的核心准则

由本章内容可知，组织安全文化的建设应以安全人性的"Y 理论"假设为依据，其功能是引导员工的积极安全人性，进而提高员工的安全意愿。所谓安全人性的"Y 理论"假设，是对安全人性的积极看法，强调人的安全人性优点，即为了个人和组织安全，人具有主动、自控的一面，即一般情况下人都具有很强的生理安全欲和安全责任心，并尽其最大努力来确保个人和组织安全。另外，有文献指出，人都希望得到快乐、尊重、赞扬、祝福或避害趋安等。

因此，安全标语内容应以安全人性的"Y 理论"假设和人性需求为设置的核心准则，把肯定积极安全人性、关心人、理解人、尊重人、爱护人作为安全标语内容设置的基本出发点，尽可能采取动之以情、晓之以理的创作方法，以适应组织成员的人性、心理及文化需求，增加安全标语的亲和力和感染力，避免对立式的说教或恐吓，使组织成员想看爱看，进而提高其安全意识并规范其行为，突出安全标语的熏陶、引领等作用。

9.6.3.3 基于安全标语的组织安全文化体系的建立

根据安全标语的内容，可将安全标语分为安全意义型、安全策略型和安全知识型三大类（见表 9-13）。

表 9-13 安全标语的类型

一级	安全意义型	安全策略型	安全知识型
二级	为己型 为家型 为众型	安全哲理型 事故致因型 安全管理型 安全教育型	消防安全型 电气安全型 交通安全型 矿山安全型 建筑安全型 设备安全型 职业健康型 生活安全型

由表 9-13 可知，安全标语包括安全意义型、安全策略型和安全知识型三大类，每一大类又包括若干小类。其中，安全意义型侧重阐述安全的价值和重要性，根据受益者的不同，分为为己型（如安全带，牵挂您的平安）、为家型（如儿行千里母担忧，夫婿在岗妻惦念）和为众型（如您的遵章，我们的安全）；安全策略型侧重阐述保障组织或个人安全的安全科学原理和方法，根据涵义的不同，分为安全哲理型（如安全 9.9 分不行，非 10 分不可）、事故致因型（如侥幸是事故的温床，蛮干是事故的根苗）、安全教育型（如安全多下及时雨，教育少放马后炮）和安全管理型（如管理上多一份辛苦，安全上多一份收获）；安全知识型侧重阐述安全知识和技能等，根据所属行业的不同，分为消防安全型、电气安全型、交通安全型、矿山安全型、建筑安全型、设备安全型、职业健康型和生活安全型。

需要指出的是，有些安全标语的内容涵义极其丰富，贯穿于多个类型，对其种类的划分并没有明显的界限，具有一定的模糊性。根据安全标语的分类，构建基于安全标语的"四位一体"组织安全文化体系，如图 9-10 所示。

由图 9-10 可知，所谓"四位一体"组织安全文化体系，即"要安全、会安全、能安全、

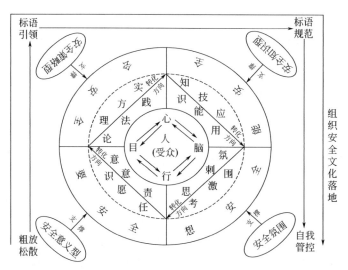

图 9-10　基于安全标语的"四位一体"组织安全文化体系

想安全"组织安全文化体系，阐明了以安全标语为载体建设组织安全文化的机理和过程，具体解释如下。

（1）组织文化建设的主体是组织成员，即安全标语受众，并通过安全标语对受众"目（视觉感知）、心（理解与接受）、脑（思考与判断）、行（行为表现）"的相互作用，实施安全标语文化力。

（2）"要安全"是以安全意义型安全标语为支撑的，此类安全标语可以让受众明白安全为了谁，从而让受众知晓并承担自己的安全责任，并按"责任→意愿→意识"的转化方向，提高受众的安全意识。

（3）"会安全"是以安全策略型安全标语为支撑的，此类安全标语告知受众重要的安全科学理论，按"理论→方法→实践"的转化方向，受众把先进安全科学理论运用至实践。

（4）"能安全"是以安全知识型安全标语为支撑的，此类安全标语教会受众安全知识和技能，按"知识→技能→应用"的转化方向，受众把掌握的安全技能运用至个人日常工作、生活。

（5）"想安全"是以安全标语营造的安全氛围为支撑的，受众身处此种环境，按"氛围→刺激→思考"的转化方向，可以激发受众时时处处思考、注意安全问题。

（6）在基于安全标语的组织安全文化建设的整个过程中，按"粗放松散→标语引领→标语规范→自我管控"阶段过渡，最终达到受众（组织成员）自主管理、自我控制的效果，即达到了组织安全文化落地的目的。

9.6.3.4　安全文化学视角的安全标语设置建议[12,13]

基于上述分析，得出安全标语是建设组织安全文化的一种重要途径，保证安全标语设置符合组织安全文化建设要求，且体现深厚的安全文化底蕴是促进安全标语文化力发挥效用的关键。因此，从安全文化学角度，分析当前组织安全标语设置方面存在的问题及其原因。进而有针对性地对组织安全标语设置提出五条具体建议。

（1）存在问题及其原因。从组织安全文化建设的角度来看，目前安全标语设置存在的问题具体表现在以下三个方面。

① 偏离组织安全文化建设的主线。安全标语内容不能很好地表达和宣传组织具体安全价值理念，如大多组织均把"安全第一，预防为主"这条安全标语当作组织的安全价值理念来宣传，致使组织安全价值理念失去了对组织安全文化建设的引领作用。

② 脱离组织安全管理实际。如"彻底杜绝隐患"等安全标语缺乏实际操作性，因为隐患是绝对存在的；安全标语的设置区域、目标受众，或内容涉及的危险因素类型、人的不安全行为等缺乏针对性，乱用、滥用现象普遍。

③ 背离组织安全文化建设的需要。如"小孩放火，父亲坐牢""天堂不远，超速就到"等安全标语存在贬低、伤害受众的问题，或安全标语牌设计粗糙单调、材质差、脏乱破旧，甚至个别字词日久脱落或被其他杂物遮挡导致内容缺失，这都影响受众的情绪等，致使安全标语营造组织安全氛围的效用不能有效发挥。

究其原因，主要包括以下三个方面。

① 安全标语设置者本身存在的缺陷。目前大多安全标语设置者是一些文字功底很强的人，他们并未接受过系统的安全科学教育，从遣词造句的对仗、上口、流行等方面，过分强调对安全标语的雕琢。

② 安全标语设置存在误区。目前组织把安全标语设置更多地当作是一种单纯的文字创作工作，彻底搞成了文字游戏，在古籍里面找典故，在现实中找对应，在字词上做足文章，牵强附会，就是不与安全科学原理及组织安全管理、安全文化建设实际相联系。

③ 安全标语设置形式化、观念滞后、精度明显不够。目前安全标语设置具有形式陈旧（如不配图案等干瘪瘪的大字标语已经滞后）、布设混乱（如缺乏相关布设要求等而导致安全标语随意布局）、内容雷同及空洞（如随意抄袭、模仿或不接地气、唱高调的安全标语）等弊病，严重阻碍安全标语文化力效用的发挥。

（2）具体建议

① 安全标语设置一定要严格以组织具体安全价值观念、重要安全科学理论和设置所遵循的核心准则为依据，保证设置的科学性、准确性和合理性。

② 要准确定位安全标语的内容要点，坚持安全科学内涵与辞藻、抒情并存。也就是说，安全标语旨在借用优美、动情的语言倡导企业安全价值理念，阐明安全科学道理，指导有效预防事故，进而孕育有底气的企业安全文化。

③ 安全标语要基于组织危险有害因素（危险源）辨识和安全行为观察结论，尽可能实现常见风险和组织成员的不安全行为可视化，即安全标语设置要有针对性，如电气设备开关旁"闸刀半分半合最危险"的标语直白地指明了危险状态，避免了"注意安全，小心触电！"的泛泛而谈的缺陷，提高了安全标语的警示和规范效果。

④ 安全标语设置要力求立意新颖，如"爸爸，您戴安全帽了吗？""您的平安是对家人最好的爱"等，巧妙设置一些符合受众心理、文化需求的迷人情境，让受众切实体会到关注和重视安全是美好的、值得的，带给受众一种心灵抚慰和思想启迪，进而激发受众的安全责任、意愿和意识。

⑤ 不断丰富安全标语的表现形式，注重安全标语的设置精度、美感和整洁度。通过有创意的安全标语牌形状、背景图案、安全标语内容字体设计，适当位置增设轻音乐等作为背景衬托，或采用有趣的安全标语语音提醒等，再配以整齐、干净、清晰、温馨的环境布局，这样就能很好地营造企业安全文化氛围，更能引起员工对安全标语的关注和喜爱，加深印象。

9.7　组织安全文化评价的基础性问题

本节内容主要选自本书作者发表的题为《组织安全文化评价的基础性问题及方法论》[14] 的研究论文，具体参考文献不再具体列出，有需要的读者请参见文献 [14] 的相关参考文献。

9.7.1　组织安全文化评价的定义与内涵

9.7.1.1　定义

所谓评价，通常是指依据明确而具体的目标来测定对象的属性，并经判断与分析后得出结论的行为。简言之，评价是把测定与评判得出的结论变为主观效用（满足主体要求的程度）的行为，即明确价值的行为过程。显而易见，评价需有目的，但评价本身并非是目的，评价的最终目标是为了决策这一目的。

经查阅相关文献发现，已有的组织安全文化评价定义十分罕见，较具代表性的仅有《企业安全文化建设评价准则》（AQ/T 9005—2008）中给出的组织安全文化评价的定义。基于此，结合评价的定义，笔者给出较为科学而具体的组织安全文化评价的定义：组织安全文化评价是以充分了解组织安全文化现状或组织安全文化建设成效，使组织领导者与组织安全管理者等明确组织安全文化的基本特征和所存在的问题等，进而为组织安全文化提升提供科学依据并奠定基础，运用安全文化学原理与方法，而有目的地收集相关信息，并借以发现组织安全文化所存在的问题和形成结论的研究活动。

需指出的是，在组织文化研究领域，组织文化评价通常也被称为组织安全文化测评（即二者所表达的含义是等同的），有鉴于此，也可将组织安全文化评价称为组织安全文化测评。由此观之，组织安全文化评价实则是组织安全文化测量与评估的统称，换言之，测量与评估应是开展组织安全文化评价活动的两个关键而必要的环节。此外，由评价的定义可知，组织安全文化评价是研究与判定安全文化本身或安全文化建设的价值的行为过程。

9.7.1.2　基本功能

由组织安全文化评价的定义可知，概括而言，组织安全文化评价具有鉴定与激励、反馈与调控及比较与导向三项基本功能，具体解释见表 9-14。

表 9-14　组织安全文化评价的三项基本功能

基本功能	具体含义
鉴定与激励功能	①组织安全文化评价可评估得出组织安全文化的现状或组织安全文化建设的成效，即可鉴定组织安全文化现状或组织安全文化建设质量的优劣；②组织安全文化评价有助于组织以安全评价结果确定未来的组织安全文化建设任务，并预测未来的组织安全文化发展趋势；③通过组织安全文化评价可肯定组织安全文化的价值及其建设效果，使组织领导者与组织成员等及时体验到组织安全文化质量的提升，从而激励他们建设与发展组织安全文化的信心和热情
反馈与调控功能	组织安全文化评价强调及时反馈，以便于及时发现、弥补与矫正组织安全文化的缺陷（即对组织安全文化进行诊断）与组织安全文化建设方案和方法等存在的不足。简言之，组织安全评价有助于及时调整组织安全文化建设方案和改进组织安全文化建设方法，从而提高组织安全文化水平
比较与导向功能	通过组织安全文化评价，可准确呈现现有组织安全文化的特征，可比较现实与期望（或标准）的差异，以及本组织与同类型组织（或同行业）的差异，从而衡量组织安全文化建设、创新和变革的方向及其与当前的组织安全管理模式和长期安全发展战略的适应性等。简言之，通过比较，组织安全文化评价对组织安全文化建设的战略与策略等的制订与调整具有重要的导向作用

9. 7. 1. 3　基本类型

目前，学界尚未对组织安全文化评价进行严格分类，即对组织安全文化评价的类型缺乏仔细甄别，造成人们对各类不同的组织安全文化评价的类型认识模糊，使用混乱（如在现实中经常出现组织安全文化评价与组织安全文化建设评价二者被相互误用或混淆的现象）。鉴于此，为明晰并确定组织安全文化评价的基本类型，结合组织安全文化评价的实际情形与需要，根据评价时期与评价目的的不同，笔者将组织安全文化评价划分为组织安全文化初始评价、组织安全文化建设评价与组织安全文化现状评价三种基本类型。对组织安全文化评价的三种基本类型进行具体解释，结果见表 9-15。

表 9-15　组织安全文化评价的三种基本类型

基本类型	具体定义
组织安全文化初始评价	是指在组织尚未对组织安全文化进行有针对性建设的阶段，针对组织安全文化的自然状态现状而进行的综合评价，旨在充分了解组织安全文化现阶段的客观状况的基础上，确定组织安全文化建设的起点，从而制订出尽可能符合组织实际的组织安全文化建设的实施方案
组织安全文化建设评价	是指在组织安全文化建设结束阶段，对组织安全文化建设工作开展情况进行的一次综合评价，旨在了解组织安全文化建设成效，以及组织领导、组织安全管理者与组织成员等对组织安全文化建设的意见和反馈
组织安全文化现状评价	是指在组织安全文化建设完成若干年后，即在组织平稳运营和发展的一定阶段，根据组织内外环境的安全发展要求，对组织安全文化进行的一次评价，旨在诊断组织安全文化是否符合时代和组织安全发展的进程，是否最大化与最优化地协助组织完成新的组织安全目标。需注意的是，组织安全文化现状评价应选择组织运营和发展较为稳定的阶段，这一阶段的组织安全文化已经基本稳定，有利于得出科学而可信有效的组织安全文化评价结果

需明确的是，由组织安全文化评价的定义与组织安全文化建设评价的定义可知，二者各自所涉及的内涵有所不同，即它们是两个完全不同的概念（这与毛海峰教授的观点也相吻合）。换言之，从严格意义上讲，组织安全文化评价与组织安全文化建设评价存在根本差别，这是因为二者的评价对象完全不同（前者为组织安全文化，而后者为组织安全文化建设工作）。但是，就二者的实际评价工作（在实际组织安全文化建设评价过程中，也是通过评价组织安全文化状态来间接表征组织安全文化建设效果）而言，显而易见，二者之间又存在所属关系（即组织安全文化建设评价属于组织安全文化评价范畴），因此，将组织安全文化建设评价划归为组织安全文化评价的类型之一。由上述分析可知，从评价的基础性问题与方法论高度来看，组织安全文化评价的三种基本类型所涉及的基础性问题与方法论具有统一性与通用性。此外，根据评价方的不同，还可将组织安全文化评价划分为组织安全文化他评（评价方一般为组织安全文化咨询机构或政府安全监管部门）与组织安全文化自评（评价方为组织自身），限于篇幅，此处不再详细叙述。

9. 7. 2　组织安全文化评价的 8 个基本问题

根据一般系统评价的原理，提炼出组织安全文化评价的 8 个基本问题，即评价原则、评价基准、评价对象、评价目的、评价层面、评价范围、评价依据与限制因素。

9. 7. 2. 1　评价原则

为获得科学而准确的组织安全文化评价结果，组织安全文化评价除需遵循一般评价应普遍遵循的原则（如完备性原则、无矛盾性原则与可比性原则等）外，还应结合组织安全文化的特殊性及组织安全文化评价的目的与实际操作过程等，对组织安全文化评价提出 7 项应遵循的原则，即合理性与科学性原则、客观性与针对性原则、实用性与指导性原则、动态性与系统性原则、多种评价方法相结合原则、定性与定量相结合原则及理论与实践相结合原则，具体解释见表 9-16。显而易见，又可将组织安全文化评价的 7 项评价原则归属为目标原则与方法论原则两个层次。其中，前三项评价原则是实现组织安全文化评价目标应遵循的评价原则，故将其统称为目标原则；而后四项评价原则是基于目标原则，从方法论高度提出的组织安全文化评价的具体操作原则，故将其统称为方法论原则。

表 9-16　组织安全文化评价的 7 项评价原则

原则层次	原则名称	具体含义
目标原则	合理性与科学性原则	①组织安全文化评价需以相关的标准和程序等展开,从而保证组织安全文化评价过程规范合理;②组织安全文化评价需根据实际基础数据选择适用性强的评价方法,以保证组织安全文化评价工作量适量;③组织安全文化评价需依据科学的评价方法与程序进行,从而保证组织安全文化评价结果科学准确
目标原则	客观性与针对性原则	①组织安全文化评价需以严谨的科学态度展开,并尽可能排除和克服主观因素与外界因素的干扰,从而保证组织安全文化评价结果客观、公正而真实;②组织安全文化评价应针对组织实际情况和特征,收集有关组织安全文化信息资料,并有针对性地选用评价方法;③组织安全文化评价应提出针对性与操作性强的组织安全文化提升对策
目标原则	实用性与指导性原则	①组织安全文化评价切勿脱离组织实际与组织安全管理的全过程;②组织安全文化评价应以组织安全文化建设工作为基本内容,以期对组织安全文化建设起到正确的指导作用
方法论原则	动态性与系统性原则	①组织安全文化系统是保持动态变化的,组织安全文化建设应与时俱进,因此,组织安全文化评价应注重时效,应考虑组织安全文化的历史与现实,并追踪与预测组织安全文化的发展;②组织安全文化评价是一项系统工程,评价内容的覆盖面应全面,力求全面反映组织安全文化的实际状况
方法论原则	多种评价方法相结合原则	①各组织安全文化评价方法均有其优缺点与适用对象,将它们结合使用可提高组织安全文化评价结果的准确性;②组织安全文化建设讲求全员参与,通过多种评价方法相结合开展组织安全文化评价,尤其是组织安全文化自评,可充分调动全体组织成员的积极性,从而掌握组织安全文化的全局情况
方法论原则	定性与定量相结合原则	定量评价与定性评价各自都有其优缺点,因此,在选用组织安全文化评价方法时,应充分考虑定量评价与定性评价各自的利弊,应充分发挥二者的长处,避免二者的短处,并争取寻求最佳的结合点,使二者有机结合,以期对组织安全文化进行多角度、多元化且系统准确的综合评价
方法论原则	理论与实践相结合原则	组织安全文化评价要重视研究成果在组织中的推广与应用,研究和总结组织安全文化实际发展中存在的问题,并及时予以反馈与修正,从而推进组织安全文化建设与发展进程

9.7.2.2　评价基准

尽管目前已有少数文献探讨具体的组织安全文化评价标准，但因不同研究者的研究视角与侧重点的差异，导致组织安全文化评价标准多样，甚至部分组织安全文化评价标准的科学性与准确性等还有待深入商榷。为确定组织安全文化评价的统一的根本基准，进而为制订组织安全文化评价标准提供依据，基于安全文化学核心原理，笔者综合分析已有的各种组织安全文化评价标准发现，究其根本，组织安全文化评价的基准是基本相同的，即组织安全文化是否有助于提升组织的安全保障水平，是否有助于推动组织的长远安全发展。

基于此，显而易见，细言之，组织安全文化的评价基准又可细分为组织安全文化的八项主要功能（即满足安全需要的功能、认知与教育功能、导向与认同功能、规范与调控功能、情感与凝聚功能、融合与守望功能、辐射与增誉功能、激发与跃迁功能）是否正常而充分发挥。换言之，就具体操作层面而言，组织安全文化评价标准应以组织安全文化的上述八项主要功能是否正常而充分发挥为根本出发点与立足点来制订。

9.7.2.3　评价对象

在对组织安全文化评价时，具体的评价对象（即着眼点）的确定是极为关键的问题。由上述对组织安全文化的基本类型的分析可知，就理论而言，组织安全文化的评价对象均可归结为组织安全文化本身。但为了便于实际操作，极有必要对组织安全文化的评价对象进行细分。由"在建设组织安全文化，或衡量组织安全文化的效用及其建设的实绩时，均强调组织安全文化要通过体化于物，外化于行，固化于制，内化于心，融化于情，直至普化于众"这一观点（此观点目前在理论界与实践界已基本达成共识）可知，组织安全文化的评价对象可具体划分为以下五个方面。

（1）体化于物——组织物质安全文化体系。其主要指组织安全文化识别体系，如视觉与听觉识别体系等，同时也包括组织内外的硬件方面的安全保障条件。

（2）外化于行——组织行为安全文化体系。其主要指组织全员的安全行为表现，如安全培训与学习行为，组织安全事务参与行为，以及国家与组织的安全规范和制度等的执行行为等。

（3）固化于制——组织制度安全文化体系。其主要指组织安全管理规章制度与行为规范。

（4）内化于心——组织精神安全文化体系。其主要指组织安全目标、宗旨、使命、愿景和理念等。

（5）融化于情——组织情感安全文化体系。其主要指组织针对人的情感性安全需要所制订的一些的理念、行为规范与安全策略等。

需指出的是，上述五个方面的组织安全文化的具体评价对象并非是完全独立的，它们之间往往存在一些交叉和融合（如组织制度安全文化体系与组织行为安全文化体系就存在诸多重叠），因此，在实际建构组织安全文化评价体系时，在尽可能保证组织安全文化评价体系的完整性的前提下，可根据实际情况对上述五个方面的组织安全文化的具体评价对象进行适当组合或分割。此外，就组织安全文化评价的实际操作而言，组织安全文化的评价对象并非是组织安全文化本身，而是组织安全文化的各种载体。

9.7.2.4　评价目的

基于组织安全文化评价的基本功能，并结合组织安全文化建设的实际需要，归纳出以下四个组织安全文化的具体评价目的。

（1）掌握组织安全文化的整体状况。①了解并熟悉当前的组织安全文化氛围与组织成员的安全态度等；②检查组织安全文化目标及各项指标是否达到理想要求；③检查组织安全文化建设效果。

（2）确定组织安全文化的优势与缺陷。通过分析组织安全文化评价结果，或将其与同类型（或同行业）组织的平均组织安全文化水平（或其他水平较高的组织安全文化）进行比较分析，从而对当前组织安全文化的优势与不足做出基本评价。

（3）为组织安全文化建设和发展提供具体指导。根据组织安全文化评价结论，可至少为组织安全文化建设提供以下三方面的具体指导：①找出组织安全文化的薄弱环节，并提出改进意见；②定位与确定具体的组织安全文化变革的短期、中期和长期的目标与任务；③提高组织领导与组织安全管理者等对组织安全文化现状的认识，进一步引导他们重视与积极发挥组织安全文化的作用。

（4）为政府安全监管部门提供决策依据。鉴于组织安全文化水平可大体反映组织自身的安全管理水平，且政府安全监管部门的干预对组织安全文化建设与发展起着关键作用，因此，通过综合分析多个组织的组织安全文化评价结果的详细信息，可为政府安全监管部门在组织安全文化建设干预与组织安全监管等方面的决策提供有力支持。

9.7.2.5　评价层面

根据实际需要，可采取以下两种方式划分组织安全文化评价的层面。

（1）基于宏观与微观两个不同层面，可将组织安全文化的评价层面划分为宏观层面（即组织整体的安全文化，包括组织的物质安全文化与制度安全文化等）评价与微观层面（即组织个体的安全文化，包括组织个体的安全态度、安全意识与安全技能等）评价。

（2）基于组织安全文化方格理论（该理论指出，组织安全文化系统包括人系统与物系统两个子系统），可将组织安全文化的评价层面划分为人系统（即人本安化安全文化强度）和物系统（即物本安化安全文化强度）两个层面。

需明确的是，就表面而言，上述两种划分方式均仅将组织安全文化划分成了两个不同评价层面。但是，它们实则均还隐含着组织安全文化的另一个评价层面，即空间环境层面，这是因为组织安全文化系统是一个相对独立的开放系统，组织安全文化评价需考虑组织所处的内外环境因素。换言之，需基于"宏观、微观与空间环境"或"人系统、物系统与空间环境"三个层面考察与评价组织安全文化。此外，在实际组织安全文化评价过程中，为使组织安全文化评价工作更为具体与更易操作，往往需结合上述两种划分方式来划分组织安全文化的具体评价层面。

9.7.2.6　评价范围

确定一定的评价范围是开展任何评价工作的必要而关键的环节。就理论而言，组织安全文化的边界是组织，因此，组织安全文化评价理应以组织为边界。但是，组织安全文化系统并非是封闭的，而是一个相对独立的开放系统，即组织安全文化时时均与组织外部安全文化环境（如社会安全文化与家庭安全文化等）发生着交流，组织外部安全文化环境必会对组织安全文化产生间接影响。因此，组织安全文化评价应确定以组织为主体的评价范围，同时应适度考虑和涉及与组织安全文化较为密切相关的组织外部安全文化环境因素。

9.7.2.7　评价依据

经分析，组织安全文化的主要评价依据可归为以下三个方面。

（1）安全文化学与安全科学理论、知识与方法。显而易见，相关安全文化学理论、知识与方法应是组织安全文化评价的最重要理论依据；此外，安全科学理论、知识与方法（如事故致因理论与安全评价分析方法等）也对组织安全文化评价具有重要的指导作用。

（2）通用的评价原理。组织安全文化评价应属于系统评价的类型之一，因此，通用的评价原理（如相关性原理、类推原理与惯性原理等）也同样适用于组织安全文化评价。

（3）政府相关部门（主要指政府安全监管部门）颁布并实施的正式的安全文化相关文件与标准等。例如，政府相关部门颁布并实施的《组织安全文化建设导则》或《组织安全文化评价准则》等标准，也是组织安全文化评价的重要依据之一。

9.7.2.8 限制因素

毋庸讳言，就理论与实践而言，根据实际经验与相关方法进行的组织安全文化评价均还存在一些缺陷（由此可见，应该认识到基于组织安全文化评价结果所做出的组织安全文化建设与变革决策的质量，与对被评价组织安全文化的了解与认识程度，以及组织安全文化评价所采用的评价方法的准确性与适用性等密切相关）。究其原因，主要是组织安全文化评价所存在的限制因素所致（换言之，提升组织安全文化评价结果的准确性应从改善组织安全文化评价所存在的限制因素着手）。

（1）组织安全文化自身的复杂性与模糊性。组织安全文化的自身构成极为复杂，研究者所界定的组织安全文化的内容界限难免均具有一定的模糊性，从而导致难以准确确定全部的安全文化元素（即组织安全文化指标）。

（2）组织安全文化评价方法本身的缺陷。组织安全文化评价方法多种多样，各有其适用对象、优缺点与局限性，导致组织安全文化评价结果难免存在缺陷。鉴于此，组织安全文化评价需遵循多种评价方法相结合的原则。此外，组织安全文化评价方法的误用也必会导致错误的评价结果。

（3）组织安全文化评价人员的素质与经验。诸多组织安全文化均具有高度的主观性，显而易见，组织安全文化评价结果的准确性和可靠性往往与组织安全文化评价人员的素质与经验密切相关。

9.8 组织安全文化评价的方法论

本节内容主要选自本书作者发表的题为《组织安全文化评价的基础性问题及方法论》[14]的研究论文，具体参考文献不再具体列出，有需要的读者请参见文献［14］的相关参考文献。

就理论而言，组织安全文化评价遵循一般系统评价的原理和步骤（即就宏观而言，组织安全文化评价与一般评价工作的程式大致相同），基于此，AQ/T 9005—2008《企业安全文化建设评价准则》已给出组织安全文化评价的一般评价程序。但是，显而易见，因组织安全文化本身和组织安全文化评价目的具有一定的特殊性，这就决定了组织安全文化评价相较于其他评价工作而言，需涉及部分特有的具体事项与方法等。由此观之，AQ/T 9005—2008《企业安全文化建设评价准则》中给出的组织安全文化评价的一般评价程序的操作性、适用性与针对性偏弱，极有必要结合组织安全文化本身和组织安全文化评价目的所具有的特殊性，重新建构更为科学、完整而富有特色的组织安全文化评价的一般程式（如图 9-11 所示）。

由图 9-11 可知：①组织安全文化评价的基础是组织安全文化评价的八个基本问题，即评价原则、评价基准、评价对象、评价目的、评价层面、评价范围、评价依据与限制因素。换言之，明晰组织安全文化评价的上述八个基本问题是开展组织安全文化评价工作的前提与基础，它们贯穿于组织安全文化的始终。②完整的组织安全文化评价程序大体包括七项步骤，即准备阶段、构建评价指标体系、定性与定量评价、提出改进对策措施、提出结论及建

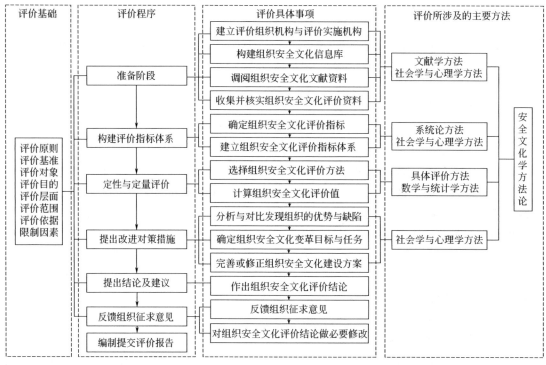

图 9-11　组织安全文化评价的一般程式

议、反馈组织征求意见与编制提交评价报告。③此外，组织安全文化评价程序的每一步骤又涉及若干评价的具体事项和主要方法（主要包括文献学方法、系统论方法、社会学与心理学方法、具体评价方法及数学与统计学方法，由本书第 5 章内容可知，它们均属于安全文化学方法论的范畴）。鉴于组织安全文化的评价程序的前四项步骤较为关键而复杂，对它们进行具体解释（见表 9-17），限于篇幅，其余步骤不再做详细解释。

表 9-17　组织安全文化的评价程序

步骤名称	评价具体事项	评价所涉及的主要方法
准备阶段	①建立评价组织机构与评价实施机构(负责组织安全文化评价相关事务)；②构建组织安全文化信息库(包括组织安全文化的基本理论与知识信息，以及组织安全文化案例信息)；③调阅组织安全文化资料(包括组织历年的安全工作总结报告、安全工作计划、安全活动与事故记录、安全规章制度、安全类报刊、网站资料及安全文化手册等)；④收集并核实组织安全文化评价资料(收集、筛选、整理与检查相关评价资料，确保其准确性、系统性和完整性)	①文献学方法(主要是文献分析法)；②社会学与心理学方法(主要有调查访谈法、现场观察法与比较法等)
构建评价指标体系	①确定组织安全文化评价指标(根据组织安全文化评价的目的、层面与原则等确定组织安全文化评价指标)；②建立组织安全文化评价指标体系(基于组织安全文化评价指标，建立组织安全文化评价指标体系，并指明具体评价指标值的评价方式，即确定方法)	①系统论方法(基于系统观点的研究方法)；②社会学与心理学方法(主要有问卷调查法、实验法与访谈法等)
定性与定量评价	①选择组织安全文化评价方法(根据组织安全文化评价的目的与实际情况，选择合理而适宜的评价方法)；②计算组织安全文化评价值(对组织安全文化水平进行定性与定量评价，并根据相应标准，对组织安全文化水平进行分级)	①具体评价方法(如等级打分加总法、主成分分析法与 AHP 法等)；②数学与统计学方法(包括 EXCEL 与 SPSS 等统计软件)

步骤名称	评价具体事项	评价所涉及的主要方法
提出改进对策措施	①分析与对比发现组织安全文化的优势与缺陷（根据组织安全文化建设的既定目标或评价标准等，通过分析与比较发现组织安全文化的优势与不足）；②确定组织安全文化变革的目标与任务；③完善或修正组织安全文化建设方案	社会学与心理学方法（主要有比较法、访谈法、讨论法与实证法等）

9.9　组织安全文化识别

大量实例表明，借助安全文化识别［如最为典型的是企业文化识别（Corporate Identity，CI）］可显著提升组织文化建设效率与组织文化形象，其已成为建设组织文化的必由之路。有鉴于此，组织安全文化作为组织文化的重要分支，组织安全文化识别也是推动组织安全文化建设与提升组织安全形象的必要手段。此外，目前中国在企业安全文化建设与认识方面还存在诸多缺陷，如企业安全文化建设大多靠政府部门主导，企业落实或效仿具有优秀企业安全文化的企业（如美国的杜邦公司与中国的金川集团股份有限公司等），使企业安全文化建设与企业实际的适宜度较差，且缺乏个性与特色；企业安全文化建设与企业整体文化建设表现出脱节现象，未实现两者的有效融合；大多数人对企业安全文化效用的认识仅停留在企业内部事故预防方面，弱化甚至忽视了其对提升企业安全形象，进而增强企业国际市场竞争力的深层效用（如早期被冠以"带血的煤"或"带血的GDP"之名的中国企业很难赢得国际市场），而上述问题均可借助组织安全文化识别手段得到有效解决。

9.9.1　组织安全文化识别的定义与内涵

9.9.1.1　识别与组织文化识别的定义

对于识别一词，《牛津现代高级英汉汉英双解词典》对其解释包含两层含义：①同一、绝对相同、完全相同，即强调统一性，是指一个组织对内对外、上下左右在相关方面都必须一致；②身份、本身、本体，即强调独特性，是指一个组织应具备区别于其他组织的与众不同的地方。总而言之，一个组织只有做到在相关方面具有统一性和独特性，才能易被人们所识别。

不同学科领域的学者对组织识别的理解有所不同，因而，对其定义也不尽相同。企业文化研究学者基于企业文化建设与传播视角，提出企业文化识别。企业文化研究学者对企业文化识别的理解基本一致，学界比较推崇的是日本学者中西元男给出的定义：企业文化识别是指有意图、有计划、有战略地展现出企业所希望的企业文化形象的观念与手法[15]。由此观之，组织文化识别是一种向组织内部成员与组织外界传达与彰显组织文化的有效工具与途径，如理念识别、行为识别与视觉识别等。

9.9.1.2　组织安全文化识别的定义

组织安全文化作为组织文化的重要组成部分，基于组织与组织文化识别的定义，以及组织安全文化的定义与内涵，笔者将组织安全文化识别（Organizational Safety Identity，OSI）的概念界定为：组织安全文化识别是指有目的、有计划地建设并传播统一而独特的组织安全文化的一系列设计、策划、实施方法与过程，从而达到组织内部成员及社会公众对组织安全文化的理解、认同与支持的目的，即促进组织安全文化落地与提升组织安全形象的双重目的。因此，从组织安全文化落地和组织安全形象两者与组织安全文化识别的关系来看，组织安全文化落地和组织安全形象是结果，组织安全文化识别是途径或手段。此外，显而易见，组织安全文化识别既是组织安全文化的表现手段，也是组织安全文化的一部分。

9.9.2　组织安全文化识别的功能及特征

9.9.2.1　功能分析

基于组织安全文化角度，可将组织安全文化识别的功能分为内部功能与外部功能两大类，每一大类又包含若干具体功能，具体解释见表 9-18。

表 9-18　组织安全文化识别的功能

大类	小类	具体解释
内部功能	凝聚功能	①依赖于 OSI 所建立的良好的组织安全形象吸引人才；②依赖于 OSI 所营造的良好的组织安全文化氛围激发组织成员的安全意愿、意识与责任；③依赖于 OSI 所树立的明晰的组织安全理念和目标统一组织成员的安全理念与价值观
	管理功能	依赖于 OSI 开发设计完善、明确的组织安全操作规程、安全行为规范与安全管理规章制度等，并形成 OSI 规范手册，用严密、系统的规范性安全要求规范全体组织成员的行为，并促进组织安全管理与安全教育培训等的规范化
	整合功能	依赖于 OSI 可使组织安全理念、组织安全行为准则与组织安全文化视觉传达相一致并融为一体（如安全标语这一安全文化视觉识别手段就可实现该目的），从而促进组织成员更系统、直观、形象地认知组织安全文化
外部功能	识别功能	依赖于 OSI 设计、建设的统一而独特的组织安全文化具有一目了然的识别效果，最终使组织安全文化得到社会公众的认知，并给他们留下对组织安全状况的整体印象，即通过 OSI 可塑造良好的组织安全形象
	感召功能	OSI 的实施与组织安全形象的提升会对社会公众形成一种强烈的感召力，组织会拥有和谐的社会关系环境，使组织更易获得社会各方面的支持，如吸引投资、开拓市场等。换言之，OSI 的实施丰富了组织安全文化的价值效用

9.9.2.2　特征分析

由组织安全文化识别的定义可知，组织安全文化识别具有统一性、独创性、客观性与大众性 4 个主要特征，具体解释如下：

（1）统一性。①OSI 应以组织安全文化理念为灵魂、精髓与核心，向安全文化行为规范与视觉传达、设计和扩展，使整个 OSI 形成一个有密切内在联系、不可分离的整体，即组织安全文化理念、行为规范和形象传达三者之间要协调一致，不能相互矛盾；②通过 OSI 达到组织内外安全文化表现的统一性，即可借助 OSI 对组织成员与社会公众进行统一性的组织安全文化展示，以便获得组织成员与社会公众对组织安全文化的共同认同、信赖和支持。

（2）独创性。①在符合国家相关安全法律法规与标准规范等的前提下，组织应结合组织成员的特点、文化背景以及组织的生产过程、危险有害因素与安全发展需要等有针对性地建设组织安全文化，这是一种与自身实际密切结合的组织安全文化独创；②唯有独创的、个性的事物才更有存在价值与生命力[16]。OSI 力求在组织安全理念、组织安全行为规范与组织安全文化视觉体验等方面都具有自己的独创性，使组织安全文化更易引起组织成员与社会公众注意，并加深其对组织安全文化的整体印象。

（3）大众性。①唯有组织安全文化得到组织成员理解与认同，才可发挥其效力，因此，OSI 应尽可能保证组织全体成员均可理解和接受；②组织安全形象塑造的最终目的是促进组织与社会的理想和谐共处，因此，组织安全理念和目标等应紧扣社会主流安全理念与安全需求，才会使组织安全文化得到社会的认同与支持。

（4）客观性。①组织成员借助 OSI 对组织安全文化的认知虽然反映的是组织成员对组织安全文化的主观认识，但这种认知实则是组织安全文化长期作用于组织成员积累的结果；②组织安全形象是社会公众对组织安全状况的整体性印象与评价，对 OSI 导入产生的效果的评价标准是客观的，这取决于组织自身的实际安全状况和组织长期形成的安全文化特色。

9.9.3　组织安全文化识别系统的层次结构分析

9.9.3.1　组织安全文化识别系统的构成分析

文化研究学者认为，组织文化识别是一项系统工程，需全方位开展工作。在此基础上，提出组织文化识别系统（Organizational Identity System，OIS），意指统一而独特的组织文化理念和以组织文化理念为指导的行为活动及视觉设计所构成的展现组织文化形象的系统，并将其划分为组织文化理念识别系统（Mind Identity System，MIS）、组织文化行为识别系统（Behavior Identity System，BIS）与组织文化视觉识别系统（Visual Identity System，VIS）三个子系统[17]。

有鉴于此，组织安全文化识别也需组织安全文化识别系统（Organizational Safety Identity System，OSIS）来支撑。具体而言，组织通过组织安全文化识别系统的运用，即通过对组织安全文化理念的界定，并将这一组织安全文化理念贯彻于各种安全文化行为活动与视觉设计之中，使组织成员与社会公众对组织安全文化进行认知与认同，以便推动组织安全文化建设和树立良好的组织安全形象。由组织文化识别系统的构成可知，一个完整的组织安全文化识别系统也应由组织安全文化理念识别系统（Safety Mind Identity System，SMIS）、组织安全文化行为识别系统（Safety Behavior Identity System，SBIS）和组织安全文化视觉识别系统（Safety Visual Identity System，SVIS）构成，且三者各有其特定的内涵与内容。对三个子系统的内涵及内容进行分别具体解释，见表 9-19。

表 9-19　组织安全文化识别系统的构成

子系统	内涵	本质	基本内容
SMIS	主要指组织安全精神文化范畴的存在形式	承载组织安全精神文化 组织安全文化的根本识别形式	组织安全愿景、组织安全价值观、组织安全目标、组织安全哲学、组织安全志向、组织安全使命、组织安全管理理念等
SBIS	主要指组织的一系列安全行为活动	承载组织安全行为与制度文化 组织安全文化的动态识别形式	组织安全行为规范与程序、组织安全管理规章制度、组织安全培训教育活动、安全事务参与、工作环境的安全状况等
SVIS	主要指外在可见的组织安全文化元素总和	承载组织安全物质文化 组织安全文化的静态识别形式	组织安全文化标志(图案、标准色、标准字等)与组织安全文化载体(海报、网页、服装配饰等)等安全文化视觉信息

9.9.3.2　OSIS 与组织安全文化的相互联系分析

组织安全文化识别系统（OSIS）与组织安全文化之间主要存在三方面联系：

（1）从安全科学角度看，组织安全文化可分为组织安全物质文化、安全行为与制度文化、安全精神文化 3 个层面，即组织安全文化的"三分法"，这与组织安全文化的"四分法"实则是一致的，仅是将组织安全制度文化与安全行为文化做了归一处理。若把组织安全文化的 3 个层次分别与 OSIS 的 SVIS、SBIS 与 SMIS 3 个子系统相比较，就会发现二者的各层面之间存在某种一一对应的关系（见表 9-19），由此可知，组织安全文化是 OSIS 导入的基础。

（2）OSIS 对组织安全文化建设具有巨大的推动作用。OSIS 作为组织安全文化传播和扩散的有效手段，可成功导入并与固有的优秀组织安全文化有机融合，从而逐步形成具有组织特色与开放性的组织安全文化，即通过 OSIS 策划，有利于形成统一而独特的组织安全文化，从而促进组织安全文化落地与组织安全形象提升。

（3）OSIS 应注重导入组织安全文化特色。在不同国家或地区，由于文化背景的差异，OSIS 导入方式也存在差异。因此，组织在实施组织安全文化识别的过程中，应结合本组织的安全文化现状，抓住自身组织安全文化主流和优势，尽可能凝练和创造出独特的组织安全文化识别系统要素。

总而言之，OSIS 既是组织安全文化体系的支撑，又是组织安全文化体系的具体体现，而组织安全文化则是 OSIS 设计的深层土壤，OSIS 的实施和推进只有从组织安全文化中吸取营养才有旺盛的生命力。因此，OSIS 设计与组织文化建设必须要很好地契合，才能推动组织安全文化建设，并树立良好的组织安全形象。

9.9.3.3　SMIS、SBIS、SVIS 之间的关系分析

综上所述可知，OSIS 是由 SMIS、SBIS 与 SVIS 共同构成的一个内涵丰富的有机整体。三者不仅相互联系、相互促进、不可分割，而且功能各异、相互配合、缺一不可，可共同推动组织安全文化建设和塑造组织安全形象。其中，SMIS 属于安全精神理念层次，是组织安全文化的根本识别形式；SBIS 负责规划组织成员的安全行为规范与程序，以及组织的安全管理、安全培训教育与其他安全事务等行为活动，是组织安全文化的动态识别形式；SVIS 以具体化、规范化、视觉化的组织安全元素集合体现组织的安全精细化管理程度与组织的整体安全形象，是组织安全文化的静态识别形式。简言之，SMIS 是基本和核心，SBIS 是主导，SVIS 是表现。换言之，SBIS 与 SVIS 是受 SMIS 支配的，因为任何有关组织整体行为和组织成员行为的安全规范要求，都应在 SMIS 这种固有的组织安全理念支配下制定，并且要保持与 SMIS 的一致；而所有的 SVIS 表现形式也必须以组织内在的安全理念为依托。

为形象起见，可将一棵树比作 OSIS，则 VSIS 是树冠（包括绿叶、花和果实），SBIS 是树干，SMIS 是树根。树干和树冠需从根部吸取水分和养分，而树根只有通过树干和树冠才可证明自己的存在价值。总之，组织安全文化识别系统是将组织安全理念贯彻于其各种组织安全行为活动之中，并运用视觉设计，传播给组织内部成员与组织外部公众，使其对组织安全文化产生识别、认同与记忆。

9.9.4　基于 OSIS 的组织安全文化构建机理模型的构建与解析

基于组织安全文化识别系统（OSIS）与组织安全文化的相互联系，并结合组织安全文化建设的一般程序与步骤，构建基于 OSIS 的组织安全文化构建机理模型，如图 9-12 所示。

由图 9-12 可知，OSIS 作为一套结构完整的组织安全文化建设与组织安全形象塑造系

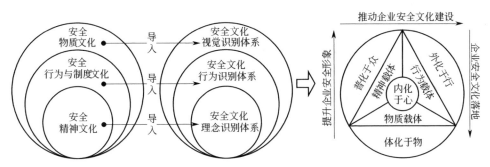

图 9-12 基于 OSIS 的组织安全文化构建机理模型

统，OSIS 既可为组织安全文化的外化提供一种科学的载体，也可为组织安全文化载体建设提供一个全新的问题解决模式。基于 OSIS 的组织安全文化构建机理模型的内涵，具体解释如下：

（1）基于 OSIS 建设组织安全文化的基本思路。①依赖于 SMIS、SBIS、SVIS 同组织安全精神文化、组织安全行为与制度文化、组织安全物质文化的 3 个层面的对应关系，将组织安全精神文化、组织安全行为与制度文化、组织安全物质文化依次导入 SMIS、SBIS、SVIS，使三者结合成一个完整的 OSIS 体系；②依赖于 SMIS、SBIS、SVIS 指导设计健康有效的组织精神安全文化载体、矫正和改善组织安全行为文化载体、塑造独特良好的组织安全物质文化载体，使组织安全文化在内化于心的同时，体化于物、外化于行、普化于众。

（2）基于 OSIS 建设组织安全文化的具体切入点。①以 SMIS 培育组织安全价值观与安全理念。SMIS 的设计应对组织安全文化现状与组织安全目标方向进行充分认识和研究，对 SMIS 的重要内容进行深入分析，找到导入点，并围绕组织类型、组织安全发展的具体定位等进行组织安全理念设计。②以 SBIS 体现组织成员安全行为规范与组织安全管理制度建设。SBIS 的设计与实施应从条件分析（明晰现有的组织安全行为规范与安全管理制度，并分析其缺陷，制定现实可行的 SBIS 设计及实施方案）、目标设定（设定可考评的 SBIS 实施目标与实施效果量化标准）、培训计划（制定以 SBIS 实施为主体的组织成员培训计划，确保 SBIS 的有效实施）、检查监督（在 SBIS 实施中，通过检查、督导纠正或改进组织成员不符合组织安全行为规范的行为）与适时奖惩（建立科学合理的奖惩机制，调动组织成员的积极性，使 SBIS 的实施更富有成效）5 方面着手。③以 SVIS 传达组织安全文化。SVIS 的设计应以国家相关安全法律法规、标准规范为基本前提，以工程学、经济学与美学 3 个学科的理论知识为基础，以 SMIS 为中心，将基础要素（如安全标志、安全标准色、安全标准字与安全宣传语等）创造性地应用至应用要素（即组织安全文化宣传载体，如海报、横幅、旗帜、服装服饰、生产设施设备、办公设备、网页等），形成独特且统一的组织整体安全文化视觉形象。

（3）基于 OSIS 建设组织安全文化的目的。①基本目的：依赖于 OSIS 可在短时间内加速组织安全文化在组织内部与外部的渗透、辐射与传播，形成良好的组织安全文化氛围，不断促进组织成员行为与安全管理规范化，并给社会受众呈现一个良好的组织安全形象，即推动组织安全文化建设，促进组织安全文化落地，并提升组织安全形象。②深层目的：驱动组织安全文化创新，并促进组织安全文化建设与组织整体文化建设融合同步进行。可通过创新 OSIS 提升组织安全文化的创造力与形象力，即 OSIS 可视为是创新组织安全文化的切入点和载体。此外，大量实例表明，组织文化识别是目前组织建设组织文化应用最广且应用效果最佳的途径之一，因此，依赖于 OSIS 可巧妙地使组织安全文化建设与组织整体文化建设有效融合并保持同步进行，既节约了组织经济费用，又使组织整体文化水平得到提升。

9.10 安全文化标准建设[18]

9.10.1 标准的概念

与安全文化概念一样，标准的概念有广义和狭义之分。

9.10.1.1 标准的广义定义

可将广义标准定义为：统一化的约定集合。广义标准概念的定义有以下 3 方面主要内涵：

（1）"统一化"是标准化的本质，也是标准实施的目的。统一化是一种状态和持续关系，不是瞬间关系。"统一化"有客观形成的统一化和主观建立的统一化，包括自然现象的统一化和人类创建的统一化。"统一化"是有范围性的统一化，有国际、国家、区域、行业、地方、企业、团体、联盟、合作伙伴、人群等范围。统一的用途包含重复性、共同性、相通性、通用性、互换性等各种使用的统一。定义中的"统一化"既包含"欲实现的统一化"，也包含"已实现的统一化"，即"约定集合"既可以是为统一化的目的建立的，也可以是实现统一化状态的依据。

（2）"约定"具有协商、认同、认定的含义，"约定"是标准确立的特别要求。"约定"有自然界的"约定"和意识的"约定"，自然界的"约定"是自然规律的确定，意识的"约定"是生物间主观共同的确定。人类意识的"约定"是各代表间的同意，至少是二人及二人以上，通常是多人。在没有专门声明时，将"约定"默认为人类意识的约定。"约定"可以按正式的机构批准方式约定，也可以用非正式的约定者间签署文件来约定。"约定"包括的标准类型有组织制定的标准、联盟协商确定的标准、公认的标准、相互认可的标准、客观关系的标准等。"约定俗成"是最朴素的标准化关系，约定是广义标准的共同认定概念，俗成是状态，"约定俗成"就是"共同认定"的"状态"，即标准化的状态。标准化是改变旧习惯和建立统一化新习惯的过程，"约定俗成"就是这样一个过程。

（3）"集合"是实现"统一化"的约定"元素集合"或约定的"内容"，是广义标准的内容表述。"集合"包括的内容可以是文学描述的要求、规定、图样、表格、图形、图像等文件方式，也可以是物质、声音、现象、行为等非文件性质的内容。"集合"包括科学、技术、管理、操作程序等方面的内容，即包含技术标准内容、管理标准内容、工作标准内容等。

广义标准的概念包含狭义标准的概念，它是最广泛包容的标准概念，适用于以各种形式表现的标准和以各种方式形成的标准，包括机构管理的标准和非机构建立的标准。

9.10.1.2 标准的狭义概念

具有特定格式的文字型的文件标准可以看成标准的一种典型类型，这种类型是当今标准制定的主要工作类型，是常用类型，应该有其标准概念的定义。由于这种类型的标准只是广义标准中的一种，要对它进行标准概念的定义，它的定义只能是狭义的标准概念，而不能代表所有标准概念。我们把过去专家学者、国际机构、国家机构对标准概念的定义认为是对狭义标准概念的定义。可将狭义标准概念定义为：为统一化而协商同意，由认可机构批准的文件、物质、行为、现象等的约定。

在狭义标准概念的定义中：以"统一化"定位标准制定的目的，突出了标准的本质特征；标准的形成过程采取"协商同意"的方式，说明了标准建立的平等关系；狭义标准是由"认可机构"批准的，具有特定的形成程序环节和认可环节，是机构管理的对象；"认可机构"是一个宽泛的机构概念，可以是政府机构、政府认可的机构、团体认可的机构、联盟认可的机构、企业认可的机构和伙伴认可的机构等，也可以是官方性的和非官方性的；狭义标准中的文件标准是格式化的文件，文件具有特定的外观形式，采用规范性表述模式；文件标准是用文字、表格、图样、图形表达的，是表述性的文件。文件标准实际上相当于一种典型性的标准，它有明确的标准标记和特定格式，有专门的机构来管理，有很宽的应用面和重复使用率。

9.10.2 安全文化标准概述

9.10.2.1 是否可以制定安全文化标准

在探讨安全文化标准之前，我们有必要先思考和回答"可以制定安全文化标准吗？"这一问题，这直接涉及开展安全文化标准建设的可行性、科学性与合理性问题。目前，已经有安全文化相关标准了吗？这个答案是肯定的，在我国已经有了3个安全文化标准，包括《企业安全文化建设导则》（AQ/T 9004—2008）、《企业安全文化建设评价准则》（AQ/T 9005—2008）以及《煤矿安全文化建设导则》（AQ/T 1099—2014）。那么，国外有安全文化标准吗？没有。发现其他类型的文化有标准吗？没发现。这就让我们发出疑问，为什么国外没有安全文化标准？为什么其他类型的文化也没有标准？那么，我们可以制定安全文化标准吗？由上可知，标准是指统一化的约定集合，标准的最本质性质是统一性与约束性。根据标准的基本性质，标准与安全文化存在不一致之处，即标准的统一化与安全文化的多元化、个性化（独特性）性质不一致。当然，标准与安全文化也存在契合之处，标准的稳定性、目标性及作用等与安全文化的变异性、稳定性、目标性与创塑性等一致。在笔者看来，安全文化本身就是一套（安全）标准，部分安全文化标准宜制定，部分安全文化标准不宜制定。根据标准与安全文化一致和不一致之处，笔者认为，制定安全文化标准应重点关注的问题有：应立足于普适性理念、原则与方法论层面制定；应把握大方向、大理念、大原则的正确性、科学性和引领性；应立足于宏观层面制定；应具有一定的多元性与灵活性；应具有一定的针对性；不应限制安全文化多元化创新与发展；不应制定过于微观和具体的安全文化标准。

9.10.2.2 安全文化标准的定义

根据标准的概念，安全文化标准的概念也有广义和狭义之分。根据标准的概念，广义的安全文化标准概念是指统一化的安全文化相关约定集合。其中，"统一化"是安全文化标准化的本质，也是安全文化标准实施的目的；"约定"具有协商、认同、认定的含义；"约定"是安全文化标准建立的要求；"集合"是实现"统一化"的约定"元素集合"或约定的"内容"。

狭义的安全文化标准概念是指为统一而协商同意，由认可机构批准的关于安全文化的约定。其中，"统一化"是安全文化标准化的本质，也是安全文化标准实施的目的；"协商同意"指安全文化标准的形成过程；"认可机构"是一个宽泛的机构概念，可以是政府机构、政府认可的机构、团体认可的机构、联盟认可的机构、企业认可的机构和伙伴认可的机构等，也可以是官方性的和非官方性的。

9.10.2.3 安全文化标准与安全文化标准化的关系

安全文化标准与安全文化标准化具有密切的关系。安全文化标准和安全文化标准化之间存在的是因果关系，安全文化标准是因，安全文化标准化是果，由安全文化标准的因产生安全文化标准化的果。细言之：安全文化标准是安全文化标准化的根，安全文化标准化是安全文化标准关系的普遍化；制定安全文化标准是安全文化标准建立性的工作，安全文化标准化是安全文化标准实施性的工作；安全文化的制定是收敛性的工作，安全文化标准的实施是发散性的工作；安全文化标准化状态的形成首先要使安全文化标准能广泛获得，要扩散安全文化标准的影响、适用、发行范围，使安全文化标准能大范围实施。

9.10.3 安全文化标准与安全文化的关系

安全文化标准与安全文化的关系可用图 9-13 和图 9-14 来表达。其中，"安全文化标准化"转换属于安全文化标准建立或制定的事。"安全文化标准安全文化化"转换属于安全文化标准使用或实施的事。但是，无论是"安全文化标准化"还是"安全文化标准安全文化化"，目标都是服务于安全文化而不是安全文化标准。

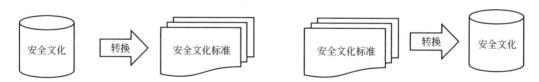

图 9-13 "安全文化标准化"转换模型   图 9-14 "安全文化标准安全文化化"转换模型

根据图 9-13 和图 9-14，安全文化标准和安全文化间形成关系有两个路径，一个路径是以安全文化为研究目标再有安全文化标准，另一个路径是以安全文化标准为研究目标再有安全文化，这里所说的安全文化是包含安全文化产品或产业在内的广义的安全文化，这两条路径关系的模型如图 9-15 所示。

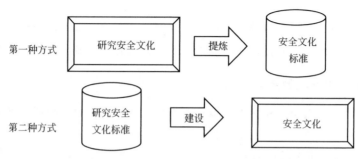

图 9-15 安全文化标准和安全文化间形成关系的模型

先研究安全文化再获得安全文化标准是在完成安全文化研究的基础上，对安全文化进行通用化和稳定性的提炼和固化形成标准，这是一种接受安全文化现状水平建立安全文化标准的模式，属于传统式的安全文化标准产生模式。"研究安全文化获得安全文化标准"是有什么样的安全文化研究成果，就有什么样的安全文化标准，安全文化标准的前瞻性和引领性会受到一定限制。"研究安全文化标准获得安全文化"是以安全文化标准为研究目标，可引导安全文化的创建、提升和突破。"研究安全文化标准获得安全文化"是指在整个安全文化发展关系上，安全文化标准是安全文化的发展和建设目标。安全文化标准要跨越式提升安全文化水平，应注重"研究安全文化标准获得安全文化"的工作模式，而不是只停留在"研究安全文化获得安全文化标准"的工作模式上。两个路径的差别是起点高度不同和目标要求不同。"研究安全文化标准获得安全文化"是一个高目标和高要求的研究模式，是站在高起点上的研究。"研究安全文化标准获得安全文化"的知识建立和使用，一般是一个从"公"到"私"的过程，即联合体或组织共同研究安全文化标准，先从安全文化标准的研究获得安全文化，再将其应用到相关组织建设安全文化。从"公"到"私"的"研究安全文化标准获得安全文化"有一个优势：有条件集中安全文化专家集体的知识和智慧来攀登安全文化高峰和攻克解决安全文化建设难题。"研究安全文化获得安全文化标准"的知识建立和使用，一般是一个从"私"到"公"的过程，即以某个组织的安全文化为基础，将其提炼为安全文化标准供各相关组织使用。从"私"到"公"的关系形成安全文化标准，安全文化标准的基础底子出自单一组织，安全文化标准的完备性、适用范围都会不够。还有一种模式是研究安全文化标准和研究安全文化同步进行，这种模式具有"研究安全文化获得安全文化标准"和"研究安全文化标准获得安全文化"的综合优点。以上所说的"公"和"私"是以"安全文化标准"和"安全文化"的使用性质说的，"安全文化标准"是"公"的性质，"安全文化"是"私"的性质。

"研究安全文化获得安全文化标准"有三个形成途径：一是将安全文化或承载安全文化的产品直接固化制定为安全文化标准；二是先让某种安全文化经过大范围应用实践与发展，当某种安全文化应用达到一定范围时，以这种安全文化作为基础，制定为超出原安全文化应用范围的安全文化标准；三是将多种有代表性的安全文化综合在一起制定为一个通用性的安全文化标准。这三种安全文化形成安全文化标准的途径关系如图9-16所示。在这三种途径形成的安全文化标准中，第一种情况形成的安全文化标准的适用面比较窄，第三种情况形成的安全文化标准的适用面最宽。第一种情况形成的安全文化标准不仅适用面窄，而且安全文化标准的寿命周期不会太长。第三种情况形成的安全文化标准不仅适用面宽，而且安全文化标准的寿命周期也比较长。第二种情况形成的安全文化标准的特点介于第一种和第三种之间。

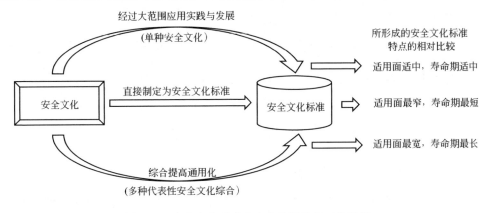

图 9-16　安全文化形成安全文化标准的三种路径

9.10.4 安全文化标准的性质与功能

事物最主要的性质是其本体的或根本的性质，它是事物的特征属性。安全文化标准的性质主要包括基准性、规则性、知识性、公认性、可信性、公益性、普适性与稳定性，具体含义解释见表9-20。当安全文化标准制定完成时，极有必要对它的性质的符合性进行评价，见表9-20。

表 9-20　安全文化标准的性质及其符合性评价表

性质	含　义	性质达到的程度			
		高	中	低	无
基准性	为安全文化建设工作提供正确、可靠的依据,也为安全文化测量、评价提供基准				
规则性	安全文化标准是一套要求和约束				
知识性	安全文化标准是安全文化相关知识的提炼和升华,是安全文化统一化的解决方案				
公认性	公认性是安全文化能够建立、自觉使用和自愿使用的前提,具体包括形成过程和标准内容两方面的公认性				
可信性	安全文化标准是基于有效性、真实性、适用性、成熟性、有利性等要求制定的				
公益性	制定目的的公益性、使用的公益性、保障社会安全文化良性发展				
普适性	安全文化标准的价值及效益与其应用面和使用量呈正比,故应具有普适性				
稳定性	安全文化标准使用的目的是统一化,统一化状态的形成需要必要的时间期,故需稳定性				

安全文化标准的功能主要包括10项，即标杆功能、约束功能、指导功能、组织功能、统一功能、复制功能、仲裁功能、简化功能、引领功能与传播功能，具体含义的扼要解释见表9-21。

表 9-21　安全文化标准的功能

序号	功能名称	基本解释
1	标杆功能	安全文化标准通常是安全文化标杆、样板、范式、基准的代名词,往往被用作评判安全文化相关方面的基准——唯我独准
2	约束功能	实施安全文化标准的行为本身就是一种约束或控制行为。安全文化标准就是一种有益的"条条框框",具有限制、控制和规范功能
3	指导功能	合格的安全文化标准本身就是可信性的有效性安全文化知识体,其内容具有指导性价值,可以直接用于指导相关安全文化工作开展
4	组织功能	安全文化标准可作为人们统一安全文化建设方面行为统一和规范的指令,可用于对集体的安全文化建设行动进行一系列的统一调度和安排,实现对预定安全文化建设任务的组织性操作
5	统一功能	使得不同时空的安全文化标准使用者的执行结果一致
6	复制功能	安全文化标准是相关安全文化基因再生或复制的依据和方法
7	仲裁功能	安全文化标准是安全文化水平等辨别、判定的基准
8	简化功能	安全文化标准形成过程是一个诸多关系筛选和优化的过程,是一系列知识等的流程化与简要化
9	引领功能	安全文化标准通常是安全文化标杆、样板,具有较强的先进性和科学性,可引领安全文化发展
10	传播功能	标准的适用面决定使用面,标准的使用面越大,传播面就越大

9.10.5 安全文化标准内容的建立模式和理论基础

9.10.5.1 安全文化标准内容的建立模式

安全文化标准内容建立模式的模型是标准依靠什么模式建立安全文化标准的模型，主要有4种安全文化标准内容建立模式的模型，即"贴标准"模式、"抄标准"模式、"编标准"

模式与"研标准"模式，这些安全文化标准内容建立模式的模型如图 9-17 所示。

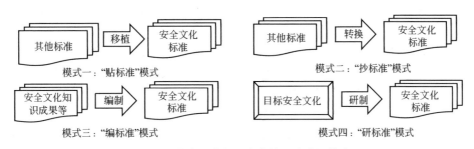

图 9-17　安全文化标准内容的 4 种建立模式

（1）"贴标准"模式。"贴标准"模式是直接在选定的现有安全文化标准的封面上贴上目标安全文化标准（需要建立的安全文化标准）的封面，如在 A 国的安全文化国家标准或 B 行业的安全文化标准等的封面，或在现有安全文化标准的封面上印制自己的标记，使其方便、快捷地成为目标安全文化标准的方法，安全文化标准的内容是整体全面移植过来的，即贴封面或标记形成的安全文化标准，"贴标准"的模式如图 9-17 中的模式一所示。"贴标准"只需要制作目标安全文化标准的封面，将源头安全文化标准的名称给予目标安全文化标准，并在目标安全文化标准封面上注明源头安全文化标准的编号信息和目标安全文化标准管理类信息，或直接在源头安全文化标准封面上印制自己的标记，无须对移植来的安全文化标准内容做任何文字改动和变化，包括不做任何翻译和编辑等工作，这是一种安全文化标准整体直接借用的模式。这种情况一般是在安全文化标准语言和格式相同的安全文化标准之间，如英国等语言为英语的国家对国际安全文化标准采用了"贴标准"的模式形成其国家安全文化标准的组成部分。"贴标准"可以极低的成本和最短的时间获得所需的安全文化标准。

（2）"抄标准"模式。"抄标准"模式是将选定的现有安全文化标准的内容整体性转换来建立另一个级别、另一国家或另一行业类别等的安全文化标准的方法，安全文化标准内容的建立几乎是靠照抄现有安全文化标准的内容形成的，主要是做翻译性和较少编辑性的工作，即等同采用或等效转化形成的安全文化标准，"抄标准"模式如图 9-17 中的模式二所示。"抄标准"情况，将国际安全文化标准翻译转化为国家安全文化标准，将 A 国安全文化标准转化为 B 国安全文化标准，将不需要做太多变化的企业安全文化标准提升为行业安全文化标准，将国家安全文化标准或行业安全文化标准选择部分适用的转成企业安全文化标准等，主要是转换先进安全文化标准"为己所用"、提升安全文化标准的级别或摘录建立安全文化标准。"抄标准"也需做一定的工作，这些工作主要是翻译工作和/或编辑及格式规范性的工作，没有明显和深入的技术性工作。"抄标准"可以较低的成本和较短的时间获得所需的安全文化标准。

（3）"编标准"模式。"编标准"模式是在成熟的安全文化成果的基础上，或在总结有效安全文化知识的基础上，或在已有安全文化标准的基础上，将这些成熟安全文化成果或有效安全文化知识通过修改、补充、优化、改进、提升、规范性表述等工作编制成安全文化标准，或将已有安全文化标准进行修改、补充、提升等编制成新安全文化标准的方法，安全文化标准内容是基于成熟安全文化成果、有效安全文化知识或已有安全文化标准形成的，即通过编制工作建立的安全文化标准，"编标准"模式如图 9-17 中的模式三所示。"编标准"情况有：将成熟安全文化建设与评价方法等编制为安全文化标准等。"编标准"的工作将会对原有的安全文化或安全文化知识进行修改、补充、优化、改进、提升等，而且还要按标准的格式进行规范性的编写，有较明显和深入的技术性工作。"编标准"比"抄标准"花费的成本和时间要显著增加。"编标准"的过程和作用正如通常所说的源于安全文化建设实践、优于安全文化建设实践、指导安全文化建设实践。

（4）"研标准"模式。"研标准"模式是在没有现成的安全文化成果的基础上，开展所需安全文化标准研制，或与安全文化建设同步开展安全文化标准研制的方法，安全文化标准的内容是通过研制和验证工作形成的，即通过研制工作建立的安全文化标准，"研标准"模式如图 9-17 中的模式四所示。"研标准"情况有：解决高基准安全文化建设需求问题研制基准安全文化标准；解决安全文化建设等方法通用化问题研制通用安全文化标准；建设新型安全文化需要研制新型安全文化标准等。"研标准"的工作是技术性很强的工作，一般是方法或知识创新的安全文化标准建立工作。"研标准"要比"编标准"花费的成本和时间多很多。"研标准"的过程和作用为基于安全文化现状，高于安全文化现状，引领安全文化建设与发展。

综上所述可知，安全文化标准内容的建立也许上述 4 种模式都需要。好的安全文化标准一定是来自研究制定工作或研制，即基于对安全文化的深入研究、验证、实践，汇集安全文化专家集体智慧，收敛优化关系，使安全文化标准内容具有高的权威性和信任度，而不仅仅是文字表达的"起草"工作。安全文化的制定工作只停留在单纯的"起草"方式上，将会编写成一个缺乏灵魂（科学、技术、知识、经验等）的安全文化标准，形成文字化的格式躯壳。

此外，就安全文化标准的内容体系建立而言，主要有两条路径：一是从安全文化类型角度看，分别围绕空间尺度或内容类别维度的安全文化类型，可建立安全文化标准的内容体系；二是围绕安全文化学的研究与实践工作内容（如安全文化建设、评价、落地等）建立安全文化标准的内容体系。

9.10.5.2 安全文化标准制定的理论基础

理论而言，安全文化标准制定的理论基础主要包括两方面，即标准学原理和安全文化学原理。安全文化学原理已在本书第 6 章做了详细介绍，这里仅扼要介绍标准学核心原理，见表 9-22。

表 9-22 标准学核心原理

序号	原理名称	基本解释
1	程序管理原理	标准按规定的流程和规定的格式进行编写(包括编写在内)，由相应的标准化机构进行过程管理和批准而形成
2	需求原理	标准的设立基于认可的明确标准化需求目的
3	协调原理	设立的标准与现行标准不应存在内外关系的重复和矛盾
4	优化原理	标准内容应是先进性、经济性、适用性等权衡的优化结果
5	格式原理	标准的外观形式、内容结构、语言表达等应符合特定的相关格式要求
6	协商原理	标准基于协商一致而设立和被批准
7	实证原理	标准的内容是经验证真实和可靠的内容
8	公正原理	标准制定和修订过程按正义性管理关系操作
9	利用原理	标准项目工作过程形成的各阶段成果按可用性充分利用
10	周期原理	标准按计划、制定、实施和复审的周期进行，保持其长期有效使用和持续改善
11	后评价原理	标准批准发布后的一定使用期应进行其使用效果的评价

思考题

1. 何为安全文化关联？安全文化关联的常用描述方法是什么方法？
2. 简述安全文化中心法则模型的构造与内涵。
3. 简述"3E＋C"广义安全管理模型的构造与内涵。
4. 组织安全文化建设的基本原则、启动时机与切入点是什么？
5. 组织安全文化建设的基本程序是什么？
6. 组织安全文化建设的基本方法有哪些？
7. 组织安全文化落地的操作过程及方法论是什么？
8. 试讨论如何基于安全标语开展安全文化建设。请举例说明。
9. 简述组织安全文化评价的原则、基准、对象、目的、层面、范围、依据与一般程式。
10. 什么是组织安全文化识别？分析组织安全文化识别系统的层次结构。
11. 什么是安全文化标准？安全文化标准内容的建立模式和理论基础是什么？

参考文献

[1] 田水承，景国勋. 安全管理学[M]. 第2版.北京：机械工业出版社，2016.
[2] 徐德蜀，汪国华，张爱军.浅谈"安全生产五要素"与安全科学技术[C].海峡两岸及香港、澳门地区职业安全健康学术研讨会暨中国职业安全健康协会2006年学术年会，2006.
[3] 胡晓丽.社会科学模型化的问题研究[D].太原：山西大学，2010.
[4] Jan B, Soybel V E, Turner R M. Integrating sustainability into corporate DNA[J]. Journal of Corporate Accounting & Finance, 2012, 23（23）：71-82.
[5] 许彦华.企业文化基因的理论证成研究[J].求是学刊，2013，40（2）：71-76.
[6] 刘睿智.企业基因表达与调控机理研究[J].山东大学学报：哲学社会科学版，2014（5）：139-150.
[7] Crick F H. Central dogma of molecular biology[J]. Nature, 1970, 227（5258）：561－563.
[8] Crick F H. On protein synthesis[J]. Symposia of the Society for Experimental Biology, 1958, （12）：138-163.
[9] 王志珍.一个科技里程碑：分子生物学的中心法则[J].生理科学进展，2003，34（2）：101-103.
[10] 王秉，吴超.组织安全文化建设的基础性问题及方法论[J].企业经济，2017,36(10):66-73.
[11] 王秉，吴超.组织安全文化落地的机制及方法论[J].中国安全科学学报，2018,28(2):1-7.
[12] 王秉，吴超.安全标语的文化作用机理研究[J].中国安全生产科学技术，2016，12（1）：50-55.
[13] 王秉.安全标语创作与应用[J].现代职业安全，2016(05):78-79.
[14] 王秉，吴超.组织安全文化评价的基础性问题及方法论[J].中国安全生产科学技术，2017,13(9):5-12.
[15] 中西元男[日].个性化企业的时代[M].王超鹰，译.上海：上海辞书出版社，1999.
[16] 王超逸，李庆善.企业文化学原理[M].北京：高等教育出版社，2009.
[17] 王成荣.企业文化学教程[M].北京：中国人民大学出版社，2014.
[18] 麦绿波.标准学——标准的科学理论[M].北京：科学出版社，2019.

第10章

安全文化学的应用实践典例

本章选取安全文化学的应用实践典例（主要包括家庭安全文化、企业安全文化、公共安全文化、政府安全文化、应急文化、安全文化产业、和谐社会背景下的安全文化建设及"互联网＋"背景下的安全文化建设）来进行扼要介绍。通过本章的学习，以期读者了解和掌握典型的安全文化学应用实践，并在此基础上，能够运用比较借鉴方法，学习和了解其他方面的安全文化学应用实践。

本书前面数章的绝大部分内容均是基于学科建设高度，来探讨安全文化学的学科体系与学科基础性原理。就读者而言，通过阅读和学习本书前面数章的内容，可掌握安全文化学的整个学科体系框架和一些通用性的基础理论，即安全文化学理论（包括安全文化学的应用实践理论），但尚未深入了解和学习一些典型安全文化实践。鉴于此，为进一步增强本书内容的实践性，笔者特意专门撰写本章内容。

由本书前面9章内容可知，安全文化学的研究范畴极为广泛。同样，安全文化学的实践领域也极其广泛，故本书不可能对它们进行一一论述和介绍。但经对比分析发现，各种安全文化实践实则具有较大的相似性（如学校安全文化实践、社区安全文化实践、城市安全文化实践与公共安全文化实践就极为相似）。换言之，各类安全文化实践的绝大多数经验和方法等均可进行相互借鉴、学习与运用。

根据上述认识，本章介绍一些典型的安全文化实践，来对它们依次进行扼要介绍。通过学习这些内容，读者可运用比较借鉴方法，来进一步具体了解和学习学校安全文化实践、社区安全文化实践与医院安全文化实践等安全文化实践。此外，安全文化产业也是安全文化实践的重要组成部分，且在当前"和谐社会"与"互联网＋"的背景下，又给安全文化建设赋予了新的内涵与任务，故本章最后也将对它们进行扼要介绍。

10.1　家庭安全文化

本节内容主要选自本书作者发表的题为《家庭安全文化的建构研究》[1] 的研究论文，具体参考文献不再具体列出，有需要的读者请参见文献［1］的相关参考文献。

人类从出生就开始接受安全教育，安全是人们正常生活的基本要求。家庭是人们的第一所学校，是社会的基本细胞。此外，陈显威指出，家庭文化具有重要的教育功能。因此，家庭安全文化建设尤为重要。家庭安全文化不仅是家庭成员安全、健康成长和发展的重要保障，也是建设平安社会的重要基点。

10.1.1 家庭安全文化的概念

10.1.1.1 家庭与家庭文化的定义

关于家庭的定义与地位，恩格斯曾做过深刻阐述，他指出家庭是在婚姻关系、血缘关系或收养关系基础上产生的，由亲属之间所构成的社会生活单位；家庭作为社会的最基本单位，与社会有着非常密切的关系。目前，学界对家庭文化的定义较少，且含糊抽象。王继华认为，家庭文化是一个由多重的社会文化现象、伦理现象和多重的复合要素构成的具有时代活力的生命体，它以"情"为基础，以"礼"为手段，以"德"为标准，以"美"为目标；国艳华认为，家庭文化是家庭物质文化和精神文化的总和。

基于上述家庭和家庭文化的定义，可对家庭文化做如下解释：家庭文化是一个家庭世代承续过程中形成和发展起来的较为稳定的生活方式、生活作风、传统习惯、家庭道德规范以及为人处世之道等。换言之，家庭文化是建立在家庭物质生活基础上的家庭精神生活和伦理生活的文化，既包括家庭成员的衣、食、住、行等物质生活所体现的文化色彩，也包括文化生活、爱情生活、伦理道德等体现出的行为方式和价值规范。

10.1.1.2 家庭安全文化的概念界定

目前，学界对家庭安全文化尚无具体定义。基于安全文化与家庭文化的内涵，笔者运用"属＋种差"的方法定义家庭安全文化。基于属的角度，家庭安全文化同时隶属于安全文化和家庭文化的范畴，即它是安全文化和家庭文化的重要组成部分；基于种的角度，家庭安全文化有别于其他组织安全文化，其主体是由各家庭成员构成的组织，即家庭，其直接目的是尽可能使家庭成员在成长过程中免受事故伤害与健康危害或将两者后果降至最低，保障家庭成员安全、健康成长与发展，即构建本质安全型家庭，其深层意义在于促进平安家庭、平安社会建设。

因此，可将家庭安全文化的概念界定为：家庭安全文化依赖于家庭成员之间的感情（亲情）基础，以提高家庭成员的安全意识和素质（包括不伤害他人和尽可能保护他人免受伤害）等，保障家庭成员安全、健康成长与发展，进而以促进平安家庭、平安社会建设为目标，它是家庭安全价值观和安全行为规范的集合，通过家庭组织体系对家庭成员的思想、意识、行为等施加影响，具有很强的稳定性和有界性。家庭安全文化的概念示意图如图 10-1 所示。

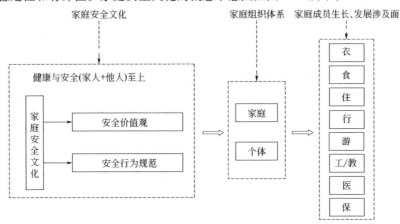

图 10-1 家庭安全文化的概念示意图

10.1.2 家庭安全文化的内涵及功能

10.1.2.1 内涵分析

基于家庭安全文化的概念示意图，分析家庭安全文化概念，可得出家庭安全文化的具体内涵。

（1）家庭安全文化是家庭文化和社会安全文化的重要组成部分，并以"家人和他人的安全与健康至上"作为核心价值观，其强调内容包含两层含义：①保障家庭成员安全、健康成长和发展；②坚决不伤害他人的安全与健康，并在保证自身安全与健康的前提下尽可能保护他人免受事故伤害与健康危害。

（2）家庭安全文化的核心基础是感情（亲情），若没有感情作为基础，家庭安全文化就会失去其存在的本质意义和价值，同时这也是家庭安全文化与其他组织安全文化相比最为突出的特点。由人的本性（人与动物的最根本区别之一是人具有感情，一般而言，人们普遍重视亲情、爱情和友情等感情，三者相比，人们更加侧重于前两种感情）和行为动机（利益或需要）等特征可知，在感情（包括利益）的刺激作用下，会使人具有强烈的安全意识、安全意愿与安全责任，并开始主动学习安全知识和掌握安全技能，进而保证人在面临危险时做出理性的安全行为选择。因此，家庭安全文化建设的基点在于促进家庭成员之间的感情涌动，使得家庭成员明白，保护个人或其他家庭成员的安全不仅是个人感情需要，更是一份家庭责任，必须以严谨、认真的态度去承担这份责任。这就是将感情载体置于家庭安全文化的重要意义和价值。

（3）家庭安全文化的主要内容包括安全价值观与安全行为规范。安全价值观体现为深层次的安全观念与理念，是家庭成员对于安全问题的基本善恶判别，如以遵守安全法律法规为荣，以违反安全法律法规为耻等安全态度，是家庭安全教育的价值内核。安全行为规范体现为外显行为，是家庭成员在长期家庭生活实践中形成的良好行为习惯的积累，如不用湿手操作电器、离家前认真检查门窗是否关闭严实等。

（4）家庭安全文化的传播载体是由"个体"和"家庭"构成的家庭组织体系。安全价值观与安全行为规范影响部分家庭成员的个体观念或个体行为，部分家庭成员的观念或行为一旦汇集成为家庭全体成员的观念和自觉行为，就会升华、聚集成家庭的观念或行为，成为家庭的安全文化。

（5）家庭安全文化的影响主要涉及家庭成员的生命安全和财产安全两方面，具体体现在"衣""食""住""行""游""工/教""医""保"等方面。①"衣"：主要指衣服购置方面的安全、健康问题，如购买衣服时要关注服装的安全等级，五岁以下儿童不能穿洞洞鞋，幼儿不宜穿有带子的衣服等。②"食"：主要指饮食安全、卫生问题，如餐馆用餐时要关注餐馆的餐饮服务食品安全等级公示、包装食品所用塑料的安全等级及日常用餐卫生等都需注意。③"住"：主要指家居环境安全和财产安全，如房子楼层等的选择、家庭所用物品（材料、家具、装饰等）是否有损健康、家庭防火防偷防盗问题等。④"行"：主要指出行安全问题，如交通安全、车上防扒、路上防抢等。⑤"游"：主要指旅游安全问题，如携带一些常用药品，备好防雨、防晒、防寒等工具和衣物，及时告知家人或朋友自己的行踪信息等。⑥"工/教"：主要指成人在单位工作、小孩在学校学习时需注意的安全与健康问题，如遵守安全法律规章制度、不伤害他人等。⑦"医"：主要指用药、就医安全问题，如必须要到正规医院就医，并按医嘱用药等。⑧"保"：泛指一切安全、健康投资，如体检、意外保险、专用安全设施设备购置等，还包括一些家庭保健性活动。

（6）家庭安全文化具有很强的稳定性和有界性。家庭安全文化是一个家庭在世代承续过程中形成和发展起来的。在长期的家庭生活实践中，积累优秀的安全观念和行为准则，经过长时间的熏陶和培养，促使家庭成员形成良好的安全习惯，继而经过长期积累与沉淀，形成良好的家庭安全观念与行为。因此，家庭安全文化具有很强的稳定性。由于家庭成员长期共同生活，加之家庭成员的世代传承，能够形成一些稳定且具有鲜明个性的安全观念和行为规范。它们的某些特征具有绝对性，与其他家庭的安全文化具有明显区别，因此，家庭安全文化具有很强的有界性。

（7）家庭安全文化建设应当以家庭安全价值观为核心，以家庭组织体系为主体，通过家庭安全教育、家庭安全制度等多种手段，改善个体、家庭两个不同层次主体的安全价值观和安全行为规范，提高家庭成员成长、发展所涉及的各方面的安全状态。

（8）家庭安全文化的影响作用无处不在，无时不有，家庭安全文化主要通过父母熏陶孩子或家庭成年成员之间互相学习的方式发挥效用。家庭安全教育贵在以身作则，行为影响作用巨大。建设家庭安全文化的直接目的在于提高家庭成员的安全意识和素质等，保障家庭成员安全、健康成长与发展；其深层次意义在于促进平安家庭和平安社会建设。

10.1.2.2 功能分析

经分析，我们可将家庭安全文化的主要功能提炼归纳为六个方面，即教育与导向功能、情感与刺激功能、动员与熏陶功能、提醒与说服功能、规范和约束功能、保护他人安全功能，构成家庭安全文化功能的"四层"结构，如图 10-2 所示。

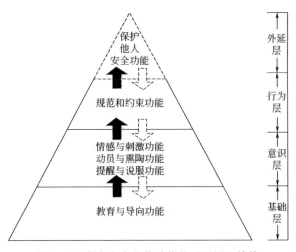

图 10-2　家庭安全文化功能的"四层"结构

由图 10-2 可知，家庭安全文化功能结构包括基础层、意识层、行为层和外延层四个不同层次。各功能彼此影响、相互促进，共同体现家庭安全文化的价值。其中，基础层为其他功能的发挥提供基础和保障；意识层为其他功能的发挥起到支撑作用；行为层是家庭安全文化功能的外显表现；外延层是家庭安全文化功能的升华和扩大，对营造良好的社区、企业及社会安全文化氛围提供助力。各层功能具体解释如下。

（1）基础层：教育与导向功能。这是家庭安全文化的最基本和基础的功能。针对孩子而言，从出生就开始接受安全与健康教育，家庭是孩子的第一所学校。通过向孩子倡导优秀的家庭安全观念和积极的安全人性，传播必要的安全知识和安全技能，最终使孩子建立科学的安全道德、理想、目标和行为准则。同样，家庭安全文化能够对家庭其他成员起到极强的教育和导向作用，使得每位家庭成员都成为生活的安全元素。

（2）意识层：情感与刺激功能、动员与熏陶功能、提醒与说服功能。这是家庭安全文化功能在意识层面的表现。基于家庭安全文化的教育与导向功能，家庭成员之间的感情能够激发家庭成员的安全责任和热情，影响家庭成员的安全态度、意愿和意识，进而动员、说服、提醒家庭成员时刻注意安全与健康问题。

（3）行为层：规范和约束功能。家庭安全文化可以帮助家庭成员加深对安全内涵、安全责任及各项安全法律、法规的认识和理解，使得每位家庭成员实现"要我安全"到"我要安全"直至"我会安全"的跨越，从而自觉规范并约束个人行为。

（4）外延层：保护他人安全功能。这是家庭安全文化功能的外延表现。家庭安全文化不仅保障家庭成员的安全与健康，还可以使家庭成员帮助他人规范行为，或在保障自身安全的前提下保护他人免受伤害，有助于社区、企业、社会安全文化建设。

10.1.3　家庭安全文化的层次结构

10.1.3.1　层次划分

就理论而言，可将家庭安全文化分为情感安全文化、安全观念文化、制度安全文化、行为安全文化和物质安全文化五个层面，具体解释如下。

（1）情感安全文化是家庭安全文化的基础，也是维系家庭良好关系的纽带。情感是家庭成员之间或家庭成员对家庭事物的心理体验和心理反应，如夫妻之间、母子之间、父子之间、兄弟姐妹之间的感情等。家庭情感促成家庭成员之间爱的责任，即爱自己、爱家人、爱家庭财产等，帮助家庭成员实现安全思想意识一致，安全理想信念相投及安全行为习惯相近。

（2）安全观念文化主要是指家庭安全价值观，是家庭安全文化的核心。具体表现为安全道德、家俗、伦理以及对安全问题真、善、美的鉴别和认识标准或一些安全精神追求等。

（3）制度安全文化主要是指家庭成员的最基本安全行为规范，包括国家有关安全法律、法规、制度等在家庭中的落实和积淀，正式的家庭安全公约、基本准则和承诺，以及为维护家庭成员正常、安全生活，协调家庭与外部关系而形成的口头安全约定等内容。

（4）行为安全文化包括知识性安全文化、自律性安全文化和投资性安全文化。知识性安全文化包括家庭成员的安全知识水平、危险应变能力、自救互救能力等，主要表现在家庭安全教育方面。家庭中的未成年人要接受安全教育，中老年人也要经常学习安全知识，使家庭成为经常性、终身性的安全教育学校，不断提高家庭成员的安全素质。自律性安全文化主要表现为家庭成年成员要严于律己、遵守基本安全原则、不偷懒、不敷衍等，给家庭的未成年人做好榜样，直至所有家庭成员都养成良好的自律习惯；此外，家庭成员之间要养成开展安全批评和自我安全批评的好风气。投资性安全文化是指安全与健康投资行为，如购置专用设施设备、商务保险、健康险、意外险、定期体检及安全教育投资等，同时包括以强身健体、放松身心为目标的各种文娱、体育、保健活动等。

（5）物质安全文化是指通过家庭成员的衣、食、住、行、游及家庭配置的相关设施等物质材料所体现出来的家庭安全文化，如住房的位置、楼层和质量、住房内部装修和家具的安全性、住房各大系统的通风情况、家庭专用安全设施设备、外出时家庭成员所配备的安全防护工具等。

10.1.3.2 结构解析

基于对家庭安全文化的层次划分，构建家庭安全文化结构示意图，如图 10-3 所示。

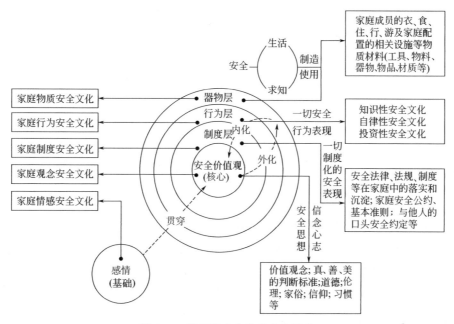

图 10-3　家庭安全文化的内在结构

由图 10-3 可知，家庭情感安全文化是家庭安全文化的基础，贯穿于家庭安全文化的其他层次，是建设完善家庭安全文化的前提条件；家庭物质安全文化、行为安全文化和制度安全文化是家庭观念安全文化的外化层或对象化，是家庭观念安全文化"外化"的表现形式，是观念转化为制度、行为和物质的"外化"结果；家庭观念安全文化是人的思想、信念和意志的综合表现，是人对安全内涵和自身内心世界的认识能力与辨识结果的综合体现，是家庭安全价值观长期作用形成的心理深层次的积淀和升华产物，是家庭物质文化、行为文化和制度文化"内化"的结果，是家庭安全文化结构系统的特质和核心。其中，家庭物质安全文化可视为家庭安全文化结构系统中的"硬件"，家庭行为安全文化和制度安全文化可视为家庭安全文化结构系统中的"软硬组合件"，而家庭情感安全文化和观念安全文化可视为家庭安全文化结构系统中的"软件"，它们之间相互影响，相互促进，共同构成家庭安全文化结构系统。

10.1.4 家庭安全文化的建设理念

基于家庭安全文化的内涵和层次结构，提炼出两大类家庭安全文化建设理念，即家庭安全文化建设基础理念和实践理念。具体而言，又可细分为 29 条具体理念，归类于 22 个关键要素，见表 10-1。家庭安全文化建设理念是家庭安全文化建设的理论依据和实践指导，对促进家庭安全文化建设具有积极意义。

表 10-1　家庭安全文化建设理念分类

类别	具体理念(内涵)	关键要素
家庭安全文化建设基础理念	健康和安全(包括他人的)是第一位的,优先于所有事务	安全的相对重要度
	所有的身体和健康伤害都可以预防,安全可以实现自我管理	伤害的可预防程度
	一些安全隐患有可能给你和家庭带来巨大灾难	对安全隐患的认识
	你的安全和健康是对家人的最好的爱,保护个人安全和健康是一份家庭责任。对于晚辈来说,其是一种孝亲行为;对于长辈来说,其是一种家庭担当	对安全责任的认识
	保护家庭成员安全是家庭成员共同的责任和义务	
	安全意识的缺乏最终归结于你忘记了你的安全对于自己、家人和他人的重要性	
	家庭成员的安全健康对其成长与发展具有积极的保障和促进作用,家庭成员安全素质的提高有益于其工作、学习安全,可以正向影响家庭的幸福指数	对安全价值的认识
	安全和健康应该作为家庭成员衣、食、住、行、游、工/教、医、保中不可缺少的部分	
	安全要时刻牢记。许多伤害和意外事故的发生不是物方面的原因和缺乏知识,而是不注意引起的	对安全意识的认识
	在形成良好的家庭安全状态过程中,家庭安全教育是必不可少的元素	对安全教育的认识
	家庭成员对安全的承诺使得其更加注意个人和家庭其他成员的安全	对安全承诺的认识
	家庭安全投资要以家庭风险为基础,只有以风险为基础进行安全投资,才能确保家庭成员的安全与健康	对安全投资的认识
	别人对你的安全惩罚、提醒、教育、批评都是为了你的安全	对安全管理的认识
	有损于他人安全和健康的行为是不道德的,甚至是违法的,要坚决杜绝	对伤害行为的态度
	在保证个人安全的前提下,保护他人免受伤害是一种家庭美德,有助于提升家庭形象	对保护他人的认识
家庭安全文化建设实践理念	时时处处注意安全,并自觉规范和约束个人的行为	安全自律
	制定家庭安全行为规范、家庭安全公约等	制度形成
	安全法律、法规、制度、承诺、约定等的执行和落实	制度执行
	家居环境(包括家用设施设备)的安全检查	安全检查
	家庭住房位置、楼层、质量的选择和出行工具、路线、时间等的确定	安全防范
	家庭防火、防盗等措施或办法的确定和落实	
	家庭专用安全设施设备、出行等所需安全物品的配置	安全投资
	安全、健康相关保险的购置	
	参与保健性活动	
	定期进行身体检查和心理健康状况测评等	
	参与相关安全培训学习(包括家庭成员内部的安全教育、沟通、分享、表扬和批评,以及参与家庭外部的安全培训学习等)	安全教育
	对家庭成员工作与学习中安全的重视和关心	安全关怀
	家庭装饰物或所收藏的艺术作品等具有表层或深层的安全蕴义	安全追求
	帮助他人纠正不安全行为或在保证个人安全的前提下保护他人免受伤害	保护他人

10.2　企业安全文化

企业安全文化是当前最受关注、被论述最多且最被广泛地加以研究和应用的安全文化现象。实际上，过去绝大多数提及"安全文化"的文章著作，往往指的均是"企业安全文化"。换言之，"安全文化"一词往往被一般人当作"企业安全文化"一词的简称来使用，由此观之，企业安全文化是安全文化学研究和实践的"重头戏"。本节将对"企业安全文化"做一专门简单介绍。

需说明的是，其实，在本书前面章节中多次提及的"组织安全文化"，实则也主要指企业安全文化（换言之，主要以企业安全文化为代表）。只不过前面章节内容提及"组织安全文化"时，绝大多数情况是在论述组织安全文化的共性问题。由此可见，实际上，通过前面章节内容的学习，我们已经掌握与企业安全文化相关的绝大部分重要内容。

因此，本节内容主要是对本书前面章节内容尚未专门涉及的与企业安全文化相关的主要内容进行专门探讨。若读者还想进一步深入而具体地了解企业安全文化相关知识，可通过查阅相关文献资料来进行自行学习。

10.2.1　企业安全文化的定义与内涵

关于企业安全文化一词，存在诸多定义。目前，学界比较推崇的是英国健康与安全委员会核设施安全咨询委员会[2] 和中国国家安全生产监督管理总局发布实施的《企业安全文化建设导则》（AQ/T 9004—2008）中给出的安全文化的定义。经比较发现，两种定义基本一致，即企业安全文化是被企业的员工群体所共享的安全价值观、态度、道德与行为规范组成的统一体。

笔者认为，此定义基本合理。但为更充分地理解企业安全文化的内涵，在此基础上，笔者给出它的补充性定义：企业安全文化是企业成员在适应内外环境安全发展需求（主要包括企业内部与国家的安全发展要求等）中形成并传承的共有的安全价值观态度、道德与行为规范的集合，是以保障企业安全运行与发展为目标的一种"自为"文化，并通过企业组织体系对企业系统施加影响。这里以一般生产型企业为例，建立其概念框架示意图（见图 10-4）。

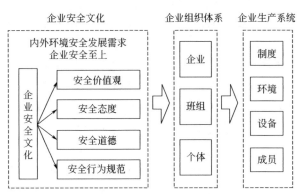

图 10-4　一般生产型企业安全文化的概念框架示意图

基于一般生产型企业安全文化的概念框架示意图，将企业安全文化的具体内涵解析如下（简洁起见，此处仅特别强调五点）。

（1）企业安全文化是企业文化的重要组成部分，其形成的主要动力是内外环境安全发展需求（主要包括企业内部与国家的安全发展要求等），它以"企业安全至上"为核心安全价值观。

（2）企业安全文化的主要内容包括安全价值观、态度、道德与行为规范。安全价值观、态度与道德体现为深层次的安全观念、理念与准则，是企业员工对于安全问题的基本善恶判别及看待安全问题的态度，是企业安全文化的价值内核。安全行为规范体现为外显行为，是企业员工在长期生产实践中形成的良好的安全行为习惯的积累。

（3）企业安全文化传播载体是由"个人""班组""企业"构成的企业组织体系。企业安全文化首先影响的是企业员工的个体观念或行为，各个体的观念或行为一旦汇集成为企业的观念和自觉行为，就会产生升华，聚集成企业的观念或行为，成为企业的安全文化。

（4）企业安全文化的影响作用体现在由成员、设备、环境和制度四要素构成的企业生产系统。对员工的观念与行为的影响，这是最基本的影响作用，也是企业安全文化发挥效用的基础；对设备的影响，如增设设备安全防护装置与安全设施设备等；对环境的影响，如企业安全文化氛围营造与现场安全目视化管理等；对制度的影响，如安全操作规程与企业安全管理制度等。换言之，企业安全文化的最终目的是提高企业生产系统中的"员工""设备""环境""制度"的安全状态。

（5）企业安全文化是一种"自为"文化。文化形成过程主要包括"自在"（经各种文化要素相互作用，自然而然地形成发展起来的文化）与"自为"（指可以设计、建设、管理和领导的文化）两种。显而易见，企业安全文化属于"自为"文化，是由企业领导者与安全管理者构想倡导，经一系列促进员工企业安全文化认同的措施，逐渐形成发展起来的。

10.2.2 企业安全文化与企业文化的联系与区别

对企业安全文化与企业文化之间关系的探讨，笔者较为推崇中国安全文化学学者曹琦等[3]的观点。在此，借其观点来对企业安全文化与企业文化之间的关系做一简单剖析。

有一种观点存在已久，即搞了企业文化建设，就无须再搞企业安全文化建设了。产生这种误解的部分原因在于企业安全文化的确是企业文化的重要组成部分，也与企业文化有相同之处。

企业文化注重以人为本，主张通过提高职工文化修养和道德素质来培养职工集体主义精神。以此提高企业知名度、凝聚力和经济效益。而企业安全文化也注重以人为本并且具有更具体的目的性，它注重通过多种宣传教育方式来提高职工的安全意识，做到尊重人的生命、保护人的生命安全和身心健康。因而，建立相互尊重、相互信任、自保互保的人际关系和安全联保网络，使全体职工在"安全第一"的思想的指导下，从文化心理、精神追求上连接成一个整体。显然，这就是一个企业安全文化场，这与企业文化培养集体主义精神的目标完全一致，可见，安全文化是企业文化的一部分。

但相比之下，企业安全文化有一个重要的特性，即广泛的社会性，如在人生的各个阶段，随时都在接受着安全文化的熏陶和安全教育。在联合国开发计划署向联合国大会提交的《1994年人类发展报告》中就阐明了这样一个主题，即"人类安全"应视为一切国家发展的战略、国际合作和全球管理的基础。可见，企业安全文化与企业文化是不一样的，它既属于企业文化的一部分，又是普通（社会）文化的一部分。

10.2.3　企业家安全文化

本内容主要选自本书作者发表的题为《浅谈企业家安全文化建设》[4] 的研究论文，具体参考文献不再具体列出，有需要的读者请参见文献［4］的相关参考文献。

常言道"老大难、老大难，老大重视就不难"。就某一企业而言，可将"老大"统称为"企业家"，也可广义地称之为企业领导者。诸多研究与实践表明，由于企业家的特殊组织地位，决定了其在企业安全管理（包括企业安全文化建设）中担负特殊的使命，是企业安全文化建设的重要影响因素。而在现实中，我们经常面临"企业领导不重视或不懂安全"等诸多企业安全管理难题，主要由企业领导的安全文化素质低而引起。因此，亟需积极探索企业家安全文化建设，这对于促进企业整体安全文化水平的提升具有十分重要的意义。

所谓企业家安全文化，是指影响企业家安全行为的企业家所共有的安全价值规范的总和。尽管企业家安全行为的内容极其丰富，但其基本构成是企业家安全决策行为和安全指挥行为。因此，可将企业家安全文化划分为安全决策文化和安全指挥文化。显然，企业家安全文化与企业安全文化的关系是部分与整体的关系。需要指出的是，企业家安全文化并非企业安全文化一般意义上的组成部分之一，而是具有决定意义的企业安全文化的一部分。

优秀企业安全文化建设的成功经验表明，企业家安全文化对企业安全文化的决定作用，主要表现为企业家应依据自己特殊的组织地位，肩负好自身的安全文化使命，即应着重扮演好如下 8 种重要角色：创新者（企业家应是企业安全文化，尤其是企业安全价值观的创新者）、倡导者（企业家应成为本企业安全文化的最积极、最热诚的倡导者）、组织者（企业家应成为企业安全文化建设的组织者）、指导者（企业家应成为企业安全文化建设的指导者）、楷模（企业家应成为本企业安全文化的楷模，广大员工效仿的安全文化榜样）、激励者（企业家应对团体和员工的安全文化实践行为给予激励）、英才培育者（企业家应是企业安全文化建设英才的识别者、发现者、选拔者和培育者）和诊断咨询者（企业家应成为企业安全文化卓有成效的评价诊断咨询者）。

显然，企业家要成功扮演上述角色，依赖于诸多条件，其中最为重要的是企业家自身的安全文化素质，此外，还包括组织安全文化信息传播网络和智囊技术等组织条件。因此，提高企业家自身安全文化素质，是搞好企业家安全文化与企业安全文化建设的关键。企业家安全文化素质，是指企业家安全知识经验、安全思想观念和安全管理能力等素质的总和。根据优秀企业家安全文化的建设经验，提升企业家自身安全文化素质，应从以下 3 方面着手：

（1）安全知识结构。企业家的安全知识结构是影响其安全文化素质的基本方面。改善和提高企业家安全文化素质，首先要改善和健全企业家的安全知识结构。

（2）安全管理能力结构。企业家的安全管理能力（如组织能力、筹划能力、安全信息采集加工能力与安全领导力等）结构是影响其安全文化素质的另一重要方面。改善和提高企业家安全文化素质，不可忽视其安全管理能力结构的改善和发展。

（3）安全价值观念体系。企业家安全文化素质的核心构成是其安全价值观念体系。改善和提高企业家安全文化素质，最根本、最重要的问题是企业家搞好自身安全价值观念的完善和更新。

10.2.4　企业安全文化手册编制 [5]

目前，企业界仍处于建设企业安全文化的热潮之中，各企业纷纷建立了各自的安全文化体系。就企业安全文化建设而言，企业安全文化的整体设计、架构、内容及最终"产品"的直接体现都在于"一册"，即《企业安全文化手册》（简称《手册》）。毫不夸张地说，《手册》的编制是企业安全文化建设的最核心内容之一。尽管目前已有很多企业编制了各自的《手册》，但是对其菜单构成、编制和提炼程序及方法等尚不够明晰，妨碍了企业安全文化建设工作的正常有效开展。

笔者将以实践经验和相关企业安全文化研究为基础，简明扼要地探讨如何编制一本优秀的《手册》。编制一本完整、科学而优秀的《手册》，需准确掌握和深入学习以下几方面重要知识。

（1）准确理解安全文化建设的切入点。安全文化建设具体包括 3 个微观切入点：一是理念导向系统建设，指组织安全文化理念导向系统（主要包括组织安全价值观、组织安全愿景、组织安全使命与组织安全目标等）建设，这是组织安全文化建设的内动力；二是行为养成系统建设，指组织安全行为养成系统（主要包括组织安全管理制度、组织安全行为准则及激励机制、组织安全操作规范与组织安全管理机构或模式等）建设，这是组织建设的启动力；三是安全环境系统建设，指通过一些具体形式使组织安全文化实现外化（主要包括物质化、视觉化与听觉化等），其主要目的是营造组织安全文化氛围，这是组织建设的影响力。当然，我们还可立足于不同安全文化学分支学科视角（主要包括安全文化符号学、安全文化心理学、比较安全文化学、安全民俗文化学与安全文化史学）建设安全文化。

（2）准确提炼和发现关键、有特色安全文化元素。在开展安全文化建设时，准确提炼和发现一些关键和有特色的安全文化元素极为关键。其实，传统文化中就存在许多关键和有特色的安全文化元素，安全是伴随于人类进化和发展过程中古老而具有普遍意义的命题。中华民族有着悠久而灿烂的五千年文明史，千百年来，中国人民通过大量的安全实践活动，积累了许多安全知识与经验，并形成了诸多先进的安全理念。据考究，中国传统安全文化的精华蕴藏于大量中国古代经典文献之中。经笔者归纳总结，在中国传统安全文化中，主要有人本型安全文化、预防型安全文化、事后学习型安全文化、情感型安全文化、诚信型安全文化、规则型安全文化、责任型安全文化和细节型安全文化 8 种安全文化元素（见本书第 3 章 3.4 节）。此外，近年来安全文化学界提出的公正安全文化、无责备安全文化与广义安全（Safety ＆ Security）文化也应重点关注和讨论。

（3）准确理解《企业安全文化手册》。就绝大多数企业而言，企业安全文化并非是有和无的问题，而是显著程度和优劣性的问题。建设企业安全文化的前一大步工作实则是隐性企业安全文化的"文字化""外显化（视觉识别与听觉识别等）""系统化""精炼化""最优化"（简言之，即"定格化"），而建设企业安全文化的后一大步工作实则是显性企业安全文化的"内化"与"行动化"。提炼和编制《手册》正是实现上述目的的最佳途径之一。对于已具有《手册》的企业而言，也需对其安全文化体系进行更新完善，排除遗漏项与重复多余项，并进行版本升级，以期达到最优化。

（4）了解编制《手册》中常见问题与不足。经笔者收集与阅读一些企业的《手册》发现，由于基本概念理解不到位，会导致如下 3 个常见问题：首先，内容结构的完整性、逻辑性与条理性差，即"残""散""乱""杂"等，条目之间重叠交叉严重，术语等使用混乱模糊；其次，内容的口号化、形式化、雷同化与无特色，未能很好地实现"图文并茂"效果，重点是对安全标语创作与应用知识掌握不足；最后，把《手册》当作企业安全百科全书设计，体系过于庞大，涉及面太多，大而不实，虚而无用问题突出。

（5）明晰《手册》的基本内容构成。安全文化可分为情感安全文化、精神安全文化、制度安全文化、行为安全文化和物质安全文化 5 个不同层面，其共同构成安全文化的整体层次结构，笔者将之命名为安全文化的"4＋1"层次结构（见本书第 4 章 4.4 节）。其中，4 指安全文化的"四层次"说，即物质安全文化、行为安全文化、制度安全文化与精神安全文化；1 指情感安全文化。需指出的是，精神安全文化、制度安全文化、行为安全文化和物质安全文化大家已经比较熟悉，情感安全文化属于笔者首提。经研究，情感安全文化在安全文化建设中具有重要作用，其贯穿于精神安全文化、制度安全文化、行为安全文化和物质安全文化 4 个不同层次，使其融为一体，可显著加快安全文化建设进展，并大幅度提高安全文化的效用。根据安全文化的内容结构，一本完整的《手册》应包括精神层（主要包括安全理念、安全使命、安全愿景、安全目标、安全价值观等）、制度层（主要包括安全管理机制、模式、方法与标准等）、行为层（主要包括安全行为规范、安全技能等）、物质层（主要包括安全文化类标志及形象载体等安全形象文化，以及安全文化长廊与员工安全文化中心等安全环境文化）与情感层（总经理、安全管理层、家庭等的情感性安全寄语，员工自身的情感性安全承诺，以及一些安全关怀文化元素等）5 方面基本内容。当然，《手册》还应囊括企业基本简介等辅助性内容。此外，根据实际需要，还可进一步细化上述 5 方面基本内容。

（6）《手册》编制的基本程序及理论。首先，编制《手册》的基本程序是"访谈与提炼（通过了解企业安全管理概况与现有安全文化特点，提炼《手册》的内容元素）→检查与优化（鉴定现有安全文化的优劣性，进行完善优化）→整理与讨论→形成初稿→调查与完善（调查企业员工对企业安全文化的认同感等，并对《手册》加以完善）→公示与发放→宣贯与执行→更新与升级"。其次，除安全文化学知识外，编制《手册》还需掌握一些其他理论知识，主要包括心理学、人机学、语言学、传播学与管理学等知识。笔者认为，若掌握了安全标语创作与应用的相关知识（想了解和学习安全标语创作与应用的相关知识的读者，可阅读笔者所著的由化学工业出版社于 2017 年出版的《安全标语鉴赏与集粹》一书），就基本具备了编制《手册》的基本能力。

10.3　公共安全文化

一直以来，"公共安全"都是社会敏感话题。在此，我们先思考一个现实问题：现代化大城市是现代人向往生活和居住的地方，它们蕴含并展示着现代人美好的理想生活场景——华丽、和谐、幸福而现代。而且，随着现代化、城市化的推进，现代人已经越来越多地告别田园生活，融入城市生活。但是，有谁会相信如此华丽、宏伟、现代的城市里可能潜藏着诸多不安全因素，潜藏着生存的安全风险[6]？

然而，其实不光大城市，就算是在农村，也存在诸多安全隐患。由此，安全文化的理性和客观事实会告诉我们：有人类生存的地方就有危险，问题只是我们如何把危险控制在可以接受的程度和范围之内[6]。为此，我们必须不断地拓展和研究人的生活领域的安全问题，在重视生产安全的同时把更多的力量投入其他非生产领域，研究公共安全文化。

目前，公共安全文化的课题研究属于社会学与安全科学（特别是安全文化学）研究的前沿,在世界范围内方兴未艾,在专业领域、行业、地域等方面突破较小,且目前较具学理性的研究成果尚较为少见。因此,通过本节内容的学习,读者可开展相关公共安全文化研究,以期进一步丰富公共安全文化研究成果,并为公共安全文化建设提供理论依据与方法指导。

10.3.1 公共安全文化的含义

10.3.1.1 公共安全的定义

关于"公共安全"的定义,学界有许多不同的看法和理解。

(1)中国社会科学院研究员白钢[7] 认为,公共安全问题属于公共产品范畴,是运用公共权力的政府必须向公民提供的服务。

(2)陈庆云[8] 认为,公共安全是政府与非政府公共组织,在运用所拥有有限的公共权力处理社会公共事务的过程中,为维护、增进与分配公共利益,向民众提供所需的公共产品(服务)的一部分。

此外,还有一些学者从公共安全危机方面来谈公共安全。

(1)邓国良[9] 认为,公共安全危机事件是指自然灾害事故、人为事故和由社会对抗引起的社会冲突行为,危害公共安全,造成或可能造成严重危害后果和重大社会影响的事件。

(2)郭济[10] 认为,广义上的公共安全是指不特定多数人的生命、健康、重大公私财产以及社会生产、工作、生活安全。它包括整个国家、整个社会和每个公民一切生活方面的安全,自然也包括免受犯罪侵害的安全。

综合诸多专家学者的理解,可以看出,"公共安全"应该至少包含以下六层含义[6]。

(1)公共安全是一种服务性产品或状态。

(2)这种服务性产品或状态提供的对象是社会大众或社会组织。

(3)这种产品或状态的主要提供者是掌握并运用公共权力的政府。

(4)就其目标而言,公共安全是指人与物将不会受到伤害和损失的理想状态;就其客观现实性而言,公共安全是指社会现阶段所能达到的安全技术预防水平和政府管理控制水平。

(5)就其表现形式而言,公共安全是指具体发生的重大的冲突性事件。

(6)就其危害性而言,这种事件影响或伤害的对象是不确定的多数社会成员的生命、健康、财产、心理,造成或可能造成严重的危害后果和重大社会影响,甚至会造成社会秩序的不稳定。

总之,公共安全是一个关系国家经济和社会发展的重大问题,涉及社会生活的各个领域和每个人的现实生活,关乎社会的稳定和发展,甚至关乎世界和平与稳定,关乎人类的生存状态。

在这里,我们对公共安全文化给予特别的关注,目的是希望整个国家、社会和每位公民都享有安全和谐的生活、工作环境以及良好的社会秩序,最大限度地避免各种事故灾难造成的严重危害,使社会公众的生命财产、身心健康、民主权利和自我发展有较为安全的环境。

10.3.1.2 公共文化

据考证,学界对公共文化的广泛关注,是从哈贝马斯研究市民社会及其公共领域开始的。我们可以从外延和内涵两方面出发,来把握现代社会的公共文化及其特点。

（1）在外延方面，公共文化主要指具有群体性、共享性等外在公共性特征的文化，其特点是以文化站、群众艺术馆等公共文化场所为依托，借助公共图书馆、公共博物馆等公共文化资源，发展群众参与性、资源共享性的文化[11]。

（2）在内涵方面，公共文化是在文化的精神品质上具有整体性、公开性、公益性、一致性等内在公共性特征的文化，它培养人们的群体意识、公共观念以及文化价值观念上的群体认同感和社会归属感，追求文化的和谐发展与文化整合[11]。

10.3.1.3　公共安全文化的含义

公共安全与文化的交融，构成了公共安全文化。到目前为止，公共安全文化尚未有准确的概念描述。基于上述对公共安全与公共文化的理解，我们可把公共安全文化简单理解为：公共安全文化就是为确保社会公共安全而进行的宏观层次上的安全制度、安全机制和安全设施与微观角度的安全理念、安全思想和安全习惯等的结合[12]。

显然，公共安全文化至少具有两大基本特征：一是公共性，二是安全保障性。这二者是统一的，在公共基础上去实现安全，在安全的前提下去保障公共，这是公共安全文化的精髓所在[12]。

10.3.2　公共安全文化的构成

公共安全文化的范畴极为广泛，可从不同安全文化主体（空间）与所属领域（行业）的安全文化来探讨公共安全文化的构成。当然，我们也可从一般的安全文化的五个层次，即物质安全文化、行为安全文化、制度安全文化、精神安全文化与情感安全文化出发，来讨论公共安全文化的构成。从上述两个角度出发，来讨论公共安全文化的构成，更能明晰公共安全文化的内涵与建设内容及思路等。

10.3.2.1　不同安全文化主体（空间）角度下的公共安全文化构成

若从不同安全文化主体（空间）来看，公共安全文化可分为城市安全文化、农村安全文化与社区安全文化三个重要组成部分。与对安全文化的理解一样，不同人对城市安全文化、农村安全文化与社区安全文化的理解也存在诸多差异。下面，依次对它们进行简单介绍。

（1）城市安全文化。王妍等[13]认为，城市安全文化是城市预防和减少灾害事故社会实践中所形成和发展的。以城市文明和可持续发展为目标，以保护城市居民的身体健康和生命安全，以及国家财产安全为实质内涵的物质文明和精神文明的总和。

城市安全文化代表城市特有的精神状态，是物质文明和精神文明的共同行为。安全文化已经成为城市文化体系的一个重要部分，它是城市发展水平的一个重要标志。

（2）农村安全文化。如今，农民已不是人们潜意识中的日出而作、日落而息的旧式农民。现代化的生产、交通、信息等技术装备在为农民的生活和生产带来便捷和效益的同时，也为他们带来诸多不安全的因素，因此，农村安全文化也极为重要。

所谓农村安全文化，我们可将其简单理解为：农村安全文化是在农村预防和减少灾害事故社会实践中所形成和发展的，以保护村民的身体健康和生命安全，以及财物安全为实质内涵的村民的安全实践成果的总和。农村安全文化中必然含有诸多安全民俗文化元素。

（3）社区安全文化。较城市安全文化与农村安全文化而言，社区安全文化主体（群体）的成员数量较少。因此，社区安全文化的范畴较小，更为具体。

李治欣等[14] 认为，社区安全文化是由社区组织及居民在生产、生活中所体现出来的，以安全观念为引领，以社区物质安全为支撑，以社区安全管理为保障，以社区居民安全行为和社区安全形象为表象的文化体系。

10.3.2.2 所属领域（行业）角度下的公共安全文化构成

从所属领域（行业）角度来看，公共安全文化主要包括交通安全文化、消防安全文化、休闲娱乐安全文化、消费安全文化与网络安全文化五部分。

（1）交通安全文化。交通安全是安全的重要组成部分，交通事故已成为"世界第一害"。而中国又是世界上交通事故死亡人数最多的国家之一。因此，交通安全文化的研究和建设就显得尤为重要而迫切。

交通安全文化的研究是一个相对年轻的领域，但近年来已逐渐成为国内外交通安全研究领域所关注的热点。国外对于交通运输领域的安全文化研究较多，对于道路、民航、铁路领域等安全文化的建设均有涉及；目前的研究正集中于驾驶员交通安全文化建设。其实，我们一般所说的交通文化（包括交通安全文化）均限定为道路交通文化（包括道路交通安全文化）。

通常认为，交通文化作为一种具有特殊内容和表现手段的文化形态，是人们在社会活动中依赖于以交通、交通资源、交通技术为支点的信息活动而创造的物质财富和精神财富的总和。而目前就交通安全文化的定义而言，主要有以下两种理解。

① 传统视角。邵祖峰[15] 认为，道路交通安全文化是道路交通安全管理过程中形成的一切与道路交通安全有关的安全物质产品以及安全精神产品。

② 新视角。赵学刚等[16] 基于道路交通安全风险理论，给出了城市道路交通安全风险文化的定义：人们在社会活动特别是交通活动中主动控制和应对道路交通安全风险所形成的，以城市地域为中心的一定时期内的包括思想观念、知识技术、制度准则及道路、车辆和相关设施设备等物质财富和精神财富的总和。

由上述两个交通安全文化的定义来看，后者（城市交通安全风险文化）与前者（传统道路交通安全文化）相比较，明显的变化是将关注点从传统道路交通安全文化的交通事故扩大到交通安全风险，将文化建设主体从交通管理者与被管理者扩大到全社会，将交通安全文化影响范围从交通活动扩大到社会活动。在笔者看来，较为赞同后者。

（2）消防安全文化。火的出现是人类社会进入到文明时代的一个重要标志，人们在对火的认识、创造和使用过程中积淀了深远的火文化，并在同火灾做斗争（特别是进入 21 世纪，都市高楼林立，酒店、夜总会、商场星罗棋布，而对在这些公共场所休闲、购物、娱乐的人们而言，消防安全是头等重要的大事）过程中形成了丰富的消防安全文化。由此观之，消防安全文化同时是火文化与安全文化的重要组成部分。

消防安全文化建设是火灾预防的一项基础性工程，对于提高全民消防安全素质，保障经济和社会的可持续发展具有重要意义。概括而言，消防安全文化建设的基本目的是提高全社会人们的消防安全素质。而人的消防安全素质主要包括两方面：①基础层面和深层次的消防安全观念、意识和态度，这是最为重要的；②消防安全知识与技能，它应是消防安全宣传教育的主要内容之一。

（3）休闲娱乐安全文化。随着社会的发展，国家经济实力的提高，人们有了更多的休息时间。越来越多的人在闲暇之余选择了休闲娱乐活动，在休闲娱乐活动中锻炼身体，陶冶情操，已经成为一种时尚。特别是随着高新技术的广泛使用，娱乐设施不断推陈出新，迷你过山车、航天飞机、碰碰车、太空飞船等娱乐设施在公园、游乐园中琳琅满目。

经查阅相关资料，笔者深刻体会到，休闲娱乐活动固然时尚，但娱乐活动过程中发生的意外伤害不容忽视，必须高度重视娱乐活动中的安全问题，确保大家在休闲娱乐活动中免受人身伤害。

要重视休闲娱乐活动安全，首先要弄清楚休闲娱乐活动的种类。有学者[17]把休闲娱乐活动分为消遣娱乐型和发展提高型两类。消遣娱乐型主要包括以休息、放松娱乐为目的的活动（如去公园散步、玩棋牌、郊游、逛商场、养宠物、卡拉 OK 唱歌、广场健身等）；发展提高型主要包括书报业务学习、电影文艺、网上聊天等。

当了解休闲娱乐活动的突出安全问题后，无论是娱乐场所的负责人和工作人员，还是休闲娱乐活动参与者，都应该从思想上、实践中把握住一点，就是一定要注意任何休闲娱乐活动的安全问题。唯有这样，才能达到降低和减少娱乐活动中的意外事故伤害的目的，才能达到休闲娱乐活动的目的。这便是娱乐安全文化建设和教育的目的所在。

总而言之，休闲娱乐活动既然已经成为人们喜爱的一种时尚，"休闲娱乐活动安全"就更应该引起大家关注，不可忽视，我们要不断探索积累休闲娱乐活动的安全措施，让广大民众在休闲娱乐活动中享受生活的快乐美好。

（4）消费安全文化。消费安全是关系国计民生的大问题。然而，中国面临的消费安全问题依然非常严峻，从人们的吃穿住到行用医，都存在着严重的消费安全问题，人民群众的生产生活安全受到严重威胁。中国政府相继采取了一系列措施，制定了相关的法律、法规、规章及其他规范性文件，加大了对消费品生产、销售领域的监督管理力度，但是消费安全问题并未得到根本解决。原因之一是消费安全没能深入人心，成为人们的一种自觉行为，成为大众的一种文化意识。将消费安全问题提高到文化高度，通过消费安全文化建设是解决消费安全问题的重要途径。

王国顺等[18]认为，消费安全文化是指在消费领域内，为保证人们身心健康和财产安全，避免、控制、预防和消除意外事故和灾害，最终实现安全消费而建立起来的具有稳定性的安全价值观和安全行为规范的总和。同时，他们指出，从主体来看，消费安全文化的构建主体是消费实践领域的主要参与者，即经营者、监管者、消费者所构成的组织体系。

（5）网络安全文化。互联网出现以后，人们的网络活动日见频繁，并随之产生网络文化（网络文化是网络空间的文化，为人们提供网络价值观和网络行为模式），网络活动总会有意识或无意识地包含着安全活动。因此，安全文化便自然地融入其中，引导和制约着人们的网络信息安全行为，起到约束和管理人的网络信息行为的作用，由此便形成了一种全新的、而过去被人们忽视了的"网络安全文化"。

简单理解，网络安全文化是安全文化的子类，是安全文化和网络文化相互渗透的结果。因此，它继承了安全文化与网络文化的共性，但同时又具有自己的特性。它通过影响网络操控者的行为来影响网络安全，它对网络安全的影响贯穿人们网络活动的始终。基于此，张卫清等[19]认为，网络安全文化是安全文化和网络文化的一个子类，它指人们对网络安全的理解和态度，以及对网络事故的评判和处理原则，是每个人对网络安全的价值观和行为准则的总和。

网络安全文化存在于网民的心里，是引导和规范人的网络行为的"心镜"。人们通过将自己的行为与之相比较，来判断自己的行为是否应该发生。它和行为主体的动机、情绪、态度等要素一起作用于主体，在很大程度上影响着主体的行为，并使得网络更加安全和谐。因此，培育优秀、先进的网络安全文化具有重大的现实意义和作用。

10.3.3　公共安全文化建设与研究的意义[12]

从理论上讲，公共安全文化具有十分丰富的内涵：要以科学的安全理论为指导，以先进的安全思想为核心，以完善的安全制度为基础，以先进的文化建设为载体。公共安全文化建设与研究的重大意义主要体现在以下两方面。

（1）公共安全文化的构建涉及一个国家整体的安全意识、安全制度、安全价值、安全精神、安全规范、安全理念等诸多方面。

（2）就中国而言，公共安全文化建设对于深入贯彻落实科学发展观、完善和谐社会理论具有重大的理论意义。和谐文化是全体人民团结进步的重要精神支撑，要在时代的高起点上推动公共安全文化内容形式、体制机制的创新。现实生活中，构建和谐社会，需要稳定、安宁的社会环境。

10.3.4　公共安全文化建设的若干基本问题[12]

10.3.4.1　基本原则

概括而言，建设公共安全文化，要坚持统筹协调、以人为本的基本原则。

以中国为例，现阶段，中国各地区之间经济发展水平不平衡，因此要统筹兼顾，协调发展。在贯彻科学发展观的基础上，坚持以人为本。公共安全文化构建的最终目的就是实现人的安全。在这一终极目标下，要开展群众性安全文化活动，重视每一个人的心理和谐与健康，注重人文关怀和心理疏导，用正确的方式去处理不安全的因素。同时，照顾最广大人民群众的根本利益，区分层次，增强公共安全文化建设的时效性和针对性。这是统筹协调、以人为本的具体体现。

10.3.4.2　基本路径

概括而言，建设公共安全文化，要大力发展安全文化事业和安全文化产业。换言之，发展安全文化事业和发展安全文化产业是建设公共安全文化的两条基本路径。

就国家而言，应深化文化体制改革，创造有利于安全文化发展的良好体制环境和社会条件，能够进一步激发安全文化发展的活力，增强安全文化产业的综合实力和竞争力，从而促进安全文化产业的繁荣和发展，为促进构建和谐社会创造一个安全的社会环境和强大的文化推动力。在构建公共安全文化的过程中，公安机关与政府安全监督管理部门要发挥重要作用。通过一些安全基础设施的逐步完善，为公众塑造一种安全的氛围，进一步加强"平安建设"活动，大力推进社会控制工程、流动圈治理工程、科技创安工程和文化普及工程，提高整个社会的安全文化意识和素质。

10.3.4.3　主要途径

公共安全文化建设涉及因素众多、投入大、周期长，尤其是人的参与程度较高，是一项复杂的系统工程，需系统地规划与实施。若细看，公共安全文化建设的途径很多，但概括来看，目前主要有以下六条途径。

（1）加强公共安全文化的宣传教育。自古以来，教育与文化之间有密不可分的关系。在安全科学领域，安全教育显然承担着传递安全观念、知识、技能的重任。因此，公共安全文化宣传教育是公共安全文化体系建设与提高公民安全文化素质的最根本途径。具体言之，公共安全文化教育的目的主要有以下三方面。

① 通过公共安全文化教育，才能有计划、分阶段、按层次、有目的地在全社会向公众传授安全文化，使公众了解生活安全、公共安全、职业卫生以及自然灾害等方面的安全知识，懂得什么是危险因素，哪里是危险场所，如何预防危险的发生，以及相关安全应急知识。

② 通过公共安全文化教育，才能使公众改变和形成对安全的认识、对安全活动及事物的态度，从而使公众的行为更加符合社会生活、生产中的安全规范和要求。

③ 通过安全教育能对全社会的生产和生活的安全活动起到积极的促进作用，从而助推公共安全文化建设和进一步的发展。

总之，若无行之有效的公众安全教育，就不可能形成良好的公共安全文化。换言之，唯有通过教育传授公共安全文化观念、知识和技能，才能提高公众的安全文化素质。

（2）完善公共安全文化建设管理机制。完善公共安全文化建设管理机制，主要应从以下四方面着手。

① 公共安全文化制度建设。建立详尽的公共安全文化制度和规范，并注重公共安全文化制度和规范在大众中的普及教育，以做到公共安全文化建设有法可依，有法必依。

② 公共安全文化建设激励机制建立。例如：设立公共安全文化研究、推广、应用奖励制度；对在公共安全文化研究方面有重大成果、在公共安全文化推广活动中有突出贡献、在公共安全文化学习方面成绩突出的应给予奖励等，以促进公共安全文化的顺利普及。而对于不重视公共安全文化建设的部门、学校、企事业单位，如由此引发重大事故或造成重大伤害和损失的，应严肃追究其相应的责任。

③ 为保证公共安全文化的建设力度和可持续性，应建立公共安全文化建设指导机构，设立专职人员。且要建立健全责任制度，将公共安全文化建设成效纳入绩效考核体系。

④ 建立健全有效的公共安全文化建设的监督机制，充分发挥社会舆论监督的作用。通过媒体等定期对外公布，以增强公共安全文化建设的透明度。

（3）强化公共安全文化道德建设。人的行为除受法律、法规和规章制度的约束外，还应受到道德规范的约束。在公共安全文化建设中，应注意公共安全文化道德的建设。公共安全文化道德建设是指通过多种形式和渠道使公众在日常生活和生产中逐步树立"我要自己安全，更要别人安全"的道德观念，通过宣传教育使人们认识到什么行为是好的——有利于保护别人和自己的人身和财物的安全；什么行为是坏的——不利于他人和自己的安全；什么是善的——凡事为他人着想、危急中应伸出援助之手；什么是恶的——损人利己、故意伤害。

（4）有效组织和发展公共安全文化产业。通过在全社会发展公共安全文化产业，为公共安全文化建设提供物质保障、技术支持和专业化的配套服务。如由公共安全文化产业部门向社会或企事业单位提供高质量的安全宣传教育的图书、影像、幻灯片、标语等安全文化宣教产品；或组织开展多种形式的公共安全文化技能竞赛、安全文艺活动与安全培训教育活动。总之，在公共安全文化建设中，应大力发展和支持公共安全文化产业，使其对公共安全文化建设和公众安全发挥更大的作用。而相关安全文化产业的具体内容，将会在本章 10.4 节内容中做详细介绍。

（5）完善公共安全文化评价体系。建设良好的公共安全文化，不能止于安全文化理念的宣教和着眼于局部的或个别的文化形式。正确分析和评价公共安全文化状况，是公共安全文化健康持续发展的基础。通过评价找出问题与不足，制订改进方案，并保证贯彻执行。公共安全文化与时俱进，得到不断提升和完善，以适应社会安全发展的需要。

（6）不断拓宽公共安全文化传播渠道。要拓宽公共安全文化传播渠道，需从以下两方面着手。

① 充分发挥大众传媒的主渠道作用。图书、报刊、广播、电视等大众传媒，具有覆盖面广、时效性强、信息量大、形象直观等优势，是传播公共安全文化的重要途径和重要阵地，也是开展公共安全文化宣传教育的最便捷、最开放、最有效的形式。

② 经过几年来的坚持和积累，公共安全文化在网络"新媒体"（如微博与微信等）环境下的传播探索取得了一定成效，并且开始发挥积极作用。因此，在当前，更应注重"新媒体"环境下公共安全文化传播的建设和研究。

10.4 政府安全文化

本节内容主要选自本书作者发表的题为《论政府安全文化的若干基本问题》[20] 的研究论文，具体参考文献不再具体列出，有需要的读者请参见文献［20］的相关参考文献。

近年来，诸多新型事故致因理论均指出，事故的根本原因在于企业安全管理缺失和政府安全监督管理不到位（包括政府安全监督管理领域的政企合谋与行贿受贿等贪腐失信行为等）。正因如此，预防事故的责任逐渐从企业员工个体转向企业管理层（包括安全管理者）和政府相关安全监督管理部门。若从安全文化学与安全管理学角度看，安全管理缺失（包括企业安全管理与政府安全监督管理）的根本原因是安全文化缺失。因而，显而易见，要从根本上解决政府安全监督管理不到位问题，需从政府安全文化建设方面着手。

据考证，政府安全文化是毛海峰于 2004 年率先根据中国国情明确提出并极力倡导的一种安全文化。后来，他对政府安全文化曾做过一些简单的概述研究。2016 年，笔者就指出，政府安全文化是当前安全文化学研究和实践领域的一大阙失，亟需开展政府安全文化补构方面的研究与实践。但令人遗憾的是，目前，尽管学界已对企业安全文化开展大量研究，但对政府安全文化的研究极为罕见，政府安全文化建设也尚未得到学界与实践界的重视，严重阻碍了政府安全文化的建设与发展进程。

此外，新中国成立以来第一个以党中央、国务院名义出台的安全生产工作的纲领性文件《中共中央国务院关于推进安全生产领域改革发展的意见》（2016 年印发），以及国务院办公厅于 2017 年印发的《安全生产"十三五"规划》均指出，要大力推进政府安全监督管理体制机制改革和提升政府安全监督管理能力。显然，政府安全文化作为政府安全监督管理体制机制的深层结构，政府安全文化建设应是推进政府安全监督管理体制机制改革和提升政府安全监督管理能力的一条重要而有效的思路和措施。综上可知，无论是理论层面，还是现实（特别是提升中国政府安全监督管理水平需要）层面，当前均亟需开展政府安全文化方面的研究实践。

10.4.1 政府安全文化的概念界定

10.4.1.1 政府文化

就政府文化而言，诸多学者已对其进行了明确定义。例如：①石丹丹认为，政府文化是指在社会管理过程中政府及其行政人员所特有的较深层次的基本的行为习惯、思想观念和价值取向；②黄毅峰与廖晓明指出，政府文化是指在政府管理活动过程中，影响甚至决定参与者行为的一系列行政思想、意识、价值、观念、心理、道德、规则、传统和工作作风。由此可知，所谓政府文化，是指政府及其成员所共同持有和遵循的行政信念、态度、认识、价值及行为规范的复合体。

10. 4. 1. 2　政府安全文化

就政府安全文化的定义而言，目前仅有中国学者毛海峰教授所给出的政府安全文化的定义。根据中国国家生产监督管理总局发布实施的《企业安全文化建设导则》（AQ/T 9004—2008）中的企业安全文化的定义，毛海峰将政府安全文化描述为：政府安全文化是指被各级政府部门及其工作人员所共享的安全价值观、态度、能力和行为规范组成的统一体。笔者认为，政府作为一种典型的组织类型，政府安全文化是组织安全文化与政府文化的一个组合型概念。换言之，政府安全文化是组织安全文化与政府文化的一个派生概念。显然，在组织安全文化与政府文化的定义的基础上，运用"属＋种差"的方法定义政府安全文化较为科学合理。具体分析如下：

（1）就属的角度而言，可将政府安全文化同时归为组织安全文化和政府文化范畴。细言之，政府安全文化是一种典型的组织安全文化类型（这是因为政府是一种典型的社会组织类型），是政府文化的核心构成要素之一。

（2）就种的角度而言，政府安全文化与一般组织安全文化及政府文化又存在一些主要差异。其中，最为典型的差异是：①与一般组织安全文化相比，政府安全文化的主体存在明显不同，其主体是涉及政府安全监督管理工作的相关政府部门；②与一般政府文化相比，政府安全文化的侧重点、目的与意义等存在显著差异，即政府安全文化是政府相关安全监督管理部门在其安全管理活动中所形成的一种文化，其直接目的是尽可能提升与促进政府安全监督管理水平，其深层意义在于保障社会安全发展和促进平安社会建设（这是因为政府的立足点是管理和服务社会）。

综上分析，可给出更为明确而具体的政府安全文化定义：政府安全文化以保障社会安全发展和促进平安社会建设为宏观深层目标，以提升与促进政府安全监督管理水平为最终目的，以提高政府相关安全监督管理部门及其成员的安全监督管理素质为直接目的，它是指政府相关安全监督管理部门及其成员所共同持有、共享和遵循的安全意识、安全价值观、安全道德与安全行为规范的复合体。显然，政府安全文化是在政府安全监督管理活动过程中形成的一种组织安全文化。基于此，构建政府安全文化的概念示意图（见图 10-5）。

10. 4. 2　政府安全文化的重要内涵

为进一步明晰政府安全文化的内涵，极有必要根据政府安全文化的定义及其概念示意图，对政府安全文化的内涵进行深入解析。在此，依次从政府安全文化的主体及载体，主要内容，直接目的、最终目的及宏观目标，形成过程及核心价值观，政府安全文化与企业安全文化的共性与区别出发，具体解释政府安全文化的重要内涵。

10. 4. 2. 1　文化主体及载体

（1）政府安全文化的主体是政府相关安全监督管理部门。就某一具体的政府相关安全监

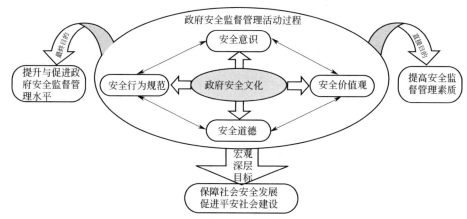

图 10-5　政府安全文化的概念示意图

督管理部门而言，其安全文化的主体是由其子部门与工作人员共同构成的一个组织体系。此外，一般而言，在不同国家，政府相关安全监督管理部门的构成及其职能等存在一些差异。目前在中国，政府相关安全监督管理部门一般指县（区）级及以上的安全生产监督管理相关部门，以及地方级及以上的煤炭安全监察部门。具体言之，政府相关安全监督管理部门主要有国务院安全生产委员会、国家安全生产监督管理总局、各级地方政府及其安全生产监督管理相关部门（如煤炭安全监察部门、消防管理部门、交通管理部门、质量监督检验检疫部门等）等。

（2）宏观而言，政府安全文化的载体是政府相关安全监督管理部门所提供的安全监督管理服务（包括安全宣传教育）或公共安全物品（如公共安全设施设备等），以及政府相关安全监督管理部门的工作人员。其中，政府相关安全监督管理部门的工作人员是最为重要的政府安全文化载体，因为政府安全文化可渗透至政府相关安全监督管理部门的工作人员的思想深处与安全监督管理行为之中，他们可对政府相关安全监督管理部门的安全监督管理工作的正常与有效开展产生显著影响，同时，他们直接代表和影响政府相关安全监督管理部门的安全形象。

10.4.2.2　主要内容

政府安全文化的主要内容包括安全意识、安全价值观、安全道德与安全行为规范，具体解释如下：

（1）政府安全意识体现为政府相关安全监督管理部门及其成员对安全监督管理工作的重视程度，以及在安全监督管理工作中对所面临的各种安全问题的敏感或警觉程度，是政府工作人员准确判别各种安全问题的性质的意识基础，主要包括安全法治意识、安全监督管理责任意识与安全诚信意识等。

（2）政府安全价值观体现为政府相关安全监督管理部门的安全监督管理理念。毛海峰指出，所谓安全监督管理理念，是指政府相关安全监督管理部门对社会性安全监督管理所持有的一种明确的价值观念，是对安全监督管理工作的优劣、善恶、美丑与公私等方面所做出的倾向性表示，以及对安全监督管理的本质问题所形成的主观判断，它是政府安全文化的最核心要素，直接或间接地影响其他要素的表现。

（3）政府安全道德是政府相关安全监督管理部门构建和运行的安全价值基石，是政府安全监督管理理念的伦理基础。理论而言,利益决定道德,有鉴于此,政府相关安全监督管理部门在运作过程中亦必然存在政府与民众(包括企业)、民众与民众之间的利益关系,这就使政府安全道德的存在不仅可能且极为必要。因而,政府除需承担一定的政治责任、安全法律责任与安全行政责任外,还需承担必要的安全道德责任(如保障企业或个体的安全权利)、提供公共安全服务(如公共安全设施设备或教育等)、维护社会治安秩序与推动社会安全发展等。细言之,政府安全道德包括政府相关安全监督管理部门应承担的安全道德义务(如廉洁高效、遵纪守法与公正文明执法等)与政府相关安全监督管理部门违反安全道德责任所应承担的后果(如道德遣责、公开致歉、失信补偿、责任追究与引咎辞职等)。

(4)政府安全行为规范体现为政府相关安全监督管理部门及其工作成员的外显行为,是政府相关安全监督管理部门及其工作成员在长期安全监督管理工作实践过程中所形成的行为准则的累积,其应以国家法律法规与安全监督管理制度等为基础,主要包括安全监督管理机构组织制度、安全生产工作责任考核制度、安全监督管理工作流程、安全监督管理监察执法的制度规范及宣教与培训制度等。

10.4.2.3　直接目的、最终目的及宏观目标

(1)政府安全文化建设的直接目的是提高政府相关安全监督管理部门及其成员的安全监督管理素质。就政府相关安全监督管理部门及其成员而言,其立足点是为保障社会安全发展提供安全监督管理服务。因此,政府安全监督管理素质是政府相关安全监督管理部门及其成员的"第一能力",促进政府安全监督管理素质的提升应是政府安全文化建设的直接目的所在。显然,安全监督管理素质主要包括个人和机构两个层面的安全监督管理素质,个人的安全监督管理素质主要包括风险辨识能力、沟通能力与执行能力等,机构的安全监督管理素质主要指某一政府相关安全监督管理部门所具有的能够有效承担安全监督管理职责,以及开展好安全监督管理工作的各种条件的集合。

(2)政府安全文化建设的最终目的是提升与增强政府安全监督管理水平。①政府安全文化对政府安全监督管理观念、行为及体制机制,以及政府安全监督管理机构的设置与发展、政府安全决策活动的展开和政府安全法治化建设的进程等均会产生重要影响;②政府相关安全监督管理部门及其成员的安全监督管理素质直接决定政府整体的安全监督管理水平,政府安全文化建设与改良不仅是创新与改革政府安全监督管理的重要思路与措施(例如,政府安全文化建设有助于政府安全监督管理制度及体制机制的创新与改革,也唯有确保政府安全监督管理制度及体制机制的创新与改革和政府安全文化的更新相协调,才能保证政府安全监督管理制度及体制机制改革成功),亦是提升与促进政府安全监督管理水平的根本动力。

(3)政府安全文化建设的宏观深层目标是保障社会安全发展和促进平安社会建设。①政府相关安全监督管理部门的根本职责是代表民众管理社会安全相关事务,故保障社会安全发展和促进平安社会建设是政府相关安全监督管理部门开展安全监督管理活动的立足点、出发点与归宿点,其亦是政府安全文化建设的宏观深层目标。②政府安全文化作为社会安全文化的重要组成部分,其应是社会安全文化的"上层建筑",对社会安全文化建设与发展具有重大的反作用力。因而,建设先进政府安全文化是社会安全文化建设与发展的关键和需要。③政府安全文化具有极强的衍射功能,政府安全监督管理系统是国家社会生活中参与社会性安全管理相关事务最活跃的职能部门,时刻都与社会进行着最广泛最频繁的接触,良好的政府安全文化可辐射至整个社会,进而可对社会整体的安全文化建设与发展产生积极的影响与促

进作用。

10.4.2.4 形成过程及核心价值观

（1）政府安全文化是在政府安全监督管理活动与实践过程中逐渐形成并发展起来的。在政府安全文化形成与发展过程中，其类型与特征等必会受政治体制、社会安全文化、社会安全发展程度、安全民俗文化及安全生产生活方式等诸多因素的影响。因此，政府安全文化建设与创新需综合考虑一系列对政府安全文化有重要影响的因素。

（2）政府安全文化是政府相关安全监督管理部门的文化及社会安全文化的重要组成部分，"安全发展观"应是政府安全文化的最核心安全价值观。概括而言，政府安全文化中的"安全发展观"所强调和追求的目标主要包括两层含义：①将"安全发展观"贯穿至整个政府安全监督管理工作过程，保障各项政府安全监督管理工作有序、有效、遵规循章、公平与公正开展，进而确保被监督管理组织的安全规范生产与经营等；②强化安全意识，坚持安全发展，努力使"安全发展观"这一核心安全理念贯穿于所有政府监督管理工作，这是政府安全文化促进社会安全文化和平安社会建设，以及确保社会安全发展的重要保障。

10.4.2.5 政府安全文化与企业安全文化的共性与区别

在近 30 年的企业安全文化研究实践中，企业安全文化研究与发展已基本趋于成熟。理论而言，政府安全文化与企业安全文化分别作为一种典型的组织安全文化分支，二者间具有一些共性。正因如此，部分企业安全文化理论对政府安全文化建设会具有极大的参考与借鉴意义。但是，由于文化主体与组织性质等的差异，二者间亦必然存在部分差异性，部分企业安全文化理论需经改良才可适用于指导政府安全文化建设。因此，明晰政府安全文化与企业安全文化的共性与区别极为重要，它是政府安全文化建设参考与借鉴相关企业安全文化理论的基础。

（1）政府安全文化与企业安全文化的共性。①二者均具有社会性特征，即企业安全文化与政府安全文化均是社会安全文化的重要组成部分和具体表现形式，都会受社会安全文化及其他社会文化元素等的影响；②二者均具有历史性特征，即企业安全文化与政府安全文化均是企业或政府各自历史安全文化元素的不断累积和更新，均会受社会历史安全文化的影响；③二者均具有多样性特征，即由于特定地域情况及企业或政府部门具体性质与特色等的差异，一般而言，企业安全文化与政府安全文化均具有多样性特点；④管理性特征，即企业安全文化的目的是为促进企业安全管理水平提升，政府安全文化的目的亦是为促进政府安全监督管理水平的提高，它们分别在各自载体的安全管理工作上发挥着重要的助推作用；⑤二者均具有社会性特征，即企业安全文化与政府安全文化均是变化的、发展的与动态的开放系统；⑥二者的宏观层面的核心安全价值取向基本类似，即均以"以人为本与安全发展"作为安全文化的核心安全价值取向。

② 政府安全文化与企业安全文化的区别。①二者在安全价值取向方面存在部分差异，即政府安全文化的安全价值取向侧重于强调整个社会的安全发展（侧重于社会的公共利益），而企业安全文化的安全价值取向侧重于强调企业本身的安全生产运营（侧重于企业的私人利益，当然企业安全文化也重视与承担相应的社会安全发展责任）。简言之，就安全观念文化而言，二者的安全使命、目标及愿景的广度和深度存在差异。②二者在安全价值标准方面存在差异，即企业安全文化的基本安全价值标准是安全（包括健康）高效与诚信，而政府安全

文化的基本安全价值标准除包含上述要素外，还重点强调公平、公正与文明，且公平、公正与文明是政府安全文化更为重要而基础的安全价值标准。③二者在安全制度文化方面存在差异，即政府安全文化强调法治、行政管制与约束，企业安全文化强调安全人文与科学管控，以及安全激励措施的运用和氛围营造。④二者的载体（即安全物态环境文化）存在差异，即政府安全文化的载体政府相关安全监督管理部门所提供的安全监督管理服务或公共安全物品，以及政府相关安全监督管理部门的工作人员，旨在利用安全人文氛围（安全监督管理部门的工作人员的安全垂范、媒体宣传或公众舆论等）和社会公共环境创建安全"大物态、大环境"文化，而企业安全文化的载体是企业的所有员工及其安全生产物质环境，旨在利用生产环境（作业及岗位等）和安全标识警示等创建安全"小物态、小环境"文化。

10.4.3 政府安全文化的建设思路与路径

与其他组织的安全文化一样，促使政府安全文化的进步、创新与发展的根本途径是政府安全文化建设。所谓政府安全文化建设，顾名思义，就是对政府安全文化这种安全文化对象进行促进与创新。简言之，政府安全文化建设就是培育先进安全文化的过程。细言之，政府安全文化的建设是以增强政府安全文化水平为目的，以政府相关安全监督管理部门及其成员的安全监督管理素质为侧重点，以政府相关安全监督管理部门及其成员为主体，以政府相关安全监督管理部门的重要领导者为倡导者和培育者，运用综合的政府管理手段，使政府相关安全监督管理部门所倡导的政府安全监督管理理念逐步被确立、塑造、传播、应用及发展的过程。在此，深入解析政府安全文化的建设思路与路径，其具体包括建设内容、建设方向、核心理念与建设途径 4 方面。

10.4.3.1 建设内容

通俗讲，所谓政府安全文化的建设内容，是指政府安全文化建设的切入点，即开展政府安全文化的基本"抓手"。由此可见，正确选择政府安全文化的建设内容应是政府安全文化建设的基本前提。由王秉等提出的组织安全文化方格理论可知，宏观而言，所有组织（包括政府相关安全监督管理部门）安全文化的建设内容基本是统一的，即应从"人"和"物"两条脉络着手，既要关注"人"，也要关注"物"，要坚持"两手抓"，二者不可偏废。显然，宏观而言，政府安全文化的建设内容也应是以上两方面内容。此外，"人"方面的政府安全文化（主要包括安全观念文化、安全制度文化与安全行为文化）建设是政府安全文化建设的重点，更是"物"方面的政府安全文化（即物质安全文化）的基础。政府安全文化的主要建设内容的扼要解释见表 10-2。

表 10-2 政府安全文化的主要建设内容

建设内容	具体解释
理念导向系统建设	指政府安全监督管理理念导向系统(主要包括政府安全监督管理的理念、价值观、愿景、使命与目标等)建设。这是政府安全文化建设的内动力
制度约束系统建设	指根据政府安全监督管理理念，对政府安全监督管理体制机制及制度等的设计与完善，重点解决安全监督管理决策、工作和服务等中的规范问题，旨在防止政府安全监督管理行为与权力运行等出现偏离和失范问题。这是政府安全文化建设的约束力
行为塑造系统建设	指政府安全监督管理行为养成系统(主要指依据相关政府安全监督管理制度与流程规范等，规范政府安全监督管理行为)建设。这是政府安全文化建设的启动力

续表

建设内容	具体解释
物质环境系统建设	指通过一些具体形式使政府安全文化实现外化（主要包括物质化、视觉化与听觉化等），其主要目的是宣传与展示政府安全文化，并营造良好的政府安全文化氛围。这是政府安全文化建设的影响力

10.4.3.2　建设方向

明确现代政府安全文化建设的方向（即立足点与出发点）是建设先进政府安全文化的基本保障。现代政府安全文化建设的方向应是促进政府安全监督管理工作实现现代化。因而，适应与促进政府安全监督管理现代化是政府安全文化建设的方向。具体分析如下：

（1）安全发展理念是可持续发展理念的重要组成部分，"安全发展观"应是现代政府安全监督管理工作的根本指南，应是现代政府安全文化的最核心价值观。

（2）与其他现代化的行政管理工作一样，安全监督管理应强调成本和效率。在安全监督管理领域，一般在有限的安全资源条件下，强调安全资源的合理配置及安全监督管理的及时性与有效性，这是安全监督管理工作的难点与关键，是预防事故的重要保证。因而，现代政府安全文化应体现上述安全监督管理工作要求。

（3）政府安全监督管理理念需摆脱传统的"管制型"安全监督管理理念，应转向提供公共安全服务的理念，从而构建一种"重在服务，优化指导"的管理型的新型政府安全文化，显然，这种新型政府安全文化的价值内核上是安全服务定位，其最大目的是提供公共安全服务。

（4）现代政府安全监督管理重点强调安全法治。因此，政府安全监督管理必须始终遵循相关法律法规，即要依法治安。同时，在政府安全文化建设过程中，应不断完善政府安全监督管理的法律法规体系。

（5）强化安全责任落实及安全诚信体系建设是提升安全领域治理体系和治理能力现代化水平的有效途径。因此，政府安全文化应积极倡导安全责任意识与安全诚信意识。

（6）现代政府安全监督管理工作强调"参与型"的安全监督管理（即强调被监管者的能动作用，并引导社会民众对政府安全监督管理工作的积极参与）。因而，现代政府安全文化建设要强调和体现开放性。

综上可知，唯有准确定位现代政府安全监督管理工作的角色，才能把握好现代政府安全文化的建设方向。换言之，现代政府安全文化建设的基本方向实际上旨在对现代政府安全监督管理工作的角色定位。概括而言，现代政府安全监督管理工作应充分体现"安全发展"型、"高效廉洁"型、"服务"型、"法治"型、"诚信公正"型、"责任"型与"参与"型7种重要角色。

10.4.3.3　核心理念

根据现代政府安全文化的建设方向，可提炼出现代政府安全文化的7条核心安全监督理念，即安全发展理念、以人为本理念、安全责任理念、安全法治理念、诚信廉洁理念、高效公正理念与安全服务理念，扼要解释见表10-3。

表 10-3 现代政府安全文化的 7 条核心理念

核心理念	具体解释
安全发展理念	安全发展理念(包括"安全第一(优先)"理念)是政府安全文化的最核心理念,是调节安全与发展之间关系的根本理念,是决定政府安全监督管理工作成效的重要要素。因而,在政府安全文化建设过程中要牢固树立并有效植入安全发展理念
以人为本理念	"以人为本"理念是所有安全文化类型的核心理念,其是保障安全发展理念落地与实施的重要理念。政府安全文化建设中的"以人为本"理念主要包括两层含义:政府相关安全监督管理部门的工作人员与政府相关安全监督管理部门的服务对象(即社会民众)
安全责任理念	负有安全监督管理职责的政府部门的工作人员均需承担相应的安全监管责任。因而,树立良好的安全责任理念是依法履行安全监督管理职责的重要保障
安全法治理念	政府相关安全监督管理部门作为社会组织,不仅应受到法律法规约束,也更应成为遵纪守法的模范。因此,现代政府安全文化要求政府安全监督管理行为应法治化,安全法治理念应是现代政府安全文化的核心理念之一
诚信廉洁理念	为防止政府安全监督管理领域出现失信或腐败行为,进而导致政府安全监督管理缺失,诚信与廉洁文化理念应根植于政府安全文化,在政府安全文化建设过程中应强化诚信廉洁教育
高效公正理念	高效与公正是整个政府安全监督管理工作的核心问题。为及时快速解决各种突发社会安全问题,政府相关安全监督管理部门的安全文化必须强化效率理念,提升绩效。且在强调效率的同时,亦应兼顾公平、公正
安全服务理念	现代政府安全文化的价值内核是安全服务,这就决定在政府安全文化建设中应树立安全服务理念。此外,可探索以服务对象的满意程度来评价政府相关安全监督管理部门的绩效

10.4.3.4 建设途径

政府安全文化建设是一项复杂而艰巨的系统工程。概括而言,政府安全文化的主要建设途径包括以下 6 条:

(1) 建立政府安全文化建设的科学程序。政府安全文化建设的基本程序应主要包括调查研究、定格设计、实施开展、评估反馈与完善提高 5 个环节。换言之,"调查研究→定格设计→实施开展→评估反馈→完善提高"构成政府安全文化建设的一个循环,循环重复,促使政府安全文化不断升华、完善并赋予其自身个性。①调查研究阶段主要指某一政府相关安全监督管理部门的安全文化现状,以及实际人员构成与工作开展情况等;②定格设计阶段主要指提炼、概括与确立政府相关安全监督管理部门应倡导的安全监督管理理念;③实施开展阶段主要指将安全监督管理理念具体化,直至具体至可以直接实施的安全监督管理制度规范,并保证安全监督管理制度规范有效执行;④ 评估反馈阶段主要指根据制定和设计的政府安全文化评价指标体系及标准,运用相应的评价方法定性定量评估政府安全文化的建设成效(如政府安全监督管理效率的提升及民众的良好反映等),并通过反馈发现政府安全文化所存在的不足;⑤完善提高阶段主要指根据政府安全文化评价反馈,以及政府安全监督管理环境、形势与需求等变化,进一步创新与发展政府安全文化。

(2) 在相关安全监督管理部门确定和设立相应的政府安全文化建设负责与组织部门或机构。就中国而言,政府安全文化建设应主要属于思想建设和工作作风建设范畴,但政府相关安全监督管理部门尚未专门设置相应的政府安全文化建设的负责与组织部门或机构。因而,有必要在相关安全监督管理部门确定和设立相应的政府安全文化建设负责与组织部门或机构,以组织和负责相关安全监督管理部门的政府安全文化建设工作。

(3) 强化政府安全文化建设方面的制度保障。就某一具体相关安全监督管理部门而言,制定政府安全文化建设方面的相关制度,有利于理顺和保障政府安全文化建设工作的顺利开展。

(4) 借鉴企业安全文化建设的原理、方法与实践经验。政府安全文化与企业安全文化的共性，不仅决定政府安全文化建设可以借鉴与参考企业安全文化建设方面的先进原理、方法与实践经验，政府安全文化建设还可以吸取企业安全文化的合理元素，如人本观念、安全规则意识与安全绩效理念等。与此同时，政府安全文化建设应避免出现企业安全文化建设过程中的一些不合理做法（如中国的企业安全文化建设最突出的问题之一是"工学色彩"，主要表现在"企业安全文化建设不受重视"、"企业安全文化的文化性理解欠缺"、"为了安全培训教育而培训教育"与"企业安全文化建设流于形式"等）。

（5）提高政府相关安全监督管理部门及其成员的安全监督管理素质。从安全监督管理执法体系、信息体系、实训考核体系、应急救援指挥体系与支撑体系5方面着手，提升政府相关安全监督管理部门及其成员的安全监督管理素质。

（6）开展政府安全文化宣教活动。安全文化宣教是促使安全文化落地与发展的有效手段之一。因而，开展政府安全文化宣教亦是政府安全文化建设的必需。所谓政府安全文化宣教，是指政府相关安全监督管理部门内部开展的以增强安全监督管理工作人员的自律意识、责任意识、服务意识、法治意识与诚信意识等为目的的安全宣传教育活动。

10.5　应急文化

本节内容主要选自本书作者发表的题为《以先进的应急文化为引领》[21] 的研究论文，具体参考文献不再具体列出，有需要的读者请参见文献［21］的相关参考文献。

应急文化属于安全文化的子文化，是个新课题。之所以新，是因为尽管之前有提应急文化，但研究甚少，自2018年我国组建成立应急管理部后，应急文化因具有特殊的新使命和时代意义才受到广泛关注和重视。本节在介绍应急文化的内涵与重要性的基础上，旨在告诉读者我国应急文化研究与建设所存在的重要问题，以及未来的应急文化的主要研究内容，以期读者运用前面各章节的安全文化学知识开展应急文化相关研究和思考。

10.5.1　应急文化的内涵

应急文化是应急（包括应对灾害事故或突发事件的事前预防、预备，事中响应、救援，事后恢复、重建）在意识形态领域和人们思想观念、行为方式等方面的综合反映，包括应急观念文化、应急行为文化、应急制度文化与应急物质文化等。或者说，应急文化是在长期的应急管理实践中不断创造的以防灾、减灾、救灾为目的且被社会广泛认同和遵循的应急思维观念、应急行为方式、应急法规制度、应急体制机制和应急物质保障的总和。

为深刻理解应急文化的范畴和内涵，有必要了解大应急的概念。在应急管理体系健全过程中，职能转变催生原本的安全生产领域向大安全、大应急的转变。应急管理部的成立强调"大应急"理念，说明新时代的应急管理工作要适应"大应急"的需要。所谓大应急，在行业或领域方面，是指超越所有具体行业或领域的应急而针对"全灾种"应急；在应急管理环节方面，是指包括事前预防、预备，事中响应、救援，事后恢复、重建的应急全过程；在应急管理服务对象方面，是指应急管理要面向社会所有公众和各类组织。因此，新时代的应急文化建设研究与实践工作应从"大应急"角度出发，建立适应新时代应急管理需要和形式的大应急文化（即广义应急文化）建设体系。此外，从总体国家安全观角度看，大应急视域下的应急文化属于总体国家安全观范畴，应急文化是安全文化体系中的重要子文化，高于或横跨于各主体或领域的应急文化。

10.5.2　应急文化对于应急管理的重要意义

应急文化被认为是应急管理的重要策略之一，是应急管理的根基和灵魂，应急文化建设可为促进应急管理工作提供精神动力、思想保证和舆论支持。若要从根本上变革和推动应急管理工作，需从应急文化建设着手，搞好应急工作需倡导优秀的应急文化和加强应急文化建设，这主要是因为以下 3 方面原因：

（1）应急管理是一个多学科交叉领域，搞好应急工作需要 5 大策略（即应急工程技术、应急法制、应急教育、应急投入或应急经济与应急文化）综合发力。从文化的角度看，由于文化决定观念、态度、行为与法规制度等，故应急文化是应急管理的软实力，它在应急管理 5 大策略中起着基础性和决定性作用。

（2）在应急管理中，人是第一要素，在应急管理中起着决定性作用，而人是应急文化的直接创造者和作用对象，加强应急文化建设对提升人的应急素养具有重要作用。通过应急文化建设能够为国家与社会、组织与企业、社区与家庭、个人与群体提供应对突发事件的思想引导、精神动力、智力支持、策略引导、方法和技术保障。从这个意义上讲，优秀、先进的应急文化一旦被人民群众所掌握，就会变成改革和推动应急管理事业发展的巨大力量。因此，应该研究应急文化、建设应急文化、繁荣应急文化。

（3）应急文化缺失（或不良的应急文化）是导致应急管理失败的深层次根本原因，加强应急文化建设对提升应急管理水平具有巨大的促进作用。

正因如此，近年来，应急文化建设日益受到党和政府、社会和企业等的高度重视，应急文化建设研究与实践在应急领域越来越受关注。在我国应急管理中，应急文化历来是一个十分重要的课题。例如：2003 年"非典"之后，我国在建立"一案三制"应急管理体系中，就已经开始强调"应急文化"在应急管理中的作用；应急文化作为安全文化的重要子文化，在我国过去 20 多年的安全文化建设实践中，一直被重点关注。2018 年，我国组建成立应急管理部。在应急管理部成立的背景下，应急文化因具有特殊的新使命和时代意义而更加备受关注。例如：

（1）2018 年 12 月 28 日，应急管理部党组书记黄明到《中国应急管理报》调研时提出，要大力推动应急文化建设；

（2）在 2019 年 1 月 17～18 日召开的全国应急管理工作会议上，黄明强调，要针对应急管理工作急难险重的特点，大力培育极端认真负责、甘于牺牲奉献、勇于担当作为、善于开拓创新的应急管理特色文化；

（3）2019 年 1 月 19 日，《中国应急管理》杂志编辑部联合中港金邦（北京）国际文化咨询有限公司在京共同举办了"新时代应急文化建设研讨会"，与会专家一致认为，应急文化建设是应急管理事业的重要基础，我国应急管理改革一定要注重应急文化建设。

显而易见，在应急管理部成立的背景下，提倡加强应急文化建设显得尤其重要和具有重大战略及现实意义。可以说，应急文化建设是当前我国应急管理改革的主要着力点之一，是推动新时代我国应急管理事业发展的重要保障。为促进我国应急管理事业发展，以先进的应急文化引领新时代我国应急管理事业发展正当其时，应急文化建设研究和实践不仅有可为，而且大有可为。

10.5.3　我国应急文化研究与建设所存在的重要问题

令人非常遗憾的是，当前，我国专门的应急文化建设才刚处于起步阶段，应急文化建设水平较低，全民的应急素质较低（特别是防灾、减灾、救灾意识薄弱），社会的应急文化氛围不够浓厚，应急文化建设与人民群众对安全发展的迫切希望、与不断发展的应急管理形势和要求相比存在较大差距。总体看，应急文化建设与我国应急管理形势发展的要求不相适应。究其原因，主要有以下 5 方面原因：

（1）专门针对应急文化建设的基础理论研究和实践严重缺失，导致应急文化建设缺乏理论指导、方法依据和经验借鉴。尽管应急文化这种文化元素由来已久，且应急文化相关元素在过去的安全文化、灾难（灾害）文化、风险文化与危机文化等中都或多或少有所涉及，但"应急文化（Emergency Culture）"作为一个独立的专业术语或一个专门的学术概念，无论在国内还是国外，都完全是一个新概念。目前，专门针对应急文化建设的研究和实践经验都甚少。虽然，近几年，特别是自 2018 年我国应急管理部成立以来，应急文化引起了我国应急管理学术界和实践界的广泛关注，也针对应急文化建设开展了一些初步探索性研究与实践工作，但绝大多数工作均是一些初步尝试探索，尚未明晰应急文化的定义、内涵、特点、价值、建设方向与发展路径等应急文化建设的基础性问题，尚未总结出富有成效的应急文化建设实践经验。

（2）宏观（特别是国家）和整体（总体）层面的应急文化建设缺乏整体规划，应急文化建设的顶层设计缺失，导致应急文化建设的总体思路目标、发展方向、抓手、要求与发力点等不明确。应急文化建设是一项系统工程，具有很强的完整性，要全方位、立体化地规划和建设，而不是单一、片面、局部地认识和建设。目前，宏观（特别是国家）和整体（总体）层面的应急文化建设规划和顶层设计缺失（如缺少整体的应急文化建设规划、系统的应急文化建设的组织实施办法、完整的应急文化理念体系等）是当前我国应急文化建设存在的重要问题之一，导致应急文化建设的总体思路目标、大方向与总抓手等不明确。但是，在注重全面性的同时，应急文化建设也要增强针对性。目前，脱离实际需要，未针对应急管理所面临的实际突出问题，"求全贪大"与"眉毛胡子一把抓"也是应急文化建设所存在的重要问题，导致应急文化建设的关键发力点（重点任务和关键环节）不明确、不突出。因此，就应急文化建设而言，应主张整体规划，分阶段实施。总之，目前，我国亟需构建一个科学合理、内涵丰富的应急文化体系，进而促进应急管理事业的发展。

（3）具有新时代应急管理特色的应急文化内涵与外延尚未明确，导致应急文化建设不符合新时代应急管理要求。应急管理形势与体制机制等在应急文化建设中起着关键作用，是应急文化建设不可或缺的基础和依据。因此，应急文化应具有鲜明的时代感，应随着应急管理形势的变化与应急管理体制机制的变革等而不断发展。我国应急管理部的成立，体现的是我国应急管理形势的变化，体现的是我国国家应急管理体系的创新（例如，应急管理部组建成立后，应急管理工作不仅关口前移，同时也涵盖了灾后重建工作）。随着新时代的发展，安全风险日益变得复杂（特别是我国正在从工业社会向后工业社会迈进，受到工业社会与后工业社会安全风险的双重挑战），应急管理形势也变得复杂多变，与此同时，我国应急管理体系也在不断完善，应急管理的内涵和外延已经发生了根本性的变化，这是我国应急文化建设的大背景。因此，应急文化的概念（包括内涵和外延）以及应急文化建设等，也需要与时俱进。但是，目前，具有新时代应急管理特色的应急文化内涵与外延尚未明确，应急文化概念、应急文化建设与应急管理实践实际之间缺乏一致性和一贯性，导致应急文化建设不符合新时代应急管理要求。

（4）对我国应急文化的发展过程与建设现状不明确，对具有中国特色的应急文化元素的发现和提炼不够，导致具有中国特色的应急文化建设缺乏基础。应急文化是贯穿古今、博采东西、兼容开放的文化。中华民族五千年的灿烂文明是我国应急文化发源、发展的深厚土壤，优秀的、先进的国外应急文化是学习借鉴的又一个宝库。古为今用、外为内用是当代应急文化建设的两大抓手。建设具有中国特色的应急文化是促进应急文化本土化和落地生效的重要手段和必经阶段。同时，应急文化是文化的重要组成要素之一，具有中国特色的应急文化是我国文化不可或缺的组成部分，建设具有中国特色的应急文化是坚持文化自信的基本要求、直接体现和实际行动。要建设具有中国鲜明特色的应急文化，必须深刻把握我国应急文化的内在逻辑，积极推进应急文化在传承中创新，在借鉴中超越，在交汇中引领。由于研究我国应急文化的发展过程与建设现状的目的是深刻把握我国应急文化建设的内在逻辑，研究我国的传统应急文化的目的是正确对待它，加以吸收和融合，因此，这两方面工作对建设具有中国特色的应急文化至关重要。但是，目前上述研究工作缺乏，这严重阻碍具有中国特色的应急文化建设。

（5）过去我国的应急管理能力的提升侧重于"术（主要指应急技术、技能、技巧等）"的层面，对"道（主要指应急制度和文化）"的层面的重视和探索不足。长期以来，我国应急管理偏重对应急技术、技能、技巧的开发，忽视了对应急制度和文化的大力建设和深度创新。其实，应急制度比应急技术更重要，而支撑应急制度的正是应急文化。在新时代，应急管理必须将"技术—制度—文化"这个被扭曲的排序颠倒过来，以先进的应急文化为引领，构建科学的应急制度，开发合理的应急技术。

在未来几年，特别是"十四五"时期，是我国推动应急管理事业大发展、大繁荣的关键时期，而推进应急文化建设作为促进应急管理工作的重要举措和保障，这一时期必将也是我国应急文化建设快速发展的重要机遇期。因此，我国应急相关部门和工作者要抓住这一重要机遇，大力开展应急文化建设研究与实践工作，努力开创应急文化建设新局面。

10.5.4 应急文化的主要研究内容

从宏观（国家）高度看，应急文化的主要研究内容包括两个层面，即基础理论层面的应急文化建设基本理论体系与应用实践层面的新时代我国应急文化建设体系。其中，前者是后者的基础和支撑。

10.5.4.1 基础理论层面的应急文化建设基本理论体系

按照逻辑讲，理论层面的应急文化建设基本理论体系是认识和建设应急文化的理论基础和依据。理论层面的应急文化建设的基础性问题，理应是应急文化建设研究与实践的最基本和首要任务。概括而言，理论层面的应急文化建设的基础性问题研究主要包括以下 3 方面研究内容：

（1）应急文化的基本问题。主要包括：①应急文化的定义、内涵、特征、功能（价值）、维度、层次结构与关键构成元素等；②应急文化与安全文化、灾害文化、风险文化等相关文化体系的关系；等等。

（2）应急文化建设的基础性问题。主要包括：①应急文化建设的定义与内涵；②应急文化建设在应急管理工作中的地位；③应急文化建设的基本原则（要求）、切入点（发力点）、主体、基本程序、基本方法、影响因素；④应急文化宣传与落地的基本原理与方法；等等。

（3）应急文化评价的基础性问题。主要包括：应急文化（包括应急文化建设）评价的定义与内涵、原则、基准、目的、范围、依据、限制因素与方法论等。

10.5.4.2　应用实践层面的新时代我国应急文化建设体系

以理论层面的应急文化建设基本理论体系为依据和基础，就可建立应用实践层面的新时代我国应急文化建设体系。根据文化（包括应急文化）建设的一般程式与主要内容，具体而言，新时代我国应急文化建设体系研究主要包括以下 5 方面内容：

（1）我国应急文化建设现状。从多角度（主要包括应急文化元素、民众的应急文化素养、应急文化宣教、应急文化产业发展、应急文化建设投入、应急管理特色文化、应急文化建设人才等）出发，调查研究我国应急文化建设现状，旨在明确我国应急文化建设所存在的缺陷，所具有的优势，所面临难题、挑战与机遇，以及我国应急文化的发展趋势。

（2）新时代我国应急文化的内涵、外延与核心元素。主要包括：①文化嬗变视野下应急文化的多维度分析；②习近平同志安全（包括应急管理）思想的应急文化内涵与元素；③中国特色社会主义新时代的应急文化的内涵与外延；④与我国应急管理形势和应急管理体制机制等相适应的应急文化要素；⑤具有中国特色的应急文化元素；等等。

（3）全国应急文化建设的整体规划和顶层设计。主要包括：①应急文化建设在中国特色社会主义新时代的基本定位；②应急文化建设在精神文明建设、思想道德建设、思想政治工作中的地位；③应急文化建设在应急管理工作中的基本定位；④应急文化建设与安全文化建设的衔接机制；⑤加强全国应急文化建设的重要使命、指导思想、基本原则、思路目标、发展方向与重要任务；⑥总体的应急文化理念体系；⑦应急文化建设体制机制与组织实施办法；等等。

（4）我国应急文化宣教体系。主要包括：①应急文化宣教体制机制，主要是各应急文化宣教机构上下沟通联动机制，以及政府、社会、公共媒体和新媒体参与的全社会应急文化宣教工作机制；②推动应急文化宣教工作的社会化进程的途径与手段；③应急文化信息化建设；等等。

（5）我国应急文化建设对策建议。主要包括：①推动全社会形成防灾、减灾、救灾意识和坚持文化自信的对策措施；②国外有关应急文化建设理论研究与实践对我国应急文化建设实践的启示；③提升应急文化建设投入的措施建议；④推动应急文化产业健康、有序发展的对策建议；⑤加快城市、企业、社区等典型应急文化建设示范工程建设的措施建议；⑥应急管理从业人员与政府的应急文化建设对策建议；等等。

10.6　安全文化产业[22]

文化产业是文化软实力和竞争力的重要标志，是促进国民经济发展的新型支柱产业，越来越受国家重视。安全文化是社会安全（包括健康）发展的重要保障。随着安全文化的不断发展和普及，也催生了诸多安全文化产业，如安全咨询管理业与安全科技服务业等。此外，中国"十三五"规划对文化产业发展和安全文化建设提出一系列新要求（使文化产业成为国民经济支柱产业；提高全民安全意识，构建公共安全文化体系等）。因此，安全文化产业研究是新形势下安全文化和文化产业研究领域的一个有价值的研究方向。

鉴于此，为优化安全文化产业结构，促进安全文化产业发展，笔者基于文化产业的定义，从"大安全观"和"大文化观"视角，给出安全文化产业的定义，并剖析其内涵、特征和功能。基于此，构建并解析安全文化产业结构体系，从而为推动安全文化产业快速发展提供理论指导与依据。

10.6.1　安全文化产业的定义与内涵

10.6.1.1　文化产业的定义

学界关于文化产业有诸多表述，学界主要基于两种思路来定义文化产业：①基于文化的大众化消费角度，强调文化产业是为大众而设计，并加以生产的内涵特点，美国、中国与芬兰等国家的学者是其典型代表，如"文化产业是为社会公众提供文化产品和文化相关产品的生产活动的集合"；②基于文化意义创作与生产的角度，强调文化产业的文化意义本身的创作、工业标准化生产、流通、分配及消费的过程，英国与澳大利亚等国家的学者是其典型代表，如"文化产业是按照工业标准，生产、再生产、储存以及分配文化产品和服务的一系列活动"。

分析发现，以上两种定义文化产业的方式存在共性：①文化产业是文化被商业化、经济化和工业化的结果，是文化和其他行业互相渗透融合的产物；②为迎合与顺应当代社会消费者的物质与精神需求，在商品中赋予或植入文化元素是形势所趋。总而言之，文化产业是顺应文化大众化、产品文化化和文化经济化趋势的产物。

10.6.1.2　安全文化产业的定义

目前学界对安全文化产业尚无具体定义，仅有少数文献对安全文化产业做过一些简单描述。鉴于此，基于"大安全观"和"大文化观"，本书将安全文化产业定义为：以满足社会安全发展和人的安全、健康、舒适需求，服务并促进社会安全发展，进而提高全社会安全文化氛围和全民安全防范意识为基本目标，以安全文化产品和安全文化服务为基本内容和形式，以市场为载体，依赖于经营性行业为社会公众提供安全文化产品和服务的活动，以及与这些活动有关联的活动的集合。安全文化产业的定义示意图，如图10-6所示。

10.6.1.3　安全文化产业的内涵

基于安全文化产业的定义及其示意图，解析安全文化产业的内涵，具体如下。

（1）安全文化产业是文化产业的重要构成部分，安全文化可依附于文化产业实现有效传播与交流。安全文化产业强调的基本目标有两个：①适应不断变化的社会安全发展及人的安全（包括健康）需求；②服务并促进社会安全发展，进而提高全社会安全文化氛围和全民安全防范意识，这是安全文化产业促进社会安全文化建设的重要保障。

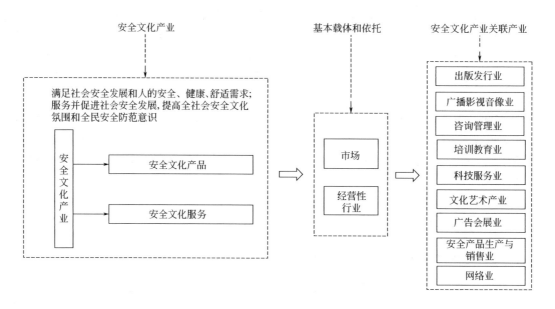

图 10-6　安全文化产业的定义示意图

（2）安全文化产业的基本内容和形式是安全文化产品和安全文化服务。安全文化产品主要指物质安全文化产品（如基本劳保产品、安全检测设备、安全文化宣教基础设施设备与安全工艺技术等）和精神安全文化产品（如安全图书、安全期刊杂志、安全音像制品与安全艺术品等），以及为支撑和保障以上产品功能发挥、正常使用或安全文化宣教过程中使用到的一些辅助性配套产品，如数字化视听设备、印刷设备、办公文化用品与安全文化衫等系列用品以及相关产品系列。安全文化服务主要指一些安全文化产业组织为社会公众提供的一些安全文化建设、安全知识与技能等服务（一般是有偿性的，如安全科技研发、安全咨询管理、安全教育培训与安全资料共享等服务）。

（3）安全文化产业以市场为载体，以经营性行业为重要依托。通过市场将经济的、商品的要素渗透于安全文化，即实现安全文化的经济化。安全文化产品或服务进入市场，使安全文化具有经济力，成为社会生产力和安全发展保障力的一个重要组成部分。经营性行业是指对外经营产品或服务的行业，表明安全文化产品或服务一般是有偿性的，通过相关经营性行业实现买方和卖方的安全文化产品或服务的销售过程。

（4）就表面而言，安全文化产业是一系列活动的集合，主要包括安全文化产品或服务设计、策划、生产（或创作）和销售等活动。究其根本，其实质是安全知识、技能等的生产、创新、积累、传播与应用。

（5）安全文化产业的主要关联产业包括融入了安全文化元素的出版发行业、广播影视音像业、咨询管理业、培训教育业、科技服务业、文化艺术产业、广告会展业、安全产品生产与销售业及网络业，它们既是安全文化产业的主要体现，也是安全文化产业发展态势的风向标。

（6）随着人们对生命价值与质量的日趋重视，以及对生产生活安全（包括健康）保障需求的日趋增强，促使安全文化产业在其发展进程中，需充分继承、挖掘、开发与利用已有的安全文化资源，并应创造出新的更为符合现代文化色彩的安全文化财富。换言之，这种追求和变化是安全文化产业不断发展的推动力，同时也为安全文化产业促成了一个巨大的市场空间。

10.6.2　安全文化产业的特征与功能

10.6.2.1　特征分析

安全文化产业在其产业形式、组织、内容和发展趋势方面，主要表现出如下四个特征（如图 10-7 所示）。

（1）安全文化产业形式的"高度化"。①科学技术与安全文化内容的高度结合，如互联网＋、大数据和云计算等新技术和某些专门的安全技术（如消防技术、安全评价技术、事故调查鉴定技术等）催生的安全科技服务业，以及电脑特技、数码技术等在安全培训教育业中的应用；②安全文化产业内部的融合重组，促进了安全文化产业发展的高度集中，如大多安全文化产业组织集安全科技服务、咨询管理服务和培训教育服务等于一体；③安全文化产业与其他产业之间的融合，即安全文化产业与其他产业之间存在高度联系，如安全文化产品生产与销售

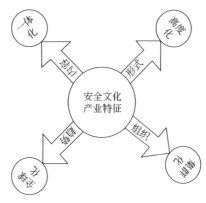

图 10-7　安全文化产业的特征

业需要借助广告会展业、印刷业等来宣传、推广自己的安全文化产品，即某一安全文化产业的发展不是孤立的，而是以产业链的形式影响和带动其他产业的发展与进步。由上所述可知，安全文化产业表现出的三个"高度化"，表明安全产业在发展层面具有高的科技含量和安全文化含量，在组织形态和资源利用方面具有高的社会适应能力，这为安全文化产业的发展奠定了基础。

（2）安全文化产业组织的"集群化"。文化产业的发展一般会表现出文化产业组织的地理集聚特征，通过各文化产业组织之间的互动和带动作用，进而在某一地方形成文化产业群、文化产业带的发展模式，如北京、上海与深圳等地。同样，安全文化产业的发展也是如此，近年来上述地方的安全文化产业群也在快速发展。

（3）安全文化产业内容的"一体化"。安全文化产业发展与经济发展之间是相互促进的"一体化"统一关系。①在安全文化与经济的互动过程中，安全文化的商品属性得以彰显，促进了安全文化的传播，使安全文化的传播和发展步入良性循环机制；②商品中增加的安全文化元素给商品赋予了新的亮点和特色，进而促进了商品的销售，使商品的流通更具有文化魅力。

（4）安全文化产业发展趋势的"全球化"。文化产业的全球化体现在三个方面：①文化产业已成为全球认可的产业模式；②文化产业创意、策划与传播趋于全球化；③文化产品流通具有全球化倾向。安全文化产业作为一种典型的文化产业类型，基于以上三点原因，再加之安全（包括健康）是全球所有国家的共同追求和普遍关注的话题，这就为安全文化产业发展趋于"全球化"注入了源源动力。

10.6.2.2　功能分析

安全文化产业的快速发展得益于其强大的功能，换言之，安全文化产业的强大功能是其

存在与发展的最主要基础。一般认为，功能是从事物内部提炼出来的有用性或价值体系，它侧重的是该事物对于社会、自然或周围环境等有益的一面。安全文化产业的功能主要指安全文化产业对于社会安全、健康发展的特殊功用，也包括其经济价值。鉴于安全文化产业的功能涉及面相当广泛，对于全社会所有人都具有巨大的影响力，笔者将它的功能概括为安全服务、安全预防管理、经济、文化及安全效应五大功能（表10-4）。

表10-4 安全文化产业的功能分类及其含义

层次	类别	含义
直接功能	安全服务功能	安全服务功能是指安全文化产业创造的安全文化产品和安全文化服务既满足了社会安全发展需求和人的物质安全文化与精神文化需求，同时也为保障和促进社会公众安全生产、生活提供了产品、技术、管理等支撑和保证，这就是其安全服务功能
	安全预防管理功能	安全预防管理功能是指投入使用的安全文化产品或投入运行的安全技术、管理等服务对预防事故、降低事故损失及提高安全管理水平等均具有显著的促进作用
	经济功能	安全文化产业是安全文化与产业的结合，具有巨大的经济功能，也是安全经济效益在另一层面的体现，具体表现为：①安全文化产品和服务本身具有经济价值；②安全文化产业强烈地依赖于安全知识、技能等的生产、创新、积累、传播与应用，为社会知识经济创造了巨大的发展空间；③安全文化产品或服务蕴含在文化资本向经济资本的转化过程中释放的经济价值
深层功能	文化功能	安全文化产业对安全文化本身发展具有重要价值，即其文化功能：①促进安全文化传播和传承；②以导向功能激励安全文化创新，通过积累和深化安全实践成果，提供新生的、进步的安全文化动力，促进安全文化创新，从而推动安全文化发展；③安全文化产业可携带优秀和先进安全文化元素，从而可助推先进安全文化发展；④为安全文化研究提供新素材，有助于安全文化研究，如可通过安全文化产业发展态势分析、预测社会安全文化水平及发展趋势等
	安全效应功能	安全文化产业中蕴含的精神存在高于其物质存在，且点多面广，有助于在全社会形成积极的安全效应，具体表现为：①安全文化产业作为一种文化行业，实质上是张扬某种安全价值观念、理念，具有价值倾向性，有助于增强和塑造人的安全意识；②文化产业产品或服务赋予大众先进性的安全文化，就会发挥安全文化积极的社会效应；③有助于营造全社会安全文化氛围，并增强人们对安全价值的认同

由表10-4可知，可将安全文化产业功能划分为直接功能和深层功能两个不同层次。其中，安全服务功能、安全预防管理功能和经济功能是安全文化产业的直接功能，即安全文化产业效用的直接体现，而深层功能（包括安全文化功能和安全效应功能）是安全文化产业直接功能的深化。各功能相互影响、相互关联、彼此促进，共同决定安全文化产业的效用与价值。

10.6.3 安全文化产业结构分析

10.6.3.1 安全文化产品的类型分析

在分析安全文化产业的内涵时指出，安全文化产品主要包括安全物质产品和安全精神产品，这种分类比较抽象而模糊。为明确厘清安全文化产品的类型，基于安全科学视角，根据安全文化产品的安全功能的差异，将其分为基础功能型、本质安全型和文化附载型三大类，具体又可细分为若干小类（表10-5）。

表 10-5　安全文化产品的分类及其含义

一级大类	基本含义	二级小类及其举例说明
基础功能型	这类产品的基本属性和功能是保护人的身心安全健康免受伤害或服务于安全文化宣教	①安全健康防护用品,如安全帽、防尘口罩等;②安全图书、报纸、期刊、杂志等;③安全健康检测仪器、仪表、设备,如空气质量、仪器故障检测仪表等;④安全应急救援设施设备,如灭火器、报警器、防毒面具等;⑤安全文化宣教基础设施、器材,如安全警示标志牌、安全培训教育视听及体验设备等
本质安全型	从本质安全角度设计的具体物质产品或研发的工艺、技术等	①具体物质产品,如可识别插头的安全插座、道路安全距离警示装置、童锁安全刀架等;②工艺、技术,如失误-安全、故障-安全等本质安全技术、工艺
文化附载型	安全工艺品或将安全文化元素附加于某种产品形成的产品	①安全艺术品,如双喜临门图、百福图、主席像等安全吉祥物;②印有安全健康知识或理念、标志图案、文字的文化衫、邮票、明信片、钥匙牌、礼品等

10.6.3.2　安全文化传播服务的类型分析

从安全科学角度,基于安全文化传播服务的安全功能的不同,也可将其分为安全资料共享服务、安全咨询管理服务、安全工艺技术服务、安全培训教育服务、安全文娱表演服务及大众安全文化服务六类(表 10-6)。

表 10-6　安全文化传播服务的分类及其含义

类别	基本含义
安全资料共享服务	社会大众(包括企业和个体等)需要及时了解、掌握一些必要的安全信息,主要包括安全知识、技能、新闻、研究成果及相关安全产品信息等,提供诸如此类安全信息的服务称为安全资料共享服务
安全咨询管理服务	主要指安全咨询机构按企业要求深入企业,应用安全科学方法,找出企业存在的主要安全问题,并提出切实可行的安全改善方案,进而指导实施安全方案,提高企业的安全管理水平,主要包括企业安全文化策划、安全管理及保障体系构建等
安全工艺技术服务	主要指安全技术研发机构(包括安全技术科研单位、高等院校等)针对企业或政府安全管理部门提出的安全工艺、技术需要,有目的开展的某些安全工艺、技术的研发或安全技术性工作(如安全评价、安全检测、事故调查鉴定等)
安全培训教育服务	主要指安全培训教育机构按企事业单位或政府安全管理部门要求,给企事业普通员工、安全管理人员、主要负责人以及政府安监人员等进行的安全培训教育,也包括针对注册安全工程师、安全评价师等职业资格考试的专项培训
安全文娱表演服务	将安全理念、知识、技能等融入文娱表演是一种寓教于乐的深受受众喜爱的安全文化宣教方式,在安全文化宣教过程中发挥着重要作用,把此类服务称为安全文娱表演服务。需要指出的是,此类服务特别适用于公益安全文化宣传
大众安全文化服务	安全文化大众化与公益化是拓宽安全文化影响范围、提高全民安全意识和安全素质的有效途径。为满足大众的基本安全知识、技能需要,以及逐渐增高的安全精神、物质文化需求等,大众安全文化服务就显得至关重要

10.6.3.3　安全文化产业结构体系的构建与解析

所谓产业结构,是指某产业各组成部分的搭配和排列状态,而安全文化产品和安全文化服务是安全文化产业的基本内容和形式,因此,可基于安全文化产品和安全文化服务的类型,以及图 10-6 指出的安全文化产业主要涉及的产业,建立安全文化产业结构体系,如图10-8 所示。

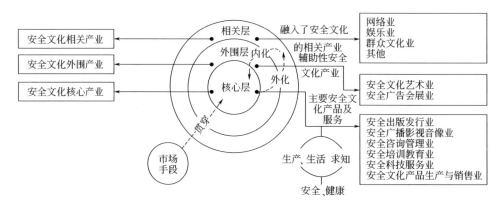

图 10-8　安全文化产业结构体系

根据各类安全文化产业对社会安全、健康发展的贡献及作用（即重要性）的差异，可将安全文化产业划分为安全文化核心产业（核心层）、安全文化外围产业（外围层）和安全文化相关产业（相关层）三个不同层次（如图 10-8 所示）。各层次的安全文化产业的内涵，分别解释如下。

（1）安全文化核心产业指对社会安全（包括健康）发展具有直接作用的安全文化产业，主要是基于大众的生产、生活及求知方面的安全（包括健康）而产生和发展起来的提供安全文化产品及服务的产业，主要包括安全培训教育业、安全咨询管理业、安全出版发行业、安全科技服务业、安全广播影视音像业和安全文化产品生产与销售业。

（2）安全文化外围产业指对社会安全（包括健康）发展具有间接作用或服务于安全文化核心产业发展的安全文化产业，主要包括安全文化艺术业（如提供安全艺术品或安全文艺表演等的产业）和安全广告会展业（如安全文化产品或服务可通过安全广告会展形式得到广泛宣传）。

（3）安全文化相关产业是在安全文化核心、外围产业基础上，安全文化元素融入其他产业的表现形式，如目前安全文化元素已广泛渗透于网络业、娱乐业、群众文化产业等。

由图 10-8 可知，安全文化核心产业是整个安全文化产业的内核（即基础性产业），对安全文化产业整体的发展起着决定性作用，因此，它是建设和优化安全文化产业结构的重要抓手。而安全文化外围产业是安全文化产业的辅助性产业，安全文化相关产业是安全文化产业与其他产业的渗透融合，两者可视为是安全文化核心产业的外延和发展，即它们是安全文化核心产业的外化层，是其"外化"的结果和表现形式。需指出的是，随着社会安全发展及人们对安全（包括健康）追求（精神和物质追求）的变化，安全文化产业结构有可能也会随着发生变化，即使目前处于外围层或相关层的安全文化产业通过"内化"成为安全文化核心产业。总而言之，通过各层次的安全文化产业之间相互影响、相互促进，共同构成了完整的、动态的安全文化产业结构体系。

10.6.4　安全文化产业结构的优化路径和具体建议

10.6.4.1　优化路径

优化产业结构是推动某一产业快速发展的最核心手段与途径，其主要包括产业结构合理化与高度化两层含义，最终的目标是实现二者的有机统一。由此可见，优化安全文化产业结构对于促进安全文化产业快速发展就显得至关重要。鉴于此，基于安全文化产业的自身特点与结构体系构成，以及其他文化产业结构的优化经验对安全文化产业结构优化的借鉴启示，对安全文化产业结构优化提出三条路径。

（1）促进安全文化产业合理化，即根据社会安全发展及大众的安全（包括健康）需求，实现各安全文化子产业之间的协调，如增强各安全文化子产业之间的关联性及其发展规模比例关系上的协调性，还包括资金与技术等支持的协调等。

（2）促进安全文化产业高度化，即安全文化产业应根据科学技术（主要指安全科学技术）及经济发展的历史和逻辑序列，逐渐实现从低级水平向高级水平的过渡与发展，如将新兴科学技术，尤其是先进安全科学技术融入安全文化产业，即借助"安全文化＋"为安全文化产业发展注入活力。

（3）实现安全文化产业结构合理化和高度化的统一。由上述分析可知，安全文化产业结构合理化是其高度化的基础，而安全文化产业高度化又是其合理化的必然结果，因此，最终应达到安全文化产业结构合理化和高度化的统一。

10.6.4.2　具体建议

基于安全文化产业结构的优化路径，对安全文化产业结构优化提出六条具体建议，分别解释如下。

（1）加强社会安全文化建设，为安全文化产业结构优化创造良好的社会支撑。大众的安全精神、物质文化需求及对安全的认同是促进安全文化产业发展的关键因素，而通过社会安全文化建设可有效提升大众的安全精神、物质文化追求和安全认同感，因此，社会安全文化建设对安全文化产业结构优化具有显著的促进作用。

（2）制订安全文化产业发展的中长期战略方案，为安全文化产业结构优化设定目标、任务、思路和方法。安全文化产业结构优化升级是一项长期任务，因此，一个切合实际且具有长远性、创新性、综合性和适用性的中长期安全文化产业战略方案对于政府实施安全文化产业的宏观调控和微观指导将起到举足轻重的作用。

（3）促进安全文化产业内部及其与其他产业的融合，实现安全文化产业高度化和持续创新。通过安全文化产业内部重组和融合，如将安全咨询管理、培训教育等产业集于一体，既拓宽了安全文化机构的业务范围，还可以实现各产业之间的相互促进作用，进而实现安全文化产业高度化。积极寻求安全文化产业与其他产业之间的融合，丰富安全文化产业元素，进而促进安全文化产业的创新发展。

（4）促进安全文化产业与新兴科学技术（尤其是安全科学技术）的融合，为提升安全文化产业技术含量注入活力。文化产业是科技应用最广泛、科技创新最活跃的产业之一，同样，科技对安全文化产业发展也具有重要的支撑作用，主要体现在安全文化产品设计、生产、传播等环节和安全文化服务方面的科技支持，有助于促进安全文化产业水平升级。

（5）推动安全文化产业经营模式及体制改革，开拓安全文化产业市场空间并促进其高效、合理发展。优化安全文化产业市场机制，促进安全文化消费市场的发展，如安全文化产业组织应摆脱传统的靠政府行政指令来促进企事业单位等对安全文化产品或服务需要的经营模式，制订良好的开发、经营策略，如开展公益安全文化宣传、教育等，以吸引人们更多地开展安全文化消费，培育安全文化产业市场。对安全文化产业组织进行改革，创新体系机制，如对属于国有性质的安全文化产业组织（如演出团体、媒体开发和制作组织等）进行改制，建立产权清晰、权责明确、政企分开、管理科学的现代企业制度，或深化安全文化产业组织内部改革，建立科学高效的管理机制。

（6）培养安全文化产业人才，为安全文化产业结构优化及可持续发展积蓄人才资本。培养安全专业人才，主要包括安全技术、安全咨询管理、安全培训教育、安全文艺等人才，提高安全文化产业的专业性和品牌性。培养安全文化产业管理人才，提高安全文化产业组织管理水平，主要包括知识产权保护、制订发展战略以及研究、创作、开发、生产、销售等环节的管理。

10.7　和谐社会背景下的安全文化建设 [23]

近年来，虽然中国采取了一系列措施加强保障安全和事故防范工作，但安全形势依然十分严峻，重特大事故仍然高发。各类事故对社会的和谐和稳定造成了难以估计的负面影响，成为当今最不和谐的音符。而在这些事故当中，绝大多数均是责任事故，即是由人的因素造成的，而人因包括人的安全知识、安全技能、安全意识因素等，也有观念、态度、品行道德、伦理修养等更为基本和深层次的人文因素和人文背景。这些正是安全文化所涵盖的内容。因此，加强安全文化建设，提升安全理念，更新安全观念，丰富安全知识，强化安全意识，是有效遏制事故发生的治本之道，也是构建本质安全型和谐社会的必由之路。

自中国共产党第十六届中央委员会第四次全体会议提出了构建和谐社会的重大决定，一些学者对和谐社会构建中的企业安全文化建设进行了较深入的研究，但对安全、安全文化、和谐社会的关系及如何建设研究较少。笔者旨在阐明安全、安全文化及和谐社会的相互关系，基于安全学科的角度为构建社会主义和谐社会提供理论依据。

10.7.1　和谐社会的内涵及其图示

众多学者对和谐社会的内涵及特征进行了深入研究，由于视角不同，对和谐社会的内涵与特征理解也不相同，主要有以下三种解释。

10.7.1.1　和谐社会的通俗解释

网络文章一般认为，社会主义和谐社会是惠及十几亿人口的小康社会；和谐社会是一种理想、一种社会的终极目标；和谐社会是人气比较顺，心态平和，彼此交往谦让有礼、互敬互助的社会；等等。因此，和谐社会的通俗含义可以理解为：一要建立起人与人之间互相尊重、互相信任的社会关系；二要全体人民各尽所能、各得其所、和谐相处；三要和谐兴国、和谐创业、和谐安邦。

10.7.1.2　和谐社会的理论解释

从理论的角度来解释，和谐社会就是从社会构成合理性的角度，探讨怎样构建一个社会问题相对较少的社会体系和社会制度。和谐社会是社会系统中的各个部分、各种要素处于一种相互协调的状态，社会的经济、政治、文化、生活的各个领域和部分都紧密联系，互相协调，整个社会始终保持有序和谐的状态。

社会主义和谐社会，是民主法治、公平正义、诚信友爱、充满活力、安定有序、人与自然和谐相处的社会。构建的和谐社会必须具有以下特征。

第一，要促进社会经济快速健康发展，正确处理经济发展与社会各项事业发展的问题。

第二，要不断增强社会的创造活力，正确处理激发社会活力与维护社会稳定之间的问题。

第三，要协调不同方面群众的利益关系，正确处理社会成员的利益问题，使人们公平地共享社会发展带来的成果。

第四，要树立公平的社会核心价值观，在公平的基础上，推动生活竞争。

10.7.1.3 和谐社会的哲学解释

和谐问题不仅是一个社会学意义上的问题，更是一个为许多哲学家深入思考的重要哲学问题。和谐意味着对宇宙万物存在的一种状态性反思、追求和构建。对哲学中和谐社会的黄金规则解释如下。

其一是公平的正义，即公正规则。公正的社会未必是和谐的社会，但和谐的社会必定是公正的社会。

其二是合适的比例，即差异规则。数的和谐肯定与强调了事物比例关系构成和谐的基础，这实际上揭示了只有在差异的基础上才有相互的协调和美，才能奏响一首美妙悦耳的乐曲。

其三是生命存在与社会运行的自由规则。这有两层含义：第一，社会是由人构成的，人的生命存在是自由的。第二，社会的存在以人的生命自由为基础，社会的运作同样必须是自由的。

和谐社会的模型如图 10-9 所示。

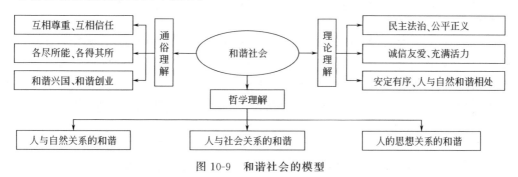

图 10-9 和谐社会的模型

10.7.2 安全与和谐的一致性

和谐与安全是不可分的一个整体。安全是和谐的表现，而和谐又是保证安全的必要条件。安全是在和谐的基础上创造出来的。一个隐患较多、事故不断、明争暗斗的客观环境和人际环境，是谈不上和谐的，是没有安全感的。只有人与人之间和谐，人与物之间也和谐的环境，人们才会有安全感。

许多安全妙语深刻地反映了这一关系，例如：人人管安全，个个保安全，人人重安全；人人讲安全，安全为人人；人人讲安全，处处才平安；人人讲安全，事事为安全；时时想安全，处处要安全；人人讲安全，岁岁都平安；人人需要安全，安全需要人人；人人重视安全，事事才能安全。

和谐与安全的吻合关系可以从社会和谐、经济和谐、自然和谐三个不同层面进行考证。

社会和谐一方面使公共安全事故减少，人们生活有安全感；另一方面直接影响人的思想关系的和谐，使人们能保持良好的心态进行工作，从而减少安全生产的事故率。

经济和谐则本身就包括较低的安全事故率，同时也可以影响人们在工作生产过程的主观因素，包括人的道德素质、敬业精神、责任心和业务能力等。

自然和谐是社会和谐的基础，自然和谐中的生态安全是保障人类生存发展的环境前提。和谐社会和安全之间的具体关系如表 10-7 所示。

表 10-7　和谐社会与安全的关系举例

和谐社会		与安全的相关性例子
指标	与安全相关的二级考核指标	
社会和谐	政治犯比重	社会稳定性、公共安全事故频发率、安全生产事故率等
	刑事犯罪率	
	社会治安满意度	
经济和谐	基尼系数（衡量收入分配均等程度的指标）	生产安全保障程度、公共安全事故频发率、生产安全事故率、职业病发生率等
	失业率	
	社会保险率	
	安全生产情况	
自然和谐	环境灾害事故	自然灾害、重大化学污染事故发生率等

10.7.3　安全文化与和谐社会的关系

和谐社会中的"和"字体现的是生存、生活等物质层面，而"谐"字则体现的是民主、价值等层面。安全文化中的"安全"一词，可理解为无危为安，无损为全，是和谐的重要体现。和谐社会与安全文化一方面强调人的生存或物质层面，另一方面强调人的价值或精神层面，二者形散神聚。

安全是和谐的重要前提，也是和谐的突出表现。在和谐社会构建中，需运用和谐原则来指导和帮助企业进行安全文化建设。在科学发展观的指导下，坚持以人为本、人人参与、共建共享，建设人与人和谐、人与自然和谐，安全与生产、生活共存，个人价值与集体效益和国家利益共创的和谐安全文化。安全文化与和谐社会的特征关系如表 10-8 所示。

表 10-8　安全文化与和谐社会的对应关系

项目	安全文化	和谐社会
特征	使人类安康，使世界友爱、和平而创造的物质财富和精神财富的总和，具有与时俱进的特点	民主法治、公平正义、诚信友爱、充满活力、安定有序、人与自然和谐相处
任务	建设良好的安全文化氛围，保障人的生命安全和身体健康，保障社会经济安全发展	加快完善社会保障体系；丰富人民群众精神文化生活；提高人民群众健康水平；维护人民群众生命财产安全
原则	以人为本、本质安全化	以人为本，注重经济社会协调发展，注重社会公平，注重民主法治建设
目的	防止事故、抵御灾害、维护健康等	和谐社会是科学发展观的基本内涵，是人民群众的根本意愿和社会主义的发展方向，是社会主义民主政治建设的重要任务

10.7.4　安全文化建设与和谐社会构建

人与自然和谐、安全价值观和行为准则是安全文化的核心。着力实现人类社会的可持续发展是安全文化的宗旨。在全社会积极倡导珍惜生命、保护生命、尊重生命、热爱生命、提高生命的质量是安全文化发展的源泉。从安全文化建设各要素出发，进行全方位、立体式的有效协调、管理和建设，是安全文化建设的主要任务。建设良好的安全文化氛围，保障生产中人的生命安全和身体健康，保障企业安全文化建设，保障社会经济安全发展，是安全文化建设的基本目的。

安全文化建设必须以人为本，体现人文思想，弘扬人本主义，彰显人性理念，以人的身心安全和健康为出发点和落脚点。加强安全的宣传教育，不断提高社会全员的安全文化素质，推动安全文化的健康发展。

安全文化建设要坚持群众性和大众化的原则，坚持灵活性和多样化的原则，坚持科学性和系统化的原则。在长期的生产、生活和改造客观世界的实践中，人民群众不但创造了灿烂的物质文明，也创造了丰富多彩的精神文明。进一步调动人民群众参与安全文化建设的主动性和创造性，充分发挥他们的聪明才智，是安全文化建设的重要途径和有力保证。

和谐社会是民主法治、公平正义、诚信友爱、充满活力、安定有序、人与自然和谐相处的社会。构建社会主义和谐社会，同建设社会主义物质文明、政治文明、精神文明是有机统一的。安全文化建设与和谐社会构建的关系是紧密相连的。

（1）安全文化建设要以民主法治作为保障。民主法治，就是社会主义民主得到充分发扬，依法治国基本方针得到切实落实，各方面积极因素得到广泛调动。为适应构建和谐社会的要求，安全文化建设必须遵循民主法治，必须使安全文化建设制度化、法律化。如果安全文化建设搞不好，存在不和谐的因素，就不能使人们有安全感。没有健全的民主法治，安全文化建设就失去了保障。

（2）安全文化建设要以公平正义为准则。公平正义是和谐社会的基本特征之一，是构建社会主义和谐社会的关键环节，也是安全文化建设的准则。在安全文化建设方面，公平就是劳动者的劳动为社会和企业贡献了效益，则劳动者的劳动条件和安全必须得到保障。正义就是用安全文化建设的法律法规来维护广大人民群众的最大利益。

（3）安全文化建设要以诚信友爱作为立身之本。诚信友爱是社会的共同守则，是安全文化建设的道德规范。因此，必须自觉坚持"以人为本"的理念，把安全文化建设纳入诚信友爱建设之中。

（4）安全文化建设要以充满活力来完善各项工作。充满活力的本质是解放生产力，发展生产力，是完善安全文化建设的动力。安全文化建设要与生产力的发展相适应，它的主要功能就是不断克服和扫除影响和阻碍先进生产力发展的各种事故隐患和重特大事故的发生，最大限度地保护和发展生产力。

（5）安全文化建设要建立在安定有序的基础上。安定有序是做好安全文化建设的基础，同时，安全文化建设在社会分工中担负着建设安定有序社会的重要任务，在维护社会安定有序的发展中发挥着十分重要的作用。

（6）安全文化建设符合人与自然和谐相处的基本要求。只有认识到人与自然和谐相处的重要意义，才能更好地抓好安全文化建设。例如：矿山大量的安全事故与野蛮开采、违章施工有关，因此，必须注意解决生产发展、生命安全、生态良好、协调发展的问题。

10.7.5　弘扬安全文化的新观念

安全文化的建设在中国已经开展近 30 年，但迄今安全文化的影响力仍然没有达到期望的程度，其主要原因是安全文化建设没有被提高到应有的高度。下面，笔者提出一些弘扬安全文化的新观点。

10.7.5.1　倡导安全健康主义

从近代到现代，有关主义的提法非常之多，例如拜金主义、享乐主义、个人主义、本位主义、现实主义、人本主义、人道主义、理想主义、英雄主义、爱国主义等。从安全妙语中不难得出，把安全健康作为主义来倡导和追求完全不为过。下面介绍一些经常用于安全宣传的妙语。

安全、舒适、长寿是当代人民的追求。安全——生命的源泉。安全——幸福的根源。安全安乐值钱多，世界和平幸福多。安全伴着幸福，安全创造财富。安全保健康，千金及不上。安全保健康，全家幸福乐陶陶。安全创造人类幸福，劳动创造社会财富。安全的承诺：幸福永远伴随着你。

安全等于生命。安全二字，价值千金。安全二字千斤重，息息相关万人命。安全家家乐，事故人人忧。安全——家庭幸福的源泉。安全就是节约，安全就是生命。安全就是生命，安全就是效益。安全就是生命和财富。安全就是效益、生命和幸福。安全就是最大的效益。安全你我他，情系千万家。安全你一人，幸福全家人。安全——生命的保险栓。安全是个宝，人身最重要。安全是个宝，生命离不了。安全是美好生活的前提。安全是你一生幸福的可靠保障。安全是全家福，福从安全来。安全是人生的支柱。安全是生命的保证，安全是幸福的保障。安全是生命的基石，安全是欢乐的阶梯。

安全是水，效益是舟；水能载舟，亦能覆舟。安全是稳定的基础、胜利的源泉。安全是人们的命根。安全是硬道理。安全是追求完美，预防是永无止境。安全是自身生命的延续。安全思想时时有，安全才能保长久。安全为了谁？为你，为他，为国家，为大家。安全——永恒的旋律。安全——幸福的方舟。安全——幸福的支柱。安全意味着幸福生活的开始。安全与减灾关系到全民的幸福和安宁。安全在心间，美满在明天。安全责任为天，生命至高无上。安全驻心田，幸福满人间。

倡导安全健康主义，就是形成系统的安全健康理论学说与思想体系，指导人们的安全健康行为。对安全健康的追求，只有提高到安全健康主义的高度，才能更好地实现其目标。从和谐社会的内涵可以看出，作为正常的人是不会反对和谐社会的构建的。但如何构建和谐社会，却是一个巨大而长期的系统工程。但从以人为本、人类最基本、最原始的愿望出发，倡导全社会追求安全健康，则可以使之成为人们走向和谐的动力。

10.7.5.2　倡导安全健康信仰

信仰是人们在生活中自发形成的或受到灌注而形成的某种坚定的信念。人有信仰的精神要求，是由人的本质或人不同于其他存在的特殊存在状态决定的。人的本质在于能主动地处置、理性地驾驭自然条件和社会条件，能有意识地协调与同类和与其生存条件的关系，有建立于理性活动基础上的自由意志，并能担负起相应的责任。在为保证其存在和发展的对象化活动中，能意识到自身的有限性，并不断地在其存在的物质层面（人与天地自然的关系）、社会层面（人与人的关系）和精神层面（人与自身、人与神或人与道的关系）自觉地追求对自身有限性的突破。因此，需要有一种信仰对象提供的终极意义作为参照和向导。倡导安全健康信仰，可以为人自觉地追求安全健康，实现社会和谐发展指明方向。

10.7.5.3　珍惜生命和尊重人权，体现以人为本

解决安全问题的工作长期被认为是一项纯技术工作，实际上是片面强调理性，一些人即使成了安全技术专家，也未必具有完整的尊重人权的安全人格。作为人的心理过程，理性属于认识过程，是人类认识的高级形式，主要表现为思维和想象。黑格尔说，理性是具体的。辩证的思维，也是认识的高级形式，只有理性才能揭示宇宙的真相。但是，面对安全问题，理性却常常陷入困惑，因为它既能揭示出安全问题的本质和规律，又能揭示事故是难免的深刻的道理，因而在解决问题时常表现出对事故的容忍和让步，对人权的忽视和无奈。

上述认识都是单纯的理性作用的结果，如果不从情感意志和法律道德这两个方面去衡量，上述问题是无可厚非的。然而合理的不等于合情合法的，加之许多问题是可以通过意志努力去克服的，所以，上述问题的出现又是不能被人的天赋生存权而决定的人的情感所接受的。

与理性的片面强调相比，情感的培养几乎被忽略。在众多的事物和分工之中，除了救死扶伤的医护职业之外，安全工作所需要的直接的感情投入可以说是最多的。所以，它的从业人员必须珍惜生命、以人为本，必须是心地善良、为人真诚、富有热情、乐于助人者。心理学认为，情感是人对客观事物是否符合自己的需要与愿望、观点而产生的体验，情感促使人们对未来幸福生活的向往，促使人们去进行劳动、创造。

情感一旦与人的安全活动结合起来，将成为一股阻止不住的生存动力，为安全的实现而奋斗不止。培养人的安全情感，可以树立人的公众安全观念，提高人们对安全的评价水平。在安全文化自身的传承，尤其是民俗民风的影响方面，在一定程度上解决了公众对安全的态度和情感问题。人人都明白安全对自身生命和身体健康的重要意义，也进行了许多自发的安全活动，但其中科学的含量不高，也就是说，社会集体安全人格感性成分高于理性成分，且处于认识过程的低级阶段，难以满足和适应当代安全文化发展的要求。

10.7.5.4　广泛提高人的安全素质，塑造安全人

广泛提高人的安全素质重点在于提高人的安全意识、人的安全科技知识和人的安全文化素质。要从小抓起，从全民抓起，通过安全文化活动的形式，加大对社会各阶层持续而耐心地进行宣传和教育的力度，灌输安全文化知识，增强其安全意识，建立正确的安全人生观、安全价值观，建立安全科学的思维方法和安全行为规范，学会消灾避难、应急自救的本领，珍惜自己的生命，爱护他人的生命，为自己也为他人创造安全、舒适、文明的生产、生活及生存活动环境。

在不断完善和强化法治、技术、经济、行政、教育等全面管理的现代科学手段外，必须认真踏实地解决人的因素、社会因素对安全工作带来的负面影响，这两大因素可归结为安全文化问题。安全文化建设是解决人因失误的最有效的方法和手段，它通过长期的、不断的努力，塑造安全人格，实现人的本质安全化。

安全文化实践应当尊重人们的生活习惯，致力于把现代安全意识辐射到人类文化教育的广阔领域，从根本上改变大众文化的现状，提高科学含量，努力实现全社会和全民族的安全健康水平与文化素质的提高。

人格的打造实际上就是人的塑造，安全人格的塑造就是安全人的塑造，它是人的完善与全面发展的基础部分，对当代安全文化建设具有直接相关的重要意义。从人格的内在规定性上说，健全的人格应该是人的理性、情感和意志的有机统一，理想的人格的塑造应当使人格

的这三个方面得到平衡协调的发展。安全是理性的需要，也是情感的需要，而且必须通过人的意志努力去实现，这是塑造安全人格的必要条件，与安全文化的时代精神相吻合。因为当代安全问题已不再是单纯的技术问题，这必须凭借主体的理性、情感、意志协调一致发展的人格力量才能真正奏效。随着科学工作和科技知识的普及，公众在安全的积极参与中，他们的人格将会得到不断完善和发展。

10.8 "互联网+"背景下的安全文化建设[24]

据考证，"互联网+"这一概念最早由于扬于 2012 年提出。从此，"互联网+"成了科技界的热词。值得一提的是，2015 年 3 月，国务院总理李克强在政府工作报告中明确提出，要从国家角度制定"互联网+"行动计划。"互联网+"带来的变化，不仅是传统互联网的提升，更是一场全新的信息革命。在这场革命中，智能互联网不仅是传播媒介，还身兼传输、分析、管理和服务等功能。而安全文化作为安全管理事业的主要手段和补充，安全文化宣教作为提高民众安全素质的重要对策，安全文化与"互联网+"的融合理应是乘上快速发展的互联网"巨船"、大力促进安全文化建设和传播的必要举措。由此易知，围绕"互联网+安全文化"开展研究具有重大的学术价值与现实意义。

目前，各行各业纷纷提出要与"互联网+"进行融合，以促进自身行业的发展与转型。在安全领域，"互联网+安全"的思维理念已在石油、化工与安全监督等方面有所运用，并取得了良好成效。此外，事实上，在"互联网+"这一概念被提出以前，互联网与文化就已实现了广泛融合，并形成了先进的文化产业生态链。安全文化作为文化的主要组成部分，同理，也可与互联网实现良好融合，进而促进其有效建设和传播。目前学界尚未提出"互联网+安全文化"这一概念，且未系统探讨"互联网+"背景下的安全文化建设，严重阻碍了安全文化建设进程及安全文化宣教的广度与深度。

鉴于此，为促进安全文化建设，以智能互联网为工具和发展平台，以丰富优化各层次网站内容、促进安全网站建设和搭建媒体平台为着手点，在围绕中心、服务大局、充分利用社会资源的原则指导下，本节探讨互联网与安全文化相互融合的具体实现路径，以期提升安全文化建设效果，进而充分发挥安全文化效用。

10.8.1 "互联网+安全文化"概述

10.8.1.1 定义

目前，学界就"互联网+"尚未形成统一定义。一般而言，所谓"互联网+"，是指高速度的移动通信网络，是由大数据的存储、挖掘、分析能力和智能感应能力共同形成的全新体系，它继承了互联网多项交互的传播能力，能够实现远距离、实时、多媒体传播。可分三个层次来理解"互联网+"的概念：①就技术层面而言，它是指以互联网为核心的一整套信息技术在社会、经济、生活中的应用；②就经济层面而言，它是一种以互联网为基础设施和实现工具的经济发展新常态；③就网络层面而言，它是一个物质、信息、能量交融传播的大物联网。

基于上述对"互联网+"的理解，拟给出"互联网+安全文化"的概念：以互联网与安全文化的深度融合为着眼点，以推动安全文化传播与建设为直接目的，以互联网为技术和实现工具，以社会组织和成员为目标对象，以安全文化宣教为侧重点，将互联网平台技术、信息通信技术、传媒手段和大数据技术等相互融合运用至安全文化建设过程，以实现安全文化全方位与多渠道传播，进而为提升全民安全文化素质服务的一项安全文化建设思维与工程。基于此，建立"互联网＋安全文化"的概念模型，见图 10-10。

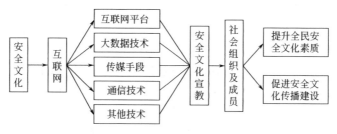

图 10-10　"互联网＋安全文化"概念模型

10. 8. 1. 2　基本内涵

为准确理解上述"互联网＋安全文化"的定义，有必要根据其概念模型，分析其内涵。

(1)"互联网＋安全文化"的目的。"互联网＋安全文化"的直接目的在于促进安全文化传播与建设。这是因为安全文化属于文化，要实现其"文之教化"的功能，就必须使其大面积传播。"互联网＋安全文化"的最终目的在于提高全民安全文化素质。显然，事故频繁发生的根本原因是人偏低的安全文化素质。由此可见，提高全民安全文化素质是保障安全的有效对策之一。

(2)"互联网＋安全文化"的对象。智能互联网技术的使用及"为提升全民安全文化素质服务"这一目的，决定了"互联网＋安全文化"的对象是全民范围的社会组织及其成员。在"互联网＋"背景下，网络信息传播不再受地域和时间限制，并具有高效、实时、快速的特点。因此，在"互联网＋安全文化"模式下，人人都能获取到最优秀而先进的安全文化内容。显然，要实现全民安全文化素质的提升，需要社会每位成员的努力，"安全是每一个人的事"早已成为学界和实践界中的重要安全理念。唯有每个个体的安全文化素质达到一定水平，企业、行业乃至整个社会的安全文化素质提高到一定水准，社会的安全发展才能从根本上得到保障。

(3)"互联网＋安全文化"的着眼点和实现工具。"互联网＋"作为一种发展新形态，唯有与安全文化相互融合，才能为安全文化传播建设带来良好发展。因此，两者的深度融合是"互联网＋安全文化"的工作指导原则和着眼点。互联网与安全文化要实现深度融合，就要用互联网信息来搭载安全文化，换言之，网络信息要在安全文化传播过程中占据主导地位，以把握和控制传播方向。安全文化与互联网进行融合的最直接目的在于促进安全文化传播，为此就需以互联网为核心技术和实现工具，这是因为"互联网＋安全文化"中的智能互联网是集能量、物质、信息的大物联网，而物联网技术的核心依旧是互联网技术。

(4)"互联网＋安全文化"的主要途径。安全文化宣教是提升组织成员的安全意识和素质的有效途径。因此，实现"互联网＋安全文化"的主要途径仍是安全文化宣教。显而易见，安全文化传播需依赖于安全文化普及宣传。在互联网时代背景下，安全文化宣传与先进的网络传播技术相结合，将大大提高安全文化普及宣传效果。同时，安全教育作为安全文化的重要组成部分和安全文化发展的最基本动力，既可传递安全文化，还可满足安全文化本身延续和更新的要求。

10.8.1.3 必要性与可行性

"互联网＋传统行业"式的发展模式不仅仅是创新的产物，更是创新的源泉和发展的动力，为传统行业的市场发展带来了巨大的发展空间和光明的发展前景。我国自改革开放以来强调发展优秀文化，文化产业的发展得到了重视。安全文化产业作为文化产业的重要组成部分，将保障人民生命健康作为主要任务，致力于推动社会的安全和谐发展。但由于种种原因，安全文化产业目前尚处于萌芽时期和发育状态，同时，安全文化的宣教大多仅局限于生产安全领域内，公众的安全文化素质尚未提高。"互联网＋"行动计划为安全文化产业的发展和安全文化传播带来机遇。因此，极有必要建立"互联网＋安全文化"的新型安全文化建设模式，用以解决安全文化产业发展动力不足、安全文化传播受限以及传播理念、手段过于陈旧等问题。具体言之，建立"互联网＋安全文化"模式具有以下三点优势。

（1）"互联网＋安全文化"使安全文化传播实现在线化、数据化、个性化、自主化。互联网的网状传播模式使安全文化信息能够快速且实时传播，此外，多媒体同时在线进一步扩大了安全文化的传播面。网络信息的数据化提高了安全文化传播效率，迅速的信息反馈有利于安全文化信息的及时调整和优化，从而确保了安全信息的时效性和科学性。安全文化符号、图片、动态影像等多种宣传方式增添了安全文化的生动性和趣味性，提升了安全文化传播效果。

（2）"互联网＋安全文化"模式下，安全文化发展具有层次性和整体协同性。"互联网＋安全文化"在国家安全生产方针政策和决策部署的指导下，以宣传贯彻国家安全文化发展理念为主线，依托互联网上的政府部门和行业性专业网站等，打造安全文化网络平台，以进行有目的、有计划、有组织的安全文化传播。互联网背景下，有关安全机构能够建立上下沟通联动机制，并形成由政府部门、行业、企业、高校共同参与的安全文化建设体系，促进了安全文化信息协同发展、资源信息及时共享、信息化建设与组织管理相互融合和步调一致。

（3）我国目前的社会发展形势为"互联网＋安全文化"的发展提供了良好的基础和条件。国家政府对安全文化建设的推动是"互联网＋安全文化"的政策基础。自"加大安全生产宣传的力度，把安全工作提高到安全文化的高度来认识"的口号被提出以来，经过 20 年的发展，我国已拥有较为完整的安全文化政策体系，其中主要包括全国性的安全文化建设计划、纲要以及企业安全文化政策、指导意见、评价标准等。人民群众日益渐增的安全需求是"互联网＋安全文化"发展的"土壤"。随着我国民众生活水平的不断提高，他们更加关心如何进一步提高自身的生产生活的安全保障水平。企业是发展"互联网＋安全文化"的主力军。各企业通过安全文化理念导入、安全管理机制创新、制度完善等措施，在企业生产组织中营造了浓厚的安全文化氛围。值得一提的是，国家政府部门、各地安全监管部门以及部分企业和安全学会已经将互联网运用于安全文化传播和安全监督管理中，并取得了良好的反响和成效。

10.8.2 "互联网＋"背景下的安全文化建设的概念模型

10.8.2.1 传播模型的构建与解析

互联网的诞生对人类最大的影响，就在于旧式信息传播系统的改变。在农业时代和工业时代，专业的传媒机构掌控着信息资源，在信息传播系统中一直处于垄断地位，而公众的个人话语权一直处于被压制的状态，安全文化的发展也因此受到阻碍。现如今，智能互联网的出现改变了这一切。它构建的信息传播系统中，"个人"不仅仅是传播的受者，也是信息传播者。同时，不同于以往的信息单向传播模式，互联网背景下的信息传播更注重互动性。有学者认为，网络信息传播遵循六度分割理论，并提出网络的六度传播模式。在此，笔者基于六度分割理论，提出"互联网＋安全文化"模式下，安全文化传播的"六度安全文化传播模型"，如图 10-11 所示。

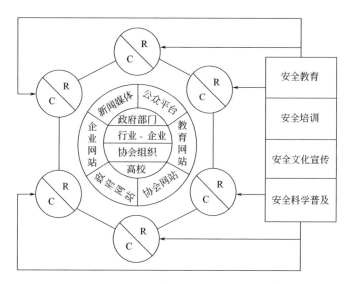

图 10-11　"互联网＋安全文化"的六度安全文化传播模型

在六度安全文化传播模型中，个人是一个传播主体和传播基本单元，既是传播者（C），也是传播受者（R），每个传播主体自身的安全文化知识来源因人而异，既可能通过专业的安全教育、安全职业培训等获取较为系统的安全文化知识，也可能通过公众层面上的安全科学知识普及、安全文化宣传等获取零碎的安全文化信息。根据六度分割理论，由六个人构成完整的传播社交单元。在这个单元里，虽然每个人的安全文化知识来源不同、水平不一，但紧密的社交人脉关系促进了安全文化知识的跨界传播，使得每个人均能够接触到不同领域、不同行业甚至是不同国家的优秀先进的安全文化，因此打破了以往安全文化传播的区域限制和专业限制。

目前互联网中，安全文化传播媒介可以分为六大类，即政府网站、协会网站、企业网站、教育网站、新闻媒体以及公众平台。这些传播媒介的建设，则由安全政府部门、安全行业、安全企业、安全协会组织以及高校进行合作，共同完成。这是由于研究表明[341]，基于大数据的分布式计算集群，信息来源能够自动生成并自动组合，从而生成层次更高、价值更大的综合信息，因此，各界组织进行信息融合和技术合作，将带来安全文化内容的丰富和价值的提高。同时，在六度传播单元中，每个传播主体可根据自身的需求、兴趣等来自由选取获得信息的媒介。此外，每个传播主体在进行安全文化知识传播时，既能够凭借人际关系进行直接或间接的人际交流，也能够借助六类网络媒介与其他人进行安全文化的知识共享和交流沟通，比如将自己的安全文化心得、个人创作、所见所闻、意见观点等利用博客、微博、邮件、论坛等进行发布。

10.8.2.2 建设框架的构建与解析

要实现"互联网＋安全文化"科学发展，就需将互联网与安全文化建设事业充分融合，进而充分发挥互联网的优势。为此，就需将互联网作为工作的技术核心，以互联网思维为指导来开展安全文化的传播建设工作。关于互联网思维，有学者提出互联网的九大思维，即用户、平台、流量、极致、简约、大数据、跨界、社会化和迭代思维。在此，基于互联网九大思维和六类安全文化传播媒介，构建"互联网＋安全文化"的安全文化建设框架（见图 10-12）。

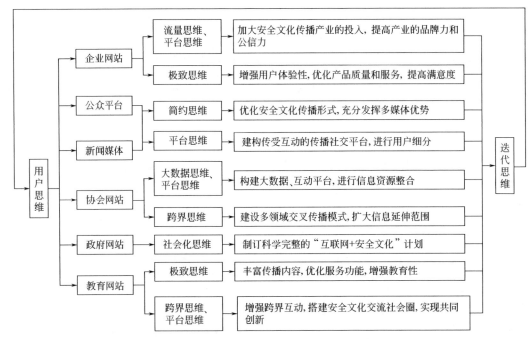

图 10-12 "互联网＋安全文化"的安全文化建设框架

在互联网九大思维中，首要的是用户思维，该思维要求互联网背景下的各个工作环节都要以用户为中心去考虑问题。因此，各类安全文化传播媒介都要以用户思维为指导思想，开展安全文化传播建设工作。其次，由于建设重点和方向不同，各类安全文化媒介的建设指导思维也不同。其中，安全企业网站应当在流量、平台和极致思维的指导下，努力加大安全文化宣传投入，并提高安全文化产品质量、完善售后服务，努力打造强大的企业品牌影响力和公信力。公众平台和各大新闻媒体要在简约思维和平台思维的指导下，优化安全文化的传播形式，并建构安全文化信息交流平台。各安全协会网站要在大数据、平台等思维指导下，整合安全文化信息资源，以实现安全文化多领域跨界传播。政府网站主要以社会化思维为指导，以发展全民优秀安全文化、构建社会大安全观为重点，开展安全文化宣教工作。教育网站则要在极致、跨界等思维的指导下，增强安全文化的知识性和教育性，同时还要构建安全文化交流圈，集社会各界的努力，实现安全文化内容的丰富创新和继承发展。最后，各媒介网站都要在迭代思维的指导下，收集用户反馈信息，进行安全文化建设的成果展示和阶段总结，并在第一时间内，将信息返回到建设起点，重新以用户思维为指导，合理科学地优化传播内容和建设思路、把握发展定位、调整建设方向，进而开展下一步安全文化建设，从而在不断的迭代循环中，实现网站建设的发展和安全文化内容的不断创新。

10.8.3　"互联网＋"背景下的安全文化建设的优化路径

10.8.3.1　完善丰富安全文化类相关网站

（1）充分利用多媒体的优势。在信息冗余的大背景下，人们更趋向于关注简洁、易于理解的信息。要实现安全文化信息的广泛传播，就需采用简明、深入的方式宣传安全文化。在一定程度上，多媒体技术的发展带来了实现办法。因此，要丰富完善安全文化类网站，就要充分利用先进科学的多媒体技术进行安全文化网站建设。例如，将 3D 技术、Flash 动画技术等运用于安全文化宣教中，或是在生动形象的视频画面中配以简明扼要的文字等。总之，多媒体技术与安全文化结合的产物不仅要吸引用户的关注，更要能够激发用户的热情。

（2）保证安全文化信息的科学性和教育性。一方面，各层次网站和公众平台要确保发布的信息应当是真实科学的，尤其是政府网站和新闻媒体网站，要能够在事故发生后的第一时间里提供真实、权威的信息，同时掌控社会舆论方向，避免虚假信息在网络中的恶意传播。另一方面，各媒介应明确公众的需求定位，为此要充分发挥公共服务体系的作用，要能够在第一时间内获取用户的反馈信息。

（3）注意各平台传播内容的互动性和亲民性。互联网的本质特性之一便是互动性，为了充分调动这种互动性，可以设立网站用户留言、评论、线下服务等板块，与用户之间进行交流沟通，从而了解人们的安全需求和安全素质水平，而后进行用户细分，以便于有针对性地开展安全文化普及工作。同时，也要考虑到传播内容的亲民性。如在传播内容中，预防事故的安全措施是否易于被实施、安全观念是否易于被接受、安全文化是否易于被理解等问题都要进行考虑，安全文化宣教要从贴近民众生活的角度出发，这样才能够激发用户学习安全文化的主动性，保证安全文化活动的有效开展。

10.8.3.2　拓宽安全文化网络传播渠道

（1）多终端开辟传播路径。要利用互联网信息多渠道广传播的特点，扩大安全文化传播的覆盖面。除了上述在网站界面和网络平台上进行传播以外，还有很多可行路径。比如，针对不同用户使用的终端不同这一特点，安全报刊可提供电子刊网络订阅服务，利用电子邮件进行传播推广；可将安全类书籍加入电子书籍库，在手机、电脑等终端进行推送等。

（2）构建全民性交流平台。要利用社交网络构建全民性的安全文化交流平台以及综合性和专业性的安全论坛，让普通民众也能通过论坛发布自己对安全事故问题的见解，可提供话题让专业人员与安全文化爱好者之间展开辩论，进行探讨。同时也要支持安全专业人员、安全教育人员等在博客上发表具有专业性、权威性的博文，以搭建安全文化的专业交流平台。

10.8.3.3　促进网络安全文化产业建设与创新

（1）制作科学的安全文化产品营销策略。安全文化产业单位不仅要制订科学的产品开发策略，还要有良好的网站经营策略，以促进安全文化消费市场的线上发展。同时，也要依靠优秀的产品打造品牌效应，并组织安全文化专业活动以巩固品牌的影响力和公信力。另外，安全文化产业单位因为其产品定位的不同，对产业发展提出的要求也不同。其中，安全文化传播业要致力于丰富优化传播内容、保证安全文化信息真实可靠，安全文化科技服务业要完善优化其服务结构、致力于提高消费者满意度，安全文化产品制造业要严格进行产品质量把关并增强安全文化产品的科技性和创新性。因为只有优秀的产品才能获得公众的信任，带来消费者。

（2）促进安全文化产业商业模式创新。目前，我国对生产安全、公共安全有着强烈需求，加之互联网背景下大平台和大数据技术的使用，都表明安全文化产业在商业模式上进行创新是必然选择。即要求各安全行业在互联网思维的指导下，朝着大平台、大融合、大联盟的方向发展，要汇集优秀安全产业项目用以搭建安全项目平台，同时也要在项目和安全专业人员之间搭建互动交流的线上平台，以吸引更多的安全专业优秀人才。另外，各安全行业要打造产品思维和用户思维，要能够通过大数据技术和程序化平台，捕捉消费者的消费方向，从而了解消费者的安全需求，并进行安全文化产品的内容创新、功能升级。

（3）做好由制造到整合的联动工作。企业需要不断开展创新型的战略行动，要同时建立多个"瞬时优势"。对安全文化企业来说，高质量、实用性强的安全文化产品，完善的安全文化服务体系等均可带来"瞬时优势"。虽然单个优势会很快被市场发展需求所淘汰，但整合多个瞬时优势并设法将它们相关联、有序更新循环，就能为安全文化企业带来流动性的竞争优势，使得优秀的企业在较长时间内有着良好的发展。也正是在整合瞬时优势的思想的指导下，安全文化企业要进行平台化。这要求企业在涉及多个经济领域的同时，也能够通过平台使得各经营单元相互关联，共同协同，实现创新发展。

10.8.3.4 建立安全文化网络传播能力评价机制

媒介的安全文化传播能力，决定了该媒介在安全文化传播方面的影响力。科学评价各媒介网站的安全文化传播能力，对于修正各网站在传播工作中存在的问题从而完善安全文化产业营销策略、帮助决策者进行合理决策等具有重要作用。要建立科学的安全文化传播能力评价机制，并采取定性分析与定量分析相结合的评价方法。在定性分析方面，分析资料主要来自于安全工作总结和评价。要建立评价专家组，广泛听取传播受众的意见，同时也要严格进行工作评价，以防止安全文化传播工作流于形式和安全文化传播单位建而不营、工作长期空转等问题。在定量分析方面，要遵循客观性、可获取性、普适性、准确性以及可比性的原则，科学地选择评估指标。可以将安全宣传教育资本投入、人力资源投入作为投入指标，将安全活动带来的经济效益、社会效益作为产出指标，同时也要考虑到安全文化产业的内外因素影响等，并赋予各指标以权重，从而进行定量分析。

思考题

1. 家庭安全文化建设理念主要有哪些？

2. 试讨论企业安全文化的内涵，以及它与企业文化之间的关系。

3. 从不同角度出发试讨论公共安全文化的构成。

4. 什么是政府安全文化？该如何建设政府安全文化。

5. 什么是应急文化？应急文化与安全文化的关系是什么？

6. 什么是安全文化产业？并试讨论安全文化产业与安全产业是否相同。

7. 如何优化和促进安全文化产业发展？请从路径和具体建议两方面分别阐述。

8. 试通过举例方法分析安全文化与和谐社会的关系。

9. 为促进和谐社会建设，需弘扬和传播的重要安全理念有哪些？请列举至少 4 条。

10. 思考在"互联网＋"背景下如何开展安全文化建设工作？

参考文献

[1]　王秉，吴超.家庭安全文化的建构研究[J].中国安全科学学报，2016，26（1）：8-14.

[2]　HSC. Advisory Committee on the Safety of Nuclear Installations. ACSNI Study Group on Human Factors, Third Report[R]. London: HSE Books, 1993.

[3]　袁旭，曹琦. 安全文化管理模式研究[J].西南交通大学学报，2000，35（3）：323-326.

[4]　王秉.浅谈企业家安全文化建设[J].现代职业安全,2019,(5):34.

[5]　王秉.探析企业安全文化手册编制[J].现代职业安全,2019(1):21-23.

[6]　绕恒久.安全文化[M].北京：中国石油大学出版社，2011.

[7]　白钢.解决公共安全问题刻不容缓[N].人民日报，2004-2-27（13）.

[8]　陈庆云.强化公共管理理念，推进公共管理的社会化[J].中国行政管理，2001，（12）：20-21.

[9]　邓国良.公共安全危机时间处置研究[M].北京：中国人民公安大学出版社，2005.

[10]　郭济.政府应急管理实务[M].北京：中共中央党校出版社，2004.

[11]　荣跃明.公共文化的概念、形态和特征[J].毛泽东邓小平理论研究，2011（3）：38-45.

[12]　张弛.浅析公共安全文化构建的意义[J].今传媒，2011，19（1）：109-110.

[13]　王妍，王志荣.城市安全文化理论与实践探索[C]."安全健康：全面建设小康社会"专题交流会暨全国第三次安全科学技术学术交流大会，2003.

[14]　李治欣，徐静珍，张立华.社区安全文化建设探讨[J].湖南社会科学，2014（3）：117-120.

[15]　邵祖峰.道路交通安全文化的内涵、功能与建设途径[J].湖北警官学院学报，2006，19（3）：51-55.

[16]　赵学刚，谭迎新.城市交通安全风险文化系统三维结构体系构建[J].中国安全科学学报，2011，21（12）：122-127.

[17]　蔡媛.长沙市本科院校与高职院校学生休闲行为差异研究[D].长沙：湖南师范大学，2009.

[18]　王国顺，张煊.消费安全文化：概念与内涵[J].北京工商大学学报：社会科学版，2011，26（1）：118-122.

[19]　张卫清，王以群.网络安全与网络安全文化[J].情报杂志，2006，25（1）：49-51.

[20]　陈宁，王秉，吴超.论政府安全文化的若干基本问题[J].中国安全生产科学技术,2017,13(12):5-12.

[21]　王秉. 以先进的应急文化为引领[N].中国应急管理报,2019-12-21(007).

[22]　姜威，王秉，付小懿，等.安全文化产业的定义、特征、功能及结构体系[J].灾害学，2017，32（2）：175-180.

[23]　吴超，刘爱华.安全文化与和谐社会的关系及其建设的研究[J].中国安全科学学报，2009，19（5）：67-74.

[24]　黄玺，王秉，吴超."互联网＋"背景下的安全文化建设模式研究[J].中国安全科学学报，2017，27（5）：13-18.